DICTIONNAIRE

DES

SCIENCES NATURELLES.

TOME XLVI.

ROCHES = SAF.

Le nombre d'exemplaires prescrit par la loi a été déposé. Tous les exemplaires sont revétus de la signature de l'éditeur.

DICTIONNAIRE

DES

SCIENCES NATURELLES,

DANS LEQUEL

ACQUISITION N° 50406

ON TRAITE MÉTHODIQUEMENT DES DIFFÉRENS ÊTRES DE LA NATURE, CONSIDÉRÉS SOIT EN EUX-MÊMES, D'APRÈS L'ÉTAT ACTUEL DE NOS CONNOISSANCES, SOIT RELATIVEMENT A L'UTILITÉ QU'EN PEUVENT RETIRER LA MÉDECINE, L'AGRICULTURE, LE COMMERCE ET LES ARTS.

SUIVI D'UNE BIOGRAPHIE DES PLUS CÉLÈBRES NATURALISTES.

Ouvrage destiné aux médecins, aux agriculteurs, aux commerçans, aux artistes, aux manufacturiers, et à tous ceux qui ont intérêt à connoître les productions de la nature, leurs caractères génériques et spécifiques, leur lieu natal, leurs propriétés et leurs usages.

PAR

Plusieurs Professeurs du Jardin du Roi, et des principales Écoles de Paris.

TOME QUARANTE-SIXIÈME.

F. G. LEVRAULT, Éditeur, à STRASBOURG, et rue de la Harpe, N.º 81, à PARIS.

LE NORMANT, rue de Seine, N.º 8, à PARIS.

1827.

Liste des Auteurs par ordre de Matières.

Physique générale.

M. LACROIX, membre de l'Académie des Sciences et professeur au Collége de France. (L.)

Chimie.

M. CHEVREUL, professeur au Collége royal de Charlemagne. (Cʜ.)

Minéralogie et Géologie.

M. BRONGNIART, membre de l'Académie des Sciences, professeur à la Faculté des Sciences. (B.)

M. BROCHANT DE VILLIERS, membre de l'Académie des Sciences. (B. ᴅᴇ V.)

M. DEFRANCE, membre de plusieurs Sociétés savantes. (D. F.)

Botanique.

M. DESFONTAINES, membre de l'Académie des Sciences. (Dᴇsꜰ.)

M. DE JUSSIEU, membre de l'Académie des Sciences, prof. au Jardin du Roi. (J)

M. MIRBEL, membre de l'Académie des Sciences, professeur à la Faculté des Sciences. (B. M.)

M. HENRI CASSINI, membre de la Société philomatique de Paris. (H. Cᴀss.)

M. LEMAN, membre de la Société philo-matique de Paris. (Lᴇᴍ.)

M. LOISELEUR DESLONGCHAMPS, Docteur en médecine, membre de plusieurs Sociétés savantes. (L. D.)

M. MASSEY. (Mᴀss.)

M. POIRET, membre de plusieurs Sociétés savantes et littéraires, continuateur de l'Encyclopédie botanique. (Poɪʀ.)

M. DE TUSSAC, membre de plusieurs Sociétés savantes, auteur de la Flore des Antilles (Dᴇ T.)

Zoologie générale, Anatomie et Physiologie.

M. G. CUVIER, membre et secrétaire per-pétuel de l'Académie des Sciences, prof. au Jardin du Roi, etc. (G. C. ou CV. ou C.)

M. FLOURENS. (F.)

Mammifères.

M. GEOFFROY SAINT-HILAIRE, membre de l'Académie des Sciences, prof. au Jardin du Roi. (G.)

Oiseaux.

M. DUMONT ᴅᴇ s.ᵗᴇ CROIX, membre de plusieurs Sociétés savantes. (Cʜ. D.)

Reptiles et Poissons.

M. DE LACÉPÈDE, membre de l'Académie des Sciences, prof. au Jardin du Roi. (L. L.)

M. DUMERIL, membre de l'Académie des Sciences, professeur à l'École de méde-cine. (C. D.)

M. CLOQUET, Docteur en médecine. (H. C.)

Insectes.

M DUMERIL, membre de l'Académie des Sciences, professeur à l'École de médecine. (C. D.)

Crustacés.

M. W. E. LEACH, membre de la Société roy. de Londres, Correspond. du Muséum d'his-toire naturelle de France. (W. E. L.)

M. A. G DESMAREST, membre titulaire de l'Académie royale de médecine, professeur à l'école royale vétérinaire d'Alfort, etc.

Mollusques, Vers et Zoophytes.

M. DE BLAINVILLE, professeur à la Faculté des Sciences. (Dᴇ B.)

M. TURPIN, naturaliste, est chargé de l'exécution des dessins et de la direction de la gravure.

MM. DE HUMBOLDT et RAMOND donneront quelques articles sur les objets nouveaux qu'ils ont observés dans leurs voyages, ou sur les sujets dont ils se sont plus particulièrement occupés. M. DE CANDOLLE nous a fait la même promesse.

M. PRÉVOT a donné l'article *Océan*; M. VALENCIENNES plusieurs articles d'Orni-thologie; M. DESPORTES l'article *Pigeon domestique*, et M. LESSON l'article *Pluvier*.

M. F. CUVIER est chargé de la direction générale de l'ouvrage, et il coopérera aux articles généraux de zoologie et à l'histoire des mammifères. (F. C.)

DICTIONNAIRE

DES

SCIENCES NATURELLES.

ROC

Roches. (*Min.*) On s'accorde assez généralement à donner ce nom à tous les minéraux qui se rencontrent en masses dans l'écorce du globe, sur une étendue assez considérable pour qu'on puisse les considérer comme une des parties composantes de cette écorce, et non pas comme un corps qui y est simplement engagé de diverses manières.

Mais c'est sur ce seul point que les géognostes sont à peu près d'accord; aussitôt qu'on veut étendre cette définition, on trouve une assez grande divergence d'opinions.

Dolomieu, un des premiers géognostes françois qui ait examiné cette question sous ses différens aspects, et qui se soit servi le plus souvent du mot de Roche, le restreignoit aux masses composées de plusieurs espèces minérales.

Les géognostes allemands, au contraire, l'étendent non-seulement aux masses composées d'une seule espèce; mais ils comprennent souvent dans la même idée et sous la même dénomination de *Gestein* et de *Gebirgsart*, ce que nous distinguons sous les noms de roches et de terrains; appliquant au premier mot l'idée de la réunion de plusieurs masses différentes, qui ont été déposées à la surface de la terre presque dans le même moment. Ils attachent par conséquent, comme on va le faire voir plus bas, beaucoup plus d'importance à la considération géognostique qu'à la considération minéralogique.

Quant à nous, nous établissons une gradation d'idées, qui

46.

nous semble suffisante , sans être surabondante, entre ces trois mots , *minéraux*, *roches* et *terrains*.

. Les premiers, ou les *minéraux*, sont des espèces ou des variétés déterminées par les règles de la Minéralogie (voyez ce mot), et considérés isolément, sans égard à leur masse, ni au rôle qu'ils jouent dans la structure du globe.

Les seconds, ou les *roches*, sont ces mêmes minéraux, considérés dans leurs masses et comme entrant dans la structure du globe.

Les troisièmes, ou les *terrains*, sont l'ensemble de plusieurs espèces de roches considérées comme ayant été formées ou déposées à peu près à la même époque géognostique.

Les grandes masses minérales , que nous nommons *roches*, sont tantôt *homogènes* et paroissent composées d'une seule espèce , et tantôt *hétérogènes* ou visiblement composées par la réunion de plusieurs espèces minérales.

Les premières sont nommées *roches simples* ou *homogènes*, telles sont le calcaire saccaroïde, le calcaire compacte, le gypse , le selmarin rupestre, la houille , etc. Les autres sont nommées *roches composées* ou *hétérogènes*, telles sont le granite , le porphyre , le psammite , etc.

Jusque - là les naturalistes s'accordent encore bien tant sur la définition générale du mot *Roche*, que sur la séparation des roches en deux divisions.

Mais chacune de ces divisions peut être considérée sous des points de vue très - différens , et c'est sur l'importance qu'il faut donner à l'un de ces points de vue sur l'autre que s'établit le plus grand dissentiment.

Sous le premier on ne considère que la nature des roches , leurs qualités extérieures, leurs propriétés physiques et chimiques : c'est ce qui constitue leur *histoire minéralogique*.

Sous le second on a pour objet d'étudier le rôle qu'elles jouent dans la structure de la terre , de connoître leurs rapports entre elles et avec les autres minéraux : et c'est le sujet de leur *histoire géognostique.*

L'histoire minéralogique des roches simples ou homogènes, ou du moins de celles qui nous paroissent telles, doit être faite dans les traités de minéralogie proprement dits ; et c'est ce qui a lieu ordinairement, au moins pour la plupart de ces roches.

L'histoire minéralogique des roches mélangées doit aussi être présentée séparément; elle consiste dans la désignation des parties essentielles à chaque espèce de roche, dans la description détaillée de ses qualités et de ses caractères physiques et chimiques; dans l'énumération de ses variétés, de ses modifications, de ses usages, et enfin dans l'exposition de tout ce que peut présenter une roche en faisant abstraction de sa position dans l'intérieur du globe, de ses rapports avec les autres, etc.

Les substances simples, quant à leur structure, ou au moins d'apparence simple, qui, par leur réunion, constituent les roches mélangées, doivent toutes avoir été caractérisées et décrites dans la partie de la minéralogie qui traite des minéraux simples; on ne doit désigner les parties composantes des roches que par des noms : ce n'est plus le moment de les décrire, ni même de les caractériser; ce travail, qui seroit une digression tout-à-fait étrangère au sujet, doit, comme nous venons de le dire, avoir été préliminairement fait avec les développemens convenables.

Il me paroît donc indispensable, pour être conséquent au principe établi, et conserver de l'ordre dans les idées et dans leur communication, de décrire dans les traités de minéralogie les roches homogènes en apparence, qui ne peuvent se rapporter avec certitude à aucune espèce minérale, qui sont par cela différentes des espèces classées, et qui ne peuvent cependant être considérées comme roches hétérogènes. Ces roches homogènes doivent être décrites séparément, non-seulement parce qu'elles n'appartiennent à aucune espèce, mais encore parce qu'elles entrent quelquefois comme partie dans la composition des roches hétérogènes : or, on vient de dire que tous les composans d'une roche hétérogène ayant été caractérisés et décrits. il devoit suffire, pour faire connoître ces sortes de roches, de désigner par leur nom les espèces minérales qui les composent.

En rejetant ce principe ou en le négligeant, on introduit dans les ouvrages de minéralogie une bigarrure, des omissions ou des répétitions qui détruisent l'ordre qu'on aime à trouver dans les ouvrages destinés à rassembler l'histoire des corps naturels. Ainsi, en suivant la marche adoptée par les naturalistes qui ne considèrent les roches que géognostiquement, l'histoire du calcaire est arrêtée au point où il se présente en masse un peu volumineuse, pour être reprise dans un tout autre moment, et à côté de celle d'une roche qui n'a d'analogie avec lui que d'avoir été une fois déposée à la même époque. Lorsqu'on décrit le spilite, il faut s'arrêter pour décrire sa base, puisqu'elle ne l'a pas été en minéralogie, et se contenter de nommer ses noyaux, qui l'ont déjà été, etc.

La déterminaison précise, la description, enfin l'histoire minéralogique complète des roches mélangées, me semble donc devoir être faite séparément, et précéder leur histoire géognostique.

Cette déterminaison, établie aussi sévèrement que le sujet le comporte, rendra la description des diverses couches de la terre plus précise et plus claire.

La description des roches composées ne me paroît pas avoir encore été faite complétement, du moins de la manière dont je l'envisage. Les minéralogistes allemands, qui se sont le plus occupés des roches, ont presque tous, et presque toujours, mêlé la description minéralogique de ces corps avec leur histoire géognostique, et l'histoire des roches simples avec celle des roches mélangées.

Il résulte aussi de cette espèce de confusion qu'on ne trouve nulle part une terminologie complète et distincte de la structure des roches mélangées. On doit à Werner une terminologie précise de la minéralogie proprement dite, et de la structure des roches en grand, c'est-à-dire de leur disposition dans le sein de la terre; mais ces deux terminologies, quoique applicables en partie à l'étude minéralogique des roches mélangées, ne lui suffisent pas.

M. Brochant est le premier en France qui nous ait fait connoître les principes adoptés dans l'école allemande pour la description et la classification géognostique des roches; il a exposé en 1801, dans sa Minéralogie, quelques-unes des considérations qu'offrent les roches, et l'application de plusieurs des termes employés dans leur description.

M. Reuss (en 1805), dans sa Géologie, a donné plus de développemens à ce travail, mais il ne l'a encore qu'ébauché;

il n'y fait mention que des principales structures, et a plutôt donné une esquisse de classification des roches, fondée sur leur structure, qu'une véritable terminologie de ces masses minérales.

M. le comte Dunin Borkowski a inséré dans le *Journal de Physique* (en 1809) un Mémoire qui présente une véritable terminologie de la disposition des roches, mais seulement de cette disposition en grand; ce qu'il dit de la structure en petit des roches mélangées est très-abrégé, et tiré en grande partie de la géognosie de Reuss, dont il a pris également le tableau de classification qu'il a joint à son Mémoire.

M. de Leonhard a donné, dans l'introduction de son ouvrage intitulé *Charakteristik der Felsarten*, une terminologie des principales manières d'être et modifications minéralogiques des roches, et l'a très-soigneusement distinguée de la terminologie géognostique. Nous en profiterons dans celle que nous allons présenter.

Au reste, ces travaux sur les roches, et beaucoup d'autres semblables, faits par les minéralogistes étrangers, la plupart élèves de la célèbre école de Freiberg, ne sont presque tous que les principes et les leçons de leur illustre maître, plus ou moins développés.

Je dois exposer maintenant les principes qui m'ont dirigé dans la classification que je vais proposer.

ART. 1.er

Principes de classification des roches.

On peut considérer les roches sous deux points de vue différens.

1.° *Relativement à leur composition*, c'est-à-dire à la nature, à la quantité et à la disposition des parties qui les composent.

2.° *Relativement à leur gisement*, c'est-à-dire à la place qu'elles tiennent dans la structure du globe, et à leurs rapports entre elles.

Il doit résulter de ces considérations deux principes et deux sortes de classifications des roches : nous allons en examiner successivement les règles, les avantages et les inconvéniens, et faire connoître les applications qui en ont été faites.

§. 1.er *Classification par gisement, ou classification géologique des roches.*

On y range les roches dans un ordre qui doit représenter celui dans lequel on suppose qu'elles ont été formées, et les rapports qu'elles conservent généralement entre elles dans la structure de la partie du globe terrestre que nous connoissons.

1.° Les personnes qui ont étudié les principes de classification établis dans ces derniers temps par les naturalistes, verront aisément qu'on ne peut donner le nom de classification à cette distribution des roches; que c'est de la *géognosie pure*, partie importante de la connoissance de la structure du globe; que c'est faire une partie de l'histoire naturelle des roches dans un ordre très-convenable à cette partie; mais que ce n'est nullement *les classer*, soit pour apprendre à les reconnoître, soit pour faire ressortir leurs rapports les plus importans, les plus intimes et les plus réels.

2.° Dans cette distribution des roches on réunit les roches simples qui ont été déjà déterminées et décrites dans la minéralogie avec les roches mélangées qui se présentent pour la première fois, et qu'il faut par conséquent caractériser, décrire, et déterminer minéralogiquement. Cette marche introduit nécessairement, dans l'exposition d'ailleurs si intéressante de la formation des roches, ou des répétitions, si on veut donner de nouveau la description des roches simples, ou des bigarrures, si on la passe sous silence, et toujours des digressions étrangères au sujet, puisqu'il s'agit principalement de la position respective de ces grandes masses de minéraux et non de leur détermination; ces longues digressions sont la suite nécessaire de la description des roches mélangées.

3.° La même espèce minéralogique de roche, se présentant plusieurs fois à différentes époques, doit nécessairement être mentionnée autant de fois qu'elle a eu de formations, et toujours à l'article de sa formation, si du moins on veut être conséquent aux principes établis: or, comme elle offre souvent à ces diverses époques des différences minéralogiques assez sensibles, il résultera de cette marche, ou qu'on la décrira complétement dès la première époque, c'est-à-dire en faisant connoître toutes ses variétés minéralogiques, et

alors on anticipera sur l'histoire des formations postérieures ;
ou, si l'on réserve l'exposition de ses variétés pour l'histoire
des formations dans lesquelles elles se présentent, la description d'une même espèce minéralogique de roche pourra être
divisée dans quatre chapitres différens, et aura été faite incomplétement dans l'article où elle aura été mentionnée pour
la première fois. C'est ce qui arrivera même à presque toutes
les roches, comme on peut s'en assurer en consultant les ouvrages qui ont suivi cette marche. Enfin ces descriptions isolées,
ne pouvant jamais être comparatives entre elles, ni coordon-
nées à un système de caractères, seront toujours insuffisantes,
quelque longues qu'elles soient.

4.° Je ne parle pas de l'embarras que cette méthode introduit dans la nomenclature, en faisant donner à des roches
d'une composition très-différente le même nom, uniquement
parce qu'elles appartiennent à la même époque de formation,
ou des noms différens à la même espèce de roche, suivant
qu'elle appartient à une formation ou à une autre; mais ce
principe si singulier de nomenclature a plutôt été avancé
dans la discussion, ou adopté dans la détermination de quelques espèces peu importantes, que suivi généralement. [1]

5.° Enfin ce mode de classification est souvent hypothétique,
et il est même quelquefois absolument impossible d'en faire
l'application, lorsque, n'ayant pas de données suffisantes, soit
pour bien caractériser une formation, soit pour déterminer
l'époque géognostique d'une roche, on est obligé de la placer
par supposition dans un rang qui ne lui convient pas; et ce
cas se présente très-fréquemment dans la pratique.

Tous ces inconvéniens disparoissent, si, après avoir déterminé les roches minéralogiquement et indépendamment de
leur position respective, on expose ensuite séparément, et
avec tous les détails convenables, l'histoire de leur position
et de leurs rapports de formation.

---

1 Les roches nommées *grauwacke* sont très-différentes les unes des
autres par leur composition et leurs caractères extérieurs, et ce nom
indique plutôt une formation qu'une espèce de roche. — Le *todtliegende* est une roche qui n'est caractérisée que par son gisement; par
conséquent, c'est plutôt un terrain qu'une roche, etc.

§. 2. *Classification minéralogique des roches, c'est-à-dire à l'aide des caractères extérieurs.*

La distribution des roches fondée, soit sur leur structure, soit sur leur composition, soit sur tout autre caractère tiré de la nature même de ces minéraux, nous semble être la seule qui puisse être regardée comme une véritable classification de ces corps; c'étoit aussi la seule qui avoit été suivie avant la distribution par formation établie par l'école de Freiberg. Dans ce mode de classification les roches mélangées sont déterminées par des caractères précis, et décrites complétement sans lacune ni renvoi.

Lorsqu'il s'agit de décrire les différentes couches de la terre, il suffit de désigner les roches qui les composent, par les noms qu'on leur a assignés; et cette description n'en devient que plus précise et plus claire.

En vain dira-t-on qu'on court le risque de séparer en plusieurs espèces, des roches peu différentes par leurs caractères extérieurs, et qui d'ailleurs se trouvent ordinairement dans le même gisement. Certainement il ne faudroit pas vouloir donner un nom particulier, et décrire comme espèces tous les mélanges de minéraux qui peuvent se rencontrer : il y a un choix à faire et des précautions à prendre, et c'est à ce choix que l'on reconnoît le naturaliste expérimenté, qui sait distinguer les minéraux mélangés qu'on trouve en grandes masses sur la terre, de ces mélanges fortuits qui ne méritent par leur rareté aucune attention de sa part [1]; or il est fort remarquable

---

[1] Il faut bien se garder de faire comme Delamétherie, qui a établi non-seulement autant d'espèces de roches qu'il a pu rencontrer de mélanges, mais presque autant de divisions : ainsi on a des Roches zirconiennes, des Roches gluciniques, des Roches gadoliniques, et dans ces genres des granitoïdes zirconiens, venant d'un filon du New-Jersey, composé de quarz et de quelques cristaux de zircon; des granitoïdes gadoliniques qu'on n'a pas encore vus, des granitoïdes sulfureux de soufre et de karsténite, etc.; des porphyroïdes quarzeux, qui ne sont autre chose que du quarz hyalin traversé d'aiguilles de titane, etc. C'est bien ici l'abus de la classification minéralogique des roches, et j'espère qu'on ne confondra pas mes principes de classification, et l'application que j'en ai faite, avec cette classification abstraite de Delamétherie.

qu'au milieu des causes qui auroient pu mêler dans toutes
sortes de proportions, et de toutes les manières, les espèces
minérales, il se soit formé des mélanges particuliers qui sont
toujours à peu près les mêmes, par la nature, la disposition
et les proportions de leurs parties, et qui sont étendus en
masses immenses sur toutes les régions du globe. Certainement cette constance dans les caractères de ces mélanges
est un phénomène beaucoup plus extraordinaire, beaucoup
moins prévu, que n'eût été une irrégularité complète, et
une variation perpétuelle dans les parties des roches mélangées.

Mais, en supposant que dans la classification de ces roches
on ait un peu trop multiplié les sortes et les variétés, il n'en
résultera pour les descriptions des terrains aucun inconvénient; car on n'est point obligé de les citer toutes; et, si
on le fait, ces descriptions, sans être beaucoup plus longues, deviendront plus précises; cette précision ne paroît
peut-être pas très-nécessaire dans l'état actuel de la science;
mais qui sait si dans la suite les géologues ne seront pas très-
satisfaits de la trouver dans nos ouvrages?

Il est probable que les anciens minéralogistes croyoient avoir
décrit avec des détails suffisans les pays qu'ils avoient visités,
et pensoient que plus de détails seroient superflus; cependant
leurs descriptions ne peuvent, pour la plupart, nous être
d'aucun usage, précisément parce qu'elles sont trop vagues
et trop générales.

Cette détermination n'apportera d'ailleurs aucun changement, aucun désordre dans la description et la détermination
des formations successives : un Calcaire n'en est pas moins un
calcaire pour se trouver dans les terrains les plus anciens
comme dans les plus modernes; jamais aucun géologue ne s'est
avisé de vouloir donner un nom différent au gypse primitif,
et au gypse à ossemens; l'épithète géognostique qu'on y ajoute
les distingue suffisamment. C'est donc d'après leur nature
qu'on a toujours divisé, distingué, dénommé les roches simples, et non d'après leur position : pourquoi voudroit-on
suivre une autre marche pour *quelques roches* composées? car
la plupart d'entre elles sont aussi distinguées et désignées par
leur nature. Lorsque M. de Buch a vu de'la syénite, même du

granite, au-dessus du calcaire coquillier, ne l'a-t-il pas toujours reconnu pour granite malgré cette singulière position? Pourquoi? parce qu'il l'a vu composé des mêmes parties que la roche nommée généralement *granite;* il y a donc pour la spécification du granite des principes tirés de ses caractères minéralogiques. [1]

Ce principe de détermination des roches est si entraînant, qu'il a été généralement suivi dans le plus grand nombre des cas, sans qu'on s'en soit rendu compte; personne n'a osé s'en écarter complétement; et il est étonnant qu'on en soit réduit à prendre la défense d'une règle que personne n'enfreint, pas même ceux qui ne veulent pas la reconnoître.

Pourquoi les minéralogistes de l'école allemande, après avoir rendu de si grands services à la géognosie en créant la classification des roches par gisemens, classification bien plus difficile et bien plus importante que celle que nous réclamons, pourquoi donc semblent-ils s'élever, la plupart, contre une classification, une détermination, et une nomenclature mi-

---

[1] L'objection, que M. L. de Buch a tirée de la comparaison qu'il fait entre l'étude des terrains dans leur ordre de formation et le numérotage des maisons d'une rue, sans égard aux matériaux dont elles sont construites, ne me semble avoir aucun rapport avec mes principes, et, par conséquent, on peut ni les détruire, ni même les infirmer. Mais une objection de M. L. de Buch, sous quelque forme qu'il la présente, mérite qu'on l'examine. M. de Bonnard y a répondu directement avec autant de force que de justesse de raisonnement. Je chercherai à faire voir qu'elle n'a pas de valeur contre mes principes et je le ferai en reprenant cette même comparaison, puisque M. de Buch lui a donné quelque considération en s'en servant.

Le numérotage des maisons d'une même rue est celui des divers terrains qui composent l'écorce du globe. Chaque terrain, considéré comme formé à la même époque, doit porter un seul numéro, quels que soient le nombre et la différence des matériaux qui le composent, j'en tombe entièrement d'accord.

Mais, croit-on, qu'on connoîtra les batimens qui composent cette rue, ou les terrains qui composent l'écorce du globe, parce qu'on aura mis un numéro sur chaque maison ou sur chaque groupe, et ne voudra-t-on pas indiquer les matériaux dont chacun se compose, et même les indiquer avec une précision qui exige des détails et des définitions claires. Or, si on ne veut les indiquer qu'à mesure qu'ils se présentent, et

néralogique des roches? Pourquoi veulent-ils laisser cette partie si utile de la science dans le désordre et dans le vague? Pourquoi ne veulent-ils pas permettre qu'on donne des définitions précises et indépendantes de leur position de ce qu'on entendra par granite, porphyre, grès, basalte, psammite, etc.? Pourquoi, enfin, veulent-ils que l'on confonde les grès homogènes avec les grès hétérogènes, parce qu'on trouve dans la même formation, peut-être dans le même banc, ces deux sortes de grès si souvent différens par leur structure et leur composition? Mais ne trouve-t-on pas aussi dans le même banc du schiste et de la houille, du silex et du calcaire, de l'argile et du gypse? Ont-ils pour cela jamais prétendu ne pas distinguer ces substances? Ils diront qu'on les trouve aussi séparées, et dans des formations tout-à-fait distinctes : j'en dirai autant des roches que j'ai séparées et désignées sous des noms différens; si plusieurs d'entre elles se trouvent souvent ensemble, si elles passent même de l'une à l'autre par des nuances insensibles, comme le font au reste toutes les roches

---

que la craie ou le psammite n'entrent que dans la construction de la dernière maison, on aura décrit déjà tous les matériaux à mesure qu'ils se sont offerts, et on l'aura fait d'une manière tout-à-fait absolue, sans comparaison entre eux, sans définition précise, avant d'en arriver à ceux-ci. En sorte que, si le schiste compose en partie la maison n.° 3, et qu'une autre variété de schiste compose la maison n.° 7, il faudra ou recommencer la description en entier, ou supposer la première déjà connue et comparable, quoiqu'on ait décrit dans l'intervalle la serpentine de la maison n.° 4, le calcaire de la maison n.° 5, et encore une autre serpentine du n.° 6, et encore un autre calcaire du n.° 7, etc.

N'est-il pas mieux de dire : tous les matériaux qui composent les douze maison de cette rue se réduisent à vingt ou trente sortes différentes, dispersées dans ces douze maisons? Nous allons donc faire connoître les granites, les porphyres, les schistes, les calcaires, les gypses, etc., et quand nous arriverons à décrire les maisons dans la construction desquelles ils entrent, il nous suffira de dire que la maiton n.° 1 est composée de granite gris et de gneiss; la maison n.° 3, de granite rouge et de porphyre; la maison n.° 4, de schiste, de marbre et de selmarin, etc.; car il n'est pas présumable qu'on regarde comme indifférent de connoître les matériaux qui composent les maisons, ou, pour finir la métaphore, ceux qui composent les différens terrains dont est formée l'écorce du globe.

sans exception, dans d'autres cas elles sont entièrement différentes les unes des autres. [1]

Il nous semble donc hors de doute qu'une classification minéralogique des roches mélangées doit précéder l'histoire géognostique des roches; il ne s'agit plus que de rechercher sur
quel principe, sur quel caractère on la fondera.

Deux ordres de caractères semblent se disputer seuls la
prééminence pour la classification minéralogique des roches:
la structure et *la nature.*

Les roches dont il est ici question, étant par leur définition
nécessairement composées de minéraux de diverses natures,
il paroît difficile de prendre pour principe de classification *la
nature* de ces mélanges, puisqu'elle semble devoir être absolument indéterminée. La structure, c'est-à-dire le mode d'a-
grégation de ces parties, paroît un principe plus sûr et d'une
valeur égale au premier.

Cela seroit vrai, si toutes les roches étoient formées de parties mélangées dans d'égales proportions, et qu'il n'y eût jamais aucune d'elles qui dominât par sa quantité ou par ses
caractères. Mais cet équilibre dans la proportion des matières
mélangées et dans l'influence des caractères, est au contraire
assez rare; d'où il résulte qu'on peut prendre dans beaucoup
de cas le caractère de la roche dans sa partie dominante ou
dans *sa nature.*

D'ailleurs, la nature des substances est un caractère d'une
telle importance dans ce que l'on nomme *les méthodes naturelles,*
qu'on ne le néglige jamais que quand il ne peut être saisi, ou,
ce qui arrive beaucoup plus fréquemment, quand un défaut
d'attention, de sagacité, ou même de connoissances, empêche
de l'apercevoir; mais dès qu'il est ostensible, il devient toujours dominant. Ainsi on voit dans toutes les classifications,

---

1 « Sans doute, ces espèces de roches (le gneiss et le granite) sont
« liées par des nuances insensibles, de même qu'il y a des intermédiaires
« entre le blanc et le noir; mais cela n'empêche pas que les extrèmes
« doivent porter des noms différens. » (De Saussure, Voy. dans les Alpes,
tome 3, §. 1726.) Il est vrai que la plupart des sortes de roches passent
les unes aux autres par des nuances insensibles; mais si les échantillons
des extrémités d'une sorte se confondent avec ceux des extrémités des
sortes voisines, ceux du milieu se distinguent clairement.

quels que soient les principes sur lesquels elles sont fondées,
des roches à base calcaire, des roches à base de quarz, des
roches à base de schiste argileux, etc., parce que la nature
bien déterminée de ces minéraux rend leur caractère dominant trop sensible pour être négligé.

La nature du principe dominant dans les roches nous paroît
donc être le caractère de première valeur, celui sur lequel
l'espéce et le genre doivent être fondés, toutes les fois du moins
que ce principe dominant est *saisissable* ou *déterminable*.

Examinons actuellement la valeur du caractère tiré de *la
structure*.

Nous ne pouvons nous dissimuler qu'il ne soit aussi d'une
grande importance dans la classification des roches, qu'il
ne doive venir immédiatement après celui qui est tiré de *la
nature*, et même le suppléer lorsque celui-ci manque; mais sa
valeur, quoique très-grande, est inférieure à celle de ce dernier, comme quelques exemples vont le prouver.

Le gneiss ne semble avoir été distingué des granites que
par la structure; la détermination des porphyres, des amygdaloïdes, paroît aussi fondée sur la structure ; mais c'est faute
d'y avoir fait assez d'attention qu'on a pu être trompé sur la
valeur de ce caractère. La preuve qu'il n'a pas servi seul à
établir la différence du gneiss d'avec le granite, et que le
mica, principe dominant par ses propriétés, a dirigé cette
spécification, et, pour ainsi dire, sans qu'on s'en rendît
compte, c'est qu'on en a séparé le micaschiste (*glimmerschiefer*), qui a la texture feuilletée du gneiss, mais qui en
diffère par sa nature, puisqu'il ne renferme que du quarz
au lieu de felspath, l'un des principes essentiels du gneiss.

La diorite (*grünstein*), dont le caractère, pour tous les
géognostes, est tiré de sa composition de felspath et d'amphibole, renferme deux variétés, la *granitoïde* et la *schistoïde*,
et on a rarement proposé de faire de cette dernière une espéce de roche particulière, à cause de sa texture feuilletée. [1]
On pourroit multiplier beaucoup plus les exemples; mais ceux
que je viens de rapporter, et les principes que j'ai développés

---

[1] M. Leonhard les a séparées et placées dans deux sections différentes
sous les noms de *Diorite* et *Dioritschiefer*.

plus haut, semblent suffisans pour en conclure que, dans la classification des roches mélangées, le caractère tiré de la *nature* ou du corps dominant doit être mis en première ligne, et celui que donne la *structure* doit être placé en seconde ligne, soit pour être employé à former les divisions moins essentielles que celles de l'espèce et du genre, soit pour remplacer le premier lorsqu'il manque.

C'est d'après ce principe que j'ai établi la classification et la spécification des roches que je vais présenter; mais je crois devoir la faire précéder, 1.° de l'indication des principales classifications proposées; 2.° d'une explication précise des expressions qui seront employées pour décrire les roches, et pour en désigner les caractères.

ART. 2.
Sur quelques classifications des roches.

Il en est de la classification des roches comme de celle de presque toutes les branches de l'histoire naturelle; les premiers observateurs, ayant connu peu de variétés, ont apporté peu d'attention aux différences qui distinguoient ces corps. Ils n'ont classé, ou plutôt réuni, que les roches les plus remarquables par leur abondance ou leur aspect extérieur. Aussi on a décrit de tout temps le granite, le porphyre, etc., non pas comme terrain, mais bien comme mélange constant et caractérisé de minéraux différens.

Il ne peut entrer dans mon plan de parler de toutes les classifications minéralogiques des roches mélangées : il me suffira de rappeler les principales, et de faire ressortir le point de vue commun à presque tous les minéralogistes qui ont cru que les masses à composition constante, qui formoient l'ossature du globe, méritoient tout aussi bien d'être définies et décrites que les minéraux rares et infiniment petits qui s'y rencontroient.

Aussi Linné a-t-il établi un ordre de *petræ aggregatæ*, renfermant les roches mélangées (*saxa*), où le granite, le gneiss, le porphyre, l'amygdaloïde, etc., sont caractérisés minéralogiquement par leur structure.

Wallerius, sous le nom de *saxa mixta*, a déterminé et décrit avec détail les roches mélangées, en les classant en

cinq genres, les Granites, les Roches fissiles ou des four-
neaux, les Porphyriques, les Roches cornées et les Roches
glanduleuses et veineuses, et sous celui de Roches agrégées
(*saxa aggregata*), les Brèches et les Poudingues. Il a subdivisé
ces genres en espèces par la nature des composans. On peut
donc dire que sa méthode est autant fondée sur la nature
des principes que sur la stucture.

De Born, dans le Catalogue d'Éléonore de Raab, a compris les roches sous le titre de *Terres et pierres mélangées*, et,
suivant le principe chimique, dominant dans ce catalogue
systématique, il les a classées minéralogiquement et d'après
leur nature. Les définitions que cet homme, si distingué par
sa science et son esprit, donne des diverses roches mélangées,
sont précises et entièrement conformes à celles que nous
avons adoptées. Ainsi le granite est caractérisé par un mélange de quarz, de felspath, de mica, etc. Le granitin est
composé de quarz et de mica seulement. Le porphyre est caractérisé par une pâte siliceuse, renfermant des cristaux de
felspath. La basaltine, la brèche siliceuse même, les grès,
etc., sont dans les roches siliceuses. Viennent ensuite les
roches argileuses, qui comprennent les amygdaloïdes et les
brèches argileuses, etc.; les roches magnésiennes, les roches
barytiques, calcaires, etc.

M. d'Aubuisson, fidèle aux principes de la géognosie
saxonne et de son célèbre fondateur, n'a point donné de
classification minéralogique des roches. Il nomme, définit,
décrit, et fait l'histoire des roches composées et des roches
simples, à mesure qu'elles se présentent dans les couches
du globe, en commençant par celles qu'on regarde comme
les plus anciennes. Il offre dans tout leur développement les
inconvéniens que nous trouvons à cette méthode; car on ne
peut mieux caractériser et décrire les roches mélangées qu'il
ne le fait : mais tantôt ces caractères sont entièrement minéralogiques, comme dans le granite, le gneiss, la diabase
ou diorite, l'euphotide, etc., où la *composition essentielle* est
déterminée; tantôt ils sont plus géognostiques, c'est-à-dire,
plus de position et de circonstances que de composition déterminée; tels sont ceux des phyllade, porphyre, eurite, amphibolite, traumate, qui sont plutôt des terrains que des roches.

Haüy a donné une distribution minéralogique des roches; mais il nous a semblé qu'il l'avoit beaucoup trop soumise à la minéralogie, en désignant des roches mélangées par le nom du principe dominant et les rapportant ainsi à cette espèce. Il a fait beaucoup de noms et a peu respecté, suivant son usage, les noms faits avant lui. Cependant nous lui en emprunterons plusieurs, non - seulement pour ne pas tomber dans une faute pour laquelle nous n'aurions pas la même excuse que cet homme célèbre, mais parce qu'en général ils sont agréables. On doit oublier leur étymologie, qui est prise de rapports si éloignés qu'il faut beaucoup de flexibilité dans l'esprit et l'aide de l'explication de l'auteur pour l'admettre.

M. Cordier n'a encore publié que la distribution méthodique des substances volcaniques en masse; mais on a donné dans la Bibliothèque italienne le tableau de sa classification des roches. Les caractères des mélanges qu'il a cru devoir distinguer et désigner par des noms spéciaux, sont pris de la nature des parties composantes. Il a employé, pour déterminer l'espèce de ces particules minérales, des procédés mécaniques nouveaux, fort ingénieux, et qui ont contribué mieux que n'auroit pu le faire l'analyse, à nous apprendre quels sont les espèces minérales qui composent les basaltes, les ponces et pumites, etc. Sa classification est en partie géognostique, puisqu'il ne s'occupe que des roches volcaniques, et en plus grande partie minéralogique, puisqu'elle est fondée sur la nature des parties plutôt que sur la structure des masses.

Dans la classification générale des roches, telle qu'il l'a donnée dans son Cours de 1822, et qu'elle a été publiée dans le 28.ᵉ volume de la Bibliothèque italienne, page 376, M. Cordier réunit dans le même tableau les roches homogènes et les roches hétérogènes.

Les principes de cette classification générale sont les mêmes que ceux de la distribution des roches volcaniques. Ils sont pris de la nature de la roche ou de son composant principal. Ainsi on voit d'abord les *roches à base de quarz,* renfermant le quarz grenu, le quarz compacte, le silex, le jaspe, etc.; *les roches à base de felspath,* renfermant le felspath grenu, le laminaire, la pegmatite, le kaolin, le gneiss, le granite, la syénite, le pétrosilex, le porphyre, le pyroméride, l'argilophyre, le phonolite, le trachyte, l'obsidienne et le stigmite, etc.; les *roches pyroxéniques*, le pyroxène en masse, la dolérite, l'ophite, le basalte, la vake, etc.; les *roches amphiboliques*, l'amphibolite, la diorite; les *roches à bases de grenats*, le grenat massif; celles à *base de diallage*, l'éclogite, la sélagite, l'euphotide, la variolite de la Durance, l'ophiolite; les *roches talqueuses*, le stéachiste, etc.; les *roches à base de mica*, l'hyalomicte, le micachiste; les *roches à base de schiste*, le schiste luisant, le phyllade; les *roches calcaires*, etc.

Ces premiers genres et espèces suffisent pour faire connoître les principes de sa classification. Nous nous félicitons de voir qu'ils diffèrent peu de ceux que nous avons proposés en 1813. Cette classification est fondée, comme la nôtre, sur le principe dominant; seulement M. Cordier a, comme on vient de le dire, réuni les roches homogènes qui sont des espèces minérales en masse, avec les roches hétérogènes qui sont le résultat de l'association, suivant des règles assez constantes, de plusieurs espèces minérales, et, par conséquent, des corps déjà connus, avec des agrégations à décrire. Enfin il a quelquefois considéré comme base ce que je n'ai regardé que comme accessoire; ainsi l'hyalomicte est placée au mica, tandis que je l'ai placée au quarz, et, en effet, il est souvent difficile de décider lequel des deux corps imprime à cette roche son caractère particulier.

Ce n'est pas que la réunion dans le même tableau des roches homogènes et des roches hétérogènes ne puisse être appuyée de plusieurs raisons très-spécieuses, et il faut bien que ce soit ainsi, puisque plusieurs géologues habiles ont adopté cette réunion. Il est vrai, par exemple, que le cipolin et l'ophiolite paroissent plus naturellement placés, l'un à côté du calcaire saccaroïde et l'autre à côté de la serpentine, que dans les roches composées; mais si cela est vrai pour ces roches, il est difficile de trouver la même convenance de position entre le felspath et le granite, entre le pyroxène et la vakite, etc.

M. DE LEONHARD, dans l'ouvrage très-savant, très-complet et si utile, qu'il a publié en 1823 sur les roches, sous le titre de *Charakteristik der Felsarten*, a suivi une méthode minéralogique dans la classification des roches, puisqu'il les divise en Roches hétérogènes (*Ungleichartige Gesteine*), à texture grenue, à texture schisteuse, à texture porphyrique : Roches homogènes (*Gleichartige Gesteine*), à texture grenue, schisteuse, compacte, vitreuse, et Roches agrégées ou composées de fragmens (*Trümmer-Gesteine*). On y voit des roches caractérisées par leurs parties composantes, tels que le granite, la syénite, le gneiss ; des roches homogènes, qui ne sont que des espèces minérales sous un plus gros volume, tels que le calcaire grenu, la dolomie, le selmarin rupestre ; les mêmes espèces considérées sous le seul caractère géognostique, tels que le calcaire de transition, le *Muschelkalk*, le calcaire du Jura, etc. ; ensuite des roches homogènes, considérées minéralogiquement, tels le schiste argileux, l'ampélite ; puis des roches hétérogènes, considérées et définies d'après le même principe et mêlées avec des roches homogènes, tels que le trachyte avec le basalte, la vake, l'argile, etc.

Chaque espèce est ensuite caractérisée minéralogiquement et décrite géognostiquement. Cette dernière circonstance n'est pas par elle-même en opposition avec les principes de la classification minéralogique des roches mélangées, quand elle n'est que secondaire ; car on peut faire l'histoire géognostique des granites, des schistes argileux, des basaltes, comme on fait celle du quarz et du fer carbonaté, et c'est même sous le rapport des détails nombreux de géognosie, donnés à l'article de chaque sorte de roche, que l'ouvrage de M. Leonhard est remarquable et précieux.

Ce minéralogiste est donc un de ceux qui a le plus approché d'une classification minéralogique des roches, complète à tous égards. Quoique disciple de l'école de Werner, il n'a pas craint de multiplier les espèces, et on verra qu'il en a porté le nombre bien plus loin que nous ne l'avons fait. Nous emploirons néanmoins plusieurs de ces espèces, en respectant les noms donnés, quand ils seront insignifians, qu'ils appartiendront à une langue scientifique, et qu'ils ne seront pas en opposition directe avec les principes de notre classification.

Si on examine sous un autre point de vue les diverses

classifications des roches mélangées que nous venons de faire connoître, on voit qu'on peut les rapporter aux deux principes de classification que nous avons exposés et discutés avant de présenter les exemples.

On placera parmi les minéralogistes qui ont classé les roches d'après la *nature de leur principe* et la prédominance de l'un d'eux :

> Wallerius.
> De Born.
> Delamétherie.
> Haüy.
> M. Cordier.

Et parmi les minéralogistes qui les ont classées d'après leur *structure* :

> Linné.
> Mongez.
> M. de Leonhard.

Art. 3.

Terminologie minéralogique des roches simples et des roches mélangées.

La terminologie des roches simples, c'est-à-dire la définition des termes employés pour les décrire et les faire connoître, diffère très-peu de la terminologie minéralogique, puisqu'on ne peut pas considérer les espèces minérales cristallisées sans y réunir leurs variétés amorphes et massives, et parce que ces variétés n'ont besoin, pour être nommées *roches*, que de se présenter sous le volume qui les place dans ce point de vue.

Il n'en est pas de même des roches mélangées; la manière de les considérer est un peu différente de celle dont on considère les minéraux homogènes, et les caractères distinctifs qu'on peut tirer de ces considérations sont aussi d'un ordre différent.

Les caractères à observer sur ces roches doivent porter,

1.° Sur l'ensemble de la roche;

2.° Sur ses parties.

Les considérations particulières que présentent les roches,

abstraction faite de celles qui sont communes aux roches et aux minéraux simples, sont de neuf sortes.

I. La composition.
II. La structure et la texture.
III. La cohésion.
IV. La cassure.
V. La dureté.
VI. La couleur et les autres jeux de lumière.
VII. L'action chimique des acides, du feu.
VIII. L'altération naturelle.
IX. Le passage minéralogique.

I. COMPOSITION. On doit distinguer dans la composition d'une roche : 1. *Les parties* qui entrent dans sa composition. — 2. *La nature* de ces parties. — 3. *La prédominance* de ces parties les unes sur les autres.

1. *Les parties* qui entrent dans la composition d'une roche mélangée se distinguent en A. *Parties constituantes*, et B. *Parties accidentelles.*[1]

A. *Parties constituantes*. — Qui sont disséminées uniformément et en quantités à peu près égales. Les unes sont :

a. *Essentielles*, c'est-à-dire, que leur présence est *nécessaire* pour constituer telle ou telle espèce de roche. (*Ex.* Le felspath, le quarz et le mica dans le granite.)

b. *Accessoires*, c'est-à-dire, qu'elles se trouvent *quelquefois* dans la roche, uniformément disséminées et en quantité notable. (Le quarz dans le gneiss.)

B. *Parties accidentelles*. — Qui se trouvent quelquefois dans une roche, éparses, et en quantité moindre que les parties constituantes. Elles sont :

a. *Disséminées*, c'est-à-dire, isolées et répandues çà et là. (Le titane nigrine dans la syénite, — le fer sulfuré dans la diorite.)

---

1 La distinction en parties essentielles et parties accidentelles est dans la minéralogie de M. Brochant, mais il m'a semblé nécessaire de l'étendre davantage.

    b. *Pelotonnées*, c'est-à-dire, réunies en paquets ou pelotons dans certaines parties de la roche. (L'agate dans le porphyre, la mésotype dans le basanite.)

2. *La nature* des parties. — Les minéraux qui composent une roche doivent être soigneusement désignés et déterminés par toutes les propriétés physiques et chimiques qui les caractérisent.

3. *La prédominance* des parties. — Une roche a une partie prédominante, lorsqu'un des minéraux constituans essentiels l'emporte sur les autres par sa *quantité*, ou par l'influence que ses propriétés ont sur les caractères de cette roche. (Tels sont : le felspath dans le granite, — le mica dans le gneiss, etc.)

Dans l'énumération des parties constituantes essentielles d'une roche, le minéral ordinairement prédominant doit être nommé le premier.

    La prédominance est A. *Essentielle*,
        ou B. *Indifférente*.

    A. *Essentielle.* — Lorsqu'une des parties prédomine constamment et très-sensiblement par sa quantité et par ses propriétés. — Elle forme alors la *base* de la roche et sert à sa classification. (Le mica dans le micaschiste, — le pétrosilex dans l'eurite.)

    B. *Indifférente.* — Lorsqu'une des parties constituantes l'emporte souvent sur les autres par ses caractères, et un peu par sa quantité. (Le felspath dans la syénite.)

II. STRUCTURE et TEXTURE[1]. La *structure* et la *texture* sont relatives à la disposition des parties entre elles.

La STRUCTURE s'entend de la disposition des joints de sépa-

---

[1] J'ai cru devoir distinguer en minéralogie ces deux sortes de disposition dans l'arrangement des parties. Cette distinction, importante en minéralogie, l'est moins à l'égard des roches qui n'offrent jamais la structure régulière dans l'acception rigoureuse de ce mot.

Néanmoins, pour ne pas détourner l'application d'un mot défini et rendre ainsi sa définition illusoire, je conserverai cette différence.

Il n'est question ici que de ce que les minéralogistes allemands appellent la *structure en petit*. Ce qu'on nomme *structure en grand* n'appartient qu'aux terrains.

ration des parties d'une roche, d'où résulte nécessairement la forme de ces parties.

Les roches n'offrent jamais que la *structure irrégulière.* On peut y distinguer plusieurs sortes de structures ; savoir :

1. *La structure lamellaire.* Lorsque les parties offrent des petites lames ou joints à peu près planes. Cette structure est cristalline. (Le cipolin, l'amphibolite, l'éclogite.)

2. *La structure sphéroïdale ou globaire.* Lorsque les parties sont disposées en sphéroïdes dans la roche.
   Compacte. (Les variolites.)
   Radiée. (Pyroméride de Corse, etc.)
   Testacée. Lorsque les couches des sphéroïdes sont distinctes. (Dans la diorite orbiculaire de Corse, dans un gneiss de Daglösten, aux environs de Torneo, où les cristaux de felspath sont entourés de mica écailleux en couches concentriques et ondulées. (De Buch.)

3. *La structure fragmentaire.* Lorsque la masse est divisée par une multitude de joints qui suivent toutes sortes de directions, et qui permettent de la partager en fragmens anguleux, à angles et arêtes indéterminables. (Trappites, porphyres, basanites, trachytes.)
   Lorsqu'une roche ne présente aucun joint, on peut dire que *la structure est massive.*

4. *La structure entrelacée.* La roche est composée de parties anguleuses, arrondies ou ovoïdes, qui s'engrènent les unes dans les autres, et semblent liées par une matière colorée, disposée en veines ou en réseaux, ce qui donne trois variétés dans cette structure.
   a. *L'amygdaline.* Des parties ovoïdes serrées les unes contre les autres et comme liées par un réseau. (Marbre campan.)
   b. *La veinée.* Des parties amorphes traversées par des veines diversement colorées. (Ophiolite.)
   c. *La brouillée.* Des parties anguleuses liées par un ciment, le tout traversé de veines dans toutes sortes de directions. (L'ophicalce vert de mer, quelques brèches.)

5. *La structure fissile et feuilletée.* Les roches qui ont cette

structure paroissent formées de lits minces, et quelquefois même de feuillets. Considérée,

A. Dans *son ensemble*. La structure feuilletée peut être :

    a. *Uniforme*. Quand tous les feuillets sont de même na-
    ture. (Le phyllade micacé.)

    b. *Alternante*. Lorsque les feuillets sont alternativement
    de nature différente. (Le gneiss, le calschiste veiné.)

    c. *Droite*. A feuillets droits.

    d. *Sinueuse*. A feuillets sinueux, mais parallèles. (L'am-
    phibolite schistoïde, le micaschiste contourné.)

B. Dans *ses parties*. Elles sont :

    a. *Étendues*. Lorsque les parties de la roche sont paral-
    lèles aux feuillets. (Le quarz dans le micaschiste, dans
    le gneiss.)

    b. *Traversantes*. Lorsque des parties disséminées dans la
    roche en percent et traversent les feuillets. (La macle
    dans les phyllades, le felspath dans quelques mica-
    schistes.)

    c. *Enveloppées*. Lorsque les parties quelquefois assez
    grosses sont comme enveloppées par les feuillets de
    la roche qui se contournent et s'y appliquent dans tous
    les points. (Stéaschiste noduleux.)

La TEXTURE s'applique à la forme non géométrique, à la
grosseur et à l'aspect des parties qui composent une roche.

Les sphéroïdes, feuillets et fragmens, que donne la *structure* d'une roche, peuvent avoir une *texture* particulière.

La *texture* est *homogène*, lorsque toutes les parties d'un minéral sont de même nature et de même aspect. Elle est *hétérogène*, lorsque les parties sont de nature ou d'aspect différent. — On ne s'occupera ici que de cette dernière, les variétés de la première ayant été décrites à la minéralogie.

    1. *Texture grenue*. — La roche est composée de parties ou
    grains anguleux ou arrondis, distincts, réunis sans pâte
    sensible. — Considérée relativement à la *grosseur respec-
    tive des grains*, on dit qu'elle est :

    A. *Uniforme*. Lorsque les grains ou parties sont à peu près
    d'égale grosseur.

B. *Inégale.* Lorsque les grains diffèrent beaucoup dans leur grosseur.

C. Considérée relativement à la *grosseur absolue des grains*, qu'il est souvent nécessaire de désigner, et alors il est commode de le faire par une expression définie[1]. Les grains ou parties arrondies sont :

Miliaires. De la grosseur d'un grain de millet ou de chenevis.

Pisaires. De la grosseur d'un pois.

Avellanaires. De la grosseur d'une noisette.

Colombaires. De la grosseur d'un œuf de pigeon.

Ovulaires. De la grosseur d'un œuf de poule.

Pugillaires. De la grosseur du poing.

Céphalaires. De la grosseur de la tête d'un homme.

Péponaires. De la grosseur d'un potiron (*Cucurbita Pepo*).

Métriques. Dont le diamètre est d'environ un mètre.

Bimétriques. Dont le diamètre est d'environ deux mètres.

Gigantesques. Dont le diamètre passe deux mètres.

Considérée relativement au *mode de réunion des grains et parties*. La texture est :

D. *Cristalline.* Lorsque les parties sont réunies par voie de cristallisation confuse et simultanée. Ce mode se reconnoît : 1.° aux arêtes vives des grains ; 2.° à la ma-

---

1 On ne peut désigner des volumes qui n'ont ni précision ni constance, par des mesures qu'on ne sauroit à quelle dimension appliquer, et qui emporteroient avec elles une idée d'exactitude qu'on ne peut admettre sans erreur ; car il n'y a pas dans une roche, composée de parties angulaires ou arrondies, deux morceaux qui aient la même dimension. Cependant, il y a souvent une dimension moyenne dominante, et c'est ce volume qu'il faut indiquer ; on peut le faire par des périphrases de comparaison, et dire, par exemple : que tel poudingue est composé de cailloux gros comme un œuf de poule ; mais on sait combien de telles périphrases alongent des descriptions déjà trop sèches, trop longues et fastidieuses. Il m'a semblé qu'un nom univoque, défini par des objets de comparaison, pouvoit remplacer avantageusement ces périphrases. J'ai déjà employé ces noms et cette méthode dans mon Mémoire sur les terrains de sédiment du Vicentin, etc. (Paris, 1823, 1 vol. in-4.°. page 28.)

nière dont ils se pénètrent mutuellement, et se fondent même quelquefois les uns dans les autres.

E. *Agrégée.* Les grains, formés isolément ou résultant de la désagrégation d'autres minéraux, ont été réunis par agrégation, ce qui se reconnoît : 1.° aux arètes des grains presque toujours émoussées; 2.° à la manière dont ils sont limités, séparés, bien distincts les uns des autres, sans jamais se pénétrer.

Ils sont agrégés :

a. Sans aucun ciment. (Les arkoses, quelques psammites.)

b. Par un ciment à peine distinct, et qui ne peut être considéré comme pâte. (Les macignos, quelques psammites.)

2. La *texture empâtée* est celle dans laquelle la base de la roche est une pâte sensiblement homogène où sont disséminées les parties constituantes ou accidentelles. (Les porphyres, variolites, poudingues.) Dans les roches à texture empâtée on doit considérer séparément : A, les parties; B, la pâte; C, les rapports de la pâte avec les parties.

A. Les parties sont :

a. *Anguleuses régulières.* Ce sont des cristaux plus ou moins nets, disséminés dans la pâte. (Porphyre, ophite.)

b. *Anguleuses irrégulières.* Des fragmens irréguliers. (Brèche.)

c. *Sphéroïdales.* Des noyaux à contours arrondis. (Variolite, poudingue.)

d. *Compactes.* A structure compacte. (Poudingue.)

e. *Lamellaires,* A structure lamellaire. (Spilite.)

B. La pâte est :

a. *Compacte.* (Les porphyres, variolites, etc.)

b. *Cristalline.* A structure lamellaire. (Calciphyre granatique.)

C. Les rapports de la pâte avec les parties qui y sont disséminées.

La formation de la pâte et de ces parties est :

a. *Simultanée.* Lorsque la pâte et les parties qu'elle

renferme ont été formées ensemble; ce qui se reconnoît à la forme, soit cristalline, soit sphéroïdale concentrique, soit sphéroïdale rayonnée
et sans cavité centrale, des parties, et plus sù-
rement encore à la liaison de ces parties avec la
pâte qui les pénètre toujours un peu. (Porphyre, diorite tigrée.)

La formation de la pâte est :

b. *Antérieure.* Elle a été formée avant les noyaux,
mais elle a laissé des cavités qui ont été remplies dans la suite par infiltration ou exsudation.
Cette formation se reconnoît à la structure ordinairement cristalline et souvent rayonnée des
noyaux qui remplissent en tout ou en partie les
cavités, et qui quelquefois même n'en tapissent
que les parois, et à la séparation réelle des
noyaux d'avec la pâte.

(Quelques spilites et basanites qui renferment
des noyaux de mésotype, d'analcime, de chaux
carbonatée, de quarz, etc.)

La formation de la pâte est :

c. *Postérieure.* Lorsque la pâte a été formée après
les noyaux qui y ont été enveloppés; ces noyaux
ne sont pas cristallisés, ils sont soit anguleux,
soit arrondis par frottement; il n'y a aucune
liaison entre eux et 'a pâte, quoique les mêmes
veines de minéraux cristallisés les traversent
quelquefois l'une et l'autre.

(Les poudingues, les brèches, les mimophyres.)

3. *Texture cellulaire.* Des cavités nombreuses dans les roches. Ces cavités sont :

A. *Anguleuses.* (Les porphyres en partie décomposés.)

B. *Sphéroïdales.*

    a. *Rondes.* (Les spilites et variolites, les laves.)
    b. *Alongées.* (Les laves.)
    c. *Irrégulières.*

III. Cohésion. Suivant le mode de cohésion d'une roche, on
dit que cette roche est :

A. *Solide.* Lorsque ses parties sont solidement liées
entre elles. (Le porphyre, l'hyalomicte.)

B. *Friable.* Lorsque ses parties se désagrègent facilement. (Beaucoup de granites, de psammites, etc.)

C. *Tenace.* Lorsqu'elle est difficile à casser. (Le basanite, l'amphibolite, l'euphotide, etc.)

D. *Aigre.* Lorsqu'on la casse aisément. (L'eurite compacte.)

IV. Cassure. Les roches peuvent présenter presque toutes les variétés de cassure qu'on remarque dans les pierres. Nous ne parlerons ici que de celles qui semblent particulières aux roches mélangées. Elle est :

A. *Unie.* Lorsque les parties sont assez solidement liées pour que la fissure de séparation les coupe toutes sans être dérangée de sa direction. (Certains granites, les porphyres, etc.)

B. *Raboteuse.* Lorsque la fissure traverse toutes les parties; mais celles-ci opposant des obstacles différens à la propagation du choc, il en résulte une fissure ondulée et une surface raboteuse. (Beaucoup de granites.)

C. *Grenue.* Lorsque la fissure ne coupe point les grains, mais en suit au contraire presque tous les contours.

V. Dureté. Tantôt toutes les parties d'une roche sont à peu près d'égale dureté; elle est alors susceptible de recevoir un poli très-vif et très-égal, si d'ailleurs ses parties réunissent les conditions nécessaires. (Le porphyre.)

Tantôt les parties sont d'une dureté très-inégale; alors, quoique chaque partie soit susceptible de recevoir séparément un poli assez beau, cette différence dans la dureté des parties constituantes s'oppose au poli vif et égal de la roche. (La syénite, la protogyne, le gneiss, etc.)

VI. La couleur et les autres jeux de lumière.

A. *De l'ensemble.* Il faut remarquer dans une roche quelle est sa couleur dominante, que ne détruisent pas toujours entièrement les parties différemment colorées qui la composent. (Le rouge si commun dans la syénite.)

Cette couleur dominante peut être un caractère, lorsqu'elle vient d'une pierre base de la roche, et présentant généralement cette couleur. (Le noir ou noir verdâtre du basanite.)

B. *Des parties.* On doit remarquer quelle est la couleur que chaque partie affecte le plus ordinairement. (Le rouge de la syénite dû au felspath, — le vert de l'euphotide à la diallage, etc.)

C. *Les jeux de lumière.* La variété des substances dures, et souvent très-éclatantes, qui composent les roches, y fait naître des chatoiemens et des jeux de lumière fort remarquables. (Le granite chatoyant de Russie, — l'ophiolite chatoyant, — l'éclogite, etc.)

VII. L'ACTION CHIMIQUE.

1. *Des acides.* Les diverses parties qui composent les roches mélangées sont souvent susceptibles d'être diversement attaquées par les acides, et d'être reconnues par ce moyen. On sent qu'il faut, dans ce cas, agir toujours sur des fragmens assez volumineux pour renfermer toutes les parties. C'est ainsi qu'on reconnoîtra les roches qui renferment du calcaire, et qu'on distinguera l'hémithrène du diorite, etc.

2. *Du feu.* L'action du feu est encore plus variée, et peut très-utilement servir à la détermination des diverses parties d'une roche. Le moyen du chalumeau est ici insuffisant, parce qu'il n'agit que sur de trop petits fragmens, qui ne peuvent renfermer toutes les parties de la roche. Il faut employer des pièces au moins de la grosseur d'une noisette, et les exposer au feu de fourneau.

    A. *L'action d'un feu modéré* fait changer la roche de couleur *en tout* ou *en partie*. Dans ce dernier cas elle fait souvent ressortir des parties constituantes qu'on ne voyoit que difficilement avant l'emploi de ce moyen.

    B. *L'action d'un feu très-élevé* divise les roches en :
      a. *Infusibles complétement.* (Poudingue siliceux.)
      b. *Fusible en totalité.* (Diorite.
        a.' *En émail homogène.* (Basanite.)
        b.' *En émail hétérogène,* composé de vernis ou de bulles diversement colorées. (Le diorite fond en émail, partie noir et partie blanc.)

    C. *Fusible en partie.* (Micaschiste, etc.)

VIII. L'altération naturelle. Plusieurs roches sont susceptibles de s'altérer, de se désagréger, et même de se
décomposer.

Les unes deviennent *friables.* (Quelques granites, phyllades.)

D'autres se décomposent en partie en *kaolin.* (Les
pegmatites.)

D'autres se couvrent d'une *écorce terreuse,* d'une couleur différente de celle de leur fond. (Les basanites,
amphibolites, etc.)

IX. Le passage minéralogique. Les roches mélangées passent
la plupart les unes dans les autres par des nuances insensibles. C'est une suite nécessaire de leur mode de formation. Il est peut-être plus remarquable de trouver
dans ces mélanges autant de points fixes, constans et
caractérisés, se présentant à peu de chose près les mêmes
sur toute la surface du globe, que si cette surface eût
été recouverte de mélanges infinis et indéterminés, de
manière que la même association ne se fût pas représentée deux fois dans des lieux différens. Ces passages d'une
roche à une autre sont une des plus grandes difficultés
qu'on rencontre dans la détermination et dans la classification des roches. On doit désigner avec soin ces passages ou transitions, et faire remarquer qu'ils peuvent
avoir lieu de trois manières différentes.

A. *Par nature des parties.* Telle partie constituante essentielle disparoissant peu à peu pour faire place à
une autre. (La syénite au granite, le gneiss au micaschiste, etc.)

B. *Par structure.* La structure grenue passe insensiblement, soit à la feuilletée (le granite au gneiss),
soit à l'empâtée (le granite au porphyre), etc. [1]

C. *Par altération.* Lorsqu'un des principes, en se désagrégeant ou même en s'altérant, prend l'aspect et
les caractères d'un autre minéral. (Dans la syénite

---

[1] M. d'Andrada avoit déjà remarqué ces deux modes de passage.

l'amphibole désagrégé laisse dans l'incertitude si c'est encore de l'amphibole ou si c'est de la chlorite ; et, par conséquent, si la roche est une syénite ou une protogyne. Souvent on détermine difficilement si c'est du mica ou du talc que certaines roches renferment, etc.)

ART. 4.

Nomenclature, Tableaux des roches et Annotations diverses.

§. 1.ᵉʳ Nomenclature.

Les noms univoques, faciles à prononcer par toutes les nations, quelle que soit leur langue, par conséquent les noms qui dérivent des langues sonores, latine et grecque, appartiennent à tous les peuples policés, et ont sur les autres un avantage immense. C'est à ce système qu'est dû le succès de la nomenclature linnéenne et le service que ce succès a rendu aux parties zoologique et botanique de l'histoire naturelle. Ainsi un nom substantif, univoque pour les genres ou pour la division qui en tient la place, et un autre nom adjectif, quelquefois même substantif, pour l'espèce ou la variété, offrent le meilleur système de nomenclature, celui auquel il faut tâcher de ramener toutes les branches de l'histoire naturelle. C'est ce système que j'ai adopté dans la nomenclature des roches, tant homogènes qu'hétérogènes, comme dans celle des espèces minérales. Ce principe m'a forcé de faire quelques noms nouveaux pour dénommer des roches ou qui n'étoient désignées que par des phrases, à la manière de celles de Tournefort pour les plantes, ou qui avoient des noms composés allemands, qui ressemblent à des phrases par leur longueur, ou même des noms, soit allemands, soit anglois, trop composés, ou dont la prononciation est trop difficile pour être employés par les autres nations, et, par conséquent, conservés [1] ; mais toutes les fois que je n'ai pas été forcé par

---

1 Est-il possible de conserver dans une nomenclature scientifique, qui doit être à l'usage des peuples du Nord comme de ceux du Midi,

ces motifs puissans ou par la nouveauté de la chose à faire
un nom, j'ai adopté ceux ou l'un de ceux qui avoient été
donnés à la roche que je voulois désigner, quelque imparfait
qu'il puisse paroître ; car il n'est point essentiel qu'un nom
soit le meilleur possible, ni qu'il indique les caractéres d'un
corps : une définition, comme je me suis permis de le dire
dans bien des occasions, peut seule aspirer à ce but.

§. 2. Annotations diverses sur les tableaux de classification des roches.

Les roches simples et les roches composées sont les matériaux les plus abondans et même les matériaux essentiels de
l'écorce du globe. Ce sont ceux qui s'offrent constamment à
nos regards et le plus souvent seuls ; ceux, enfin, qui renferment toutes les autres substances curieuses ou utiles du règne
minéral. Il y a des parties très-étendues du globe où l'on a
rarement occasion de rencontrer des espèces minérales dans
leur état d'isolement et de pureté ; à peine, au contraire,
peut-on faire un pas sans rencontrer des roches à l'état solide. Leur étude devroit donc être plus générale, plus po-
pulaire que celle des minéraux, s'il étoit possible de connoître les roches simples ou composées, sans connoître auparavant les minéraux dont elles tirent leur origine ; or, la
série des minéraux à connoître pourroit être resserrée dans
des limites très-étroites, si on vouloit la restreindre aux
seules espèces qui entrent dans la composition des roches
simples et des roches mélangées.

C'est dans ce but d'application que nous allons présenter

___

des Italiens, des Espagnols, des François, des Russes comme des Anglois, des Suédois, des Allemands, etc. , les noms de *Glimmerschiefer*,
Eisenglimmerschiefer, *Feldsteinporphyr*, *Hornblendegestein*, *Muschelkalk*, *Tutenmergel*, *Rauhstein*, *Pechstein*, *Grauwacke*, *Bunter et Qua-
dersandstein*, *Greensand*, *Tapanhoacanga*, *rothe Todteliegende*, etc.

J'ai prouvé le respect que j'avois pour les noms consacrés, en adoptant ceux qui pouvoient rigoureusement être employés dans une nomenclature régulière et univoque, tels que *gneiss*, *vakite*, *trappite*,
macigno, *pépérine*, *poudingue*, quoiqu'ils sortissent des principes d'une
nomenclature scientifique.

un tableau caractéristique des roches simples ou homogènes et des roches composées ou hétérogènes.

En exposant les noms, la nature, les caractères de ces roches, on fera connoître en même temps le nombre des espèces minérales qui entrent dans leur composition, et, par conséquent, de celles qu'il faudroit aussi connoître, si on vouloit se borner à l'étude de cette partie du règne minéral, partie curieuse et importante par ses nombreuses applications, nécessaire à la géognosie, et surtout indispensable à la désignation précise des différentes sortes et variétés de roches qui forment les terrains.

§. 3. Annotations sur les exemples et sur les moyens de détermination des roches mélangées.

J'ai choisi presque tous les exemples que je donne dans ma collection, qui est elle-même presque entièrement composée de roches recueillies par moi. J'ai acquis par là deux sortes de sûretés : 1.º je pouvois comparer immédiatement les échantillons, et m'assurer que les roches que je rapportois aux différentes sortes et variétés, se ressembloient le plus possible entre elles ; 2.º je savois qu'elles avoient fait partie de terrains étendus et qu'elles ne dérivoient pas de mélanges fortuits et limités.

On trouvera peut-être que j'ai trop multiplié les exemples. Je regrette au contraire de n'avoir pas pu en donner un plus grand nombre. La science des roches n'a, pour assurer ses déterminations, ni le secours de figures, ni celui de caractères précis géométriques ou chimiques. On ne peut être certain d'avoir bien placé une variété dans la sorte à laquelle on la rapporte, qu'en la comparant avec un échantillon authentique. Or, c'est en multipliant les exemples qu'on pourra espérer que le naturaliste qui voudra reconnoître et nommer une roche, possédera déjà un des exemples donnés, qui pourra lui servir de type de comparaison et lui tenir lieu des figures indispensables maintenant à une détermination certaine dans les règnes organiques.

Malgré tous ces moyens, tous ces secours, la détermination précise des roches mélangées est quelquefois très-difficile,

presque impossible même dans l'état actuel de nos connoissances. Cela tient d'abord à la nature même de la chose, et
en second lieu au peu d'avancement de cette partie de la
géognosie. On a toujours considéré les roches en grand, et
beaucoup de particularités caractéristiques, qu'on découvre
dans certaines séries, ont échappé aux premiers observateurs. Elles ne seront bien connues et bien appréciées que
quand on aura observé et comparé un grand nombre de
roches. Alors telle sorte ou telle variété, qui est maintenant
très-incertaine, deviendra plus facile à caractériser, parce
qu'on pourra élever au rang de caractères des particularités
qui ne se sont pas présentées assez souvent pour qu'on leur
ait attribué la valeur qu'elles ont.

§. 4. Annotations sur les considérations géognostiques
placées à la suite de chaque sorte de roches.

Il faudra nécessairement établir une dénomination géognostique, méthodique, simple, par conséquent univoque,
mais différente de la nomenclature minéralogique des roches,
pour désigner clairement, et d'une manière indépendante de
toute hypothèse, les divers terrains et groupes de terrains
qui composent l'écorce du globe. Les dénominations de *pri-
mitifs*, *intermédiaires*, *secondaires*, *tertiaires*, *volcaniques*, sont
ou fausses, ou hypothétiques, et absolument insuffisantes.
En attendant que le travail que j'ai fait sur ce sujet soit
assez médité pour être publié, je dois donner l'explication
des désignations provisoires dont je me suis servi dans l'indication des positions géognostiques des roches simples et
des roches mélangées du tableau qui va suivre.

On verra que ces désignations s'éloignent peu du système
de nomenclature de MM. Buckland, Conybeare et W. Phillips.
Ces célèbres géologues ont déjà cherché à désigner les terrains par des expressions qui ne soient ni numériques, ni
hypothétiques.

Je suis revenu également et définitivement à la méthode
de présenter les terrains dans l'ordre où ils se montrent
successivement lorsqu'on s'enfonce dans la terre, c'est-à-dire,
en allant des plus superficiels aux plus profonds.

TABLEAU DES GRANDS GROUPES DE TERRAINS.

DÉSIGNATIONS caractéristiques des terrains.	NOMS UNIVOQUES par lesquels on pourroit les remplacer.	SYNONYMIE.
1.° *En allant de la surface de la terre dans sa profondeur.*		
I. TERRAINS DE TRANSPORT ET D'ALLUVION.	ou CLYSMIENS (d'inondation).	Terrains de transport, d'alluvion, d'atterrissement.
POSTDILUVIENS. ANTÉDILUVIENS.		
II. TERRAINS DE SÉDIMENS. .	ou IZÉMIENS (sédimenteux).	Terrains de sédiment ou secondaires, en general.
SUPÉRIEURS . . . . Depuis la surface de la terre jusqu'à la craie exclusivement.	ou IZ. THALASSIQUES (de la mer).	Terrains tertiaires.
MOYENS . . . . Depuis la craie jusqu'au lias, ou calcaire à gryphite, exclusivement.	ou IZ. PÉLAGIQUES (de la haute mer).	Terrains secondaires, oolithiques, jurassiques, ammoneens, etc
INFÉRIEURS . . . . Depuis le lias jusqu'à la houille filicifere inclusivement.	ou IZ. ABYSSIQUES (de l'ancienne mer).	Terrains secondaires, alpins, pénéens.
III. TERRAINS PRIMORDIAUX DE SÉDIMENT, OU TERRAINS SEMI-CRISTALLISÉS. Le calcaire metallifere, les traumates, les steaschistes, etc.	ou HÉMILYSIENS (demi-dissous).	Terrains de transition ou intermédiaires, en partie compactes, en partie cristallisés. Calcaire de transition, *Grauwacke*, schiste argileux, etc. Partie compacte ou sédimenteuse des terrains primordiaux.
IV. TERRAINS PRIMORDIAUX DE CRISTALLISATION. OU TERRAINS CRISTALLISÉS . . . Les calcaires saccaroïdes, porphyres, syénites, granites, gneiss, micaschistes, etc.	ou AGALYSIENS (qui ont été entièrement dissous).	Terrains primitifs. Partie cristallisee des terrains primordiaux.
SUPÉRIEURS . . . . à des terrains qui renferment des debris de corps organisés (porphyre, syenite, protogyne, etc.).	ou Épizoïques.	Roches granitoïdes, syenite, *Grünstein*, etc., intermédiaires ou de transition.
INFÉRIEURS . . . . à tous les terrains qui renferment des debris organiques (micaschiste, gneiss, etc.).	ou Hypozoïques.	Roches primitives par excellence, c'est-a-dire au-dessous desquelles on n'a pas penetré.

DÉSIGNATIONS caractéristiques des terrains.	NOMS UNIVOQUES par lesquels on pourroit les remplacer.	SYNONYMIE.
2.° *Terrains hors de série.*		
V. TERRAINS D'ÉPANCHEMENT.	ou PLUTONIQUES (sortis hors de la terre, avec indice de l'action du feu).	Terrains trappéens et basaltiques.
TRACHYTIQUES.		
TRAPPÉENS.		
VI. TERRAINS PYROÏDES . . .	ou VULCANIQUES (évidemment fondus).	Terrains volcaniques.
VOLCANIQUES ANCIENS.		
— ACTUELS.		
PSEUDOVOLCANIQUES.		
ATMOSPHÉRIQUES.		Pierres météoriques.

On donnera le développement de ce tableau au mot Terrain. On doit seulement ajouter ici l'explication de quelques
termes employés dans l'exposé des considérations géognostiques
qui suivent les caractères minéralogiques de chaque sorte de
roches.

On entend par terrain de *Traumate* avec M. d'Aubuisson,
les terrains appartenant aux semi - cristallisés, et qui sont
composés de phyllade pailleté, de mimophyre, d'arkose,
de psammite schistoïde, de pséphite et d'anagénite.

On désigne généralement sous le nom d'*entrite* avec Pin-
kerton, les roches cristallisées qui présentent une pâte renfermant des cristaux. On désigne aussi d'une manière générale par le nom de *clastiques*, les roches qui sont formées de
débris d'autres roches. Les arkoses, les mimophyres, les pépérines, les pséphites, les poudingues, les brèches, etc., sont
des roches *clastiques*.

TABLEAU

DE LA CLASSIFICATION ET DES CARACTÈRES DISTINCTIFS

DES ROCHES,

CONSIDÉRÉES MINÉRALOGIQUEMENT.

ROCHES.

Ce sont des masses minérales simples ou composées, qui se présentent sur une assez grande étendue pour être considérées comme entrant dans la structure du globe.

1.re CLASSE.

ROCHES HOMOGÈNES ou SIMPLES.

Car. Masses minérales, dans lesquelles on ne distingue à l'œil nu qu'une seule matière composante.

Obs. Quand les roches homogènes renferment des minéraux étrangers, ils y sont en petite quantité, et épars çà et là. Ils ne font pas partie intégrante de la masse.

Parmi les ROCHES HOMOGÈNES les unes peuvent se rapporter à des espèces minérales connues; les autres ne peuvent se rapporter avec certitude à aucune espèce minérale : ce qui établit *deux ordres* dans cette classe, qu'on désignera par les noms que Haüy leur a donnés.

1.er ORDRE. ROCHES PHANÉROGÈNES.

2.e ORDRE. ROCHES ADÉLOGÈNES.

2.e CLASSE.

ROCHES HÉTÉROGÈNES ou composées.

Car. Mélanges naturels, fréquens, constans et en masses étendues, de minéraux appartenant soit à des espèces rigoureusement déterminées, soit à des espèces imparfaites qui ne peuvent être rapportées à aucune des premières.

Obs. Les Roches hétérogènes résultent ou de la *cristallisation* confuse et simultanée des minéraux qui les composent, ou de l'*agrégation* mécanique de ces minéraux : de là deux ordres de roches hétérogènes.

1.er Ordre. LES ROCHES DE CRISTALLISATION.

2.e Ordre. LES ROCHES D'AGRÉGATION.

TABLEAU DES ROCHES.

1.re Classe.

ROCHES HOMOGÈNES.

1.er Ordre. ROCHES PHANÉROGÈNES.

1. *MÉTAUX AUTOPSIDES.*

Zinc . . . . Calamine.
Cuivre . . . . Cuivre pyriteux.
Manganèse . . . Manganèse terne.
Fer. . . . . Pyrite.
       Fer oxidulé.
       Fer oligiste compacte.
       —   —   sanguin.
       Fer hydroxidé compacte.
       —   —   pisolithique.
       —   —   oolithique.
       —   —   limoneux.
       Fer carbonaté spathique.

2. *MÉTAUX HÉTÉROPSIDES SIMPLES.*

Silice . . . . Quarzite.
       Grès lustré.
       —   blanc.
       —   rougeâtre.
       —   bigarre.
       Silex Meulière.
       —   corné.
       Jaspe.

3. *MÉTAUX HÉTÉROPSIDES COMBINÉS.*

Muriates...... Selmarin rupestre.

Fluates....... Fluorite compacte.

Phosphates.... Phosphorite compacte.

Sulfates....... Gypse saccaroïde.
     — fibreux.
     — grossier.
    Karsténite.
    Célestine fibreuse.
    Barytine lamellaire.
     — compacte.
    Alunite.

Carbonates... Giobertite.
    Dolomie granulaire.
     — compacte.
    Calcaire lamellaire.
     — saccaroïde.
     — Travertin.
     — Marbre.
     — compacte.
     — Oolithe.
     — Craie.
     — grossier.
     — marneux.
     — siliceux.
     — Calp.
     — Luculite.
     — bitumineux.
     — brunissant.

Silicates...... Collyrite.
Serpentine.
Magnésite Écume de mer.
— plastique.
— schistoïde.
Stéatite.
Talc laminaire.
— fibreux.
— endurci.
Chlorite Baldogée.
— schistoïde.
Amphibole Hornblende.
Pyroxène Lherzolithe.
Felspath.

2.ᵉ Ordre. ROCHES ADÉLOGÈNES.

1. *ROCHES COMBUSTIBLES.*

Houille schistoïde.
— compacte.
Anthracite schistoïde.
— compacte.
— piciforme.
Lignite.

2. *ROCHES TERREUSES TENDRES.*

Kaolin.
Argile Cimolithe.
— plastique.
— smectique.
— schisteuse.
Marne calçaire.
— argileuse.
— sableuse.

Ocre rouge.
— jaune.
— brune.
Schiste luisant.
— Ardoise.
— coticule.
— argileux.
— bitumineux.
— marneux.
Ampélite alumineuse.
— graphique.
Vake.
Aphanite commun.
— lydien.
Argilolite.

3. *ROCHES TERREUSES DURES.*

Trapp.
Basalte.
Phtanite.
Pétrosilex agatoïde.
— jaspoïde.
— fissile.
Rétinite.
Ponce.
Thermantide.
Tripoli.

2.ᵉ CLASSE.

ROCHES HÉTÉROGÈNES.

1.ᵉʳ ORDRE. ROCHES DE CRISTALLISATION.

I. Felspathiques.....
1. Granite.
2. Protogyne.
3. Syénite.
4. Pegmatite.
5. Leptynite.
6. Eurite.

II. Diallagiques......
7. Euphotide.
8. Éclogite.

III. Amphiboliques....
9. Amphibolite.
10. Hémithrène.
11. Diorite.

IV. Quarzeuses.......
12. Pyroméride.
13. Sidérocriste.
14. Hyalomicte.

V. Micaciques.......
15. Micaschiste.
16. Gneiss.

VI. Schisteuses.......
17. Phyllade.
18. Calschiste.

VII. Talqueuses.......
19. Stéaschiste.
20. Ophiolite.

VIII. Calcaires ....
21. Ophicalce.
22. Cipolin.
23. Calciphyre.

1.ʳᵉ CLASSE.

ROCHES HOMOGÈNES.

1.ᵉʳ ORDRE.

ROCHES HOMOGÈNES PHANÉROGÈNES.

Car. Elles peuvent se rapporter évidemment ou au moins sûrement à des espèces minérales déjà connues, dénommées et rigoureusement déterminées.

Obs. Elles doivent, dans le plus grand nombre des cas, porter le même nom d'espèce que les espèces minérales dont elles sont une variété. Dans quelques cas cependant, on peut leur donner un nom particulier, dérivant de celui de l'espèce, et qui indique que l'on considère cette espèce comme roche. Elles sont caractérisées essentiellement et classées comme les espèces minérales auxquelles elles appartiennent.

* *MÉTAUX AUTOPSIDES.* [1]

1. CALAMINE. = Zinc carbonaté et silicaté.

Aspect lithoïde. — Couleur blanc-jaunâtre sale. — Soluble avec effervescence dans l'acide nitrique. — Papier, trempé dans cette dissolution, s'enflammant aisément. — Pes. sp. 3,6 à 4,3. — Tendre. — Cassure raboteuse. — Texture lâche, quelquefois caverneuse.

En couches subordonnées et en amas irréguliers dans les terrains de sédimens moyens.

---

[1] On ne trouve de vraies roches homogènes parmi les métaux autopsides que dans les genres Manganèse, Fer et Cuivre ; et encore les roches cuivreuses forment-elles plutôt des amas ou des filons que des lits.

2. Cuivre pyriteux. = Cuivre sulfuré.

Éclat métallique. — Couleur jaune. — Texture grenue. — Cassure raboteuse. — Dur. — Pes. sp. 4,3. — Odeur de soufre par le grillage, etc.

En lits ou amas puissans dans les terrains primordiaux. — (En France, Chessy; en Saxe; en Piémont.)

3. Manganèse terne. = Manganèse oxidé.

Aspect terreux. — Couleur brune, tirant sur le violet. — Poussière brune, très-tachante. — Cassure inégale. — Texture lâche ou fibreuse.

En amas considérables dans les terrains primordiaux et de sédimens moyens. — (Romanèche près Màcon; près Recoaro dans le Vicentin.)

4. Pyrite. = Fer sulfuré.

Éclat métallique. — Couleur jaune. — Cassure vitreuse. — Odeur sulfureuse par le feu. — Pes. sp. 4,7.

En lits subordonnés dans les terrains primordiaux, et en amas puissans dans les terrains de sédimens inférieurs et moyens.

5. Fer oxidulé.

Éclat métallique. — Couleur gris-noirâtre. — Poussière noire. — Texture grenue. — Magnétique. — Pes. sp. 4,9.

En bancs puissans, en amas formant montagne, dans les terrains primordiaux. — (Suède, Brésil, etc.)

6. Fer oligiste.

Éclat métallique ou aspect terreux. — Couleur noirâtre ou brun-rougeâtre. — Poussière rouge. — Pes. sp. 5,2.

1. **F. oligiste compacte.**

Éclat métalloïde. — Texture grenue.

En lits, en bancs, en amas puissans formant colline, dans les terrains primordiaux. — (Isle d'Elbe, Brésil, etc.)

2. **Fer oligiste sanguin.**

Aspect terreux. — Texture grenue. — Couleur rouge.

En bancs ou amas, dans les terrains de sédimens inférieurs et moyens.

7. **Fer hydroxidé.**

Aspect terreux ou lithoïde. — Brun. — Poussière jaune. — De l'eau par la chaleur.

1. F. hydroxidé compacte.

Texture compacte.

En couches subordonnées dans les terrains primordiaux.

2. F. hydroxidé pisolithique.

En grains sphéroïdaux de la grosseur d'un pois ou environ.

En amas, dans des cavités ordinairement superficielles des couches calcaires des terrains de sédimens moyens.

3. F. hydroxidé oolithique.

En petits grains miliaires.

En amas ou lits subordonnés, dans des couches calcaires des terrains de sédimens inférieurs et moyens.

4. F. hydroxidé limoneux.

Texture grenue. — Couleur brun-rougeâtre sale. — Impure.

En amas ou sédimens, dans des terrains meubles de sédimens supérieurs.

8. **Fer carbonaté.**

Aspect lithoïde. — Effervescent. — Se colorant en brun-rougeâtre par le feu. — Pes. sp. 3,67.

F. carbonaté spathique.

Structure laminaire ou lamellaire.

En amas puissans, irréguliers, dans les terrains primordiaux

** *MÉTAUX HÉTÉROPSIDES SIMPLES.*

9. Q**UARZITE**. (Quarz en roche. Grès quarzeux.)

Texture sublamellaire ou grenue. — Dense. — Translucide. — Dur. — Cassure raboteuse, subvitreuse dans ses petites parties. — Pes. sp. 2,6. — Infusible.

En couches principales puissantes, formant montagne, dans les terrains primordiaux de sédiment et de cristallisation. — (Le Brésil. Les environs de Cherbourg, etc.)

10. G**RÈS**. [1]

Texture grenue, lâche ou serrée. — Translucide foiblement. — Dur.

En bancs puissans, formant des terrains très-étendus, superficiels ou recouverts, dans les terrains de sédimens inférieurs, moyens et supérieurs.

1. G. **LUSTRÉ**.

Texture dense par agrégation visible.

2. G. **BLANC**.

Texture grenue, lâche. — Blanchâtre.

3. G. **ROUGEATRE**.

Texture grenue, variable. — Rougeâtre.

4. G. **BIGARRÉ**.

Texture grenue. — Couleurs sales, variables.

11. S**ILEX MEULIÈRE**.

Cassure droite. — Texture caverneuse ou cellulaire. — Couleurs blanchâtre, jaunâtre, rougeâtre, pâles et ternes.

En bancs interrompus, dans le terrain lacustre des terrains de sédimens supérieurs. — (Plateaux élevés des environs de Paris.)

---

1 C'est bien une roche simple ou homogène.

12. Silex corné.

Éclat mat. — Texture dense. — Cassure cireuse. — Infusible, etc.

En lits interposés, dans des couches de calcaire des terrains de sédimens moyens et supérieurs. — (Environs de Paris. Environs de Tivoli près Rome, etc.)

13. Jaspe.

Éclat mat. — Texture fine et dense. — Opaque. — Couleurs vives.

En bancs continus à stratification parallèle, dans les terrains de calcaire de sédimens inférieurs ophiolitiques. — (Au Nord du golfe de la Spezzia, etc.)

*** *MÉTAUX HÉTÉROPSIDES COMBINÉS.*

14. Selmarin rupestre. (Sel gemme.)

Saveur salée, agréable, etc.

En masses, amas, couches puissantes ou bancs, dans les parties inférieures des terrains de sédimens moyens.

15. Fluorite compacte. = Chaux fluatée.

Dureté moyenne. — Acide fluorique par l'acide sulfurique. — Translucide. — Pes. sp. 3.

En masses compactes, formant des amas ou couches, près de Steinbach en Thuringe ; — ou de puissans filons ; à Stollberg au Harz.

Nota. Est-ce bien une roche dans l'exacte acception de ce mot ?

16. Phosphorite compacte. = Chaux phosphatée.

Opaque ou foiblement translucide. — Plus dur que le calcaire. — Fusible. — Non effervescent. — Pes. sp. 3.

En masses considérables; on ne connoît pas bien l'époque de formation du terrain. — (A Logrosan dans l'Estramadure.)

17. GYPSE. = Chaux hydro-sulfatée.

Tendre. — Fusible. — Non effervescent. — Donnant de l'eau par la chaleur. — Pes. sp. 2,3.

1. G. SACCAROÏDE.

Texture lamellaire ou grenue, cristalline.

En amas ou lits dans les terrains primordiaux du second ordre.

2. G. FIBREUX.

Texture fibreuse ou lamellaire.

En amas irréguliers et en lits dans les terrains de sédimens moyens.

3. G. GROSSIER.

Texture compacte ou sublamellaire.

En bancs, couches ou lits dans les terrains de sédimens supérieurs.

18. KARSTÉNITE. = Chaux sulfatée sans eau.

Moins tendre. — Fusible. — Non effervescent. — Ne donnant pas d'eau par la chaleur. — Pes. sp. 3.

En amas, bancs ou lits dans les terrains de sédimens inférieurs.

19. CÉLESTINE. = Strontiane sulfatée.

Pes. sp. 3,9. — Plus dur que le calcaire. — Fusible. — Non effervescent, etc.

C. FIBREUSE.

En lits dans les terrains de sédimens moyens. — (A Beuvron, département de la Meurthe; à Frankstown, en Pensylvanie.)

20. BARYTINE. = Baryte sulfatée.

Pes. sp. 4,4. — Plus dure que le calcaire. — Fusible. — Non effervescent, etc.

1. Barytine lamellaire.

2. B. compacte.

> En lits dans les terrains de sédimens inférieurs, et dans les terrains semi-cristallisés. — (A Servoz. En Hongrie, etc.)

21. Alunite.

> Texture terreuse. — Couleur blanc-rosâtre et jaunâtre pâle. — Dureté supérieure à celle du calcaire. — Saveur stiptique après la calcination. — Pes. sp. 2,7.

> En masses ou en bancs puissans, dans les terrains trachytiques. — (La Tolfa. La Hongrie, etc.)

22. Giobertite. = Carbonate de magnésie.

> Blanchâtre. — Texture compacte, fine, demi-dure. — Opaque. — Infusible. — Effervescent. — Pes. sp. 2,4.

> En amas irréguliers ou masses sans stratification, dans les terrains de sédimens inférieurs, de formation principalement ophiolitique. — (Environs de Turin.)

23. Dolomie. = Carbonate de magnésie et de chaux.

> Texture lamellaire, cristalline, grenue ou compacte. — Plus dure que le calcaire. — Effervescence lente avec l'acide nitrique. — Pes. sp. 2,7.

1. D. granulaire.

> Texture grenue. — Couleur blanche, jaunâtre ou brunâtre.
>
> > En masses non stratifiées, en bancs puissans ou en couches, dans les terrains primordiaux, de sédimens inférieurs et de sédimens moyens jurassiques.

2. D. compacte. (Conite.)

> Texture compacte fine. — Cassure conchoïde.
>
> > En bancs ou amas, dans les terrains jurassiques.

24. CALCAIRE. = Chaux carbonatée.

Texture variable. — Effervescence avec les acides. — Donnant de la chaux par l'action du feu. — Dureté moyenne. — Pes. sp. 2,7.

1. C. LAMELLAIRE. (Marbre statuaire de Paros.)

Texture lamellaire. — Couleur blanche ou grisâtre.

2. C. SACCAROÏDE. (Marbre statuaire de Carrare.)

Texture grenue, cristalline. — Couleur blanche, grise ou veinée.

L'un et l'autre en masses stratifiées ou en couches subordonnées dans les terrains primordiaux.

3. C. CONCRÉTIONNÉ. (Travertin.)

Structure concrétionnée en grand. — Texture compacte, à grains fins, celluleuse.

En masses concrétionnées, dans les terrains de sédimens supérieurs lacustres les plus nouveaux.

4. C. MARBRE.

Texture compacte, principalement à grains fins. — Polissable. — Cassure conchoïde, écailleuse. — Couleurs variées, vives. — Des veines de calcaire spathique.

En bancs puissans nombreux et en couches, dans les terrains primordiaux semi-cristallisés et de sédimens inférieurs.

5. C. COMPACTE.

Texture compacte, à grains plus ou moins fins. — Non polissable. — Cassure ou conchoïde, ou inégale, écailleuse. — Couleurs blanchâtre, jaunâtre, rougeâtre, grisâtre, noirâtre, ternes.

a. C. COMPACTE SUBLAMELLAIRE.

Texture compacte, avec quelques parties lamellaires répandues assez également. — Quelques veines spathiques. — Couleurs du blanc au noir.

En bancs puissans ou en couches nombreuses, dans les terrains primordiaux semi-cristallisés et de sédimens inférieurs.

b. CALCAIRE COMPACTE FIN. (*Zechstein.* — Clicart. — Pierre lithographique.)

> Texture à grains fins, serrés, sans lamelles cristallines. Cassure conchoïde facile. — Couleurs du gris au blanchâtre.
>
>> En bancs puissans, dans les terrains de sédimens inférieurs et moyens.

c. C. COMPACTE COMMUN. (La plus grande partie des calcaires du Jura.)

> Texture à grains moyens. — Aspect terreux. — Cassure inégale. — Parfaitement opaque. — Couleurs du blanchâtre au grisâtre pâle, au jaunâtre, au rosâtre.
>
>> En bancs et en couches nombreuses très-étendues, dans les terrains de sédimens moyens.

d. C. COMPACTE RUDE. (*Kornbrash.*)

> Texture à grains moyens, lâche. — Aspect terreux. — Toucher rude. — Cassure raboteuse. — Couleurs jaunâtre, grisâtre, rougeâtre sale.
>
>> Avec le précédent, mais formant des couches souvent très-distinctes.

e. C. COMPACTE CELLULEUX. (*Rauhkalk; Holekalk; Rauhstein.* LEONHARD.)

> Texture à grains moyens, lâche, caverneuse ou celluleuse. — Cassure raboteuse. — Rude au toucher. — Couleurs grisâtre et jaunâtre sale.
>
>> Dans les parties moyennes des terrains de sédimens moyens, avec les deux précédens.

6. C. OOLITHE. (Calcaire globuliforme; *Rogenstein; Hirsestein.*)

> Texture à grains arrondis, plus ou moins gros, compactes. — Cassure droite. — Couleurs blanche, jaunâtre, grisâtre, rougeâtre, brunâtre.

a. C. OOLITHE MILIAIRE.

> Grains au plus de la grosseur de la semence de millet, très-arrondis.

b. C. OOLITHE CANNABINE.

> Grains de la grosseur de la semence de chanvre, quelquefois ovoïdes et rugueux.

c. Calcaire oolithe noduleux.

> Grains depuis la grosseur d'un pois jusqu'à celle d'un œuf, irréguliers, arrondis, ayant presque toujours un corps étranger à leur centre ou à leur axe.
>
> Formant des bancs puissans ou des couches nombreuses, dans les terrains de sédimens moyens, principalement dans la formation jurassique.

7. C. CRAIE.

> Texture terreuse, à grains fins. — Tendre. — Friable. — Couleurs blanche, grisàtre ou jaunàtre pàle.

a. C. CRAIE BLANCHE.

> Blanche. — Grains fins. — Texture serrée.

b. C. CRAIE TUFAU.

> Grise. — Grains moins fins. — Texture lâche, quelques lamelles de mica.
>
> En masses à peine stratifiées, très-puissantes, très-étendues, dans la partie supérieure des terrains de sédimens moyens.

8. C. GROSSIER.

> Texture terreuse, à grains grossiers, souvent lâche. — Cassure droite, raboteuse. — Couleur jaunàtre pàle et sale.

a. C. GROSSIER LIAIS.

> Solide. — Grains plus fins, plus serrés.

b. C. GROSSIER LAMBOURDE.

> Tendre. — Grains plus gros, lâches.

c. C. GROSSIER ROCHE.

> Solide. — Dur. — Grains grossiers. — Texture serrée, caverneuse, due aux places laissées par des corps organisés détruits.
>
> En bancs distinctement stratifiés, dans les terrains de sédimens supérieurs.

9. C. MARNEUX. (Calcaire lacustre; Calcaire d'eau douce.)

> Texture à grains fins, plus ou moins serrée. — Cohésion variable. — Se désagrégeant facilement par les météores atmosphériques. — Couleurs blanche

ou jaune pâle. — Cassure droite, raboteuse, quelquefois conchoïde, assez tenace.

Texture quelquefois caverneuse. — Cavités cylindroïdes ondulées.

En bancs ou couches plus ou moins puissans, non concrétionnés, dans les parties moyennes et supérieures de formation lacustre des terrains de sédimens supérieurs.

Nota. Il ne faut confondre ce calcaire ni avec la marne calcaire, composée de calcaire et d'argile, ni avec le travertin toujours concrétionné et toujours superficiel.

10. CALCAIRE SILICEUX.

Texture compacte. — Grains variables. — Demi-dur. — Rayant l'acier et se laissant rayer. — Résidu siliceux par la dissolution dans l'acide nitrique. — Couleurs grisâtre ou jaunâtre sale.

Nota. La silice y est souvent tellement mêlée qu'elle n'est pas visible.

En masses irrégulières, en bancs puissans, interrompus et souvent caverneux, avec concrétions siliceuses, dans les terrains de sédimens supérieurs. (Bassin de Paris.)

11. C. CALP. (*Calp* de KIRWAN.)

Texture compacte. — Grains fins. — Structure schistoïde. — Demi-dur, rayant l'acier et se laissant rayer. — Ne donnant pas de chaux par la calcination. — Résidu siliceux et alumineux, abondant par dissolution. — Couleur noirâtre.

En bancs ou couches, dans les terrains de transition. (Environs de Dublin.)

Nota. C'est une variété de roche homogène très-bien caractérisée.

12. C. LUCULLITE, JAM. (Calcaire fétide; *Stinkstein.*)

Texture compacte ou sublamellaire. — Couleur grisâtre. — Odeur de gaz hydrogène sulfuré par le frottement ou le choc.

En bancs ou couches stratifiés distinctement, dans

les terrains primordiaux semi-cristallisés et dans les terrains de sédimens inférieurs et moyens. (A Bagnère, Namur, Bristol, dans le Harz, le Jura d'Arau, etc.)

Nota. Il passe au calcaire compacte sublamellaire, et quelquefois à la variété suivante.

13. CALCAIRE BITUMINEUX.

Noir ou noirâtre. — Répandant par l'action du feu une fumée ou au moins une odeur bitumineuse et devenant blanchâtre. — Texture, ou sublamellaire, ou compacte fine, ou compacte commune.

En masses, en bancs puissans, en couches dans les terrains semi-cristallisés de sédimens inférieurs et de sédimens moyens.

14. C. BRUNISSANT. = Chaux carbonatée ferro-manganésifère (*Braunspath*).

Texture lamellaire, ou compacte sublamellaire, ou compacte fine. — Effervescence lente. — Brunissant par l'action du feu et de l'air.

En amas, en bancs ou en couches, dans les terrains de transition ou de sédimens moyens.

Nota. A-t-il jamais assez d'étendue pour être considéré comme une roche ?

25. COLLYRITE.

Blanc. — Opaque. — Texture et aspect terreux. — Infusible. — Donnant de l'eau par la chaleur.

En amas irréguliers, dans les terrains de sédiment supérieurs. (Prés de Mont-Marsan, de Dax, d'Argenton, etc.)

26. SERPENTINE. (Voyez *Ophiolite* aux ROCHES MÉLANGÉES.)

27. MAGNÉSITE. = Silicate de magnésie aquifère.

Blanchâtre. — Texture compacte fine. — Demi-dure. — Opaque ou translucide. — Infusible. — Donnant de l'eau par la chaleur. — Pes. sp. 1,4, etc.

1. M. ÉCUME DE MER.

2. Magnésite plastique. (Magnésie de Vallecas près Madrid.)

> En amas volumineux et étendus , mêlés de silex , dans les terrains de sédimens inférieurs ou semi-cristallisés , comme la giobertite.

3. M. schistoïde.

> En lits, dans les terrains lacustres de sédimens supérieurs. (Coulommiers près Paris. — Salinelle , dép. du Gard.)

28. Stéatite.

> Couleurs variées. — Texture terreuse. — Tendre. — Toucher onctueux. — Eau par la chaleur.

> En amas ou lits, dans les terrains de sédimens inférieurs ? ou dans les terrains primordiaux de sédimens.

29. Talc.

> Structure schistoïde ou texture sublamellaire. — Toucher onctueux. — Éclat souvent soyeux. — Pes. sp. 2,7 , etc.

1. T. laminaire.

2. T. fibreux.

3. T. endurci.

> En lits ou couches subordonnés , inclinés, dans les terrains primordiaux.

30. Chlorite.

> Couleur verte ou vert-jaunâtre. — Texture écailleuse ou terreuse. — Structure schistoïde ou massive. — Fusible. — Donnant de l'eau par la chaleur.

1. C. baldogée.

> Texture terreuse, etc.
> En amas , dans les terrains trappéens.

2. **Chlorite schistoïde.**

> En amas, en lits, dans les terrains primordiaux.
>
> *Nota.* Cette espèce ne forme que des roches de très-
> peu d'étendue.

31. Amphibole hornblende.

> Dur. — Tenace. — Texture lamellaire. — Couleur
> vert - noirâtre. — Fusible en émail noir. —
> Pes. sp. 3,5, etc.
>
> En amas, lits et couches, dans les terrains pri-
> mordiaux; en bancs, dans les terrains trappéens.
>
> *Nota.* L'amphibole est rarement en bancs homogènes;
> il est presque toujours mêlé de felspath, etc., et consti-
> tue alors l'amphibolite.

32. Pyroxène lherzolithe.

> Dur. — Texture sublamellaire. — Couleur verdâtre.
> — Fusible en scorie noirâtre. — Pes. sp. 3,2.
>
> En lits ou bancs, dans les terrains primordiaux.
> (Pyrénées du centre.)

33. Felspath.

> Structure laminaire, lamellaire ou grenue. — Moins
> dur que le quarz. — Fusible en émail blanc. —
> Pes. sp. 2,6.
>
> En amas ou couches irréguliers, dans les ter-
> rains primordiaux.
>
> *Nota.* Le felspath se présente très-rarement exempt de
> mélanges avec d'autres minéraux, sur une certaine étendue.
> Il est donc douteux qu'on puisse le placer avec certitude
> parmi les roches homogènes; il est plus ordinairement la
> base des pegmatites, etc.
>
> Le Jade et l'Obsidienne ne sont point des roches; car
> je ne sache pas qu'ils se trouvent jamais purs sous une
> grande étendue; mais ils sont la base des roches compo-
> sées, nommées *euphotides*, *stigmites*, etc. Ces minéraux,
> ainsi que le phtanite, le rétinite, le pétrosilex, ne se pré-
> sentant jamais, malgré leur apparence de pureté, avec les
> propriétés de transparence et de cristallisation, ou de com-
> position définie d'une espèce minérale rigoureusement dé-

terminée, ne peuvent être placés dans la série des espèces proprement dites; ils doivent donc être décrits à part, et dans la même catégorie que les minéraux homogènes qui paroissent moins purs qu'eux, mais qui se présentent sous une assez grande étendue pour être considérés comme roches homogènes. Cette dernière considération ne peut influer sur la classification minéralogique; elle n'a d'importance que pour la géognosie.

Il n'est pas non plus assez bien établi que le GRENAT, l'ÉPIDOTE, l'IDOCRASE, le NATRON, l'ALUN, le MICA, le GRAPHITE pur, forment de véritables roches, pour qu'il m'ait paru convenable de les comprendre dans l'énumération précédente, et d'en répéter les caractères distinctifs sous ce point de vue.

2.ᵉ ORDRE.

ROCHES HOMOGÈNES ADÉLOGÈNES.

Car. Leur composition est cachée pour l'œil. Leur base ne se rapporte point à des espèces proprement dites, et leur formation est due, en tout ou en partie, à une réunion mécanique des particules minérales dont elles sont l'assemblage. (HAÜY.) [1]

* LES COMBUSTIBLES CHARBONNEUX.

34. HOUILLE.

Noir. — Solide. — Combustible avec fumée, odeur bitumineuse et résidu. — Non liquéfiable. — Pes. sp. 1,3.

1. H. SCHISTOÏDE.

---

[1] On ne pouvoit mieux les définir, et j'ai dû prendre cette définition d'Haüy, sans y faire le moindre changement; mais j'ai introduit dans cet ordre plusieurs roches qu'il n'y avoit pas placées, et qui me semblent lui appartenir d'après cette définition claire et rigoureuse.

2. Houille compacte.

En lits, dans la partie la plus inférieure des terrains de sédimens inférieurs et de quelques terrains de sédimens moyens ?

35. Anthracite.

Noir. — Éclat métalloïde. — Difficilement combustible, sans fumée ni odeur bitumineuse. — Pes. sp. 1,8.

1. A. schistoïde.

2. A. compacte.

En amas ou lits souvent interrompus, dans les terrains primordiaux, cristallisés et compactes, et dans les terrains de houille.

3. A. piciforme.

En lits peu puissans, dans les terrains de lignite inférieurs aux terrains basaltiques.

36. Lignite. (*Braunkohle.*)

Noir ou brun. — Combustible sans boursouflement, avec fumée, odeur piquante et résidu. — Pes. sp. 1,3.

En amas, en couches ou en lits, dans les parties inférieures des terrains de sédimens supérieurs et, peut-être, dans les parties moyennes.

** *LES ROCHES TERREUSES TENDRES.*

37. Kaolin. = Alumine, Silice et Eau.

Aspect terreux. — Texture lâche, friable. — Blanc. — Faisant une pâte courte avec l'eau. — Infusible.

Nota. Le kaolin n'est presque jamais une roche homogène, mais on peut faire abstraction du quarz qui n'y est quelquefois qu'en petite quantité.

En amas irréguliers, dans les terrains primordiaux cristallisés, de pegmatite, d'eurite, etc.

38. ARGILE. = Alumine, Silice et Eau.

Texture terreuse, serrée, solide, tendre, faisant pâte avec l'eau. — Non effervescent.

1. A. CIMOLITHE.

Rude au toucher.

En amas, dans les terrains pyrogènes trachytiques.

2. A. PLASTIQUE.

Douce au toucher. — Pâte tenace avec l'eau. — Infusible.

En amas couchés ou en couches irrégulières, dans la partie la plus inférieure des terrains de sédimens supérieurs.

3. A. SMECTIQUE. (Terre à foulon.)

Douce au toucher. — Très-désagrégeable par l'eau. — Pâte courte. — Fusible.

En amas ou couches vers le milieu des terrains de sédimens moyens.

4. A. SCHISTEUSE. (*Klebschiefer, Saugschiefer.*)

Solide. — Structure feuilletée. — Pâte courte avec l'eau.

En couches peu épaisses, dans les terrains houillers et dans quelques terrains de sédimens moyens.

39. MARNE. = Argile et Calcaire.

Solide ou friable. — Aspect terreux. — Texture lâche. — Pâte avec l'eau. — Effervescente. — Fusible.

1. M. CALCAIRE.

Blanchâtre ou jaunâtre. — Plus calcaire qu'argileuse.

2. M. ARGILEUSE.

Grisâtre, jaunâtre, verdâtre, brunâtre, noirâtre. — Plus argileuse que calcaire.

3. MARNE SABLEUSE.

Très-délayable. — Beaucoup de sable siliceux interposé.

En couches peu épaisses, très-régulièrement stratifiées, 1.°, et notamment les marnes argileuses, dans les terrains de sédimens inférieurs et moyens jurassiques ; 2.°, et notamment les marnes calcaires, dans les terrains de sédimens supérieurs, etc.

40. OCRE. == Argile et Oxide de fer.

Texture et aspect terreux. — Couleurs diverses. — Délayable dans l'eau, pâte courte. — Rougissant par le feu.

1. O. ROUGE.

En amas ou dépôts dans les terrains pyrogènes.

2. O. JAUNE.

En amas ou en couches peu étendues, dans les terrains de sédimens moyens.

3. O. BRUNE. (Terre de Sienne ; Terre d'ombre.)

En amas, dans les parties inférieures de quelques terrains de sédimens supérieurs.

41. SCHISTE.

Structure feuilletée. — Texture terreuse terne. — Ne se délayant pas dans l'eau.

1. S. LUISANT.

2. S. ARDOISE.

3. S. COTICULE. (*Wetzschiefer.*)

4. S. ARGILEUX. (*Thonschiefer.*)

5. S. BITUMINEUX. (*Brandschiefer.*)

6. S. MARNEUX.

En montagnes, en collines et en bancs puissans à structure fissile en grand, dans les terrains primordiaux compactes, et dans les terrains de sédimens inférieurs. Le schiste marneux seul se présente dans les terrains de sédimens supérieurs. (Schiste marneux des ichthyolithes à Bolca, etc.)

42. AMPÉLITE.

Structure feuilletée, solide. — Noir. — Tachant. — Rougissant par l'action du feu.

1. A. ALUMINEUX.

2. A. GRAPHIQUE. (Pierre noire à dessiner.)

En couches fissiles, puissantes, dans les terrains primordiaux compactes (ampélite d'Andrarum en Scanie), et peut-être aussi dans la partie inférieure des terrains de sédimens inférieurs. — Ampélite alumineux de Flone près Liége.

43. VAKE.

Texture terreuse. — Structure massive. — Tendre. — Facile à casser. — Fusible en émail noir.

En dépôts non stratifiés ou en amas, dans les terrains trappéens.

44. APHANITE[1]. *Haüy.* *Leonhard.* (Cornéenne, *Dol.*, *A. Br.*)

Texture terreuse, massive, solide. — Demi-dure. — Difficile à casser. — Fusible en émail noir.

---

1 Ce nom est plus agréable ; mais cette raison ne m'eût pas paru suffisante pour qu'un nom nouveau l'emportât sur un nom ancien ; car où s'arrêteroit-on ? Celui de Cornéenne étoit impropre, j'en conviens, mais il falloit oublier sa signification ; car si on vouloit rechercher celle d'Aphanite, qui veut dire, *je disparois, par allusion au felspath*, etc., on pourroit le trouver tout aussi impropre : tels eussent été les motifs qui m'eussent fait conserver l'ancien nom donné par Dolomieu qui avoit autorité en cette manière, au nouveau nom donné par Haüy, si la difficulté de rendre ce nom dans les langues étrangères, l'espèce de sanction et d'universalité que M. Leonhard lui a donnée en s'en servant, ne m'avoient paru des raisons suffisantes pour plier sous cette nécessité. Je désire qu'on s'en tienne là.

En collines et en masses non stratifiées, dans les terrains trappéens.

Haüy et M. Leonhard disent qu'il y a du Felspath disséminé. Mais comme il n'est pas visible à l'œil et que sa présence est même très-douteuse, je considère l'Aphanite , rapporté à la Cornéenne de Dolomieu, comme une roche homogène.

1. Aphanite commun.

Plus souvent base de roche que roche homogène.

2. A. lydien.

Beaucoup plus homogène, quelquefois stratifiée , passant au schiste argileux.

45. Argilolite.

Texture terreuse, lâche. — Structure massive. — Rude au toucher. — Presque infusible.

En bancs ou couches quelquefois régulièrement stratifiés, dans les terrains pyrogènes trachytiques. (Vallée de Vic dans le Cantal , etc.)

*** *ROCHES TERREUSES DURES*,

RAYANT LE VERRE.

46. Trapp.[1]

Texture terreuse, presque compacte.—Structure fragmentaire. —Couleur essentiellement noire, brune ou verdâtre-foncé. — Fusible en émail noir.

En masses quelquefois stratifiées en bancs très-puissans, subdivisibles par des fissures presque perpendiculaires à la stratification , dans les terrains primordiaux cristallisés, d'origine ignée présumable, et dans quelques terrains pyrogènes, dits trappéens,

---

1 C'est encore un très-mauvais nom, mais il est assez généralement reçu. Il faut faire des noms nouveaux pour désigner des choses ou des divisions nouvelles; mais on ne doit point changer les noms pour en faire de meilleurs.

47. Basalte.

Noir. — Texture sublamellaire, grenue, presque compacte. — Structure massive. — Difficile à casser. — Fusible en émail noir.

En masses non stratifiées, mais divisées en prismes, en grandes plaques, en sphéroïdes à couches concentriques séparables et en polyèdres irréguliers dans les terrains pyrogènes anciens. — Rarement homogène. — Base de la roche mélangée nommée Basanite.

48. Phtanite. _Haür._ (_Kieselschiefer_; Jaspe schisteux. [1])

Noir. — Opaque. — Texture compacte. — Cassure à surface terne, droite ou conchoïde. — Structure souvent schistoïde. — Plus dur que l'acier. — Infusible. — Veiné de quarz blanc.

En couches, en lits, en amas ou en rognons, dans les terrains primordiaux compactes et dans les terrains de sédimens inférieurs.

49. Pétrosilex, _Dol._ (Felspath compacte, _Haür_, etc. [2] _Feldstein. Leonhard._)

Texture compacte fine. — Translucide. — Diverses couleurs. — Cassure écailleuse. — Plus dur que l'acier. — Fusible en émail blanc.

Nota. Le Pétrosilex est la base de la roche mélangée que nous nommons _Eurite_ avec M. d'Aubuisson.

1. P. agatoïde.

2. P. jaspoïde.

3. P. fissile. (_Klingstein_; Phonolite, _d'Aug._)

En masses obscurément stratifiées, en bancs, en amas et en filons, dans les terrains primordiaux cristallisés.

---

1 Cette roche n'avoit pas de nom univoque en françois; elle diffère trop des Jaspes pour la laisser parmi ces minéraux. Ce n'est donc pas un _nom changé_, mais c'est un _nom spécial_ donné à une _chose spéciale._

2 Le Pétrosilex n'est point évidemment du Felspath compacte, il ne conserve point tous les caractères du Felspath. Ce minéral en est souvent la partie dominante, mais il n'y est peut-être jamais seul.

50. Rétinite. = Silice. Alumine. Alcali et Eau. (*Pech-stein.*)

Translucide. — Texture et éclat résineux. — Très-fusible. — Donnant de l'eau par la chaleur. — Rayé par l'acier. — Pes. sp. 2,3.

> *Nota.* Le Rétinite est la base des Stigmites ; il est rarement homogène sur une grande étendue.

En masses non stratifiées et en couches dans les terrains pyrogènes porphyriques et trachytiques.

51. Ponce.

Texture poreuse et fibreuse. — Rude au toucher. — Fusible en scories blanchâtres et grisâtres.

En couches irrégulières ou en dépôts, et en amas, dans les terrains pyrogènes actuels et anciens. '

52. Thermantide, *Haüy.* (Jaspe porcel . . .)

Texture compacte. — Cassure à surface isante. — Structure schistoïde. — Couleur grise, jaunâtre ou rougeâtre. — Infusible.

En couches souvent très-fissiles, dans les terrains de sédimens moyens et inférieurs, voisins des terrains pyrogènes basaltiques et des terrains houillers.

53. Tripoli. = Silice presque pure.

Texture terreuse, fine, lâche et même poreuse. — Poussière dure. — Structure schistoïde. — Infusible. — Couleurs blanchâtre, grisâtre, jaunâtre, rougeâtre.

> *Nota.* Il diffère peu des argilolites ; son grain est plus fin ; sa texture plus lâche ; sa nature plus siliceuse. Il renferme environ 0.90 de silice.

En couches très-fissiles, dans les terrains de sédimens moyens et inférieurs, et même dans les terrains primordiaux compactes (Poligné en Bretagne), qui sont voisins des terrains pyrogènes ou qui paroissent avoir éprouvé l'action du feu.

---

1 L'Obsidienne est un minéral de l'ordre des minéraux adélogènes ; mais on ne l'a pas encore observé en masses assez étendues pour qu'il puisse être considéré comme *roche.*

2.ᵉ Classe.
ROCHES HÉTÉROGÈNES.

1.ᵉʳ Ordre.
ROCHES HÉTÉROGÈNES
DE CRISTALLISATION.

Car. Formées par voie de cristallisation totale ou partielle, mais dominante.

1. Granite.

Composé essentiellement de Felspath lamellaire, de Quarz et de Mica, à peu près également disséminés. — Texture grenue.

Parties accessoires. Tourmaline, Amphibole.

Part. accidentelles disséminées. Actinote, Épidote, Triphane, Cymophane, Corindon, Grenat, Zircon, Béryl aigue-marine, Pinite, Pyrites, Étain, Molybdène, Titane ruthile, Uranite, Fer oxidulé.

Part. accident. pelotonnées. Quarz hyalin, Fluorite, Calcaire spathique, Phosphorite, Topaze, Lépidolithe, Calcaire brunissant, Argent, Galène.

1. G. commun..... Felspath, Quarz et Mica également disséminés. — Couleur grisâtre ou rosâtre.

Ex. Cette roche est si répandue qu'on ne sait à quel exemple donner la préférence ; nous citerons néanmoins les suivans, comme les plus connus ou comme offrant quelques particularités.

Côtes du Cotentin, à l'est et à l'ouest de Cherbourg ; il passe quelquefois à la Syénite. — Montgoyer près Nantes, avec Pyrites prismatiques. —

Belle-Isle, côtes du Nord ; verdâtre, Mica noir et Amphibole. — Lavigne de Hérault, à 1 l. O. de Nantes, avec Grenats. — Environs de Limoges, particulièrement à Chanteloube. — Pierre - Encise à Lyon. — Cauterets, dans les Pyrénées. — Baveno, près le lac Majeur en Lombardie : fond gris, taches roses dues au Felspath. — Aschaffenbourg, avec Grenats galitzinites. — Schnéeberg en Saxe, avec petits grains de Calcaire lent. — Johann - Georgenstadt en Bohème, avec Stéatite. — Elenbogen en Bohème, avec parties sphéroïdes de Granite à petits grains. — Environs de Dublin, avec Grenats et Tourmalines. — Trenton dans le New - Jersey, avec Quarz laiteux et Zircon hyacinthe.

2. **Granite porphyroïde**......Des cristaux de Felspath, dans un Granite à petits grains.

Nota. Il est souvent difficile de séparer nettement les Granites qui appartiennent à cette variété de certaines Protogynes ; mais la confusion entre ces deux roches si voisines n'a que de foibles inconvéniens.

Ex. Sur la route de Saulieu à Lucenay, en Bourgogne ; il passe au Porphyre. — Près de Leipsik ; à fond brun. — A Carlsbad en Bohème : il est rougeâtre, le Felspath est altéré. — A Penig en Saxe : les cristaux de Felspath sont très-volumineux.

Consid. géognost. Le Granite forme des terrains indépendans d'une très-grande étendue, des plaines élevées, des plateaux, des montagnes moyennes à croupes arrondies ou à flancs à larges faces.

Il ne présente presque jamais de stratification ; mais de grandes fissures le divisent en masses polyédriques irrégulières.

Les *Granites communs* appartiennent généralement aux terrains cristallisés les plus anciens ou hypozoïques. Ils renferment peu de métaux. Ces corps y sont ou disséminés, ou en veines, ou en filons. Ce sont principalement de l'Étain, de l'Urane, de l'Argent natif et de l'Argent sulfuré, du Fer oxidulé, du Bismuth.

Les *Granites porphyroïdes* font partie des terrains cristallisés épizoïques, c'est-à-dire supérieurs aux terrains compactes qui renferment des débris organiques ; ils contiennent peu de métaux, et ceux qui s'y trouvent, y sont plutôt en amas irréguliers qu'en filons.

Les Granites renferment un très grand nombre de minéraux différens, qui sont ou disséminés dans leur masse, ou implantés dans les cavités des filons qui les traversent. Ces filons sont généralement de Quarz, de Pétrosilex, de Baryline, de Fluorite, de Calcaire ; on en voit aussi de Syénite, de Porphyre, de Trapp, de Basalte ; mais ceux-ci ne renferment pas ordinairement de substances métalliques. Les premiers, au contraire, sont le gîte habituel des métaux désignés comme se trouvant dans le granite, c'est-à-dire de l'Étain, du Schéelin, du Fer oxidulé, du Fer oligiste, de la Galène, du Cuivre, du Bismuth, de l'Argent, de l'Or, des Pyrites, etc.

2. PROTOGYNE. (*JURINE.*)

Composée essentiellement de Felspath, de Quarz et de Talc, de Stéatite ou de Chlorite, remplaçant entièrement ou presque entièrement le Mica.

Parties accidentelles. La Cymophane, la Pinite, les Grenats, le Titane ruthile, la Pyrite, le Molybdène sulfuré.

Obs. Les Syénites altérées se confondent aisément avec cette roche.

1. P. VERDATRE.... Felspath grisâtre et rosâtre, Talc ou Chlorite d'un vert foncé. — La couleur verte distincte et dominante.

Ex. La plupart des grandes masses et des hautes cimes des Alpes et du Saint-Gothard, notamment la chaîne du Mont-Blanc : cette montagne elle-même, le Talefre, le Breven, le Pormenaz. — La gorge de Malavale en Oysans, Isère. — Tulle, département de la Corrèze. — Niolo en Corse. — Scharfenberg en Saxe.

2. **PROTOGYNE ROUGEATRE.** . . . . Felspath grisâtre ou rosâtre, Talc et Stéatite rougeâtre, brunâtre ou verdâtre, mais le rouge dominant.

> *Ex.* D'Annaberg et de Buchholz, en Saxe. — Du Sonnenberg au Harz. — De Manzat, Puy-de-Dôme : elle renferme des Pyrites. — Du ballon de Giromagny dans les Vosges. — D'Issoire en Auvergne. — D'Aschaffenbourg en Franconie. — De Schellerhau, près d'Altenberg en Saxe : elle est porphyroïde. — De Haddam, dans le Connecticut. — De Simon's-Town, au cap de Bonne-Espérance.

> *Consid. géognost.* Les Protogynes sont plus souvent stratifiées que les Granites. Leur stratification est irrégulière, souvent inclinée.

> Elles font presque toutes partie des terrains cristallisés épizoïques, sont accompagnées de Stéaschiste, et renferment quelques métaux en amas.

3. **SYÉNITE,** *Werner.* (Granitelle, *de Sauss.* — *Rapakivi, Wall.*)

> Composée essentiellement de Felspath lamellaire, d'Amphibole et de Quarz ; le Felspath y est souvent dominant.

> *Parties accessoires.* Mica, Zircon, Titane nigrine, Hypersténe, Diallage.

1. S. GRANITOÏDE. . . . . Felspath et Amphibole lamellaire avec un peu de Mica.

> *Ex.* De la Haute-Égypte : plusieurs syénites égyptiennes appartiennent plutôt au Granite. — Plauen en Saxe. — Le Rehberg au Harz. — Elfdalen en Dalécarlie ; blanc sale verdâtre avec taches noires et Péridots disséminés. (*Berzelius.*)

2. S. SCHISTOÏDE. . . . . Felspath lamellaire et Amphibole hornblende. — Structure feuilletée.

> *Ex.* Roche des Chalanches, au - dessus d'Allemont : elle est très-voisine du Diorite.

3. Syénite porphyroïde.....Felspath en gros cristaux, dans une Syénite à petits grains.

> *Ex.* Sainte-Marie et Giromagny, dans les Vosges. — Altenberg en Saxe.

4. S. zirconienne.....Felspath, Amphibole lamellaire et Zircon-jargon.

> *Ex.* Friedrichwern, Laurvig, etc., en Norwége.

5. S. hypersténique.....L'Hyperstène brun-rougeâtre, remplaçant en tout ou en partie l'Amphibole.

> *Ex.* Montagnes de Cuchullin en Écosse. (Mac-Culloch.)

6. S. diallagique. (Norite, *Esmark*.)....De la Diallage avec l'Amphibole et le Felspath grenu, quelques cristaux ou grains de Titane nigrine, de Mica, de Zircon et de Grenats.

> *Ex.* Dans le terrain d'Ophiolite (*Gabbro*, de Buch) de Norwége. — A Hitteren, Egeroë, Stavanger, Bergen, Ons au-delà du Filefyord, et à Ringerit.

> *Nota.* M. Esmark a cru devoir considérer cette roche comme formant un terrain particulier, auquel il a donné le nom de *Norite*.

Consid. géognost. La manière d'être de la Syénite est la même que celle du Granite et de la Protogyne; elle offre encore moins d'apparence de stratification que cette dernière.

Toutes les variétés paroissent appartenir aux terrains cristallisés épizoïques; elles renferment généralement peu de métaux; on n'y cite que le Cuivre gris, la Galène et l'Étain, et en Saxe seulement.

Elle passe au Diorite, au Granite, au Porphyre et à l'Eurite porphyroïde.

4. Pegmatite. *Haüy.* (Granite graphique; Aplite, *Retz.* — Quarzite, *Haberlé.*)

Composé essentiellement de Felspath lamellaire et de Quarz. Le Quarz y est souvent en lignes comme brisées.

Parties accessoires. Mica en grandes lames, Tourmaline.

Part. accident. Béryl aigue-marine, Titane ruthile, Étain.

1. **Pegmatite graphique.** . . . . Quarz en lignes brisées, imitant des caractères hébraïques.

Ex. Entre Marmagne et Saint-Symphorien, près d'Autun. — Le Liveau près Clisson. — Chanteloube et Saint-Yrieix, près Limoges. — La Montagne noire, route de Castel-Naudary à Revel, avec Tourmaline. — Ekatherinebourg, dans les monts Oural : c'est un des plus remarquables. — A Odontchelon en Daourie, avec des Topazes et des Béryls. — Topsham, district du Maine, et Willmington près Philadelphie, États-Unis d'Amérique; en gros grains.

2. **P. granulaire.** (Pétuntzé.). . . . Quarz en grains et Felspath lamellaire mêlés.

Ex. Environs de Nantes. — Cambo près Bayonne. — Dans le *Stockwerk* de Geyer en Saxe. — Sur la face méridionale du pic du midi de Bagnères, dans les Pyrénées, avec Tourmaline. — De Longcrup, au S. de Tarbes, Hautes-Pyrénées, et de la Bellière, près Vire en Normandie : elles renferment du Mica et passent au Gneiss.

3. **P. brunatre.** (*vulg.* Granite feuille morte.). . . Couleur brune ou brun rougeâtre due au Felspath.

Ex. Raon-l'Étape, au pied oriental des Vosges. — Environs de Tulle, département de la Corrèze. — En fragmens roulés dans l'Ocker au Harz. Ces trois pegmatites sont rougeâtres et renferment un peu de Chlorite ou de Stéatite.

Consid. géognost. Le Pegmatite torme rarement à lui seul des terrains d'une certaine étendue ; il fait partie du terrain granitique, et s'y présente en masses interposées mais non stratifiées.

Il paroît appartenir essentiellement aux terrains cristallisés hypozoïques.

Il ne renferme point de métaux particulièrement.

Les plus beaux Kaolins dérivent des Pegmatites graphique et granulaire.

5. LEPTYNITE. *Haüy.* (Quelques *Weisstein* et *Hornfels* de *Werner.* — Amausite. *Gerh.* — Granulite. *Leonh.*)

Base de Felspath grenu, renfermant du Quarz? sableux, et enveloppant différens minéraux disséminés. — Texture grenue?

Parties accidentelles. Mica, Amphibole, Grenats, Topaze, Disthène.

Nota. Cette roche semble avoir peu d'importance ; mais l'état particulier de la base felspathique et son gisement distinct motivent suffisamment sa séparation des Eurites. Elle fait le passage du Felspath laminaire des Pegmatites au Pétrosilex des Eurites.

1. L. MASSIF..... Stratification peu sensible, en bancs épais. — Texture presque homogène.

Ex. Base du ballon de Giromagny vers Saint-Maurice, dans les Vosges.

2. L. GRANATIQUE.....Massif ou fissile. — Des Grenats nombreux et souvent très-petits, disséminés.

Ex. Sainte-Marie-aux-mines dans les Vosges. — Côte de Flamanville près Cherbourg. — Lauenheim en Saxe. — Golsberg près d'Aschaffenbourg.

3. L. GNEISSIQUE..... Structure très-fissile, un peu de Mica.

Ex. Rosswein et Taura en Saxe.

4. **Leptynite topazosème.** (*Topasfels*, Werner. — Topazosème, Haüy.) . . . . . . Structure variable ; de l'Actinote et des topazes disséminés et implantés.

> *Ex.* Schneckenstein près d'Averbach en Haute-Saxe.

5. **L. syénitique.** . . . . Structure massive ; de l'Amphibole disséminé.

> *Ex.* Sommet du mont Oreb dans l'Arabie pétrée.
> (De Rozières.)

6. **L. actinoteux.** . . . . . De l'Actinote grenue ou aciculaire, disséminée et quelquefois de gros Grenats.

> *Ex.* Brunswick, district du Maine, États-Unis d'Amérique. — Montagne des Chalanches en Oysans, département de l'Isère.

Consid. géognost. Très-clairement stratifié, ayant souvent même la structure feuilletée.

Le Leptinite se présente plutôt en roches subordonnées qu'en roches principales, et toujours dans les terrains cristallisés, principalement dans les Micaschistes, les Gneiss et autres roches cristallisées hypozoïques. On le cite aussi dans quelques roches épizoïques (syénite), et dans quelques terrains semi-cristallisés (phyllades, schistes luisans).

Renfermant rarement des métaux exploitables.

6. **Eurite,** d'Aubuisson [1]. (Quelques *Weisstein*, *Klingstein*, Werner.)

> Base de pétrosilex grisâtre, verdâtre ou jaunâtre, renfermant des grains de Felspath laminaire, et souvent du Mica ou d'autres minéraux disséminés.
>
> Fusible en émail blanc, picoté de noir.
>
> Texture compacte et empâtée, quelquefois grenue. — Structure quelquefois fissile.

---

[1] M. d'Aubuisson n'a pas donné à ce nom exactement la même acception que celle qu'on lui donne ici. Il regarde l'Eurite comme un Granite à très-petites parties, dans lequel le Felspath est dominant, par conséquent comme une roche d'apparence homogène. Nous la considérons ici, au contraire, comme une roche hétérogène, ou plutôt nous ne plaçons dans les Eurites que les roches à base de Felspath compacte et impur ou de Pétrosilex, renfermant les minéraux désignés.

Parties accessoires. Quarz, Amphibole , Tourma-line , Disthène , Pyrites.

1. Eurite compacte..... Structure compacte. — Pâte presque homogène. — Lames de Felspath disséminées. — Cassure écailleuse. — Couleur grisâtre ou verdâtre. — Des Grenats, point de Mica.

Ex. Coasme près Rennes : il renferme un peu d'Amphibole. — Giromagny dans les Vosges. — La roche Sanadoire en Auvergne. — L'Ardeyrol près le Puy, en Velay. — Brada, environs de Barèges, dans les Pyrénées. — Lauenheim en Saxe, avec Mica et Grenats. — Rehberg au Harz. — Route de Vernigerode à Andreasberg au Harz. — La vallée de Gosseyr en Égypte : d'un vert grisâtre sombre.

2. E. porphyroïde. (*Hornstein-Porphyr, Flotztrapp-Porphyr*).... Texture empâtée ; des cristaux déterminables de Felspath et d'Amphibole , disséminés dans la pâte. — Pâte grisâtre.

Ex. Saulieu en Bourgogne , et près Chissay, entre Saulieu et Lucenay. — Sainte-Marie-aux-mines et Giromagny, dans les Vosges. — Montagne de Tarare près Lyon. — Côte de Flamanville près Cherbourg. — Drachenfels, rive droite du Rhin : il appartient à la formation des Trachytes. — Environs de Schwarzenteich , dans le Gneiss , et vallée de Triebisch , près de Meissen en Saxe. — Du Schlossberg, près de Tœplitz en Bohème. — De Dannemora en Uplande , Suède ; gris-rougeâtre avec de nombreux grains de quarz hyalin. C'est une des roches qui entrent dans le gîte des minérais de fer de cette mine célèbre. — De la Pointe noire à la Guadeloupe. — De la Martinique. — De Mal, à 8 milles au N. de Boston : il est vert-foncé et passe au Mélaphyre. — De Corygills dans l'île d'Aran en Écosse.

Consid. géognost. Stratification toujours distincte , passant à la structure fissile à grandes divisions tabulaires et même prismatoïdes. Tantôt en roche principale , tantôt en roche subordonnée.

Les diverses variétés se présentent presque indistinctement dans les terrains d'épanchement trachytiques et dans
les terrains cristallisés épizoïques et semi-cristallisés. Il
n'est pas sûr qu'il y en ait dans les terrains cristallisés
hypozoïques ; ils renferment très-rarement des substances
métalliques.

3. Eurite granitoïde. (*Hornfels.*)....Pétrosilex avec
Quarz et Amphibole, et lames de mica disséminées. — Texture grenue.

Ex. La rade de Brest, à la pointe N. E. de l'île
longue, au-dessous du fort. — Guenast près la Bise,
route de Mons à Bruxelles. — Rassé près Limoges :
il renferme beaucoup d'Amphibole. — Le Cellier
près Nantes. — Source de Galuzière près Meyrneis,
département du Gard : beaucoup de Mica noir. —
L'Escale dans les Pyrénées de Barèges ; beaucoup
d'Amphibole.

4. E. schistoïde. (*Weisstein* de Saxe.).....Texture
dense. — Structure fissile. — Mica ou Talc abondans avec Quarz, Disthène, etc.

Nota. Ne diffère du Leptynite que par la texture du
Felspath.

Ex. Bagnoles-les-bains, département de la Lozère.
— Le Puy-en-Velay ; grisâtre avec aiguilles d'Amphi-
bole.—Gorge d'Allevard, département de l'Isère.—
Environs d'Aschaffenbourg. — Lauenheim en Saxe.
— Montagne de la Furcla, et rochers de Martigny en
Valais. — Mont Vautier, vallée de Servoz, Alpes
de la Savoie (Pétrosilex, Saussure). — Dans les
rochers de la cascade de Pissevache en Valais.

7. Euphotide, Haüy. (*Verde di Corsica; Gabbro*[1],
de Buch, Leonhard. — *Granitone* des Toscans.)

Base de Jade, de Pétrosilex ou même de Felspath

---

[1] Le *Gabbro* des Italiens, et notamment des Toscans, est bien évidemment un Ophiolite et non pas un Euphotide. Les géologues toscans disent très-clairement que le *Granitone* (l'Euphotide) accompagne
le *Gabbro* (la Serpentine). J'ai cherché à éclaircir cette synonymie em-

compacte, et cristaux nombreux de diallage. — Texture grenue.

Parties accessoires. Mica, Talc, Serpentine, Quarz, Amphibole, Grenats, Pyrites.

1. Euphotide jadien..... Base de jade verdâtre. — Diallage grise ou verte.

    Ex. En Corse. — Près de Gènes. — Musinet près Turin. — Et en cailloux roulés sur les bords du lac de Genève.

2. E. felspathique..... Base de Pétrosilex ou de Felspath? presque compacte. — Diallage grise métalloïde.

    Ex. De Saint-Mans le désert, environs de Nantes. — De Savone et de Varaggio, côte occidentale de Gènes. — La Bochetta près Gènes. — De Monte Ferrato près Figline de Prato et de Cravignola, près la Spezzia en Toscane. — Saint-Kevern en Cornouailles. — Rathau près Harzburg au Harz. — Côte occidentale de Norwége, au S. de Bergen. — Celle de Swabroë, après Egersund, est une des roches nommées *Norite* par M. Esmark.

3. E. ophiteux..... Felspath? compacte, Diallage et Serpentine.

    Ex. Pietramala et Covigliano en Toscane. — Coverack, près le cap Lizard en Cornouailles.

    Nota. Cette variété passe à l'Ophiolite.

4. E. micacé..... Felspath? compacte, Diallage et Mica souvent talqueux.

    Ex. Vallée de Saas dans le Haut-Valais. — De Magnac, au S. E. de Limoges, etc.

---

brouillée par l'usage détourné que Desmarest et M. de Buch ont fait du mot *Gabbro*. Il est malheureux que M. Leonhard ait contribué à consacrer cette légère erreur. (Mém. sur les Ophiolites, Ann. des min., 1821, tome 6, page 177.)

Consid. géogn. Point de stratification distincte. Très-souvent en bancs ou masses subordonnés, dans les terrains ophiolitiques.

L'Euphotide appartient aux terrains semi-cristallisés ophiolitiques et aux terrains cristallisés épizoïques. L'Euphotide jadien paroît appartenir à des terrains plus anciens; mais c'est très-incertain.

On y rencontre quelques métaux sulfurés disséminés, mais aucun gîte métallique remarquable.

8. ÉCLOGITE, *Haüy*, *Leonh.* (Amphibolite actinotique, *A. Br.*, Class. min. des roches.)

Composée essentiellement de Diallage et de Grenats; la Diallage y est ordinairement verte, lamellaire et dominante [1]. — Texture grenue.

Ex. Avec Disthène, à Kupplerbrunn dans le Saualp. — Avec Chlorite, à Rehhugel près Fattigau. — En Styrie, dans la montagne de Bacher, au cercle de Cillier. — Dans le Fichtelgebirge. — A Reuthberg près Döltau. — A Hof en Bareuth.

Consid. géognost. L'Éclogite est une roche très-peu répandue et très-peu étendue, qui ne paroît s'être montrée qu'en couches subordonnées, dans le Gneiss, le Micaschiste ou le Diorite : elle appartient par conséquent aux mêmes terrains que ces roches.

9. AMPHIBOLITE. (*Hornblendegestein*, *Leonhard.*)

Base d'Amphibole hornblende, empâtant du Mica, du Felspath, des Grenats, etc. — Texture lamellaire. — Structure tantôt massive, tantôt fissile.

Parties accessoires. Quarz, Diallage, Disthène, Épidote, Titane en grain, Pyrites, Fer oxidulé.

---

[1] Cette circonstance et les caractères peu tranchés de la Diallage et de l'Actinote dans cet état, avoient fait regarder la partie verte comme appartenant à cette dernière espèce.

1. **Amphibolite granitoïde.....** Structure massive. — Texture grenue, renfermant des Grenats, du Felspath, du Quarz sans Mica.

Ex. Au lac Cornu, sur le Breven en Savoie. — Au torrent de Verret, vallée d'Aoste. — Environs de Tulle. — Entre Belle-Isle et Plounevez, Côtes-du-Nord.
Quelques basaltes antiques.

2. **A. ophioline.....** Serpentine verte disséminée; Diallage bronzite.

Ex. Pouzac et Labassère, près Bagnères de Bigorre (c'est un des Ophites de M. Pallassou). — Houdon, au N. O. de Nantes. — Hof en Bareuth.

3. **A. micacée.....** Amphibole hornblende et Mica. — Structure grenue ou schistoïde.

Nota. Très-voisine de l'Éclogite.

Ex. De Muldenberg, Beschertgluck, Schmalzgrube, Annaberg, etc., en Saxe.

4. **A. schistoïde.....** Structure fissile. — Texture un peu fibreuse. — Point de Mica.

Ex. La Châterie, Houdon, Boisgaros, à 2 l. O. de Nantes.— Tulle dans la Corrèze.— Saint-Yrieix près Limoges.— Le Simplon, versant oriental au-dessous d'Algaby. — Cataractes de Syène, en Égypte. — Mysore dans l'Inde.

5. **A.? actinotique.** — Texture grenue. — Actinote lamellaire d'un vert clair, avec Grenats et quelquefois Felspath disthène.

Ex. Hof en Bareuth. — Du Groënland.

Nota. Cette variété est très-incertaine. Si la base est de l'Actinote, ou si c'est de l'Omphacite de Werner, minéral qui n'est probablement que de l'Actinote grenue, cette variété doit rester telle qu'on vient de la spécifier; mais

si cette base étoit, comme on le croit, de la Diallage lamellaire, alors cette roche appartiendroit à l'Éclogite.

Consid. géognost. Les Amphibolites granitoïdes et micacées forment tantôt des terrains, tantôt des roches subordonnées ; elles appartiennent aux terrains cristallisés,
rarement aux terrains semi-cristallisés, mais toujours aux
épizoïques. L'Amphibolite schistoïde seule, qui est quelquefois en roches subordonnées dans les terrains de Gneiss,
pourroit appartenir aux roches cristallisées hypozoïques.

Elles renferment des minérais métalliques disséminés,
en amas et mêmes en filon.

10. HÉMITHRÈNE. (Quelques *Grünstein* des géolo-gues allemands.)

Composée essentiellement d'Amphibole et de Calcaire.
— Texture grenue, tout-à-fait semblable à celle du
Diorite.

Min. accessoires. Felspath compacte, Fer oxidulé.

Ex. Roche dite *Grünstein* primitif, avec Calcaire, d'Andreasberg au Harz ; elle est presque compacte. — De Schmalzgrube en Saxe. — Roche dite
Calcaire de Manesberg en Sax . — Reconnue à
Pouldurand, vis-a-vis Lézardrieux en Bretagne,
par M. de la Fruglaie. — De Brunswic, dans le
district du Maine. Amérique septentrionale : elle
est schistoïde et renferme du Mica. — De Bolton,
dans le Massachusset : elle est granitoïde et ressemble entièrement à celle de Manesberg.

Nota. Les exemples de cette sorte, d'abord très-rares,
commencent à être assez nombreux pour confirmer cette
spécification.

Consid. géognost. Elle appartient au même terrain et
se présente à peu près dans les mêmes circonstances que
les Amphibolites micacées et schistoïdes, et que le Diorite granitoïde.

11. DIORITE[1], *Haüy*. (*Grünstein*, *Wern*. — *Granitel*, *Galitz*. — Ophite, *Palass*. — Chloritin, *Haberlé*)

Composé essentiellement d'Amphibole hornblende et de Felspath compacte, à peu près également disséminés. — Structure variée.

Parties accessoires. Mica, Quarz, Diallage, Grenat, Serpentine, Épidote, Pyrite, Fer titané, Titane nigrine.

Nota. Il y a bien peu de différence entre cette roche et l'Amphibolite.

1. D. GRANITOÏDE.....Texture grenue.

Ex. Le Diorite de plusieurs monumens anciens de l'Égypte et de l'Inde, quand il ne contient pas de Mica. — La Châterie près Nantes, et Gorges au sud-est de Nantes, avec Fer titané et Diallage. — Guernesey. — La Perque avant Coutances. — Environs de Tulle. — Différentes parties des Vosges. — Plougasnou, Côtes du Nord. — Flavignac, près Limoges. — Harzburg, Baste, Langenberg au Harz. — Ilkendorf et Frauenberg, près Ehrenfriedersdorf en Saxe. — La Baie aux Lièvres, à Terre-Neuve,

---

1 J'ai été le premier à donner le nom scientifique et général de *Diabase* à la roche décrite et caractérisée sous le nom de *Grünstein* par les minéralogistes allemands. Ce nom avoit été fait par une personne habile dans la connoissance des langues anciennes et modernes. Il avoit été publié et employé dans plusieurs ouvrages; mais M. Haüy ne l'a pas trouvé assez bon : il a voulu que cette roche se nommât *Diorite*. J'ai résisté quelque temps à abandonner un nom adopté par des naturalistes dont l'autorité et l'opinion avoient aussi quelque poids : il sembloit ne plus m'appartenir, et j'espérois que la loi de priorité en nomenclature auroit quelque force; mais elle a plié devant Haüy. Ses élèves ont adopté le nom de *Diorite*. Ce nom a été employé seul par M. Leonhard, dans un ouvrage classique sur les roches. Je crois utile à la science de diminuer autant que possible les synonymes qui fatiguent la mémoire et jettent de l'incertitude dans les déterminations, et j'espère qu'en admettant aussi le nom de Diorite, la roche à laquelle il s'applique, n'aura bientôt plus qu'un nom.

etc. — La montagne de Tavigliano, au nord de
Bielle, en Piémont, etc.

2. DIORITE SCHISTOÏDE. (*Grünsteinschiefer*).... Structure fissile, rayée ou zonée.

Ex. Entre Blain et Redon, au nord-est de Nantes;
la Rue-route-de-Rennes, à Nantes et à la Châterie, à l'ouest de Nantes; l'épidote compacte y
est en petits lits parallèles. — Saint-Bel, près
Lyon. — Charbiac, près Saint-Flour. — Siebenlehen, au Harz. — Gersdorf et Schnéeberg en Saxe.
— Bolton, dans le Massachusset.

3. D. PORPHYROÏDE. (*Grüner Porphyr.* — *Porphyrähnliches Urtrappgestein.*) — Des cristaux de Felspath compacte, disséminés dans un diorite à grains
fins.

Ex. Radau, au Harz. —Taberg de Jonköping en
Suède. — Kongsberg en Norwége. — Freiberg en
Saxe.

4. D. ORBICULAIRE...... Sphéroïdes d'Amphibole hornblende et de Felspath compacte, dans un Diorite
à grains moyens.

Ex. La roche dite Granite orbiculaire de Corse.
—De Harpswell, dans le district du Maine, États-
Unis d'Amérique; la roche est à très-petits grains
d'un vert noirâtre, renfermant des sphéroïdes
comme des balles de fusil, qui s'en détachent aisément. — De Schemnitz en Hongrie; Felspath compacte et grenu, avec taches orbiculaires d'Amphibole grenue; connu sous le nom impropre de *Tigererz.*

5. D. SÉLAGITE, *Haüy.* [1]....Structure grenue. — Du
Mica noir brillant.

---

[1] Haüy a fait de cette variété, due à la présence du mica, une espèce
particulière de roche sous le nom de *sélagite.* Nous ne croyons pas

Ex. Des monumens anciens de l'Égypte. — Laperque, près Coutances. — Forêt de Harzburger et Radau, au Harz. — Felsberg, duché de Darmstadt.

Consid. géognost. Le Diorite forme des montagnes et des terrains très-étendus; il se trouve aussi en couches subordonnées dans d'autres roches. La stratification est quelquefois très-distincte et mince; la structure est fissile, elle est aussi quelquefois indiscernable; enfin cette roche présente dans quelques cas une division fragmentaire prismatoïde et même sphéroïdale.

Le Diorite passe à la Syénite et à l'Éclogite. Il fait presque toujours partie des terrains cristallisés, principalement des épizoïques, rarement des hypozoïques; on le trouve aussi dans les terrains semi-cristallisés de Phyllade et de Traumate, et dans les terrains d'épanchement trappéen; il passe alors au dolérite et au trappite.

Les Diorites stratifiés renferment des minérais en amas et en filons exploitables, mais plus ordinairement des minérais disséminés non exploitables.

12. PYROMÉRIDE. *Montéiro.*

Essentiellement composé d'une pâte de Felspath compacte et de Quarz: pâte enveloppant des sphéroïdes à structure radiée.

Parties accidentelles. Fer oxidé en petits cristaux.

1. P. GLOBAIRE. (Porphyre orbiculaire de Corse.).....
Couleur brun-rougeâtre tachetée.

Ex. Girolata, canton de Montepertusato, en Corse.

Consid. géognost. Le Pyroméride se présente en masses peu étendues et sans stratification distincte.

Il appartient aux terrains cristallisés, mais sans qu'on puisse déterminer, s'ils sont épizoïques ou hypozoïques.

---

que ce mélange soit encore assez constant, assez répandu, assez remarquable pour être désigné par un nom spécifique.

13. SIDÉROCRISTE. [1] (*Eisenglimmerschiefer*, ESCHW., LEONH.)

Composé essentiellement de Fer oligiste micacé et de Quarz. — Structure schistoïde.

Nota. La structure est à feuillets minces, quelquefois flexibles. L'éclat du Fer oligiste est vif. Cette roche renferme en outre, comme principes accessoires, du Fer oxidulé octaèdre, des Pyrites, du Talc, du Disthène, de l'Actinote, de l'Or, etc.

Consid. géognost. Le Sidérocriste ne s'est encore présenté nettement et d'une manière frappante qu'au Brésil, dans les environs de Villa-Rica et de Mariana. Il y forme des montagnes entières ; de l'Or natif y est disséminé. (ESCHWEGE.) [2] On peut y rapporter quelques roches de Suède, exploitées comme minérai de fer.

Il paroît appartenir aux terrains cristallisés hypozoïques ; mais on n'en connoît pas encore assez bien la position pour rien affirmer à cet égard.

Cette roche semble être le gîte originaire des minérais d'or et de diamant du terrain meuble dit d'alluvion antédiluvien du Brésil.

---

1 C'est-à-dire Fer et Quarz hyalin, qui est le *cristal* par excellence.

2 Le Sidérocriste nous paroit suffisamment bien établi par ses caractères de composition et par leur constance sur une étendue de terrain très-considérable. Il est probable qu'on le retrouvera dans les autres parties de la terre et même de l'Europe, qui ont des analogies de formation avec le Brésil. M. Eschwege a établi cette sorte sous la dénomination d'*Eisenglimmerschiefer*, phrase allemande qui ne peut pas devenir un nom scientifique, propre à tous les pays. Il a établi deux autres roches sous les noms d'Itabirite et d'Itacolumite. La première n'est qu'une variété du Sidérocriste ; la seconde est le grès flexible, que M. Eschwege suppose composé de Quarz hyalin et de Talc. Mais cette dernière substance paroît n'être qu'interposée dans les fissures de stratification de ce grès ; on ne la voit pas dans les pièces isolées les plus volumineuses. Il me semble qu'il faut attendre de nouvelles observations pour ériger le grès flexible en une sorte particulière de roche mélangée.

14. HYALOMICTE. (*Greisen*, Wᴇʀɴ. — Var. de Granite; Lᴇᴏɴʜ.)

Composé essentiellement de Quarz hyalin dominant et de Mica disséminé non continu. — Structure grenue.

Parties accessoires. Felspath, Fluorite, Étain oxidé, Pyrites, etc.

1. H. ɢʀᴀɴɪᴛᴏïᴅᴇ..... Structure massive.

Ex. Altenberg et Zinnwald en Bohéme, avec Étain. — Vaulry, près Limoges, avec Schéelin ferruginé. — Piriac, près Nantes, avec Étain. — Galice en Espagne, avec Étain. — Topsham, district du Maine, États-Unis d'Amérique.

2. H. ꜱᴄʜɪꜱᴛᴏïᴅᴇ..... Structure passant à la schisteuse.

Nota. Diffère du Micaschiste parce que le Quarz est *dominant* et que le Mica n'est pas continu.

Ex. Environs de Florac, département de la Lozère; c'est bien une roche de Quarz: la base est absolument infusible. — De Perrières, au nord-est de Falaise, en Normandie, le Mica y est très-rare; et du May près Caen, il est jaunâtre. — De Noirmoutier; le mica y est talqueux, aiguilles de tourmaline. — Outesniqua-Land, cap de Bonne-Espérance.

L'*Itacolumite* d'Eꜱᴄʜᴡᴇɢᴇ, roche nommée ainsi du lieu où on la trouve, au Brésil, appartient à cette espèce. Le Grès flexible du même lieu peut se rapporter soit à l'Hyalomicte, soit au Micaschiste; mais la prédominance du Quarz lui donne plus de rapports avec la première roche qu'avec la seconde.

Consid. géognost. Stratification distincte dans la variété schistoïde, imparfaite dans la granitoïde.

Roche ordinairement subordonnée au Granite, appartenant aux terrains cristallisés hypozoïques.

Renfermant en filons, et plus ordinairement en petits amas et en parties disséminées, l'Étain oxidé, le Schéelin ferrugineux, le Fer arsenical.

15. Micaschiste. (*Glimmerschiefer*, Wern. — Improprement Schiste micacé. — Micaschistoïde, Haüy.)

Composé essentiellement de Mica abondant continu et de Quarz. — Structure fissile. — Mica prédominant.

Parties accessoires. Felspath grenu, Grenats, Tourmaline, Staurotide, Disthène, Beryl, Pyrite, Graphite, Titane ruthile.

1. M. quarzeux.....Le Mica et le Quarz très-apparens, presque seuls, alternant en feuillets ondulés.

Ex. Frauenberg en Saxe. — Kustad, près de Drontheim en Norwége. — Brunswick, dans le district du Maine, États-Unis d'Amérique, etc.

2. M. phylladien.....Mica très-abondant. — Tendre. — Cassure esquilleuse.

Ex. Saint-Symphorien, près Lyon.— Alzenau, près de Hanau, etc.

3. M. killas......Dur. — Mica, dominant en petites paillettes brillantes. — Cassure polyédrique.

Ex. C'est une des roches nommées *Killas* par les mineurs de Cornouailles.

4. M. felspathique.....Du Felspath lamellaire, en petits lits alternans.

Ex. Vallée de Tilt en Écosse. — Montagne des Chalanches, département de l'Isère, etc.

5. M. porphyroïde..... Du Felspath en petits cristaux assez également répandus dans la roche.

Ex. Hérold en Saxe. — Herrengrund en Hongrie, etc.

6. M. granatique. (*Murkstein* en Suède.).....Des Grenats abondans et disséminés assez également.

Ex. S. Symphorien, près Lyon. — Les Chalanches, département de l'Isère. — Bouvren, près Nantes. — Memmersdorf en Saxe. — Kongsberg en Norwége ; il est pyriteux et en couches dans le Gneiss.

7. Micaschiste talqueux..... Quelques parties en lits de Talc blanc-verdâtre ou de Chlorite.

> *Ex.* Punta del Forno, canton du Tessin. — Recoaro, près Vicence. — Guérande, près Nantes.

Consid. géognost. Le Micaschiste est essentiellement et clairement stratifié; sa structure est fissile à feuillets souvent très-contournés; stratification oblique.

Il forme des terrains indépendans très-étendus, qui appartiennent, et peut-être exclusivement, aux terrains cristallisés hypozoïques. Il s'associe au Gneiss d'une part, au Schiste luisant et au Phyllade de l'autre.

Il est traversé par des filons de quarz, etc., métallifères et regardés comme le gîte ordinaire de la plupart des mines de Cuivre, d'Argent, de Plomb, d'Étain, de Fer oxidulé, oligiste et carbonaté, exploitables.

16. Gneiss.

Composé essentiellement de Mica abondant, en paillettes distinctes, et de Felspath lamellaire ou grenu. — Structure feuilletée.

Parties accessoires. Quarz.[1]

Part. accident. Tourmalines, Grenats, Pyrites, Fer oxidulé, Fer titané, Molybdène.

1. G. commun..... Point ou peu de Quarz.

> *Ex.*[2] De Ar-Hestel, île de Sein, département du Finistère. — De Saint-Lambert-la-Poterie, près d'Angers; il est rayé. — Des environs de Nantes; il est gris, et renferme des Grenats disséminés. —

---

1 Comme il y a des roches nommées *Gneiss* par tous les géognostes, qui, cependant, ne contiennent pas de Quarz, ce minéral ne peut pas être désigné comme partie constituante essentielle.

2 Il en est du Gneiss comme des Granites : ils sont si abondans à la surface du globe qu'on ne sait à quel exemple donner la préférence.

De Château-Thibaud, près Nantes. — De la vallée
de Chamouny. — De Laufenburg sur le Rhin; il fait
partie d'un Granite. — De Gelobtland-St.-Nicklas,
de Grosswaltersdorff, et la plupart des Gneiss des
environs de Freiberg. — De l'Olivadi en Calabre,
avec gros Grenats et Graphite; il passe au Granite.—Du Wermeland en Suède, formant les chaî-
nes de collines qui sont entre les lacs à l'ouest de
Carlstad; il est rougeâtre. — De Kongsberg en
Norwége : il forme la masse de la montagne qui
renferme la mine d'argent. — Des montagnes de
Rio-Janeiro.

2. Gneiss quarzeux....Du Quarz abondant, en lits ou
en veines.

    Ex. De Saint-Bel, près Lyon. — De Mayenne. —
Du Moulin-Bardou, près Limoges.— De Bagnères-
de-Luchon, au-dessus des bains, avec Mica palmé.
— De Rufland, Todstein, Forchheim, etc., en
Saxe. — D'Unterhaussachsen, avec Grenats. —
D'Huttenberg, au Harz. — D'Aschaffenbourg, avec
Grenats. — D'Orembourg en Sibérie; il est rou-
geâtre, donne une des pierres nommées dans le
commerce Aventurines, et passe au Micaschiste.

3. G. talqueux....Felspath grenu, avec Talc ou Mica
luisant et talqueux.

    Ex. Des Côtes-du-Nord; il est maculé comme une
Variolite, passe au Micaschiste et au Gneiss porphyroïde. —De Saint-Bel, près Lyon. — De Wies-
baden. — De Kongsberg en Norwége; brun-verdâtre, avec Grenats, passe au Micaschiste.

4. G. porphyroïde...... Des cristaux de Felspath disséminés dans un Gneiss.

    Ex. Gringeln en Norwége (de Buch). — Cevin
en Tarentaise.

5. G. graphiteux....Du Graphite écailleux remplaçant
en partie le mica.

    Ex. De Griesbach. etc., près Passau en Bavière.

— De l'Olivadi en Calabre. (Déjà cité au Gneiss commun.)

Consid. géognost. Le Gneiss est essentiellement et clairement stratifié; sa structure est fissile et même feuilletée à stratification oblique et souvent contournée. Il forme des terrains indépendans d'une grande étendue.

Il appartient, et peut-être exclusivement, aux terrains cristallisés hypozoïques; il est associé quelquefois au Granite et au Micaschiste, et traversé, comme ce dernier, par des filons de Quarz, etc.; métallifères, gîte ordinaire des minérais de Cuivre, d'Argent, d'Étain, de Fer carbonaté spathique, de Plomb argentifère, etc., **exploitables.**

17. PHYLLADE. D'AUBUISSON. (*Thonschiefer* mélangé des minéralogistes allemands.)

Composé essentiellement de Schiste argileux comme base, et de Mica [1]. — Structure fissile. — Mica disséminé.

Parties accessoires. Quarz. Felspath, Macles, Staurotides.

Nota. Les Phyllades sont formés en grande partie par voie de sédiment. [2]

1. P. SATINÉ..... Mica en paillettes si petites et si multipliées qu'il semble continu.

Ex. Schiste argileux primitif de Schnéeberg, d'Hermersdorf en Saxe. — Du Col du Tourmalet, dans les Pyrénées. — A la Chaise-le-Vicomte, département de la Vendée. — A Vay, près Nantes. — Une des roches nommées *Killas* en Cornouailles.

2. P. PAILLETÉ.... Mica disséminé en paillettes distinctes.

Ex. Dans les terrains houillers (*schieferthon*); dans

---

1 C'est le véritable *schiste micacé*, et ce qu'on entendra toujours par ce nom, quoiqu'en dise l'illustre auteur du premier traité de vraie géognosie qui ait paru en françois.

2 Voyez pour les développemens l'article PHYLLADE.

les terrains de transition (*Grauwackenschiefer*). —
Goslar, au Harz. — Planitz en Saxe. — Les pierres
à faux de Vielsalm, pays de Liége, et Houfalize,
pays de Luxembourg. — Ardoises de Glaris et de
Gènes. — Cap Cepet, près Toulon.

3. PHYLLADE CARBURÉ.....Noir tachant. — Décolorable
par l'action du feu. — Peu de Mica.

  Ex. Bagnères-de-Luchon, dans les Pyrénées. —
Hartenstein en Saxe. — Hoffnungstoll au Harz. —
Gerbstedt, près d'Eisleben (dans le Schiste marneux bitumineux qui renferme les Ichthyolites et le
cuivre). — Westfield, dans le Connecticut, etc.

4. P. QUARZEUX.....Quarz en grains disséminés ou en
petits lits interposés.

  Ex. Bords de la Mayenne, près d'Angers. —
Braunsdorf en Saxe. — Mittengrube en Bohéme.

5. P. PÉTROSILICEUX.....Structure stratiforme. — Cassure transversale écailleuse. — Mica quelquefois
continu.

  Ex. Schnéeberg en Saxe. — Ramelsberg au Harz,
etc.

6. P. PORPHYROÏDE.....Cristaux de Felspath disséminés.

  Ex. Deville et Laifour, dans les Ardennes. —
Moulin-Bardou, près Limoges. — Col de la petite
Fourche, au Saint-Gothard. — Herzogswald et Tha-
rand en Saxe, etc.

7. P. MACLIFÈRE......Des cristaux de Macle traversant
un Phyllade terne.

  Ex. Roche très-répandue. Alençon. — Antrain,
près Fougères, département d'Ille-et-Vilaine. —
Martilly dans le Calvados. — Salles de Rohan, près
Pontivy, en Morbihan. — Tourmalet dans les Pyrénées. — Schamlesberg près Gefrées, pays de Bareuth, etc.

8. **Phyllade staurotique**.... Des cristaux abondans de staurotide disséminés.

> *Ex.* Baud et Coray, dans le Finistère. — A douze milles de Philadelphie, etc.

9. **P. pyriteux**..... Du Fer pyriteux, disséminé d'une manière égale.

> *Ex.* Environs de Cherbourg. — Bagnères-de-Luchon. — Deville sur Meuse, près Mézières. — Andreasberg au Harz, etc.

Consid. géognost. Les Phyllades sont tous stratifiés, en stratification mince, souvent feuilletée. La stratification est presque toujours iuclinée, quelquefois droite, quelquefois sinueuse.

Ils forment à eux seuls des terrains très-étendus, et composent des montagnes élevées, à croupe arrondie.

Ils appartiennent tous aux terrains semi-cristallisés; mais les Phyllades satinés, quarzeux, porphyroïdes, staurotiques, appartiennent à ceux de ces terrains qui alternent avec les roches des terrains cristallisés épizoïques. Ils alternent et se confondent avec les Schistes luisans et quelquefois avec le Micaschiste et le Stéaschiste. Ils renferment des gîtes métalliques en amas et en filon. Ce sont principalement des minérais de Plomb, de Cuivre, de Fer oxidulé magnétique, de Fer oligiste compacte, de Zinc sulfuré. Ils renferment aussi quelques débris organiques animaux, notamment des Trilobites.

Les Phyllades pailleté et carburé appartiennent plus généralement aux terrains de sédimens inférieurs, aux formations de Houilles, d'Anthracite et de Traumate de ces terrains; ils alternent et se confondent même avec les Schistes argileux, Ardoise et Coticule et avec les Ampélites, et passent aux Calschistes.

Ils renferment encore des minérais, principalement de Plomb, de Cuivre et de Zinc, tantôt disséminés et empâtés, et quelquefois en filons réguliers, etc. Ils présentent de nombreux débris organiques, principalement de végétaux, et très-peu d'animaux.

18. Calschiste. (Variété de *Thonschiefer*, Leonh.)

Schiste argileux souvent dominant, et Calcaire en taches alongées, en veinules, en lamelles, tantôt parallèles, tantôt traversantes, et en nodules disséminées. — Structure schisteuse.[1]

Parties accessoires. Mica, Serpentine, Anthracite, Pyrite.

1. **C. veiné....** Schiste noirâtre et Calcaire, alternant en feuillets minces ; Calcaire lamellaire, traversant ces feuillets en veines nombreuses et parallèles. — Structure quelquefois amygdaline.

> *Ex.* De la Madeleine près Moutiers en Savoie. — Du Pic d'Éredlitz, de Lauderville, vallée de Louron, et du mont Aventin, vallée de l'Arbouste, dans les Hautes-Pyrénées. — De la montagne du Salut, près Bagnéres-de-Bigorre. — Base du Monte Ramazzo, près Gênes, etc.

2. **C. granitellin.....** Structure entrelacée avec grains ou nodules enveloppés.

> *Ex.* De Polsterberg, au Harz. — De Siebenlehn en Saxe. (*Grünsteinschiefer* altéré.) — Du val de Sernft, canton de Glaris ; il est marbré de rouge et de verdâtre.

3. **C. sublamellaire....** D'apparence presque homogène.

> *Ex.* Des Diablerets près Bex ; le Schiste et le Calcaire sont en grains, mêlés d'une manière peu visible.

> *Consid. géognost.* Le Calschiste est souvent une roche subordonnée aux Phyllades ; il présente alors toutes les

---

[1] Le mélange du Calcaire et du Schiste argileux est trop constant dans sa structure, ses proportions, et ses caractères pour être regardé comme un mélange accidentel ou comme un Schiste argileux traversé de veines calcaires. Le Schiste et le Calcaire alternent dans cette roche comme le Quarz et le Mica alternent dans le Micaschiste, comme le Felspath et le Mica dans le Gneiss, etc.

considérations géognostiques de la roche principale à laquelle il est lié. Il paroît appartenir plutôt aux terrains semi-cristallisés qu'aux terrains de sédiment. La plupart des exemples cités se rapportent assez clairement à cette position géognostique. Celui des Diablerets paroît faire une double exception de structure et de position géognostique.

19. STÉASCHISTE. (*Talkschiefer*, WERN., LEONH.)

Base talqueuse, renfermant différens minéraux disséminés. — Structure schisteuse.

Parties accessoires. Quarz, Felspath, Grenats, Actinote, Asbeste, Tourmaline, Diallage, Fer oxidulé, Pyrites.

1. S. RUDE. (*Verhärteter Talk.*)...Généralement brillant. — Rude au toucher. — Mêlé de Pétrosilex en feuillets, de Mica, de Pyrites disséminés, etc.

Ex. De la route de Rennes à Nantes; il est maclifère. — De la vallée de Chamouny, avec Tourmaline. — De Pezay en Savoie. — De Chessy, près Lyon. — Des mines de Himmelsfürst et Gottmituns, près Freiberg.

2. S. PORPHYROÏDE.....Noyaux ou cristaux de Felspath lamellaire disséminés. — Texture porphyroïde. Souvent pyriteux.

Ex. Vereix, vallée d'Aoste. — L'Argentière, vallée de Chamouny.—Cevin en Tarentaise.

3. S. GRANATIQUE..... Grenats abondans disséminés. — Texture presque porphyroïde.

Ex. Des Eulergebirge en Bohème. — De Querbach. — De Saint-Marcel en Piémont.

4. S. NODULEUX...Des noyaux informes de Quarz hyalin, de Felspath, etc., enveloppés par des feuillets talqueux.

Ex. La rade de Cherbourg. — Le mont Jovet, département de la Loire.[1] — Le bois Gerbault au N. de Nantes. — Rochers de la pointe de Pelons à l'O. de S.-Gilles, département de la Vendée; le quarz y est en nodules, enveloppés par un Stéaschiste luisant.

Consid. géognost. Cette variété est une des roches les plus répandues dans les terrains semi-cristallisés : elle est formée en partie par voie d'agrégation, et en plus grande partie par voie de cristallisation.

5. Stéaschiste stéatiteux..... Tendre, très-onctueux au toucher.

Ex. La matière à faire des pots, dite *Pierre de Baram* dans la Haute-Égypte. — Saint-Bel, près Lyon. — Les environs de Dax, dans les Landes. — Tulle, dans la Corrèze. — Moulin-Bardou, près Limoges. — De la Rue-route-de-Rennes, à Nantes ; brun-luisant avec macles. (*Dubuisson.*) — Finale, côte occidentale de Gènes.

6. S. chloritique. (*Chloritschiefer.*).....Tendre. — Vert. — Mêlé de Chlorite.

Ex. La Corse, etc., avec des cristaux octaèdres de Fer oxidulé. — Vallées de Barèges et de Cauterets, dans les Pyrénées. — Torrent de la Dioza en Savoie. — Zillerthal en Tyrol.

7. S. diallagique.... Verdàtre ou brun. — Diallage ? disséminé.

Ex. D'Othré, dans le pays de Liége.

Consid. géognost. Les stéaschistes sont tous stratifiés ; mais la stratification est quelquefois obscure, embrouillée et contournée.

Ils forment des terrains et même des montagnes entières, mais rarement ils les composent seuls, et sont presque toujours accompagnés de Phyllades satinés, d'Ophiolites, etc.

---

[1] Schiste talqueux, d'Aubuisson, Journ. des min., tom. 29, pag. 329.

Ils appartiennent aux terrains semi-cristallisés ou aux terrains cristallisés épizoïques. Ils ne contiennent néanmoins aucun débris organique.

Ils renferment différens gîtes métalliques exploitables, de Plomb, de Cuivre argentifère, mais plutôt en amas couchés ou en plexus de filon (*Stockwerk*) qu'en lits ou en filons réguliers.

20. OPHIOLITE. (*Serpentin*, LEONH.)

Pâte de Serpentine ou de Talc et de Diallage, enveloppant du Fer oxidulé. — Structure massive, presque compacte.

Parties accessoires et accidentelles. Mica (rarement), Felspath, Pétrosilex, Grenats, Quarz, Calcaire, Grammatite, Asbeste, Fer oxidulé, Pyrites.

1. **O.** COMMUN.....Du Fer chromé, disséminé en grains ou en veines.

> *Ex.* La roche l'Abeille près Limoges. — La Bastide de Carrade, près de Gassin, département du Var. — Zœblitz en Saxe. — Tresenburg au Harz. — L'Imprunetta, le Monte Ferrato, etc., aux environs de Florence. — Les environs de Baltimore.

2. **O.** DIALLAGIQUE. (*Gabbro* des minéralogistes toscans.) ....Pâte compacte de Serpentine.—Des lamelles nombreuses de Diallage châtoyante.

> *Ex.* Rocher de Roscof, département du Finistère.—Baste au Harz.—Prato, au N. de Florence. — Du mont Ramazzo près Gènes.

3. **O.** GRANATIQUE..... Des Grenats pyropes disséminés dans un Ophiolite.

> *Ex.* De Zœblitz en Saxe; rougeâtre et verdâtre, passant à l'Éclogite.

4. **O.** GRAMMATITEUX......Des aiguilles de Grammatites disséminées dans un Ophiolite compacte.

> *Ex.* Environs de Nantes.

5. **Ophiolite quarzeux**.....Des noyaux de quarz blanc dans un ophiolite.

Ex. De Cravignola, près Rochetta en Toscane.

Consid. géognost. Roches souvent indépendantes, formant des montagnes peu élevées, à croupes arrondies, non recouvertes.

Point de stratification distincte; de nombreuses fissures dans tous les sens.

Ils appartiennent aux terrains cristallisés épizoïques, et quelquefois aux terrains semi - cristallisés.

Les Ophiolites sont liés avec la Serpentine, la Giobertite, la Magnésite plastique, etc.

Ils ne renferment presque aucun gîte de minérai notable, si ce n'est du Fer oxidulé, du Fer pyriteux et du Manganèse.

Les minérais y sont ou en amas, ou disséminés, ou étendus dans les fissures de la roche. (Monte Ramazzo, près Gènes.)

Point de débris organiques.

21. Ophicalce. [1]

Base de Calcaire avec Serpentine, Talc ou Chlorite. — Texture empâtée.

Parties accessoires. Phyllades, Asbeste, Fer oxidulé.

1. O. **réticulée**.....Des noyaux ovoïdes de Calcaire compacte, serrés les uns contre les autres, et liés comme par un réseau de Serpentine talqueuse.

Ex. Abondante dans les Pyrénées, le marbre de Campan, etc. — Val Saint-Christophe (Isère), etc. — Wildenfels en Saxe. — Brandkof près Lubach et Furstemberg, dans le Harz.

2. O. **veinée**.....Des taches irrégulières de Calcaire, séparées et traversées par des veines de Talc, de Serpentine et de Calcaire spathique.

---

[1] Souvent confondu avec les Calcaires grenus ou la Serpentine.

Ex. Les marbres dits *Vert antique*, *Vert de mer*, *Vert de Suze*; quelques-uns des marbres de Sérancolin, dans les Pyrénées. — *Polzeverra* du golfe de Spezzia, près Gênes.

3. OPHICALCE GRENUE..... Talc ou Serpentine, disséminée dans un Calcaire saccaroïde. — Structure massive.

Ex. Mont Saint-Philippe, près Sainte-Marie-aux-mines. — Montagne de Barèges, dans les Pyrénées. — Glentilt en Écosse. — Vallée de Gosseyr en Égypte. — New-Hawen, dans le Connecticut.

Consid. géognost. Souvent en couches subordonnées dans les terrains d'Ophiolite et de Stéaschiste. Stratification imparfaite.

Appartenant aux terrains cristallisés épizoïques et ne renfermant presque aucune autre substance métallique que du Fer oxidulé, du Fer titané et du Fer chromaté, disséminés ou en amas.

22. CIPOLIN. [1]

Base de Calcaire saccaroïde, renfermant du Mica ou du Talc comme partie constituante essentielle. — Texture grenue cristalline. — Structure souvent fissile.

Parties accessoires. Sahlite, Épidote, et tous les minéraux qui se trouvent disséminés dans le Calcaire saccaroïde.

1. C. MARBRE.

Ex. Des îles de la Grèce. — Barèges, etc., dans les Pyrénées. — Sainte-Marie-aux-mines, dans les Vosges. — A Jersey, où il est employé comme pierre à aiguiser, sous le nom *d'éclat de Jersey*,

---

[1] Nom donné par les marbriers italiens. M. Leonhard a placé cette roche composée dans le calcaire grenu que nous considérons comme roche simple.

circonstance fort remarquable. — Schmalzgrube en Saxe. — Au mont Cenis. — Sur le versant oriental du Simplon, au-dessous d'Algaby. — En Corse. — A Kalkofen en Bohême. — Plusieurs parties des colonnes du temple de Jupiter-Sérapis à Pouzzoles. — Giellebeck, route de Drammen à Christiania, en Norwége : il renferme de l'Épidote.

Nota. Le marbre dit Penthélique passe au Cipolin, et celui-ci à l'Ophicalce.

Consid. géognost. Le Cipolin est souvent en couches subordonnées dans d'autres roches, et notamment dans le Calcaire saccaroïde, le Stéaschiste, l'Ophicalce grenue, le Phyllade, etc.

Il partage donc toutes les circonstances géognostiques de ces roches et appartient comme elles aux terrains cristallisés épizoïques.

23. CALCIPHYRE. [1]

Pâte de Calcaire, enveloppant des cristaux de Felspath, de Pyroxène, etc. — Texture empâtée.

1. C. FELSPATHIQUE..... Des cristaux de Felspath disséminés dans un Calcaire presque compacte.

Ex. Tarentaise. — Col du Bonhomme dans le Mont-Blanc. (BROCHANT.)

2. C. PYROXÉNIQUE..... Des cristaux de Pyroxène sahlite, dans un Calcaire presque compacte.

Ex. A Balaphaitrich, dans l'île de Tyry, une des Hébrides.

---

[1] Cette sorte de roche n'est pas bien caractérisée, puisqu'elle ne présente pas de composition essentielle. Lorsqu'on aura mieux étudié les roches mélangées sous les rapports minéralogiques, il est présumable qu'on remarquera des mélanges constans dont le calcaire sera la base et que le calciphyre demandera à être subdivisé. Cette roche est ordinairement placée dans le calcaire grenu (*Körniger Kalk*), et dans le calcaire de transition (*Uebergangs-Kalkstein*) par les géognostes.

3. **Calciphyre mélanique.....** Des Grenats mélanites disséminés dans un Calcaire compacte.

> *Ex.* Au pic d'Eredlitz, au pic d'Espade et au Tourmalet, près du pic du Midi, dans les Pyrénées.

4. **C. pyropien.....** Des Grenats rougeâtres disséminés dans un Calcaire grenu.

> *Ex.* Au pic de Bergon et de Cobert, dans les Pyrénées. — Au Saint-Gothard, dans les Alpes.

5. **C. amphibolique......** Différentes variétés d'Amphibole, disséminées dans un Calcaire grenu.

> *Ex.* Auerbach, dans la Bergstrass — Schmalzgrube près Marienberg, et Miltitz près Meissen, en Saxe. — Graukopf, près Presniz en Bohême, etc. [1]

Consid. géognost. Roches presque toujours subordonnées au Calcaire saccaroïde, au Calschiste, etc.

Stratification quelquefois très-distincte, surtout dans les Calciphyres mélanique et pyropien.

Appartenant aux terrains cristallisés, très-probablement épizoïques.

On n'y indique aucun gîte métallique remarquable.

24. **Spilite.** [2] (*Blatterstein, Perlstein,* quelques *Mandelstein, Schaalstein* des géologues allemands.)

Pâte d'Aphanite, renfermant des noyaux et des veines calcaires contemporains ou postérieurs à la pâte.

---

1 Tous ces exemples sont tirés de M. Leonhard, *Char. der Felsart.,* pag. 256.

2 On a critiqué avec raison le nom de *variolite,* qui a été appliqué, comme je crois l'avoir fait voir, à des roches très-différentes : on a pensé que celle pour laquelle j'avois réservé ce nom, étoit précisément la roche à laquelle on l'avoit attribué le plus rarement; je me suis donc décidé à donner à ces roches un nom qui ne peut s'appliquer qu'à la définition qui les caractérise. Ce nom a déjà été adopté par M. de Bonnard, dans son article Roche du Nouveau Dictionnaire d'histoire naturelle.

— Structure empâtée; parties enveloppées sphéroïdales.

Les *parties accessoires* sont très-nombreuses; les principales sont: la Chlorite, l'Amphibole, le Felspath, la
Mésotype, la Stilbite, l'Analcime, etc.; l'Agate, l'A-
méthiste, etc.

1. SPILITE COMMUN. . . . . Pâte compacte. — Vert sombre, brun-rouge ou violâtre. — Noyaux calcaires
cristallisés, et quelquefois noyaux d'agate.

Ex. Les exemples de cette roche sont extrêmement multipliés et présentent entre eux la ressemblance la plus complète.

Beaulieu, département des Bouches-du-Rhône.
— Saint-Maurice et la chapelle du Villars-Ai-
mont en Oysans, département de l'Isère, donnant les pierres roulées connues sous le nom de
Variolite du Drac. — Oberstein et tout le bord de
la Nahe. — Netzberg près Ilefeld, et Polsterplatz
près Clausthal, au Harz. — Planitz en Saxe. — Ker-
wig en Cumberland. — Montagne de Birz, comté
de Fife, et plusieurs autres lieux d'Écosse. — Mon-
tecchio Maggiore, près Vicence. — Steinau près
d'Hanau.

2. S. BUFONITE. . . . . . Pâte noire. — Noyaux calcaires.

Nota. Il diffère à peine du précédent, et paroît n'en être
qu'une altération.

Ex. La pierre nommée *Toadstone* à Bakewell en
Derbyshire.

On peut y rapporter un Spilite altéré du Pol-
sterberg, près d'Altenau au Harz. — Un Spilite à
pâte d'un gris verdâtre, avec de grands nodules,
à écorce noirâtre, du Kalienberg à Oberstein, etc.

3. S. ZOOTIQUE. . . . . Des portions d'entroques mêlées avec
les noyaux calcaires. — Pâte calcarifère.

Ex. De Kerzu près Clausthal au Harz. (DE BONNARD.)

4. SPILITE VEINÉ...... Des veines et de petits grains de Calcaire spathique.

> *Ex. Schualstein* de Dillenbourg. — Quelques Spilites du Drac.

5. S. PORPHYRITIQUE..... Des cristaux déterminables de Felspath, etc., dans la pâte et avec les nodules des Spilites.

> *Ex.* Oberstein, au-dessus de l'église, etc. — Salisbury-Craigg, près d'Édimbourg; interposé dans les bancs de Calcaire rougeâtre. — Fort royal à la Martinique; rougeâtre et violâtre.

Consid. géognost. Roche formant souvent terrain à elle seule, quelquefois subordonnée au Trappite, etc.

Montagnes peu élevées, en cônes mal formés, sans stratification, mais divisées en masses parallélipédiques ou en prismatoïdes irréguliers.

Les Spilites appartiennent aux terrains d'épanchement trappéens, probablement postérieurs aux terrains de sédimens moyens.

Ils renferment quelques métaux disséminés, notamment du Cuivre; ils sont criblés de cavités irrégulières en forme de boursoufllures, qui sont remplies ou tapissées d'une multitude de minéraux divers, notamment d'Agate, d'Améthiste, de Zéolithes, etc.

25. VAKITE. (*Wake*, LEONH.)[1]

Base de Vacke, empâtant du Mica et du Pyroxène.

> *Parties accessoires.* Felspath, Amphibole, Agate, Calcaire spathique, Stilbite, etc.

Nota. Les géognostes étrangers ne distinguent pas cette roche mélangée de la Vacke qui est sa base.

Ex. En Auvergne, au Puy de la Poix : brun-verdâtre, calcarifère; et au sommet du Puy de Marmont, elle est presque homogène et très-calcaire. — En Saxe, à Schœnfels et à Neuenjahr, près Wie-

---

1 M. Leonhard place les Spilites dans cette espèce.

senthal ; elle est un peu calcaire, et au Scheibenberg, elle est assez solide et renferme des nodules
pisaires d'Agate. — Kaltennordheim en Thuringe.
— Limburg en Brisgau ; rougeàtre ; et Rothweil,
avec Fer titané et Péridot altéré. — Marostica, près
Bassano ; elle est verdàtre, grenue, avec des lamelles calcaires. — Sundevold, au nord de Christiania en Norwége ; brun-rouge, avec des grains
noirs vitreux de Fer titané ? — La Guadeloupe ; elle
est grise et passe à l'Argilolite.

Consid. géognost. Les Vakites se présentent à peu près
comme les Spilites et appartiennent aux mêmes terrains
et aux mêmes époques que ces roches ; mais elles sont
plus terreuses, moins caverneuses et renferment généralement moins de minéraux cristallisés.

Le Mica et le Pyroxène paroissent avoir été enveloppés
dans la pâte de Vacke, et ne pas s'y être formés par
cristallisation.

Elles sont presque toutes pénétrées de Calcaire.

26. DOLÉRITE, Haüy, Leonh. (*Flötzgrünstein* et *Graustein.*)

Composée essentiellement de Pyroxène et de Felspath
lamellaire. — Couleur noirâtre.

Parties accessoires. Mica, Péridot, Amphigène.

1. D. porphyroïde..... Pyroxène, dominant et formant
la masse principale. — Cristaux de Felspath enveloppés.

Ex. Au sommet du Meisner en Hesse (sous le nom
de *Duckstein*). — Au volcan de Beaulieu en Provence ; semblable à celui du Meisner. — Au Schlossberg, près d'Achtkarn, et à Rothweil, au Kaiser-
stuhl. — Au Houelmont, à la Guadeloupe.

2. D. granitoïde..... Les deux élémens en proportions
à peu près égales. — Du Fer oxidulé.

Ex. Steinheim et Wilhemsbad, près d'Hanau.
(*Leonhard.*) — Entre Holmstrand et Klavenaes en

Norwége. — Aussi au Houelmont à la Guadeloupe. — Maraki-bay, dans l'intérieur de Java.

3. DOLÉRITE AMYGDALAIRE, *Leonh.* [1] .... Des souflures remplies ou tapissées de Zéolithes, d'Agate et de Chlorite, de Fer carbonaté fibreux, de Calcaire, etc.

> *Ex.* Au Kaiserstuhl, notamment près Limburg. — Eckartsberg, dans les environs du vieux Brisach. — De Salisbury-Craigg en Écosse : les noyaux sont en Calcaire laminaire.

4. D. NÉPHÉLINIQUE, *Leonh.* ..... De nombreux cristaux de Néphéline grisâtre, enveloppés dans une pâte de Dolérite porphyroïde.

> *Ex.* Katzenbuckel, près Eberbach, dans l'Odenwald.

> *Consid. géognost.* La Dolérite forme des collines assez étendues et des montagnes à plateau peu élevées. Elle est quelquefois roche principale et plus souvent roche subordonnée au Basanite et au Spilite.

> Elle se présente plutôt en masse que stratifiée; ses masses sont quelquefois divisées en prismes et en grands sphéroïdes irréguliers.

> Elle appartient exclusivement aux terrains d'épanchement trappéens.

27. BASANITE. (Souvent confondu avec le Basalte.) [2]

Base de Basalte, renfermant des cristaux de Pyroxène disséminés, plus ou moins distincts. — Texture compacte, celluleuse ou scoriacée. — Couleur noire, noirâtre, grisâtre, brunâtre, rougeâtre, verdâtre. — Fusible en émail noir.

---

[1] M. Leonhard, qui a approfondi l'étude de cette roche, en a distingué un grand nombre de modifications que nous n'avons pas pu admettre toutes, parce que, ne les ayant pas sous les yeux, nous ne pouvions être sûrs qu'elles se rapportassent exactement à notre Dolérite telle que nous la caractérisons.

[2] Cette confusion a peu d'importance, et c'est pour être conséquent au principe établi, de ne pas confondre les bases homogènes avec les

Parties accessoires disséminées. Péridot, Olivine, Fer titané.

Part. accident. dissém. et peloton. Mica? Amphibole, Zircon, Pyrite, Felspath, les Zéolithes, Arragonite, Agate.

Part. envelop. Granite, Gneiss, Phyllade.

1. Basanite compacte.....Compacte. — Dur. — Difficile à casser. — Noir ou noirâtre.

Ex. généraux. Le Meisner avec Zéolithes et Péridot; gris maculé de gris et gris maculé de noir.— Eisenach; il est variolitique, plusieurs de ses fissures sont tapissées de Fer oxidulé titané cristallisé en octaèdre. — Aschaffenbourg, etc.

1. B. compacte pyroxéneux.....Le Pyroxène en cristaux très-distincts, dominans.

Ex. A Limburg en Brisgau. — Au Puy de Corent et de Tiezac, vallée de Vic, dans le Cantal. — Au Scheibenberg, au Pohlberg, etc., en Saxe. — Au Kinnekulle en Westrogothie; il est plus felspathique que les autres. — De Gorée, au Sénégal.

2. B. compacte péridoteux....Le Péridot olivine en grains très-distincts, dominans.

Ex. D'Unckel, près Cologne.— De Thueys, vallée de l'Ardèche.—Coulée de Charade en Auvergne.

2. B. variolitique.....Pâte presque terreuse. — Des cavités rondes, remplies de Calcaire, de Mésotype, etc.

Ex. Puy de la Vesse, Gergovia, etc., en Auvergne. — Coubon au S. E. du Puy en Velay. — Val Nera, Recoaro, etc., près Vicence. — Rothweil et Limburg en Brisgau. — Montagnes entre Carlsbad et Schlann en Bohème, et près Carlsbad même. Les

---

roches composées, que j'ai cru nécessaire d'établir cette espèce sous un nom qui n'est pas nouveau, puisque c'est celui que Pline lui donnoit.

J'ai cru perfectionner la division du basanite en variétés par la disposition que je présente ici, et qui n'est pas tout-à-fait semblable à celle que j'avois suivie au mot Lave.

nodules sont tous alongés dans le même sens, ce qui indique une coulée.

3. **Basanite lavique.**....Pâte dure, lithoïde. — De nombreuses cavités ovoïdes et alongées.

> *Nota.* Passe aux Téphrines par des nuances nombreuses. — C'est une des roches les plus répandues.

1. **B. lavique péridotique.**....Les péridots dominans.

> *Ex.* La plupart des laves noires anciennes.

2. **B. lavique felspathique.**......Quelques cristaux de Felspath.

> *Ex.* Puy-de-Côme, près du Puy-de-Dôme.

3. **B. lavique pyroxénique.**.....Le pyroxène en cristaux dominans.

> *Ex.* Du Kaiserstuhl en Alsace. — Piperno de la Pianura, près Naples. — La plupart des laves modernes du Vésuve.

4. **B. scoriacé.**...... Plus de vide que de plein.

1. **B. scoriacé pyroxénique.**.....Le pyroxène en cristaux distincts.

> *Ex.* Puy de Corent en Auvergne. — Presque toutes les scories noires des volcans actuels.

Consid. géognost. Les Basanites se divisent en deux séries sous le rapport de la texture et même en partie sous celui du gisement, savoir : les basanites compactes et les basanites bulleux ; les uns et les autres forment des terrains et même des montagnes entières ; ils n'offrent aucun indice réel de stratification. Les premiers sont divisés par des fentes en fragmens irréguliers ou en pièces tabulaires, sphéroïdales et prismatoïdes. Les seconds n'offrent généralement aucune division déterminable.

Les premiers se présentent en montagnes à plateaux obliques, terminés par des escarpemens verticaux ; les seconds se présentent en montagnes coniques ou en coulées.

Les basanites compactes, renfermant les variétés pyroxéneux et péridoteux, et parmi les bulleux la variété variolitique, appartiennent aux terrains d'épanchement trappéens : ils ne contiennent d'autre minérai que du fer titané disséminé, et ne sont pas traversés de filons ; mais on les voit souvent en filons traversant toutes sortes de roches et de terrains, depuis le granite (en Écosse) jusqu'à la craie.

Les basanites bulleux (lavique et scoriacé) appartiennent tous aux terrains pyroïdes volcaniques. Les plus anciens paroissent contemporains du terrain de sédiment supérieur, ou de très-peu antérieur à ce terrain : les plus nouveaux sont des temps historiques ou postdiluviens.

28. TRAPPITE. (Roches de Trapp.)

Base d'Aphanite, dure, compacte ou sublamellaire, souvent fragmentaire, enveloppant du Felspath, de l'Amphibole, du Mica. — Fusible en émail noir.

Parties accessoires. Titane nigrine, Augite, Pyrite, Grenats.

1. T. TERNE....Solide.— Couleur verdâtre sale. — Aspect terreux. — Fragmentaire. — Mica et Felspath, disséminés en très-petits cristaux.

> *Ex.* Tarare, près Lyon. — Granville et Avranches, département de la Manche. — Carrière de Villeneuve, près Nantes. — Châtelaudren, Côtes-du-Nord. — Las Aiguas, au sud-ouest du Puy-de-Dôme. — Montagne de l'Esterel, près Fréjus. — Val de Rif, à Predazzo en Tyrol, avec cristaux de Felspath rose, ou de Péridot olivine ; il ressemble à un Basanite.

2. T. FELSPATHIQUE.....Texture grenue sublamellaire, souvent sonore.

> *Ex.* A l'est de Guincamp, Côtes-du-Nord.— Raou l'Étape, au pied des Vosges.—Côte de Flamanville, près Cherbourg. —En fragmens épars au pied de la grande pyramide, Égypte inférieure ; il ressemble à un Diorite.

3. TRAPPITE PÉTROSILICEUX..... Texture compacte. — Cassure écailleuse. — Couleur verdâtre.

> *Nota.* Cette variété et la précédente passent à l'Eurite et s'en distinguent quelquefois très-difficilement. Elle a souvent une structure porphyritique.

> *Ex.* Environs de Tulle, dans la Corrèze. — Cap Cepet, près Toulon. — Vallée de Vic; gris-verdâtre, sa surface rougit par l'action de l'air; des cristaux d'Amphibole disséminés. — Vallée de Gosseyr; des cristaux de Felspath compacte verdâtre, disséminés dans une pâte amphibolo-pétrosiliceuse.

> *Consid. géognost.* Tantôt en terrain indépendant d'une assez grande étendue, tantôt en roches subordonnées.
> Stratification peu distincte; division par fentes en fragmens irréguliers, subrhomboïdaux.
> Les Trappites appartiennent principalement aux terrains semi-cristallisés, et aux terrains cristallisés épizoïques, peut-être aussi à quelques terrains d'épanchement trappéens; mais ils en présentent très-rarement les caractères évidens. (A Jonsrud en Norwége, au N. de Christiania.)
> Ils renferment quelques métaux tantôt disséminés (Fer oxidulé, Or natif), tantôt en filons, et quelquefois en amas (Fer oxidulé, Fer oligiste).

> *Nota.* Le nom de Trapp a été appliqué à tant de roches homogènes différentes, qu'on ne peut donner comme exemples certains que ceux qu'on a eu occasion d'observer soi-même.

29. MÉLAPHYRE. (*Trapporphyr*, WERNER, vulgairement Porphyre noir.)

> Pâte noire d'amphibole pétrosiliceux, enveloppant des cristaux de Felspath. — Fusible en émail noir ou gris.

> *Parties accessoires.* Amphibole schorlique, Mica, Quarz.

1. Mélaphyre demi-deuil.....Noir foncé. — Cristaux blanchâtres, point de Quarz.

> *Ex.* Quelques porphyres noirs antiques. — Renaison, dans les Vosges. — Des rives de la Gran près Tolmars et de Bohunitz en Hongrie : ils passent au Stigmite. — Elfdalen en Suède. — De Jonsrud, au nord de Christiania, en Norwége ; sa pâte est d'un brun tirant sur le rougeâtre. — De Malmoen, golfe de Christiania ; pâte très-noire, à petits cristaux de felspath. — De Tyfholms-Udden, faubourg maritime de Christiania ; grands cristaux de Felspath laminaires ; très-bien caractérisé. — Tabago. — Morne malheureux, à la Martinique ; il présente quelques cavités cellulaires.

2. M. sanguin...... Noirâtre. — Cristaux de Felspath rougeâtres, des grains de Quarz.

> *Ex.* Niolo en Corse. — De la montagne de l'Esterel en Provence. — De la source de l'Yonne. — Au nord du mont Sinaï. — D'Holmstrand en Norwége ; il renferme des parties rouges, noduleuses, à texture compacte, et qui semblent avoir été enveloppées dans la pâte cristalline ; les cristaux de Felspath sont presque tabulaires.

3. M. tache-verte.... Brun-rougeâtre. — Cristaux verdâtres.

> *Ex.* Quelques Porphyres noirs antiques.

Consid. géognost. Les Mélaphyres forment quelquefois des terrains à eux seuls ; ils sont aussi roches subordonnées dans des terrains de Trappite, et surtout de Porphyre, de Spilite et de Variolite.

Ils ne présentent point de stratification distincte ; les fissures, qui séparent leur masse en grandes tranches, leur donnent quelquefois une fausse apparence de roches stratifiées.

La plupart appartiennent aux terrains cristallisés épizoïques, et en même temps aux terrains d'épanchement trappéens.

Ils sont traversés dans quelques lieux de filons métallifères, dans lesquels on cite de l'Or, du Cuivre, du Fer, du Plomb. Mais cette roche ayant été confondue avec les Trappites et avec les Porphyres de toutes sortes, on ne peut rien dire de précis sur ses circonstances géoguostiques.

30. PORPHYRE. (Porphyre proprement dit. — *Hornstein-porphyr*, WERNER.)

Pâte de Pétrosilex amphiboleux, rouge ou rougeâtre, enveloppant des cristaux determinables de Felspath. — Fusible en émail noir ou gris.

Parties accessoires. Amphibole, Mica, Quarz, Pyrites, Agate.

1. P. ANTIQUE.....Pâte d'un brun-rouge vif et foncé. —Felspath compacte blanchâtre en petits cristaux.

> *Ex.* Employé dans les monumens et meubles antiques. — Triebischthal, près Meissen et Planitz, en Saxe. — Vallée de Nasp, dans l'Arabie pétrée. — Chelsea, près Boston ; il ressemble tout-à-fait au Porphyre antique, et renferme des parties fragmentaires compactes et brunâtres.

2. P. BRUN-ROUGE.....Pâte d'un brun-rouge sombre, quelquefois grisâtre. — Un peu de Quarz.

> *Ex.* Val Saint-Amarin et Ballon de Giromagny, dans les Vosges. — Saulieu en Bourgogne. — Niolo en Corse. — L'Esterel en Provence. — Giebichenstein, près Halle. — Planitz en Saxe. — Ilefeld, Bahkenthal, près Lauterberg, etc., au Harz. — Montagnes de la Table, vallée de Tajova, près de Neusohl en Hongrie ; poreux. — Sunderwold, au nord de Christiania, en Norwége ; il est brun-rouge. — Tyfholms-Udden, faubourg maritime de Christiania ; il tire sur le violâtre ; les cristaux de Felspath

sont grands et alongés; il est associé avec le Mélaphyre demi-deuil du même lieu. (C'est le *Nadel-Porphyr* de M. de Buch.) — La Martinique; pâte très-rouge; cristaux de Felspath blanc et d'Amphibole noir; il a une texture un peu cellulaire et peut être apporté en preuve de l'origine volcanique des Porphyres.

3. PORPHYRE ROSATRE.....Pâte d'un rouge pâle.—De nombreux grains ou cristaux de Quarz.

    Ex. Entre Roanne et Saint-Symphorien. — Environs de Saulieu en Bourgogne. — Moulin des grès, près Nantes.—Saint-Herbelon, à l'ouest d'Angers. — Kunnersdorf en Saxe. — Hohentwiel, au nord-est de Schaffhouse; il est d'un gris rosâtre sale, et passe à l'Eurite porphyrique.

4. P. VERDATRE.... Pâte d'un gris verdâtre sale. — Des cristaux rougeâtres de Felspath.

    Nota. C'est souvent un porphyre rougeâtre altéré.

    Ex. Route de Saulieu à Lucenay, près Pierre-écrite.

5. P. VIOLATRE..... Pâte d'un ton violâtre sale.—Cristaux blanchâtres, rosâtres ou verdâtres.

    Ex. Paradisberg, près Schemnitz, en Hongrie. — Hohentwiel, près Schaffhouse.— Vallée de la Nahe, près Creutznach, en Palatinat.— Montagne de Tarare, près Lyon.— Niolo en Corse; très-bien caractérisé, quoique passant au verdâtre. — Guenast, province du Brabant méridional.

6. P. CALCARIFÈRE.....Pâte rougeâtre ou rosâtre. — Des parties et grains calcaires.

    Ex. Du Moulin des Grès, et du château de Vaine, commune d'Anetz, près Nantes. (DUBUISSON.)

7. P. GRANITOÏDE.... Pâte renfermant, outre les grands

cristaux de Felspath, une multitude de petits cristaux de Felspath, etc.

Nota. Ce Porphyre passe au Granite ou à la Syénite.

Ex. Saulieu près Pierre-écrite : il renferme des cristaux de Quarz bipyramidaux. — Altenberg et Zinnwald en Bohème. — Frauenstein en Saxe. (*Syenitporphyr*, WERNER.)

Consid. géognost. Cette roche forme des terrains entiers, mais qui ne s'étendent pas loin sans interruption. Ces terrains présentent ordinairement un assez grand nombre de petites montagnes arrondies, qni montrent souvent une certaine dépression sur leur flanc (route de Lucenay à Saulieu, en Bourgogne). On n'y voit aucune stratification, mais quelquefois des fissures qui divisent la masse en parties angulaires ou en parties prismatoïdes.

Ils appartiennent principalement aux terrains cristallisés épizoïques, à quelques terrains semi-cristallisés, et même à des terrains de sédiment inférieurs, postérieurs à la houille filicifère. Ils font peut-être partie des terrains d'épanchement trappéens.

Ils renferment quelques minérais métalliques en filon ou amas, notamment du Mercure, du Fer oligiste sanguin (*rother Eisenstein*), du Manganèse.

Nota. L'histoire géognostique des porphyres est trop étendue, trop compliquée, pour qu'on puisse la présenter sommairement avec exactitude.

34. OPHITE. (Porphyre vert. — Serpentin. — *Grünporphyr.*)

Pâte de Pétrosilex amphiboleux verdâtre, enveloppant des cristaux déterminables de Felspath verdâtre.

Parties accessoires. Quarz, Amphibole, Agate.

1. O. ANTIQUE..... Pâte verte, compacte, homogène, opaque. — Cristaux de Felspath verdâtre.

Ex. Dans les monumens et meubles antiques.

2. OPHITE VARIÉ.... Pâte d'un vert brun, grenue, avec des cristaux de Felspath vert-blanchâtre, etc.

Er. Saulieu en Bourgogne. — Chevetry et Ballon de Giromagny, dans les Vosges. — Près Rubeland et dans la Bode, au Harz. — Planitz en Saxe. — Niolo en Corse. — Mont Viso en Piémont. — Vallée de Hödritz en Hongrie.

Consid. géognost. L'Ophite paroît se trouver dans les mêmes circonstances géologiques que le Porphyre proprement dit et que l'Eurite porphyroïde.

32. VARIOLITE [1]. (Amygdaloïde, *A. Br.*, Class. des roch. mél.)

Pâte de Pétrosilex de diverses couleurs, renfermant des noyaux sphéroïdaux de Pétrosilex, d'une couleur différente de celle de la pâte. [2]

---

[1] J'admets les rectifications qu'on a cru nécessaire de faire dans la nomenclature de ces roches et que M. de Bonnard a déjà effectuées dans l'article ROCHE (Nouveau Dictionnaire d'histoire naturelle). J'ai donné dans le temps (Dictionnaire des sciences naturelles, Supplément au tome II, article AMYGDALOÏDE, note), les motifs qui m'avoient dirigé dans l'application des noms de *Variolite* et d'*Amygdaloïde*. J'ai tâché de faire voir que ces deux noms avoient été appliqués indistinctement par Brochant, Reuss et de Saussure, etc., à des roches très-différentes. J'avois cru pouvoir appliquer le nom de VARIOLITE à toutes les roches semblables à celles que les géologues françois nomment *variolite* du *Drac*, et celui D'AMYGDALOÏDE à celles qui sont semblables à la roche que les géologues françois nomment *amygdaloïde de la Durance*.

On n'a pas cru devoir admettre mes motifs, et je cède en nommant SPILITE les roches que j'avois décrites sous le nom de Variolite et transportant ce dernier nom aux Amygdaloïdes. J'aurois voulu les supprimer tout-à-fait, pour éviter les méprises et les discussions qui auront encore lieu. Mais il eût fallu faire un nom nouveau, et on a tant abusé de cette faculté, qu'on en est venu au point de faire craindre de s'en servir.

[2] Les Variolites, tels que nous les caractérisons, ne diffèrent des Eurites, des Porphyres et des Ophites que par leur structure. Ce sont d'ailleurs les mêmes principes composans ; mais la structure est si différente, les roches qui la possèdent, offrent tant de variétés, qu'on n'eût pas pu les laisser sans confusion avec les Eurites.

Parties accessoires. Mica (rare), Quarz, Amphibole, Épidote, Calcaire laminaire , etc.

1. Variolite verdatre. (Variolite, *Reuss*, Géogn.). . . . Teinte généralement verdâtre.

> *Ex.* En morceaux roulés dans la Durance , département de la Drôme. — Dans la Bruche , département du Bas-Rhin. — De l'ile de King, détroit de Bass. — De l'ile de Bourbon. — De Volterano en Toscane. (*Dolomieu.*)

2. V. grisatre. . . . Teinte généralement grisâtre ou blanchâtre.

> *Ex.* Vallée de Vic en Auvergne. — Ballon de Giromagny , dans les Vosges. — Niolo en Corse. — Vallée de l'Inn en Bavière ; avec des grenats, etc. — L'Angora en Sibérie.

3. V. rougeatre. . . . . . Pâte rougeâtre ou violâtre.

> *Ex.* Du Ballon de Giromagny et de plusieurs autres lieux dans les Vosges. — Sainte-Odile, dans le Bas-Rhin. — Des environs de Fréjus. — De Corse, dans le nord-est de l'ile.

Consid. géognost. Les Variolites forment rarement à elles seules des terrains très - étendus. Elles sont plus souvent subordonnées aux Eurites, Trappites , Porphyres, Ophites, etc.; elles ne sont jamais stratifiées.

Elles appartiennent aux terrains semi-cristallisés et aux terrains cristallisés épizoïques, comme le Porphyre et quelques Eurites.

Elles font aussi partie de quelques terrains d'épanchement trappéens. Elles renferment quelques minérais disséminés, du Fer oxidulé? de l'Argent natif? des Pyrites, etc.

33. Argilophyre. (*Thonporphyr*, Werner.)

Pâte d'Argilolite, enveloppant des cristaux de Felspath compacte et terne ou vitreux. — Couleur grisâtre, rosâtre ou verdâtre pâle.

Parties accessoires. Mica, Quarz, Amphibole.

Obs. L'Argilophyre diffère très-peu des Trachytes; il a une pâte plus rude, plus terne, plus variée de couleurs. Il indique une origine plutôt par sédiment, que par voie de cristallisation.

1. ARGILOPHYRE PORPHYROÏDE..... Pâte homogène. — Cristaux de Felspath assez nettement déterminés.

Ex. De Chanteloube, près Limoges. — De la montagne de l'Esterel, près Fréjus; beaucoup de grains de Quarz; c'est évidemment un Porphyre altéré. — Du Puy-Griou, dans le Cantal; la pâte est violàtre : les cristaux sont verdàtres; la texture est celluleuse. — Giebichenstein, près Halle, en Saxe. — Siebenlehn et Triebischthal en Saxe. — Marienberg en Saxe; il est verdàtre ou brunàtre. — Schemnitz en Hongrie; il est verdàtre, dense et calcarifère. (*Beudant.*) — Oberstein en Palatinat. — Fierfeld, près Creutznach, en Palatinat. — Raubschlössel près de Weinheim, duché de Bade; rougeàtre, grains de quarz et de stéatite, grains jaunàtres celluleux. — Isle d'Arran. — Coradon en Cornouailles. — Offenbourg en Transilvanie; il renferme des cristaux de Quarz bipyramidés. — De Barrientos près Quantillan, intendance de Mexico.; pâte violàtre, cristaux de Felspath vitreux.

2. A. TERREUX..... Pâte hétérogène, d'aspect terreux, tacheté ou veiné. — Cristaux disséminés peu prononcés.

Ex. De Vidauban et de la montagne de l'Esterel, près Fréjus; celui-ci ressemble à une roche d'agrégation et varie du rouge au vert. — Du Pas de Compain, vallée de Vic, dans le Cantal; il est rosàtre, zoné de jaune ocreux. — Entre Roanne et Saint-Symphorien; il est brun-jaune. — De Rothweil en Brisgau; il est brun-verdàtre et renferme de l'Amphigène. — De Walkenried, au Harz. — De Chemnitz et Mohorn, en Saxe. — De Diedendorf en Palatinat. — Du Chimborazo.

46.

8

3. ARGILOPHYRE GLOBAIRE, *Beudant*......Pâte d'aspect
terreux. — Cristaux petits, mal déterminés. — Des
parties sphéroïdales, se séparant de la masse par
fracture ou par altération.

Ex. De Schemnitz en Hongrie ; gris ou verdàtre ; on le trouve aussi en Bohème et en Tyrol.
— De Marienberg en Saxe ; pàte gris-bleue ; sphéroïdes mal terminés, grisàtres. — De Mohorn en
Saxe ; pàte rouge ; sphéroïdes blancs. — De Fierfeld , près Creutznach , dans le Palatinat ; pàte
rouge ; sphéroïdes blanchàtres.

Nota. On pourroit présumer que ce sont ces parties circulaires, semblables à des taches qui, dans les premiers
exemples, sont devenues séparables.

Consid. géognost. Les Argilophyres sont souvent des
Porphyres , des Eurites ou des Ophites altérés ; ils en
présentent donc toutes les circonstances géologiques.

Ils sont quelquefois assez distinctement stratifiés (vallée de Vic).

Ils appartiennent la plupart aux terrains d'épanchement trachytiques , et renferment alors les mèmes minérais métalliques que les trachytes.

34. DOMITE, DE BUCH.[1] (Trachyte terreux, *Beud.*)

Pàte d'Argilolite àpre et poreuse, enveloppant des
cristaux de mica. — Presque infusible. — Blan-
chàtre, rosàtre, grisàtre ou brunàtre.

Parties accessoires. Felspath vitreux, Amphibole :
quelquefois pénétré d'acide muriatique libre.

---

1 Cette roche diffère bien peu du trachyte et de l'argilolite, et sans
l'autorité de M. de Buch, qui est ordinairement si opposé à l'établissement de nouvelles roches, nous n'aurions peut-être pas conservé
celle-ci ; mais, dit ce célèbre géologue, en s'appuyant sur des caractères
purement minéralogiques: « la pàte du domite est terreuse au premier
aspect ; mais, examiné au soleil, elle paroit grenue, brillante et remplie de petits cristaux vitreux et fendillés. La roche a très-peu de
cohésion, elle est même friable ; cependant elle est àpre au toucher
et même un peu sonore. »

1. **Domite blanchatre**.... Pâte blanchâtre, grisâtre ou jaunâtre pâle.

> *Ex.* Le Puy-de-Dôme. — Le Puy-Chopine, etc., en Auvergne. — Les îles Ponce. — Raubschlössel, près de Weinheim, dans la Bergstrass. (*Thonporphyr*, Leonhard.)

2. **D. grisatre**....Pâte grisâtre ou brunâtre.

> *Ex.* Le Puy-de-Dôme, à la partie Est. — Vallée du Liorant, au Cantal.

Consid. géognost. Le Domite forme des terrains de peu d'étendue, des montagnes coniques, des masses subordonnées. Il ne présente aucune stratification, mais des fissures irrégulières et des cavités. Il appartient aux terrains d'épanchement [1] trachytiques sans exception.

35. **Trachyte**, Haüy [2]. (*Masegna*, da Rio. — Nécrolite, Brocchi.)

Pâte pétrosiliceuse compacte, d'aspect terne et mat. — Fusible, enveloppant des cristaux de Felspath vitreux. — Texture quelquefois poreuse [3]. — Toucher âpre. — Couleur blanche ou grisâtre.

Parties accessoires. Mica brun, Amphibole, Pyroxène, Titane sphène, Fer oligiste, Quarz (rarement).

1. **T. grisatre**...Couleur brune, grise ou même blanchâtre.

> *Ex.* Du Drachenfels, près Bonn, rive droite du Rhin ; la sous-variété schistoïde renferme particu-

---

1 Ce mot n'indique pas qu'il y ait eu épanchement par fusion, mais seulement apparition à la surface de la terre. C'est l'inconvénient des mots qui ont une signification limitée : c'est en cela que le mot *plutonique*, qu'on peut définir comme on veut, seroit meilleur.

2 C'est un des *Trapp-Porphyr* de Werner.

3 La texture poreuse s'allie avec la pâte compacte, quand les pores sont ouverts dans une masse compacte. C'est le cas de beaucoup de vrais trachytes, par exemple, de celui de Prentigarde au Montdor, de Monselice, etc.

lièrement des aiguilles et même de gros prismes d'Amphibole. — Du Montdor en Auvergne (type de l'espèce). — De Prentigarde, au Montdor. — De Bischoflingen en Brisgau. — De la grande rivière des Habitans, à la Guadeloupe ; il renferme des grains de Pyroxène. — Au quartier des Trois rivières, à la Guadeloupe ; il passe à la Dolérite granitoïde. — D'Issingaux, près du Puy en Velay : c'est une altération d'Eurite porphyroïde ou de Leucostine. — De Monselice, dans les monts Euganéens. — De Manziana près Tolfa, non loin de Civita-Vecchia : gris foncé avec petites taches jaunâtres et blanchâtres, solide, pâte presque pétrosiliceuse. (C'est un des types de la Nécrolite de M. Brocchi.)

2. TRACHYTE ROUGEATRE.....Couleur rougeâtre ou jaunâtre sale.

Nota. Il semble n'être souvent qu'une altération de la variété précédente.

Ex. De Monselice, dans les monts Euganéens ; la pâte est rosâtre ; le Felspath passe à l'état de Kaolin. — Au Carbet, à la Martinique ; il est remarquable par des tranches de prismes hexaèdres de mica d'un brun jaunâtre métalloïde. — Près de Königsberg en Hongrie ; il renferme comme le précédent du Mica en lames hexagonales, etc., et de l'Amphibole. (BEUDANT.) — Le Pas de Compain, dans la vallée de Vic, au Cantal. [1]

Consid. géognost. Le Trachyte semble être le Granite des terrains plutoniques. Il est presque aussi répandu sur le globe que cette roche ; il forme des terrains d'une assez grande étendue, composée de plateaux à escarpemens presque verticaux et des montagnes coniques très-élevées.

Il ne présente aucun indice de stratification ; il est au contraire traversé par des fissures presque verticales,

---

[1] La pâte a la texture presque poreuse. Les masses indiquent par leurs rayures parallèles une sorte de stratification. C'est un exemple de position incertaine entre les trachytes, les domites et les argilophyres.

qui divisent les masses en parties anguleuses irrégulières ou prismatoïdes.

Il appartient aux terrains d'épanchement [1] qui portent son nom. L'action du feu sans fusion est démontrée dans cette roche par un grand nombre de caractères. Les fissures des Trachytes, ou les espaces qui séparent les débris de cette roche, renferment quelquefois des minérais aurifères, argentifères, tellurifères, plombifères, etc.

36. Pumite [2], *Cordier.* (Lave ponceuse, *A. Br.*, Class. des roches.)

Pâte vitreuse, poreuse, fibreuse, grisâtre. — Facilement fusible, et souvent avec boursouflement, en verre blanc bulleux. — Des cristaux de felspath disséminés.

1. P. porphyroïde.... Pâte de ponce, enveloppant des cristaux de Felspath vitreux.

> *Ex.* Montdor. — Pouzzole. — Au pied du Vésuve.

2. P. granitoïde....... Pâte grisâtre, jaunâtre ou rosâtre, enveloppant des cristaux ou fragmens de Felspath vitreux et de Mica.

> *Ex.* Les Égroulets au Montdor. — Isles Ponce; il y en a de jaunes, de rosâtres, de grisâtres. — Vallée de Glashütt en Hongrie; elle passe au Stigmite et renferme beaucoup de Mica. — Montagne de los Remedios, près Mexico. — La Guadeloupe, quartier des Trois rivières.

Consid. géognost. Les Pumites forment des amas, coulées ou bancs irréguliers peu étendus et souvent subordonnés à d'autres roches. Elles ne présentent aucune stratification ni structure en grand, mais de nombreuses cavités.

Elles appartiennent aux terrains pyroïdes-volcaniques, anciens et actuels.

---

1 Voyez ce que veut dire ce mot, à l'article du Domite, sorte 3.

2 Voyez ce mot et Lave.

37. Téphrine, *Delaméth.*, *Cordier.* (Laves téphriniques, *A. Br.*, Class. des roches.)

Texture grenue ou même terreuse, avec des vacuoles. — Rude au toucher. — Couleur grisâtre. — Des petits cristaux de Felspath disséminés.
Fusible en émail blanc piqueté de noir.

Parties accessoires. Amphibole, Pyroxène, Amphigène.

Part. accident. Quarz hyalite en nodules enveloppés.

1. T. PAVIMENTEUSE.... Texture d'apparence homogène. — Cristaux étrangers très-petits.

Ex. Lave de Volvic. — Andernach. — De Monte nuovo près Pouzzole. — De Radicofani, limites de la Toscane et des États-Romains, avec nodules de Quarz hyalite.

2. T. FELSPATHIQUE.... Des cristaux de Felspath vitreux disséminés, dominans.

Ex. Lave de Pouzzole. — Lave de l'Etna. — De Laach, près d'Andernach ; elle renferme du Péridot, du Titane sphène, de l'Amphigène. — De Kremnitz en Hongrie. — De l'île Saint-Christophe dans les Antilles ; fond noirâtre, cristaux nombreux et très-distincts de Felspath. — De Saint-Pierre à la Martinique ; elle paroît contenir aussi des Amphigènes.

3. T. PYROXÉNIQUE.... Des cristaux de Pyroxène disséminés, dominans.

Ex. Lave de l'Etna. — Lave du Vésuve de 1794. — De la Basse-Terre, à la Guadeloupe. — De la Martinique ; elle est gris-pâle ; les cristaux de Pyroxène sont noirs. — De la vallée du Liorant, au Cantal ; elle ressemble à la précédente, et les cristaux noirs paroissent plutôt appartenir à l'Amphibole.

4. Téphrine amphigénique.....Des cristaux d'Amphigène également disséminés.

> *Ex.* Des rochers d'Aquapendente, États-Romains.
> — De Borghetto sur les bords du Tibre, route de
> Rome à Florence ; dans ces deux exemples la Té-
> phrine est gris-foncé, cellulaire, solide, les Am-
> phigènes y sont nombreux et gros comme des pois.
> — Laves des environs de Naples et laves du Vé-
> suve, notamment celle de Juin 1820 ; elles sont en
> même temps scoriacées et les Amphigènes y sont
> très-petits.

5. T. scoriacée.....Plus de vide que de plein. — Texture subvitreuse. — Couleur noire, grise ou rougeâtre.

> *Ex.* La plupart des laves scoriacées ou scories vol-
> caniques. — Celles du Puy de la Vache en Au-
> vergne, qui renferme des cristaux de Fer oligiste
> spéculaire. — De Wilhelmshöhe près Cassel ; elle a
> une teinte bleuâtre dans quelques parties.

6. T. variolitique.....Les cavités bullaires sont remplies ou tapissées de différens minéraux.

> *Ex.* Du Vogelsberg en Vétéravie ; pâte grise hé-
> térogène, cavités tapissées de Chabasie. — De la
> Courtine près d'Ollioule en Provence ; cavités ta-
> pissées de Wollastonite et de Quarz hyalite.

Consid. géognost. Les Téphrines sont évidemment des
laves, c'est-à-dire des roches qui ont été fondues et qui
ont coulé. Elles forment des montagnes moyennes, coniques, sans stratification ni aucune structure déterminable.

Elles appartiennent aux terrains volcaniques, anciens
et actuels. Elles renferment quelques substances métalliques : le Réalgar, le Fer oligiste, le Cuivre muriaté, etc. ;
mais toujours en petite quantité.

38. Leucostine, *Delaméth.*, *Cordier.*

Pâte de Pétrosilex pâle, grisâtre, etc., enveloppant

des cristaux de Felspath. — Fusible en émail blanc. — Texture un peu cellulaire.

Parties accessoires. Mica , Pyroxène , Péridot.

Nota. L'origine géognostique caractérisée par quelques cellules et les différences notables que présentent quelques variétés, sont les seuls caractères qui distinguent les Leucostines des Eurites.

1. **Leucostine compacte.** (Lave pétrosiliceuse. — Phonolite.). .Grisâtre, translucide. — Structure compacte. — Cristaux de Felspath peu distincts. — Cassure écailleuse. — A peine quelques petites cavités dans de grandes masses.

Ex. La roche Sanadoire en Auvergne. — Hohentwiel, près Schaffhouse. — Schlossberg , près Tœplitz.

2. **L. schistoïde.** . . . . . Structure schistoïde. — Cristaux de Felspath peu distincts.

Ex. Montagne de la Tuilière , au Montdor en Auvergne. (Porphyre à base de *Klingstein*, *Werner.*)

3. **L. porphyroïde.** (Lave porphyroïde , *A. Br.*) . . . . Pâte sublamellaire et subvitreuse. — Cristaux de Felspath vitreux, très-distincts.

Ex. Les laves pétrosiliceuses des monts Euganéens , à pâte grisâtre , violâtre , etc. , avec du Mica noir et quelques cavités bulleuses. — Route de Sainte-Rose à la Guadeloupe ; fond brun-verdâtre : des petits cristaux de Pyroxènes. — Isle Saint-Thomas , aux Antilles ; à peu près comme les précédentes. — De la montagne de Guadalupe-Puebla, au Mexique ; des petits cristaux de Péridot : elle passe aux Eurites et aux Téphrines.

4. **L. écailleuse, Cordier.** (*Graustein* , **Werner.**)

Consid. géognost. Ces roches forment des montagnes moyennes en cône imparfait, à sommet tronqué obliquement, ou à crêtes échancrées. Elles sont traversées par de longues et nombreuses fissures, qui les divisent en grandes tables ou en prismes irréguliers, ce qui leur donne quelquefois une apparence de structure fissile.

Elles appartiennent aux terrains d'épanchement trachytiques. Elles renferment dans leurs fissures et cavités quelques minéraux du groupe des zéolithes , mais elles ne contiennent aucune substance métallique.

39. Stigmite. (*Pechstein* et *Obsidianporphyr.* — *Perlsteinporphyr.*)

Pâte de Rétinite ou d'Obsidienne, renfermant des grains ou des cristaux de Felspath.

Parties accessoires. Quarz, Mica, Obsidienne perlée.

Obs. La plupart des Rétinites appartiennent à cette roche; mais il n'en est pas de même des Obsidiennes, dont la masse est souvent sensiblement homogène. Il faudroit peut-être établir ici deux espèces, comme l'a déjà indiqué M. de Bonnard : l'une à base de Rétinite, et l'autre à base d'Obsidienne; la première, étant la plus commune, conserveroit le nom de *Stigmite*.

1. S. PORPHYROÏDE...... Base de Rétinite ou d'Obsidienne, avec des cristaux de Felspath seulement.

Ex. Puy-Griou au Cantal; Rétinite verdâtre. — Vallée de Triebisch, près Meissen; pâte de Rétinite rougeâtre, brunâtre, etc. — De l'île S. Antioco en Sardaigne ; noir, presque opaque, cassure raboteuse. — Grantola sur le lac Majeur; pâte de Rétinite très-noire : les cristaux de Felspath ne deviennent bien visibles que par leur altération. — Les monts Euganéens; pâte noire vitreuse, de nombreux grains de Felspath. — Grande rivière des Habitans a la Guadeloupe; pâte d'Obsidienne trèsnoire; nombreux grains de Felspath. — Du Mexique; pâte d'Obsidienne.

2. S. PERLAIRE. (*Perlstein.*)..... D'un gris bleuâtre, verdâtre, ou pur. — Éclat nacré. — Très-fra-

gile.— Des grains ou noyaux sphéroïdaux vitreux ou nacrés, engagés dans la masse, comme pressés les uns contre les autres, et s'en détachant facilement. — Odeur argileuse.

Ex. Du mont Sieva dans les Euganéens; d'un vert grisâtre pâle. — De Tockay en Hongrie; Pâte d'un gris verdâtre; grains noirs. — De Schemnitz en Hongrie. — De Cinepecuaro, Nouvelle-Espagne; pâte d'un gris jaunâtre, grains grisâtres. — A la Guadeloupe, dans la montagne Saint-Robert; grisâtre, petits grains vitreux noirâtres; il passe à la Pumite. — Dans la rivière du Plessis; il est plus grisâtre et plus dense.

3. **Stigmite amygdaloïde**...... Pâte vitreuse. — Des noyaux sphéroïdaux, à texture souvent radiée, disséminés dans la pâte et entièrement liés avec elle.

Ex. Du Quindiu, au Pérou; noyaux avellanaires gris opaques, rayonnés sur un fond noir. — De Monteglosso. près Bassano; base de Rétinite noire, presque opaque; des grains sphéroïdaux miliaires.

4. **S. brecciolaire**...... Pâte de Stigmite, enveloppant des corps etrangers.

Ex. De la montagne de Xicuco-Mesquitaz, intendance de Mexico (*Bustamente*); pâte brun-rouge, taches et veines noires, enveloppant des fragmens pisaires et avellanaires de roches compactes.

Consid. géognost. Les Stigmites sont toujours des roches subordonnées qui se présentent en amas, en couches ou en filons. Ils ont généralement peu d'étendue.

Ils font partie des terrains d'épanchement trachytiques et trappéens, et des terrains pyroïdes de tous les âges.

Ils ne renferment que très-peu de minéraux étrangers.

2.ᵉ ORDRE.

ROCHES HÉTÉROGÈNES D'AGRÉGATION.

Car. Formées principalement par voie d'agrégation mécanique.

Nota. Ce sont généralement des débris de minéraux ou de roches, réunies ensemble par adhérence de juxtaposition, ou au moyen d'un ciment visible ou invisible, de matière minérale qui a cristallisé dans les interstices.

Cette action de dissolution et de cristallisation, combinée avec celle d'agrégation, est quelquefois très-sensible dans certaines roches (les Mimophyres, les Arkoses, les Brèches, etc.).

Les subdivisions analogues aux genres sont peu importantes et fondées sur la grosseur des parties.

40. MIMOPHYRE. (Quelques *Grauwacke.* — Roches et Poudingues porphyroïdes, *DOLOMIEU.*)

Un ciment argiloïde, réunissant des grains très-distincts de Felspath.

Parties accessoires. Quarz en grains, Phtanite, Schiste argileux, Mica, etc.

1. M. QUARZEUX..... Dur, solide. — Grains de Quarz nombreux.

> *Ex.* Châteix. près Royat. en Auvergne. — Clécy, entre Harcourt et Condé (Calvados). — Sommet du Pormenaz. dans les Alpes de Savoie. — Près les poudingues de Valorsine, en Valais. — De Baden, duché de Bade : rougeâtre, fragmens d'Argilolite.

2. M. PÉTROSILICEUX...... Dur, solide. — Pâte offrant

quelques - uns des caractères du Pétrosilex. —
Cristaux de Felspath assez bien déterminés.

> *Ex.* Montrelais, départ. de la Loire inférieure.
> — Montjeu, près Autun.

3. MIMOPHYRE ARGILEUX..... Tendre, friable. — Quelques grains de Quarz, du Mica, des fragmens de
Schiste carburé, etc. — Pâte gris - verdâtre.

> *Ex.* Flöhe, entre Freiberg et Chemnitz; pâte ar-
> gileuse, verte : Felspath en petits cristaux roses.
> — Zaukerode, près Tharandt en Saxe; c'est le
> *Thonstein* rouge, à taches blanches.

Consid. géognost. Le Mimophyre est en général une
roche subordonnée aux terrains clastiques de l'époque des
terrains de sédimens inférieurs ou des terrains semi-cristallisés. Il ne se présente ni en grande masse ni sur une
grande étendue ; il suit ordinairement d'assez près les
Porphyres, Eurites, Granites, Protogynes, etc. Il n'offre
aucune stratification; il est géologiquement une modification des Psammites, des Pséphites, des Arkoses et peut-
être même du Grès rouge.

Il ne contient pas de métaux, mais il présente quelquefois des débris organiques végétaux.

41. ARKOSE. [1]

Roche à texture grenue, essentiellement composée de
gros grains de Quarz hyalin et de grains de Felspath ou laminaire, ou compacte ou argiloïde.

Parties accessoires. Mica, Argile, Lithomarge, Kaolin.

Part. accident. Fluorite, Calcaire spathique, Barytine, Pyrite, Galène, Chrome oxidé, etc.

---

[1] Voyez cette sorte dans tous ses développemens à l'article PSAM-
MITE, et, pour ses positions géognostiques, la notice que j'ai publiée
sur cette roche. (Ann. des sc. nat., 1826, tom. 8, pag. 113.)

1. **Arkose commune.** (Psammite quarzeux, *A. Br.*, Class.
min. des roches.) . . . . . Grains de Quarz hyalin et
grains de Felspath ; le Quarz dominant. — Couleur
grisâtre.

> *Ex.* Remilly près Dijon. — Martes de Vayre en
> Auvergne. — Blavozy, près le Puy, en Velay. —
> Waldshut, près Schaffhouse. — Carlsbad en Bo-
> hême. — Höer en Scanie, etc.

2. **A. granitoïde.** (Psammite granitoïde, *A. Br.*, Class.
min. des roches.) . . . Grains de Quarz ; Felspath lamellaire coloré et Mica ; le Felspath dominant.

> *Ex.* Les Écouchets, près Châlons sur Saône. —
> Avalon. — Châteix, près Royat, en Auvergne.

3. **A. miliaire.** . . . . . Grains de Quarz et de Felspath tout
au plus gros comme de la graine de millet. —
Argile colorée, disséminée ; le Quarz dominant,
à peine du Mica.

> *Ex.* Principalement dans les terrains houillers et
> à Chessy, près Lyon. — A Mercuer, près d'Aube-
> nas. — A Moschellandsberg dans le Palatinat.

Consid. géognost. Les Arkoses commune et granitoïde
forment souvent des terrains indépendans d'une assez
grande étendue, des collines entières ; mais elles sont plus
souvent placées ou dans des vallons ou sur des plateaux,
ou appliquées contre des pentes de montagnes, et presque
toujours immédiatement sur des Granites ou des roches
analogues par leur composition ou par l'époque de leur
formation. Elles présentent quelquefois une stratification
distincte à assises puissantes et horizontales ; quelquefois
aussi, mais c'est plus rare, elles n'en offrent aucune.

Les deux premières variétés appartiennent aux terrains
clastiques, depuis les semi-cristallisés jusqu'aux terrains
de sédimens inférieurs ; elles renferment des débris organiques, végétaux et animaux, de ces époques, et des métaux en amas plus ou moins volumineux, notamment du

Plomb, du Cuivre, du Mercure et du Zinc; mais on n'y rencontre ni filons, ni lits réguliers.

L'*Arkose* miliaire paroît restreinte à la formation houillière des terrains de sédimens inférieurs. Elle en présente toutes les circonstances géologiques.

42. PSAMMITE. (Grès micacé; Grès des houillères; la plupart des *Grauwacke*.)

Roche grenue, composée essentiellement de sable quarzeux distinct et de Mica, assez également mêlés et réunis par une petite quantité d'Argile.

Parties accessoires. Felspath en petits grains, Fer ocreux en grains, Collyrite, Pyrites.

1. P. COMMUN. (Grès des houillères. — Grès micacé.)... Pâte sablonneuse grisâtre, renfermant de nombreuses paillettes de Mica et quelques grains argileux et ocreux.

    Ex. La plupart des roches dites grès houiller. — Issoire en Auvergne. — Le Muy, près Fréjus. — Langenberg, près Walkenried, au Harz.

2. P. ROUGEATRE. (La plupart des Grès rouges, quelques Grès bigarrés.)..... Pâte sablonneuse rougeâtre, brunâtre ou jaunâtre, avec peu de Mica et à peine du Felspath.

    Ex. Soultz, bord oriental des Vosges. — Neuville, au sud de Coutances. — Weinheim, près Bade. — Regenstein, au Harz. — La roche dite *pierre à dresser*, de la Belgique. — Les hauteurs des environs de Saarbrück. — Les bords des lacs de Salziger, et Susersée, près Halle, en Saxe. — Rheinfelden, grand-duché de Bade. — Les roches dites *grès rouges*, employées dans les constructions de Mayence. — Kaufinger-Wald, près Cassel.

3. P. SCHISTOÏDE. (Quelques *Grauwackenschiefer* des géologues

allemands.)....Pâte argilo-sableuse, noirâtre, renfermant plus ou moins de Mica. — Sable distinct.

Ex. Langeac, départ. de la Haute-Loire. — Pormenaz en Savoie. — Harlenwege, etc., près Clausthal, et au Rammelsberg, au Harz. — Braibant,
près Namur. — La plupart des pierres à faux.

4. PSAMMITE SABLONNEUX..... Le Quarz à l'état sableux
dominant, du Mica plus rare.

    Nota. Il passe au Grès micacé.

Ex. Athis, près Feuguerolle, départ. du Calvados.
— Environs de Valognes, renfermant beaucoup
d'empreintes de coquilles. — Poullaouen. — Abentheuer sur le Hundsruck, avec des coquilles, etc.

Consid. géognost. Les Psammites ont des positions géognostiques différentes suivant les variétés. Ce sont en général des roches stratifiées, s'offrant sur une grande étendue de pays, formant à elles seules des montagnes assez
considérables, mais généralement de peu d'élévation.

Les Psammites communs et schistoïdes appartiennent
aux terrains semi-cristallisés et aux terrains de sédimens inférieurs. Dans le premier cas ils renferment des amas, des
veines et des filons métallifères. La roche du filon est
ordinairement du Calcaire spathique, et les métaux sont
du Plomb, de l'Argent rouge, du Cuivre pyriteux, etc.
Dans le second cas ils accompagnent en couche subordonnée les terrains houillers, et renferment du Fer carbonaté lithoïde et les débris organiques végétaux qui appartiennent à ce terrain.

Les Psammites sablonneux font partie des terrains semi-
cristallisés ; ils ne renferment point ordinairement de
substances métalliques, mais des débris organiques animaux de la famille des Encrines et des Térébratules.

Enfin, les Psammites rougeâtres se trouvent dans les
terrains de sédimens inférieurs, et font partie, s'ils ne les
composent pas entièrement, des formations que l'on nomme
du Grès rouge et du Grès bigarré. Ils sont voisins du dépôt
principal de Selmarin rupestre, qui se trouve ordinaire-

ment entre les deux terrains qui renferment des Psammites rougeâtres. Ces Psammites contiennent quelques débris organiques d'animaux mollusques, mais point d'autres métaux que du Fer oligiste ocreux, ou sanguine.

43. MACIGNO. [1]

Roche à texture grenue, essentiellement composée de petits grains de Quarz sableux distincts, mêlés avec du Calcaire, et renfermant comme minéraux accessoires du Mica, de l'Argile, etc. — Structure massive ou schistoïde en grand. — Couleur grisâtre.

1. M. SOLIDE..... Texture grenue, solide, rude au toucher. — Mica également disséminé.

> *Ex.* Apennins de Florence, principalement près Fiezole. — *Pietra Serena* et *Pietra Bigia* de Doccia, près Florence. — Fiumalbo, dans le Modénois. — Bord occidental du lac de Zurich.

2. M. SCHISTOÏDE..... Texture grenue. — Structure un peu fissile, à feuillets épais, etc.

> *Ex.* Mêmes lieux, et le Moserberg, dans l'Oberland, en Suisse.

3. M. MOLASSE... Texture grenue, lâche, sableuse, mêlée d'un peu d'Argile, toujours du Mica; presque friable.

> *Ex.* Environs de Genève, de Lausanne, et près d'Avignon. — Près de Vienne en Autriche.

4. M. COMPACTE.... Texture compacte, quelquefois un peu lamellaire, la partie calcaire dominant; partie sableuse à peine distincte; Mica disséminé, rare.

> *Ex.* San-Remo, près Gênes. — Monte Rifaldi, près Florence; c'est la *pietra forte*. — Horklef en

---

1 Voyez ce mot.

Hongrie. — La plupart des *Grauwackes* calcaires du Harz, etc.

Consid. géognost. Les Macignos forment souvent des terrains indépendans très-régulièrement stratifiés; ils s'élèvent même en collines de moyenne grandeur. Les variétés appartiennent à des terrains très-différens. Les Macignos solide, schistoïde et compacte, se rencontrent presque tous et presque uniquement dans les terrains de sédiment inférieurs et peut-être même dans quelques parties des terrains semi-cristallisés. Ils renferment des bancs de Calcaire compacte, sont traversés de nombreuses veines de Calcaire spathique: mais ils ne contiennent généralement ni métaux, ni débris organiques.

Les Macignos Molasses sont tous situés dans les terrains de sédiment supérieurs, principalement dans leurs assises moyennes. Ils renferment les débris organiques végétaux et animaux, et les Lignites qui appartiennent en général à ces terrains.

44. GLAUCONIE.

Roche à texture grenue, composée essentiellement de Calcaire non cristallisé et de grains verts. — Texture quelquefois presque compacte, mais plus souvent friable et même à l'état sableux.

Parties accessoires. Quarz sableux, Fer ocreux, Mica; le premier est quelquefois dominant.

1. G. COMPACTE..... Texture compacte à base calcaire. — Grains verts disséminés. — Couleur brune ou noirâtre.

Ex. Les montagnes de Sales, dans la chaîne du Buet; particulièrement la montagne de Fis.

2. G. CRAYEUSE [1].... Texture lâche, à base de Calcaire Craie. — Grains verts et beaucoup de sable.

---

[1] Désignée pendant long-temps sous le nom impropre de *Craie chloritée*..... Il indiquoit faussement que les grains verts étoient de la Chlorite : ce qui est inexact.

Ex. Les assises inférieures de presque tous les terrains de Craie d'Angleterre, de la Normandie, des départemens du Nord , etc.

3. GLAUCONIE GROSSIÈRE.... Texture lâche, à base de Calcaire grossier. —— Grains verts et beaucoup de sable quarzeux.

Ex. Les asssises inférieures du calcaire de sédiment supérieur désigné par le nom minéralogique de Calcaire grossier, dans presque toute l'Europe. — Probablement aussi la roche verte à Nummulite qui recouvre une partie des hautes montagnes calcaires dans les Alpes de Glaris, etc.

4. G. SABLEUSE. (*Greensand* des géologues anglois.)..Texture lâche, même friable. —Base de sable quarzeux. — Des grains verts, quelquefois très-peu de Calcaire.

Ex. Les assises inférieures du terrain de sédiment supérieur et du terrain de craie, dans toute l'Europe, notamment en Angleterre et en Normandie. — La Glauconie sableuse du Calcaire grossier ne diffère souvent de la Glauconie sableuse de la Craie que par les débris organiques qu'elle renferme.

Nota. On voit que ce mélange de grains verts, de sable et de Calcaire est répandu d'une manière assez uniforme et assez abondante dans des lieux très-nombreux et très-éloignés les uns des autres, et qu'il devoit être caractérisé par une définition particulière, rendue par un nom univoque.

Les exemples de terrains, donnés à chaque variété, établissent la position géognostique de cette roche, qui est toujours subordonnée.

45. PÉPÉRINE. (*Peperino*, Tufa, Tufaïte, Conglomérat ponceux, Tuf basaltique, Brecciole trappéenne.)

Roche à texture grenue, composée essentiellement de grains de Téphrine, de Vake et de Pyroxène.

Parties accessoires. Grains de Basanite, de Ponce, Mica, Fer magnétique.

Parties accidentelles. Haüyne, Amphigène, Felspath, Calcaire saccaroïde, et autres fragmens de roches non volcaniques.

1. Pépérine grisatre. . . Couleur dominante grisâtre ou jaunâtre. — Du mica, du Calcaire.

> *Ex.* Albano, près Rome. — Viterbe. — Wilhelmshöhe, près Cassel. — Fernier, près du Puy en Velay. — Pierre à bâtir de Beziers. — Au Val Nera, à Ronca, à Montecchio Maggiore, dans le Vicentin [1]. — Une grande partie de la masse tendre, grisâtre, avec taches d'un gris-jaunâtre sale qui recouvre la ville d'Herculanum. — De l'île S. Antioco en Sardaigne, avec enduit de Quarz hyalite dans les fissures. — Cap de Gates en Espagne. — Escarpement du Houelmont, à la Guadeloupe.

2. P. brunatre. . . . Brun foncé, composé en grande partie de fragmens de Vake.

> *Ex.* Les pierres de construction du tombeau de Cecilia Metella près Rome, venant du lac de Gabii. — Environs d'Aurillac. — Vers le sommet du mont Meisner en Hesse; avec parties jaunâtres cellulaires.

3. P. rougeatre. . . . D'un rouge de rouille, tirant sur le jaunâtre.

> *Ex.* Monte Verde, près Rome. — La roche Tarpéienne dans Rome. — Montferrier, près Montpellier. — Vallée de Vic, dans le Cantal. — Les escarpemens du Houelmont, à la Guadeloupe, avec la variété grisâtre. — La Martinique.

4. P. ponceuse. (Conglomérat ponceux, *Beudant.*). . . Grains de Ponce grisâtre ou blanchâtre, faisant la partie dominante de cette variété.

----

[1] Décrit sous le nom de Brecciole. (Mém. sur les terrains de sédiment supérieurs, etc., du Vicentin; un cahier in-4.°, 1824, pages 3 et suiv.)

Ex. Vallée de Glashütt et Czereny, contrée de Neusohl, en Hongrie. — Andernach. — Une partie des Agglomérats composés de pièces avellanaires, qui recouvrent le terrain des environs de Pompeia.

5. **Pépérine pisolithique**.....Pâte pulvérulente, enveloppant des grains arrondis, mais non roulés.

Ex. Du terrain au‑dessus de Pompeia, du côté du cirque ; friable, pâte grise pulvérulente, grains sphériques pisaires.

Consid. géognost. Cette roche clastique couvre des terrains très‑étendus, souvent en couches épaisses, et se trouve aussi interposée dans les roches pyroïdes.

Elle appartient aux terrains pyroïdes volcaniques anciens et modernes, mais plus ordinairement aux premiers qu'aux seconds, comme l'indique la majorité des exemples cités.

46. **Pséphite.** (La plupart des *Todtliegende ;* Grès rudimentaire, *Haüy.*)

Roche à texture grenue, composée essentiellement d'une pâte argiloïde, enveloppant des fragmens pisaires et même avellanaires de Schistes divers et de Phyllade.

Parties accessoires. Quarz, Micaschiste, Felspath, Granite, Porphyre, Argilophyre, etc.

1. P. **rougeatre.** (*Rothe Todtliegende.*)...Pâte rougeâtre ou brunâtre. — Fragmens angulaires de Quarz, de Granite, de Pétrosilex, de Porphyre, etc.

Ex. De Coutances, département de la Manche. — D'Eisenach en Saxe. — De Becherbach et des bords de la Nahe, près d'Oberstein, en Palatinat. — De Chemnitz en Saxe (*Thonporphyr*). — De Hotthalerberg, Kohlhütte, Elrich et Zorge, au Harz (*Rothe Todtliegende* et *Flötzthonporphyr* de Haussmann.) — Du cap Cepet, près Toulon. —

De Steinau, près d'Hanau. — Du Moulin de la Ferté, entre Saint-Pol et Béthune, etc.

2. Pséphite verdâtre.... Pâte verdâtre plus ou moins foncée, tirant sur le brunâtre ou le grisâtre. — Structure schistoïde et fragmens principalement schisteux.

Ex. Rivage de Saint-Jean-de-Luz. — Carrière de Layet-Laier, vallée de Barèges. — Environs d'Elbingerode, au Harz (*Blattersteinschiefer*), etc.

Consid. géognost. Les Pséphites forment quelquefois à eux seuls des collines assez élevées et assez étendues. (Vallée de la Nahe. Environs de Coutances). Ils sont plus souvent en dépôts assez puissans, et quelquefois en couches ou lits subordonnés.

Ils appartiennent presque tous à l'époque clastique des terrains semi-cristallisés et des terrains de sédiment inférieurs.

Ils ne renferment en minérai que du Fer oligiste sanguine, et sont d'ailleurs stériles en tout autre corps étranger. C'est cette considération qui leur a fait donner par les mineurs allemands le nom de *fond* ou *sol mort* (*Todtliegende*).

47. ANAGÉNITE, *Haüy.* (*Grauwacke* à gros grains des géologues allemands.)

Parties arrondies avellanaires ou ovaires de roches primordiales, réunies par un ciment schistoïde pétrosiliceux, talqueux, etc., quelquefois du Calcaire saccaroïde dans le ciment.

Obs. La texture de cette roche indique que l'action de dissolution a encore concouru à sa consolidation.

1. A. variée......Roches primordiales, réunies par un ciment schistoïde, quelquefois mêlé de Calcaire saccaroïde et de sable.

Ex. Du Trient et de Valorsine en Valais. — Du col de Cormet en Savoie. — De Kehrzu et de Ziegelkrug, près Clausthal, au Harz (*Grauvacke* à gros grains). — D'Altenau et de Lauthenthal, au Harz ; les parties réunies sont des grains de Quarz pisaires ou avellanaires.

2. ANAGÉNITE PÉTROSILICEUSE.....Roches primordiales, réunies par un ciment pétrosiliceux.

> *Ex.* La roche dite improprement : Brèche universelle.

3. A. OPHITEUSE....Roches primordiales diverses, réunies par un ciment verdâtre de Serpentine ou de Chlorite.

> *Ex.* De la montagne de Tarare, près Lyon ; des parties arrondies de quarz, de jaspe vert, de phtanite, etc. — Vallée de Bruche, dans le Bas-Rhin. — De Kehrzu, près Clausthal, au Harz.

Consid. géognost. Les Anagénites forment des terrains assez étendus et des collines de moyenne élévation ; elles se trouvent néanmoins plutôt en couches subordonnées, quelquefois très - puissantes, qu'en terrains indépendans.

Elles appartiennent presque toutes à l'époque clastique des terrains semi-cristallisés, et présentent souvent dans leur masse des veines, des druses et des parties cristallines qui indiquent très-bien cette époque géologique, c'est-à-dire la transition des terrains cristallisés aux terrains d'agrégation.

48. POUDINGUE.

Parties arrondies, avellanaires ou ovaires de roches diverses, réunies par un ciment quarzeux.

Nota. Le ciment est tantôt siliceux, tantôt sableux.

1. P. SILICEUX......Noyaux siliceux dans une pâte de Grès.

> *Ex.* Bassin de Paris ; plaine de Boulogne ; environs de Nemours. — Pied oriental des Vosges. —

Wimmelsburg, dans le pays de Mansfeld. — Kunnersdorf en Saxe.

2. **Poudingue psammitique.** (*Puddingstone* des Anglois.).. Noyaux de Silex ou de Quarz, dans une pâte de Psammite.

Ex. D'Écosse et du Herfordshire. — Employés à Londres dans la construction des bassins. — Côte du Pas-de-Calais.

3. **P. jaspique.**... Noyaux d'Agate, de Silex, etc., dans une pâte d'Agate, de Silex ou de Jaspe.

Ex. Champ de la Touche, près Rennes, vulgairement *caillou de Rennes.*

Consid. géognost. Les Poudingues forment presque tous des terrains superficiels, épais, étendus, et quelquefois élevés en collines arrondies, assez hautes, mais beaucoup moins considérables et moins élevées que les montagnes de Gompholite, avec lesquelles on les confond à tort.

La plupart d'entre eux appartiennent aux terrains clysmiens, tant anté- que post-diluviens ; ils enveloppent dans ces deux cas des débris organiques, notamment de mammifères.

Ils forment quelquefois des bancs ou amas puissans au milieu des terrains clysmiens meubles ; ils se rencontrent en bancs dans les roches de Grès ou de Psammite appartenant aux terrains de sédiment moyens ou supérieurs, et même dans quelques parties des terrains de sédiment inférieurs (dans les roches qui alternent avec les terrains houillers).

Il faut avoir soin de ne pas confondre les vrais Poudingues, tels que nous les caractérisons ici, avec les Anagonites et les Gompholites. Ces trois roches se distinguent, en général, très-clairement sous les deux rapports minéralogique et géognostique, quoiqu'il soit quelquefois difficile de reconnoître et d'exprimer ces différences.

49. GOMPHOLITE. (*Nagelflue* [1] des Suisses, vulgairement POU-
dingue calcaire.)

Parties arrondies, avellanaires ou ovaires de roches
diverses dans un ciment de calcaire ou de macigno.

1. G. POLYGÉNIQUE.....Roches de toutes sortes, réunies
par un ciment de Calcaire ou de Macigno.

Ex. Vevay, près du lac de Genève. — Le Rigi
en Suisse. — Hauszelle, près Zellerfeld, au Harz.

2. G. MONOGÉNIQUE.....Roche calcaire dans un ciment
calcaire plus ou moins pur.

Ex. Salzbourg. — Les bords du Rhône, dans le
département de la Drôme. — Des ruines d'Alexandrie. C'est un des plus répandus.

Consid. géognost. Les Gompholites se font remarquer par
l'étendue et la hauteur des terrains qu'ils composent; ils
forment des plaines immenses, des collines très-prolongées et
même des montagnes de la plus grande élévation (le Rigi
en Suisse). Ces montagnes et ces collines sont généralement à croupes arrondies; elles présentent quelquefois cependant des pentes très-abruptes et même des escarpemens.

La stratification y est ou nulle ou peu sensible, et ne
se manifeste clairement que par des lits de marnes argileuses, interposés entre les différentes masses de Gompholite.

---

1 J'ai cherché à conserver *Nagelflue.* J'ai écrit successivement *naguel-
floue, nagelflu, nagelflou,* et, enfin, *Nagelflue*; mais les personnes qui
ne savent pas l'allemand prononceront *najelflu,* ou, si, pour indiquer
la manière de le prononcer, on l'écrit *nagelflou,* c'est un nom barbare,
qu'on prononcera encore mal; car *naguel* fait *nagu-el* et non pas *nagel*
en prononçant le *g* rude ou en *gue.* Que d'embarras pour se servir,
en l'écorchant, d'un nom presque barbare! N'est-il pas plus simple,
en lui laissant l'idée qu'on a voulu exprimer dans le pays, de le traduire dans une langue scientifique et morte, propre à toutes les nations :
tels que *gompholite;* ce n'est pas faire un nom, c'est le traduire.

Une grande partie des collines de la Suisse que cette roche compose, appartient, de l'aveu de presque tous les géologues, aux terrains clysmiens, postérieurs aux terrains de sédiment supérieurs ou contemporains de ces terrains; on peut présumer que les autres collines et montagnes qui sont composées de cette même roche, quand on ne la confond ni avec les Poudingues, ni avec les Anagénites, appartiennent aussi à cette époque géognostique.

Ils renferment des débris de corps organisés, altérés dans leur forme par les circonstances qui les ont enveloppés et recouvrent quelquefois des dépôts de lignite. [1]

50. BRÈCHE.

Parties anguleuses, au moins avellanaires et ordinairement ovulaires, de roches diverses, réunies par un ciment.

> *Nota.* Il ne faut pas placer parmi ces roches des agrégats fortuits, bréchiformes, qu'on trouve dans quelques filons ou fentes de terrains.

1. B. SILICEUSE. . . . .Fragmens de Jaspe ou d'Agate, réunis par un ciment siliceux.

> *Ex.* Brèche de jaspe d'Italie. — Environs de Fréjus.

2. B. CALCAIRE. . . . . .Fragmens de Calcaire compacte ou de Marbre dans une pâte de Calcaire.

> *Ex.* Les marbres brèches qui sont dus à des fragmens réunis et non à des parties divisées par des veines de calcaire spathique. — Brèche d'Alet et de Tolonet, près d'Aix en Provence. — Brèche de Vilette ou de Tarentaise — Brèche de Memphis. — Brèche africaine, etc.

3. B. POLYGÉNIQUE. . . . . .Fragmens divers de roches homogènes dans une pâte variable.

> *Nota.* On pourra multiplier beaucoup plus les variétés de Brèches lorsqu'on connoîtra mieux les règles d'associa-

---

1 Voyez, sur leur position géognostique en France et en Suisse, l'Essai sur la géognosie des terrains de Paris, édit. de 1822, pages 113 et 307.

tion des fragmens qui les composent : en attendant que l'observation ait conduit à ce résultat, on réunit sous le nom de polygéniques les Brèches qui n'appartiennent ni aux calcaires, ni aux siliceuses. [1]

Er. Étang de l'Herz, dans les Hautes-Pyrénées : des fragmens de quarz dans une pâte de Pyroxène sahlite (De Charpentier). — Du col de Queyrière, dans les environs de Briançon : fragmens de Quarz, de Serpentine, de Jaspe, dans une pâte ophiolitique. — D'Albenga, sur les côtes de Gênes; tout-à-fait semblable à la précédente. — De Monte Carelli, dans les Apennins, au nord de Florence : des fragmens de Jaspe rouge dans une pâte de Serpentine impure, traversée de veines de Calcaire. — De Baden, dans le grand-duché de Bade : fragmens d'Argilolite, d'Aphanite rougeâtre, avec grains de Quarz, dans une pâte d'argilolite; elle passe au Mimophyre et s'appelle *brèche de porphyre*. — De Hör en Scanie : des fragmens d'Argilolite dans une pâte d'Arkose à petits grains.

Consid. géognost. Les Brèches paroissent, au premier aspect, ne présenter que des différences bien foibles avec les Poudingues, au point qu'il est souvent difficile de décider à laquelle des deux espèces appartiennent certains échantillons. Mais les différences géognostiques fortifient considérablement les différences minéralogiques.

Les Brèches ne forment, en général, que des amas ou des bancs peu étendus, souvent même très-circonscrits, composés de débris des roches voisines. Quand elles sont subordonnées à d'autres roches, elles se présentent plutôt dans les fentes de ces roches qu'interposées en couches avec elles.

Elles appartiennent à tous les terrains, parce que tous les terrains présentent des roches clastiques, résultant des débris de leurs roches fondamentales.

---

[1] Les Brèches schisteuses sont des Pséphites. La plupart des Brèches volcaniques sont des Pépérines ou des Breccioles. La Brèche silicéo-calcaire rentre dans les agrégats fortuits; elle ne forme point de *terrains.*

Les Brèches polygéniques font plus ordinairement partie des terrains semi-cristallisés ou de sédiment inférieurs ; les Brèches calcaires sont communes dans les terrains de sédiment moyens. Les Brèches siliceuses sont rares, et se présentent généralement sous très-peu d'étendue.

Les Brèches renferment quelques débris organiques, plutôt animaux que végétaux, qui sont en rapport avec les terrains d'où elles résultent.

51. Brecciole. [1]

Parties anguleuses, pisaires, de roches diverses, réunies par un ciment.

1. B. d'Argilolite.....Base d'Argilolite. — Grains de Quarz, etc. — Un peu de Mica.

Ex. Du lieu dit l'Étang des cinq bondes, près Leblanc, département de l'Indre : elle est blanchâtre et forme une couche puissante superficielle. — Roche du mur de la mine de houille de Litry ; pâte grise : fragmens blanchâtres et rougeâtres d'Argilolite un peu calcaire. — De la mine de houille de Saint-Hippolyte, bord oriental des Vosges ; pâte noire, charbonneuse ; fragmens d'Argilolite et de Quarz.

2. B. d'Alunite......Pâte d'Alunite siliceuse. — Fragmens d'Alunite cristalline, etc.

Ex. D'Alumiera, près Civita Vecchia.

---

1 Il peut paroître singulier et inutile d'établir une espèce de roche sous la considération de la grosseur des grains ; mais quand on a eu occasion d'observer ces roches dans leur position, on voit qu'on ne peut les rapporter exactement, ni aux Brèches dans l'acception générale qu'on donne à ce nom, ni aux Grès, ni aux Arkoses, ni aux Pséphites, ni, enfin, à aucune des roches d'agrégation qu'on vient de décrire. On pourroit, il est vrai, les regarder comme une variété particulière de Brèche ; mais il faudroit envisager cette variété sous un tout autre rapport que les autres, et c'est ce rapport différent qui en forme une variété d'un autre ordre, auquel on doit donner un nom univoque spécial. J'avois placé parmi les Breccioles des roches que j'ai reconnues depuis devoir appartenir à l'espèce bien caractérisée et décrite sous le nom de Pépérine. Il ne reste donc dans cette espèce que les variétés qu'on va indiquer.

3. BRECCIOLE VARIÉE.... Pâte et fragmens variés indéterminables.

Nota. Je réunis sous ce nom les autres exemples de
Brecciole que j'ai à citer.

Ex. Du Hutthalerberg au Harz ; pâte calcaire ;
fragmens verts de Serpentine. — De Vertaison en
Auvergne ; elle est brunâtre, solide, a pour base
de la Vake dure ; elle est calcarifère ; si elle étoit
plus friable et qu'elle renfermât des Pyroxènes,
ce seroit une Pépérine. — De Saint-Barthélemy
dans les Antilles ; pâte gris-pâle siliceuse, mêlée
de Calcaire, fragmens blancs et hyalins de Quarz,
surface celluleuse et comme corrodée.

Consid. géognost. Les Breccioles paroissent jouer le
même rôle que les Brèches ; mais en raison de la petitesse
de leurs fragmens elles sont étendues plus au loin, forment des couches indépendantes ou subordonnées plus
distinctes. Les Brèches sont souvent traversées par des veines
de Calcaire spathique ; les Breccioles n'en présentent presque jamais.

C'est une roche peu observée, qui paroît se trouver plus
abondamment et mieux caractérisée dans les terrains de
sédiment inférieurs et moyens, que dans toute autre partie de l'écorce du globe. (B.)

ROCHES. (*Min.*) Les carriers, appareilleurs et constructeurs donnent ce nom à une variété de calcaire grossier ou
pierre à bâtir, des environs de Paris, qui est jaunâtre, très-
dure, très-solide, criblée de cavités, dues à des moules creux
de cérithes, d'ampullaires, etc., et qui forme un banc de six à
huit décimètres dans les assises supérieures du calcaire grossier.

La plaine de Mont-Rouge donne les plus grands bancs de
roches. Cette sorte de pierre est employée dans les constructions des parapets, des perrons, et de toutes les parties des bâtimens qui doivent être le plus exposées aux frottemens. (B.)

ROCHES NOIRES. (*Min.*) On a donné ce nom au basalte,
au trapp et à une eurite compacte noirâtre, qui se trouve
dans quelques terrains houillers, particulièrement dans ceux
de Litry dans le Calvados. (B.)

ROCHES DE CORNES. (*Min.*) Ce nom, si mauvais et si souvent mal employé, paroît être la traduction du mot *Hornstein* des mineurs allemands ; il a été appliqué tantôt à un silex corné, tantôt à un pétrosilex ou felspath compacte, tantôt à un amphibolite. Dolomieu a voulu le restreindre à la roche compacte et homogène, qu'il a désigné par le nom univoque de cornéenne, nom dont nous nous sommes long-temps servi à l'exemple de ce grand géologue, et qui a été remplacé depuis par celui d'*aphanite*, donné par Haüy, et maintenant assez généralement adopté. Voyez Cornéenne et Aphanite, au tableau des roches homogènes adélogènes. (B.)

ROCHES GLANDULEUSES. (*Min.*) On a désigné sous ce nom général des roches qui renferment des minéraux ou des noyaux cristallins plus durs que la matière qui les enveloppe ; les parties font ordinairement saillie à la surface de ces roches exposées à l'influence des météores atmosphériques, et ressemblent à ce que l'on nomme glandes dans les règnes organiques. Les phyllades staurotiques et maclifères, les micaschistes granatiques, les variolites, et quelquefois aussi les spilites sont des roches glanduleuses. (B.)

ROCHES DE TOPAZE. (*Min.*) *Topazfels*, Werner, et *Topazozème*, Haüy. Voyez Leptynite topazozème, au tableau des roches hétérogènes. (B.)

ROCHIER. (*Ornith.*) Cet oiseau, auquel Linné avait donné le nom de *lithofalco*, et dont l'espèce est restée long-temps incertaine, a été enfin reconnu par M. Bonnelli pour un vieux émerillon mâle, nichant dans les rochers, *falco æsalon*, Linn. (Ch. D.)

ROCHIER ou **PETITE ROUSSETE.** (*Ichthyol.*) Voyez Roussette. (H. C.)

ROCHWAND. (*Min.*) C'est, dit M. Léman, le nom qu'on donne à Eisenerz, en Haute-Styrie, au calcaire compacte qui accompagne les riches mines de fer de ce pays.

Est-ce la même chose que le minéral décrit par M. Mohs sous le nom de Rohwand et qu'on va citer plus bas ? (B.)

ROCINELA. (*Crust.*) Genre de crustacés, de la famille des Cymothoadés de M. Leach. Voyez ce mot, tom. XII, p. 349. (Desm.)

ROCK-COD. (*Ichthyol.*) Voyez Red-Cod. (H. C.)

ROCK-ONZEL. (*Ornith.*) Nom anglois du merle de montagne de Brisson. (Сн. D.)

ROCKA. (*Ichthyol.*) Nom suédois de la *raie bouclée.* Voyez RAIE. (H. C.)

ROCKEB EL DJUMMEL. (*Bot.*) Nom arabe, suivant Forskal, du *chenopodium viride*, plante très-commune dans l'Arabie. (J.)

ROCOTITO DE MONTE. (*Bot.*) Nom péruvien du *solanum laciniatum* de la Flore du Pérou, *solanum nemorense* de M. Dunal. (J.)

ROCOU, ROUCOU. (*Bot.*) Teinture tirée d'une substance qui enduit les graines du rocouyer, *bixa*, et dont les sauvages Galibis se frottoient tout le corps, soit pour ornement, soit pour se garantir des insectes. (J.)

ROCOU. (*Chim.*) Nom qu'on donne en teinture à la matière colorante qui environne la graine du rocouyer. Cette couleur est une des plus fugaces que l'on connoisse. Le procédé de M. Leblond pour préparer le rocou, qui consiste, 1.° à laver les graines dans l'eau, en les frottant jusqu'à ce qu'elles ne cèdent plus de matière colorante au liquide; 2.° à filtrer cette eau dans des tamis assez fins pour laisser passer la couleur et retenir les parties grossières qui se sont détachées des graines; 3.° à précipiter la couleur par du vinaigre ou du jus de citron ; 4.° à faire égoutter dans des sacs la couleur déposée, est préférable, suivant M. Vauquelin, au procédé ordinaire où la matière colorante est soumise à une sorte de fermentation. (Сн.)

ROCOUYER, ROUCOU; *Bixa.* (*Bot.*) Genre de plantes dicotylédones à fleurs complètes, polypétalées, de la famille des *tiliacées*, de la *polyandrie monogynie* de Linnæus, offrant pour caractère essentiel: Un calice caduc, coloré, à cinq grandes folioles orbiculaires, muni en dehors de sa base de cinq tubercules; cinq pétales; des étamines nombreuses, insérées en plusieurs rangées sur le réceptacle; un ovaire supérieur; un style; un stigmate à deux lobes; une capsule un peu comprimée, hérissée d'aiguillons sétacés, à deux valves, à une loge ; des semences nombreuses attachées à un réceptale, entourées d'une enveloppe pulpeuse; les cotylédons foliacés; la radicule supérieure.

Rocouyer d'Amérique : *Bixa orellana*, Linn., *Spec.*; Lamk., *Ill. gen.*, tab. 469; *Pigmentaria*, Rumph., *Amb.*, 2, pag. 80. tab. 19. Arbrisseau de douze à quinze pieds, dont la tige est droite, chargée vers son sommet de plusieurs branches réunies en une cime touffue, presque en tête. Les rameaux sont glabres, alternes, cylindriques; les feuilles éparses, pétiolées, acuminées, échancrées en cœur à leur base, glabres, entières, d'un beau vert; les nervures roussàtres; les pétioles presque aussi longs que les feuilles, munis à leur base de stipules lancéolées, aiguës, très-caduques. Les fleurs sont disposées en une panicule terminale, peu garnie; chaque fleur supportée par un pédoncule filiforme qui s'épanouit à son sommet en cinq tubercules connivens à leur base, que Linné regarde comme le calice, mais ce dernier paroît plutôt constitué par les cinq pièces extérieures, colorées, plus grandes que la corolle, qui est, pour Linné, une corolle extérieure; l'intérieure est d'un blanc pâle, lavée de rose, inodore, à cinq pétales arrondis. Le fruit est une capsule un peu en cœur à sa base, de forme presque conique, médiocrement comprimée, hérissée de poils rougeâtres, s'ouvrant en deux valves, renfermant des semences enveloppées d'une pulpe rouge qui colore fortement les mains de ceux qui la touchent. Cette plante croit dans les contrées méridionales de l'Amérique.

Les habitans des îles de l'Amérique, à l'arrivée des Européens, se servoient du rocou pour se teindre le corps, en le mêlant avec de l'huile : pour cela ils le tiroient directement des graines mûres, en les frottant à sec dans les mains, au préalable huilées, et ils se procuroient, par ce moyen, une fécule bien plus belle que celle qui est dans le commerce; et il est remarquable que les premiers planteurs européens ne les aient pas imités, malgré les inconvéniens qui sont, pour les noirs, la suite de cette opération, c'est-à-dire des maux de tête et des excoriations, inconvéniens qui peuvent être réduits à peu de chose, en prenant des précautions, et surtout en ne laissant pas long-temps travailler les mêmes ouvriers. C'est de Cayenne que vient aujourd'hui le meilleur rocou. Dans son pays natal, ainsi que dans les parties de l'Inde où on cultive le rocouyer, il ne se reproduit que par graines. On les sème, depuis Janvier jusqu'en Mai, dans une terre nouvellement labourée, à la distance de quatre à cinq pieds en tous sens, par groupes de deux ou trois ensemble; les pieds levés, on arrache les plus foibles de chaque groupe , et on bine. L'année suivante on rabat les pieds restans, s'ils se sont trop élevés, à la hauteur de deux ou trois pieds de terre, et on les tient à cette hauteur pour pouvoir cueillir les graines plus facilement.

Ce n'est que la seconde année que les plantations de roucouyers sont dans toute leur force, et elles durent ainsi trois ans, après quoi on les détruit. On fait à Saint-Domingue la récolte du roucou deux fois l'année , savoir en Juin et en Décembre. Tantôt on cueille les grappes de fruits dès qu'une ou deux de leurs capsules commencent à rougir; tantôt on attend que la plupart des capsules commencent à rougir ou qu'elles soient tout-à-fait rouges. Le résultat de la première manière s'appelle *roucou vert* : il donne un tiers plus de fécule et de la plus belle, mais il faut le travailler dans la quinzaine. Le résultat de la seconde se nomme *roucou sec* : on peut attendre six mois pour les opérations qu'on doit lui faire subir. Les graines de roucou vert ne peuvent se séparer de la capsule par le bas, et tirant le placenta sur lequel elles sont attachées, on obtient celles du roucou sec par le battage avec des baguettes sur un terrain uni.

Après que les graines sont nettoyées par le lavage, on les met dans des baquets d'une certaine dimension; car l'opération ne se fait pas si bien dans les petits, et on les écrase grossièrement avec des pilons , puis on les recouvre d'un demipied d'eau pure. Cette graine y reste huit à dix jours et y est remuée deux fois par jour, un quart d'heure chaque fois; après quoi on la retire pour la mettre dans un nouveau baquet, où on la pile complétement, puis on la couvre de nouvelle eau , et au bout de deux heures on la frotte entre les mains. L'eau qui a servi à ces deux opérations se garde séparément.

La graine de rocou , séparée de sa seconde eau, se met à sec dans un autre baquet, couvert de feuilles, et y reste jusqu'à ce qu'elle commence à moisir, c'est-à-dire sept à huit jours, ce qu'on appelle *ressuier;* ensuite elle est lavée en la frottant de nouveau dans deux eaux qu'on réunit. Toutes ces opérations étant terminées, on passe séparément les trois eaux à travers une toile claire ou un tamis, et on les mêle ensemble de manière qu'elles contiennent la même quantité de fécule, c'est-à-dire qu'on met une partie de la première dans la seconde, et deux dans la troisième. On passe de nouveau ces eaux et on les verse dans de grandes chaudières sous lesquelles on entretient un feu vif. Les mains des travailleurs et tous les ustensiles qui ont servi se lavent dans de l'eau qui sert pour une autre opération, afin de ne perdre aucune portion de fécule.

A mesure que des écumes se montrent sur la surface de l'eau de la chaudière, on les enlève pour les mettre dans un baquet destiné pour cela. Si les écumes montent trop vîte, on diminue le feu ; l'eau qui ne fournit plus d'écume est ôtée de la chaudière et jetée ou gardée pour tremper de nouvelles graines, et la chaudière est remplie de nouveau.

Les écumes sont reprises et mises dans une autre chaudière, qu'on appelle *batterie*, et remuée continuellement dans tous les sens. On diminue le feu dès que les écumes montent trop ; quand elles sautent et pétillent, on le diminue encore ; enfin, quand elles cessent de pétiller, le roucou est formé, on cesse le feu. Plus le roucou s'épaissit, et plus il faut le remuer rapidement, pour qu'il ne s'attache pas aux parois de la chaudière. Sa cuisson ne se termine qu'au bout de douze heures, on reconnoît que le roucou est cuit, lorsqu'en le touchant avec un doigt mouillé, il ne s'y attache pas. Quoique la cuisson soit complète, on laisse le roucou dans la chaudière, en le remuant de temps en temps pour commencer sa dessiccation. En enlevant le roucou de la chaudière, on a soin de ne pas mêler avec lui le *gratin* ou le roucou impur, qui est au fond, et qui n'est bon qu'à repasser dans les premières eaux. Le refroidissement du roucou s'opère sur des planches, en lits d'une certaine épaisseur ; le lendemain on en fait des pains.

Pour mettre le roucou en pains, les ouvriers doivent se frotter les mains de graisse ou d'huile, à raison de sa causticité. Ces pains sont des espèces de miches de deux livres de poids chacune, qui s'enveloppent de feuilles, et qu'on met à sécher dans des hangars. Ces pains restent deux mois à se dessécher, et perdent près de moitié par suite de cette opération. Dans cet état le roucou est marchand, et c'est ainsi que nous le recevons en Europe pour l'usage de la teinture.

Les opérations que nous venons de décrire n'ont pas toujours un résultat favorable; tantôt les graines pourrissent dans le ressuyage, tantôt le roucou brûle dans sa cuisson, tantôt il fermente après avoir été mis en pain: dans tous ces cas, il perd de sa qualité et même n'est plus bon qu'à jeter, de sorte que, vu le peu d'importance que mettent les ouvriers à bien faire (ce sont toujours des esclaves), on perd le plus souvent la moitié des cuites. Cette incertitude dans les résultats a déterminé des personnes éclairées à rechercher ce qu'on gagnoit à faire subir au roucou les préparations qui viennent d'être décrites : on s'est assuré qu'il n'y avoit aucun autre avantage que de le débarrasser des graines qu'il recouvroit, c'est-à-dire de diminuer son poids des deux tiers, et par conséquent d'autant les frais de son transport en Europe; car les teintures faites avec les graines telles qu'elles sortent de la capsule, soit avant, soit après leur dessiccation, ont paru plus belles : or, vu seulement la dépense des opérations, il n'y a pas de doute qu'il est plus avantageux aux cultivateurs de livrer au commerce le roucou simplement desséché, à plus forte raison si on fait entrer en ligne de compte les manques si fréquens de réussite.

Le roucou, pour être de bonne qualité, doit être couleur de feu, plus vif en dedans qu'en dehors, doux au toucher, d'une bonne consistance, afin qu'il soit de garde. On donne à cette pâte la forme que l'on veut, avant de l'envoyer en Europe; elle est ordinairement en pains, enveloppée dans des feuilles de balisier.

Le roucou donne une teinture de petit teint, c'est-à-dire susceptible d'être altérée par la lumière, l'air, les acides et les alkalis; en conséquence la consommation est bornée : mais comme sa couleur est très-brillante, il est difficile de s'en passer dans beaucoup de circonstances pour aviver celles qui sont les plus solides.

Le bois du roucouier ne sert qu'à brûler : son écorce peut être employée pour faire des cordes à puits. (Poir.)

ROC-TORDU et ROC EN CORNE DE BELIER. (*Min.*) On a quelquefois donné ce nom à certaines roches schistoïdes et dures, telles que le gneiss, le micaschiste, même quelques phyllades et quelques stéaschistes, qui ont une structure très-feuilletée et qui présentent des ondulations, des replis, des zigzags même, courts et multipliés, qui font ressembler leur structure à celle des cornes de belier. (B.)

ROCUL. (*Ornith.*) Salerne place ce nom parmi les dénominations vulgaires du motteux, *motacilla œnanthe*, Linn. (Ch. D.)

ROD-BŒLLE. (*Ornith.*) Nom du Tadorne, *anas tadorna*, Linn., en Norwége. (Ch. D.)

ROD-GANS. (*Ornith.*) Nom que porte aux Orcades la bernache, *anas erythropus*, Linn., qui est aussi appelée *rodgees*. (Ch. D.)

ROD-KAMMEN. (*Mamm.*) Ce nom, qui signifie peigne rouge, est employé par les Islandois pour désigner le cachalot macrocéphale. (Desm.)

ROD-NAKKE. (*Ornith.*) On appelle ainsi, en Norwége, le canard millouin, *anas ferina*, Linn. (Ch. D.)

RODAT. (*Ichthyol.*) Ce nom suédois est un de ceux qui s'appliquent au hareng. (Desm.)

RODBEENNE. (*Ornith.*) Nom danois du chevalier commun, *tringa equestris*, Lath. (Ch. D.)

RODDYR. (*Mamm.*) Nom norwégien du cerf ordinaire. (Desm.)

RODE. (*Ichthyol.*) Un des noms du *poisson Saint-Pierre*. Voyez Dorée et Zée. (H. C.)

RODENTES. (*Mamm.*) La dénomination latine de *rodentes* a été employée par Vicq d'Azyr pour désigner les quadrupèdes rongeurs, ou *glires* de Linné. (Desm.)

RODIGIA. (*Bot.*) Sous ce nom M. Sprengel fait un genre du *seriola lævigata* de Linnæus, qui diffère du *seriola* seulement par les écailles extérieures du périanthe, qui, en s'évasant, forment un calicule. (J.)

RODING. (*Ichthyol.*) Un des noms suédois de l'Ombre. Voyez ce mot. (H. C.)

RODOLITHE. (*Min.*) M. Fischer a proposé ce nom, écrit tel qu'il l'est ici, pour désigner la variété rougeâtre ou rosâtre d'éléolithe à laquelle on avoit donné le nom de lithrodes. Voyez Éléolithe. (B.)

RODOLOBUS. (*Bot.*) Ce genre de M. Rafinesque est le

même que le *stanleya* de M. Nuttal , auparavant *cleome pinnata* de Linnæus, transporté par M. De Candolle de la famille des capparidées à celle des crucifères. (J.)

RODOLPHE. (*Conchyl.*) Il paroît que les marchands hollandois désignoient sous ce nom une espèce de pourpre, probablement la pourpre de Rodolphe. L'abbé Favart d'Herbigny dit cependant que c'étoit la P. persique ou de Panama. (DE B.)

RODONELLO et REDONDILLO. (*Bot.*) Noms que l'on donne en Espagne au *triticum compositum*, Linn., selon Lagasca. (LEM.)

RODRIGUEZIA. (*Bot.*) Genre de plantes monocotylédones à fleurs incomplètes, irrégulières, de la famille des orchidées, de la *gynandrie digynie* de Linnæus, offrant pour caractère essentiel : Une corolle à cinq pétales étalés, irréguliers, les extérieurs latéraux connivens; la lèvre ou un sixième pétale inférieur libre, éperonné à sa base; une anthère terminale, operculée; le pollen distribué en deux paquets; le gynostème ou la colonne des organes sexuels à deux dents.

RODRIGUEZIA A FLEURS UNILATÉRALES ; *Rodriguezia secunda*, Kunth *in* Humb. et Bonp., *Nov. gen.*, 1, p. 367, tab. 91. Cette orchidée a des racines blanchâtres, composées d'un grand nombre de fibres peu ramifiées, contournées en différens sens; des bulbes brunes, oblongues, luisantes. Les feuilles sont linéaires, lancéolées, glabres, coriaces, obtuses, en gaîne à leur base, longues de six pouces, larges de huit à dix lignes. De leur centre s'élève une hampe droite, glabre, nue, cylindrique, haute de huit pouces. Les fleurs sont unilatérales, pédicellées, disposées en un épi terminal, accompagnées de bractées glabres, concaves, membraneuses, oblongues, acuminées ; la corolle est rougeâtre, campanulée, étalée, à cinq pétales irréguliers, dont les extérieurs latéraux sont concaves, oblongs, aigus, connivens presque jusqu'à leur sommet, ascendans, embrassant l'éperon; le pétale supérieur est libre, droit, alongé, aigu; les intérieurs sont libres, de la longueur des extérieurs, aigus à leurs deux extrémités; la lèvre ou un pétale inférieur est un peu plus long, en ovale renversé, plan, échancré, presque à deux lobes, rétréci vers sa base, canaliculé, muni d'un éperon court; le gynostème ou la colonne des parties sexuelles est canaliculée, une fois plus courte que les pétales, pourvue, au dessous de son sommet, de deux dents, munie d'étamines stériles; l'anthère terminale; le pollen divisé en deux paquets. Le fruit est une capsule ovale, trigone, très-glabre, à six côtes, longue d'environ un pouce. Cette plante croit sur le tronc du *crescentia cujetes*, dans la province de Popayan, proche Carthagène. (Poir.)

RODSCHIELDIA. (*Bot.*) Les auteurs de la *Flor. Weter.* donnent ce nom a la bourse à berger, *thlaspi bursa pastoris* de Linnæus, qui est maintenant le *capsella* de Crantz et de M. De Candolle. (J.)

ROE, ROE-DEER. (*Mamm.*) Ces deux noms anglois désignent le chevreuil, espèce de quadrupède du genre Cerf. (Desm.)

ROECH. (*Ornith.*) Ce nom allemand, qui s'écrit aussi *rouch* et *ræcher*, est celui du freux, *corvus frugilegus*, Linn. (Ch. D.)

RŒDLING ou RÖDLING. (*Bot.*) Noms qui, en Allemagne, désignent la chanterelle (voyez Fonge), également appelée *Ræhling*, *Rehling*, *Rübling*. (Lem.)

ROEDST-JEST. (*Ornith.*) Nom suédois du rossignol de muraille, *motacilla phænicurus*, Linn. (Ch. D.)

ROËLLE, *Roella*. (*Bot.*) Genre de plantes dicotylédones, à fleurs complètes, monopétalées, de la famille des *campanulacées*, de la *pentandrie monogynie* de Linnæus, offrant pour caractère essentiel : Un calice persistant à cinq divisions; une corolle infundibuliforme, attachée au sommet du calice; le limbe à cinq découpures; les cinq filamens des étamines dilatés à leur base; un ovaire inférieur; un style; un stigmate bifide; une capsule couronnée par le calice, à deux, quelquefois à une seule loge, s'ouvrant au sommet par un trou arrondi, contenant un grand nombre de semences anguleusses, fort petites.

Roëlle ciliée : *Roella ciliata*, Linn., *Spec.*; Lamk., *Ill. gen.*, tab. 123, fig. 1 ; Commel., *Hort.*, 2, tab. 39: Pluk., *Almag.*, tab. 252, fig. 4. Petit arbrisseau qui s'élève à peine à la hauteur de huit à dix pouces, dont les tiges sont courtes, droites, glabres, divisées vers leur partie supérieure en branches éparses, touffues, chargées à leur sommet de rameaux courts, quelquefois prolifères. Les feuilles sont nombreuses, éparses, sessiles, fort petites, courtes, étroites, linéaires, subulées,

munies à leurs bords de cils blanchâtres. Les fleurs sont solitaires, sessiles, terminales, enveloppées à leur base de plusieurs feuilles plus grandes que les autres, mais de même forme.
Leur calice est glabre, à cinq grandes divisions lancéolées,
mucronées, dentées à leurs bords; chaque dent terminée par
une pointe roide, sétacée, presque épineuse. La corolle est
d'un pourpre violet; le tube épais, plus court que le calice;
le limbe partagé en cinq divisions ovales, un peu arrondies,
terminées par une petite pointe obtuse. Le style est velu, de
couleur purpurine vers le sommet; la capsule presque cylindrique, couronnée par les divisions du calice; elle renferme
de petites semences rudes, anguleuses. Cette plante croît au
cap de Bonne-Espérance, dans l'Afrique, la Barbarie.

Roëlle filiforme : *Roella filiformis*, Lamk., *Ill. gen.*, t. 123,
fig. 2; Poir., Encycl.; *Roella squarrosa*, Berg., *Pl. cap.*, 42, *non*
Linn. Suppl. Cette plante a des tiges ligneuses, chargées de
rameaux glabres, diffus, cylindriques, redressés, presque filiformes, longs d'environ un pied, à l'extrémité desquels naissent d'autres petits rameaux fasciculés. Les feuilles sont éparses,
petites, sessiles, très-nombreuses, glabres, ovales, aiguës,
longues d'une ou deux lignes, un peu courantes à leur base,
où elles sont en même temps munies de quelques poils courts
et roides; les feuilles florales plus grandes, mais de même
forme. Les fleurs sont sessiles, solitaires, terminales; leur calice est turbiné à cinq divisions égales, ouvertes, lancéolées,
ciliées à leurs bords, aiguës, persistantes. La corolle est en
entonnoir; le tube plus court que le calice; le limbe à cinq
divisions étalées; les filamens sont ovales, élargis, un peu ciliés
à leur base, terminés par un petit filet sétacé qui supporte
des anthères cylindriques. L'ovaire est court, cylindrique; le
style de la longueur des étamines; le stigmate à peine bifide;
la capsule glabre, couronnée par les dents du calice, un
peu purpurines. Cette plante croît au cap de Bonne-Espérance.

Roëlle réticulée : *Roella reticulata*, Lamk., *Ill. gen.*, 2,
pag. 66; Poir., Encycl.; Petiv., Mus., 21, tab. 157. Nous n'a-
vons de cette plante qu'une figure médiocre publiée par Pé-
tiver, qui la place parmi les campanules, ce qui prouve que
ses fleurs, quoique omises dans la figure, ne s'éloignent pas de

celles des *roella*. Ses tiges sont chargées de feuilles si nombreuses, qu'elles les recouvrent en entier; elles sont roides,
courtes, éparses, sessiles, fortement ciliées à leurs bords, et
terminées à leur sommet par une longue pointe très-aiguë,
réfléchie en dehors. Cette plante croît au cap de Bonne-Espérance.

ROËLLE COURANTE : *Roella decurrens*, L'Hérit., *Sert. Angl.*,
pag. 4, tab. 6 ; Andr., *Bot. repos.*, tab. 238. Plante herbacée,
dont les tiges sont chargées de rameaux nombreux, droits,
diffus, garnis de feuilles éparses, sessiles, glabres, très-entières,
ciliées à leurs bords, un peu rétrécies et courantes à leur base
sur les rameaux, un peu réfléchies. Les fleurs sont solitaires,
situées à l'extrémité des rameaux, légèrement pédonculées;
leur calice est campanulé, divisé à son orifice en cinq découpures ovales, obtuses; la corolle petite, le tube court, un peu
renflé ; le limbe à cinq divisions lancéolées, aiguës; les étamines sont dilatées et ciliées à leur base ; les capsules ovales.
Cette plante croît au cap de Bonne-Espérance.

ROËLLE PÉDONCULÉE; *Roella pedunculata*, Berg., *Pl. cap.*, pag.
42, n.° 2. Cette espèce très-rapprochée, sous beaucoup de rapports, du *roella ciliata*, en diffère par son port et par plusieurs
autres caractères. Ses tiges sont plus élevées, divisées en rameaux cylindriques, pubescens, garnis de feuilles nombreuses, éparses, sessiles, glabres à leurs deux faces, linéaires,
très-étroites, munies vers leur base de cils courts, presque
épineux. Les fleurs sont terminales, presque solitaires, quelquefois au nombre de deux, à l'extrémité de longs rameaux
presque nus, quelquefois garnis seulement de deux ou trois
petites feuilles. Chaque fleur est pédicellée, accompagnée de
bractées linéaires, aiguës, subulées et ciliées; le calice est partagé en cinq découpures lancéolées, aiguës, ciliées; l'ovaire
cylindrique, beaucoup plus long que le calice ; les capsules
très-longues. Cette plante croît au cap de Bonne-Espérance.

ROËLLE MOUSSE : *Roella muscosa*, Linn., *Suppl.*, 143; Thunb.,
Prodr., 38. Plante herbacée, extrêmement petite, ce qui, joint
à ses feuilles courtes, lui donne l'apparence d'une mousse. Ses
tiges sont divisées en rameaux diffus, garnis de feuilles petites, ovales, glabres, légèrement dentées à leurs bords, réfléchies en dehors et presque imbriquées. Les fleurs sont termi-

nales et solitaires. Cette plante croît au cap de Bonne-Espérance. (Poir.)

RŒMA GORITA. (*Conchyl.*) Les Malais donnent ce nom à l'argonaute papyracé. (Desm.)

RŒMBADOE. (*Bot.*) Nom brame du *ficus racemosa*, cité par Rhéede. (J.)

RŒMERIA. (*Bot.*) Genre établi par M. Raddi pour placer plusieurs espèces de *jungermannia*; il le caractérise de la manière suivante : Calice ascendant, charnu, un peu tronqué à l'extrémité et légèrement atténué à sa base adhérente à la face inférieure de la fronde ; corolle nulle ; capsule oblongue, s'ouvrant en quatre valves égales, dont les extrémités portent intérieurement les élatères ou filamens élastiques, sur lesquels sont situées plusieurs séminules : des corpuscules charnus (anthères? Raddi) de forme variable, distincte, et épars à la surface supérieure de la fronde.

Ce genre est dédié par Raddi à Rœmer, botaniste célèbre, professeur à Zurich, que les sciences ont perdu depuis peu d'années. Il contient trois espèces.

1.° Le *Rœmeria multifida*, Raddi, *Jung. Etrusc.*, tab. 7, fig. 4 ; *Jungermannia multifida*, Linn. ; Dill., *Musc.*, tab. 74, fig. 43. Sa fronde est plane, membraneuse, un peu charnue, rampante, très-découpée, deux fois ailée, sans nervures médianes. Cette espèce se rencontre partout dans les bois humides, sur les terres nues et le plus souvent argileuses.

2.° Le *Rœmeria palmata* : Raddi, *Jung. Etrusc.*, pag. 36 ; *Jungermannia palmata*, Hedw., *Theor.*, tab. 20, fig. 5 — 7, et tab. 21, fig. 1 - 3 ; Schmied., *Icon.*, tab. 55, fig. 16 et 17. Sa fronde est membraneuse, rampante, sans nervures, digitée et comme palmée, ayant ses extrémités ascendantes ; les calices sont tuberculés et peu anguleux.

3.° Le *Rœmeria pinguis*, Raddi, décrit à l'article Jungermannia, sous le n.° 4. (Lem.)

RŒMERIA. (*Bot.*) Mœnch donne ce nom à l'*amaranthus polygonoides* , dont il fait un genre distinct par un calice femelle à cinq divisions, et un calice mâle à trois divisions et trois étamines. Ce genre n'a pas été adopté. Il existe encore un autre *rœmeria* de Thunberg, qui paroît devoir être réuni au genre *Cassine* dans la famille des rhamnées, ou, selon M. R. Brown, au *myrsine* dans les ardisiacées. Un troisième *ræmeria*, de M. Medicus, adopté par M. De Candolle, est le *glaucium violaceum*, *chelidonium hybridum* de Linnæus, différent du *glaucium* par sa silique, qui, au lieu de se partager constamment en deux valves, se divise en deux, trois ou quatre. M. Steudel, dans son *Nomenclator*, cite un quatrième *rameria*, de M. Zéa, que l'on ne connoît point. Voyez Ræmeria ci-dessus. (J.)

ROER-DRUN. (*Ornith.*) Nom suédois du butor, *ardea stellaris*, Linn. (Ch. D.)

RŒSLINIA. (*Bot.*) Mœnch a séparé du *chironia*, sous ce nom, le *chironia baccifera*, à cause de sa capsule un peu charnue. Necker nomme *roslinia* des espèces de *justicia*, qu'il dit être munies de quatre étamines, et qui ne nous sont pas connues. (J.)

RŒSTELIA. (*Bot.*) Genre de la famille des champignons, établi par Rebentisch, qu'il a dédié à M. Rœstel, pharmacien à Landsberg; il le caractère ainsi : Épiphylle ; péridium composé de filamens parallèles, unis à leur extrémité, sortant d'une base : poussière farineuse.

Link avoit admis ce genre dans sa première classification des champignons (*Berl. Magaz.*, 1813), et lui assignoit pour caractère celui-ci : Conceptacles subglobuleux, contenus dans un péridium qui se décompose en petits tubes ou filets.

Rebentisch prévient qu'il place dans ce genre l'*æcidium cancellatum*, Pers., décrit et figuré dans ce Dictionnaire, tom. I.ᵉʳ, Suppl., et n.° 39 de l'atlas : il en donne la figure dans son *Flor. Neom.*, p. 550, pl. 2, fig. 9, *α*, *β*, *γ*, *δ*. Link pensoit qu'on devoit y joindre les *æcidium cornutum* et *oxyacanthæ* ; mais, dans sa Cryptogamie, faisant suite au *Species plantarum* de Willdenow, le *ræstelia* est réuni, ainsi que l'*æcidium*, à son genre *Cæoma*, dont il sera parlé à l'article Uredo. L'*æcidium cancellatum*, Pers., est son *cæoma ræstelites*. Fries le place dans son genre *Æcidium*, qui répond au *cæoma* de Link. Enfin, les *ræstelia ariæ*, Rœhl., *crategi torminalis* et *sorbi* d'Opiz, sont aussi des *æcidium*; mais un auteur qui n'est pas cité, Sowerby, a donné, dans son *English fungi*, pl. 409 et 410, de bonnes figures de l'*æcidium cancellatum*, qu'il propose d'appeler *cancellaria pyri*, en en faisant ainsi un genre à part. Il a représenté des feuilles de poirier, recouvertes des taches jaunes d'or, que forme ce champignon ; ces taches, vues à la loupe, sont couvertes de tubercules coniques, dont le sommet donne issue à une poussière de même couleur ou brunâtre. Cette poussière se trouvoit contenue dans un péridium intérieur brun, turbiné, formé de fils longitudinaux, parallèles. Ces fils s'arrondissent vers le haut, puis forment, par leur réunion plus serrée, un petit cône terminal. Ce cône est la partie qui se détache ou se déchire la première, de sorte à ressembler à une coiffe filamenteuse. La poussière intérieure est entremêlée de petits filets également longitudinaux. La même tache offre de trois à quinze tubercules. (Lem.)

ROETHEL-WEIH. (*Ornith.*) C'est le nom allemand de la cresserelle, *falco tinnunculus*, Linn. (Ch. D.)

RŒY. (*Bot.*) Nom brame de l'*asclepas gigantea*, cité par Rhéede. (J.)

ROGAA. (*Ichthyol.*) Nom spécifique d'un bodian : il est d'origine arabe. Voyez Bodian. (H. C.)

ROGAD. (*Ichthyol.*) Voyez Ragède. (H. C.)

ROGGA. (*Bot.*) On trouve dans Pline le seigle sous ce nom, au rapport de Dodoëns. (J.)

ROGIS. (*Ornith.*) Suivant Gesner et Aldrovande, ce nom est donné, en Allemagne, à la femelle du harle commun, *mergus merganser*, Linn. (Ch. D.)

ROGLÆ, NÆTASI. (*Bot.*) Ces deux noms arabes sont cités par Forskal pour son *lithospermum digynum*. (J.)

ROGNE. (*Bot.*) Un des noms vulgaires de la Cuscute. (L. D.)

ROGNON DES ARBRES. (*Bot.*) Le *sphœria concentrica*, Bolt., Fries, etc., se fait remarquer par ses lobes ou couches réniformes qui rappellent les reins du bœuf, ainsi que le fait remarquer Michéli. *Gen.*, pag. 267, pl. 54, fig. 1 : il croît sur beaucoup d'arbres différens, c'est ce qui a engagé Paulet à lui donner le nom de *rognon des arbres*. C'est le *valsa tuberosa*, Scop.; le *lycoperdon atrum*, Schæff., pl. 329; et, en effet, il est noir et comme brûlé. (Lem.)

ROGNON ARGENTÉ. (*Infus.*) Joblot, dans ses Observations microscopiques, donne ce nom à un animalcule microscopique du genre Kolpode, le K. rein. (De B.)

ROGNON DE COQ. (*Bot.*) Nom d'une variété de haricot. (L. D.)

ROGUE. (*Ichthyol.*) Voyez l'article Resure. (Desm.)

ROHAU. (*Ichthyol.*) Un des noms donnés par Rondelet à l'ἀλφησΐης des anciens Grecs, que nous avons décrit sous le nom de Labre canude dans ce Dictionnaire, tome XXV, page 50. (H. C.)

ROHMERIA. (*Bot.*) Voyez Mirsine. (Poir.)

ROHR-AMMER. (*Ornith.*) L'ortolan ou bruant de roseaux, *emberiza schœniclus*, Linn., porte, en allemand, ce nom et celui de *Rohr-Spatzlein*. (Ch. D.)

ROHR-DOMMEL. (*Ornith.*) Nom allemand du butor, *ardea stellaris*, Linn. (Ch. D.)

ROHR-HUHN. (*Ornith.*) C'est la poule d'eau ou gallinule en Allemagne. (Desm.)

ROHRIA. (*Bot.*) Ce nom a été donné à deux genres différens. Schreber et Willdenow l'ont substitué sans besoin à celui de *Tapura*, un des genres d'Aublet. Thunberg l'a employé pour désigner un genre de composées, de Vaillant, qui est notre *agriphyllum*, l'*apuleia* de Gærtner, *berckheya* de Schreber et Willdenow, *hostea* de Houttuyn. Cette multiplicité de noms prouve que le genre est bon et que les divers auteurs se sont crus les premiers en date pour sa publication. Aucun de ces noms n'est jusqu'à présent adopté définitivement par tous. (J.)

ROHWAND. (*Min.*) En supposant que la traduction de l'article qui concerne ce minéral, dans le journal allemand, intitulé *Jahrbuch der Litteratur*, soit exacte, voilà la description qu'on en donne d'après M. Mohs, et l'ordre dans lequel on la présente.

Cette substance se trouve principalement en Styrie, dans l'Erzberg, district de Bruck; les mineurs la nomment *Rohwand*. Dans la Nomenclature systématique de Mohs elle porte celui de *kalk-haloïde-paratome*. Sa pesanteur spécifique n'est que de 5. Elle n'a pas la même dureté que le calcaire rhomboïdal (on ne dit pas si la différence est en plus ou en moins). L'angle du rhomboïde fondamental est de 106^d 12'. Son éclat est vitreux et se rapproche du perlé : sa couleur est le blanc, avec différentes teintes de gris et de brun.

Voilà tout ce qui en est dit dans le Bulletin des sciences naturelles par M. de Férussac, 1825, Novembre, pag. 340.

S'il n'y en a pas davantage dans l'article original, il faut convenir qu'il est impossible de prendre aucune idée de ce minéral d'après de tels caractères. Il est vrai qu'on le compare avec le *Brachytype-parachros-baryte*, qui est le fer carbonaté, et avec le *Braunenspath*, qui est du calcaire ferrifère, ce qui fait soupçonner que ce minéral pourroit bien être une espèce de carbonate de fer. Mais ne vaudroit-il pas mieux attendre qu'on ait acquis une connoissance plus entière de ce minéral, qu'on ait su par l'analyse chimique *ce que c'est*, que de se presser de l'inscrire dans les catalogues de la science minéralogique, uniquement parce qu'on a trouvé quelques différences entre les angles, la pesanteur et la dureté de ce minéral et des minéraux connus.

Nous supposons toujours que la traduction est bien faite et que l'extrait est complet ; car, s'il en est autrement, ces observations s'adressent au rédacteur de l'article. (B.)

ROÏ. (*Bot.*) Voyez *Pteris comestible*, n.° 14, à l'article Pteris, tom. XLIV, p. 17. (Lem.)

ROI. (*Ornith.*) Ce nom est donné par d'Azara, dans son Histoire naturelle des oiseaux du Paraguay, à un bec-fin qui fait partie de la famille des *tachuris*, n.° 161, et qu'il compare au figuier à tête rouge de Gueneau de Montbeillard. (Ch. D.)

ROI [Le]. (*Entom.*) On a donné ce nom vulgaire au papillon grand-nacré de Geoffroy, *papilio aglaja*, n.° 85, du genre Argynnis de Fabricius. (C. D.)

ROI ou REINE DES ABEILLES. (*Entom.*) On nomme ainsi vulgairement, dans les campagnes, les femelles fécondes ou la femelle unique d'une ruche. Voyez Abeille a miel. (C. D.)

ROI BÉDELET. (*Ornith.*) Ce nom et ceux de *roi bertaud*, *roi bertrand*, *roi bretaud*, *roi béry*, *roi bouti*, *roi de froidure*, sont des dénominations vulgaires et locales du troglodyte, *motacilla troglodytes*, Linn., comme *roi bretaud crêté* désigne le roitelet, *motacilla regulus*, Linn., dans plusieurs cantons du département des Deux-Sèvres. (Ch. D.)

ROI DES CAILLES. (*Ornith.*) Cette dénomination, par laquelle on désigne assez généralement le râle de genêts, *rallus crex*, Linn., est donnée, suivant Buffon, à Malte, au torcol, *yunx torquilla*, Linn. (Ch. D.)

ROI DES CHEVROTAINS. (*Mamm.*) Une petite espèce d'antilope africaine a été ainsi nommée. (Desm.)

ROI DES CORBEAUX. (*Ornith.*) Cette dénomination a été faussement appliquée par Tournefort à un oiseau d'Arménie, dont le dessin, conservé au Muséum d'histoire naturelle de Paris, annonce plutôt un paon ou un faisan, et porte l'inscription latine *avis persica, pavoni congener.* (Ch. D.)

ROI DES COUROUMOUS. (*Ornith.*) L'oiseau ainsi nommé à Cayenne, et que les Guaranis appellent *iriburubicha*, est le roi des vautours, Buff., *vultur papa*, Linn., *zopilote*, Vieill. (Ch. D.)

ROI DES FLEURS. (*Bot.*) Les Chinois donnent ce nom à la pivoine moutan. (L. D.)

ROI DES FOURMILIERS. (*Ornith.*) Cet oiseau, qui est le *turdus grallaria*, Linn., le *turdus rex*, Gmel., est la grallarie, *grallaria fusca* de M. Vieillot. (Ch. D.)

ROI DES GOBE-MOUCHES. (*Ornith.*) L'oiseau connu sous ce nom, *todus regius*, Lath., est le platyrhynque couronné, *platyrhynchus regius*, Vieill. (Ch. D.)

ROI DE GUINÉE. (*Ornith.*) L'oiseau royal ou grue couronnée, *ardea pavonina*, Linn., est aussi désigné par ce nom. (Ch. D.)

ROI DES HARENGS. (*Ichthyol.*) Voyez Régalec. (H. C.)

ROI DES HARENGS DU NORD ou CHIMERE ARCTIQUE. (*Ichthyol.*) Voyez Chimère. (H. C.)

ROI DES HARENGS DU SUD ou CHIMÈRE ANTARCTIQUE. (*Ichthyol.*) Voyez Callorhynque. (H. C.)

ROI DES MANUCODIATES. (*Ornith.*) Cette dénomination et celle de *roi des oiseaux de paradis*, sont données au manucode, *paradisea regia*, Linn. (Ch. D.)

ROI DE LA MER. (*Mamm.*) Ce nom vulgaire a quelquefois été attribué au dauphin. (Desm.)

ROI DES MULETS. (*Ichthyol.*) Voyez Roi des rougets et Surmulet. (H. C.)

ROI DES OISEAUX. (*Ornith.*) Le grand aigle ou aigle royal, *falco chrysaetos*, Linn., est ainsi désigné par Belon. (Ch. D.)

ROI DES OISEAUX DE PARADIS. (*Ornith.*) Voyez Roi des manucodiates. (Desm.)

ROI DES PAPILLONS. (*Entom.*) Voyez l'article Roi ci-dessus. (Desm.)

ROI PATAN. (*Ornith.*) Un des noms vulgaires du rouge-gorge. *motacilla rubecula*, Linn. (Ch. D.)

ROI DES POISSONS. (*Ichthyol.*) Voyez Carpe et Reine des carpes. (H. C.)

ROI DES ROUGETS. (*Ichthyol.*) Voyez Apogon. (H. C.)

ROI DES SAUMONS. (*Ichthyol.*) Voyez Truite. (H. C.)

ROI DES SERPENS. (*Erpét.*) Voyez Reine des serpens et Boa. (H. C.)

ROI DES SINGES. (*Mamm.*) Les singes américains, du genre des Alouates, ont été ainsi désignés par quelques auteurs. (Desm.)

ROI DU SUD. (*Conchyl.*) On a donné quelquefois ce nom à une belle variété du *conus cedo-nulli*. (De B.)

ROI DES VAUTOURS ou DES ZOPILOTES. (*Ornith.*) C'est le *vultur papa*, Linn., zopilote papa, Vieill. (Ch. D.)

ROIA. (*Bot.*) Ce genre de Scopoli doit être rapporté au *wietenia* de Linnæus. (J.)

ROITELET. (*Ornith.*) Avant MM. Cuvier et Vieillot, qui ont simultanément formé un genre du Roitelet, cet oiseau, ainsi que le troglodyte, le pouillot et leurs congénères, faisoient partie des grands genres *Motacilla* de Linné et *Sylvia* de Latham. M. Temminck, dont le Manuel d'ornithologie, 2.ᵉ édition, est d'une date postérieure, a même laissé les oiseaux en question dans le genre Bec-fins, et s'est borné à séparer, sans en former des sections proprement dites, les roitelets et les troglodytes, compris sous la dénomination latine *sylvia*.

M. Cuvier a associé les pouillots et les figuiers aux roitelets, et, appliquant à ces oiseaux réunis le nom générique *regulus*, il leur a donné pour caractères communs: Un bec grêle, parfaitement en cône, très-aigu, dont les côtés, lorsqu'on les regarde d'en haut, paroissent un peu concaves. Les troglodytes, *troglodytes*, ne diffèrent. selon le même auteur, des roitelets ou figuiers que par un bec encore un peu plus grêle et légèrement arqué.

M. Vieillot a assigné pour caractères aux roitelets : Un bec

très-grêle, court, droit, un peu comprimé; la mandibule supérieure un peu entaillée vers le bout; les narines couvertes
par deux petites plumes décomposées, dirigées en avant; la
langue cartilagineuse, terminée par de très-petites soies; les
ailes à penne bâtarde très-courte. Ce naturaliste, n'ayant pu
saisir chez les autres la concavité des côtés du bec, n'a point
fait de division particulière des figuiers, et les a laissés parmi
les fauvettes. Il a toutefois remarqué que plusieurs figuiers
différoient de nos fauvettes et pouillots en ce qu'ils n'avoient
point l'aile munie d'une penne bâtarde; mais, comme on ne
pourroit appliquer généralement cette différence qu'après
avoir fait une vérification individuelle et presque impossible,
il n'a pas poussé plus loin cette observation.

Celle que Buffon avoit faite relativement aux figuiers seuls,
et qui auroit été fort importante si elle avoit eu lieu plus
constamment, a, d'une autre part, été reconnue sujette à
plusieurs exceptions; et déjà il ne seroit plus exact de dire
que la queue des figuiers de l'ancien continent est toujours
étagée, tandis que celle des figuiers d'Amérique seroit échancrée à l'extrémité et comme fourchue. Cependant, et quoique
les caractères sur lesquels ce grand naturaliste a fondé le
genre Figuier, diffèrent peu de ceux qu'on vient d'indiquer
d'après MM. Vieillot et Cuvier, on ne croit pas inutile de les
rapporter ici à cause des remarques accessoires qui les accompagnent. Ces oiseaux, dit Buffon, ont le bec droit, délié et
très-pointu, avec deux petites échancrures vers l'extrémité
de la mandibule supérieure, comme on en observe dans le
bec des tangaras, qui, d'ailleurs, est beaucoup plus épais et
plus raccourci; l'ouverture des narines étant découverte chez
les figuiers, cette circonstance les distingue des mésanges,
comme celle de l'ongle du doigt postérieur arqué les sépare
des alouettes.

ROITELET ORDINAIRE : *Regulus cristatus*, Vieill.; *Motacilla regulus*, Linn.; *Sylvia regulus*, Lath. Cet oiseau. qui se nomme
aussi vulgairement *poul* ou *souci* et *roitelet huppé*, est figuré
dans Buffon, pl. 651, n.° 3; dans Lewin. tom. 4. pl. 116;
dans Donovan, tom. 1, pl. 4, et dans George Graves. pl. 25.
Lewin a aussi figuré ses œufs, pl. 26. n.° 4. La description
de ces oiseaux se trouve dans ce Dictionnaire, au mot BEC-

FINS, tom. IV, pag. 259.; elle y est suivie de celle du *roitelet mésange*, figuré dans la 708.ᵉ planche enluminée de Buffon, sous le n.º 2·, et sur lequel M. Vieillot a établi son genre TYRANNEAU. (Voyez ce mot.) Mais on n'y fait pas mention du roitelet à triple bandeau, que M. Temminck n'a décrit que dans la seconde édition de son Manuel d'ornithologie.

ROITELET A TRIPLE BANDEAU; *Sylvia ignicapilla*, Brehm: M. Temminck annonce que c'est M. Brehm, Saxon, qui le premier a donné des notices exactes sur cette espèce, considérée avant lui comme une simple variété du roitelet ordinaire, et il indique, parmi les figures, la planche enluminée de Buffon, 651, n.º 3; la 47.ᵉ de Naumann, n.º 109; la planche 106 des Oiseaux de l'Amérique septentrionale de M. Vieillot. Le naturaliste hollandois décrit cette espèce comme reconnoissable surtout en ce qu'elle a sur les joues trois bandes longitudinales, dont deux blanches et une noire, que la huppe du mâle est d'un orangé très-vif, et que son bec, comprimé, est assez robuste à sa base; tandis que les joues du roitelet ordinaire sont d'un cendré pur, sans aucun indice de bandes blanches; que la huppe du mâle est d'un jaune moins vif, et que son bec, en alène, est très-foible. Il observe, en outre, que le roitelet à triple bandeau, rare en Allemagne, est plus commun en France et dans les provinces belgiques; que c'est lui que l'on voit habituellement en hiver dans les pins et les sapins du Jardin du Roi à Paris; qu'il recherche plus les branches basses des arbres, et qu'il voyage ordinairement par paire; tandis que l'autre espèce, qui se tient ordinairement sur la cîme des arbres, vit et émigre presque toujours en petites troupes.

ROITELET RUBIS : *Motacilla calendula*, Linn.; *Sylvia calendula*, Lath. Cette espèce est celle que M. Vieillot a décrite sous le nom de *Regulus rubineus*, dans son Histoire naturelle des oiseaux de l'Amérique septentrionale, où le mâle et la femelle sont figurés sous les n.ᵒˢ 104 et 105. Quoique le roitelet huppé, dont il a été question ci-dessus, se trouve en Amérique, ainsi que le roitelet rubis. M. Vieillot regarde ces deux oiseaux comme formant deux espèces bien distinctes. Tous deux sont voyageurs, mais le dernier, qu'on voit en petites troupes, dans les contrées tempérées des États-Unis, à la fin de l'automne, les quitte au commencement de Mars, et l'autre, qui voyage seul, y arrive au mois de Septembre, n'y fait que passer et n'y revient du Sud qu'au mois d'Avril. Tous deux se retirent pendant l'été dans le Nord, où ils paroissent nicher. La tête du roitelet rubis est couverte d'un faisceau de plumes rouges, qui se couchent sur l'occiput. Le sinciput et les côtés de la tête sont d'un gris verdâtre, qui est plus foncé sur le corps qu'en dessous. Il y a devant et derrière l'œil une petite tache blanche. Les petites et les moyennes couvertures des ailes sont grises, et les grandes sont noirâtres; les pennes alaires et caudales sont bordées de jaune; le bec et les pieds sont noirâtres. La femelle n'a pas de huppe; ses couleurs sont moins vives, et elle est d'un roux sale sous le corps. Le nid est suspendu à la fourche d'une des branches les plus foibles d'un arbre élevé. Il est composé de foin, de bourre, et recouvert d'un large lichen. La femelle y pond cinq ou six œufs d'un blanc sale, qui paroissent grisâtres, tant sont nombreux les points et les taches de couleur brune qu'on y remarque de près.

Outre cette espéce de roitelet étranger, il en existe au Muséum de Paris une autre, qui est étiquetée *roitelet omnicolor*, et qui a été rapportée du Brésil par M. Auguste de Saint-Hilaire. Cette espèce, remarquable par l'éclat de sa parure, est d'une taille plus développée que dans les précédentes. Elle a aussi les jambes un peu plus hautes. Une couronne de couleur jaune forme une auréole autour de l'occiput, qui est d'un noir velouté et d'où sortent des plumes d'un rouge de feu. Les joues sont noires; le dos est olivâtre; les ailes, dont le fond est brun, ont une tache blanche; la gorge est de cette dernière couleur; la poitrine et le ventre sont jaunes; la queue, brune, est bordée de blanc extérieurement; les plumes anales sont rouges et les pieds sont noirs. On ne connoît rien de ses mœurs ni de ses habitudes.

On pourroit aussi considérer comme appartenant au genre Roitelet d'autres petits oiseaux, rangés près d'eux dans les galeries du Muséum, sous les noms de *fauvette verdâtre* et de *fauvette grivelée.*

Le premier, apporté de la Nouvelle-Hollande par Péron, a le bec grêle et court, de couleur blanchâtre, ainsi que

46.   11

les pieds; le dessus du corps est d'un gris rougeâtre, et le dessous blanchâtre, avec des teintes verdâtres; la queue, dont le fond est brun, est bordée de blanc, et l'on voit une tache de cette dernière couleur au fouet de l'aile. On pourroit nommer cet oiseau ROITELET AUSTRAL, *Regulus australis.*

Le second, d'abord désigné sous le nom de fauvette grivelée, a été trouvé à Timor par le naturaliste Maugé. A peu près de la même taille que le roitelet austral, son plumage est d'une teinte plus foncée, notamment sur le cou, la gorge et le ventre, et il a sur la poitrine des stries longitudinales plus nombreuses; les plumes anales sont blanchâtres, ainsi que le bec et les pieds; mais cet oiseau, encore peu connu, est probablement de la même espèce que le précédent.

L'oiseau désigné sous le nom de *roitelet de Surinam*, dans le tome 52, pag. 194, de l'édition de Buffon par Sonnini, où l'on cite le tom. 2, pag. 201, de la Description de cette colonie, par Fermin, seconde édition, n'appartient pas au genre Roitelet, mais il doit être classé parmi les troglodytes, comme l'a fait M. Vieillot, si ce dernier a été fondé à le considérer comme un individu de l'espèce figurée par Brown dans ses *Illustrations*, pl. 28 (et non 18, comme l'indiquent plusieurs auteurs), n.° 2.

Du temps de Buffon et avant lui, on ne reconnoissoit proprement en Europe qu'une espèce de *pouillot*, et l'on n'attribuoit qu'à l'âge ou au sexe les variations observées dans le plumage, et les différences du chant à diverses époques. On avoit bien remarqué des individus dont la taille excédoit un peu celle des autres; mais on soupçonnoit de l'exagération dans les descriptions ou une confusion avec quelque fauvette; et, comme le plumage ne différoit que par des nuances, que le genre de vie étoit presque semblable, et qu'il y avoit une grande analogie dans la forme et le placement du nid, il falloit un examen bien scrupuleux des caractères extérieurs, pour distinguer des espèces aussi rapprochées. On n'en voyoit donc qu'une dans le chantre, l'*asilus* de Gesner et de Belon; le *regulus non cristatus* d'Aldrovande; le réatin du Boulonnois; le fifi de Provence; le fénérotet ou frétillet de Bourgogne; le frélot ou frélotte de Sologne; le fouillet ou toute-vive de la même contrée; le tuit de Lorraine, etc. M. Cuvier a reconnu deux espèces de pouillot ; Bechstein , Meyer , et, d'après eux , M. Vieillot, en ont doublé le nombre pour la seule Europe : mais ils ne leur ont assigné d'autres attributs que d'avoir les pieds longs, le bec plus foible, plus effilé, et le plumage en général verdàtre et jaunàtre. Les oiseaux que M. Temminck a réunis dans la section des becs-fins muscivores, dont la nourriture consiste principalement en mouches, et dont les ailes longues aboutissent au-delà du milieu de la queue, qui est d'égale longueur ou légèrement fourchue, sont probablement pour lui autant d'espèces de pouillots ; mais il ne donne ce nom qu'à l'une d'elles, et, sans appliquer dès ce moment à la collection de ces espèces le nom générique *regulus*, on croit devoir, en les décrivant, suivre la dénomination spécifique établie par M. Vieillot.

L'espèce qui est communément désignée sous le nom de Pouillot ou Chantre, et dont on trouve la description dans ce Dictionnaire, tom. IV, p. 257, est rapportée par M. Temminck à son bec-fin pouillot, *motacilla trochilus*, Linn.; *sylvia trochilus*, Lath.; *sylvia fitis*, Bechst. C'est aussi celle qui est figurée dans Buffon, pl. 651 , n.° 1; dans Lewin, pl. 114, avec les œufs, t. 4 , pl. 26 , n.° 2 ; et dans Donovan, pl. 14.

Ce pouillot paroît être plus particulièrement celui que M. Vieillot désigne sous le nom de Pouillot fitis, *Sylvia fitis*, Meyer, et qu'il dit être long de quatre pouces trois à quatre lignes , et avoir les parties supérieures d'un gris verdàtre ; l'œil traversé par un trait de la même teinte; les sourcils, le pli de l'aile et les couvertures inférieures jaunes; les joues, la gorge , la poitrine et les couvertures du dessous de la queue d'un blanc nuancé de jaune ; le ventre d'un blanc argentin ; les pennes alaires et caudales d'un gris brun ; le bec brun en dessus, jaunàtre sur les bords, les pieds de la même couleur ; la première rémige plus longue que la cinquième et plus courte que la quatrième. Le même auteur avoue que le plumage de cette espèce est sujet à plusieurs variations, et que son ramage, qui consiste surtout, comme celui du collybite, dans le mot *tuit*, plusieurs fois répété, ne peut être exprimé d'une manière uniforme, à cause de la diversité des inflexions.

Le Pouillot collybite, *Sylvia collybita*, Vieill., étant rapporté par lui-même au *sylvia rufa* de Bechst. et Meyer, et par conséquent au *motacilla rufa* de Gmelin, au *sylvia rufa* de Latham, et au bec-fin véloce de M. Temminck, est de la même taille que le fitis. Le dessus de son corps est, d'après M. Vieillot, d'un vert-olive sombre et plus foncé sur la tête; les sourcils sont jaunes : on voit une tache brunâtre en devant et derrière l'œil; le devant du cou, la gorge et la poitrine sont d'un jaune roussâtre, avec des ondes jaunes et oblongues; les flancs sont roussâtres, et le ventre, d'un blanc sale chez les jeunes, est d'un jaune roussâtre chez les vieux; les plumes tibiales sont d'un gris verdâtre; le pli et les couvertures inférieures des ailes d'un beau jaune; leurs couvertures supérieures et les pennes d'un gris rembruni, avec des franges olivâtres en dehors et des bordures blanches en dessous; les plumes anales d'un jaune clair, et les pennes caudales pareilles à celles des ailes; le bec brun, jaune sur les bords et en dedans; les pieds d'un brun noirâtre, et la première rémige plus courte que la cinquième, ce qui est un caractère distinctif du fitis, avec lequel le collybite a d'ailleurs beaucoup d'analogie, et qu'il accompagne souvent à la cîme des arbres dans les bosquets, où cet oiseau printannier se montre le premier, au commencement de Mars, et qu'il ne quitte qu'à la fin d'Octobre. Le son *tuit*, répété trois ou quatre fois d'un ton bas, est suivi chez le collybite d'un petit gloussement entrecoupé de sons argentins, semblables au tintement d'écus qui tomberoient l'un sur l'autre, et qui peut se rendre par les syllabes *tip tap*, répétées six à huit fois de suite. Ce chant est souvent continué jusqu'à la mi-Septembre, époque à laquelle l'oiseau quitte les grands bois pour se retirer dans les bosquets. Le nid du collybite est placé sous des feuilles tombées, dans un vieux trou de taupes ou entre des racines, et la ponte consiste en quatre ou six œufs blancs, avec des points d'un rouge noirâtre et pourpré.

Pouillot sylvicole, Vieill.: *Sylvia sylvicola*, Lath.; *Sylvia sibilatrix*, Meyer et Bechst.; Bec-fin siffleur, Temm. Pour cet oiseau, dont les synonymes sont ici rapprochés plutôt par l'analogie des noms que par l'identité des descriptions, l'on croit devoir suivre de préférence celle de M. Vieillot, qui le qualifie de pouillot, que celle de M. Temminck, qui ne le désigne

que sous la dénomination plus vague de bec-fin. Or, suivant
le premier, le pouillot sylvicole, long de quatre pouces deux
à quatre lignes, et de quatre pouces six lignes, suivant M.
Temminck, est d'un beau vert jaune sur la tête, le dos, la
gorge et la poitrine, et d'un blanc de neige sur les parties
inférieures ; les pennes des ailes et de la queue, d'un gris un
peu sombre, sont frangées de blanc en dessous, et bordées
en dehors d'un jaune verdâtre ; les couvertures supérieures
des ailes sont du même gris que les pennes, avec une bordure d'un vert-olive, et les inférieures jaunes, ainsi que le
pli de l'aile, qui est tacheté de brun en dessous ; les plumes
tibiales ressemblent à celles du dos, et la queue, grise en
dessous, est échancrée. L'iris est de couleur noisette, et le
bec, brun en dessous, est jaunâtre à la base de la mandibule
inférieure, ainsi que sur les bords et dans l'intérieur ; le tarse
est d'un brun jaunâtre, la première penne de l'aile, qui excède la quatrième, est égale à la troisième, et la seconde est
la plus longue de toutes.

Les mâles arrivent au printemps, vers la fin d'Avril, huit
à dix jours avant les femelles, et font entendre un chant qui
a du rapport avec celui du bruant, mais qui est plus foible.
Cet oiseau se tient toujours dans les bois et dans les taillis, et
on ne le voit ni dans les haies ni dans les buissons. Son nid,
construit à terre, a la forme d'un petit four ; on le trouve
sous les arbres des forêts qui portent le plus d'ombrage ; l'entrée est sur le devant, et il est composé à l'extérieur de tiges
d'herbes séchées sur pied et de mousse, et intérieurement
d'herbes fines et de longs crins. La femelle y pond cinq à sept
œufs blancs, avec des taches et des points d'un roux foncé,
qui forment une sorte de couronne sur le gros bout.

Pouillot a ventre jaune ; *Sylvia flaviventris*, Vieill. Cet
oiseau ne peut que se rapporter à celui qui est nommé par
M. Temminck *bec-fin à poitrine jaune* : or, ce naturaliste lui
donne pour synonymes le *motacilla hypolais*, Gmel., le *sylvia
hypolais*, Lath., et le grand pouillot, Cuv., suivant lequel
c'est aussi le *motacilla hypolais*. Mais comme cet oiseau, qui
selon M. Temminck, est long de cinq pouces quatre à cinq
lignes, n'a que quatre pouces quatre lignes, selon M. Vieillot,
il pourroit n'être pas le même, et l'on croit devoir suivre ici

de préférence la description de l'auteur du Manuel d'ornithologie, suivant laquelle l'oiseau a le dessus du corps d'un cendré nuancé de verdâtre ; du jaune entre l'œil et le bec ; un cercle étroit de cette couleur autour des yeux ; les grandes couvertures des ailes d'un brun foncé, avec de larges bordures blanchâtres ; les grandes pennes alaires et caudales brunes et bordées de gris verdâtre ; le dessous du corps d'un jaune pâle, et le dessous du bec blanc. Ce pouillot, qui ne paroît pas différer de la petite fauvette à poitrine jaune de Buffon, édition de Sonnini, tom. 51, pag. 86, se trouve en France, en Allemagne, en Suède, en Hollande, en Angleterre. M. Vieillot avoue que le nid et les œufs de son pouillot à ventre jaune lui sont inconnus, quoiqu'il sache qu'il niche en France, même aux environs de Paris, et qu'il reste dans nos contrées septentrionales jusqu'à la mi-Octobre, même quelquefois plus tard, et passe l'hiver dans nos pays méridionaux. M. Temminck indiquant, de son côté, les arbres de haute futaie et les pins comme étant les lieux où cet oiseau place son nid, dans lequel il pond cinq œufs d'un blanc rougeâtre, mouchetés de petites taches rouges, l'anomalie que présente cette circonstance pourroit expliquer la cause de l'inutilité des recherches de M. Vieillot dans des endroits tout-à-fait opposés ; mais comme il résulteroit naturellement de ce fait une différence essentielle dans la forme du nid, ne seroit-elle pas propre à faire douter si l'oiseau doit être rangé avec les pouillots ?

M. Vieillot donne, dans le tome 28 du Nouveau Dictionnaire d'histoire naturelle, 2.ᵉ édition, le nom de Pouillot Bonelli, *Sylvia Bonelli*, a un oiseau tué dans le Piémont au mois de Décembre 1815, et envoyé par M. Bonelli à M. Baillon, d'Abbeville. Cet individu est surtout remarquable par sa taille, qui n'est que de trois pouces, et par son plumage d'un blanc pur sur toutes les parties inférieures du corps, depuis le bec jusqu'aux pennes de la queue.

Cette teinte de blanc pur et lustré sur toutes les parties inférieures existe aussi chez le Bec-fin Natterer, *Sylvia Nattereri*, trouvé, par ce naturaliste de Vienne dans le district d'Algésiras ; mais M. Temminck lui donne quatre pouces deux lignes de longueur. et ce savant ornithologiste donne aussi le nom de Bec-fin cisticole, *Sylvia cisticola*, à une autre espèce qui n'a pas plus de quatre pouces et qui a été apportée de Portugal par MM. Link et Hoffmannsegg, laquelle lui paroît, d'après son port et ses formes, être très-voisine du pinc-pinc de M. Levaillant (Oiseaux d'Afrique, tom. 4, pl. 131), mais former cependant une espèce distincte dont le nid, établi dans des touffes d'herbes avec quelques brins entrelacés d'une matière cotonneuse, a la forme d'un entonnoir clos par le bas. Suivant M. Temminck, cette espèce, dont les parties supérieures sont remarquables par de longues taches brunes, a la queue courte et très-étagée.

M. Vieillot, qui donne le nom de Pouillot d'Espagne, *Sylvia mediterranea*, Lath., à un oiseau pris à bord d'un navire sur les côtes d'Espagne, et qui a été décrit par Hasselquist comme de la taille du pouillot commun, mais dont la partie supérieure du bec est un peu crochue, ce qui annonceroit plutôt un roitelet, décrit encore deux oiseaux étrangers, par lui qualifiés de pouillots, savoir :

1.° Le Pouillot nain, *Sylvia pumila*, Lath., dont la figure se trouve sur la planche 100 des Oiseaux de l'Amérique septentrionale, sous le nom de fauvette naine, et qui existe dans les États-Unis, aux grandes Antilles et à Cayenne. Cet oiseau n'a, dit M. Vieillot, que trois pouces cinq lignes. Le dessus de son corps est d'un beau vert, plus clair que sur la tête, et le dessous d'un vert jaune. La femelle a le dessus de la tête et du corps d'un brun verdâtre et le dessous jaune. Le nid de cet oiseau est à clair-voie et assez profond ; composé d'herbes fines et attaché à la bifurcation de quelques branches, il paroît suspendu en l'air, et il est ainsi plus analogue à ceux des fauvettes, parmi lesquelles l'auteur l'avoit d'abord rangé, qu'à ceux des pouillots.

2.° Le Pouillot d'Australasie ; *Sylvia Australasiæ*, Vieill. L'auteur, qui n'indique point le voyageur auquel on doit cet oiseau, ni le cabinet où il est déposé, dit seulement que sa taille est celle du pouillot fitis ; que sa tête est d'un vert-olive tirant au jaune ; que le bord du front, la gorge et le devant du cou sont de cette dernière couleur ; que les parties postérieures sont blanches ; les pennes alaires et caudales noirâtres et bordées de vert-jaune : le bec et les pieds bruns.

On a déjà exposé quels étoient les caractères insuffisans attribués par Buffon aux figuiers pour les faire distinguer. M. Vieillot n'est pas non plus d'accord avec ce grand naturaliste, lorsqu'il dit que les figuiers d'Amérique sont des oiseaux erratiques qui passent en été dans la Caroline et jusqu'en Canada, et reviennent ensuite dans des climats plus chauds pour y nicher et élever leurs petits ; car, suivant le premier, tous, ou au moins la plupart, arrivent dans le Nord de l'Amérique au printemps, s'y dispersent depuis les Florides jusqu'à la baie d'Hudson, y font leur nid, y élèvent leur famille et ne retournent avec elle dans les climats chauds qu'en automne, pour y passer l'hiver. Le petit nombre qui y multiplie ne voyage pas.

M. Cuvier indique comme vrais figuiers le théric et le plastron noir, figurés par Levaillant dans son Ornithologie d'Afrique, tom. 3 ; le premier, pl. 131 et 132 ; le second, 123 ; le cou jaune, *motacilla pensilis*, Gm., pl. enl., 686, fig. 1 ; le figuier tacheté de Canada, *motacilla œstiva*, Gmel., pl. de Buff., n.° 58, fig. 2 ; le figuier à gorge jaune, *motacilla ludoviciana*, pl. 731, fig. 2 ; le figuier cendré du Canada, *motacilla canadensis*, pl. enl., 685, fig. 2 ; le figuier de l'Isle-de-France, *motacilla mauritiana*, pl. 705, fig. 1 ; le figuier à poitrine jaune, *motacilla mystacea*, pl. de Buff. 707, fig. 2, et d'Edw., 257, fig. 2.

La plupart des figuiers sont restés des fauvettes (*sylvia*) pour l'auteur du Nouveau Dictionnaire d'histoire naturelle, qui en a placé un assez grand nombre dans d'autres genres. Tels sont le figuier bleu à tête noire, dont il a fait le *mérion superbe*; les figuiers noir et rouge, vert et bleu, qui sont devenus des *mérions* avec les mêmes épithètes. Le grand figuier de Madagascar et le figuier huppé de Cayenne sont ainsi devenus des moucherolles. Le figuier motteux devient un hoche-queue verdâtre, et le figuier à gorge noire un hoche-queue avec pareille épithète. Le figuier de la Caroline est le même que le pouillot nain ; le figuier vert et jaune devient l'ægithine quadricolore; la fauvette rouge de Levaillant, pl. 136 des Oiseaux d'Afrique, fig. 1 et 2, est un dicée; le figuier varié de Saint-Domingue est un mniotille.

Outre ces déplacemens de genres dont la justesse, pour des êtres en général si petits, est nécessairement douteuse, le même ouvrage relève des méprises qui sont peut-être plus importantes, lorsqu'il observe que des oiseaux cités comme espèces particulières dans les ouvrages méthodiques, l'un sous la dénomination de *figuier brun*, et l'autre sous celle de *figuier granet*, sont les femelles de la fauvette pipi et de la fauvette couronnée d'or sous son plumage d'automne. (Cн. D.)

ROITILLON. (*Ornith.*) Un des noms vulgaires du troglodyte, *motacilla troglodytes*. (Cн. D.)

ROJEL, *Rojel*. (*Conchyl.*) Adanson (Sénég., p. 202, pl. 14, fig. 5) décrit et figure sous ce nom une espèce d'huître que Gmelin a désignée par la dénomination d'*Ostrea senegalensis*. (De B.)

ROKA. (*Bot.*) Nom arabe d'un arbre mentionné par Forskal, dont la fleur approche un peu de celle du citronnier; les femmes arabes mêlent son fruit dans les eaux qu'elles emploient pour se laver la tête. Il est cité dans un livre arabe comme étant émétique, pris à l'intérieur, et nommé pour cette raison *djouz-elkai*; c'est de là que Forskal a tiré le nom *elcaja*, donné par lui à cet arbre. (J.)

ROKA. (*Ornith.*) Nom suédois du freux, *corvus frugilegus*, Linn. (Cн. D.)

ROKE. (*Mamm.*) L'espèce d'écureuil à laquelle Boddaërt a donné le nom de *sciurus ceylanensis*, est ainsi appelée, dit-on, dans son pays natal. (Desm.)

ROKÉJE, *Rokejeka*. (*Bot.*) Genre de plantes dicotylédones, à fleurs complètes, polypétalées, de la famille des *portulacées*, de la *décandrie digynie*, offrant pour caractère essentiel : Un calice persistant, à cinq divisions membraneuses à leurs bords; cinq pétales persistans; dix étamines; un ovaire supérieur: deux styles; une capsule comprimée, uniloculaire, enveloppée par le calice et la corolle, renfermant quelques semences fort petites.

Rokéje du désert; *Rokejeka deserti*, Forsk. La partie de la tige enfoncée dans la terre, ainsi que les racines, sont ligneuses; les tiges se divisent en branches nombreuses, diffuses, annuelles, dichotomes, très-rameuses, articulées, hautes d'environ un pied et demi; chaque articulation longue d'un pouce environ, les supérieures graduellement plus longues. Les feuilles sont opposées à chaque articulation; elles sont sessiles, vaginales, longues d'un pouce, lancéolées, rétrécies à leur base, glabres à leurs deux faces, entières; les supérieures plus courtes, linéaires, plus étroites. Les fleurs sont, les unes solitaires dans la bifurcation des rameaux, les autres terminales et deux à deux à l'extrémité de chaque rameau, supportées par des pédoncules simples, capillaires, épaissis à leur sommet; le calice, beaucoup plus court que la corolle, est vert dans son milieu, membraneux et blanchâtre sur les bords de ses divisions. La corolle est grande, à cinq pétales, de couleur blanche, traversée par des lignes et des veines violettes. Les capsules ont beaucoup de ressemblance avec celles des saxifrages; mais elles sont comprimées, plus longues que les calices. Cette plante croît dans les plaines désertes de l'Égypte, où elle fleurit pendant tout le premier mois du printemps. Voy. ROKEJEKA. (POIR.)

ROKEJEKA. (*Bot.*) Ce genre de Forskal, dont le nom arabe est *rokejek*, est reporté, par M. Delile, au *gypsophila* de Linnæus. Voyez ROQAYEQAH. (J.)

ROKHAMAH. (*Ornith.*) Nom arabe et égyptien du petit vautour, *vultur percnopterus*, Linn., qu'on écrit aussi *rokhameh*. (CH. D.)

ROKKE, ROKKEL. (*Ichthyol.*) Noms danois de la raie bouclée. Voyez RAIE. (H. C.)

ROLA. (*Ornith.*) Nom portugais de la tourterelle commune, *columba turtur*, Linn. (CH. D.)

ROLANDRE, *Rolandra*. (*Bot.*) Ce genre de plantes, établi par Rottboll en 1775, appartient à l'ordre des Synanthérées, et à notre tribu naturelle des Vernoniées, dans laquelle il doit être placé auprès des *Sparganophorus*, *Ethulia*, etc. Voici les caractères génériques du *Rolandra*, tels que nous les avons observés sur des échantillons secs.

Calathide uniflore, régulariflore, androgyniflore. Péricline glumacé, formé de deux squames opposées, inégales, embrassantes, naviculaires, ovales, coriaces, terminées par une épine cornée; la grande squame enveloppant presque entièrement la petite, qui lui est opposée, et qui est quelquefois mutique. Clinanthe ponctiforme, nu. Fruit obovoïde, un peu comprimé, un peu tétragone, tout parsemé de glandes, ayant l'aréole apicilaire large; aigrette stéphanoïde, coriace-membraneuse, courte ou haute, dentée ou profondément laciniée. Corolle à quatre divisions très-longues, séparées par quatre incisions également profondes. Quatre étamines à anthère longue, pourvue d'un appendice apicilaire aigu. Style de Vernoniée. = Calathides très-nombreuses, rassemblées en capitule sphérique, sur un calathiphore tantôt simple en apparence, tantôt manifestement ramifié, toujours hérissé de longs poils, et garni de bractées squamiformes qui accompagnent les calathides.

Les botanistes ne connoissent qu'une seule espèce de ce genre.

Rolandre argentée : *Rolandra argentea*, Rottb. C'est un arbuste de l'Amérique méridionale, à rameaux cylindriques, striés, pubescens, garnis de feuilles alternes, courtement pétiolées, lancéolées, glabriuscules et vertes en dessus, tomenteuses et blanches en dessous, munies sur les bords de quelques petites dents très-distantes, saillantes, aiguës; les capitules, composés de petites calathides très-nombreuses, uniflores, sont sphériques, sessiles, axillaires, ordinairement accompagnés de deux petites feuilles, outre la grande dans l'aisselle de laquelle ils naissent ; ces feuilles ont leur base élargie, membraneuse, nerveuse.

Nous avons fait cette description spécifique, et celle des caractères génériques, sur deux échantillons de l'herbier de M. de Jussieu, qui nous semblent appartenir à deux espèces distinctes, confondues par les botanistes. L'une, qu'on pourroit nommer *R. monacantha*, seroit caractérisée par le péricline, dont la petite squame est mutique au sommet: par l'aigrette, qui est très-courte, continue, inégalement et irrégulièrement dentée au sommet; par le calathiphore, qui est manifestement rameux, à rameaux courts, mais bien distincts, ramifiés eux-mêmes, hérissés de longs poils, et portant plusieurs calathides sessiles, alternes, accompagnées de bractées squamiformes, de différentes figures et grandeurs. L'autre espèce, qu'on pourroit nommer *R. diacantha*, seroit caractérisée par le péricline, dont la petite squame est armée d'une épine très-manifeste, quoique plus petite que celle qui termine la grande squame; par l'aigrette, qui est haute et très-profondément divisée en lanières longues, linéaires-subulées, denticulées; par le calathiphore, qui est simple en apparence, c'est-à-dire pas sensiblement ramifié, ou dont les rameaux sont tellement courts qu'on ne peut presque pas les distinguer.

Le *Rolandra* fut d'abord attribué au genre *Echinopus* par Plumier ; et cette attribution, fondée sur une analogie plus apparente que réelle, a été long-temps adoptée par les botanistes. Depuis que le *Rolandra* a été reconnu comme genre distinct, on a persisté à le rapprocher de l'*Echinopus*. Ainsi, M. De Candolle le place entre le *Boopis* et l'*Echinopus*, dans sa première division des Cinarocéphales, intitulée Échinopées ; et M. Kunth le range parmi ses Échinopsidées, entre l'*Elephantopus* et le *Trichospira*. La prétendue affinité du *Rolandra* et du *Boopis* n'a plus besoin d'être réfutée. Celle que M. Kunth admet entre le *Rolandra*, l'*Elephantopus* et le *Trichospira*, est très-réelle : mais son erreur consiste à supposer que ces plantes ont des rapports naturels avec l'*Echinopus*, et qu'elles doivent être réunies avec lui dans un même groupe. Selon nous, le *Rolandra* appartient, comme l'*Elephantopus* et le *Trichospira*, à la tribu des Vernoniées, qu'on ne doit point confondre avec celle des Échinopodées. L'analogie du *Rolandra* est surtout évidente avec le *Sparganophorus* et l'*Ethulia*, qui sont incontestablement des Vernoniées. Cette affinité se manifeste principalement dans le fruit : en effet, celui du *Rolandra* est à peu près obpyramidal, paroissant avoir cinq nervures inégalement disposées, ordinairement subtétragone, plus ou moins comprimé bilatéralement, ayant l'aréole apiciLaire large ; en un mot, il est très-analogue au fruit de l'*Ethulia* et des genres voisins, auquel il ressemble encore en ce qu'il est sans côtes, ni stries, ni poils, mais glabre, lisse, anguleux, parsemé de glandes.

Le péricline du *Rolandra* est remarquable, en ce qu'il ressemble parfaitement à la glume de certaines graminées. Les deux squames dont il est composé sont très-inégales, et la base de la plus grande enveloppe presque entièrement la base de la plus petite, en sorte que ces deux squames sont plutôt alternes-distiques qu'opposées. Ce péricline n'est donc point régulier ou symétrique, c'est-à-dire composé de pièces verticillées ou opposées, ce qui est une anomalie très-rare ; et l'on pourroit peut-être soutenir avec quelque fondement que le *Rolandra* n'a point de péricline proprement dit, mais seulement des bractées isolées et indépendantes les unes des autres.

La partie supérieure des divisions de la corolle nous a paru offrir une modification particulière, dont nous n'avons pas pu déterminer exactement la nature, parce que les corolles des deux échantillons que nous avons étudiés étoient à demi pourries, et se réduisoient en poussière dès qu'on les touchoit. Toutes celles que nous avons pu examiner avoient quatre divisions, comme l'a dit Rottboll : mais Swartz prétend qu'elles en offrent de trois à cinq. (H. Cass.)

ROLLE. (*Ornith.*) Les oiseaux dont on a formé ce genre étoient originairement compris parmi les rolliers; mais on a remarqué certaines différences dans les caractères de plusieurs espèces dont les ailes étoient plus longues, les pieds plus courts, et dont le bec, également plus court, était aussi plus arqué, et surtout élargi à la base au point d'y être moins haut que large; on a donc isolé sous le nom de rolle, *colaris*, Cuvier, et *eurystomus*, Vieillot, les espèces qui étoient précédemment connues sous les noms de *coracias orientalis*, *madagascariensis* et *afra*. M. Temminck a, dans l'analyse de son Système général, adopté le nom générique de M. Cuvier, et les caractères par lui indiqués diffèrent peu de ceux que M. Vieillot a assignés dans le Nouveau Dictionnaire d'histoire naturelle.

Les rolles ont le bec court, fort, glabre, déprimé à sa base, dilaté sur les côtés, beaucoup plus large que haut; l'arête en est arrondie, la mandibule supérieure est crochue et échancrée à sa pointe; l'inférieure droite, plus courte et en partie cachée par les bords de la supérieure; les narines sont linéaires, fendues diagonalement, à moitié fermées par une membrane couverte de plumes; la langue est cartilagineuse, frangée à sa pointe; le tarse est plus court que le doigt intermédiaire; les doigts antérieurs sont soudés à leur base et les latéraux inégaux; la deuxième rémige est la plus longue de toutes.

Le genre de vie de ces oiseaux n'est pas connu, mais il est probable, d'après l'ampleur de leur bouche, qu'ils se nourrissent de baies avalées entières, et d'insectes qu'ils saisissent au vol.

Rolle a tête brune ; *Colaris fuscicapillus*, Dum. Cet oiseau. peint dans Buffon, pl. 619, sous le nom trop vague de rollier des Indes, *galgulus indicus*, Br., et désigné par Gmelin et Latham sous la dénomination latine de *coracias orientalis*, est à peu près de la taille du rollier d'Europe, et il a dix pouces et demi de longueur totale ; la tête et le dessus du corps sont bruns ; la gorge est d'un bleu d'émail ; les parties inférieures sont d'un vert d'aigue-marine ; la queue, dont l'origine est d'un vert clair, devient ensuite plus foncée, et l'extrémité en est noirâtre ; le bec et les pieds sont d'un jaune terne.

Grand rolle violet : *Colaris violaceus*, Dum. ; *Eurystomus violaceus*, Vieill. Cette espèce, longue d'environ dix pouces, qui est le *coracias madagascariensis*, Gm. et Lath., est représentée sur la 501.e planche de Buffon, sous le nom de rollier de Madagascar, et sur la 34.e du 1.er volume des Oiseaux de Paradis, de Levaillant, sous celui de grand rolle violet, que cet ornithologiste lui a appliqué, tant parce que cette couleur domine sur son corps, que parce qu'il est vraisemblable que cet oiseau n'habite pas seulement à Madagascar. La tête est grosse ; mais, quoique largement garnie de plumes, elle ne présente point l'apparence d'une huppe ; les ailes, pliées, s'étendent jusqu'aux trois quarts de la queue, qui est un peu fourchue ; le dessus de la tête et le derrière du cou sont d'un roux violet, qui présente diverses nuances selon les incidences de la lumière ; le dos et les plumes scapulaires sont d'un roux d'acajou poli ; les grandes couvertures et les pennes des ailes sont d'un bleu violet : les joues, la gorge et le dessous du corps sont d'un violet pourpré jusqu'au bas-ventre, qui est d'un vert d'aigue-marine, ainsi que les plumes anales et uropygiales ; la queue est de cette dernière couleur, à l'exception des deux pennes intermédiaires qui sont d'un brun olivâtre, et d'une bande bleue qu'on voit à son extrémité. Le bec est d'un jaune citron et les pieds sont d'un brun rougeâtre.

Petit Rolle violet : *Colaris purpurascens*, Dum. ; *Eurystomus purpurascens*, Vieill. ; *Coracias afra*, Gmel. et Lath. Levaillant, après avoir critiqué Daudin et Sonnini d'avoir formé, d'après une mauvaise description de Latham, deux espèces particulières de cet oiseau, la première sous le nom de rollier d'Afrique, et la seconde sous celui de rollier rouge, s'est efforcé de signaler les caractères qui établissent une différence entre le petit rolle violet, par lui peint sous le n.º 35, et le *coracias madagascariensis;* mais l'oiseau du n.º 35 ne paroît être autre chose que le *coracias afra*, reconnu comme espèce distincte par MM. Cuvier, Vieillot et Temminck, et la discussion dans laquelle est entré Levaillant n'étoit pas nécessaire. Malgré les rapports existant avec le grand rolle violet, la taille du petit, de moitié moins forte, sa queue proportionnellement plus courte et plus fourchue, et son bec qui, au lieu d'être épais comme celui du précédent, s'aplatit toujours à mesure qu'il s'alonge, offrent des particularités assez frappantes pour, qu'ajoutées aux légères variations du plumage, elles ne laissent pas d'incertitude sur la non-identité de cette espèce, qui d'ailleurs se trouve au Sénégal, d'où Levaillant en a reçu cinq individus.

MM. Cuvier et Temminck se sont bornés à citer ces trois espèces parmi les rolles; mais M. Vieillot a en outre admis dans ce genre le rolle à gorge bleue, le gorgeret, le rolle rouge, que M. Cuvier regarde comme le même que le petit rolle violet, et le rolle de la Chine, pl. 620 de Buffon, que Levaillant considère comme une pie.

Le ROLLE A GORGE BLEUE (*Eurystomus cyanicollis*, Vieill., pl. 36 des Oiseaux de paradis, de Levaillant, et qui seroit le *colaris cyanicollis*) est surtout caractérisé par une belle plaque bleue qui couvre sa gorge. La tête et le derrière du cou sont d'un brun terreux nuancé de vert, qui tire à l'aigue-marine sur les bords des scapulaires, couleur qui règne sur le bas du cou, la poitrine et toutes les parties inférieures; l'origine et le dessus de la queue sont de la même couleur, qui se change en noir verdissant à la pointe; les pennes alaires et leurs couvertures sont mélangées de bleu et d'aigue-marine. Le bec est d'un rouge orangé, les pieds sont d'un jaune brun et les ongles noirs.

Le ROLLE GORGERET; *Eurystomus gularis*, Vieill. Cet oiseau, qui est de la taille du grand rolle violet, a été apporté de l'Australasie, et se trouve au Muséum d'histoire naturelle: il a la gorge et les grandes pennes alaires bleues, mais ces dernières sont presque noires à leur extrémité; la queue, très-fourchue, est d'un bleu clair dans les deux tiers de sa longueur, et d'un bleu presque noir vers la pointe; le reste du plumage est d'un rouge brun; le bec est de couleur de chair et les pieds sont noirs.

Quoique M. Vieillot ait rangé le *coracias sinensis* de Latham parmi les rolles, il ne dissimule pas ses doutes sur la convenance de ce classement du bel oiseau représenté sur la planche 620 de Buffon, sous le nom de rolle de la Chine. On a déjà dit que, selon Levaillant, cet oiseau étoit une pie, et M. Vieillot avoue qu'il n'a ni la queue, ni les ailes, ni le bec du rolle. Sa longueur est de douze pouces six lignes. La tête, le derrière du cou, le dos, le croupion et les couvertures supérieures de la queue sont d'un vert clair; les côtés de la tête sont traversés, depuis le bec jusqu'à la nuque, par une bande noire; la gorge et les parties inférieures du corps sont d'un blanc jaunâtre, nuancé de vert; des dix-huit pennes dont les ailes sont composées, les huit premières sont d'un brun olivâtre, qui prend une teinte marron sur le côté extérieur des sixième, septième et huitième; les trois dernières sont terminées de blanc; les douze pennes de la queue, qui est étagée, offrent un mélange de vert, de gris et de noir; les pieds et les ongles sont d'un rouge pâle et l'iris est d'un beau rouge.

Le *grivert* ou *rolle de Cayenne*, pl. enl. de Buffon, n.° 616, a été décrit dans cet ouvrage, tom. XX, pag. 193, comme une espèce du genre *Habia*. (CH. D.) •

ROLLER. (*Ornith.*) Nom anglois du rollier, lequel est aussi donné au même oiseau dans les environs de Strasbourg. (CH. D.)

ROLLIER. (*Ornith.*) Ce genre, que Brisson, et, d'après lui, M. Vieillot, ont nommé *Galgulus*, mais qui est le *coracias* de Linné, de Latham, de MM. Cuvier et Temminck, a pour caractère : Un bec glabre, robuste, entier, droit, tranchant, partout plus haut que large; convexe en dessus, comprimé par les côtés, et dont la mandibule supérieure est courbée à l'extrémité; des narines linéaires, latérales, percées diagonalement, à demi fermées par une membrane garnie de plumes; une langue cartilagineuse, frangée à sa pointe; les trois doigts antérieurs divisés et le postérieur épaté; la deuxième rémige la plus longue de toutes.

Il existe de grands rapports entre les rolliers et les geais; aussi le principal caractère qui ait paru motiver leur séparation, ne consiste-t-il que dans les narines, arrondies et cachées par les plumes du front chez ceux-ci, tandis que chez presque tous les rolliers elles sont linéaires et découvertes. Ce caractère a paru insuffisant à Levaillant, dans les considérations par lui placées à la tête de son Histoire des rolliers, pour autoriser la formation de deux genres distincts ; mais, dans celles qui précèdent l'histoire des geais, le même auteur propose de partager ceux-ci en deux sections, *dont on pourroit même, à la rigueur, former*, dit-il, *autant de genres*, et telle est la marche qui a été suivie dans le tome XVIII de ce Dictionnaire, à l'article des GEAIS, relativement auxquels Gueneau de Montbeillard a d'ailleurs observé que le nombre des pennes alaires n'est que de dix-huit, tandis que les rolliers en ont vingt-trois.

Le plumage des rolliers offre, en général, du bleu, du vert, du pourpre, distribués par masses, et dont les teintes sont plus pures et plus brillantes chez les vieux mâles que chez les femelles et les jeunes. Les filets qui ornent la queue de diverses espèces, sont aussi plus longs chez les vieux mâles. Ces oiseaux sont farouches et ils se cachent habituellement dans l'épaisseur des forêts. Les insectes sont leur nourriture exclusive, selon M. Temminck, et M. Vieillot y ajoute des baies.

ROLLIER VULGAIRE : *Coracias garrula*, Linn. et Lath. ; *Galgulus garrulus*, Vieill., pl. enl. de Buffon, n.° 486, et d'Edwards, 119. Levaillant, qui, dans les pl. 32 et 33 du 2.ᵉ vol. de ses Oiseaux de paradis, a donné les figures du mâle et de la femelle, a examiné si les rapports existant entre ce rollier et le rollier cuit devoient les faire considérer comme étant de la même espèce, et les raisons que lui ont fournies les différences dans la proportion des pennes alaires paroissent suffisantes pour établir la négative. On ne croit donc pas devoir entrer dans cette discussion, et l'on se bornera à exposer que le rollier d'Europe, auquel on donne vulgairement les noms de *geai de Strasbourg*, de *pie des bouleaux*, de *perroquet d'Allemagne*, est à peu près de la taille du geai ; qu'il a environ treize pouces de longueur totale, et que ses ailes, pliées, s'étendent aux deux tiers de la longueur de la queue. Le dessus de la tête, le haut du cou et les parties inférieures du corps sont d'un vert d'aigue-marine plus ou moins foncé; le dos et les scapulaires sont fauves; les petites couvertures supérieures des ailes sont d'un bleu violet, plus foncé sur les pennes; celles de la queue sont nuancées de vert sombre, et la première de chaque côté est un peu plus longue que les autres; le bec, noir à l'extrémité, est jaunâtre à sa base, ainsi que les pieds. Le plumage de la femelle est d'une teinte moins vive; le devant du cou est, dans son jeune âge, d'un vert roussâtre, et cette teinte est plus prononcée sur la poitrine et les flancs. M. Temminck dit que, dans sa vieillesse, cette femelle ne diffère point du mâle; au reste, un signe auquel on peut aisément la reconnoître, c'est que toutes les pennes de sa queue sont égales entre elles, et que les deux extérieures n'ont point de prolongement comme celles du mâle.

On trouve le rollier vulgaire dans les forêts de chênes et de bouleaux, en Allemagne, en Suède, en Danemarck; dans les provinces méridionales de la Russie; quelquefois en France et en d'autres contrées de l'Europe, d'où il se rend en Afrique, en passant, selon Montbeillard, par la Saxe, la Franconie, la Bavière, le Tyrol, l'Italie, la Sicile et l'île de Malte; mais il ne paroît être commun nulle part : aussi n'a-t-on encore de connoissances positives ni sur les alimens dont il se nourrit, ni sur les lieux où il établit son nid. Suivant M. Temminck, sa nourriture consiste en hannetons, courtilières, sauterelles, millepieds, limaçons; et Schwenckfeld et Willughby disent qu'on en a vus se réunir aux pies et aux corneilles, dans des terres labourées, pour y ramasser des grains, des racines, des vers, des scarabées. Retzius, *Fauna suecica*, y ajoute des grenouilles et des lézards. A l'égard de la propagation, des auteurs prétendent que, dans les pays où il y a beaucoup de bouleaux, c'est *sur ces* arbres que le rollier place son nid; selon MM. Meyer et Temminck, il le fait dans des arbres *creux*. D'autres prétendent qu'il le fait en terre dans des trous, sur les berges des rivières; mais il est probable qu'il y a eu ici confusion avec le martin-pêcheur. La ponte est, suivant les premiers de ces naturalistes, de quatre jusqu'à sept œufs d'un blanc lustré, et, d'après d'autres, ces œufs sont d'un vert clair, couverts d'une quantité de taches de couleur sombre. Schwenckfeld dit que les rolliers deviennent gras en automne et qu'ils sont alors fort bons à manger; mais ces charmans oiseaux, qui paroissent originaires d'Afrique, sont trop rares dans les différentes contrées de l'Europe, qu'ils ne font que traverser dans leurs passages, pour qu'on ait dû songer à de pareilles dégustations, quand on n'a pas eu d'occasions de se procurer des notions bien plus essentielles sur leurs mœurs. Au reste, voyez plus bas l'histoire du rollier tacheté et du rollier à longs brins.

ROLLIER TACHETÉ D'AFRIQUE ou le CUIT : *Coracias nævia*, Lacép. et Daud.; *Galgulus nævius*, Vieill.; *Coracias bengalensis et indica*, Linn. et Lath. Cette espèce, qui est aussi la même que le rollier de *Mindanao*, est figurée dans les planches enluminées de Buffon, n.° 285, et Levaillant, qui a mis en doute si ce n'étoit pas la même que le rollier vulgaire, a donné, pl. 27 à 29, les figures du mâle, de la femelle et du jeune âge. Le rollier dont il s'agit ici est à peu près de la taille de notre geai, et les pennes caudales sont de la même longueur dans les deux sexes. Le dessus de sa tête est d'un vert d'aigue-marine; les plumes frontales qui se dirigent vers les narines, et celles du dessous du bec, sont d'un roux clair; les joues sont, ainsi que le devant du cou, d'un violet clair, et il y a un trait blanc longitudinal à leur centre; le bas de la poitrine est d'un roux violet jusqu'au milieu du sternum; le bas-ventre, les plumes inférieures et celles du revers du sternum sont d'un vert d'aigue-marine; le derrière et les côtés du cou, les plumes scapulaires et les pennes alaires les plus proches du corps ont une teinte vineuse; le poignet des ailes est d'un bleu foncé, et les grandes pennes, de la même couleur à leur centre, deviennent ensuite de couleur d'aigue-marine et bleues à leur pointe; le croupion et les couvertures des ailes sont du même bleu que celui des ailes; la queue, dont les pennes sont égales, offre des nuances peu différentes; les pieds sont roussâtres, les yeux d'un brun marron, et le bec est noir.

La femelle, un peu plus petite que le mâle, a le front d'un roux blanchâtre; les bandes blanches longitudinales des plumes, qui couvrent les joues et le dessus du cou, sont plus larges et plus apparentes, et le roux de la poitrine s'étend presque jusqu'aux cuisses; les autres couleurs, quoique distribuées comme chez le mâle, ont une teinte moins vive.

Le mâle, dans son jeune âge, a presque toute la face encadrée de blanc. Le sommet de la tête est d'un roux vineux, plus foncé sur le derrière et les côtés du cou, et qui se nuance en violet sur les joues, le devant du cou, la poitrine et tout le dessous du corps; mais les plumes ont, sur toutes ces parties le trait blanc dont on a déjà parlé et qui s'élargit sur les parties les plus basses; le bas-ventre est d'un blanc roux; une teinte de roux clair règne sur le manteau et les pennes intermédiaires de la queue, dont le fond est d'un vert olivâtre; les petites pennes qui recouvrent le pied des grandes pennes alaires sont bleues; les trois premières de celles-ci sont bordées de vert, et les autres, violâtres à leur naissance, sont noires à leur pointe.

Cet oiseau, dit Levaillant, construit en Afrique, sur la tête du tronc des plus grands arbres, un nid composé en dehors de bois entrelacé d'herbes et de mousse extérieurement, et garni à l'intérieur de plumes, dans lequel la femelle pond quatre œufs roussâtres. Le cri d'effroi de cet oiseau très-farouche est le même que celui du geai d'Europe, dont il a le vol, les attitudes et tous les mouvemens. Les fruits et les insectes forment la nourriture de ce rollier, qui n'est que de passage en Afrique, où il n'est pas très-commun et d'où, après y être arrivé au commencement de l'été, il repart avec les petits, quand la saison des fruits est passée.

Rollier vert : *Coracias viridis*, Cuv.; *Galgulus viridis*, Vieill.; *Coracias viridis*, Lath.; Rollier outre-mer, Daud.; Rollier vert, pl. 31 des Oiseaux de paradis de Levaillant. Cet oiseau, qui se trouve dans les Indes orientales, et qui a été importé en Europe par Poivre, a huit pouces de longueur. On l'a comparé, pour l'éclat de son plumage, à celui des ailes du papillon Ménélas; il a les formes du rollier vulgaire, mais sa taille est un peu moins forte. Les plumes du front jusqu'aux yeux, et celles qui avoisinent la base du bec et la gorge, sont d'un blanc roussâtre; mais la tête, le cou, le haut du dos, les scapulaires et toutes les couvertures supérieures sont d'un bel aigue-marine, plus pâle sous le corps, et prenant une teinte bleue sur les grandes pennes des ailes et de la queue, qui est coupée carrément. Le bec est noir et les pieds sont roux.

Rollier a longs brins d'Afrique : *Coracias caudata*, Dum.;
Galgulus caudatus, Vieill.; *Coracias caudata*, Linn.; *Coracias
abyssinica et senegalensis*, Gmel. et Lath., pl. enl. de Buffon,
n.ᵒˢ 88 , 626 et 326, sous les noms françois de Rolliers d'An-
gola , d'Abyssinie et du Sénégal. Cet oiseau , dont le mâle est
figuré au second volume des Oiseaux de paradis de Levaillant, pl. 25, a les pennes latérales de la queue prolongées en
deux brins qui , plus ou moins longs suivant son âge, deviennent, chez les vieux, de plus du double de celle des autres
pennes caudales. La mandibule supérieure , arrondie sur
toutes les faces, divise les plumes du front en deux parties,
qui se portent jusqu'aux narines, qu'elles cachent presque
entièrement. Les plumes qui couvrent le front, la gorge et
la base du bec , sont blanches ; la tête et le devant du cou
sont d'un beau vert bleuâtre et luisant ; les plumes du
dessous du corps, y compris les tibiales, et celles du dessous
de la queue et du revers des ailes, sont du même vert
que le devant du cou ; le haut du dos et les scapulaires sont
d'un roux verdâtre ; le croupion, les couvertures du dessus
de la queue, le poignet et l'extrémité des ailes, sont d'un
bleu vif ; le bleu occupe le centre des douze pennes alaires
et le vert les extrémités ; les deux filets sont d'un bleu très-
foncé et les deux pennes du milieu d'un vert olivâtre ; les
pieds sont d'un brun roux, ainsi que les yeux ; le bec et les
ongles sont de couleur de corne. La femelle diffère peu du
mâle ; mais on l'en distingue aisément par la brièveté des
brins, qui ne dépassent pas les pennes caudales de plus de
trois pouces, tandis que celles du mâle en excèdent quelquefois six. Le front, la gorge, la poitrine et les flancs du jeune
mâle sont roussâtres, et les pennes latérales de sa queue ont
déjà un pouce et au-delà, tandis qu'on ne les aperçoit pas
encore chez la jeune femelle.

Levaillant a trouvé, entre la rivière d'Orange et la grande
rivière des Poissons, ces rolliers, qui n'y arrivent que dans
la saison des chaleurs et en repartent dans celle des vents et
des pluies, qui est l'hiver du pays. Dans la saison des amours
on rencontre toujours le mâle et la femelle ensemble, et ils
forment ensuite des bandes de six au plus avec les petits, car
la ponte n'est que de quatre œufs, et les petits sont exposés

à devenir la proie des oiseaux carnivores. Ces rolliers se nourrissent indistinctement de fruits et d'insectes ; Levaillant a trouvé dans l'estomac des individus qu'il a tués, des chenilles lisses, des sauterelles et des mantes. Leur nid, très-volumineux, étoit placé dans les enfourchures des arbres près du tronc, et composé extérieurement de bois entrelacé d'herbes et de mousse, comme celui du rollier cuit, et revêtu intérieurement d'un lit de feuilles sèches. Les œufs, à peu près de la grosseur de ceux de nos pigeons fuyards, étoient verdâtres et pointillés de roux. L'espèce dont il s'agit a le port, le vol et le cri du geai d'Europe. Curieux comme lui, il arrive au moindre bruit extraordinaire, et il fuit, comme lui, à la moindre apparence de danger.

Rollier a ventre bleu : *Coracias cyanogaster*, Cuv. ; *Galgulus cyanogaster*, Vieill., pl. 26 des Oiseaux de paradis de Levaillant. Un attribut que cet oiseau partage avec le rollier à longs brins, est le prolongement des deux pennes les plus latérales de la queue. M. Temminck a reçu de Java l'individu que M. Levaillant a fait peindre ; mais il n'a pu obtenir aucun renseignement sur les mœurs et les habitudes de cet oiseau, dont le bec et les pieds, pareils à ceux du rollier à longs brins, sont plus forts à raison de sa taille inférieure. Les plumes latérales de la queue sont aussi prolongées, mais les intermédiaires ont cela de particulier qu'elles sont étagées, ce qui rend la queue fourchue comme celle de l'hirondelle de cheminée. Quant aux couleurs, la tête, le cou et la poitrine sont d'un roux noisette. Le ventre, les flancs, les plumes abdominales, tibiales, celles du dessous et du dessus de la queue et tout le croupion, sont d'un bleu foncé, ainsi que les couvertures supérieures des ailes, dont les pennes ont la pointe noire ; les pennes caudales, qui, contre le jour, sont ternes, deviennent très-brillantes quand elles sont exposées à la lumière. Le haut du dos et les scapulaires sont d'un brun olivâtre. Le bec est noir, les pieds sont d'un gris brun, et les ongles d'un brun de corne.

Rollier a masque noir : *Coracias melanops*, Dum.; *Galgulus melanops*, Vieill., pl. 30 des Oiseaux de paradis de Levaillant. Ce savant voyageur a tiré le nom de cette nouvelle espèce du masque noir qui, lui couvrant la face, s'étend sur

tout le devant du cou. La mandibule supérieure de son bec
est un peu plus arquée, et les narines sont entièrement couvertes par les plumes qui les environnent ; les pieds sont courts
et robustes, comme ceux de la tribu à laquelle elle appartient. Tout le plumage, à l'exception des pennes alaires et
caudales, est d'un joli gris bleuâtre, nuancé d'une légère
teinte purpurine ; le dessous de ces pennes est noir. Le bec,
d'un gris bleuâtre à sa base, est noir vers la pointe ; les ongles et les pieds sont d'un brun roux. M. Temminck a reçu
cet oiseau du cap de Bonne-Espérance, où Levaillant ne l'a
pas rencontré.

Rollier Temminck : *Coracias Temminckii*, Dum. ; *Galgulus
Temminckii*, Vieill. Ce rollier des Indes, qui fait partie de
la belle collection du savant ornithologiste d'Amsterdam, a
été décrit et figuré par Levaillant dans le 3.ᵉ volume des Oiseaux de paradis, pag. 46, et pl. G du Supplément. Les plumes du dessus de sa tête, qui sont d'un vert d'aigue-marine,
forment, lorsqu'il les relève, une sorte de huppe comme
celle du geai d'Europe. Le dos, les scapulaires et les couvertures des ailes sont d'un vert olivâtre, et tout le reste du plumage est d'un bleu d'indigo lustré et changeant en violet
sombre. Les pieds sont d'un brun rougeâtre et le bec est noir.

Quelques espèces sont encore indiquées par Latham, etc. ;
mais les unes sont douteuses, et d'autres ont déjà été reconnues comme appartenant à des genres différens des rolliers.
On va les indiquer brièvement.

Rollier de la Nouvelle-Calédonie ; *Coracias striata*, Lath.
Cet oiseau est long de près de huit pouces ; le mâle est d'un
bleu foncé, presque noir et strié de bleu verdâtre sur le corps :
sa queue, son bec et ses pieds sont noirs. Le plumage de la
femelle est d'un gris cendré, plus foncé sur la tête et noir sur
les couvertures et les pennes des ailes, dont les bords sont
cendrés ; la queue est entièrement grise.

Rollier a tête marron ; *Coracias pacifica*, Lath. Cette espèce,
qui se trouve au port Jackson, dans la Nouvelle-Hollande,
a huit pouces et demi de longueur. La couleur marron, qui
couvre sa tête et le haut du cou, se change en vert sur le
dessus du corps ; une plaque noire, bordée d'un trait blanc,
occupe la moitié de la gorge : les ailes, à l'exception d'une

tache blanche à leur origine, sont bleues, ainsi que la queue, dont l'extrémité a une teinte noire; le bec et les pieds sont rouges.

ROLLIER CHEVELU; *Coracias pilosa*, Lath., *Suppl.* Cet oiseau, dont le pays est incertain, a été décrit par Latham, d'après un dessin, comme ayant le bec et les pieds rouges; les plumes du cou, de la poitrine et du ventre alongées, fines, sans consistance, et rayées de blanc sur un fond brun; le dos et les couvertures des ailes sont d'un vert brunâtre, avec une bordure d'un bleu changeant en rouge; les pennes alaires d'un bleu foncé, ainsi que celles de la queue, qui est égale à son extrémité. Les yeux sont surmontés d'une raie blanche, et il y en a une noire au-dessous.

ROLLIER BLANC; *Coracias docilis*, Lath. C'est S. G. Gmelin qui a fait connoître cet oiseau, trouvé en Perse, et qu'il faut d'autant plus hésiter à considérer comme un véritable rollier, que les dispositions à se priver, à retenir ce qu'on lui apprend et à imiter, sont des qualités opposées au caractère sauvage du genre. Au surplus, il est de la taille du choucas; la base de sa mandibule inférieure est garnie de plumes blanches; le dessus de la tête, le cou et la poitrine sont d'un blanc rougeâtre; les pennes alaires sont en grande partie noires, ainsi que la queue, qui est terminée de blanc.

Le ROLLIER A BORD DES AILES JAUNE (*Coracias cafra*, Lath.) a tout le plumage bleu, à l'exception des parties ci-dessus désignées.

Le ROLLIER DE COULEUR D'OUTRE-MER (*Coracias cyanea*, Lath.), dont le pays est inconnu, est dit avoir le plumage d'un bleu très-éclatant et lustré comme le satin. Selon Sonnini, il seroit de l'Amérique méridionale, où l'on a lieu de douter de l'existence des rolliers, et appartiendroit à l'espèce trouvée par Lapeyrouse à l'île Sainte-Catherine.

Le ROLLIER GEAI (*Coracias indica*, Lath., et pl. 326 d'Edwards), qui se trouve à Ceilan, paroit être le même que le rollier cuit, ainsi que le *rollier de Goa*.

Le ROLLIER GENTIL (*Coracias puella*, Lath.) est une espèce douteuse, connue dans l'Inde sous le nom anglois de *blue fairy bird*.

Le ROLLIER JAUNE, de Brisson, qui n'excède guère la grosseur du pigeon ordinaire, et dont tout le plumage est d'un jaune clair, à l'exception des ailes et des deux pennes intermédiaires de la queue, lesquelles sont d'un gris foncé, est, selon Fernandez, chap. 58, appelé au Mexique *hoexotototl*, et classé avec les pies par Gueneau de Montbeillard.

L'oiseau décrit aussi par Brisson sous le nom de ROLLIER HUPPÉ DU MEXIQUE, et auquel Séba avoit appliqué celui d'OCOCOLIN, qui est un gallinacé, doit être également écarté du genre Rollier.

Les *Coracias strepera*[1] et *varia*, Lath., sont considérés par M. Cuvier comme des *cassicans*; et les *coracias militaris et scutata*, comme des *piauhaus*. M. Vieillot rapporte le *coracias militaris* au *grand cotinga*.

Suivant M. Cuvier, le *coracias mexicana*, figuré par Séba, *Thesaur.*, tom. 1, p. 64, fig. 5, est le geai du Canada, et le *coracias cayana*, un *tangara*.

Il paroît aussi que le *coracias cafra*, où Shaw cite Edwards, fig. 320, n'est qu'un merle, *turdus nitens*.

Le ROLLIER DE LA NOUVELLE-ESPAGNE, de Brisson, qui est l'yzquautli de Fernandez, ch. 100, a été rapporté par Buffon à l'aigle couronné; et les ROLLIERS A TÊTE NOIRE et VAGABOND, *Coracias melanocephala et vagabunda*, Lath., le sont aux pies bleue et vagabonde. (CH. D.)

ROLLULUS. (*Ornith.*) Un des noms génériques du rouloul. (CH. D.)

ROLLUS. (*Conchyl.*) Nom latin du genre Rouleau de Denys de Montfort. (DE B.)

ROLOFA. (*Bot.*) Nom donné par Adanson au *glinus lotoides* de Linnæus, genre de la famille des ficoïdes. (J.)

ROLOWAY. (*Mamm.*) Ce nom est celui d'un singe africain du genre Guenon, *Cercopithecus*, et qui paroît se rapporter à l'espèce de la guenon diane. (DESM.)

ROM. (*Ichthyol.*) Ce nom a été désigné comme appartenant au pleuronecte carrelet. (DESM.)

ROMA-VALLI-CARO. (*Bot.*) Nom brame du *menispermum radiatum* de M. de Lamarck, qui est le *cocculus radiatus* de M. De Candolle. (J.)

---

1 Voyez RÉVEILLEUR.

ROMÆJH. (*Bot.*) Nom arabe, suivant Forskal, de son *reseda tetragyna*, que Vahl reporte au *reseda mediterranea* de Linnæus. (J.)

ROMAINE. (*Bot.*) C'est une variété de laitue. (L. D.)

ROMANCETA. (*Bot.*) Près de Cumana, en Amérique, on donne ce nom au *lantana canescens* de la Flore équinoxiale. (J.)

ROMANÉS et ROUMANÉS. (*Bot.*) Noms dérivés du latin *romanus*; on les donnoit anciennement, aux environs de Lyon, en Languedoc, etc., aux agarics rouges ou roux, et spécialement à l'orange franche, espèce d'*amanita*, comme pour dire *champignon romain*. Quelques auteurs ont transformé romanés en *romanita*, synonyme d'*amanita romana*. (Lem.)

ROMANZOWITE. (*Min.*) C'est une pierre du genre des Grenats, par sa forme et ses autres propriétés physiques, qui est composée, d'après l'analyse qu'en a publié M. Nordenskiold, de chaux 25 — alumine 24 — fer 7 — silice 41; c'est par conséquent un grenat ferro-calcaire ou de l'espèce de l'aplome.

Il se trouve principalement dans la carrière de pierre calcaire de Kulla, dans la paroisse de Kienito en Finlande. (B.)

ROMARIN; *Rosmarinus*, Linn. (*Bot.*) Genre de plantes dicotylédones monopétales, de la famille des labiées (Juss.), et de la *diandrie monogynie*, Linn., dont les principaux caractères sont d'avoir : Un calice monophylle, tubulé, à deux lèvres, la supérieure entière et l'inférieure bifide; une corolle monopétale, à tube plus long que le calice et à limbe partagé en deux lèvres, la supérieure plus courte et bifide, l'inférieure à trois divisions inégales, dont la moyenne beaucoup plus grande et concave; deux étamines à filamens subulés, munis d'une dent, arqués vers la lèvre supérieure qu'ils surpassent, terminés par des anthères simples; un ovaire supère, à quatre lobes, surmonté d'un style de la longueur des étamines, terminé par un stigmate aigu; quatre graines nues au fond du calice persistant.

Les romarins sont des arbustes à feuilles opposées, et dont les fleurs sont disposées en petites grappes axillaires. On en connoît deux espèces; l'une appartient à l'ancien continent et l'autre au nouveau monde.

Romarin officinal, vulgairement le Romarin; *Rosmarinus officinalis*, Linn., *Sp.*, 33. Sa tige est frutescente, divisée en rameaux nombreux, haute de trois à quatre pieds, rarement plus. Ses feuilles sont linéaires, sessiles, persistantes, glabres et luisantes en dessus, blanchâtres et cotonneuses en dessous. Ses fleurs sont d'un bleu pâle et presque cendré, disposées en petites grappes courtes, placées dans les aisselles des feuilles, vers l'extrémité des rameaux. Toutes ses parties ont une odeur forte et pénétrante. Cet arbuste fleurit en Avril et Mai; il croît, sur les collines pierreuses et exposées au soleil, en Provence, en Languedoc, dans le Midi de l'Europe, dans le Levant et la Barbarie.

Le romarin se voit quelquefois dans les jardins du Nord. Il faut l'y planter dans une terre plutôt sèche qu'humide, et à une bonne exposition, parce qu'il craint les fortes gelées. Dans les jardins du Midi on en fait des palissades, des buissons de verdure, qui ont l'avantage de venir dans les terrains les plus arides. Il a deux variétés, l'une à feuilles panachées de jaune et l'autre à feuilles panachées de blanc; ces deux variétés sont plus délicates que le romarin commun et ont besoin d'être plantées en pot, afin de pouvoir être mises à l'abri du froid pendant l'hiver.

On pourroit multiplier le romarin par ses graines, mais ce moyen étant plus lent que la multiplication par boutures, marcottes ou éclats des vieux pieds, les jardiniers préfèrent ces derniers moyens.

En Italie on se sert des feuilles de romarin pour aromatiser plusieurs mets. La chair des moutons qui les broutent acquiert un excellent goût; c'est à ses fleurs qu'est dû le parfum des miels de Narbonne et de Mahon.

Le romarin est tonique et excitant; on l'employoit autrefois beaucoup plus en médecine que maintenant, comme stomachique, stimulant, céphalique, sudorifique, etc.; il entroit aussi jadis dans plusieurs préparations pharmaceutiques, pour la plupart reléguées aujourd'hui dans les anciens formulaires. On en tire encore une huile volatile, moins usitée en médecine que comme aromate.

De beaucoup d'eaux spiritueuses dans lesquelles entroit autrefois le romarin, il faut particulièrement citer l'eau de la *reine de Hongrie,* dont il fait la base. La reine qui lui a donné son nom, préparoit cette liqueur elle-même; elle assuroit en avoir reçu la formule des mains d'un ange, et s'être guérie de la goutte en en faisant usage. La faveur dont cette eau a joui contre les défaillances, les vertiges, les vapeurs hystériques, etc., est passée. (L. D.)

ROMARIN DE BOHÈME. (*Bot.*) Nom vulgaire du lédon des marais. (L. D.)

ROMARIN DU NORD. (*Bot.*) C'est le galé odorant. (L. D.)

ROMARIN SAUVAGE. (*Bot.*) C'est le lédon des marais et le rosage ferrugineux. (L. D.)

ROMBUT. (*Bot.*) Ce nom indien, cité dans l'*Herb. Amb.* de Rumph pour le *cassytha* de Linnæus, est celui qu'Adanson avoit adopté pour le même genre. (J.)

ROMERILLO. (*Bot.*) Aux environs de Quito, suivant M. de Humboldt, on nomme ainsi un millepertuis, *hypericum caricifolium.* Dans la Flore du Pérou il est dit que les habitans du Chili donnent le même nom au *molina linearis* de cette flore, espèce de *baccharis,* parce qu'il a l'odeur et la saveur du romarin. (J.)

ROMERO. (*Bot.*) Dans le Portugal, suivant Clusius, on donne au *cistus libanotis* ce nom, qui signifie romarin, parce que cette espèce a les feuilles de romarin. (J.)

ROMERO MARINO. (*Bot.*) Voyez Miscajin. (J.)

ROMEYKH. (*Bot.*) Selon Forskal c'est le nom du *reseda mediterranea* en Arabie. (Lem.)

ROMISCH. (*Ornith.*) Nom polonois de la mésange remiz, *parus pendulinus,* Linn. (Ch. D.)

ROMPHAL. (*Bot.*) Voyez Rhompal. (J.)

ROMPOT-GARAND. (*Bot.*) Nom du *parietaria indica* de Burmann à Java. Son *stipa littorea* y est nommé *rompot laut,* et son *ulva javanica* est le *rompot scribæ-ajer* du même pays. (J.)

ROMPT-PIERRE. (*Bot.*) On donne ce nom dans quelques lieux à la saxifrage. (J.)

ROMULEA. (*Bot.*) Sous ce nom Maratti a fait un genre de l'*ixia bulbocodium.* (J.)

RONABE, *Ronabea.* (*Bot.*) Genre de plantes dicotylédones, à fleurs complètes, monopétalées, de la famille des *rubiacées,* de la *pentandrie monogynie* de Linnæus, offrant pour caractère

essentiel : Un calice fort petit, à cinq dents; une corolle oblongue, presque en entonnoir; le tube long, renflé vers son
orifice; le limbe à cinq lobes; cinq étamines courtes, insérées
sur le tube, point saillantes ; un ovaire adhérant au calice;
un style; un stigmate à deux lames. Le fruit est une baie fort
petite, ovale, striée, non couronnée, renfermant deux noyaux
monospermes.

RONABE A LARGES FEUILLES : *Ronabea latifolia*, Aubl., Guian.,
1, tab. 59; Lamk., *Ill. gen.*, tab. 166. Arbrisseau dont les
tiges sont simples, noueuses, tortueuses, hautes de deux ou
trois pieds, garnies de feuilles opposées médiocrement pétiolées, ovales, aiguës, d'un vert bleuâtre, lisses, entières; les
pétioles courts, munis de stipules larges, aiguës. Les fleurs
naissent dans l'aisselle de chaque feuille, au nombre de deux
à six, soutenues par des pédoncules très-courts, accompagnées
à leur base de deux bractées en forme d'écailles; le calice est
d'une seule pièce, à cinq petites dents courtes. La corolle est
blanche, presque infundibuliforme, insérée sur l'ovaire autour du disque qui le couronne; le tube est grêle, long; le
limbe à cinq divisions aiguës, hérissées de poils; les filamens
sont courts ; les anthères oblongues, à deux loges ; l'ovaire,
ovale, se convertit en une petite baie noirâtre, cannelée, contenant deux osselets appliqués l'un contre l'autre, renfermant
chacun une semence. Cet arbrisseau croît en Guiane, dans
les forêts d'Oyac, d'Orapu et de Sinémari, où il fleurit vers
la fin de l'été. (POIR.)

RONABE A TIGE DROITE; *Ronabea erecta*, Aubl., Guian., *loc.
cit.* Espèce très-rapprochée de la précédente, qui en diffère
par ses tiges grêles, hautes d'un pied et demi, garnies de
feuilles opposées, médiocrement pétiolées, d'un vert jaunâtre,
ovales, aiguës, les plus grandes longues de quatre pouces sur
un et demi de large. Les fleurs sont blanches, axillaires; les
fruits forment des petites baies noires et cannelées. Cette
plante croît dans les mêmes lieux que la précédente. (POIR.)

RONCA. (*Ornith.*) Nom donné en Espagne aux oiseaux
du genre Râle. (CH. D.)

RONCE; *Rubus*, Linn. (*Bot.*) Genre de plantes dicotylédones
polypétales, de la famille des *rosacées*, Juss., et de l'*icosandrie
polygynie*, Linn., dont les principaux caractères sont d'avoir :

un calice monophylle, à cinq divisions persistantes; une corolle de cinq pétales ovales-arrondis, insérés sur le calice; des
étamines nombreuses, à filamens plus courts que la corolle,
également attachés au calice et terminés par des anthères arrondies; des ovaires nombreux, surmontés de styles courts,
terminés par des stigmates simples; une baie composée de
grains arrondis, succulens, insérés sur un réceptacle conique,
et réunis en tête.

Les ronces sont des plantes herbacées ou le plus ordinairement des arbrisseaux à tiges souvent sarmenteuses, armées ou
non d'aiguillons; leurs feuilles sont entières, palmées ou ailées;
elles ont leurs fleurs diversement disposées. Linné, en 1762,
ne connoissoit que treize espèces de ce genre ; M. De Candolle, dans le 2.ᵉ volume de son Énumération du règne végétal, publiée en 1825, en rapporte cent onze. Le mot *rubus*,
qui est le nom latin de ce genre , vient de *ruber*, rouge, à
cause de la couleur rouge des fruits de quelques espèces.

* *Tiges herbacées.*

Ronce faux-murier; *Rubus chamæmorus*, Linn. , *Sp.*, 708. Sa
racine est rampante, ligneuse, vivace; elle produit des tiges
herbacées, droites, simples, hautes de trois à six pouces, dépourvues d'aiguillons, garnies de deux à trois feuilles pétiolées en cœur à leur base, dentées en scie, découpées en
trois ou cinq lobes, presque glabres en dessus, chargées de
poils en dessous. La fleur est blanche, solitaire au sommet de
la tige, et il lui succède une baie ovoïde de couleur roussâtre, composée de plusieurs grains, d'une saveur aigrelette
et d'un goût agréable. Cette espèce croît naturellement dans
le Nord de l'Europe, en Sibérie et dans l'Amérique septentrionale; elle se trouve principalement dans les terrains tour-
beux.

Les baies de cette ronce sont rafraîchissantes. Les Suédois
en font une sorte de limonade aussi saine qu'agréable, et ils
les emploient à plusieurs autres usages. Les Lapons savent les
conserver d'une année à l'autre, en ayant la précaution de les
couvrir de neige aussitôt après les avoir cueillies. En Norwége on en prépare, selon Clusius, une sorte d'électuaire
ou de confiture, en les faisant cuire sans y ajouter aucune li-

queur, et en les mettant ensuite dans des vases qu'on recouvre avec du beurre fondu pour les préserver du contact de l'air. Les Norwégiens font usage de cette préparation comme d'un bon antiscorbutique.

Ronce du Nord : *Rubus arcticus*, Linn., *Sp.*, 708; *Fl. Dan.*, tab. 488. Ses racines sont rampantes, vivaces; elles donnent naissance à plusieurs tiges droites, simples ou peu rameuses, hautes de trois à cinq pouces. dépourvues d'aiguillons, garnies de feuilles alternes, pétiolées, composées de trois folioles ovales, dentées, munies, à la base de leur pétiole, de petites stipules persistantes. Les fleurs sont purpurines, solitaires et terminales. Il leur succède des baies d'une couleur rouge foncée, d'une saveur acide, très-agréable, et dont le parfum a quelque chose de celui de la fraise. Cette plante croît dans le Nord de l'Europe, en Sibérie, etc. Jusqu'ici toutes les tentatives qu'on a fait pour naturaliser cette espèce en France n'ont eu aucun succès.

Ronce des rochers ; *Rubus saxatilis*, Linn., *Sp.*, 708. Sa racine produit des tiges simples, redressées, hautes de six à huit pouces, dépourvues d'aiguillons, mais légèrement pubescentes; elle produit en même temps plusieurs rejets rampans, stériles. Ses feuilles sont pétiolées, composées de trois folioles ovales, glabres ou à peine pubescentes, celle du milieu assez longuement pédicellée et les deux latérales sessiles. Ses fleurs sont blanches, réunies, au sommet des tiges, rarement plus de quatre ensemble, en un petit corymbe. Le fruit est rougeâtre, aigrelet, composé d'un petit nombre de grains, dont trois ou quatre ordinairement plus gros que les autres. Cette plante croît sur les montagnes de l'Europe, du Nord de l'Asie et de l'Amérique septentrionale ; on la trouve, en France, dans les Alpes, les Pyrénées et les Vosges.

** *Tiges frutescentes; feuilles ailées.*

Ronce a feuilles de rosier ; *Rubus rosæfolius*, Smith, *Icon.*, 5, p. 60, t. 60. Sa tige est divisée en rameaux sarmenteux, légèrement pubescens, chargés de quelques aiguillons épars, et garnis de feuilles alternes, ailées, composées de sept folioles ovales-lancéolées, dentées, glabres; les feuilles supérieures ne sont ordinairement composées que de cinq ou même de trois folioles. Les fleurs sont blanches, larges de deux pouces ou environ, légèrement et agréablement odorantes, portées une ou deux ensemble à l'extrémité des rameaux. Nous n'avons vu de cette espèce que la variété à fleurs doubles, qui est originaire de l'Isle-de-France ; elle a été introduite en Angleterre en 1811, et quatre années après elle est venue augmenter le nombre des jolies plantes déjà cultivées dans nos jardins. Ses fleurs ressemblent, jusqu'à un certain point, à certaines variétés de la rose blanche, et elles se succèdent les unes aux autres pendant toute la belle saison ; il n'y a que les gelées qui arrêtent la végétation de cette jolie espèce. On la multiplie de marcottes, et on la plante en pot, afin de pouvoir la rentrer dans la serre pendant les froids, mais elle a bravé, depuis deux à trois ans, ceux de nos derniers hivers, dans les jardins de plusieurs amateurs.

RONCE DU MONT IDA, vulgairement FRAMBOISIER ; *Rubus idæus*, Linn., *Sp.*, 706. Sa racine est une souche ligneuse qui produit plusieurs tiges droites, cylindriques, hautes de trois à quatre pieds et même plus, hérissées d'aiguillons fins et très-nombreux. Ses feuilles inférieures sont ailées, composées de cinq folioles ovales, aiguës, dentées, vertes en dessus, cotonneuses et blanchâtres en dessous ; les feuilles supérieures ne sont composées que de trois folioles. Ses fleurs sont blanches, assez petites, portées sur des pédoncules grêles, rameux, et disposées, au nombre de trois à six, dans les aisselles des feuilles supérieures. Les fruits qui leur succèdent, connus sous le nom de framboises, sont composés de grains nombreux, succulens, ordinairement d'un rouge clair, d'une odeur et d'une saveur très-agréables. Le framboisier croît naturellement dans les lieux pierreux, ombragés et montagneux du Nord de l'Europe, de l'Asie, et dans l'Amérique septentrionale. On en cultive dans les jardins plusieurs variétés ; les principales sont le framboisier rouge à gros fruits, le framboisier à gros fruits couleur de chair, le framboisier à gros fruits blancs, et le framboisier des Alpes de tous les mois à fruits rouges. Ce dernier rapporte jusqu'aux gelées.

Le framboisier se plaît dans une terre légère, un peu fraîche et ombragée : il ne vient pas bien à l'exposition du midi. Celles du levant ou du couchant lui conviennent mieux, et ses fruits y acquièrent plus de saveur et de parfum qu'au nord, où il pousse d'ailleurs avec vigueur. Comme cet arbuste trace beaucoup par ses racines, on ne peut guère le planter çà et là dans un jardin, ni mêlé avec d'autres plantes ou d'autres arbrisseaux ; il faut lui consacrer une place particulière, où ses racines puissent s'étendre en toute liberté. On n'est point dans l'usage de multiplier le framboisier de graines, parce que le plant qui en proviendroit feroit attendre ses fruits trop long-temps ; car ce n'est guère qu'à la cinquième ou sixième année que les framboisiers, venus de semis, sont en bon rapport. On préfère généralement les propager par les drageons que, chaque année, les racines des pieds anciennement plantés, produisent en abondance. C'est depuis le mois de Novembre jusqu'à la mi-Mars qu'on plante les framboisiers, soit de simples drageons, soit en relevant en entier les anciens pieds et en éclatant leurs racines en autant de morceaux qu'on peut faire de tiges, accompagnées d'un à deux bourgeons à leur pied. On plante ces framboisiers à trois pieds de distance en tout sens, afin que par la suite ils ne se nuisent pas. Une framboisière ainsi formée rapporte peu la première et la seconde année ; mais ensuite elle produit chaque année davantage, et cela pendant dix à douze ans. Les soins qu'elle exige se bornent d'ailleurs, 1.º à retrancher chaque année, dans le courant de l'hiver, toutes les tiges qui ont rapporté du fruit pendant l'été précédent et qui meurent après l'avoir produit ; 2.º à tailler à la hauteur d'environ deux pieds une partie des jeunes tiges, en laissant les plus vigoureuses entières ; 3.º enfin à labourer le terrain superficiellement, afin de ne pas blesser les racines qui sont peu enfoncées en terre.

Les framboises se mangent seules ou souvent mêlées avec les fraises ou les groseilles ; leur goût parfumé plaît généralement et les fait servir sur les meilleures tables. On en prépare, en les employant seules ou avec les deux autres fruits ci-dessus et en les écrasant dans de l'eau, une boisson rafraîchissante, qui, étant édulcorée avec du sucre, est fort agréable, surtout pendant les grandes chaleurs de l'été. Elles entrent dans la composition de différentes gelées, confitures, sirops et ratafias ; elles peuvent se confire seules, mais le

46. 13

plus souvent on les emploie mêlées avec les groseilles. Quelques framboises, infusées dans le vin, lui communiquent un goût et un parfum délicieux. On obtient aussi en les écrasant et en les faisant fermenter, une sorte de vin, qui est très-fort, assez agréable, et dont on peut retirer, par la distillation, de l'eau-de-vie très-spiritueuse. Dans plusieurs cantons de la Pologne ce vin remplace, pour le peuple, le vin ordinaire. En Russie on fait un hydromel délicieux en mettant dans de l'eau une certaine quantité de miel et de framboises. En France et ailleurs on prépare, par leur infusion dans le vinaigre blanc, ce qu'on appelle le vinaigre de framboise, que les pharmaciens et les confiseurs convertissent ensuite en sirop, par l'addition de la quantité nécessaire de sucre. Ce sirop de vinaigre framboisé est très-employé en médecine dans les maladies inflammatoires, et comme il est fort agréable et très-rafraîchissant, on en fait aussi dans le monde un usage habituel.

*** *Tiges frutescentes ; feuilles composées de trois ou de cinq folioles.*

RONCE FRUTESCENTE : *Rubus fruticosus*, Linn., *Spec.*, 707 ; Lois., Nouv. Duh., 6, page 71, t. 22, fig. 1. Ses tiges sont ligneuses, anguleuses, rameuses, armées d'aiguillons forts et recourbés, et disposées le plus souvent en buisson épais, haut de cinq à six pieds ; de leur base, ou de la racine même, naissent ordinairement des jets vigoureux, simples, redressés, arqués, stériles la première année et atteignant douze à quinze pieds et même plus de longueur. Ses feuilles sont pétiolées, presque toutes composées de cinq folioles, excepté vers l'extrémité des rameaux, où elles n'en ont que trois. Ces folioles sont ovales, deux fois dentées, aiguës, glabres en dessus, excepté dans une variété, cotonneuses et blanchâtres en dessous. Ses fleurs sont blanches ou rougeâtres, portées sur des pédoncules rameux, disposées en petits bouquets placés en nombre variable au sommet des rameaux et formant dans leur ensemble une panicule terminale. Les fruits sont composés de grains nombreux, noirâtres, luisans, aigrelets, un peu sucrés lors de leur parfaite maturité et d'un goût assez agréable. Cette espèce fleurit dès le mois de Mai

et continue à donner des fleurs pendant une grande partie
de l'été; ses baies se succèdent de même les unes aux autres
pendant toute la belle saison. Elle croît dans les haies, les
buissons et sur les bords des bois, en Europe, dans le Nord
de l'Afrique et de l'Asie. Elle offre plusieurs variétés; l'une
a ses feuilles cotonneuses des deux côtés, l'autre a ses folioles
profondément incisées et presque pinnatifides; une troisième
a ses tiges et ses feuilles tout-à-fait dépourvues d'aiguillons;
une quatrième a les fleurs doubles. Outre ces variétés on en
trouve encore quelques autres indiquées dans les auteurs, particulièrement une à fruits blancs et une à feuilles panachées.

RONCE A FEUILLES DE COUDRIER; *Rubus corylifolius*, Smith,
Fl. brit., 542. Cette espèce a le même port que la précédente.
Elle lui ressemble même assez pour qu'on les ait pendant
long-temps confondues ensemble; mais enfin on a distingué
la ronce à feuilles de coudrier, parce qu'elle a constamment
les feuilles vertes des deux côtés, et qu'au lieu d'un duvet
blanchâtre elles ne sont chargées en dessous que de poils
simples. Cet arbrisseau est d'ailleurs très-sujet à varier sous
plusieurs rapports. Ses feuilles sont tantôt ovales-alongées et
tantôt ovales-arrondies; les poils qui revêtent les tiges, les
pétioles et les pédoncules sont souvent, sur beaucoup d'individus, très-nombreux, rougeâtres et terminés à leur extrémité
par une glande, pendant que sur d'autres ils sont simples et
non glanduleux ou presque entièrement oblitérés; sur certains
pieds les fleurs ont les pétales arrondis, sur d'autres ovales,
et sur d'autres très-alongés et assez étroits; enfin ces pétales
sont tantôt blancs et tantôt d'un rouge clair tirant sur le rose.
Au reste, ces différences sont trop peu constantes et se nuan-
cent les unes avec les autres de telle manière qu'il m'a paru impossible qu'on pût les employer pour établir plusieurs espèces,
car elles ne peuvent même servir à distinguer des variétés bien
tranchées. Les fruits sont composés de grains un peu plus gros
que dans la ronce frutescente, mais moins nombreux, luisans,
noirâtres, légèrement acides et assez agréables; ils sont connus,
ainsi que ceux de la ronce frutescente, sous les noms de framboises sauvages, mûres sauvages, mûres de renard. La ronce à
feuilles de coudrier croît en France et dans plusieurs parties
de l'Europe, dans les mêmes lieux que la précédente.

La ronce frutescente et celle à feuilles de coudrier peuvent être et sont assez souvent employées dans la composition des haies ; mais ces haies, pour être de bonne défense, ont besoin d'être soutenues et d'être palissées dans leur jeunesse : elles demandent même toujours assez de soins ; car si on néglige, soit de tailler, soit de diriger les longues pousses qui, chaque année, s'élancent loin du pied principal, comme les rameaux de ces ronces prennent facilement racine à tous les endroits où ils touchent la terre, un seul pied de ces plantes pourroit, si on manquoit à l'élaguer, s'emparer en peu d'années d'une assez grande étendue de terrain. Cette facilité qu'ont les ronces à se multiplier de marcottes naturelles, fait que, lorsqu'on veut en former des haies, on ne prend pas la peine d'en faire des semis, ce qui seroit un moyen assez long ; mais, à la fin de l'automne ou pendant l'hiver, on fait de préférence arracher le plant enraciné qu'on trouve facilement dans la plupart des buissons.

Les habitans pauvres des campagnes coupent les ronces pour en chauffer leurs fours. Les chevaux rebutent leurs feuilles ; mais les moutons, les chèvres et même les vaches les mangent. On a dit que ces feuilles, lorsqu'elles étoient jeunes, pouvoient remplacer celles du mûrier blanc pour nourrir les vers-à-soie, et que cette nourriture pouvoit leur suffire pendant quelques jours ; mais cela est absolument faux : d'après les essais que j'ai faits sur des vers-à-soie de différens âges, ces insectes sont toujours morts, et sans même avoir attaqué les feuilles que je leur avois données.

On emploie en médecine les feuilles et les sommités des deux ronces dont il est ici question ; on les regarde comme détersives et astringentes, et on en prescrit la décoction, soit en tisane soit en gargarisme, dans les maux de gorge. Les fruits de ces plantes sont, comme je l'ai déjà dit, assez agréables au goût : c'est mal à propos que certaines personnes les regardent comme malfaisans ; j'en ai souvent beaucoup mangé en herborisant, sans en avoir jamais éprouvé la moindre incommodité. Dans quelques cantons on fait, avec ces fruits, un vin qui, dit-on, est peu inférieur à celui fait avec du raisin, et dont on peut retirer de l'eau-de-vie par la distillation. On peut aussi en faire un sirop et des confitures assez agréables. En

Provence on s'en sert pour colorer les vins blancs ; ailleurs on les ramasse pour les donner aux cochons et à la volaille.

Ronce bleue : *Rubus cœsius*, Linn., *Sp.*, 706 ; Lois., Nouv. Duham., 6, pag. 69, tab. 22, fig. 2. Ses tiges sont hautes d'un pied ou environ, redressées, rameuses, garnies de feuilles pétiolées, composées de trois folioles ovales, dentées, pubescentes en dessous. Outre ces tiges qui portent les fleurs à leur sommet, la racine produit des rejets couchés, rampans, prenant racine de distance en distance, et seulement garnis de feuilles la première année, mais donnant, les années suivantes, naissance à des tiges qui à leur tour portent des fleurs. Celles-ci sont blanches, disposées au sommet des tiges et des rameaux en panicule peu garnie. Les tiges, les rejets et les pétioles des feuilles sont armés de petits aiguillons redressés. Les baies sont noirs, recouverts d'une poussière abondante qui les rend bleuâtres ; elles ne se composent que d'un petit nombre de grains assez gros, d'une saveur douceâtre et fade. Cette ronce croît par toute l'Europe, dans les champs, les haies, les buissons et les taillis ; elle se trouve aussi en Asie. Elle fleurit en Juin et Juillet ; ses fruits mûrissent dans le courant de l'été ou au commencement de l'automne. Elle croît souvent si abondamment dans les champs laissés en jachères, qu'elle y devient importune au point d'embarrasser la charrue lorsqu'on recommence à les labourer ; mais elle ne peut s'établir dans les terres soumises à un assolement régulier.

****** *Feuilles simples ou seulement lobées ; tiges frutescentes.***

Ronce odorante : *Rubus odoratus*, Linn., *Sp.*, 707 ; Lois., Nouv. Duham., 6, pag. 68, tàb. 24. Ses tiges sont simples ou peu rameuses, hautes de quatre à cinq pieds, dépourvues d'aiguillons, mais abondamment chargées, surtout dans leur partie supérieure, de poils rougeâtres et glanduleux. Ses feuilles sont alternes, pétiolées, échancrées à leur base et divisées en leurs bords en trois à cinq lobes plus ou moins profonds. Ses fleurs sont d'un rouge clair, de la grandeur de celles d'une petite rose, et disposées en petits corymbes, placés au sommet des tiges ou dans les aisselles des feuilles supérieures. Les fruits sont des baies globuleuses, d'un pourpre noirâtre, pubescentes, ayant une saveur aigrelette et peu de parfum. Cet arbrisseau est originaire de l'Amérique septentrionale ; on le cultive dans les jardins, où il fleurit pendant une partie de l'été. Ses grandes fleurs font un bel effet et sont très-propres à orner les bosquets. Les tiges qui ont fleuri, se dessèchent après avoir fructifié, ainsi que celles du framboisier, et il faut avoir soin de les tailler de même en automne ou dans le courant de l'hiver.

Ronce a feuilles de corète; *Rubus corchorifolius*, Linn. fils, *Suppl.*, 263. Ses tiges sont droites, cotonneuses, armées d'aiguillons, garnies de feuilles oblongues, pétiolées, échancrées en cœur à leur base, dentées en leurs bords, aiguës à leur sommet, vertes en dessus, blanchâtres et cotonneuses en dessous. Ses fleurs sont petites, solitaires, portées sur des pédoncules cotonneux et axillaires. Cette espèce croît naturellement au Japon.

Ronce a feuilles de poirier; *Rubus pyrifolius*, Smith, *Icon. ined.*, fasc. 3, page 6., tab. 61. Ses tiges sont ligneuses, armées d'aiguillons courts, divisées en rameaux effilés, garnis de feuilles alternes, ovales-lancéolées, dentées en scie, aiguës, glabres des deux côtés. Ses fleurs sont purpurines, disposées au sommet des rameaux en une ample panicule. Cette ronce croît naturellement dans les Indes orientales. (L. D.)

RONCE. (*Ichthyol.*) Nom spécifique d'une Raie. Voyez ce ce mot. (H. C.)

RONCETTE. (*Ornith.*) Un des noms vulgaires du traquet, *motacilla rubicola*, Linn. (Ch. D.)

RONCHAS. (*Ornith.*) L'oiseau ainsi nommé chez les Grisons est le lagopède ordinaire, *tetrao lagopus*, Linn. (Ch. D.)

RONCINELLE, *Dalibarda*. (*Bot.*) Genre de plantes dicotylédones, à fleurs complètes, polypétalées, de la famille des rosacées, de l'*icosandrie polyandrie* de Linnæus, offrant pour caractère essentiel : Un calice persistant, à cinq ou six divisions très-profondes ; cinq pétales; des étamines nombreuses insérées sur le calice; cinq à huit ovaires supérieurs, surmontés d'autant de styles. Le fruit est une baie sèche, composée de petits grains monospermes.

Ce genre, réuni aux ronces par Linné, après en avoir été

séparé, puis rétabli par Michaux, est distingué par le nombre de ses styles, par ses baies sèches et non succulentes; il n'a point d'aiguillons, tandis que les ronces, pour la plupart, en sont armées.

Roncinelle rampante : *Dalibarda repens*, Linn., *Spec.*; *Dalibarda violæoides*, Mich., Fl. amér., tab. 27; *Rubus dalibarda*, Linn., Lamk., *Ill.*, tab. 441, fig. 3; Smith, *Icon. ined.*, fasc. 1, tab. 20. Cette plante a des racines rampantes, fibreuses, d'où sortent de longs rejets semblables à ceux des fraisiers, dont quelques-uns sont un peu redressés, garnis de feuilles alternes, simples, entières, ovales, un peu arrondies, assez semblables à celles de la violette odorante, échancrées en cœur à leur base, crénelées à leur contour, parsemées de quelques poils rares, supportées par de longs pétioles grêles et velus. Les fleurs sont axillaires, solitaires, pédonculées; les découpures sont ovales, quelquefois dentées au sommet; la corolle est blanche, à pétales ovales, obtus. Cette plante croît au Canada.

Roncinelle a feuilles de fraisier : *Dalibarda fragarioides*, Mich., *loc. cit.*, tab. 28; *Comaropsis*, Nestl., *De potent.* Cette espèce se distingue par ses feuilles ternées et ses fleurs disposées en corymbe. Ses tiges sont rampantes, assez fortes, prolifères; ses feuilles pétiolées, presque fasciculées, à trois folioles sessiles, cunéiformes, arrondies au sommet, crenelées, presque lobées à leur contour, glabres, un peu ciliées à leurs bords; des stipules courtes, lancéolées, aiguës. Les corymbes sont plus longs que les feuilles, garnis de quelques bractées lancéolées. La partie inférieure du calice est conique, tubulée; ses découpures lancéolées, aiguës; la corolle beaucoup plus grande que le calice, à pétales ovales, obtus; les étamines persistent avec le fruit. Cette plante croît dans l'Amérique septentrionale. (Poir.)

RONCKJES. (*Ornith.*) Klein, *Prodr. avium*, p. 106, n.° 3, cite ce nom, d'après Séba, comme étant donné au colibri. (Ch. D.)

RONDACHE. (*Entom.*) On nomme ainsi une forme particulière que prennent certains articles des antennes et des palpes, qui offrent une portion convexe, semblable à la partie arrondie d'une hache; on les dit aussi *sécuriformes*, ce qui est la traduction littérale de l'expression latine. Par extension on a aussi donné ce nom à des taches en croissant , dont la convexité est plus marquée que l'échancrure ; et pour indiquer qu'elles sont plutôt saillantes que concaves , on les nomme encore en lunule : quelques papillons et des phalènes offrent cette particularité. (C. D.)

RONDACHINE. (*Bot.*) Voyez Hydropeltis. (Lem.)

RONDE. (*Erpétol.*) Nom spécifique d'une Tortue. Voyez ce mot. (H. C.)

RONDELIER , *Rondeletia*. (*Bot.*) Genre de plantes dicotylé-dones, à fleurs complètes. monopétalées , de la famille des *rubiacées*, de la *pentandrie monogynie* de Linnæus, offrant pour caractère essentiel : Un calice persistant à quatre ou cinq divisions ; une corolle infundibuliforme ; le tube cylindrique , beaucoup plus long que le calice ; le limbe à quatre ou cinq lobes ; quatre ou cinq étamines ; un ovaire inférieur, arrondi ; un style ; le stigmate bifide ; une capsule en forme de baie , couronnée par les dents du calice , à deux loges polyspermes s'ouvrant au sommet.

Il arrive , pour plusieurs espèces, que la partie du calice qui enveloppe l'ovaire est ou devient pulpeuse , de sorte que le fruit paroît être une baie plutôt qu'une capsule; de là l'établissement de quelques nouveaux genres; de plus, d'autres espèces n'offrent que deux semences à l'époque de la maturité; autre motif pour les séparer de ce genre : cependant l'observation nous apprend que bien souvent plusieurs semences avortent; quelquefois on en retrouve les embryons avec celles qui sont parvenues à maturité. L'examen des ovules dans l'ovaire peut encore confirmer cette observation, et nous donner la preuve de la légèreté avec laquelle on fabrique de nouveaux genres en démembrant la plupart de ceux que Linné avoit si sagement établis.

Rondelier a trois fleurs : *Rondeletia triflora*, Vahl, *Symb.*, 3 , tab. 54; *Rondeletia pilosa*, Swartz, *Fl. Ind. occid.*, 1, p. 356, Arbrisseau dont la tige se divise en rameaux cylindriques, velus vers leur sommet, garnis de feuilles pétiolées, opposées, très-rapprochées, oblongues, lancéolées, très-entières, cou-vertes en dessous de poils mous, blanchâtres, très-nombreux, longues de deux ou trois pouces, larges d'un pouce ; les pétioles sont courts et velus, accompagnés de deux stipules oblongues , acuminées, velues. Les pédoncules sont axillaires, opposés, longs de deux pouces, chargés ordinairement de deux ou trois fleurs pédicellées, munies de bractées courtes et subulées; le calice est à quatre divisions subulées et velues; la corolle couverte en dehors de poils grisâtres; le tube presque filiforme; le limbe à quatre lobes oblongs, obtus : les quatre étamines sont saillantes, insérées à l'orifice du tube; l'ovaire est velu; la capsule de la grosseur d'un grain de poivre, couronnée par le calice, à deux loges contenant des semences petites et nombreuses. Cette plante croît dans l'Amérique, à l'île de Sainte-Croix.

RONDELIER A PETITES FLEURS; *Rondeletia parviflora*, Poir., Enc., n.° 3. Sa tige est garnie de rameaux ligneux, cylindriques, articulés, grisâtres, striés, garnis de feuilles opposées, glabres, coriaces, ovales, oblongues, aiguës, rétrécies en coin à leur base, grisâtres en dessous, entières, traversées par des veines noirâtres, réticulées, longues de trois ou quatre pouces, larges presque de deux pouces; les pétioles sont très-courts; les stipules fermes, ovales, aiguës. Les fleurs, disposées en corymbes axillaires, nombreux, sont petites, pédicellées; les calices d'un vert blanchâtre; les bractées concaves, en forme d'écailles, velues en dedans. Le fruit est une petite capsule globuleuse, à deux loges. Cette plante croît aux Antilles et à la Martinique.

RONDELIER D'AMÉRIQUE : *Rondeletia americana*, Linn., *Syst. veget.*; Lamk., *Ill. gen.*, tab. 162, fig. 1; Plum., *Icon.*, 142, fig. 1. Cet arbrisseau s'élève à la hauteur de huit ou dix pieds. Ses rameaux sont nombreux, à écorce lisse et verdâtre; les feuilles sessiles, opposées, oblongues, lancéolées, entières, aiguës, luisantes en dessus. Les fleurs sont disposées en corymbes axillaires, terminaux; les pédoncules très-longs, divisés vers leur sommet en rameaux opposés, à plusieurs divisions dichotomes; une fleur sessile est à la base de chaque bifurcation avec deux bractées ovales, aiguës. La corolle est blanche, un peu odorante; le tube une fois plus long que le calice; le limbe à cinq lobes arrondis. Cette plante croît dans l'Amérique.

RONDELIER ODORANT : *Rondeletia odorata*, Linn., *Spec.*; Lamk., *Ill. gen.*, tab. 162, fig. 2; Jacq., *Amer.*, tab. 42. Arbrisseau d'environ six pieds de haut, dont les rameaux sont diffus, presque en buisson, velus dans leur jeunesse; les feuilles sont opposées, presque sessiles, ovales, en cœur à leur base, obtuses, entières, rudes à leur deux faces. Les fleurs forment un bouquet terminal, presque en ombelle ; les pédoncules offrent trois divisions uniflores. Le calice est à cinq divisions oblongues, droites, profondes, concaves, aiguës. La corolle est d'un beau rouge, d'un jaune citron à l'orifice du tube, d'une odeur agréable ; le limbe à cinq ou six lobes courts, plans, arrondis ; les capsules sont presque globuleuses, s'ouvrant en deux valves au sommet, contenant un grand nombre de semences fort petites, rhomboïdales. Cette plante croît sur les rochers voisins de la mer, à la Havane.

RONDELIER A FEUILLES DE BUIS : *Rondeletia buxifolia*, Poir., Encycl., n.° 6 ; Vahl, *Ecl. amer.*, fasc. 2, tab. 12. Cet arbrisseau est pourvu de rameaux grêles, élancés, garnis de feuilles glabres, en ovale renversé, coriaces, luisantes, rétrécies en coin à leur base, vertes en dessus, pâles en dessous, entières, arrondies au sommet, rapprochées, longues d'un pouce et plus, larges de quatre à cinq lignes. Les fleurs sont solitaires, axillaires, presque sessiles ; le calice est d'un blanc cendré, ovale, à quatre dents droites, subulées. La corolle est petite, infundibuliforme, longue de quatre lignes ; le tube grêle, un peu renflé vers le sommet ; le limbe court, plan, à quatre lobes ovales, arrondis. Cette plante croît au Montferrat, en Amérique.

RONDELIER TRIFOLIÉ : *Rondeletia trifoliata*, Linn., *Spec.*; Jacq., *Amer.*, tab. 43 ; Ehrh., *Pict.*, tab. 15. Arbre de douze à quinze pieds, dont les rameaux sont étalés, presque triangulaires, velus dans leur jeunesse. Les feuilles sont pétiolées, réunies par trois à chaque articulation, glabres, lancéolées, aiguës, très-entières, pubescentes en dessous sur la principale nervure ; les pétioles courts et velus ; les stipules presque rondes, acuminées. Les fleurs forment de petites panicules latérales, axillaires ; les pédoncules sont velus, rameux ; les fleurs petites, rougeâtres ; le calice est court, campanulé, à cinq petites dents aiguës ; le tube de la corolle très-long, cylindrique ; le limbe à cinq lobes oblongs. Le fruit est une capsule à deux loges, couronnée par les dents du calice, renfermant chacune une semence arrondie. Cette espèce croît au pied des montagnes, à la Jamaïque.

RONDELIER A GRAPPES : *Rondeletia racemosa*, Swartz, *Fl. Ind.*

occid., 1, pag. 36o; Brown, *Jam.*, 143, tab. 2, fig. 5. Cette
espéce a ses branches revêtues d'une écorce blanchâtre, divisées en rameaux glabres, tétragones, un peu comprimées. Les
feuilles sont opposées, pétiolées, acuminées à leurs deux extrémités, munies à leur base de deux larges stipules elliptiques,
légèrement velues à leurs bords; les pétioles glabres, longs
d'un pouce. Les fleurs sont disposées en grappes axillaires,
étalées, plus courtes que les feuilles, de la longueur des pétioles, garnies de bractées sessiles, subulées, situées à la base
des ramifications; le calice est petit, à cinq dents courtes et
droites; la corolle petite, blanchâtre, soyeuse en dehors, pâle
en dedans; le tube est court, cylindrique, point renflé; le
limbe à cinq lobes ovales, pubescens; l'ovaire glabre, ovale;
le stigmate épais, entier. Cette plante croit à la Jamaïque,
dans les forêts des hautes montagnes.

RONDELIER A FEUILLES DE LAURIER : *Rondeletia laurifolia*, Swartz,
Fl. Ind. occid., 1, pag. 362; Brown, *Jam.*, 143, tab. 2, fig. 5.
Ses rameaux sont glabres, cylindriques, légèrement striés, un
peu comprimés vers leur sommet; les feuilles opposées, longues de trois à quatre pouces, entières, oblongues, lancéolées,
aiguës à leurs deux extrémités, glabres; les pétioles longs
d'un pouce, munis de deux stipules acuminées, velues à leurs
bords. Les grappes sont axillaires, souvent aussi longues que
les feuilles; les fleurs petites, d'un jaune foncé; les pédicelles
quelquefois à trois fleurs, munis de bractées subulées; le calice
est pubescent, à cinq petites dents aiguës; le tube de la corolle
court, renflé à son orifice; le limbe de la longueur du tube,
à cinq lobes oblongs, réfléchis, tomenteux; le stigmate bifide;
la capsule globuleuse, de la grosseur d'une graine de chanvre, à plusieurs semences membraneuses, hémisphériques.
Cette plante croît parmi les buissons, à la Jamaïque.

RONDELIER OMBELLÉ; *Rondeletia umbellata*, Swartz, *loc. cit.* Ses
tiges sont ligneuses, hautes d'environ deux pieds, divisées en
rameaux lisses, comprimés, velus dans leur jeunesse vers leur
sommet. Les feuilles sont opposées, pétiolées, ovales, lancéolées, acuminées, velues particulièrement le long de leurs nervures; les pétioles courts, velus; les stipules opposées, conniventes, élargies à leur base, terminées par une longue pointe
sétacée. Les fleurs sont disposées en corymbe presque en om-

belle, plus courts que les feuilles; les pédoncules velus, comprimés, à trois divisions, à trois fleurs pédicellées, en ombelle, munies de quatre bractées linéaires, en forme d'involucre : les calices sont très-velus, à cinq dents linéaires; la corolle est grande, pubescente, d'un brun jaunâtre; le tube alongé, dilaté vers son orifice; le limbe a cinq lobes convexes, arrondis; le style bifide; une capsule à deux loges : plusieurs semences, dont très-souvent deux parviennent seules à maturité. Cette plante croît à la Jamaïque, sur les rochers pierreux, le long des fleuves.

Rondelier blanchatre; *Rondeletia incana*, Swartz, *loc. cit.* Cet arbrisseau a des tiges droites, hautes de deux ou trois pieds. Les rameaux sont rudes, cylindriques; les feuilles pétiolées, entières, ovales, lancéolées, un peu coriaces, luisantes en dessus, rudes et blanchâtres en dessous; les pétioles couverts d'un duvet blanc, les stipules courtes, tronquées, blanchâtres, ciliées à leurs bords. Les fleurs sont disposées en petits corymbes très-courts, axillaires, presque en ombelle; les pédicelles accompagnés de deux bractées ovales, concaves, aiguës, tomenteuses; le calice est partagé en cinq découpures épaisses, ovales, soyeuses et blanchâtres : deux bractées sont placées sous le calice, et cinq petites écailles à la base de l'ovaire; la corolle est blanchâtre, d'une grandeur médiocre ; le tube de la longueur du calice; le limbe à cinq lobes ovales, convexes; l'ovaire oblong, velu, tronqué au sommet; le style bifide; la capsule oblongue, a deux loges, perforée au sommet, à deux valves bifides; a deux semences petites, oblongues, membraneuses : les autres avortent. Cette plante croît à la Jamaïque, sur les montagnes calcaires.

Rondelier velu; *Rondeletia hirsuta*, Swartz, *loc. cit.* Arbrisseau de cinq à six pieds de haut, divisé en rameaux lâches, cylindriques, un peu comprimés, rudes, pubescens dans leur jeunesse. Les feuilles sont opposées, pétiolées, oblongues, élargies dans leur milieu, aiguës, entières, velues à leurs deux faces; les pétioles courts, velus et roussâtres; les stipules opposées, ovales-lancéolées, oblongues, velues. Les grappes sont axillaires, solitaires, presque de la longueur des feuilles; les pédoncules filiformes, à trois divisions trichotomes, lâches, velues, garnies à leur base de petites bractées opposées, aiguës, linéaires, pubescentes. Le calice est velu , à cinq découpures droites, lancéolées, aiguës ; la corolle jaunàtre, tomenteuse en dehors ; le tube de la longueur du calice, rétréci vers son orifice ; le limbe à cinq divisions oblongues , obtuses, réfléchies ; l'ovaire ovale. hérissé ; le style bifide au sommet. Cette plante croît sur les montagnes , dans les contrées méridionales de l'Amérique.

Rondelier a feuilles de laurier : *Rondeletia laurifolia*, Sw., *loc. cit.; Petesia fruticosa*, Brown., *Jam..* 143. tab. 2 , fig. 2. Ses rameaux sont glabres , cylindriques, légèrement striés ; les feuilles longues de trois à quatre pouces. lancéolées, acuminées, glabres à leurs deux faces ; les pétioles longs d'un pouce ; les stipules acuminées, velues à leurs bords. Les grappes sont axillaires, de la longueur des feuilles ; les fleurs petites, d'un jaune foncé ; les pédoncules souvent à trois fleurs , munies de bractées subulées. Le calice est pubescent, à cinq petites dents droites, aiguës ; le tube de la corolle court, élargi à son orifice ; le limbe de la longueur du tube ; ses divisions oblongues, réfléchies, tomenteuses en dehors ; les capsules glabres, globuleuses, de la grosseur d'un grain de chenevis, à deux loges polyspermes. Cette plante croît parmi les buissons, à la Jamaïque. (Poir.)

RONDELLE. (*Bot.*) Nom vulgaire de l'asaret ou cabaret, *asarum*, dont les feuilles sont arrondies. (J.)

RONDELLE. (*Ichthyol.*) Nom spécifique d'un chétodon , *chœtodon rotundus*, Gmel. (H. C.)

RONDELLETTE. (*Bot.*) Nom vulgaire de la terrette ou gléchome hédéracé et de l'asaret d'Europe, deux plantes dont les feuilles sont rondes. (Lem.)

RONDETE ou RONDOTTE. (*Bot.*) Noms vulgaires du gléome hédéracé. (L. D.)

RONDIER , *Borassus.* (*Bot.*). Genre de plantes monocotylédones, de la famille des *palmiers*, de la *dioécie hexandrie* de Linnæus, offrant pour caractère essentiel : Des fleurs dioïques ; une spathe à plusieurs folioles ; les fleurs mâles imbriquées sur un spadice en chàton, munies d'un calice à trois folioles persistantes ; une corolle en soucoupe ; trois divisions à son limbe ; six étamines ; dans les fleurs femelles, un calice à trois divisions profondes ; une corolle à six ou neuf étamines stériles monadelphes; un ovaire supérieur, surmonté de trois stigmates presque sessiles; un drupe renfermant trois noyaux osseux; l'embryon vertical.

RONDIER EN ÉVENTAIL : *Borassus flabelliformis*, Linn., *Syst. veg.*; Lamk., *Ill. gen.*, tab. 898; *Ampana*, Rhéed., *Malab.*, 1, p. 13, tab. 10; *Mas carimpana*, Rhéed., *Malab.*, 1, p. 11, tab. 9; *Lontarus domestica*, Rumph., *Amb.*, 1, page 45, tab. 10. Ce palmier est un très-bel arbre, de la hauteur du cocotier; mais son tronc est plus gros, cylindrique dans toute sa longueur, renflé à la base et au sommet, terminé par une très-belle cîme composée de longues feuilles en éventail, disposées circulairement, plissées, à découpures étroites, alongées, aiguës; les pétioles longs, épais, canaliculés, garnis des deux côtés de leurs bords de dents épineuses. Les fleurs sont dioïques; le spadice, dans les deux sexes, est très-simple, long, cylindrique, garni d'écailles uniflores; chaque fleur est accompagnée de plusieurs folioles imbriquées, qui semblent tenir lieu de calice; la corolle à trois divisions profondes, concaves, obtuses. Les fleurs mâles ont six étamines; les femelles trois stigmates presque sessiles. Le fruit est un drupe ovale, presque aussi gros que le fruit du cocotier, lisse, un peu comprimé, d'un brun jaunâtre, à trois lobes, accompagné à sa base des écailles calicinales, revêtu d'une enveloppe charnue, fibreuse, douce, succulente, odorante, renfermant trois semences osseuses, de la forme et de la grosseur d'un œuf de canne, remplies d'une moëlle blanche, savoureuse, et d'une liqueur limpide.

Cette plante croît dans les Indes et sur les côtes orientales de l'Afrique. Les jeunes individus donnent par incision une liqueur dont les Indiens font une sorte de vin, qu'ils nomment *sura*, et obtiennent un sucre appelé *jagara*. La partie pulpeuse des fruits et la substance blanche des semences sont d'une saveur agréable, bonne à manger dans leur jeunesse.

RONDIER DES ROCHES : *Borassus caudata*, Lour., *Flor. Coch.*, p. 760; *Piranga saxatilis orizæformis*, Rumph., *Amb.*, 1, p. 42, tab. 7? Cet arbrisseau s'élève à la hauteur de sept à huit pieds, sur une tige épaisse d'environ un pouce, divisée à son sommet en rameaux très-rapprochés, et terminée par de longues feuilles ailées avec une impaire, composées de folioles cunéiformes, un peu plissées, denticulées et comme rongées, très irrégulières à leur sommet, arrondies, ou tronquées obliquement, quelquefois lancéolées ou à plusieurs lobes, sans aiguillons sur leur pétiole. Les fleurs sont dioïques; leur régime ou spadice simple, droit. alongé, latéral, placé un peu au-dessous des feuilles. Les fleurs mâles ont un calice à trois folioles: il est, dans les femelles, à six folioles obtuses, imbriquées; les trois pétales sont ovales, recourbés dans les deux sexes. Les étamines sont au nombre de quinze à trente; les filamens courts; les anthères oblongues. Le stigmate est grand, sessile, à trois faces. Le fruit est un drupe arrondi, long d'un demi-pouce, renfermant trois noyaux ovales. Cette plante croît dans les Indes, sur les rochers, et dans les forêts de la Cochinchine. Cette espèce, dit Loureiro, se rapporte très-bien à la figure citée de Rumph, quant à sa tige et ses feuilles; mais le régime est rameux, les folioles sessiles; tandis que dans la plante dont il s'agit ici, ces folioles sont rétrécies en queue à leur base. Il est douteux que cette espèce et la suivante appartiennent essentiellement à ce genre.

Rondier tuniqué; *Borassus tunicata*, Lour., *loc. cit.* Cet arbre a un tronc très-élevé, droit, épais, égal dans toute sa longueur, terminé par de grandes feuilles palmées, placées circulairement, soutenues par des pétioles sans épines. Les fleurs n'ont point été observées; mais toutes les autres parties de la fructification et le port de cette plante ne permettent pas de la rapporter à un autre genre qu'à celui-ci. Le fruit est un drupe presque arrondi, très-grand, renfermant trois semences: il est entouré d'une enveloppe épaisse, lisse, succulente, brune ou purpurine, à plusieurs couches ou lames, sous laquelle se trouvent huit à dix écailles intérieures. Le dedans des semences est rempli d'une moelle blanche, bonne à manger, semblable à celle du cocotier. Cette plante croît dans les Indes, vers les confins des royaumes de Décan et de Guzurate. (Poir.)

RONDINA. (*Ornith.*) Ce nom et celui de *rondinella* sont donnés, en Italie, à l'hirondelle, qu'en Sardaigne on appelle *rondine*. (Ch. D.)

RONDINE. (*Ichthyol.*) Un des noms que l'on donne à Rome à l'hirondelle de mer. Voyez Hirondelle de mer. (H. C.)

RONDINETTA. (*Foss.*) Un poisson fossile de Monte-Bolca, qui paroît se rapporter au genre des Exocets, a été ainsi nommé par Volta, dans son grand ouvrage intitulé : *Ichthyologie véronaise.* (Desm.)

RONDIRE. (*Ichthyol.*) A Rome on appelle ainsi le milan de mer. Voyez Milan de mer et Dactyloptère. (H. C.)

RONDO. (*Ornith.*) Buffon, en parlant, tome 6, in-4.°, pag. 644, du martinet noir ou commun, *hirundo apus*, Linn., dit que Scaliger lui paroît avoir désigné ce martinet par le mot *rondo*, dans son traité *De subtilitate*, pag. 300. (Ch. D.)

RONDOLE. (*Ichthyol.*) Un des noms vulgaires du dactyloptère pirabébe. Voyez Dactyloptère. (H. C.)

RONDON. (*Fauconnerie.*) Lorsqu'un oiseau de proie se précipite avec impétuosité sur le gibier, on dit qu'il fond en rondon. (Ch. D.)

RONDOTE. (*Bot.*) Un des noms vulgaires du lierre terrestre, *glechoma hederacea*, dans les provinces méridionales de la France. (J.)

RONE. (*Ichthyol.*) Nom spécifique d'un Labre. Voyez ce mot. (H. C.)

RONGÉ [Bord]. (*Bot.*) Découpé en petites parties inégales comme s'il avoit été attaqué par quelque insecte; exemples : feuilles du *senecio doria*, du *sinapis alba*; calice du *chenopodium bonus Henricus*; pétales du *chelidonium glaucium*, du *frankenia lœvis*. (Mass.)

RONGEURS, *Glires*. (*Mamm.*) Le nom françois de *rongeurs* a été donné à de nombreux animaux de la classe des mammifères, qui constituent un ordre très-naturel. Linné, le premier, les avoit rapprochés pour en former un groupe particulier, qu'il nommoit *glires*, parce qu'il paroissoit avoir pris pour type de ce groupe le *glis* des anciens, ou loir. Storr a depuis nommé ces mêmes animaux *rosores*, et Illiger les a appelés *prensiculantia*.

Les rongeurs sont des animaux onguiculés, dont le système dentaire consiste seulement en dents incisives et en molaires, sans canines, et dont les organes de la génération sont constitués, suivant le type normal de la généralité des mammifères, et non selon celui des mammifères marsupiaux.

Les incisives des rongeurs ne sont, le plus ordinairement,

qu'au nombre de deux à chaque mâchoire, très-longues,
prismatiques, arquées, n'ayant pas de racines et poussant
toujours par la base, à mesure qu'elles s'usent par l'extrémité,
qui est taillée en biseau dans les supérieures; en biseau aussi,
mais quelquefois en pointe, dans les inférieures. La face antérieure de ces incisives est revêtue d'une lame épaisse d'émail,
tandis que le corps de la dent est de substance osseuse, beaucoup plus tendre; de manière que ce bord est toujours celui
qui résiste et qui forme le tranchant du biseau : cette face
antérieure est tantôt plane et tantôt arrondie; ordinairement
elle est lisse; mais quelquefois on remarque dans le sens de
sa longueur et sur son milieu une rainure ou sillon; sa couleur
varie entre le blanc-jaunâtre et l'orangé-foncé. Les incisives
de la mâchoire inférieure sont mobiles, parce que la symphyse, qui sert de point de jonction aux deux branches de
cette mâchoire, n'est jamais consolidée dans les rongeurs.

Lorsqu'il y a quatre dents incisives supérieures, les deux
antérieures ont les proportions et les usages de ces mêmes
dents chez les autres rongeurs, et celles qui les suivent sont
très-petites, courtes, mousses à leur extrémité et sans utilité
bien reconnue.

M. Geoffroy a trouvé dans les lièvres et lapins, qui présentent ce nombre anomal d'incisives supérieures. les indices
de deux autres dents, placées une de chaque côté derrière
la seconde; mais ces germes ne se développent jamais. Si
cela arrivoit, ces animaux auroient un système dentaire
très-analogue à celui des kanguroos.

Les pikas ou lagomys sont, à cet égard, conformés comme
les lièvres.

Les incisives poussent toujours. ainsi que nous l'avons dit,
parce que ce sont des dents simples. sans racines proprement
dites. Lorsque l'une de ces dents vient à manquer, parce que
son germe a été enlevé ou détruit, l'incisive qui lui est opposée ne trouvant plus à s'user par son sommet contre une
dent correspondante, croît indéfiniment en décrivant une
courbe qui est telle dans le lièvre. par exemple. qu'une incisive de la mâchoire inférieure peut devenir assez grande
pour rentrer sur le sommet du crâne.

Tous ces faits, concernant la structure et le mode de croissahce des incisives des rongeurs , sont très-connus depuis long-temps, et nous avons été étonné d'apprendre dernièrement que M. Oudet venoit de les publier comme nouveaux.

Un espace interdentaire ou une barre assez longue sépare les incisives des molaires, et cet espace ne présente jamais de dents qu'on puisse comparer aux canines, aux fausses canines ou aux petites fausses molaires antérieures d'un assez grand nombre de mammifères.

Les molaires sont au moins au nombre de trois, et au plus à celui de six, à chaque côté des mâchoires. Les lignes qu'elles forment sur ces mâchoires sont tantôt parallèles entre elles et tantôt plus rapprochées à un bout qu'à l'autre, et dans ce dernier cas dans des sens opposés aux deux mâchoires du même animal. Dans certains rongeurs ces dents sont simples, c'est-à-dire que, comme dans celles de l'homme, on y distingue une couronne ou partie triturante, un collet ou ligne d'implantation dans les gencives, et des racines plus ou moins nombreuses. Ces dents, une fois terminées dans leur ossification, ne repoussent pas par la base , à mesure qu'elles s'usent à la couronne.

Mais dans la plupart de ces animaux les dents sont composées, c'est-à-dire prismatiques dans toute leur étendue, sans renflement intermédiaire au collet, ni amincissement vers la racine. Leurs coupes, faites dans tous les points de leur longueur, montrent partout la même organisation et les mêmes dessins d'émail. Leur germe reproduit la substance de ces dents, à mesure qu'elle s'use, comme cela a lieu pour les incisives.

Ces différences dans la structure des molaires a porté M. Frédéric Cuvier à former deux divisions parmi les rongeurs : la première, composée des rongeurs omnivores, et la seconde, des frugivores. « En effet, dit-il, tous ceux de ces « animaux dont les dents ont des racines, se nourrissent à « peu près indifféremment de substances végétales ou ani-« males, et tous n'ont qu'un cœcum rudimentaire lorsqu'ils « ne sont pas privés de cet organe; ceux dont les mâche-« lières sont sans racines ne se nourrissent naturellement « que de substances végétales, et leur cœcum, toujours plus « développé et plus compliqué que leur estomac, paroit « jouer un rôle très-important dans la digestion. »

Les dents simples ou celles des omnivores ne sont pour l'ordinaire formées que de substance osseuse et d'émail. Leur structure est peu compliquée, et, communément, leur couronne offre seulement quelques tubercules mousses, comme celles de l'homme. Jamais ces dents ne sont hérissées de pointes aiguës, comme celles des mammifères insectivores et chéiroptères.

Outre ces dents à racines, seulement formées de matière émailleuse et de substance osseuse, M. F. Cuvier dit qu'il y en a encore qui ont en outre du cortical : ces dernières ont des formes infiniment plus compliquées que celles des autres, et cette complication est d'autant plus grande qu'elles sont moins usées. Dans toutes ces dents, lorsque l'usure est parvenue à son dernier période, la couronne ne présente plus qu'une surface plus ou moins unie.

Les molaires composées sont généralement prismatiques, et toujours elles poussent par leur base à mesure qu'elles s'usent par leur sommet. Elles sont formées de substance osseuse, au milieu de laquelle la substance écailleuse dessine certaines circonvolutions, qui se présentent toujours les mêmes à telle époque qu'on examine les dents : elles ont aussi quelquefois une partie cémenteuse. Les figures dessinées par l'émail sur la table de la dent sont tantôt des lignes transverses ou anguleuses, ou bien des replis ou sinus au nombre de deux ou trois de chaque côté intérieur ou extérieur, mais toujours en nombre inverse pour ces deux côtés dans les dents correspondantes des deux mâchoires.

Les incisives des rongeurs sont toujours, pour les deux mâchoires, opposées par leur pointe, et les molaires le sont exactement couronne à couronne. La symphyse de la mâchoire d'en bas n'étant pas consolidée, les incisives inférieures, qui attaquent les alimens, peuvent jouer séparément et se rapprocher ou s'écarter l'une de l'autre par leur pointe, selon le besoin qui peut résulter de la difficulté de trouver les joints des parties à diviser.

La gueule de ces animaux est toujours assez peu ouverte, le travail des dents n'ayant lieu que sur le devant; toujours la lèvre supérieure est fendue en long dans son milieu, et le nom de *bec-de-lièvre*, qu'on donne à un défaut de conformation de la lèvre de l'homme, est tiré de la forme que présente constamment celle du lièvre.

La langue est toujours assez petite et douce, si ce n'est dans les animaux du genre Porc-épic, où elle est hérissée de papilles cornées.

Le palais est ridé fortement en travers, et dans un seul genre, celui des lièvres, on trouve quelques places velues sur ce palais.

Quelques rongeurs, parmi lesquels nous remarquerons les hamsters, ont les joues munies de grands sacs membraneux intérieurs, qui se portent jusque sur les côtés du cou, et qui servent à placer et à transporter des grains ou des racines, dont ces animaux font d'abondantes provisions dans leurs profonds terriers. Ces sacs sont absolument semblables à ceux qui existent dans la plupart des singes de l'ancien continent, et qu'on a nommés abajoues ou salles.

Tantôt les moustaches sont très-longues et fortes, comme dans les rats et les écureuils, tantôt elles n'existent presque pas, comme dans les lièvres.

Les yeux sont toujours plus ou moins latéraux, mais ils ne le sont dans aucun rongeur plus que dans les lièvres et les lapins. Ces organes sont aussi plus ou moins développés, selon le mode d'habitation et le genre de vie de ces animaux. Les rongeurs nocturnes, comme les loirs, les lièvres et les lapins, les polatouches, les ont fort gros et saillans; les diurnes, comme la plupart des rats et les écureuils, les ont médiocres; d'autres, qui font souvent leur séjour sous la terre, tels que les campagnols, les ont fort petits; enfin, une espèce qui vit tout-à-fait à la manière des taupes et ne vient jamais à la lumière, l'aspalax, n'a que des yeux rudimentaires, placés sous une peau épaisse, non repliée en paupière et couverte de poils courts et serrés.

Les dimensions des oreilles externes sont aussi très-variables. Le même aspalax, ou rat-taupe, n'a pas de trace de conque auriculaire, et cela lui est commun avec plusieurs rongeurs fouisseurs; ceux qui vivent au bord des eaux et qui nagent souvent, tels que le campagnol rat d'eau, l'ondatra et le castor, ont un pavillon extrêmement court, arrondi et peu mobile. Les rats et souris, animaux fugitifs, ont au contraire les oreilles disposées pour recueillir les moindres sons : leur conque auditive se développe beaucoup, et la peau en est très-fine et nue. Mais aucune espèce ne montre un développement des oreilles comparable à celles des lièvres et animaux voisins, qui sont alongées ou en cornet, et que des muscles nombreux peuvent placer, selon le besoin, dans les directions les plus variées.

Les narines n'offrent rien de remarquable; elles sont toujours percées au bout d'un museau généralement obtus (si ce n'est dans le lérot), qui termine la tête antérieurement. Jamais les bords de ces narines se trouvent entourés d'une partie nue et muqueuse à laquelle on puisse donner le nom de mufle.

La tête osseuse de ces animaux est toujours plate et arquée d'avant en arrière, en dessus, absolument dans la direction que suivent les incisives supérieures; le front n'est pas séparé du chanfrein par un enfoncement, comme dans les carnassiers. Les côtés de la tête sont comme perpendiculaires, et l'arcade zygomatique ne fait pas saillie; cette arcade, qui est foible, est aussi légèrement arquée en dessous. Dans le cabiai et surtout dans le paca, cette arcade prend néanmoins beaucoup de largeur, et dans le dernier de ces rongeurs on remarque une singulière cavité dans son épaisseur, laquelle est tapissée par un repli de la peau extérieure, ouvert par en bas et sans usage connu. Il y a toujours deux frontaux; tantôt deux pariétaux, comme dans le loir, la souris, le lapin, et tantôt un seul, comme on le remarque dans l'écureuil, le lièvre, la marmotte : les intermaxillaires sont très-développés; les fosses temporales assez grandes, à cause du rétrécissement du crâne : les orbitaires sont réunies, et celles-ci ont leur cadre assez bien marqué, quoique échancré et ouvert sur le côté et en arrière; la mâchoire inférieure s'articule par un condyle longitudinal, ce qui permet à cette mâchoire un double mouvement en avant et en arrière, nécessaire pour le mode de mastication des alimens; les trous incisifs sont très-grands.

Le cou des rongeurs est généralement assez court et toujours soutenu par sept vertèbres.

Le corps de ces animaux ne prend jamais de très-fortes dimensions. Le cabiai, dont la taille est égale à celle du cochon, est la plus grande espèce qu'on connoisse; mais la plupart sont à peu près de la grosseur du rat ou au-dessous. La marmotte, le castor, le porc-épic, peuvent passer au nombre des grands rongeurs.

Ce corps, toujours assez étroit vers la région des épaules, est le plus ordinairement renflé en arrière, et cela se trouve en rapport avec les dimensions relatives des membres. On peut dire comme général que chez les mammifères de cet ordre le train de derrière l'emporte de beaucoup sur celui de devant, et que les membres postérieurs ont plus de développement que les antérieurs; les aspalax, le bathyergue cricet et quelques autres fouisseurs, dont toute la puissance musculaire réside dans les membres de devant, font seuls exception à cette remarque.

Le corps de ces animaux étant plus ou moins long, le nombre de leurs vertèbres dorsales, lombaires et sacrées varie, ainsi que celui des côtes.

Parmi les rongeurs à très-longs pieds de derrière, nous citerons d'abord les gerboises ou gerbilles, qui ont ces membres dix fois plus longs que ceux de devant, et qui ont même reçu, à cause de cette disproportion, les noms de *dipus* ou de *bipes*, parce qu'ils ne font un usage apparent que de leurs deux longues jambes dans leurs courses rapides, qui se composent d'une série de sauts fort-étendus et très-vivement répétés. L'hélamys, ou gerboise du Cap, présente absolument la même conformation : dans la plupart des autres espèces cette disproportion n'est pas la même, mais toujours les membres postérieurs conservent la prééminence. Nous citerons particulièrement le lièvre, qui, pour rétablir l'égalité de longueur de ses pattes, cherche toujours à monter sur les pentes du terrain, où il a un grand avantage de vîtesse sur les chiens qui le poursuivent.

Les usages que les rongeurs font de leurs extrémités antérieures présentent de nombreuses différences. Le plus grand nombre a des clavicules complètes, et ceux-ci jouissent de la faculté de se servir de leurs mains plus ou moins adroitement, soit pour porter leur nourriture à la gueule, en les faisant agir seules ou simultanément, soit pour grimper. Les autres, tels que les lièvres et les lapins, les porc-épics, les cabiais, les cochons d'Inde et paca, n'ont point de clavicules, comme les ruminans, ou n'en ont que des vestiges; aussi ne se servent-ils de leurs membres de devant que comme de supports et de moyens de locomotion; leurs doigts, ou sont accolés les uns aux autres et terminés par des ongles assez forts et obtus, ou peu nombreux et munis d'ongles épais, qui entourent presque en entier la dernière phalange et qui commencent à ressembler à des sabots.

Quant aux rongeurs claviculés, le nombre de doigts le plus ordinaire est de quatre avec un rudiment de pouce aux pieds de devant quoique ce pouce s'alonge aussi quelquefois, et de cinq aux pieds de derrière, à un petit nombre d'anomalies près, que l'on observe dans quelques espèces souterraines, et surtout dans la gerboise d'Égypte, où le grand pied de derrière n'est terminé que par trois doigts, qui ne sont en rapport, comme les trois doigts antérieurs des oiseaux, qu'avec un seul os métatarsien. Dans les grimpeurs, comme les écureuils, les capromys, les loirs, etc., les doigts sont bien divisés et alongés, et plusieurs de ces animaux jouissent seuls de la faculté de porter des alimens à leur gueule avec une seule main; les plantes de leurs pieds sont naturellement tournées l'une vers l'autre, de façon à bien embrasser les branches des arbres, sur lesquels ils passent leur vie. Les rongeurs nageurs, tels que les castors et les hydromys, ont les pieds de derrière palmés, ou bien à doigts garnis, ainsi que le sont ceux des ondatras, de cils roides et rangés comme les dents d'un peigne serré, sur leurs bords, de façon à former une surface capable de s'appuyer sur l'eau. Quelques fouisseurs ont les membres de devant à peu près conformés comme ceux des taupes.

Dans tous les rongeurs le cubitus et le radius existent bien formés et entiers, ainsi que le tibia et le péroné; mais ces os n'ont l'un sur l'autre qu'un mouvement assez obscur. La plupart des espèces, comme l'écureuil, la marmotte, le castor, le lièvre, etc., sont plantigrades, et les autres, comme les gerboises, les gerbilles, etc., sont digitigrades. Très-souvent la paume et la plante des pieds sont calleuses ou divisées en tubercules à peau nue et épaisse; mais dans quelques rongeurs, ceux qui composent les genres des lièvres et des lagomys ou pikas, toutes ces parties sont couvertes de poils serrés qui empêchent ces animaux de faire du bruit dans leur marche.

La queue manque dans certaines espèces, telles que l'aspalax, ou bien est courte et velue, comme dans la marmotte, le hamster, le campagnol, le lemming, le lièvre, ou médiocre et aussi velue, comme dans nos campagnols communs; mais dans la plupart des rongeurs elle est grande et affecte différentes formes. Ainsi, dans les rats elle est très-longue, ronde ou plutôt en cône excessivement alongé, nue et écailleuse; dans l'ondatra elle est longue, nue et très-comprimée par les côtés; dans le castor elle est fort large à la base, et encore plus dans le reste de son étendue, où elle s'arrondit en forme de plaque très-épaisse, fort déprimée, nue et écailleuse, se mouvant principalement de bas en haut et de haut en bas; dans un porc-épic américain, le coëndou, elle est très-longue, nue et prenante au bout, comme celle de plusieurs singes du même pays, des sarigues, de quelques phalangers, etc., animaux appartenant à d'autres ordres; dans la gerboise elle est longue, couverte de poils courts dans la plus grande partie de son étendue, et terminée par un flocon de longues soies. L'écureuil a la sienne garnie de grands poils distribués en deux séries sur ses côtés, comme les barbes d'une plume, etc. On conçoit que le nombre des vertèbres coccygiennes qui servent de support général à la queue, est variable, suivant sa longueur, et que la forme de ces vertèbres change selon la nature des mouvemens auxquels cette partie est appropriée.

Les rongeurs sont, la plupart, couverts de poils, et chez le plus grand nombre ce poil est de deux sortes : un duvet intérieur laineux et très-chaud, comme celui du castor et du potamys coypou (employé dans la chapellerie), et un grand poil extérieur doux ou rude, qui, dans quelques espèces même, se transforme en piquans aplatis plus ou moins résistans, plus ou moins élastiques, ainsi que cela se remarque dans les échymys et plusieurs rats. Dans quelques-uns de ces animaux on ne trouve aussi que des piquans ou très-longs ou courts, comme dans le porc-épic et le coëndou; ou un mélange de piquans et de poils. comme dans l'urson. En général, les rongeurs souterrains ont le pelage doux comme du velours, et en cela semblable à celui de la taupe; d'autres, tels que le loir, le lérot et le muscardin, l'ont à la fois doux et assez long, etc.

Sous le rapport des couleurs, on trouve dans cet ordre des fourrures très-agréablement variées, et nous nous bornerons à citer les écureuils rayés, tels que le palmiste, le barbaresque et le suisse, le hamster, le spermophile souslik, l'écureuil petit-gris, le chincilla, etc.

Parmi les anomalies de formes ou d'organisation que présente un petit nombre de rongeurs, nous signalerons la peau des flancs étendue et velue des polatouches, qui leur donne le moyen de se soutenir comme par un parachute lorsqu'ils sautent d'une branche élevée sur une branche plus basse, et les follicules odorantes qui sont placées près des organes de la génération du castor et des ondatras, et qui, dans le premier de ces animaux, fournit la matière employée en pharmacie sous le nom de *castoreum*.

Les organes de la génération du mâle ne sont ordinairement d'un volume remarquable qu'à l'époque du rut. Les testicules, dans ce temps seulement, sont apparens sous la peau et font saillie à la base de la queue : dans toutes les autres saisons on n'en voit nulle trace. Les parties des femelles sont simples, et très-souvent la gestation a lieu dans les cornes de la matrice. Le nombre des mamelles varie de deux (cochon d'Inde) à huit (rats); quelquefois elles sont placées tout-à-fait sur les côtés du corps, comme nous l'avons observé pour les quatre tetines des capromys. Le nombre des petits n'est nullement en rapport avec celui de ces mamelles, et le cochon d'Inde en est la preuve la plus évidente; n'ayant que deux mamelles, il a, par portée, au moins huit ou dix petits. En général on peut dire que les petites espèces pullulent beaucoup.

La nourriture des rongeurs est très-variée. Le plus grand nombre vit de substances végétales. savoir, de grains, de racines tubéreuses ou bulbeuses. d'herbes, de bois, d'écorces, etc., selon les espèces; et beaucoup d'entre eux se font en été des approvisionnemens de ces substances pour l'hiver. D'autres mangent indifféremment des matières végétales et animales même en état de putréfaction. Ils sont voraces et consomment beaucoup de nourriture. Plusieurs d'entre eux, tels que les campagnols, les mulots, les hamsters, par leur multiplication quelquefois prodigieuse, et les lemmings, par leurs voyages annuels, sont des fléaux pour l'agriculture, auxquels il est presque impossible de porter reméde.

Plusieurs vivent dans l'intérieur des habitations, et y sont fort incommodes par leurs déprédations. Certaines espéces, telles que le surmulot et le rat, ont suivi l'homme partout et comme lui sont devenues cosmopolites.

Quelques-uns d'entre eux sont utiles par la chair qu'ils nous fournissent et les fourrures qu'ils nous procurent.

En général ce sont des animaux d'une intelligence fort bornée, ce qui est en rapport avec la petitesse de leur cerveau, et la simplicité de cet organe, qui est chez eux presque au minimum, sous les rapports de ce qu'il se montre chez la plupart des autres mammifères. Néanmoins c'est parmi les rongeurs qu'on trouve les espèces qui montrent les facultés instinctives les plus admirables, telles que le castor et l'ondatra, qui se construisent des huttes avec tant d'art; le hamster, dont les habitations sont si habilement pratiquées, pour loger à sec et conserver dans d'excellens silos le grain qu'il nous dérobe; l'écureuil si adroit dans la construction du nid ou de la bauge, où il met ses petits à l'abri de nos poursuites, etc.

Les rongeurs habitent toutes les latitudes et toutes les élévations; car on en connoît depuis la ligne équatoriale jusque dans les glaces de Groënland, et depuis les sables des rivages jusque sur les sommités des Alpes. Chaque espèce seulement a son lieu d'habitation déterminé, et les rats uniquement se trouvent partout, parce que les circonstances nécessaires à l'existence de l'espéce humaine leur conviennent.

Les rongeurs sont partagés en deux sections. La première est celle des rongeurs à clavicules, qui se compose des genres CASTOR, ONDATRA, CAMPAGNOL, LEMMING, LOIR, ÉCHIMYS, RAT, HAMSTER, ÉCUREUIL, MARMOTTE, ASPALAX, ORYCTÈRE, HÉLAMYS, GERBOISE, GERBILLE, MÉRIONE, etc.

La seconde section, ou celle des rongeurs non claviculés, comprend les genres PORC-ÉPIC, LIÈVRE, LAGOMYS ou PIKA, CABIAI, PACA, AGOUTI ou CHLOROMYS, et COBAYE ou COCHON D'INDE. (Voyez ces mots.)

L'AYE-AYE, ou cheïromys, est un mammifére anomal qui fait le passage de l'ordre des rongeurs à la famille des makis, dans l'ordre des quadrumanes, et qui a été placé tantôt dans l'un et tantôt dans l'autre de ces ordres par les zoologistes. Voyez le mot AYE-AYE. (DESM.)

RONGLS. (*Bot.*) Voyez BOIS DU RONGLS. (J.)

RONVILLE. (*Bot.*) Variété de poire. (L. D.)

RONZELA. (*Orn.*) Les Gênois donnent ce nom et celui de *ro-pozora*, à la bécasse commune, *scolopax rusticola*, Linn. (CH. D.)

ROODE-BRASEN. (*Ichth.*) Nom hollandois du PAGEL. (H. C.)

ROOK. (*Orn.*) Nom du freux, *corvus frugilegus*, Linn. (CH. D.)

ROOTAUG. (*Ichthyol.*) Voyez ROTENGLE. (H. C.)

ROOYE-VALK. (*Ornith.*) Levaillant, Afr., t. 1, p. 95, dit que ce nom, qui signifie faucon rouge, et celui de *steenvalk* (faucon de pierres), sont donnés à son montagnard. (CH. D.)

ROPALOCÈRES ou GLOBULICORNES. (*Entom.*) Noms d'une famille d'insectes lépidoptères, qui comprend le genre Papillon de Linnæus et qui est essentiellement caractérisée par la manière dont se terminent les antennes en une sorte de petite masse.

Le nom est en effet tiré des deux mots grecs ροπαλον, *une petite masse*, et de κερας, *corne, antenne;* c'est ce que rend, à l'aide du latin françisé, l'expression de globulicornes.

Nous avons divisé en trois genres seulement les nombreux insectes de cette famille.

Les uns ont les ailes planes et verticales dans le repos, mais alors tantôt la masse des antennes est droite; c'est alors le genre *Papillon :* tantôt elle est courbée en crochet, telles sont les *hespéries.* Quand, dans l'état de repos, les supérieures sont verticales et les inférieures horizontales et que, dans cette position, l'insecte paroît estropié, il appartient au genre *Hé-téroptère.*

Nous ne croyons pas devoir donner un tableau de cette division, ni répéter ce que nous avons dit dans chacun des articles précédens : on trouvera spécialement au mot PAPIL-LON tous les détails qui pourroient intéresser sur les mœurs et la conformation des insectes de cette famille. (C. D.)

ROPAN. (*Conchyl.*) Adanson (Sénég., page 267, pl. 19) décrit et figure sous ce nom une espèce de coquille bivalve, vivant dans l'épaisseur de la coquille d'un balane de la côte occidentale d'Afrique, dont il a parlé à la suite des tarets, quoiqu'il convint qu'elle étoit d'un genre différent, et que

Gmelin ne paroît pas avoir insérée dans son Catalogue. M.
Bosc en fait une espéce de pholade ; M. de Lamarck un ta-
ret ; mais il paroit qu'elle n'appartient à l'un ni à l'autre de
ces genres ; puisqu'en effet la coquille est enveloppée dans
un tube fort mince, percé aux deux extrémités, ce qui n'a
pas lieu dans les pholades, et qu'il n'y a pas de palmules,
comme dans les tarets ; sa forme étant d'ailleurs très-différente. Je scrois donc plus tenté de croire que cette coquille
doit être placée parmi les gastrochènes à tube, puisque Adanson dit que ses valves ovales, fort minces, sont sans charnière
ni sommets apparens ; s'il n'ajoutoit qu'elles ferment très-exac-
tement, ce qui n'a pas lieu dans les gastrochènes : alors ne seroit-ce pas tout simplement une espéce de lithodome. (De B.)

ROPER. (*Ornith.*) Voyez Bjerg-ugle. (Ch. D.)

ROPHITES. (*Entom.*) M. Spinola a décrit sous ce nom de
genre, qui a été adopté par M. Latreille, certaines espéces
de panurges ou d'andrénes, insectes hyménoptères qui ressemblent aux panurges, mais qui ont une petite dentelure aux
mandibules vers la pointe, et dont les antennes ne sont pas
recoquillées. (C. D.)

ROPOSA. (*Mamm.*) L'un des noms donnés par les Portugais au didelphe ou sarigue quatre-œil. (Desm.)

ROPOURIER, *Ropourea*. (*Bot.*) Genre de plantes dicotylédones, à fleurs complètes, monopétalées, de la *pentandrie
monogynie* de Linnæus, offrant pour caractère essentiel : Un
calice à cinq divisions profondes ; une corolle en roue, à
cinq lobes ; cinq étamines ; un ovaire supérieur ; un style ;
trois ou quatre stigmates ; une grosse baie velue, à quatre
loges polyspermes.

Ropourier de la Guiane : *Ropourea guianensis*, Aubl., Guian.,
tab. 78 ; Lamk., *Ill. gen.*, tab. 121 ; *Camax fraxinea*, Willd.,
Spec. Arbrisseau qui s'élève à la hauteur de douze ou quinze
pieds, sur une tige noueuse, cylindrique, de trois à quatre
pouces de diamètre, simple, articulée, très-longue, garnie
à chaque articulation de feuilles verticillées, ailées avec une
impaire, composées de folioles alternes, nombreuses, sessiles,
ovales, lancéolées, obtuses, mucronées, vertes à leurs deux
faces, longues de huit à dix pouces, larges de trois, traversées dans leur longueur par une côte saillante, qui se divise

en nervures latérales, simples, alternes, un peu arquées,
dont l'intervalle est rempli par des veines très-fines, en zigzag; chacune des folioles accompagnée à sa base d'une petite
stipule en forme d'épine. Les fleurs sont petites, sessiles, axillaires; leur calice est partagé en six lobes arrondis; la corolle
monopétale, en roue, roussâtre en dehors, hérissée en dedans de poils roux; le limbe partagé en cinq lobes arrondis;
les filamens des étamines sont velus : les anthères à deux loges.
L'ovaire est chargé de poils roux; il se convertit en une baie
jaune, charnue, de la grosseur d'un œuf de poule, remplie
d'une pulpe douce, que les Créoles et les Coussaris sucent
avec plaisir. Il arrive souvent qu'une des quatre loges avorte
et disparoît par l'agrandissement des autres. Cette plante croit
dans la Guiane, au milieu des bois. Les Créoles la nomment
bois gaulette, et les Coussaris, une des nations de la Guiane,
l'appellent *arou-pourou*. Les habitans et les Nègres emploient
la tige de cet arbrisseau dans la construction des murs des
maisons, qui sont faites de lattes entrelacées, en forme de
claie, et que l'on couvre de terre mêlée et pétrie avec de
la bouse de vache. (POIR.)

ROQAYEGAH. (*Bot.*) Selon M. Delile, ce nom arabe, qui
signifie fluet, est donné en Égypte à son *gypsophylla rokejeka*,
dont Forskal avoit fait son genre *Rokejeka*. Voy. ROKÉIE. (LEM.)

ROQREK. (*Bot.*) Nom égyptien du *parietaria judaica*, suivant Forskal. (J.)

ROQUE ou ROGUE. (*Ichthyol.*) Voyez RÉSURE. (DESM.)

ROQUEMBOLLE. Voyez ROCAMBOLE. (L. D.)

ROQUET. (*Mamm.*) On donne généralement ce nom aux
chiens de petite taille et qui n'appartiennent pas à une race
bien déterminée.

Buffon a néanmoins distingué une race du roquet, qu'il
dit provenir du mélange de celle du doguin ou carlin avec
celle du petit danois, laquelle ne nous est plus connue. Son
roquet seroit un petit chien, ayant le museau court et re-
troussé; le front bombé; les yeux saillans; les oreilles courtes
et pendantes : le poil raz de couleur variable; les jambes
grêles.

Pour nous, nous confondons ce roquet avec les chiens
communément désignés sous le nom de chiens de rue. Gmelin,

ayant la même opinion, lui a donné la dénomination de *canis hybridus*. (Desm.)

ROQUET ou ROCQUET. (*Erpét.*) Nom spécifique d'un Anolis. (Voyez ce mot.)

A la Guadeloupe ce nom est aussi celui d'un iguane. Voyez Iguane. (H. C.)

ROQUETTE. (*Bot.*) C'est l'*eruca* de Tournefort, le *brassica eruca* de Linnæus. Le *sisymbrium tenuifolium*, très-commun aux environs de Paris, y est nommé *fausse roquette*; il n'existe pas dans le Nord de la France. On a donné à la gaude, *reseda luteola*, le nom de *roquette bâtarde*, et au *cakile* celui de *roquette de mer*. (J.)

ROQUETTE. (*Ornith.*) On appelle ainsi, en Normandie, la petite perdrix grise. (Ch. D.)

ROQUETTE, ROQUETTE CULTIVÉE, ROQUETTE DES JARDINS. (*Bot.*) Noms d'une espèce de chou. (L. D.)

ROQUETTE BATARDE. (*Bot.*) Dans quelques cantons on nomme ainsi le réséda gaude. (L. D.)

ROQUETTE DE MER. (*Bot.*) C'est le caquillier maritime. (L. D.)

ROQUETTE SAUVAGE. (*Bot.*) On donne ce nom à une espèce de chou, *brassica erucastrum*. (Lem.)

ROR-HUAL. (*Mamm.*) La baléinoptère gibbar est ainsi nommée en Norwége, selon M. de Lacépède. (Desm.)

RORAY. (*Ornith.*) Nom illyrien du martinet noir, *hirundo apus*, Linn. (Ch. D.)

RORELLA, RORIDA, ROS SOLIS, SOLSIRORA. (*Bot.*) Noms donnés par Lobel, Thalius, Tabernæmontanus et autres anciens, à des herbes remarquables par la surface supérieure de leurs feuilles, couverte de poils colorés, terminés chacun par une petite glande imitant une goutte de rosée. Elles forment le genre *Ros solis* de Tournefort, *Rorella* de Haller, *Drosera* de Linnæus. (J.)

RORIDA. (*Bot.*) Gmelin nomme ainsi le *roridula* de Forskal, pour le distinguer du *roridula* de Linnæus; mais il paroît que la plante de Forskal n'est qu'une espèce de mozambé, *cleome* de Linnæus. Voyez aussi Rorella. (J.)

RORIDULE, *Roridula*. (*Bot.*) Genre de plantes dicotylédones, à fleurs complètes, polypétalées, de la famille des *droséracés*, Dcc., de la *pentandrie monogynie* de Linnæus, offrant pour caractère essentiel : Un calice persistant, à cinq folioles ; cinq pétales ; cinq étamines ; les anthères prolongées à leur base en un tubercule scrotiforme, au-dessous de leur insertion avec le filament ; les anthères s'ouvrant par deux pores au sommet ; un ovaire supérieur ; un style ; un stigmate pelté, à trois lobes ; une capsule à trois loges, à trois valves ; les cloisons opposées aux valves ; les semences attachées à un réceptacle central à trois faces.

RORIDULE DENTÉE ; *Roridula dentata*, Linn., *Syst. veget.* ; Lamk., *Ill. gen.*, tab. 141, fig. 1. Petit arbuste rameux, qui a le port d'un *drosera*. Il s'élève à la hauteur de deux ou trois pieds. Ses rameaux sont glabres, alternes, presque simples, garnis de feuilles linéaires, lancéolées, aiguës, sessiles, très-étroites ; les inférieures éparses ; les supérieures réunies en faisceaux vers l'extrémité des rameaux, munies à leurs bords de dents formées par des cils roides, droits, glanduleux, visqueux, inégaux. Les fleurs sont disposées, dans l'aisselle des feuilles supérieures et à l'extrémité des rameaux, en grappes lâches, peu garnies, bien plus longues que les feuilles. Les pédoncules se divisent en quelques ramifications simples, uniflores, inégales, chargées de poils visqueux et glanduleux, semblables aux cils des feuilles ; les calices, dont les folioles sont lancéolées, étalées, en sont également recouverts. Il existe souvent à la base de chaque ramification une petite bractée très-caduque. La corolle est plus longue que le calice, à pétales ovales, obtus, un peu rétrécis à leur base ; les filamens sont courts, subulés, alternes avec les pétales ; les anthères droites, oblongues, s'ouvrant au sommet par deux pores, se prolongeant à leur base, au-dessous de l'insertion de leur filament, en un tubercule en forme de scrotum. L'ovaire est ovale, oblong, aigu ; le style terminé par un stigmate pelté, presque à trois lobes ; la capsule est oblongue, ovale, acuminée, à trois faces, à trois loges, à trois valves, munies de cloisons opposées aux valves, contenant des semences solitaires dans chaque loge, ovales, ridées, anguleuses à un de leurs côtés, attachées à la partie supérieure d'un réceptacle central, lisse, triangulaire. Cette plante croit au cap de Bonne-Espérance.

Le *Roridula muscicapa* de Gærtner, tab. 62, et Lamk., *Ill.*, tab. 141, fig. 2, paroît peu distingué de la précédente. Les divisions du calice sont plus étroites, presque linéaires; les pétales plus alongés, aigus et non obtus; les capsules très-acuminées; les semences ovales et ridées. Le *roridula* de Forskal appartient aux *cleome*. Voyez Mosambé. (Poir.)

RORIPA. (*Bot.*) Voyez Radicula. (J.)

RORO. (*Bot.*) Nom du *scabiosa maritima* de Linnæus, suivant Thunberg. (J.)

RORQUAL. (*Mamm.*) Ce nom et celui de rorqual à ventre cannelé se rapportent à une espèce de baléinoptère. Voyez l'article Baleine. (Desm.)

ROSA. (*Bot.*) Voyez Rose et Rosier. (L. D.)

ROSA GRÆCA. (*Bot.*) Les Romains ont désigné par ce nom une plante qu'on croit être notre *lychnis chalcedonica*, cultivé dans nos jardins et connu sous le nom de croix de Jérusalem. (Lem.)

ROSA JUNONIS. (*Bot.*) C'étoit chez les Romains un des noms du lis blanc. (Lem.)

ROSACÉE [Corolle]. (*Bot.*) Corolle régulière, composée de trois à cinq pétales ou plus, attachés par des onglets courts et disposés en rosace; exemples : *alisma plantago*, rose, fraisier, etc. (Mass.)

ROSACÉES. (*Bot.*) Ce nom désignoit primitivement une des classes de la méthode de Tournefort, caractérisée, selon lui, par des fleurs polypétales, régulières, des tiges herbacées, et en reportant néanmoins à d'autres classes les herbes à fleurs crucifères ou à quatre pétales, celles à fleurs ombellifères ou disposées en ombelle, à fleurs imitant la fleur de l'œillet ou la fleur du lis, dont l'enveloppe florale unique étoit assimilée par lui à une corolle. Comme de plus il séparoit des herbes les arbres, il avoit encore une autre classe de rosacées à fleurs également polypétales, régulières, mais à tige toujours ligneuse.

Dans l'ordre naturel ou la série des familles, le nom de rosacées a été réservé aux seules plantes qui ont de l'affinité avec le rosier et forment autour de lui un groupe naturel composé de genres nombreux, qui présentent cependant quelques caractéres assez différens pour qu'on soit obligé de les

répartir en diverses sections, que l'on pourroit regarder
comme autant de familles, et dont plusieurs ont même été
déjà séparées par des auteurs modernes. Prévoyant dans l'o-
rigine cette séparation, nous avions eu seulement une première intention de lier toutes ces sections par un caractère
général, et de donner à chacune, comme dans les autres familles, un nom commun tiré d'un de ses genres, afin d'empêcher qu'on ne fût tenté d'intercaler entre elles des familles
différentes, qui auroient dérangé la série. Maintenant les
lois des affinités mieux connues s'opposent à cette subver-
sion, et dès-lors le changement des sections en familles devient presque indifférent, pourvu qu'elles restent toujours
unies. Nous continuerons, d'accord avec M. De Candolle,
dans le second volume de son *Prodromus*, à les laisser ensemble dans la classe des péri-pétalées, sous le nom collectif
de rosacées, dont le caractère général consiste dans la réunion des suivans :

Un calice d'une seule pièce, souvent persistant, tantôt
supère, adhérent à l'ovaire qu'il ne déborde que par son
limbe; tantôt infère, non adhérent, divisé plus ou moins
profondément en quelques lobes. Plusieurs pétales, en nombre
défini (quelquefois nuls), alternes avec les divisions du calice
au-dessous desquelles ils lui sont insérés. Étamines portées
sur les mêmes points, ordinairement nombreuses et disposées sur plusieurs rangs, rarement en nombre défini; filets
distincts, courbés en dedans avant l'épanouissement de la
fleur; anthères biloculaires, petites, ordinairement arrondies; ovaire tantôt infère, adhérent et alors simple, divisé
intérieurement en plusieurs loges, surmonté d'autant de
styles et de stigmates, tantôt supère, non adhérent, et alors,
ou simple, uniloculaire, portant un seul style et un seul stigmate, ou multiple, chacune de ses parties étant uniloculaire,
surmontée de son propre style et de son stigmate. Les styles,
portés sur chaque ovaire adhérent ou non adhérent, simple
ou multiple, partent, non de son sommet, mais latéralement
un peu au-dessous, ou quelquefois plus bas, ordinairement
du côté intérieur des ovaires multiples. Les fruits, succédant
à chaque ovaire, diffèrent par leur situation respective, leur
structure, leur substance, leur déhiscence ou indéhiscence,

le nombre de leurs loges et des graines contenues dans chacune, la situation intérieure de ces graines. Tantôt c'est un fruit solitaire, adhérent, pluriloculaire, à loges polyspermes, et plus rarement monospermes; tantôt c'est une réunion de plusieurs graines ou capsules monospermes indéhiscentes, recouvertes ensemble par le calice persistant mais sans lui adhérer, ou portées sur un réceptacle commun (gynophore de quelques modernes), entouré à sa base par le calice évasé; tantôt composé de plusieurs capsules supères, déhiscentes du côté intérieur, uniloculaires et mono- ou polyspermes; tantôt, enfin, c'est un fruit solitaire, non adhérent, uniloculaire, mono- ou disperme, recouvert d'un brou sec ou charnu. Les graines, dont l'ombilic est toujours latéral, sont droites ou renversées, c'est-à-dire, attachées à la base ou au sommet de leur loge par un cordon ombilical, tantôt très-court et presque nul, tantôt plus long et se prolongeant quelquefois du bas de la loge au sommet de la graine, qui est ainsi comme suspendue. L'embryon, dénué de périsperme et muni de ses deux cotylédons, ordinairement charnus, a sa radicule droite, ascendante ou descendante, selon la situation de la graine; il est recouvert de ses deux tégumens, dont l'intérieur est quelquefois revêtu en dedans d'une substance blanche, qui imite un périsperme.

Les plantes de cette famille sont des herbes ou des arbrisseaux, ou des arbres. Leurs feuilles, alternes et accompagnées de deux stipules, sont simples ou diversement composées. La disposition des fleurs n'est point uniforme.

Les rosacées, comme on l'a dit plus haut, se partagent naturellement en plusieurs sections, ou, suivant M. De Candolle, en tribus, dont quelques-unes ont été érigées en familles par des auteurs modernes.

La première est celle que nous avons désignée sous le nom de pomacées, soit parce que le pommier en fait partie, soit parce que, dans la nomenclature des fruits, le sien est nommé *pomum*. Elle ne renferme que des arbrisseaux ou des arbres à feuilles ordinairement simples, plus rarement pennées, à fleurs en grappe ou en corymbe. Son ovaire est simple, adhérent au calice, surmonté de plusieurs styles et divisé intérieurement en autant de loges; il devient un fruit charnu (souvent bon à manger), couronné par le limbe du calice, renfermant dans chaque loge une ou plusieurs graines à tégument osseux ou cartilagineux, attachées au bas de leur loge et dont l'embryon a la radicule descendante. M. Lindley en a fait sa famille des pomacées, dont il a donné une bonne monographie en détachant des genres anciens plusieurs espèces, pour en former des genres nouveaux. Nous en présentons ici la série composée des suivans : *Chœnomeles*, réuni au suivant par M. De Candolle; *Cydonia*; *Pyrus*, qui comprend aussi le *Malus* et le *Sorbus* des anciens; *Osteomeles*; *Mespilus*; *Amelanchier*; *Cotoneaster*; *Eriobotrya*; *Photinia*; *Chamœmeles*; *Raphiolepis*; *Cratœgus*.

Dans la seconde section, qui ne contient que le genre *Rosa*, très-nombreux en espèces, et que l'on nomme pour cette raison les roses ou les rosées, on ne trouve que des arbrisseaux plus ou moins élevés, souvent chargés d'aiguillons, à feuilles pennées, dont le pétiole porte à sa base les deux stipules, et à fleurs terminales, solitaires ou en corymbe, chargées d'étamines nombreuses, souvent doubles par la culture. Leur calice, charnu à la maturité, conformé en godet ou vase rétréci à son sommet, recouvre, sans leur adhérer, plusieurs ovaires munis chacun de leur style et devenant autant de coques osseuses, monospermes, indéhiscentes, attachées au fond de ce calice par un cordon ombilical plus ou moins long, et contenant dans leur graine un embryon à radicule montante. Plusieurs auteurs ont donné des monographies très-étendues de ce genre.

Une troisième section, que nous avons nommée les sanguisorbées, du nom d'un de ses genres, réunit des plantes à tige ordinairement herbacée, quelquefois ligneuse, à feuilles simples ou plus souvent composées, dont quelquesunes ont des fleurs diclines; plusieurs manquent de pétales; la plupart ont un nombre défini d'étamines, égal à celui des pétales ou des divisions du calice : il est indéfini dans quelques-unes. Les caractères principaux consistent dans un calice en godet, rétréci par le haut comme celui du rosier, et dans lequel sont enfermées, sans lui adhérer, deux graines ou coques monospermes, indéhiscentes, ou, plus rarement, une seule. On rapporte à cette division les genres *Cliffortia*,

Poterium, tous deux diclines et polyandres; *Sanguisorba;*
Acœna de Mutis, auquel Vahl réunit l'*Ancistrum* de Forster;
Margaricarpus de la Flore du Pérou; *Polylepis* de la même
Flore, à tige ligneuse ainsi que le suivant; *Cercocarpus* de
M. Kunth; *Cephalotes* de M. Labillardière; *Alchemilla*, auquel
on réunit l'*Aphanes*. Les quatre genres suivans sont reportés
à la section des potentillées ou dryadées par M. De Candolle, parce qu'ils ont un plus grand nombre d'étamines ou
d'ovaires; mais le caractère du calice, recouvrant les ovaires
ou fruits monospermes indéhiscens, nous avoit déterminé à
laisser dans celle-ci le *Sibbaldia*, l'*Agrimonia* et l'*Aremonia* de
Necker ou *Agrimonoides* de Tournefort. En persistant dans
cette opinion, nous y ramenons, par le même motif, le *Brayera*
de M. Kunth. Peut-être devra-t-on y laisser encore, d'après
B. de Jussieu et Linnæus, et jusqu'à un nouvel examen, le
Nevrada, sur lequel nous avions des doutes, et dont M. De
Candolle fait le type d'une nouvelle section des rosacées, à
laquelle il joint le *Grielum*. Il la distingue principalement
par un calice adhérent à l'ovaire, un nombre d'étamines
double de celui des pétales, et par l'existence de cinq à dix
ovules ou graines. L'affinité du *Nevrada* avec l'*Agrimonia*
étoit fondée sur le recouvrement des graines par le calice;
mais, si au lieu d'un simple recouvrement il y a une adhérence véritable, cette affinité devient moindre lorsqu'on
observe de plus une différence dans le port et des feuilles
dénuées des stipules, et il nous a été permis de soupçonner
que ce genre pourroit avoir plus de rapport avec la famille
des ficoïdes.

La quatrième section, celle des potentillées, que M. De
Candolle nomme les dryadées, renferme plus d'herbes que
d'arbrisseaux, à feuilles presque toujours composées, dont
le pétiole porte à sa base les deux stipules. Elle est caractérisée principalement par un calice ordinairement évasé et
à divisions en nombre double de celui des pétales; chargé
de beaucoup d'étamines, disposées sur plusieurs rangs. On
la distingue surtout par un réceptacle central et proéminent,
nommé *gynophore*, sec ou charnu, chargé de beaucoup de
petites graines ou coques monospermes indéhiscentes. On
cite dans cette section les genres suivans : *Potentilla*, dont

MM. Lehmann et Nestler ont donné deux bonnes monographies et auquel on réunit le *Tormentilla* et le *Comarum*; *Fragaria*; *Waldsteinia* de Willdenow; *Comaropsis* de Richard et de M. Nuttal, détaché du précédent; *Geum*, dont on cite comme congénère le *Colurnia* de M. R. Brown ou *Laxmannia* de M. Fischer, ainsi que l'*Adamsia* de ce dernier, rapporté au suivant par M. Seringe; *Sieversia* de M. R. Brown; *Cowania* de M. Don; *Dryas*; *Rubus*; *Dalibarda*, détaché du précédent par Michaux; *Cylactis* de M. Rafinesque.

Les spirées ou spiréacées forment la cinquième section, contenant plusieurs arbrisseaux et quelques herbes à feuilles simples ou composées, dont le calice, non adhérent, porte des pétales égaux en nombre à ses divisions et un plus grand nombre d'étamines, au milieu desquelles sont quelques ovaires non élevés sur un réceptacle et devenant autant de capsules déhiscentes du côté intérieur et mono- ou polyspermes. Elle renferme les genres suivans : *Kerria* de M. De Candolle, qui appartiendroit à la précédente, s'il avoit un réceptacle et des capsules indéhiscentes; *Purshia* du même; *Spiræa*, dont M. Cambessedes a donné une monographie soignée; *Gillenia* détaché du précédent par Mœnch; *Vauquelinia* de Correa; *Lindleya* de M. Kunth; *Anthodiscus* de M. Meyer; *Quillaia* de Molina ou *Smegmadermos* de la Flore du Pérou; *Kageneckia* de la même Flore. M. De Candolle y ajoute le *Neillia* de M. Don, différant cependant par l'existence d'un périsperme refusé aux rosacées.

Dans une section suivante, qu'il faut supprimer, nous avions placé quelques genres qui, mieux connus, ont été reportés à d'autres familles.

Celle que nous nommions les amygdalées et qui devient pour nous la sixième, ne renferme que des arbres et arbrisseaux à feuilles simples et stipulées. Nous la distinguions par un ovaire unique et libre, muni d'un seul style et de son stigmate non divisé, devenant une noix uniloculaire, recouverte d'un brou ou plus rarement nue, et contenant une ou deux graines. Ces caractères appartiennent à tous les genres que nous rapportions à cette série; mais MM. Brown et De Candolle les divisent en deux sections. Dans la première, qui comprend les vraies amygdalées, ils ne laissent que les genres *Cerasus; Prunus; Armeniaca; Amygdalus*, et son congénère *Persica;* auxquels ils assignent pour caractères distinctifs un ovaire absolument libre, un style terminal ou apicilaire, une noix toujours recouverte d'un brou, des graines renversées, à radicule ascendante, attachées latéralement près de leur sommet à un cordon ombilical, partant du fond de la loge et parcourant dans son trajet un conduit pratiqué latéralement dans la substance osseuse de la noix.

Ces auteurs rapportent à une autre section, sous le nom de chrysobalanées, qui sera ici la septième, les genres *Hirtella; Chrysobalanus; Moquilea* d'Aublet; *Couepia; Acioa; Parinarium; Licania;* tous quatre du même; *Grangeria* de Commerson; *Thelira* de M. Du Petit-Thouars, que nous avions réunis la plupart à la section précédente. Ils caractérisent celle-ci par un ovaire qui adhère inférieurement d'un côté au bas du calice, et dont le style sort, non du sommet, mais du côté opposé de sa base, d'où résulte la situation droite des graines et la direction descendante de la radicule. Ils ajoutent encore que l'adhérence latérale de l'ovaire à un côté du calice, détermine l'insertion d'un plus grand nombre d'étamines au côté opposé. Ces caractères suffisent pour distinguer cette section. Le style basilaire a été décrit dans l'*Hirtella*, le *Chrysobalanus*, le *Moquilea*, le *Thelyra*. L'adhérence latérale de l'ovaire au calice est mentionnée dans l'*Acioa* et deux espèces de *Parinarium;* mais les auteurs des autres genres ne parlent point de ces caractères, que l'on ne peut admettre ici que par analogie, et qu'il convient de vérifier dans ces genres, pour savoir s'ils appartiennent véritablement à cette section. Quelques doutes peuvent aussi être élevés sur le rapprochement du *Parinarium*, dont toutes les espèces ont le fruit biloculaire, à loges monospermes, à moins que l'inspection de l'ovaire dans les autres genres n'y fasse apercevoir une seconde loge, avortée dans leurs fruits mûrs, comme on peut le supposer dans l'*Hirtella*, uniloculaire, selon Linnæus, et décrit comme biloculaire par Aublet. Ce dernier mérite encore un nouvel examen, parce que son fruit n'est pas entouré d'un brou, et que, suivant Gærtner, son embryon est, comme celui du *neillia*, accompagné d'un périsperme, qui n'existe pas dans les autres rosacées.

A la suite de ces sections M. De Candolle cite, comme ayant quelque affinité avec la famille, sans lui appartenir, les genres *Trilepisium* de M. Du Petit-Thouars ; *Amoreuxia* et *Lecostomon* de la Flore du Mexique, qui nous sont inconnus. D'autres genres, que nous avions également placés à la fin des rosacées, ont été mieux examinés et dispersés dans d'autres familles. (J.)

ROSACIQUE. (*Acide.*) Dans les fièvres intermittentes l'urine dépose un précipité abondant, coloré en rose. L'urine rendue dans la crise de la fièvre, dans les maladies goutteuses ; l'urine rendue par des personnes nerveuses après un exercice pénible, laissent déposer une matière semblable. Schéele a considéré ce sédiment comme un mélange de phosphate de chaux et d'acide urique. Proust a vu que, s'il est vrai que ce sédiment contienne du phosphate de chaux et de l'acide urique, il est faux qu'il doive sa couleur à cet acide ; car il suffit de le traiter par l'eau pour le décolorer : il reste alors du phosphate de chaux et de l'acide urique. L'eau évaporée laisse un résidu incristallisable acide, d'une belle couleur rose, soluble dans l'alcool. C'est à cette substance que Proust a donné le nom d'acide rosacique.

En 1811, M. Vauquelin a confirmé les observations de Proust. Il a vu en outre qu'il n'exhale point une odeur ammoniacale, empyreumatique, quand on le met sur les charbons ardens ; qu'il forme des sels solubles avec la potasse, la soude, l'ammoniaque, le baryte, la strontiane, la chaux ; qu'il précipite en rose léger l'acétate de plomb, et, enfin, qu'il a assez d'affinité pour l'acide urique, pour que celui-ci l'entraine avec lui quand il se précipite de l'urine.

En 1816, M. Vogel a ajouté les faits suivans à l'histoire de l'acide rosacique.

L'acide nitrique le transforme en acide urique.

L'acide sulfurique concentré le change d'abord en une poudre d'un rouge foncé ; il le dissout, et ensuite laisse déposer de l'acide urique très-divisé.

L'acide sulfureux le colore en un rouge vif, qui est assez fixe.

L'acide rosacique mis dans une dissolution de nitrate d'argent, est transformé après vingt-quatre heures en une poudre d'un vert-bouteille.

Préparation.

Le procédé le plus convenable pour préparer cet acide, consiste à laver avec de l'eau le dépôt rose des urines, dont nous avons parlé plus haut, à traiter ce dépôt par l'alcool bouillant et à faire évaporer spontanément la liqueur.

On n'a pas fait les expériences convenables pour s'assurer si l'acide rosacique ne seroit pas formé d'un acide incolore et d'un principe colorant, auquel il devroit sa couleur. (Ch.)

ROSAGE; *Rhododendron*, Linn. (*Bot.*) Genre de plantes dicotylédones monopétales, de la famille des *rhodoracées*, Juss., et de la *décandrie monogynie*, Linn., dont les principaux caractères sont les suivans : Calice monophylle, très-court, à cinq dents ; corolle monopétale, infundibuliforme, à tube évasé, et à limbe partagé en cinq lobes presque égaux ; dix étamines insérées sous l'ovaire, à filamens courbés en arc, terminés par des anthères ovales, s'ouvrant à leur sommet par deux trous ; un ovaire supère, surmonté d'un style à stigmate simple ; une capsule à cinq valves, à cinq loges formées par les bords rentrans des valves, et contenant chacune des graines nombreuses. Les rosages sont des arbrisseaux ou des arbustes à feuilles alternes, entières, persistantes, dont les fleurs sont le plus souvent rassemblées plusieurs ensemble en un corymbe terminal d'un bel aspect. On en connoît dix-huit espèces, dont quelques-unes croissent naturellement sur les montagnes alpines de l'Europe, les autres appartiennent à l'Asie ou à l'Amérique septentrionale. Presque toutes sont cultivées dans les jardins, à cause de la beauté de leurs fleurs,

Rosage ferrugineux, vulgairement Laurier-rose des Alpes; *Rhododendron ferrugineum*, Linn., *Spec.*, 562. Sa tige est ligneuse, haute de deux à trois pieds, divisée en rameaux tortueux, brunâtres, garnis de feuilles éparses, brièvement pétiolées, ovales-oblongues, coriaces, d'un vert obscur en dessus, roussâtres et ferrugineuses en dessous. Ses fleurs sont rougeâtres, quelquefois blanches, de grandeur médiocre, disposées au sommet des rameaux en un petit corymbe. Cet

arbrisseau , qui fleurit en Juin et Juillet, croît en Europe
et en Asie, sur les hautes montagnes ; dans les Alpes et les
Pyrénées il indique le terme des bois , et il est souvent , dans
ces régions élevées, la seule ressource des bergers pour faire
du feu. Ses feuilles passent pour être malfaisantes aux bestiaux, qui ne les mangent que lorsqu'ils sont pressés par la faim
et au défaut d'autres plantes. Villars a essayé avec quelque
succès d'employer l'infusion de ces feuilles contre les dartres
et les maladies de la peau.

Rosage velu : *Rhododendron hirsutum* , Linn., *Spec.*, 562;
Lois., Herb. de l'amat., n.° et t. 425. Sa tige est ligneuse, haute
d'un pied et demi à deux pieds, divisée en rameaux courts,
cylindriques, d'un brun rougeâtre , garnis de feuilles ovales-
oblongues, assez petites , brièvement pétiolées, glabres et luisantes en dessus , chargées en dessous de nombreux poils glanduleux, et bordées de quelques cils écartés. Ses fleurs sont
purpurines, de grandeur médiocre , inégalement pédonculées
et disposées , par dix ou douze ensemble, au sommet des rameaux, en un joli corymbe. Cette espèce croît dans les Alpes
de la France et dans les autres montagnes alpines de l'Europe :
elle fleurit en Juin.

Rosage faux-ciste : *Rhododendron chamæcistus*, Linn., *Sp.*,
562; Jacq., *Fl. Aust.*, t. 217. Cette espèce n'est qu'un arbuste
dont la tige se divise en rameaux diffus, nombreux, longs
de quatre à six pouces, garnis de feuilles ovales-alongées ,
presque sessiles , luisantes et d'un vert foncé en dessus , un
peu roussâtres en dessous, munies en leurs bords de cils glanduleux. Ses fleurs sont purpurines , de grandeur médiocre,
étalées en roue , et presque solitaires à l'extrémité des rameaux. Ce rosage croît sur les montagnes alpines de l'Autriche,
de la Carniole ; en Italie : Lapeyrouse l'indique dans les Pyrénées.

Rosage du pont ; *Rhododendron ponticum*, Linn., *Sp.*, 562.
Ses tiges sont droites , cylindriques, hautes de six à dix pieds,
divisées en rameaux rougeâtres , disposés par étages, garnis,
dans leur partie supérieure, de feuilles éparses, médiocrement
pétiolées, oblongues-lancéolées, coriaces, aiguës, d'un vert
foncé et presque luisantes en dessus, plus pâles en dessous.
Ses fleurs sont d'une belle couleur purpurine, grandes ,

réunies au sommet des rameaux en une grappe courte et en forme de corymbe. La corolle est campanulée, à divisions lancéolées. Cet arbrisseau est originaire de l'Asie mineure, où il croît dans les lieux ombragés et un peu humides; il fleurit en Mai et Juin. On le doit à Tournefort, qui l'a découvert aux environs de Trébisonde.

Rosage a grandes fleurs : *Rhododendron maximum*, Linn., *Sp.*, 550; *Bot. Mag.*, n.° et t. 951. La tige de cette espèce, vulgairement nommée arbre d'or, arbre du Canada, ne s'élève le plus souvent dans nos jardins qu'à six ou dix pieds de hauteur; mais, dans son pays natal, elle peut s'élever beaucoup au-delà et jusqu'à vingt et vingt-cinq pieds. Sa tige se divise dès sa partie inférieure en rameaux cylindriques, étalés, alternes, mais rapprochés comme par étages de distance en distance. Ses feuilles sont ovales-oblongues, à peine aiguës, glabres, d'un vert foncé et luisant en dessus, plus pâles et légèrement ferrugineuses en dessous. Ses fleurs, d'un rose tendre dans une variété, blanches ou presque blanches dans une autre, sont grandes, pédonculées. disposées, au nombre de trente ou environ, en un beau corymbe terminal. La corolle est campanulée, partagée en cinq découpures ovales-arrondies, très-ouvertes, dont la supérieure est plus grande que les autres et marquée. dans une partie de son étendue, de plusieurs taches verdâtres. Cette espèce est originaire de l'Amérique septentrionale, où elle croît principalement dans les Carolines et la Virginie, dans les lieux humides, ombragés, et sur les bords des rivières. Elle fleurit, dans nos jardins, en Juin et Juillet.

Rosage en arbre; *Rhododendron arboreum*, Smith, *Exot. bot.*, 1, p. 9, t. 6. Dans son pays natal, cette espèce est un petit arbre qui s'élève à vingt pieds de hauteur ou environ; mais les plus grands individus de nos jardins n'ont encore que quatre à cinq pieds. Ses rameaux sont étalés, revêtus d'une écorce brunâtre, et comme disposés par étages. Ses feuilles sont éparses, pétiolées, lancéolées, glabres et luisantes en dessus, couvertes en dessous d'un duvet très-court et blanchâtre. Ses fleurs, portées sur d'assez courts pédoncules, sont disposées au sommet des rameaux, au nombre de douze et plus, en un corymbe semi-globuleux, et chacune d'elles est munie, à la base de son pédoncule, d'une bractée oblongue et semi-membraneuse. La corolle est campanulée, d'une belle couleur pourpre, avec quelques taches d'un rouge plus foncé, et partagée jusqu'à moitié en cinq lobes arrondis, presque égaux. Cette espèce fleurit en Avril et Mai : elle passe pour être originaire des Indes orientales; mais il y a lieu de croire qu'elle vient sur les montagnes un peu élevées; car elle n'a pas besoin d'être tenue dans la serre chaude. On la plante en pot ou en caisse dans du terreau de bruyère, et on la rentre dans l'orangerie pendant l'hiver.

Les autres rosages, cultivés pour l'ornement des jardins, ne craignent pas le froid de nos hivers et se plantent en pleine terre. On les met ordinairement dans du terreau de bruyère, où ils réussissent mieux; mais il y en a plusieurs qui viennent assez bien dans de la terre franche, mêlée d'un peu de sable. Ce qui leur est essentiel, c'est que le terrain soit frais et à l'ombre; sous ce dernier rapport, l'exposition au nord est celle qui leur convient le mieux. Le rosage ferrugineux et le rosage faux-ciste sont les plus délicats, ils exigent le terreau de bruyère, et encore on a de la peine à les conserver dans les jardins. Toutes les espèces se multiplient de graines, qui, en général, mûrissent bien dans le climat de Paris, et qu'on sème à l'automne, aussitôt leur maturité, dans des terrines remplies de terreau de bruyère, et qu'on a soin de rentrer dans l'orangerie pendant les gelées. Ces graines étant très-fines, il faut les répandre fort claires et ne pas les enterrer, parce que cela les empêcheroit de lever. Au printemps on les couvre de quelques brins de mousse et on les arrose souvent, mais légèrement. Le jeune plant lève au bout de trois semaines ou un mois, mais il reste très-petit la première et la seconde année, pendant lesquelles on peut le laisser dans les terrines où il a été semé. Chaque hiver on le rentre dans l'orangerie, et pendant l'été on lui donne de fréquens arrosemens. Au commencement du printemps de la troisième année, les jeunes rosages peuvent être mis en place, ou mieux, dans des pots séparés, afin de pouvoir encore les préserver du froid pendant deux autres années. Ils ne commencent à donner des fleurs qu'au bout de quatre à six ans. Le rosage du Pont est le plus rustique de tous.

Les propriétés des rosages doivent être regardées comme suspectes : aux États-Unis celui à grandes fleurs est regardé comme vénéneux, et Tournefort, dans son Voyage au Levant, dit que le rosage du Pont passe pour malfaisant dans le pays, et que les bestiaux n'en mangent que lorsqu'ils ne trouvent pas de meilleure nourriture. Le même auteur pense que cette dernière espèce est le *rhododendros* de Pline, qui croissoit sur les côtes du Pont, et dont les fleurs faisoient produire aux abeilles un miel qu'on nommoit *mænomenon*, parce qu'il rendoit insensés ceux qui en mangeoient. Aussi, quoique les peuples de cette contrée payassent aux Romains une partie de leur tribut en cire, ils ne vendoient point leur miel à cause de ses propriétés malfaisantes. Tournefort paroît croire aussi que le miel qui fit éprouver à l'armée des Dix-mille, arrivée près de Trébisonde, les accidens rapportés par Xénophon, pouvoit avoir été recueilli sur le rosage du Pont, aussi bien que sur l'azalée ; car, parlant de l'événement raconté par Xénophon, il dit, en citant ces deux espèces : « Voici la description des deux « plantes sur lesquelles les abeilles sucent le miel. »

Quoi qu'il en soit, outre les feuilles du rosage ferrugineux, employées comme il a été dit plus haut par Villars, quelques médecins ont, avec quelque succès, dit-on, conseillé contre les rhumatismes, l'infusion légère de plusieurs autres espèces, comme le rosage pontique, le rosage à grandes fleurs et le rosage à fleurs jaunes, *rhododendron chrysanthum*. (L. D.)

ROSAGE. (*Bot.*) Nom vulgaire commun à l'agrostème rosée du ciel et au nérion laurier-rose. (L. D.)

ROSAGES. (*Bot.*) Nous avons donné primitivement à une famille de plantes ce nom, auquel nous avons substitué celui de rhodoracées, qui a paru plus convenable. (J.)

ROSAGINE. (*Bot.*) Nom vulgaire du nérion laurier-rose. (L. D.)

ROSAIRE. (*Conchyl.*) Nom vulgaire d'une coquille du genre Volute, *Voluta sanguisuga*. (Desm.)

ROSALIE. (*Entom.*) Geoffroy a désigné ainsi une belle espèce de coléoptères du genre Capricorne : c'est celui des Alpes, *cerambyx alpinus*. Voyez le Capricorne, n.º 4. (C. D.)

ROSAROSA, ROSA HUAYTTA. (*Bot.*) Ces noms, qui signifient bouquet ou faisceau de fleurs de rose, sont donnés dans le Pérou aux deux espèces du genre *Acunna* de la Flore de ce pays, parce qu'elles sont chargées de fleurs imitant la rose, rassemblées en bouquets. Ce genre vient dans la famille des rhodoracées, près du *bejaria* ou *befaria*, avec lequel il paroît même devoir être réuni. (J.)

ROSCERA. (*Conchyl.*) Belon dit que les Gênois donnent ce nom à une coquille que je ne connois cependant pas dans la Méditerranée, c'est-à-dire, à une espèce de strombe. Aussi Rondelet applique-t-il mieux ce nom au *murex Brandaris*. (De B.)

ROSCHAL ou CHIEN D'EAU. (*Ichthyol.*) Nom arabe d'un Hydrocin. Voyez ce mot. (H. C.)

ROSCOÉE, *Roscoea*. (*Bot.*) Genre de plantes monocotylédones, à fleurs incomplètes, de la famille des *amomées*, de la *monandrie monogynie* de Linnæus, offrant pour caractère essentiel : Une corolle pourvue d'un tube caché dans la spathe ; le limbe extérieur à deux lèvres ; la supérieure droite, lâche, concave ; l'inférieure à deux divisions profondes, lancéolées, aiguës ; un limbe intérieur également à deux lèvres, divisé en trois parties ; un seul filament court, linéaire ; l'anthère prolongée à sa base en deux appendices membraneux ; un ovaire inférieur ; le style placé dans la rainure du filament et de l'anthère ; un stigmate concave, obtus, placé le long de l'anthère. Le fruit n'a point été observé.

Roscoée purpurine ; *Roscoea purpurea*, Smith, *Exot. bot.*, 2, page 97, tab. 108. Cette plante a des racines réunies en un faisceau de tubercules alongés, aigus, accompagnés de fibres simples ou rameuses. Les tiges sont droites, simples, solitaires, hautes d'un pied et plus, garnies de feuilles alternes, disposées sur deux rangs, vaginales et amplexicaules, alongées, plissées, aiguës, très-glabres, sinuées, brunes sur leur gaîne, traversées par des veines obliques et parallèles. Les fleurs sont droites, sessiles, terminales, assez grandes, d'une belle couleur violette, sortant d'une spathe en forme de feuilles, qui enveloppe le tube de la corolle, dont le limbe est double ; un extérieur à deux lèvres, ainsi que l'intérieur, la lèvre supérieure plus courte que le limbe extérieur, à demi-divisée en deux lobes, rétrécie en pointe à sa base, et embrassant les organes de la fructification ; l'inférieure plus longue, plus large, étalée et bifide ; une seule étamine, dont le filament est droit, l'anthère courbée, prolongée à sa base par un appendice à deux lobes ascendans, lancéolés, aigus ; l'ovaire fort petit. Cette plante croit dans les Indes orientales. (Poir.)

ROSE, *Rosa*. (*Bot.*) Ce nom, joint à un autre nom de pays, est quelquefois employé vulgairement pour désigner des plantes qui présentent, dans leurs fleurs ou dans quelque autre partie, une forme approchante de la rose. Ainsi l'*hibiscus rosa sinensis* est nommé rose de la Chine ; le *camellia* est la rose du Japon ; l'*alcea rosea* est la rose trémière ou d'outremer. La variété de l'obier, *viburnum opulus*, à fleurs en boule, toutes stériles, est vulgairement nommée rose de Gueldre ou boule de neige. La rose du Japon est l'*hortensia* ; l'*anastatica hierichuntica* est depuis long-temps nommée *rosa hierichuntica*, rose de Jéricho ; le *rosa græca* de Pline est, selon quelques-uns, au rapport de C. Bauhin, le *lychnis chalcedonica*. On trouve dans Tragus la coquelourde des jardiniers, *agrostemma coronaria*, sous le nom de *rosa mariana*. L'*helleborus niger* est la rose de Noël ; l'œillet d'Inde, *tagetes*, est le *rosa indica* de Gesner, suivant C. Bauhin. Dans la province de Caracas en Amérique, le *brownœa racemosa* de Jacquin est nommé *rosa de belvaria*, et le *brownœa grandiceps* du même est le *rosa del monte*, suivant M. Kunth ; le *ginoria americana* est nommé à Cuba *rosa del rio*, rose fluviatile. Voyez Rosier. (J.)

ROSE BLANCHE. (*Bot.*) C'est une variété de figue. (L. D.)

ROSE CHANGEANTE. (*Bot.*) C'est une espèce de ketmie. (Lem.)

ROSE DE CHIEN. (*Bot.*) Nom vulgaire des rosiers sauvages. (L. D.)

ROSE DU CIEL. (*Bot.*) C'est une espèce d'agrostème. (L. D.)

ROSE COCHONNIÈRE. (*Bot.*) Voyez Rose de chien. (L. D.)

ROSE DE DAMAS. (*Bot.*) C'est une variété de la rose trémière. Voyez *Guimauve alcée* à l'article Guimauve. (Lem.)

ROSE DIÈTE. (*Bot.*) Un des noms de la viorne obier. (L. D.)

ROSE-GORGE. (*Ornith.*) Cette espèce de gros-bec, de

la Louisiane, est le *loxia ludoviciana*, Linn., pl. enl., 153, fig. 2. (Cʜ. D.)

ROSE DE GUELDRE. (*Bot.*) C'est la viorne obier. (L. D.)

ROSE D'HIVER ou ROSE DE NOËL. (*Bot.*) Noms vulgaires de l'hellébore noir. (L. D.)

ROSE D'INDE et ŒILLET D'INDE. (*Bot.*) On donne ces noms aux *tagetes*, cultivés dans nos jardins. (Lᴇᴍ.)

ROSE DU JAPON. (*Bot.*) Ce nom a été donné au *camellia* du Japon et aussi à l'*hortensia*. (Lᴇᴍ.)

ROSE DE JÉRICHO. (*Bot.*) C'est l'*anastatica hierocuntica*, Linn. Voyez Jᴇʀᴏsᴇ. (Lᴇᴍ.)

ROSE-DE-JÉRICHO. (*Foss.*) On a autrefois donné ce nom à une entroque rameuse, ou plutôt à une base d'encrine fossile. (D. F.)

ROSE DE NOËL. (*Bot.*) Voyez Rᴏsᴇ ᴅ'ʜɪᴠᴇʀ. (Lᴇᴍ.)

ROSE DE NOTRE-DAME, ROSE PÉONE. (*Bot.*) C'est la pivoine officinale. (L. D.)

ROSE D'OUTREMER, ROSE TRÉMIÈRE, PASSE-ROSE. (*Bot.*) Noms vulgaires de la guimauve alcée. (L. D.)

ROSE-QUEUE. (*Erpétol.*) Un reptile saurien du genre Agame a reçu ce nom. (Dᴇsᴍ.)

ROSE-RUBIS. (*Bot.*) C'est l'adonide d'été. (Lᴇᴍ.)

ROSE SAINTE MARIE. (*Bot.*) C'est la coquelourde des jardins, *agrostemma coronaria*, Linn. (Lᴇᴍ.)

ROSE TRÉMIÈRE. (*Bot.*) C'est la guimauve alcée. (L. D.)

ROSEAU; *Arundo*, Linn. (*Bot.*) Genre de plantes monocotylédones apétales, de la famille des *graminées*, Juss., et de la *triandrie monogynie*, Linn., dont les principaux caractères sont d'avoir : Un calice à deux valves glumacées, très-aiguës, renfermant une ou plusieurs fleurs ; une corolle à deux valves égales au calice, environnées à leur base par une touffe de poils persistans : trois étamines à filamens capillaires, portant des anthères bifides à leurs deux extrémités ; un ovaire supère, oblong, surmonté de deux styles capillaires, terminés par des stigmates simples ; une graine oblongue, enveloppée par les valves adhérentes de la corolle.

Les roseaux sont des plantes herbacées, à racines vivaces, dont les tiges sont articulées, garnies de feuilles assez larges, et dont les fleurs sont disposées, en général, en une grande

panicule. En comprenant dans ce genre les plantes uniflores
et celles qui sont multiflores, il renferme plus de cinquante
espèces; mais, en en séparant toutes ces dernières, il n'en
reste plus que neuf. Les auteurs qui ont adopté cette manière
de voir, ont placé les autres espèces dans plusieurs genres,
et principalement dans les *Deyeuxia* et *Calamagrostis*. Le genre
DEYEUXIA ayant été traité dans cet ouvrage, tom. XIII, p. 120,
nous y renverrons; mais le *Calamagrostis* n'ayant été qu'indiqué, nous parlerons ici de quelques-unes des espèces qui
pourroient lui être rapportées.

* *Calice uniflore ; valve extérieure de la corolle chargée d'une arête.*

ROSEAU PLUMEUX : *Arundo calamagrostis*, Linn., *Spec.*, 121;
Calamagrostis lanceolata, Roth, *Flor. Germ.*, 1, pag. 34. Son
chaume est droit, haut de deux à quatre pieds, garni de
feuilles linéaires, d'un vert un peu glauque. Ses fleurs sont
verdâtres, panachées de violet, disposées en panicule très-
rameuse, étalée, longue de six à dix pouces. Les valves calicinales sont très-acérées, et la valve extérieure de la corolle
est une fois plus longue que l'intérieure, échancrée à son
sommet, chargée dans cette échancrure d'une arête qui s'é-
lève à la même hauteur que la touffe de poils, qui est plus
longue que la corolle. Cette espèce croît dans les prés humides en France et dans plusieurs autres contrées de l'Europe. Les bestiaux ne la mangent que lorsqu'ils sont pressés
par la faim, et c'est une mauvaise nourriture, qui passe pour
leur donner la dyssenterie. La manière d'utiliser cette plante,
qui couvre quelquefois des espaces considérables, est d'en
faire de la litière ou d'en couvrir les toits rustiques.

ROSEAU DE RIVAGE : *Arundo littorea*, Schrad., *Fl. Germ.*, 1,
p. 212, t. 4, fig. 2 ; *Calamagrostis littorea*, Dec., Fl. fr., 5,
p. 255. Cette espèce diffère de la précédente par ses fleurs plus
rares, par sa panicule plus lâche et plus grêle ; mais surtout
parce que l'arête de la valve extérieure de sa corolle est tout-
à-fait terminale. La touffe de poils de la base des fleurs est
aussi longue ou presque aussi longue que les glumes calicinales. Cette plante croît en France, en Allemagne, etc., sur
les bords des fleuves et des rivières.

Roseau de Haller : *Arundo Halleriana*, Gaud., *Agrost. helv.*, 1, pag. 97 ; *Calamagrostis Halleriana*, Decand., Fl. fr., 5, pag. 256. Son chaume est droit, haut de deux à trois pieds. Ses fleurs sont verdâtres, panachées de brun et de rougeâtre, disposées en panicule très-rameuse, lâche, longue de trois à six pouces. La valve extérieure de la corolle est bifide, chargée sur son dos et un peu au-dessus de sa base d'une arête droite, plus courte que le calice. Les poils, situés à la base de la corolle, sont aussi longs ou plus longs qu'elle. Cette plante croît dans les bois marécageux et sur les bords des rivières, en France, dans le Midi de l'Europe et dans l'Amérique septentrionale.

*** * *Calice uniflore; valve extérieure de la corolle dépourvue d'arête.***

Roseau des sables : *Arundo arenaria*, Linn., Sp., 121 ; *Calamagrostis arenaria*, Roth, Germ., 1, p. 34. Ses racines sont longues, rampantes ; elles produisent des chaumes droits, roides, hauts de deux à trois pieds, garnis de feuilles roulées en leurs bords, roides, piquantes, paroissant cylindriques. Ses fleurs sont d'un vert blanchâtre, disposées en panicule resserrée, ayant l'aspect d'un épi. Les valves de la corolle sont égales entre elles, et une ou deux fois plus longues que les poils. Cette espèce croît dans les lieux sablonneux des bords de l'Océan et de la Méditerranée. On la cultive dans les dunes pour servir à en fixer les sables mobiles et les empêcher d'être emportés par le vent et les eaux.

Roseau coloré : *Arundo colorata*, Willd., Spec., 1, p. 467 ; *Phalaris arundinacea*, Linn., Sp., 80 ; *Calamagrostis colorata*, Decand., Fl. fr., 3, p. 26. Ses chaumes sont droits, roides, hauts de deux à quatre pieds, garnis de feuilles linéaires-lancéolées, planes. Ses fleurs sont d'un vert blanchâtre ou souvent panachées de rougeâtre, serrées entre elles et disposées en une panicule ouverte. Les valves de la corolle sont égales, au moins trois à quatre fois plus longues que les poils. Cette plante croît sur les bords des étangs et des rivières, en France et dans plusieurs parties de l'Europe. Dans les jardins on en cultive une variété, sous le nom de *roseau panaché*, de *chien-*

dent-ruban, dont les feuilles sont panachées ou plutôt marquées de lignes blanches longitudinales.

*** *Calice multiflore.*

Roseau a balais; *Arundo phragmites*, Linn., *Sp.*, 120. Ses racines sont rampantes; elles produisent des chaumes droits, roides, hauts de quatre à six pieds et même plus, garnis de feuilles lancéolées-linéaires, planes, se terminant en pointe très-alongée. Ses fleurs sont brunâtres, disposées, sur des pédoncules très-rameux, en une panicule lâche, tournée d'un seul côté et longue de huit à douze pouces. Les glumes calicinales, une à deux fois plus courtes que les valves de la corolle, contiennent trois à cinq fleurs, rarement six, et quelquefois deux seulement. Les poils sont aussi longs que les corolles. Cette plante fleurit en Août et en Septembre; elle croît en France et en Europe, dans les étangs et les rivières.

Les racines de ce roseau passent pour sudorifiques et diurétiques; on les a conseillées dans la syphilis, la goutte, les affections rhumatismales. La décoction de ses sommités teint en vert. On fait, avec ses panicules coupées avant la floraison, des balais d'appartement. Ses feuilles, dans la jeunesse de la plante, peuvent être données pour fourrage aux chèvres, aux chevaux et aux vaches; ces dernières surtout en sont friandes: plus tard, lorsqu'elles sont devenues trop dures, elles ne sont plus propres qu'à faire de la litière, ou à couvrir, étant réunis aux tiges, les chaumières ou les cabanes rustiques. Dans plusieurs cantons des rives de la Loire, où cette plante est commune, principalement autour des îles qui se trouvent dans le cours inférieur de ce fleuve, ses tiges, fendues et aplaties, sont employées à fabriquer des nattes qui servent à couvrir et à préserver de la pluie les diverses marchandises que le commerce fait remonter dans l'intérieur sur des bâteaux.

Roseau donax, vulgairement Roseau a quenouille, Canne de Provence; *Arundo donax*, Linn., *Sp.*, 120. Ses racines sont articulées, traçantes; elles produisent des tiges droites, dures, de la grosseur du pouce et plus, hautes de dix à quinze pieds, garnies de feuilles lancéolées-linéaires, longues de quinze à vingt pouces. Ses fleurs sont d'un vert blanchâtre, disposées en une panicule très-garnie, étalée, longue de quinze à vingt-quatre pouces. Le calice est presque égal à la corolle et contient deux à trois fleurs. La touffe de poils est aussi longue que la corolle. Cette espèce croît sur les bords des eaux dans le Midi de la France, de l'Europe, et dans le Nord de l'Afrique; elle ne fleurit qu'en Septembre et Octobre. On en cultive une variété dont les feuilles sont rayées de blanc.

Les racines de ce roseau ont une saveur douce et un peu sucrée; elles passent pour diurétiques, emménagogues, et surtout pour avoir la propriété de faire passer le lait des femmes qui cessent de nourrir ou qui ne veulent pas remplir ce devoir. Ses jeunes pousses, pendant qu'elles sont tendres, peuvent se manger cuites. Les vaches et les chevaux en mangent aussi les feuilles pendant la jeunesse des tiges. Celles-ci, parvenues à l'état de maturité, se coupent rez-terre et servent, étant desséchées et dépouillées de leurs feuilles, à faire des quenouilles, des cannes, de longs manches très-commodes par leur légéreté pour pêcher à la ligne, des treillages d'espaliers, des palissades pour les clôtures légères, des claies pour sécher les fruits, des peignes pour les tisserands, des bobines pour filer. Elles durent long-temps à l'air et même dans l'eau. C'est avec ces tiges, refendues en petites lames, qu'on fait les anches de plusieurs instrumens à vent, comme bassons, clarinettes, hautbois.

Le roseau donax, cultivé à Paris et dans le Nord de la France, y fleurit rarement, parce que les gelées surviennent ordinairement avant qu'il soit parvenu à toute sa hauteur. La même raison empêche ses tiges d'acquérir toute la solidité qu'elles ont dans le Midi. Il produit un assez bon effet dans les jardins paysagers pour qu'on l'emploie à leur décoration. Il lui faut un terrain chaud et humide. Il se multiplie facilement par la séparation de ses racines. (L. D.)

ROSEAU DES ÉTANGS. (*Bot.*) Nom vulgaire de la massette. (L. D.)

ROSEAU A FEUILLES RAYÉES. (*Bot.*) C'est une variété de l'alpiste. (L. D.)

ROSEAU A FLÈCHES. (*Bot.*) Suivant Richard on nomme ainsi à Cayenne le *saccharum sagittatum*. (J.)

ROSEAU DES INDES. (*Bot.*) Voyez Bambou. (Lem.)

ROSEAU ODORANT. (*Bot.*) C'est l'*acorus*. (L. D.)

ROSEAU DE LA PASSION. (*Bot.*) C'est la massette. (L. D.)

ROSEAU A SUCRE. (*Bot.*) C'est la canne à sucre. (Lem.)

ROSÉE. (*Phys.*) Voyez à l'article Météores, tome XXX, page 309. (L. C.)

ROSÉE DU CIEL. (*Bot.*) Un des noms vulgaires du Nostoc commun. Voyez ce mot. (Lem.)

ROSÉE DU SOLEIL. (*Bot.*) C'est le drosère à feuilles rondes. (L. D.)

ROSELET. (*Mamm.*) C'est le nom de l'hermine, espèce de quadrupède du genre Marte, dans son pelage d'été. (Desm.)

ROSELIN. (*Ornith.*) Nom sous lequel le merle couleur de rose, *turdus roseus*, est décrit et figuré par Levaillant dans ses Oiseaux d'Afrique, tome 2 : c'est le pâtre roselin, *pastor roseus* de M. Temminck. (Ch. D.)

ROSELITE. (*Min.*) Nouvelle espèce minérale, établie par M. A. Levy et dédiée à M. G. Rose, de Berlin.

C'est un minéral composé, d'après les essais faits par M. Children, d'oxide de cobalt, de chaux, d'acide arsenic, de magnésie et d'eau. Il a beaucoup de rapports extérieurs avec la pharmacolithe et encore plus avec le minéral nommé picropharmacolite ; il renferme comme celui-ci de la magnésie ; mais sa forme, quoique déterminée sur de très-petits cristaux aciculaires, a paru suffisamment distincte pour engager M. Levy a en faire une espèce et à lui consacrer le nom d'un des minéralogistes, chimiste et cristallographe, les plus distingués de cette époque.

Ces cristaux sont des prismes de six à huit pans, surmontés d'un pointement à quatre faces, basé et dérivant d'un prisme droit rhomboïdal de $132^d\,48'$, qui se laisse cliver parallèlement à la petite diagonale de sa base.

La roselite raie le gypse, et est rayée par le fluorite ; elle donne au chalumeau les indices caractéristiques de l'arsenic et du cobalt.

Ses cristaux sont transparens, rougeâtres, avec un éclat vitreux. On les a pris jusqu'à présent pour des efflorescences de cobalt.

Elle se trouve engagée dans du quarz, dans les environs de Schnéeberg en Saxe. (B.)

ROSELLA. (*Bot.*) Nom portugais du *cistus crispus*, suivant Clusius. (J.)

ROSELLE. (*Ornith.*) Un des noms vulgaires de la grive mauvis, *turdus iliacus*, Linn., qu'on appelle aussi *rosette*. (Ch. D.)

ROSELLÉES [Feuilles]. (*Bot.*) Nombreuses et disposées comme les pétales d'une rose double; exemples : *sempervivum tectorum, saxifraga pyramidalis*. (Mass.)

ROSEMUKEN. (*Ichthyol.*) Selon Gesner c'est le nom d'un poisson des lacs et des étangs de la Prusse. (H. C.)

ROSÈNE, *Rosenia*. (*Bot.*) Genre de plantes dicotylédones, à fleurs composées, de la famille des *corymbifères*, de la *syngénésie polygamie superflue* de Linnæus, offrant pour caractère essentiel : Un calice scarieux, imbriqué; cinq étamines syngénèses; le réceptacle garni de paillettes; les semences couronnées par une aigrette composée de paillettes capillaires.

Rosène glanduleuse; *Rosenia glandulosa*, Thunb., *Nov. gen.*, 12, page 161. Arbrisseau pourvu d'une tige glabre, cylindrique, flexueuse, droite, très-rameuse, haute de deux pieds et plus. Les branches sont alternes; les rameaux presque verticillés ou en ombelle, ternés ou quaternés, diffus, étalés, striés; les latéraux très-courts. Les feuilles sont petites, presque fasciculées ou très-rapprochées, sessiles, ovales, entières, obtuses, un peu concaves, glanduleuses, particuliérement à leurs bords, un peu épaisses, longues de trois lignes. Les fleurs sont solitaires, situées à l'extrémité des derniers rameaux. Cette plante croit dans l'intérieur des terres, au cap de Bonne-Espérance. (Poir.)

ROSETTA. (*Bot.*) Nom castillan d'un glauciet ou pavot cornu, *glaucium*, suivant Clusius. (J.)

ROSETTE. (*Entom.*) Nom donné par Geoffroy à une phalène qu'il a inscrite sous le n.° 120 : c'est le *bombyx rosea*. (C. D.)

ROSETTE. (*Ichthyol.*) En Hollande on appelle ainsi un poisson qui paroît être le Grondin ou Rouget. Voyez ces mots et Malarmat et Trigle. (H. C.)

ROSETTE. (*Ichthyol.*) Ce nom est encore donné, ainsi que

ceux de roseret et de roset, à un petit poisson du genre
Atherine, très-commun sur nos côtes de la Manche. On ne
mange que les plus gros individus, et les autres, après avoir
été pilés, sont employés comme appât sous le nom de mo-
caille. (DESM.)

ROSETTE D'ÉPINETTE. (*Conchyl.*) On trouve quelquefois
ce nom pour désigner le *trochus perspectivus*, Linn., type du
genre CADRAN de M. de Lamarck. (DE B.)

ROSICLER. (*Min.*) Nom donné par les mineurs du Pérou
au minérai d'argent rouge, et employé quelquefois dans les
ouvrages de quelques minéralogistes européens. Voyez AR-
GENT ROUGE. (B.)

ROSIER : *Rosa*, Linn. (*Bot.*) Genre de plantes dicotylédones polypétales, qui a donné son nom à la famille des *rosacées*, Juss., et qui, dans l'ordre du Système sexuel, appartient
à l'*icosandrie polygynie*. Il a pour caractères : Un calice monophylle, tubulé-ventru inférieurement, resserré à son orifice, partagé supérieurement en cinq découpures lancéolées,
entières ou alternativement pinnatifides ; une corolle de cinq
pétales en cœur, insérés à l'orifice du tube calicinal ; des étamines nombreuses, à filamens filiformes, plus courts que les
pétales et portés sur le calice ; des ovaires nombreux, placés
au fond du calice, chargés chacun d'un style à stigmate
simple ; des graines nombreuses, recouvertes d'une sorte de
duvet. attachées aux parois intérieures du tube du calice, qui,
après la floraison, prend la forme d'une baie charnue, globuleuse ou ovoïde.

Selon M. de Théis, le nom de la rose vient du celtique
rhood ou *rhudd,* qui signifie rouge, d'où les Grecs ont formé
ῥόδον, et les Latins *rosa.*

Les rosiers sont des arbrisseaux ou des arbustes à feuilles
très-rarement simples, le plus souvent ailées, accompagnées
de stipules ; leurs tiges sont pour l'ordinaire armées d'aiguillons, et leurs fleurs, d'une grandeur remarquable, disposées
en plus ou moins grand nombre au sommet des branches ou
sur de petits rameaux latéraux, joignent à la beauté et à l'élégance des formes, le charme des couleurs les plus agréables,
et souvent celui d'un doux parfum ; aussi les roses ont-elles
été recherchées dans tous les temps.

Les nations les plus nombreuses, les cités les plus vastes, les royaumes les plus riches ont disparu de la surface du globe, les dynasties les plus puissantes ont été englouties dans les révolutions et les bouleversemens survenus dans la suite des siècles, et une simple fleur a bravé tous les orages politiques; elle a vu cent générations se succéder; elle a vu les mortels inconstans changer les objets de leur culte et briser les dieux qu'ils s'étoient faits, et elle seule a traversé les siècles sans voir son destin changer : les hommages qu'on lui rendoit il y a trois mille ans, l'amour qu'on lui portoit, sont toujours les mêmes; maintenant comme aux temps les plus reculés, nous décernons à la rose la première place dans l'empire de Flore; les poètes de nos jours, comme ceux de l'antiquité, saluent la rose du nom de reine des fleurs; nulle autre n'a jamais été tant célébrée; dans presque toutes les langues elle a été prise pour l'emblême des plus belles choses, et pour le terme des comparaisons les plus riantes et les plus aimables : elle est le symbole de la pudeur, de l'innocence, et en même temps celui de la grâce et de la beauté. On formeroit plusieurs volumes, si l'on vouloit réunir tous les vers dans lesquels on a célébré la rose :

> Et qui peut refuser un hommage à la rose,
> La rose dont Vénus compose ses bosquets,
> Le printemps sa guirlande, et l'amour ses bouquets;
> Qu'Anacréon chanta, qui formoit avec grâce
> Dans les jours de festin la couronne d'Horace?
>
> DELILLE, Jardins, III.

La fleur chérie des poètes ne pouvoit avoir une origine naturelle, et la fable raconte de plusieurs manières, soit sa naissance, soit comme elle prit la vive couleur qui la distingue. Bion et Théocrite la font naître du sang d'Adonis, qui, selon la mythologie, périt victime de la fureur d'un sanglier suscité par Diane, à la prière de Mars, jaloux de la préférence que la déesse de Cythère avoit accordée à ce jeune prince. D'autres poètes supposent seulement que la rose, qui auparavant étoit naturellement blanche, prit l'incarnat qui la colore, en se teignant du sang d'Adonis, et même de celui de Vénus elle-même, dont le pied fut blessé par les épines de cet arbrisseau. Ausone raconte une autre fable, selon laquelle la rose doit sa couleur vermeille au sang de Cupidon, et l'on trouve encore que ce jeune dieu, en conduisant dans l'Olympe un chœur de danse, heurta et renversa un vase de nectar qui, tombant sur la terre, changea la couleur de la rose. Aussi, les uns ont dédié la rose au fils de Vénus, les autres à la déesse elle-même, qui surpassoit en beauté toutes les autres divinités, comme la rose l'emporte sur les autres fleurs par l'élégance de ses formes, l'éclat de ses couleurs et le charme de son doux parfum.

Les Turcs ont aussi voulu voir quelque chose de merveilleux dans la rose, mais on trouvera sans doute que leur imagination, moins riante que celle des Grecs, leur a fourni sur la couleur de cette fleur une idée plus singulière que gracieuse : ils disent qu'elle a été teinte par la sueur de Mahomet.

Les moines chrétiens, enfin, malgré leur austérité réelle ou apparente, ont aussi empreint les roses de quelque chose de céleste, puisqu'ils en ont placé dans le paradis. Un auteur de la Vie des Saints raconte l'histoire d'une jeune vierge nommée Dorothée, qui souffrit le martyre à Césarée et qui convertit à la religion chrétienne un écrivain nommé Théophile, en lui envoyant des roses du paradis au milieu de l'hiver.

La rose, chez les anciens, brilloit dans les pompes sacrées et dans les fêtes publiques et particulières. Les Grecs et les Romains entouroient de guirlandes de roses les statues de Vénus, d'Hébé et de Flore. On prodiguoit les roses aux fêtes de cette dernière déesse. Dans celles de Junon à Argos, la statue de l'épouse du souverain des dieux étoit couronnée de lis et de roses. Dans les fêtes de l'hymen, à Athènes, les jeunes gens des deux sexes, couronnés de roses et parés de fleurs, formoient des danses qui avoient pour objet de peindre l'innocence des premiers temps. A Rome, dans les rejouissances publiques, on jonchoit quelquefois les rues de roses, et à Baïes, lorsqu'on donnoit des fêtes sur l'eau, tout le lac Lucrin paroissoit couvert de roses.

L'usage de s'entourer la tête, le cou et même la poitrine, de guirlandes de roses pendant les derniers actes d'un festin joyeux, lorsqu'après les mets solides on passoit au dessert et aux vins rares, est bien connu par les odes d'Horace et d'Anacréon. Les Romains finirent même par pousser ce genre de luxe jusqu'à couvrir d'une couche de roses, les tables et les lits sur lesquels se plaçoient les convives. Pour n'être pas privés de ces jouissances pendant l'hiver, leurs jardiniers trouvèrent le moyen de produire dans des serres, par des tuyaux remplis d'eau chaude, une chaleur artificielle capable de faire éclore les lis et les roses pendant les mois de Décembre et de Janvier. Sénèque se plaint de ces inventions avec une affectation ridicule ; mais les Romains, sans s'arrêter aux sévères déclamations du philosophe, perfectionnèrent tellement leurs serres que , lorsque, sous Domitien, les Égyptiens crurent avoir offert à l'empereur un magnifique hommage, en lui envoyant des roses au milieu de l'hiver, ce présent n'excita que le rire et le dédain : tant les roses que l'art avoit fait éclore étoient abondantes à Rome! Dans toutes les rues, dit Martial, on respire les odeurs du printemps, on voit briller l'éclat des fleurs fraichement tressées en guirlandes. Envoyez-nous du blé, Égyptiens, nous vous enverrons des roses.

Les premiers chrétiens improuvèrent l'emploi des fleurs, soit dans les fêtes, soit pour orner les tombeaux, à cause des rapports qu'il avoit avec la mythologie payenne. Tertullien a fait un livre contre les couronnes et les guirlandes ; Clément d'Alexandrie ne veut pas que les chrétiens se couronnent de roses , tandis que Jésus-Christ a été couronné d'épines. Mais un peu plus tard les fidèles se relâchèrent de cette sévérité outrée.

Cependant les couronnes et les guirlandes ne furent plus que rarement employées dans les cérémonies religieuses, et la mode de se couronner de roses dans un festin se perdit entièrement. La religion chrétienne n'a guère conservé l'usage des roses que dans une seule de ses solennités : dans les processions de la Fête-Dieu, ce sont, de préférence, ces fleurs effeuillées qui se mêlent dans l'air aux parfums des encensoirs dirigés vers le Saint-Sacrement.

Selon une ancienne coutume, qui est tombée en désuétude dans le dix-septième siècle, les ducs et pairs, soit qu'ils fussent princes ou même fils de France, étoient jadis obligés de donner des roses au parlement de Paris, en Avril, Mai et Juin. Le pair qui étoit appelé à faire faire cette cérémonie, faisoit joncher de roses, de fleurs et d'herbes odoriférantes, toutes les chambres du parlement, et réunissoit, avant l'audience, dans un déjeuner splendide, les présidens, les conseillers, et même les greffiers et les huissiers de la cour. Il alloit ensuite dans chaque chambre, faisant porter devant lui un grand bassin d'argent, lequel contenoit autant de bouquets de roses et d'autres fleurs de soie ou naturelles, qu'il y avoit d'officiers. Le parlement avoit son faiseur de roses, appelé le *Rosier de la cour*, chez lequel les pairs devoient acheter celles dont se composoient leurs présens. Sous le règne de François I.er il y eut dispute entre le duc de Montpensier et le duc de Nevers sur la *baillée des roses* du parlement. Celui-ci ordonna, qu'à cause de sa qualité de prince du sang, le duc de Montpensier les bailleroit le premier. Parmi les princes du sang qui se soumirent à cette cérémonie, on compte encore les ducs de Vendôme, de Beaumont, d'Angoulême et beaucoup d'autres. Henri IV, n'étant encore que roi de Navarre, justifia au procureur général que ni lui ni ses prédécesseurs n'avoient jamais manqué de satisfaire à cette redevance.

Non-seulement les roses étoient consacrées chez les anciens pour les fêtes religieuses, les cérémonies publiques et les festins particuliers, elles étoient encore au nombre des fleurs qui servoient à orner les tombeaux. Les Romains considéroient ces soins précieux comme tellement agréables aux mânes, qu'ils destinoient par testament des jardins entiers à être réservés pour fournir des fleurs à leur tombeau. Quelquefois le défunt avoit même ordonné que les héritiers se réuniroient tous les ans, au jour anniversaire de sa mort, pour dîner auprès de son tombeau, en se couronnant de roses cueillies dans la plantation sépulcrale.

Le vif éclat dont brille la rose passe vîte. Le même jour qui le matin voit éclore cette belle fleur, la voit se flétrir le soir. Est-ce parce qu'on a comparé la courte durée de la vie humaine à l'existence passagère de la rose, qu'on a consacré cette fleur aux tombeaux. Un poète latin fait ainsi allusion à la brièveté de la vie et à la durée éphémère de la rose:

Ut mane rosa viget, tamen et mox vespere languet;
Sic modo qui fuimus, cras levis umbra sumus.

Le poète Malherbe, en déplorant la perte de la fille d'un

de ses amis, morte au printemps de sa vie, lui adressa les
vers suivans, dont les deux derniers ont depuis servi tant de
fois pour indiquer aux ames sensibles le tombeau d'une jeune
vierge enlevée à la fleur de son âge :

> Ta fille étoit de ce monde où les plus belles choses
>   Ont le pire destin ;
> Et rose elle a vécu, ce que vivent les roses,
>   L'espace d'un matin.

C'est la même idée qu'on a voulu exprimer en représentant, sur le tombeau d'une dame morte à vingt ans, le temps
moissonnant une rose. En Pologne, on couvre de roses le cercueil des enfans. Dans plusieurs provinces de France, une
couronne de roses blanches orne celui des jeunes filles. En
Turquie on sculpte une rose sur leur tombeau.

Dans les temps de la chevalerie les roses étoient souvent
un emblême dont les preux se plaisoient à décorer leurs armes.
Une rose dans l'écu d'un chevalier annonçoit que la douceur
doit être la compagne du courage, et que la beauté est le
seul prix digne de la valeur. Mais cette aimable fleur ne fut
pas toujours prise pour de tels emblêmes. La rose blanche et
la rose rouge se sont rendues malheureusement célèbres en
Angleterre, pendant plus de trente ans de guerres civiles, qui
commencèrent sous Henri VI, entre la maison de Lancastre
et celle d'York. Un duc de ce nom, descendant d'Édouard III,
qui fondoit ses droits à la couronne sur ce qu'il se trouvoit
plus près d'un degré de la tige primitive que la branche régnante, portoit dans son écu une rose blanche, et le roi
Henri VI portoit une rose rouge. Ce ne fut qu'après plusieurs
batailles, après avoir inondé de sang tout le royaume, après
la fin tragique de trois rois, que Henri VII, de la maison
de Lancastre, mit fin aux désolations causées par les deux
roses, en réunissant les deux partis et les deux branches par
son mariage avec Élisabeth, héritière de l'autre maison.

La rose est la récompense de la sagesse dans la fête de la
rosière de Salency. Saint-Médard, évêque de Noyon, qui
vivoit dans le cinquième siècle, du temps de Clovis, institua
dans ce village le prix le plus touchant que la piété ait jamais
offert à la vertu, une couronne de roses pour la fille la plus

modeste, la plus sage et la plus soumise à ses parens. La première rosière fut la sœur du saint évêque.

D'autres fêtes de la rose furent instituées dans plusieurs autres villages de France et même des pays voisins. Lors du séjour que Louis XVIII fit à Blankenbourg, pendant les années qu'il passa éloigné du trône et de sa patrie, ayant été invité à assister à une fête de rosière, lorsqu'il eut posé la couronne sur la tête de la jeune personne, qui lui fut désignée comme la plus vertueuse, cette rosière lui dit ingénument : *Dieu vous la rende!*

Si la vue des roses ou leur odeur délicieuse charme la plupart des hommes, cependant on a vu des individus qui ne pouvoient les souffrir. Marie de Médicis avoit une telle antipathie pour les roses, qu'elle ne pouvoit les voir même en peinture. Le chevalier de Guise s'évanouissoit à la vue d'une rose. Un homme, cité par le docteur Ladelius, étoit obligé de ne pas sortir de chez lui pendant tout le temps des roses, parce que, si le hazard lui en faisoit sentir le parfum, il éprouvoit bientôt un violent coryza. Une si étrange aversion est une véritable disgrâce de la nature. Le parfum des roses, respiré en trop grande quantité, peut cependant occasioner des accidens plus ou moins graves, surtout dans des appartemens fermés. On trouve dans les auteurs quelques exemples de morts causées par une quantité trop considérable de roses, laissées pendant la nuit dans des chambres à coucher.

L'eau de rose ne paroît pas avoir été connue avant le onzième siècle, au moins ce n'est que dans Avicenne qu'il en est fait mention pour la première fois. Je parlerai plus bas des propriétés de cette eau ; mais ce que j'en dirai maintenant doit être considéré comme n'ayant rapport qu'à l'histoire générale de la rose.

Les Orientaux font usage de cette eau, à ce qu'il paroît, pour purifier les temples en général, et surtout lorsqu'ils croient que ceux-ci ont pu être profanés par l'exercice d'un autre culte que celui de Mahomet. Parmi plusieurs exemples, rapportés par les historiens, de l'eau de rose répandue à flots par les sultans dans de telles circonstances, je rapporterai seulement les trois suivantes : lorsque Saladin prit Jérusalem, en 1188, il fit laver avec de l'eau de rose, venue de Damas, les murs et les parvis de la mosquée d'Omar, qui avoit été convertie en église par les chrétiens. Cinq cents chameaux, dit Sanut, suffirent à peine pour porter toute l'eau de rose employée dans cette occasion. Bibars, quatrième sultan de la dynastie des Mamlouks-Baharytes, lava le Kaabah du temple de la Mekke avec de l'eau de rose; et Mahomet II, après la prise de Constantinople, en 1453, n'entra dans l'église de Sainte-Sophie pour remercier Dieu de sa victoire, qu'après l'avoir fait laver avec de l'eau de rose, et l'avoir changée en mosquée.

Le père Catron rapporte, dans son Histoire générale du Mogol, que la princesse Nourmahal fit remplir d'eau de rose tout un canal, et qu'elle s'y promena dans un bateau avec le grand Mogol. La chaleur du soleil ayant dégagé de l'eau de rose l'huile essentielle qu'elle contenoit, on remarqua cette substance qui flottoit à la surface de l'eau, et c'est ainsi que se fit la découverte de l'essence de rose.

Jadis on portoit aux baptêmes de grands vases remplis d'eau de rose : Bayle raconte à ce sujet, qu'à la naissance de Rousard, sa nourrice, en chemin pour aller à l'église, le laissa tomber sur un tas de fleurs, et que la femme qui tenoit le vase d'eau de rose le répandoit sur l'enfant. Tout cela, ajoute Bayle, fut regardé depuis comme un présage heureux de la bonne odeur que devoient un jour répandre ses poésies.

On pourroit multiplier encore les anecdotes curieuses sur la rose; on pourroit citer une multitude de passages agréables des poètes anciens et modernes ayant rapport à cette charmante fleur; mais comme cela entraîneroit trop loin dans un ouvrage de la nature de celui-ci, il suffit d'avoir cité ce qu'il y avoit de plus remarquable, et les lecteurs qui voudront connoître tout ce qui a été écrit sur la rose, pourront lire les ouvrages de Rosenberg, du président d'Orbessan, de Buchoz, de Guillemeau, du marquis de Chenel, de MM. Redouté et Thory, de M. Lindley, de M. de Pronville, etc.

Célèbre chez toutes les nations de l'Europe, et même chez plusieurs peuples de l'Asie, la rose a dû être une des premières plantes qu'on ait cultivées dans les jardins. Dans l'un des livres attribués à Salomon, la sagesse éternelle est comparée aux plantations de rosiers qu'on voyoit près de Jéricho.

Hérodote fait mention de la rose double. Théophraste dit que les roses à cent feuilles croissent sur le mont Pangée, où les habitans de Philippes vont les chercher pour les transplanter chez eux; cependant, comme il ajoute qu'elles sont petites et peu odorantes, il est douteux qu'il ait voulu parler de l'espèce à cent feuilles que nous connoissons aujourd'hui.

Pline nous a laissé quelques détails sur la culture des rosiers, et quoiqu'il en ait parlé d'une manière assez concise, cependant ce qu'il dit suffit pour nous donner une idée de la manière dont on plantoit alors ces arbrisseaux. Quant aux roses qu'on cultivoit de son temps dans les jardins, comme il ne nous en a guère laissé que les noms, il est fort difficile de rapporter ces espèces à celles que nous connoissons maintenant, et ce n'est que comme conjecture qu'on peut dire que la rose de Préneste, celle de Campanie et celle de Milet, qui étoient, selon Pline, les trois espèces les plus recherchées de son temps, pourroient bien appartenir. la première au rosier bifère, la seconde au rosier à cent feuilles. et la troisième au rosier de France ou de Provins. La rose de Préneste n'est nullement décrite dans le naturaliste latin. mais c'est sans doute la même que celle dont Virgile a dit *B fer que rosaria Præsti*. La rose de Provins est peut-être celle que Pline désigne le plus clairement. en lui donnant des fleurs d'un rouge très-vif, et qui n'ont pas plus de douze feuilles.

Les rosiers sont très-communs en Europe, et ils sont en général répandus dans tout l'hémisphère septentrional soit de l'ancien, soit du nouveau continent. On en trouve depuis les côtes de Barbarie jusqu'en Suède et en Laponie, et depuis l'Espagne jusqu'au Kamtschatka. Dans l'Amérique septentrionale ils croissent depuis le vingtième degré de latitude jusqu'aux environs de la baie d'Hudson.

Lorsque Linné publia son *Species plantarum*, en 1762, il n'y comprit que quatorze espèces de rosiers, et près de quarante ans après, lorsque Willdenow donna une nouvelle édition de cet ouvrage, il doubla plus que le nombre des espèces, puisqu'il les porta à trente-neuf. Je ne rapporterai pas en détail tous les accroissemens que le genre Rosier a reçus depuis cette dernière époque, je dirai seulement que, vingt-cinq ans plus tard, le dernier ouvrage qui nous donne l'énu-

mération la plus complète de toutes les plantes connues maintenant, le *Prodromus regni vegetabilis* de M. De Candolle porte
le nombre des rosiers à cent quarante-six espèces. Ce nombre paroîtra sans doute prodigieux; mais cependant ce n'est
encore que peu de chose, lorsqu'on saura que celui des variétés aujourd'hui connues des fleuristes et des amateurs est
trois à quatre fois plus considérable. Linné, lorsqu'il n'avoit
que quatorze espèces à déterminer et à caractériser, dit de
ce genre : *Species rosarum difficillimè limitibus circumscribun-
tur et forte natura vix eos posuit.*

On peut juger, d'après cela, qu'elles peuvent être les difficultés pour bien caractériser la grande quantité d'espèces
et le nombre encore plus grand de variétés que la culture a
obtenue; aussi doit-on regarder comme impossible de donner sur les roses une classification satisfaisante. Linné avoit
pris pour caractère principal le tube du calice globuleux ou
ovoïde. D'autres ont considéré ces formes dans le fruit, ce
qui revient au même; mais des variétés de la même espèce
présentent l'un et l'autre caractère, ce qui empêche cette
manière d'envisager les fruits d'avoir rien de positif.

M. Thory, auteur du texte de l'ouvrage sur les roses, dont
M. Redouté a peint les figures, a imaginé une classification
des roses, d'après laquelle il les partage en cinq divisions et
en vingt-cinq groupes. Ses divisions principales sont des réu-
nions artificielles qui n'ont que peu ou point de liaison entre
elles : ainsi, le premier rapport qu'il établit entre les différentes espèces a pour base les diverses situations des tiges;
le second est fondé sur les modifications dont les folioles sont
susceptibles; le troisième est établi d'après les différentes formes des tubes du calice, turbinés, globuleux ou ovoïdes; le
quatrième est tiré de la considération des étamines, et le cinquième de celle des styles.

M. de Pronville, traducteur de la Monographie du genre
Rosier de M. Lindley, a modifié la méthode de l'auteur anglois, et il a distribué les rosiers en onze tribus, auxquelles
il a donné des noms particuliers. Voici sommairement l'énoncé
de la méthode de M. de Pronville.

Première section : Fruits globuleux ou obronds. 1.re Tribu :
rosiers à feuilles simples; une seule espèce. 2.e Tribu : rosiers

féroces ; rameaux couverts d'un duvet persistant ; fruits nus ; trois espèces. 3.ᵉ Tribu : rosiers bractéolés ; fruit et rameaux couverts d'un duvet persistant ; bractées presque verticillées et pectinées ; trois espèces. 4.ᵉ Tribu : les cannelles ; écorce rougeâtre ; aiguillons axillaires géminés ou opposés ; cinq à sept folioles privées de glandes ; douze espèces. 5.ᵉ Tribu : les pimprenelles ; tiges nues ou munies d'aiguillons très-rapprochés ; point de bractées ou très-rarement ; cinq à treize folioles ; divisions du calice conniventes et persistantes ; douze espèces. Deuxième section : Fruits ovales ou variés de forme. 6.° Tribu : les cent-feuilles ; pédoncules bractéolés ; cinq à sept folioles ; divisions du calice multifides ; six espèces. Cette sixième tribu est la plus nombreuse en variétés. 7.ᵉ Tribu : les roses velues ; folioles ovales ou oblongues, à dentelures divergentes ; divisions du calice conniventes et persistantes ; sept espèces. 8.ᵉ Tribu : les roses rouillées ; folioles ovales ou oblongues, glanduleuses en dessous ; dentelures divergentes ; divisions du calice persistantes ; cinq espèces. 9.ᵉ Tribu : rosiers de chien ; folioles ovales, privées de glandes ; à dentelures conniventes ; divisions du calice caduques ; dix espèces. 10.ᵉ Tribu : rosiers à styles soudés et ramassés en colonne alongée ; huit espèces. 11.ᵉ Tribu : rosiers banksiens ; stipules subulées, souvent caduques ; folioles souvent ternées, luisantes ; six espèces.

M. Seringe, qui, dans le nouvel ouvrage de M. De Candolle, a coordonné les rosiers, les divise en quatre sections avec quelques sous-divisions. La première section, sous le nom de *Synstylæ*, comprend neuf espèces ayant les styles réunis en colonne ; les divisions du calice entières ; les fruits ovales ou globuleux ; les feuilles souvent persistantes ; les stipules adnées. La seconde section, ayant la dénomination de *Chinenses*, est fondée sur ce que les styles sont libres ; les divisions calicinales presque entières ; réfléchies ; les feuilles persistantes, souvent composées de trois folioles ; elle se subdivise en trois sous-divisions, selon que les fruits sont ovales et pédonculés, ou globuleux et pédonculés, les bractées étant nulles ou distantes du calice, ou, selon que les fruits sont globuleux, portés sur des pédoncules très-courts, et enveloppés par de grandes bractées : cette section renferme quinze espèces. La troisième, sous le titre de *Cinnamomæ*, a les styles

libres; les divisions calicinales entières ou rarement subpin-
natifides, etc.; elle est sous-divisée d'après les feuilles simples et les feuilles ailées, et contient quarante-quatre espèces.
La quatrième et dernière section, intitulée *Caninæ*, comprend
trente-cinq espèces, partagées dans deux sous-divisions établies d'après les feuilles glanduleuses et non-glanduleuses, et
ayant toutes d'ailleurs des styles libres; des divisions calicinales pinnatifides; des feuilles caduques, etc. Après ces cent
trois espèces, placées ainsi dans quatre sections, sont rangés
quarante-trois autres rosiers dont les caractères ne sont pas
assez connus pour qu'ils aient pu trouver place dans les quatre
sections établies sur les formes indiquées.

Comme ce seroit excéder les bornes d'un ouvrage de la
nature de celui-ci, que de parler de toutes les roses connues, et qu'il me suffira de faire un choix soit parmi celles
qui sont cultivées dans les jardins, soit parmi celles qui croissent spontanément dans les campagnes, je n'aurai pas besoin
d'un si grand nombre de divisions et de sous-divisions pour
classer les espèces choisies dont je vais traiter.

* *Feuilles simples.*

Rosier a feuilles d'épine-vinetie : *Rosa berberifolia*. Pall.,
Nov. act. Petrop., 10, p. 379, t. 10, fig. 5; Redouté, Ros., 1,
27, t. 2. Ce rosier n'est qu'un très-petit arbrisseau, dont la
tige ne s'élève guère à plus de deux pieds, en se divisant en
rameaux nombreux, étalés, pubescens, chargés de beaucoup
de petits aiguillons un peu recourbés. Ses feuilles sont ovales-
oblongues, rétrécies en coin à leur base, presque sessiles,
d'un vert glauque, et dentées en scie. Ses fleurs, d'un jaune
clair, avec une tache rouge à la base de chaque pétale, sont
solitaires à l'extrémité des jeunes rameaux; elles ont leurs
étamines rouges, et le tube du calice est globuleux, armé
d'aiguillons plus ou moins nombreux. Cet arbuste croît naturellement dans le Nord de la Perse, et il y est si commun
qu'on s'en sert, selon Michaux, pour chauffer les fours. Il est
très-rare dans les jardins, parce qu'il est très difficile à multiplier. Greffé sur la variété très-épineuse du rosier à feuilles
de pimprenelle, il devient beaucoup plus fort que lorsqu'il
est franc de pied.

**** *Feuilles ailées; sept à onze folioles simplement dentées; divisions du calice entières.***

Rosier cannelle : *Rosa cinnamomea*, Linn., *Spec.*, 705 ; Redouté, Ros., 1, pag. 105, fig., et pag. 133, fig. La tige de cet arbrisseau s'élève à quatre ou six pieds de hauteur, en se divisant en rameaux, dont ceux qui portent les fleurs sont très-lisses, entièrement dépourvus d'aiguillons. Les feuilles sont composées de sept folioles ovales-oblongues, également et simplement dentelées, aiguës, glabres des deux côtés. Les fleurs sont d'un rose foncé, larges de deux pouces ou environ, portées à l'extrémité des rameaux sur des pédoncules rameux, et disposées au nombre de six à dix ou davantage, de manière à former une sorte de corymbe. Elles ont une odeur de girofle fort agréable. Le tube du calice est globuleux ou à peine ovoïde, très-glabre, et ses divisions sont entières, d'un tiers plus longues que les pétales. Ce rosier croît naturellement dans le Midi de la France et dans plusieurs autres parties de l'Europe ; il offre une variété à fleurs doubles, qui est peu répandue : il fleurit en Mai et Juin.

Rosier de Caroline : *Rosa Carolina*, Linn., *Sp.*, 705 ; Redouté, Ros., 1, pag. 81, fig. Cette espèce a beaucoup de rapports avec le rosier cannelle par la forme des feuilles, la couleur, la grandeur et la disposition des fleurs ; elle n'en diffère que par ses rameaux munis de deux aiguillons à la base de chaque feuille, et parce que les pédoncules et les calices sont hérissés de poils glanduleux. Ses fleurs ont un parfum agréable, analogue à celui de la rose de tous les mois, mais plus foible. Ce rosier croît naturellement dans l'Amérique septentionale : il fleurit dans nos jardins en Juillet et Août.

Rosier a feuilles rougeatres : *Rosa rubrifolia*, Vill., Dauph., 3, pag. 549 ; Redouté, Ros., 1, pag. 35, fig. Ce rosier s'élève à dix, douze et jusquà quinze pieds, et sa tige se partage souvent dès sa base en plusieurs branches, dont les jeunes rameaux sont rougeâtres, lisses, très-glabres, chargés çà et là de quelques aiguillons droits, assez forts. Ses feuilles sont composées de cinq à sept folioles ovales, simplement dentées, très-glabres, glauques avec une teinte rougeâtre ; leur pétiole commun est muni à sa base de grandes stipules, qui vont souvent jusqu'à la naissance des premières folioles. Les fleurs sont d'un rouge clair, larges de quinze à vingt lignes, pédonculées, disposées en bouquet, au nombre de six à quinze ensemble au sommet des rameaux. Le tube du calice est globuleux, et ses divisions sont étroites, entières, élargies dans leur partie supérieure, et plus longues que les pétales. Cette espèce croit dans les bois des montagnes de l'Auvergne, dans les Alpes, les Pyrénées, les Cévennes, les Vosges; on la trouve aussi en Suisse, en Piémont, en Autriche : elle fleurit en Mai et Juin.

Rosier de Mai; *Rosa maialis*, Retz, Obs., 3, pag. 33. La tige de ce rosier peut s'élever à huit ou dix et jusqu'à douze pieds de hauteur, mais le plus souvent elle n'a que quatre à cinq pieds; elle se divise en rameaux lisses, rougeâtres, armés, à la base de chaque feuille, de deux aiguillons recourbés. Ses feuilles sont composées de cinq à sept folioles ovales-oblongues, simplement dentées, d'un vert gai en dessus, plus pâles et pubescentes en dessous. Les fleurs sont d'un rose foncé, larges de deux pouces ou plus; ordinairement solitaires ou géminées à l'extrémité des petits rameaux, mais quelquefois formant des corymbes au sommet des bourgeons vigoureux. Le tube calicinal est globuleux, très-glabre, ainsi que le pédoncule, et ses divisions sont pubescentes, plus courtes que les pétales. Cette espèce croit spontanément dans le Midi de la France et dans le Nord de l'Europe : elle fleurit en Mai et Juin. On en cultive dans les jardins une variété à fleurs doubles.

Rosier luisant : *Rosa lucida*, Willd., *Sp.*, 2, pag. 1068; Redouté, Ros., 1, pag. 45, fig. La tige de ce rosier est haute de quatre à six pieds, et elle se divise en rameaux lisses, souvent entièrement dépourvus d'aiguillons ou en étant peu chargés. Ses feuilles sont composées de sept à neuf folioles ovales-oblongues, glabres des deux côtés, luisantes en dessus, bordées de dents souvent inégales; leur pétiole commun est muni à sa base de stipules alongées et denticulées. Ses fleurs sont d'un pourpre clair, légèrement odorantes, portées sur des pédoncules inégaux, un peu hispides, ainsi que le calice, et disposées deux ou trois ensemble au sommet des rameaux. Les fruits sont globuleux. Cette espèce croit naturellement dans l'Amérique septentrionale; elle fleurit en Mai et Juin, dans les jardins en France.

ROSIER A FEUILLES DE PIMPRENELLE : *Rosa pimpinellifolia*, Linn., *Sp.*, 703 ; Redouté, Ros., 2, pag. 99 et 103, fig. Ses tiges ne s'élèvent qu'à deux ou trois pieds, en se divisant en rameaux nombreux, étalés, rougeâtres, armés d'aiguillons menus, droits, inégaux, plus ou moins nombreux, plus ou moins rares; dans certains individus même, les rameaux sont entièrement dépourvus d'aiguillons, mais dans d'autres ils sont si rapprochés les uns des autres, que l'écorce paroît en être entièrement couverte. Les feuilles sont composées de sept, neuf ou onze folioles ovales, ou ovales-arrondies, également dentées, très-glabres et d'un vert un peu foncé. Les fleurs sont blanches ou d'un rouge plus ou moins foncé, solitaires à l'extrémité de petits rameaux disposés le long des branches principales. Les pédoncules et les calices sont souvent glabres, quelquefois hérissés de petits aiguillons très-menus, ou de poils roides, glanduleux à leur sommet. Ces deux manières d'être des pédoncules et des calices n'ont d'ailleurs aucun rapport avec le nombre des aiguillons des rameaux, ceux-ci pouvant être très-épineux, et que les pédoncules et les calices soient lisses; tandis que sur des rameaux presque lisses, les pédoncules et les calices seront chargés d'aiguillons menus ou de poils roides. Le tube du calice est globuleux, et ses divisions sont plus courtes que les pétales. Les fruits sont d'abord rouges et ils deviennent noirs dans la parfaite maturité. Ce rosier croit dans les lieux secs, pierreux et sablonneux, sur les collines exposées au soleil : il est très-commun à Fontainebleau, et on le trouve dans toute l'Europe; il fleurit en Mai et Juin.

Il n'y a peut-être pas plus de quarante ans que ce joli rosier ne se trouvoit que sauvage et à fleurs simples; mais depuis qu'il est cultivé dans les jardins et qu'on l'a multiplié de semis, on en a gagné une vingtaine de variétés, dont les plus remarquables sont la rose pimprenelle à fleurs panachées; celle à fleurs marquées de taches rouges sur un fond blanc, et disposées comme les écailles des poissons, ou même comme les cases d'un échiquier; celle à fleurs blanches doubles; celle à fleurs pourpres foncés; celle à fleurs nankin ou carnées sensiblement jaunâtres; celle à fleurs jaunes doubles; la pimprenelle camellia à fleurs doubles, blanches, très-régulières, etc.

Rosier a bractées : *Rosa bracteata*, Willd., *Sp.*, 2, p. 1079; Redouté, Ros., 1, pag. 35, fig. La tige de cet arbrisseau se divise en rameaux grêles, foibles, longs de six à douze pieds et peut-être plus, mais ayant besoin d'appui pour se soutenir. Ces rameaux sont couverts d'un duvet court, grisâtre, et chargés, ordinairement à la base de chaque feuille, d'un ou deux aiguillons un peu recourbés. Ses feuilles sont composées de sept à neuf folioles ovales, obtuses, dentées, d'un vert luisant en dessus, plus pâle en dessous et chargées de quelques poils sur leur nervure postérieure; la base de leur pétiole est munie de deux stipules pinnatifides. Ses fleurs sont blanches, agréablement odorantes, solitaires, ou tout au plus deux ensemble à l'extrémité de petits rameaux qui naissent le long des rameaux principaux. Leur calice est ovoïde, cotonneux, enveloppé à sa base par six à huit bractées lancéolées, frangées en leurs bords. Ce rosier est originaire de la Chine, d'où il a été rapporté en Angleterre, en 1794, par lord Macartney, au retour de son ambassade. Cels, père, a commencé à le cultiver à Paris, dès 1798. Aujourd'hui il est assez bien acclimaté et supporte bien, en pleine terre, le froid de nos hivers ordinaires. Ses fleurs se succèdent les unes aux autres pendant les mois de Juillet, Août et Septembre. On peut en faire de charmantes palissades, parce que ses feuilles sont d'un vert très-agréable et qu'elles conservent leur verdure jusqu'à ce qu'il survienne de fortes gelées; il est probable même que, dans le Midi de la France, ces feuilles doivent persister toutes les fois que les hivers ne sont pas rigoureux. Il y a lieu de croire que cet arbrisseau deviendra plus robuste encore, si on peut un jour le multiplier de graines; l'amateur qui pourroit l'obtenir à fleurs doubles feroit une conquête précieuse.

*** *Feuilles ailées; sept à onze folioles deux fois dentées; divisions du calice entières.*

Rosier des Alpes; *Rosa alpina*, Linn., *Sp.*, 703. Sa tige s'élève de six à huit pieds, et elle se divise en rameaux nombreux, lisses, d'un vert rougeâtre, presque toujours dépourvus d'aiguillons, garnis de feuilles composées de sept à neuf, et jusqu'à onze folioles ovales ou ovales-oblongues, deux fois dentées et glabres pour l'ordinaire. Leur pétiole est muni à sa base de deux stipules finement denticulées et glanduleuses en leurs bords. Ses fleurs sont d'un rouge vif, solitaires ou deux à trois ensemble à l'extrémité de petits rameaux disposés le long des rameaux principaux. Leur pédoncule propre est glabre ou hispide, de même que le tube du calice; celui-ci, le plus souvent d'une forme ovoïde, devient globuleux ou turbiné dans certaines variétés, et oblong dans d'autres; mais toutes ces variations sont insuffisantes pour en tirer des caractères sur lesquels on puisse établir différentes espèces, comme les *rosa pyrenaica*, *rosa lagenaria*, *rosa pendulina*, *rosa turbinata*, etc. Ce rosier croît en France dans les Alpes, les Pyrénées, les Cévennes, les Vosges et les montagnes d'Auvergne; il se trouve aussi en Allemagne, en Suisse, etc. : il fleurit dans les montagnes en Mai, Juin et Juillet, selon les hauteurs où on le rencontre. La seule variété qu'on recherche dans les jardins est celle qui est à fleurs doubles.

Rosier églantier : *Rosa eglanteria*, Linn., *Sp.*, 703 ; Redouté, Ros., 1, pag. 69, fig. Sa tige s'élève de quatre à huit pieds, en se divisant en plusieurs rameaux glabres, d'un vert brunâtre, armés d'aiguillons droits, très-aigus. Ses feuilles sont composées de cinq à sept folioles ovales, luisantes et d'un vert foncé en dessus, deux fois dentées et glanduleuses en leurs bords. Ses fleurs sont entièrement jaunes ou d'un rouge ponceau en dedans, et jaunes en dehors, larges de deux pouces à deux pouces et demi, solitaires, ou tout au plus deux à trois ensemble à l'extrémité des jeunes rameaux, et portées sur des pédoncules glabres, ainsi que les tubes des calices, qui sont globuleux, à divisions le plus souvent entières ou rarement légèrement pinnatifides. Ce rosier croît naturellement en France, en Angleterre, en Allemagne, en Italie, etc. : il fleurit en Mai et Juin. Ses fleurs ont une mauvaise odeur, assez analogue à celle de la punaise; ses feuilles, au contraire, rendent une odeur balsamique assez agréable, lorsqu'on les froisse entre les doigts.

Jusqu'à présent on n'a que peu de variétés de cette rose, parce que ses fruits mûrissent très-rarement, ce qui ne permet pas d'en semer les graines. La variété à fleurs toutes jaunes et celle de deux couleurs ont été pendant long-temps les seules connues. M. de Pronville, dans sa Monographie du genre Rosier, en cite une troisième variété à fleurs pâles, et une quatrième à fleurs doubles.

******** *Feuilles ailées; cinq à sept folioles simplement dentées; divisions du calice entières.*

Rosier des champs : *Rosa arvensis*, Linn., Mant., 245; Redouté, Ros., 1, 89, tab. 32. Les tiges et les rameaux de cette espèce sont lisses, armés d'aiguillons un peu recourbés, tantôt redressés de manière à former un buisson haut de quatre à six pieds et même davantage; tantôt, plus grêles et plus foibles, ils restent couchés sur la terre, ou ils empruntent, pour s'élever et se soutenir, le secours des autres arbrisseaux qui sont dans leur voisinage. Ses feuilles sont composées de cinq à sept folioles ovales, glabres des deux côtés, quelquefois légèrement pubescentes en dessous. Ses fleurs sont blanches, larges d'un pouce et demi ou à peu près, portées sur des pédoncules glabres ou hérissés, et disposées, au sommet des rameaux, en nombre variable, depuis une ou deux jusqu'à six ensemble. Les tubes des calices sont globuleux ou ovoïdes, à divisions le plus souvent entières, quelquefois alternativement chargées de quelques dents longues et étroites. Ce rosier est commun dans les haies, les buissons et sur les bords des champs, en France et dans une grande partie de l'Europe. Ses fleurs, qui paroissent en Juin et Juillet, ont une odeur légère et agréable. On en connoît une variété à fleurs semi-doubles.

Rosier toujours vert : *Rosa sempervirens*, Linn., Sp., 704; Redouté, Ros., 2, pag. et tab. 15 et 49. Cette espèce a le même port et les mêmes caractères que la précédente; mais on l'en distingue facilement par ses feuilles persistantes, d'un vert plus foncé, plus luisant, et par ses styles velus, réunis en une sorte de colonne torse. Le rosier toujours vert commence à fleurir au mois de Mai, et ses fleurs, qui ont une odeur musquée très-agréable, se succèdent les unes aux autres pendant tout l'été. Il croit naturellement dans le Midi de la

France et de l'Europe : on en cultive dans les jardins une variété à fleurs doubles.

Rosier de Banks : *Rosa Banksiæ*, Ait., *Hort. Kew.*, édit. 2, tom. 3, pag. 258; Redouté, Ros., 2, pag. et tab. 43. La tige de ce rosier se divise dès sa base en plusieurs rameaux effilés, dépourvus d'aiguillons, glabres, luisans, susceptibles de s'élever à dix ou quinze pieds et même beaucoup plus en s'appuyant sur un treillage ou sur les autres arbres ou arbrisseaux croissant dans le voisinage. Ses feuilles sont ailées, composées de cinq à sept folioles ovales-lancéolées, d'un vert un peu foncé, glabres et luisantes des deux côtés, et munies, à la base de leur pétiole, de stipules sétacées, qui tombent de bonne heure. Les fleurs sont blanches, larges de douze à quinze lignes, d'une odeur agréable qui a quelque rapport avec celle de la framboise, disposées par quatre à huit ensemble et quelquefois beaucoup plus, en une sorte d'ombelle. Cette espèce est originaire de la Chine, d'où elle a été rapportée en Angleterre, et dédiée à l'épouse du célèbre naturaliste Joseph Banks. Introduite en France en 1817, elle y a fleuri pour la première fois en Mai 1819. M. Boursault en a eu un pied dans une de ses serres, dont les rameaux ont atteint quarante pieds de longueur, et dans le jardin de M. Noisette, où elle est plantée en pleine terre depuis quatre ans ; elle a bien passé les derniers hivers, malgré neuf et dix degrés au-dessous de glace. On n'en connoit jusqu'à présent que la variété à fleurs doubles. C'est une des acquisitions les plus intéressantes qu'on ait pu faire dans ce genre ; ses rameaux longs et flexibles qui conservent leur joli feuillage pendant une partie de l'hiver, sont très-propres à garnir des berceaux de verdure et à cacher la nudité des murs.

Rosier toujours fleuri, Rosier de Bengale : *Rosa semperflorens*, Curt., *Bot. mag.*, tab. 284; *Rosa diversifolia*, Vent., *Hort. Cels.*, pag. et tab. 35 ; *Rosa Bengalensis*, Pers., *Synops.*, 2, pag. 50. La tige de cette espèce se divise dès sa base en plusieurs branches qui forment un épais buisson, haut pour l'ordinaire de trois à quatre pieds, mais s'élevant quelquefois jusqu'à dix ou douze et même plus. Ses rameaux sont d'un beau vert, lisses, armés çà et la d'aiguillons robustes, et garnis de feuilles composées de trois à cinq folioles ovales-lancéo-

lées, très-glabres, d'un vert un peu foncé et luisantes en
dessus : leur pétiole commun est muni à sa base de stipules
étroites, ciliées et un peu glanduleuses. Ses fleurs sont, dans
la variété la plus commune, d'un rouge tendre, doubles,
disposées en nombre variable au sommet des tiges et des rameaux, et formant, quand elles sont nombreuses, un large
corymbe paniculé. Ce rosier, originaire de la Chine et des
parties septentrionales du Bengale, a été introduit en Angleterre en 1771, et ce n'est guère que vingt ans après qu'il
a été transporté en France, où on lui a donné plus particulièrement le nom de rosier de Bengale. Pendant quelques
années on ne connut d'abord que la variété à fleurs d'un
rouge tendre, celle qui est encore la plus répandue; mais
depuis quinze à vingt ans on en a obtenu, soit par les semis
faits dans les jardins en France, en Angleterre et ailleurs, soit
par de nouveaux envois reçus de la Chine, un nombre assez
considérable de variétés, pour que les fleuristes en comptent
au moins quarante. Les principales sont : le bengale blanc à
fleurs semi-doubles d'un blanc tirant un peu sur le rose avant
leur épanouissement; le bengale à bouquets, à fleurs blanches doubles et disposées en larges corymbes ; le bengale
Thisbé à fleurs blanches, un peu couleur de chair, doubles
et très-nombreuses; la rose thé, à fleurs très-grandes, semi-
doubles et couleur de chair, d'une odeur agréable; le bengale sanguin, à fleurs semi-doubles, d'un rouge de sang ; le
bengale cerise, à fleurs semi-doubles, d'un rouge-cerise
éclatant; le bengale lie de vin; le bengale éclatant, à fleurs
pourpres doubles et en corymbes nombreux; le bengale
cent-feuilles ; le bengale à fleurs d'un pourpre violet; le
bengale à fleurs panachées; le bengale bichon, dont les
fleurs sont d'un rouge vif, panachées de nuances plus
pâles, avec les pétales frisées, et dont l'odeur est plus forte
et plus agréable que dans la plupart des autres variétés; le
bengale à lanières, dont les feuilles sont lancéolées, et les
pétales alongés très-étroits : le bengale sans épines et à
fleurs simples; le bengale pompon, arbuste ayant rarement
un pied de hauteur, et dont toutes les parties sont en
miniature; quelques auteurs en font une espèce particulière, sous le nom de *rosa Lawrenceana;* enfin le bengale à

fleurs jaunes, ou plutôt jaunâtres, qui de toutes les variétés est la plus rare et la plus nouvelle.

***** *Feuilles ailées, à folioles simplement dentées; divisions du calice dentées ou pinnatifides.*

Rosier de Noisette; *Rosa Noisettœana*, Lois., *Herb. amat.*, n.° et tab. 288. La tige de ce rosier est divisée dès sa base en rameaux redressés, hauts de quatre à cinq pieds, glabres, chargés d'aiguillons épars, et garnis de feuilles composées de cinq ou le plus souvent de sept folioles ovales-oblongues, aiguës, dentées en scie, glabres, d'un vert gai en dessus, ayant leur pétiole commun muni à sa base de deux stipules linéaires-lancéolées. Ses fleurs sont blanches, avec une légère teinte de rose, assez doubles, larges de quinze à dix-huit lignes, d'une odeur suave, mais légère, et disposées au sommet des rameaux en nombre variable, depuis dix jusqu'à trente, et quelquefois même jusqu'à cent; mais formant toujours un bouquet ou une panicule d'un charmant aspect. Le tube du calice est ovoïde, revêtu, ainsi que les pédoncules et les divisions calicinales, d'un duvet très-court. Cette espèce est due à M. Philippe Noisette, qui l'a envoyée des États-Unis à M. Louis Noisette, si connu par l'un des plus beaux établissemens de culture des végétaux, soit indigènes, soit exotiques, qui existent à Paris. Elle est intermédiaire entre le rosier de Bengale et le rosier musqué, et on dit, qu'elle n'est qu'une hybride provenue de ces deux espèces. Elle fleurit, comme le premier, pendant toute la belle saison; aussi fait-elle aujourd'hui l'ornement de tous les jardins, où depuis cinq à six ans on la plante en pleine terre sans qu'elle souffre du froid de l'hiver, si ce n'est que les gelées lui font perdre ses feuilles et l'empêchent de fleurir. On en a obtenu depuis peu une variété à fleurs rouges.

Rosier musqué, Rosier muscade : *Rosa moschata*, Ait., *Hort. Kew.*, 2, pag. 207; Redouté, *Ros.*, 1, 33, tab. 5, et 99, tab. 35. Dans nos jardins, ce rosier s'élève à six ou huit pieds; mais dans son pays natal il forme souvent un arbre de trente pieds de hauteur. Sa tige se divise, pour l'ordinaire, en rameaux nombreux, glabres, garnis d'aiguillons courts et peu nombreux. Ses feuilles sont composées de cinq à sept folioles ovales-lancéolées, glabres, d'un vert gai. Ses fleurs sont blanches.

portées, à l'extrémité des rameaux, sur des pédoncules assez
grêles, rameux, pubescens, et disposées dans leur ensemble en
une vaste panicule composée souvent de vingt à cinquante
fleurs et quelquefois de beaucoup plus de cent. Ces fleurs ont
une odeur de musc fort agréable, et le tube de leur calice
est ovoïde, pubescent, à divisions plus courtes que la corolle.
Ce rosier croît naturellement en Barbarie, dans l'Orient, en
Perse; il est généralement cultivé à cause du parfum agréable
de ses fleurs. Son introduction dans nos jardins date de deux
cent soixante et quelques années. Du temps de Gesner il étoit
très-rare en Europe; car ce botaniste, dans une lettre datée
de Zurich, en 1565, écrivoit au docteur J. H. Occon, qu'il
savoit qu'il existoit dans le jardin de Fugger à Augsbourg, et
qu'il désiroit beaucoup qu'on pût le lui procurer. Quoique
cultivé depuis près de trois siècles, on n'en connoît encore
que trois variétés, une à fleur simple, une à fleur semi-doubles,
qui est la plus répandue, et la troisième à fleurs doubles. Nos
hivers rigoureux lui sont nuisibles et lui font quelquefois perdre ses rameaux et même ses tiges; mais il est rare qu'il ne
repousse pas de ses racines des rejets vigoureux, qui ont bientôt remplacé les branches qui ont été frappées par la ge-
lée. Greffé sur un églantier, il devient très-rustique et craint
moins le froid; il fleurit trois fois chaque année, au printemps, en été et en automne. On le cultive en grand à Tunis
et en Perse, pour retirer, par la distillation de ses fleurs,
l'huile essentielle ou l'essence de rose, parfum si recherché,
surtout dans l'Orient.

Les fleurs de cette rose sont fortement purgatives, surtout
dans les pays chauds, s'il faut en croire quelques auteurs de
matière médicale. On n'en fait pas usage en médecine.

Rosier multiflore : *Rosa multiflora*, Thunb., *Jap.*, 214; Lois.,
Nouv. Duham., 7, pag. 28, tab. 17. Sa tige se divise dès sa
base en plusieurs rameaux sarmenteux, long de six à douze
pieds et même beaucoup plus, armés d'aiguillons, d'ailleurs
foibles et couchés, ayant besoin, pour se soutenir et s'élever,
de s'appuyer sur les arbres ou sur les autres arbrisseaux qui
sont dans leur voisinage. Ces rameaux ou branches principales produisent de plus petits rameaux, longs de six à douze
pouces, glabres inférieurement, pubescens dans leur partie

supérieure, garnis de feuilles composées de sept folioles ovales
ou ovales-oblongues, dentées, pubescentes en dessous et sur
leur pétiole, dont la base est munie de deux stipules profondément dentées et comme laciniées. Les fleurs sont larges
de quinze à dix-huit lignes, douées d'une odeur suave mais
foible, portées à l'extrémité des jeunes rameaux, au nombre de
quinze à trente, quelquefois de cent à cent cinquante, et formant une panicule du plus joli aspect. Le tube de leur calice
est pubescent, presque globuleux, et il a ses divisions plus
courtes que la corolle. Les styles, longs de trois à quatre
lignes, sont rapprochés en un faisceau un peu tordu. Ce rosier
est originaire de la Chine et du Japon, d'où il a été apporté
en Angleterre depuis 1804, et quelques années après introduit en France : il fleurit en Juin et Juillet dans le climat de Paris. Il est sensible au froid plus que la plupart des
autres espèces, et il perd souvent ses tiges pendant l'hiver. Il
est bon d'en avoir quelques pieds dans la serre, afin de n'être
pas exposé à le perdre, si les gelées étoient assez fortes pour
faire périr les individus placés en pleine terre.

ROSIER SOUFRE, ROSE JAUNE : *Rosa sulfurea*, Ait., *Hort. Kew.*,
2, pag. 201; *Rosa flava plena*, Clus., *Hist.*, 214, et *Cur. Post.*,
6, fig. 7. Sa tige s'élève à quatre ou six pieds, en se divisant
en rameaux d'un vert brun, armés d'aiguillons épars, inégaux.
Ses feuilles sont composées de sept folioles ovales, d'un vert
glauque. Ses fleurs sont d'un jaune clair, très-doubles, et dif-
ficiles à s'épanouir complétement : elles paroissent en Juin et
Juillet. On ne connoît point avec certitude la patrie de cette
espèce, qu'on n'a jamais vue à fleurs simples; on la suppose originaire de l'Orient. C'est à Clusius qu'on doit la connoissance
et l'introduction de cette belle rose dans les jardins. Le premier, il la remarqua dans un jardin artificiel, en papier, qui
avoit été apporté de Constantinople, et, en 1605, il trouva
moyen de faire venir la plante elle-même vivante, qu'il planta
dans le Jardin de l'académie à Leyde, et d'où probablement
ont pris naissance tous les autres rosiers de cette espèce qui
par la suite ont été répandus dans les autres jardins de l'Europe.

ROSIER BLANC; *Rosa alba*, Linn., *Spec.*, 705. Cette espèce
pousse des tiges vigoureuses qui peuvent s'élever à dix ou

douze pieds, en se divisant en rameaux nombreux, lisses,
d'un vert tendre, armés d'aiguillons épars, assez forts. Ses
feuilles sont composées de sept ou seulement de cinq folioles
ovales, glabres et d'un vert un peu glauque en dessus, pâles
et pubescentes en dessous, bordées de dents très-aiguës. Ses
fleurs naissent souvent trois ensemble à l'extrémité des rameaux latéraux, mais quelquefois elles forment une espèce
de corymbe bien garnis au sommet de certains rameaux plus
vigoureux. Leur corolle est blanche, large de deux pouces ou
davantage, et d'une odeur agréable. Cet arbrisseau croit naturellement en France, en Italie, en Allemagne. Il a produit,
par la culture, un grand nombre de variétés, la plupart à
fleurs plus ou moins doubles, qui ne se trouvent que dans les
jardins, depuis la fin de Mai jusqu'au commencement de Juillet. Les principales sont les suivantes.

La rose blanche double ordinaire ; la rose céleste, à fleurs
d'un blanc pur, bien doubles ; la blanche à cœur vert ; la rose
royale ou grande cuisse de nymphe, à fleurs très-larges, bien
doubles, et couleur de chair ; la petite cuisse de nymphe,
semblable à la précédente, mais plus petite ; la belle aurore,
à fleurs d'un rose très-tendre ; la rose blanche à fleurs en corymbe ; le rosier blanc sans aiguillons ; la cocarde blanche ou
belle Henriette, à fleurs simples et boutons roses ; le bouquet
blanc, à fleurs très-grandes, presque simples, d'un blanc
éclatant ; le rosier blanc à feuilles de chanvre, à fleurs médiocrement doubles, et à feuilles lancéolées-alongées, fortement
dentées en scie.

Les pétales de la rose blanche sont purgatifs, selon Lemery.
D'autres les regardent comme astringens.

Rosier bifère, ou Rosier de tous les mois, et encore Rosier
des quatre saisons : *Rosa bifera*, Pers., *Synop.*, 2, p. 48 ; Redouté, Ros., 1, 137, t. 53 ; *Rosa damascena*, Mill., *Dict.*,
n.º 15. Ce rosier forme un buisson touffu, qui s'élève communément à quatre ou six pieds, et qui quelquefois peut atteindre
au double de cette hauteur, en se divisant en rameaux armés
d'aiguillons nombreux. Ses feuilles sont composées de cinq à
sept folioles ovales, d'un vert gai en dessus, plus pâles, et
légèrement pubescentes en dessous, portées sur un pétiole
commun, couvert de poils très-courts, et muni à sa base de

deux stipules pubescentes et glanduleuses en leurs bords. Ses fleurs, dans la variété la plus répandue, sont roses, d'une odeur très-agréable, rapprochées communément deux à quatre ensemble, sur des pédoncules courts, pressés les uns contre les autres, hérissés, ainsi que le tube du calice, qui est ovoïde-oblong, de poils courts, rougeâtres et glanduleux. La patrie de ce rosier n'est pas exactement connue; mais tous les auteurs sont à peu près d'accord qu'il nous a été apporté de l'Orient. Sprengel pense que ce pourroit bien être de cette espèce que Virgile a voulu parler dans ses *Géorgiques* (*biferi rosaria Pæsti*), quoique les botanistes modernes ne l'aient pas encore retrouvée aux environs de Pæstum. D'après M. de Pronville, M. James Smith croit que le rosier bifère a été introduit en Europe, du temps des croisades, par un comte de Brie, compagnon d'armes de S. Louis; mais d'autres prétendent, sans preuves bien positives, que c'est le *rosa gallica* qui a été apporté par ce comte de Brie. Nicolas Monardi dit, dans son Traité des roses, imprimé en 1551, en parlant du rosier de Damas, qu'il n'étoit connu en Europe que depuis trente ans; mais il paroît que sous le nom de rosier de Damas, Monardi a voulu parler du rosier musqué. Quoi qu'il en soit, cette espèce est une des plus recommandables du genre par la douceur de son parfum, par l'avantage qu'elle a de fleurir deux fois par an, au printemps et à l'automne, et quelquefois même au milieu de l'été. On en cultive dans les jardins au moins une vingtaine de variétés, parmi lesquelles nous indiquerons les suivantes.

La rose de tous les mois, à fleurs blanches et doubles; la rose York et Lancastre, à fleurs doubles, moitié roses et moitié blanches; la félicité, à fleurs roses avec des panachures blanches, ou blanches panachées de rose; la grande couronnée ou rose de Cels, à fleurs grandes d'un rose tendre; la rose des parfumeurs ou de Puteaux, à fleurs d'un rose tendre et à pédoncules alongés, non resserrés les uns contre les autres; la rose du roi, à fleurs pourpres, très-doubles; le damas argenté ou rose à bouquets; le damas pourpré, à fleurs éclatantes, mais peu nombreuses; le damas sans épines; le pompon des quatre saisons.

Les pétales de la rose bifère sont la seule partie de la plante qu'on emploie en médecine. On en prépare une eau distillée qui est très-usitée ; un esprit ardent, qu'on retire également par la distillation, mais qui se fait avec l'alcool ; un sirop simple, connu sous le nom de sirop de roses pâles ; un sirop composé, qui doit ses propriétés purgatives au séné et à l'agaric ; une huile et un onguent rosat, etc.

Sous d'autres rapports, les confiseurs, les distillateurs et surtout les parfumeurs tirent encore un plus grand parti que les pharmaciens du parfum délicieux de la rose bifère, en le fixant dans des pastilles, des dragées, des crèmes, des glaces, des liqueurs de table, des huiles, des pommades et des essences qui servent à la toilette. Les pétales de rose, réduits en pâte par la contusion, façonnés ensuite d'une manière quelconque et desséchés, conservent pendant de longues années leur odeur ; simplement desséchés à l'air et à l'ombre, on peut en faire des sachets propres à communiquer leur parfum au linge, aux habits, etc.

L'huile essentielle de rose ou essence de rose, qu'on appelle aussi *beurre de rose*, et qu'on retire à Tunis et en Perse du rosier musqué, se retire aussi en d'autres lieux de la rose bifère et de la rose à cent feuilles. C'est le parfum le plus cher et peut-être le plus estimé qui existe. Les parfumeurs de Paris et de Grasse fixent l'odeur de ces roses dans de la graisse de porc, en faisant bouillir les pétales avec cette graisse dans de grandes chaudières, remplies en partie d'eau, et ils retirent ensuite l'huile essentielle au moyen de l'esprit de vin. Dans les Indes on emploie un autre procédé pour obtenir cette essence dans un plus grand degré de pureté. On effeuille les roses dans un vase de bois rempli d'eau bien pure, et on les expose ainsi pendant quelques jours à la chaleur du soleil, qui dégage l'huile essentielle : celle-ci se sépare et vient nager sur l'eau, à la surface de laquelle on la ramasse soigneusement avec du coton fin qu'on exprime dans de petites bouteilles, qu'on bouche hermétiquement. Le beurre de rose ainsi préparé est d'une teinte citronnée, demi-transparent, et ressemble à un cristal nébuleux ou à de la glace. Il a la propriété de se conserver très-longtemps sans rancir, et l'arome qu'il répand est si fort, qu'il suffit de ce qui peut se fixer à la pointe d'une épingle qu'on enfonce dans un flacon qui en est rempli, pour embaumer un appartement et parfumer plusieurs personnes pendant toute une journée. Ce beurre de rose est très-cher dans l'Orient, et plus encore en France, où il est difficile de s'en procurer de pur. Une grande quantité de roses n'en produit que fort peu; à peine si cent livres de ces fleurs peuvent en produire un demi-gros.

Les anciens préparaient aussi une huile de rose comme parfum; mais c'était seulement en faisant infuser des fleurs de rose dans de l'huile d'olive.

Rosier turbiné: *Rosa turbinata*, Ait., *Hort. Kew.*, 2, p. 206; Redouté, *Ros.*, 1, 127, t. 48. La tige de ce rosier s'élève à six ou dix pieds, et elle se divise en rameaux lisses, peu ou point épineux. Ses feuilles sont composées de cinq à sept folioles ovales, pubescentes en dessous. Ses fleurs sont d'un rose foncé, très-doubles, car le type simple n'est pas connu. Le tube de leur calice est turbiné, et les styles sont huit à dix fois plus nombreux que dans aucune autre espèce. Ce rosier croît, dit-on, naturellement en Allemagne, surtout aux environs de Francfort, dans les haies et les buissons: on le cultive dans les jardins sous les noms de rosier de Francfort, de rosier à gros cul. Il n'est pas très-répandu. Ses fleurs paraissent en Juin.

****** *Feuilles ailées, à folioles deux fois dentées; divisions du calice dentées ou pinnatifides.*

Rose de France ou Rose de Provins: *Rosa gallica*, Linn., *Sp.*, 704; Redouté, *Ros.*, 1, 73, t. 25 et 135, t. 52; 2, 17, t. 7 et 19, t. 8, 10; *Rosa pumila*, Jacq., *Fl. Aust.*, 2, p. 59, t. 198; *Rosa provincialis*, Ait., *Hort. Kew.*, 2, p. 204. Cette espèce fait des tiges peu robustes, hautes de deux à trois pieds tout au plus, divisées en rameaux nombreux, armés de foibles aiguillons. Ses feuilles sont composées de cinq et plus rarement de sept folioles ovales, glabres et d'un vert assez foncé en dessus, plus ou moins pubescentes en dessous. Ses fleurs sont d'un rouge plus ou moins foncé dans les individus simples et sauvages, larges de deux à trois pouces, solitaires ou deux à trois ensemble à l'extrémité des rameaux. Le tube de leur calice est ovoïde, plus rarement globuleux, ordinairement hispide, ainsi que le pédoncule. Ce rosier croît naturellement dans les parties méridionales de la France, en Suisse, en Allemagne, en Italie, etc. Il fleurit en Mai, Juin et Juillet.

Aucune autre espèce n'a produit par la culture d'aussi nombreuses variétés que celle-ci ; car les amateurs de roses et les jardiniers fleuristes en distinguent une foule, qu'ils caractérisent d'après le nombre et la disposition des fleurs , d'après la grandeur des corolles et d'après leurs couleurs, qui varient par une infinité de nuances, qui passent du blanc au rose, du rose au rouge, au cramoisi, et jusqu'au pourpre et au violet les plus foncés ; quelques personnes ont même voulu voir la couleur noire dans les nuances les plus obscures de ces deux dernières teintes ; et certains amateurs, qui ont pris plaisir à tenir compte des plus légères nuances dans les couleurs et des moindres modifications dans les formes, ont compté, dit-on, jusqu'à quatre cents variétés de ce rosier. M. de Pronville n'en cite que soixante-seize dans sa Monographie, et quatre-vingt-dix, si l'on réunit, ainsi que je le fais, au *Rosa gallica* le *Rosa provincialis*, auquel il attribue quatorze variétés.

Cet auteur distribue toutes ces variétés en cinq groupes, d'après les couleurs. J'en citerai seulement quelques-unes de chaque groupe.

1.° Les *pourpres*. La pourpre double, le lustre d'église ou la duchesse d'Orléans ; le cramoisi triomphant ou la Junon ; le roi des pourpres ou la renoncule noirâtre ; le grand cramoisi ou le pourpre sans épines ; le bouquet pourpre ; le pourpre charmant, strié de blanc ; le roi de France, à fleurs très-grandes ; le manteau pourpre.

2.° Les *violettes*. Le grand Alexandre ; l'ardoisée et autrefois la Buonaparte ; la rose évêque ; la noire de Hollande, à fleurs d'un pourpre violet très-foncé ; l'aimable violette ; la rose de parade.

5.° Les *veloutées*. L'aigle noir ; le pourpre charmant ; le velours pourpre ou cramoisi incomparable ; la superbe en brun, à pétales d'un cramoisi foncé, tachés de brun ; le velours noir, ou le beau velours ; le carmin brillant.

4.° Les *roses et carnées*. La rose de Provins panachée, fleurs semi-doubles ; l'ornement de parade , à fleurs très-grandes ; le grand monarque ; la porcelaine à bords blancs ; l'aimable rouge ou l'hortensia; la Henri IV, à fleurs grandes, semi-doubles, tirant sur l'incarnat; la Poniatowski.

5.° Les *blanches*. La fausse unique; le pompon bazard, à fleurs petites, très-doubles, blanches, un peu rosées.

Le rosier de Provins a, dit-on, été apporté de Syrie à Provins par un comte de Brie, au retour des croisades; mais rien n'est moins prouvé que ce fait, et il paroît au contraire que cette espèce a été connue de toute antiquité, et que c'est probablement d'elle qu'Homère a vanté les vertus dans l'Iliade. Les fleurs de cette rose étoient autrefois un objet de commerce pour la France : on en portoit jusqu'aux Indes, et elles étoient si estimées, dit Pomet, dans son Histoire des drogues, qu'on les payoit quelquefois au poids de l'or.

Les fleurs de roses de Provins, nommées encore roses rouges, entroient autrefois dans un grand nombre de préparations pharmaceutiques, dont plusieurs ne sont plus employées maintenant. Les pétales, desséchés et réduits en poudre, font encore partie de la thériaque et du diascordium. Ces pétales servent à faire la conserve de roses, dont la meilleure est celle qui est préparée en les broyant à froid avec le sucre, après les avoir mondés de leur onglet. Ils sont encore employés à faire le sucre rosat, le vinaigre de roses, le miel rosat, le sirop de roses sèches, etc.

Toutes les préparations faites avec les roses rouges sont toutes plus ou moins astringentes, et sous ce rapport elles sont employées, principalement le sucre, le sirop et la conserve, dans les hémorrhagies, les flux de ventre qui sont atoniques, la leucorrhée, etc. On fait usage du miel et du vinaigre rosat dans certains maux de gorge, contre les aphtes et les ulcérations de la bouche et des gencives.

Rosier cent-feuilles: *Rosa centifolia*, Linn., *Sp.*, 704; Redouté, Ros., 1, 25, t. 1 — 37, t. 7 — 77, t. 26 — 79, t. 27 — 111, t. 40. Ses tiges s'élèvent rarement à plus de trois ou quatre pieds. Ses feuilles sont composées de cinq à sept folioles ovales, pubescentes en dessous, deux fois dentées, parce que chacune des dents principales est chargée d'une ou de deux autres petites dents souvent glanduleuses. Les fleurs sont d'un rose charmant, très-doubles, et larges d'environ trois pouces dans la variété la plus répandue, portées sur des pédoncules alongés, làches, et disposées ordinairement trois ensemble au sommet de chaque petit rameau; les tubes de leur calice sont ovoïdes et hispides, glanduleux, ainsi que les pédoncules. Ce rosier fleurit dans les jardins en Juin et en Juillet. On a long-temps ignoré quelle étoit au juste sa patrie; mais dans ces derniers temps M. Marschall Bieberstein l'a trouvé sauvage dans les forêts du Caucase oriental, où même dans l'état naturel on le rencontre souvent à fleurs doubles. On en cultive dans les jardins trente à quarante variétés, dont les principales sont:

La cent-feuilles à fleurs simples; la cent-feuilles à fleurs semi-doubles; la rose de Hollande ou grosse cent-feuilles, l'une des plus belles et en même temps la plus commune des variétés de cette espèce de rosier; la rose des peintres, à fleurs très-grandes, moins doubles que la précédente, mais d'une couleur plus vive; la rose Vilmorin, à fleurs couleur de chair; la rose unique, à fleurs blanches, un peu rouges en dehors; la rose mousseuse, la plus remarquable de toutes les variétés de rosier, parce que ses pédoncules, ses calices et leurs divisions, au lieu d'être hérissés d'aiguillons, sont abondamment couverts de poils herbacés, rameux, tous chargés de glandes rougeàtres, qui, dans leur ensemble, ont en quelque sorte l'aspect de certaines mousses. Cette variété a trois sous-variétés: la rose mousseuse simple et à fleurs roses; la mousseuse double et à fleurs roses, et la mousseuse blanche double.

Je citerai encore la cent-feuilles panachée de rouge; celle panachée de blanc; la cent-feuilles cramoisie; la cent-feuilles à feuilles de céleri, dont les feuilles sont deux fois ailées, et comme frisées ou un peu crépues; la cent-feuilles à feuilles de laitue, dont les folioles sont moins crépues et moins frisées en leurs bords, mais dont la surface est inégale, gaufrée ou cloquée, comme celles des feuilles de laitue; la rose anémone, dont les fleurs sont semi-doubles, à pétales intérieurs très-recourbés en dedans; la rose prolifère ou la mère Gigogne, dont le centre de la fleur est un bouton qui se développe et forme une nouvelle rose; la rose œillet ou la rose guenille, dont les pétales sont étroits, chiffonnés et dentés en leurs bords, rétrécis en un long onglet; la cent-feuilles d'Avranches, la plus grande du genre; la cent-feuilles apétale, dont les fleurs sont dépourvues de véritables pétales; la cent-feuilles pompon, qui offre plusieurs sous-variétés : le pompon de Bourgogne simple, le pompon de Bourgogne double, le gros pompon de Bordeaux, et le pompon mousseux.

La rose cent-feuilles a les mêmes propriétés que la rose bifère ; on la distille comme cette dernière pour en faire de l'eau de rose et pour en retirer l'huile essentielle.

Miller paroît être le premier qui ait cultivé la rose mousseuse, vers 1727, et ce n'est qu'environ cinquante ans après qu'elle a été introduite en France par madame de Genlis.

Rosier nain ; *Rosa nana*, Lois., Nouv. Duham., 7, p. 38. Je ne crois pas que ce rosier doive être regardé comme une simple sous-variété du pompon, qui n'est lui-même qu'une variété du rosier cent-feuilles ; il en diffère par ses tiges annuelles ou bisannuelles, qui s'élèvent rarement à plus de quinze ou vingt pouces. Ces tiges sont souvent rameuses dès leur base, chargées d'aiguillons épars, assez courts, et garnies de feuilles d'un vert clair, composées de cinq folioles ovales, longues de cinq à six lignes, larges de trois à quatre, chargées en dessous de petits poils courts, presque simplement dentées en leurs bords, ou seulement inégalement dentées. Ses fleurs sont larges d'un pouce, composées de plusieurs rangs de pétales d'un rose tendre, portées une ou au plus deux ensemble sur des ramuscules qui naissent tout du long des rameaux principaux, et qui forment dans leur ensemble un charmant bouquet pyramidal. Cette espèce est cultivée dans les jardins, où elle fleurit en Mai et Juin. Elle n'est pas en général très-répandue, ce qui vient probablement de ce qu'elle est assez délicate. Il lui faut une terre substantielle, et encore ses tiges durent-elles rarement plus de deux ans ; souvent même elles se dessèchent et meurent après avoir porté les fleurs. Au reste le pied se renouvelle par des rejets qui poussent des racines.

Rosier a petites feuilles ; *Rosa parvifolia*, Willd., *Sp.*, 2, p. 1078. Cette espèce ne forme qu'un très-petit buisson, haut tout au plus d'un pied et demi à deux pieds. Ses feuilles sont composées de cinq à sept folioles ovales-oblongues, à peine bidentées, d'un vert foncé en dessus, plus ou moins pubescentes, et d'un vert blanchâtre en dessous. Ses fleurs sont d'un rouge foncé, souvent doubles, larges d'un pouce ou un

peu plus, solitaires ou tout au plus deux ensemble à l'extrémité de quelques petits rameaux, disposés seulement dans la
partie supérieure des tiges et des rameaux principaux. Le tube
de leur calice est presque globuleux, glabre, et les divisions
de leur calice sont à peine pinnatifides. Ce petit rosier est
commun, selon Durande, sur les montagnes aux environs de
Dijon; on lui donne dans les jardins les noms de rose de Champagne, de rose de Reims, de rose de Meaux.

Rosier velu : *Rosa villosa*, Linn., *Sp.*, 704; Redouté, Ros.,
1, 67, t. 22; *Rosa villosa* et *Rosa mollissima*, Willd. La tige
de cette espèce s'élève à la hauteur de huit ou douze pieds et
même plus, en se divisant en branches et en rameaux armés
d'aiguillons assez forts. Ses feuilles sont ordinairement composées de sept folioles ovales, plus ou moins cotonneuses et
molles au toucher. Ses fleurs sont roses, larges de vingt-quatre
à trente lignes, peu odorantes, disposées au sommet des rameaux en nombre variable, depuis une jusqu'à six et même
plus ensemble. Les tubes de leur calice sont globuleux ou
ovoïdes selon les variétés, hérissés, ainsi que les pédoncules,
de poils roides et glanduleux. Ce rosier croit naturellement
en France et en Europe dans les haies et les buissons; il fleurit
en Mai et Juin. Il présente, dans l'état sauvage, plusieurs variétés qui se distinguent à la villosité plus ou moins considérable des feuilles, et à la forme des calices, qui est globuleuse
ou ovoïde; tels sont les *rosa mollissima*; Willd., et *rosa tomen-
tosa*, Smith. Mais outre ces variétés, qu'on peut trouver sauvages, on en rencontre quelques autres dans les jardins, parmi
lesquelles je citerai entre autres : la rose velue à fleurs semi-
doubles; celle à fleurs doubles; celle à fleurs panachées, et
la rose velue à odeur de térébenthine, Redouté, Ros., 2,
p. 71, fig.

Rosier rouillé : *Rosa rubiginosa*, Linn., *Mant.*, 564; Redouté, Ros., 1, pag. 94, fig.; 2, pag. 5, fig.; 2, pag. 23,
fig.; 2, pag. 75, fig. Cette espèce, qu'on nomme vulgairement églantier rouge, rosier à odeur de pomme de reinette,
élève ses tiges à la hauteur de six à dix pieds ou plus, et celles-ci se divisent en rameaux nombreux, armés d'aiguillons
forts et crochus. Ses feuilles sont composées, le plus souvent,
de sept folioles ovales ou ovales-arrondies, glabres en dessus,

pubescentes et glanduleuses en dessous. Ses fleurs sont purpurines, de grandeur médiocre, souvent solitaires à l'extrémité des rameaux, ou quelquefois disposées plusieurs ensemble en une espèce de corymbe. Le tube de leur calice est
globuleux ou ovale, chargé ou non de poils glanduleux ; mais
leur pédoncule en est toujours abondamment pourvu. Le rosier rouillé est commun en France et dans le reste de l'Europe, dans les haies, les buissons et sur les bords des bois ; il
fleurit en Juin et Juillet. Ses feuilles, froissées entre les doigts,
exhalent une odeur assez agréable, analogue à celle de la
pomme de reinette, mais plus pénétrante. Les pépiniéristes
emploient ses rejets ou ses tiges pour servir de sujets et pour
greffer toutes sortes d'autres rosiers. Il y a quelques années on
n'en connoissoit que des individus sauvages, mais depuis qu'on
a semé de ses graines, on en a obtenu quelques variétés à fleurs
roses ou blanches, plus grandes ou plus petites, et semi-
doubles.

Rosier des haies, Églantier des haies : *Rosa sepium*, Thuil.,
Fl. par., 252 ; Redouté, Ros., 2, pag. 61, fig. et pag. 107, fig.
Cette espèce se distingue du rosier rouillé par ses folioles plus
alongées, souvent un peu cunéiformes à leur base, et par ses
styles glabres ou presque glabres, tantôt réunis en tête, tantôt
un peu divergens. Ses fleurs sont plus souvent blanches que
roses, et jamais d'un rouge vif. Leur nombre est infiniment
variable et ne peut être assigné pour caractère : souvent les
fleurs sont solitaires ou disposées de deux à quatre ensemble ;
mais certains rameaux vigoureux se terminent quelquefois
par des panicules de vingt à trente fleurs et plus. Au reste,
cette considération est commune à un grand nombre d'espèces,
et c'est ce qui rend si souvent leur détermination très-difficile.
J'ai toujours vu les tubes des calices ovales-oblongs. Ce rosier
fleurit dans le même temps que le précédent et se trouve dans
les mêmes lieux. M. Redouté en a figuré une variété à fleurs
semi-doubles.

Rosier de chien, vulgairement Églantier : *Rosa canina*,
Linn., *Sp.*, 704 ; Redouté, Ros., pag. 51, fig. Ses tiges forment
ordinairement un buisson plus ou moins touffu, et elles s'é-
lèvent à la hauteur de huit à dix pieds, quelquefois jusqu'à
quinze et même plus. Ses rameaux sont glabres, d'un vert lui-

sant, armés d'aiguillons forts, recourbés, et garnis de feuilles composées de cinq à sept folioles ovales ou ovales-lancéolées, glabres, luisantes en dessus. Ses fleurs sont roses ou blanches, disposées deux à quatre ensemble à l'extrémité des rameaux. Cette espèce est très-variable dans son port et dans ses principaux caractères, ce qui a porté quelques auteurs, soit à la diviser en six à huit espèces, soit en quinze ou vingt variétés; mais après avoir examiné un grand nombre d'individus de ces prétendues espèces ou variétés, et les avoir comparées les unes aux autres avec la plus scrupuleuse attention, j'ai été ramené à ne considérer toutes ces espèces que comme n'en formant qu'une seule, dans laquelle il est même très-difficile de bien caractériser les variétés, parce que les différences que celles-ci présentent sont trop variables et trop nombreuses, et que cela conduiroit à établir non dix ou vingt variétés, mais des centaines, selon que les différentes modifications que chaque partie de la plante peut éprouver, seraient diversement combinées. Ainsi les feuilles sont tantôt plus ou moins luisantes et d'un vert gai, tantôt presque glauques, ou même tout-à-fait glauques; elles sont bordées de dents égales ou inégales; les stipules, dont leur pétiole est muni à sa base, sont susceptibles de prendre plus ou moins de dévoloppement; la couleur des fleurs, en général d'un rose clair, devient quelquefois blanche ou d'un blanc jaunâtre, ces fleurs n'ont que peu ou point d'odeur ou elles en ont une fort agréable; leurs pédoncules sont le plus souvent très-glabres, ainsi que les tubes des calices: cependant il n'est pas rare de les voir devenir hispides; quant à ces derniers, ils sont ovales ou globuleux, et les fruits qui leur succèdent varient infiniment pour le volume; enfin, les styles sont excessivement variables: je les ai observés velus dans certains individus et glabres dans d'autres, ramassés en tête arrondie et presque sessile dans les uns, un peu prolongés et serrés en colonne dans d'autres, et même divergens. Cette espèce est commune, en France et en Europe, dans les buissons et sur les bords des bois. M. de Pronville en indique une variété à fleurs semi-doubles.

Ce rosier doit son nom spécifique à la prétendue propriété que les anciens attribuoient à sa racine. Pline en parle comme d'un spécifique contre la rage; cette vertu miraculeuse fut, selon lui, révélée en songe à une mère dont le fils avoit été mordu par un chien, et l'emploi de ce remède guérit le malade. Ses fleurs paroissent être légèrement purgatives ; elles ont aussi passé pour astringentes. Ses fruits, ainsi que ceux des autres rosiers sauvages, ont plus positivement cette dernière propriété, et on en prépare quelquefois encore dans les pharmacies une conserve ou une sorte de confiture à laquelle on donne le nom de conserve de Cynorrhodon ou de Chinorrhodon. Les graines séparées de la pulpe étoient jadis regardées comme apéritives et diurétiques.

Il n'est pas rare de trouver sur les rameaux de ce rosier et sur ceux des autres rosiers sauvages une excroissance ordinairement arrondie, de la grosseur d'un œuf de poule, ou un peu moins, composée de filamens velus, entrelacés, d'un vert rougeâtre, ayant la forme d'une petite pelote de mousse. Cette excroissance singulière est causée par la piqûre d'un insecte, afin d'y déposer ses œufs, et elle est connue sous le nom de *bédéguar*; on lui attribuoit autrefois les mêmes propriétés qu'aux fruits du rosier. Aujourd'hui le bédéguar est tombé en désuétude.

Les tiges droites et élancées du rosier de chien, ainsi que celles des deux espèces précédentes, sont maintenant, sous le nom d'églantier, très-employées par les pépiniéristes pour greffer à haute tige toutes les autres espèces de roses.

Je n'étendrai pas plus loin l'histoire des espèces ou des variétés si nombreuses dans ce genre, afin de mettre des bornes à cet article; je le terminerai par quelques considérations sur la culture des rosiers.

Ces arbrisseaux peuvent en général se multiplier par tous les moyens de propagation que la nature a donnés aux différens végétaux; mais ces divers moyens ne peuvent pas tous s'appliquer à chaque espèce ou à chaque variété en particulier. Ainsi toutes les espèces proprement dites, celles à fleurs simples surtout, se propagent naturellement par leurs graines et plusieurs par les rejets de leurs racines; mais les variétés jardinières à fleurs doubles, qui donnent très-rarement des fruits, et celles à fleurs toutes pleines, qui n'en produisent jamais, ne peuvent, les unes, que difficilement se multiplier par les semis, et cela est même impossible aux autres. Les

rejets, les marcottes, les boutures et la greffe sont les moyens
que la nature et l'art nous fournissent pour propager ces deux
dernières sortes, et par ces quatre moyens les variétés se per-
pétuent autant qu'on le désire, sans altération bien sensible.
Il n'en est pas de même de la multiplication par les semis;
c'est par elle que nous avons modifié, embelli un grand
nombre d'espèces et que nous leur avons fait produire une
si grande quantité de variétés, et si la passion des amateurs
et des fleuristes pour les roses ne se ralentit pas, comme tout
porte à le croire, il est difficile de prévoir de combien de
variétés peuvent encore s'accroître nos collections. Au temps
de Parkinson, en 1629, on ne comptoit qu'environ vingt-
cinq roses, espèces ou variétés, et ce nombre a été peu aug-
menté dans les cent cinquante années qui ont suivi; mais depuis cinquante ans, et surtout depuis le commencement de
ce siècle, le nombre des espèces et celui des variétés s'est prodigieusement accru, ainsi que je l'ai dit plus haut. Lorsque
toutes les parties du globe auront été visitées par les botanistes, le nombre des espèces aura un terme; mais celui des
variétés ne peut en avoir, puisqu'il est rare de faire un semis
de roses, pour peu qu'il soit un peu considérable, sans y
trouver une ou deux variétés nouvelles.

L'amateur qui désire obtenir des variétés nouvelles qui puissent se faire distinguer par l'éclat de leurs couleurs, ou par
la douceur de leur parfum, doit être attentif à recueillir
tous les fruits que pourront lui donner ses plus belles roses
semi-doubles, et comme celles-ci ne fructifient qu'assez rarement, il ne doit pas se presser de débarrasser ses rosiers de
leurs fleurs fanées, mais seulement lorsque les calices seront
desséchés et qu'il aura la certitude que les fruits sont avortés.
Il ne faut pas non plus se presser de cueillir les fruits des
rosiers dont on veut semer les graines avant qu'ils aient acquis leur parfaite maturité, et on doit attendre pour cela la
fin de l'automne, ou au moins qu'ils aient été frappés par les
premières gelées du mois de Novembre. Il est préférable de
semer ces graines aussitôt après qu'elles ont été récoltées, que
de les conserver pour ne les semer qu'au printemps, ce qui
les empêche de lever la première année. La terre nécessaire
pour semer des graines de rosier doit être légère, et l'expo-

sition la plus favorable est celle du levant. Le plant du jeune semis pousse lentement pendant les deux premières années, et on peut le laisser pendant tout ce temps sans le déplanter ; mais il est bon pendant le second hiver de le mettre en pépinière, et il y fleurira la quatrième ou au plus tard la cinquième année. On a soin de marquer les variétés nouvelles qui se distinguent soit par le nombre de leurs pétales, la largeur ou le nombre de leurs fleurs, soit par l'éclat ou la beauté de leurs couleurs, et qui, sous tous, ou sous quelques-uns de ces rapports, méritent d'être multipliées. Quant aux variétés à fleurs simples, qui ne présentent rien de remarquable, on peut conserver les pieds les plus robustes pour servir de sujets sur lesquels on greffera les bonnes variétés, et tout le reste sera arraché. On peut accélérer la croissance des semis faits avec des graines d'espèces rares ou nouvellement arrivées des pays étrangers, en faisant ces semis non en pleine terre, mais dans des pots ou des terrines qu'on place ensuite sur couche et sous châssis ou sous cloche.

Lorsqu'on ne veut multiplier que les espèces communes ou autres, et qu'on les a franches de pied, on se contente d'arracher chaque année les rejets qui ont poussé autour des vieux pieds. Ces rejets sont souvent très-nombreux, surtout dans les terrains légers ; arrachés en automne ou dans le courant de l'hiver, et plantés tous de suite, ils donnent des fleurs dès la saison suivante. Pour les espèces qui ne donnent pas de rejets, la séparation de leurs vieux pieds en autant de tiges qu'on peut les diviser avec chacune une portion de racines, peut être assimilée à la multiplication par les rejets. Il en est de même des morceaux de racines qu'on replante avec la précaution d'en placer hors de terre seulement quelques lignes du plus gros bout.

Quelques espèces ne produisent point de rejets ou n'en donnent qu'en très-petite quantité ; tels sont particulièrement le rosier de Banks, le multiflore, le bengale, le musqué. La division des vieux pieds en éclats enracinés seroit un moyen facile de multiplier ces rosiers, si on ne pouvoit pas le faire d'une manière encore plus commode ; c'est qu'ils reprennent mieux de marcottes et même de boutures, que toutes les autres espèces. Ces marcottes et ces boutures n'ont besoin que d'être

faites dans un terrain frais, et, pour les dernières, qui soit
en même temps à l'ombre. Les arrosemens fréquens ne doivent pas leur être épargnés, surtout dans les premiers temps
et lorsque la saison est sèche. Le commencement du printemps est la saison la plus favorable pour la reprise des marcottes et des boutures. Étant faites à cette époque, elles seront bonnes à transplanter l'hiver suivant, et presque toutes
donneront des fleurs le printemps d'après. Les boutures du
bengale et de ses différentes variétés fleurissent même trois
ou au plus quatre mois après avoir été faites. J'ai d'ailleurs
fait des boutures de cette espèce dans tous les temps de la
belle saison, et elles ont presque toujours également bien
repris.

La greffe, dernier moyen de multiplication dont il me reste
à parler, par laquelle on propage aujourd'hui avec la plus
grande facilité toutes les variétés de rosier, étoit très-peu
pratiquée il y a trente à quarante ans, et on ne l'employoit
guère que pour avoir les variétés rares et nouvelles qu'il
eût été difficile de se procurer autrement. Maintenant c'est
tout le contraire, la greffe est presque exclusivement, chez
les différens pépiniéristes de Paris ou des villes de France, et
même des pays voisins, le seul moyen de multiplier indifféremment toutes les espèces de rosiers. On n'estime plus un arbrisseau de ce genre, s'il ne forme une seule tige de trois à quatre
et même cinq à six pieds de hauteur, terminée par une tête
parfaitement arrondie. La mode a presque banni des jardins
soignés les rosiers en buisson, qui, s'ils n'avoient pas la même
grâce que ceux à haute tige, avoient d'ailleurs sur ces derniers le grand avantage de donner un bien plus grand nombre
de fleurs, et de n'exiger que très-peu de soin; tandis que
ceux qui sont à haute tige, étant greffés sur des églantiers ou
espèces sauvages qui poussent avec plus de vigueur, demandent une grande surveillance, afin d'empêcher les sujets de
pousser de tous côtés, soit des branches gourmandes des parties inférieures de leur tige, soit des rejets de leurs racines,
qui, si on ne les retranchoit pas promptement, ne tarderoient
pas à épuiser la greffe et à la faire périr. Avec ces soins, les rosiers greffés peuvent d'ailleurs vivre très-long temps; j'en
conserve depuis plus de quinze ans dans mon jardin, et j'ai

vu chez M. Dupont, ainsi que dans le jardin du Luxembourg, des églantiers greffés depuis trente et quarante ans, qui étoient encore très-vigoureux et paroissoient devoir durer encore bien des années.

Il n'y a que deux sortes de greffes qui soient pratiquées pour les rosiers : la greffe en fente et celle en écusson. Les sujets qui servent à les recevoir, sont les tiges de plusieurs espèces de rosiers sauvages. Jusqu'à présent les pépiniéristes ne se sont point donné la peine d'élever ces espèces de graines. A Paris il y a des gens qui font métier d'aller dans les campagnes, pendant l'automne et l'hiver, arracher dans les buissons et les bois tout ce qu'ils peuvent trouver de tiges ou de rejets bien droits de ces rosiers, et ils les apportent au marché ou directement chez les pépiniéristes, par centaines et par milliers. Ces rosiers, dans lesquels se trouvent communément ensemble, sous le nom général d'*églantiers*, le rosier de chien, celui des haies, le rosier rouillé et le velu, sont replantés par les pépiniéristes dans des plates-bandes à deux pieds de distance en tout sens, ou séparément dans des pots de grandeur convenable, afin de pouvoir les vendre plus facilement lorsqu'ils auront été greffés et pendant qu'ils seront en fleur. Les amateurs qui achètent des églantiers non greffés ou qui s'en procurent, n'importe comment, doivent de préférence les faire planter tout de suite en place.

On greffe les églantiers quand ils ont bien repris, et on place les écussons sur une ou deux des pousses de l'année qu'on a seules réservées dans leur partie supérieure, afin d'en former des tiges de trois à six pieds. Si ces tiges elles-mêmes n'ont pas plus de deux à trois ans, et qu'elles soient bien en séve, il est préférable d'y placer deux greffes en opposition l'une à l'autre, au lieu de les mettre sur les jeunes branches latérales. C'est en Juillet et Août que se fait cette opération, lorsque les jeunes rameaux ont pris assez de consistance, et dans ce cas, lorsque le sujet a suffisamment de séve pour que l'insertion de l'écusson soit facile entre les lambeaux de l'écorce soulevée.

Lorsque l'écusson est placé sur le sujet, si on retranche à une ou deux pouces au-dessus de celui-ci tout le surplus du rameau ou de la tige, afin que la séve se porte directement sur la greffe et force son œil à se développer promptement, la greffe est dite à œil poussant. Lorsqu'on laisse, au contraire, au sujet tous ses rameaux, la séve continue à s'y porter; leur pousse n'est point interrompue jusqu'à la fin de la saison : l'œil de la greffe peut bien reprendre et faire corps avec le sujet; mais il reste stationnaire, et c'est ce qu'on appelle un écusson à œil dormant, qui ne se développe qu'au printemps suivant, lorsque, pour le forcer à pousser, on retranchera la partie supérieure du sujet.

Quelques cultivateurs blâment la méthode de greffer les rosiers à œil poussant, sous prétexte que les jeunes rameaux qui sortent de cette sorte de greffe sont souvent trop foibles pour passer l'hiver suivant, quand il est un peu rigoureux. Mais je puis assurer, d'après ma propre expérience, que lorsque la greffe est faite sur des sujets vigoureux, et que les écussons sont posés de bonne heure, par exemple au commencement de Juillet et même dès la fin de Juin, quand les yeux qui doivent servir à greffer sont suffisamment formés, il n'y a pas le moindre inconvénient. Alors les écussons commencent à pousser trois semaines ou un mois après avoir été posés, et ils produisent pendant le reste de la belle saison des rameaux de six pouces à un pied de longueur, qui sont suffisamment aoûtés avant l'hiver, et qui, étant taillés à trois yeux à la fin de cette saison, forment déjà une petite tête fort agréable et manquent rarement de donner des fleurs le printemps suivant; tandis que, lorsqu'on a greffé à œil dormant, il faut attendre pour presque toutes les espèces une année de plus sans les voir fleurir : il n'y a que le rosier de Bengale et ses variétés qui, de toute manière, donnent des fleurs six semaines à deux mois après que l'écusson a commencé à pousser; mais d'ailleurs, lorsque celui-ci a été fait à œil poussant, cette même espèce, si elle a été greffée à la fin de Juin ou au commencement de Juillet, donnera deux fois des fleurs avant l'hiver.

On peut greffer sur le même sujet deux à trois espèces ou variétés de roses différentes; mais, pour qu'elles réussissent toutes, il faut avoir soin de ne placer ensemble que des espèces ou variétés qui ne poussent pas plus fort les unes que les autres; autrement l'espèce la plus vigoureuse attire presque toute la séve à elle seule, et fait périr les autres.

La greffe en écusson à œil poussant ou à œil dormant est la plus usitée, et chez les pépiniéristes surtout on n'en emploie pas d'autre, parce qu'elle est plus facile et plus prompte à exécuter : cependant la greffe en fente n'est pas à dédaigner ; on forme aussi par son moyen de beaux rosiers à haute tige. Cette greffe, comme celle en écusson, ne doit se pratiquer que sur des sujets vigoureux ; mais comme il arrive souvent qu'au moment favorable pour faire cette dernière, plusieurs églantiers ne sont pas suffisamment en séve, ou n'ont pas poussé des rameaux convenables, on est obligé de les laisser dans la pépinière une année de plus sans pouvoir les écussonner. Mais comme pendant le reste de l'été et pendant l'automne suivant ils peuvent acquérir cette vigueur qui leur manquait en Juillet et Août, ils se trouvent très-propres à être greffés en fente à la fin de Février ou au commencement de Mars, temps où la séve commence de nouveau à se mettre en mouvement, et si les greffes qu'on leur applique sont bien choisies, bien faites et qu'elles réussissent également bien, elles fleuriront à la fin du printemps ou au commencement de l'été. Voici la meilleure manière de greffer les rosiers en fente : à l'époque qui vient d'être dite on coupe, sur les espèces qu'on veut multiplier, de petits rameaux destinés à porter fleur dans l'année ; on les taille bien net en biseau par leur base, à commencer un peu au-dessous d'un œil et de manière que l'écorce laissée seulement du côté de cet œil, puisse se bien ajuster avec celle du sujet que l'on a coupé préalablement et horizontalement à hauteur convenable. Il faut ensuite fendre ce dernier perpendiculairement et suffisamment pour y introduire la greffe, qui doit être enfoncée jusqu'à l'endroit où commence le biseau, et de façon que l'écorce et l'œil soient placés extérieurement. Les greffes doivent d'ailleurs être choisies de manière à ce qu'elles aient au moins deux yeux ou boutons. Il vaut mieux ne fendre l'églantier que sur un seul côté pour n'y mettre qu'une greffe, que de le fendre par le milieu pour insérer deux greffes, une dans chaque fente, parce que, lorsqu'il arrive qu'une des deux greffes ne prend pas, ce côté reste ouvert, et la moelle, qui est très-abondante dans l'églantier, se trouvant bientôt à dé-

couvert, se desséche, et la greffe qui seule avoit pris, ne tarde
pas elle-même à périr par la suite du dépérissement de toute
la partie supérieure du sujet. Pour la même raison il ne faut
pas, quelque gros que soit l'églantier, y insérer circulairement plusieurs greffes. Après donc qu'on a disposé, comme
il vient d'être dit, une seule greffe pour chaque tige d'églantier ou pour chaque branche, si le sujet en a plusieurs, on
l'assure par quelques tours d'un fil de laine et par une ligature dont on serre convenablement la tête du sujet, puis on
finit par recouvrir celle-ci, ainsi que les fentes, en appliquant, avec un petit pinceau, une sorte de mastic composé
de deux parties de colophane et d'une partie de cire jaune,
fondues et bien mêlées ensemble. Cette composition doit être
appliquée assez chaude pour bien tenir, mais pas assez pour
dessécher les parties qu'elle est destinée à mettre à l'abri du
contact de l'air. Si les greffes ont été bien choisies, toutes
celles qui reprennent fleurissent dès l'été suivant. Quelque
temps avant cette époque, lorsqu'elles sont bien reprises et
font bien corps avec le sujet, il faut couper la ligature de
laine qui, à cause du gonflement qui survient dans ces parties, ne tarderoit pas à étrangler la greffe, l'empêcheroit de
profiter et la feroit même périr. Autant on doit en faire aux
ligatures des écussons; mais dans tous les cas il est bon, de
peur qu'un coup de vent ou quelque oiseau, en se perchant
dessus, ne viennent à casser les greffes qui ne sont pas encore assez solidement fixées au sujet, de les assujettir au
tuteur dont chaque rosier à haute tige doit toujours être pourvu, et qu'il faut avoir soin de tenir assez haut pour que sa
tête puisse y être fixée, surtout pendant les premières années.

On peut, surtout pour greffer en fente, faire venir des
greffes de loin, en ayant soin de les bien emballer dans de la
moussse un peu humide, de manière à ce qu'elles ne puissent
ni geler, ni se dessécher en chemin. Au moment où l'on veut
employer ces greffes, on les rafraîchit par le bas en les tail-
lant comme il a été dit ci-dessus.

Pour changer une espéce ou variété greffée en un rosier
franc de pied, il ne faut qu'incliner la tête du sujet vers la
terre, et faire des marcottes avec celles des branches sorties
de la greffe qui sont assez fortes; ou, si la greffe avoit été faite

assez près du sol pour qu'on pût l'enterrer, on la couvriroit suffisamment de terre, et bientôt ses branches enterrées ne tarderoient pas à pousser des racines au-dessus du sujet.

Les Romains avoient déjà trouvé, dès le temps de Domitien, comme il a été dit plus haut, le moyen d'avoir des roses fleuries au milieu de l'hiver. Depuis cette époque éloignée, ces charmantes fleurs n'ont rien perdu de leur prix, et nous aimons comme les anciens à en avoir dans toutes les saisons de l'année. Les jardiniers de Paris ont, comme ceux de l'ancienne Rome, des serres dans lesquelles ils les font fleurir, même lorsque le froid est le plus rigoureux; car, depuis dix-sept cents ans on a bien perfectionné les moyens d'avoir des roses et d'autres fleurs dans toutes les saisons.

Le rosier bifère, qui naturellement fleurit deux fois l'an, est, avec ses variétés, celui dont, pour cet objet, les fleuristes prennent principalement soin. On parvient aussi à faire fleurir, à la fin de l'automne ou dans le courant de l'hiver, quelques autres espèces, comme le rosier blanc, le cent-feuilles, le Provins, et voici comme les jardiniers s'y prennent à cet effet: ils choisissent, dans le courant de l'hiver, les pieds de rosiers qu'ils destinent à faire fleurir depuis le mois d'Octobre qui suivra jusqu'au commencement du printemps; ils les plantent dans des pots qu'ils enterrent, et ils ne leur donnent d'autres soins que de les arroser lorsque le temps est sec, et de supprimer les fleurs qu'ils donnent dans la saison ordinaire, à mesure qu'elles paroissent. Vers le mois d'Août ou de Septembre, selon qu'ils veulent hâter la floraison de leurs rosiers, ils retirent de terre les pots, et ils diminuent peu à peu les arrosemens jusqu'à cessation entière, afin d'accélérer la maturité du jeune bois; et lorsque la saison est pluvieuse, ils ont la précaution de coucher les pots sur le côté, afin de sevrer les rosiers d'eau, au point de les faire faner, sans cependant les laisser se dessécher. Ils jugent que le bois est suffisamment mûr, lorsque les feuilles commencent à jaunir; alors ils taillent les rosiers très-courts sur le jeune bois, puis ils les dépouillent de toutes les feuilles qui peuvent encore rester.

Après avoir amené les rosiers à cet état, on les place plus tôt ou plus tard, selon qu'on veut en obtenir des fleurs en

Octobre, Novembre, Décembre, ou seulement dans les mois suivans; on les place, dis-je, dans des châssis exposés au midi, où l'on enterre les pots dans du terreau consommé, sans fumier dessous, et on leur donne de l'eau par degrés pour leur faire recommencer une nouvelle végétation. Ce n'est que lorsque les boutons de rose commencent à se montrer, ou lorsqu'il fait trop froid ou trop humide, qu'on recouvre de leurs vitreaux les coffres des châssis; mais dès-lors on donne de l'air toutes les fois que le temps le permet.

Quand la saison est plus avancée et que le froid extérieur ne permet plus aux châssis de conserver une température suffisante pour que les rosiers y puissent développer leurs fleurs, on les réchauffe au moyen de fumier de cheval qu'on établit tout autour, de manière à ce que sa chaleur se communique à l'intérieur des châssis, mais de façon que sa vapeur n'y puisse pénétrer, parce que cette vapeur seroit mortelle pour les rosiers.

Le bengale fleuriroit naturellement toute l'année, si les gelées de nos hivers ne venoient interrompre sa végétation ; mais, en le plantant en pot ou en caisse et en le mettant à l'abri du froid dans une serre ou dans un appartement, il conserve ses feuilles et fleurit pendant tout l'hiver.

Les rosiers en général ne sont pas délicats sur la nature du sol; ils végètent assez bien dans toute sorte de terrains. Les espèces sauvages se trouvent plus souvent dans les lieux arides que dans les bons fonds ; cependant quand on les plante dans ces derniers, ils y croissent avec une vigueur extraordinaire. Toutes les espèces cultivées dont j'ai fait mention supportent très-bien les froids les plus rigoureux de nos hivers, excepté le rosier multiflore, le musqué, celui à bractées et quelques variétés du bengale, qui ne craignent cependant que les fortes gelées, et que pour cette raison il est à propos de placer à l'exposition du midi, et dont il faut couvrir le pied de grande paille sèche ou de litière.

Lorsque les rosiers francs de pied sont trop vieux et qu'ils paroissent languir, on les rajeunit en coupant toutes leurs tiges rez-terre, et par ce moyen on obtient de nouvelles pousses bien vigoureuses qui renouvellent la plante. En faisant cette taille extraordinaire en automne ou en hiver, les nouvelles pousses qu'on obtient sont d'autant plus vigoureuses, mais alors on est une année sans avoir de fleurs; si on la fait au contraire à la fin de Juin ou au commencement de Juillet, tout de suite après la floraison, il repousse encore jusqu'à la fin de la saison des rejets assez robustes, qui, le printemps suivant, donnent de belles fleurs et en abondance.

Le bois des rosiers ne grossit que très-lentement; cependant quelques espèces d'églantiers sont susceptibles de vivre long-temps. J'ai vu, il y a quelques années, chez M. Dupont, qui s'étoit particulièrement consacré à la culture des roses, une tige d'églantier sur laquelle il m'a assuré avoir compté cent-vingt cercles concentriques, ce qui annonçoit autant d'années d'existence, et cette tige n'avoit pas plus de trois pouces de diamètre.

Dans les campagnes on coupe les rosiers sauvages pour en chauffer les fours. On peut avec ces mêmes espèces faire de bonnes haies; mais il faut avoir soin de les tailler au moins tous les deux ans, afin d'empêcher le trop grand accroissement des rameaux, qui en s'élevant et en s'étendant occupent beaucoup de terrain et affoiblissent d'ailleurs la solidité du corps de la haie. Le rosier bifère, le bengale, le noisette, le blanc, etc., peuvent être employés aux mêmes usages dans les jardins; on en fait aussi des massifs. Les rosiers à rameaux sarmenteux, comme celui à bractées, celui de Banks, le multiflore, le toujours-vert, celui des champs, font des palissades et des berceaux charmans. Enfin on peut, dans les grands jardins, cultiver en bordures le rosier nain, celui de Champagne, et les variétés les plus basses du Provins, en ayant soin aussitôt qu'ils sont défleuris de les tailler rez-terre, afin de les maintenir à la hauteur convenable.

Les rosiers sont sujets à plusieurs maladies. La plus commune et la plus dangereuse est la rouille, produite par une espèce d'*uredo* qui couvre quelquefois toutes leurs feuilles. Le moyen le plus efficace de préserver les rosiers de cette espèce de contagion est de retrancher soigneusement toutes les branches infectées, et quelquefois même de rajeunir toutes les tiges en les coupant jusqu'au pied.

Plus de vingt espèces d'insectes vivent sur les rosiers et leur sont plus ou moins nuisibles. Deux diplolèpes, en piquant l'écorce des branches et en y déposant leurs œufs, font naître l'excroissance nommée bédéguar, qui est aussi habité par les larves d'un cynips et d'un ichneumon. La chenille de la tenthrède du rosier se nourrit des feuilles de cet arbrisseau, le dépouille quelquefois entièrement en quelques jours et l'empêche de fleurir. Une autre chenille vit dans l'intérieur du jeune bourgeon qui doit donner des fleurs ; elle travaille à couvert sans être vue, et on ne s'aperçoit du dommage qu'elle a fait que parce que les sommités des rosiers se flétrissent. Si on recherche la cause du mal, on trouve la petite chenille enfoncée dans un canal d'un pouce ou plus de longueur qu'elle s'est creusé à travers la moelle. En la tuant on ne peut réparer la perte des fleurs, mais on empêche l'insecte de multiplier son espèce vraiment désastreuse pour les roses. Certains pucerons se trouvent assez souvent en si grande abondance sur les jeunes pousses et sur les boutons des fleurs, que ces parties en sont toutes couvertes et toutes salies. (L. D.)

ROSIER DU JAPON. (*Bot.*) C'est le *camellia*. (Lem.)

ROSIÈRE. (*Ichthyol.*) Un des noms vulgaires du Véron. Voyez ce mot et Able dans le Supplément du tom. 1.ᵉʳ de ce Dictionnaire. (H. C.)

ROSINAIRE, *Arundinaria*. (*Bot.*) Voyez Ludolfie, tome XXVII, page 282. (Poir.)

ROSKAT. (*Mamm.*) L'hermine, espèce de mammifère carnassier du genre Marte, porte ce nom en Norwége. (Desm.)

ROSLINIA. (*Bot.*) Voyez Rœslinia. (J.)

ROSMAR. (*Mamm.*) Nom danois du Morse. Voyez ce mot. (Desm.)

ROSMARE, *Rosmarus*. (*Ichthyol.*) Nom spécifique d'un Holocentre. Voyez ce mot. (H. C.)

ROSMARIENS , *Rosmarii*. (*Mamm.*) Une famille de mammifères amphibies pourvus de défenses et comprenant le genre Morse, a été formée sous ce nom par Vicq-d'Azyr dans le système anatomique des animaux de l'Encyclopédie méthodique , tom. 1.ᵉʳ (Desm.)

ROSMARINUM. (*Bot.*) Matthiole désignoit sous ce nom un petit arbrisseau que C. Bauhin prenoit pour un ciste et dont Linnæus a fait un genre sous le nom de *ledum palustre*. (J.)

ROSMARINUS. (*Bot.*) Ce nom latin, donné très-ancienne-ment au vrai romarin, a été encore employé par quelques anciens pour désigner le *cachrys libanotis* et d'autres om-bellifères; et C. Bauhin dit avoir reçu le *myrica gale* d'un correspondant, sous le nom de *rosmarinus septentrionalium.* (J.)

ROSMARUS. (*Mamm.*) Nom latin du morse ou vache-ma-rine. (Desm.)

ROSOMACK et ROSOMAKA. (*Mamm.*) On donne ces noms au glouton dans plusieurs contrées septentrionales de l'Europe. (Desm.)

ROSORES. (*Mamm.*) Dénomination latine employée par Storr, dans sa Méthode de classification des mammifères, pour désigner ceux de ces animaux qui composent l'ordre des rongeurs, ou *glires* de Linné. (Desm.)

ROSPEDINO. (*Ornith.*) C'est à Bologne la mésange bleue, *parus cœruleus*, Linn. (Ch. D.)

ROSPO. (*Ichthyol.*) Un des noms italiens de la Pastenague. Voyez ce mot. (H. C.)

ROSS-REIGEL. (*Ornith.*) C'est en allemand le nom du butor, *ardea stellaris*, Linn. (Ch. D.)

ROSSAKINDA. (*Bot.*) Nom de l'igname cultivé, *dioscorea sativa*, dans l'ile de Ceilan, suivant Hermann. (J.)

ROSSANE. (*Bot.*) C'est une variété de pêche. (L. D.)

ROSSE. (*Bot.*) On donne ce nom, dans quelques cantons, au radis raphanistre. (L. D.)

ROSSE. (*Mamm.*) Nom vulgaire et trivial, donné aux vieux ou aux mauvais chevaux. (Desm.)

ROSSE, *Lemiscus rutilus.* (*Ichthyol.*) Voyez Able dans le Supplément du tom. I.er de ce Dictionnaire; voyez aussi Gar-don. (H. C.)

ROSSELET. (*Mamm.*) Voyez Roselet. (Desm.)

ROSSELET. (*Ornith.*) Cet oiseau, que Salerne rapporte au *velia* ou *halea* de Belon, en françois rosselet ou rozelet, est probablement la petite rousserolle, *motacilla arundinacea*, Gmel., ou le mauvis, *turdus iliacus*, Linn. (Ch. D.)

ROSSIGNOL. (*Ornith.*) On trouvera au mot Bec-fin, dans le tome IV de ce Dictionnaire, page 211 et suiv., la description du rossignol ordinaire, *motacilla luscinia*, Linn., avec des détails sur les piéges employés pour prendre cet oiseau, et une notice sur la grande espéce ou race, *motacilla philomela*, Bechst., ou bec-fin philoméle de M. Temminck. Suivant ce dernier auteur, le dessus de son corps est d'un gris-brun terne, et sa poitrine d'un gris clair, avec des teintes plus foncées; la gorge est blanche et la queue moins colorée de roux que celle du rossignol ordinaire; la première rémige est presque nulle; la seconde, à peu près de la même longueur que la troisième, est plus longue que la quatrième, et la taille des deux sexes est de six pouces six lignes. Cet oiseau fréquente de préférence les bois situés sur des collines et dans les plaines ; il recherche les ruisseaux. Les pays qu'il habite sont la Silésie, la Bohême, la Poméranie, la Franconie; mais il est rare en France, et on ne le rencontre pas en Hollande. Il niche communément dans les lieux bas et humides, et pond des œufs d'un brun olive, avec des teintes d'un brun foncé, lesquels sont plus gros que ceux du rossignol ordinaire.

Le nom de rossignol a été donné à plusieurs oiseaux d'espèces différentes :

Le Rossignol aux ailes variées est le gobe-mouche noir, *muscicapa atricapilla*, Linn.

Le Rossignol d'Amérique est la grande fauvette ou grand figuier de la Jamaique.

Le Rossignol des Antilles est le moqueur, *turdus polyglottus*, Linn.

Le Rossignol baillet est le *motacilla phœnicurus*, Linn., autrement rossignol de muraille.

Le Rossignol du Canada est le troglodyte œdon.

Le Rossignol d'eau ou de rivière est la grande rousserolle, *turdus arundinaceus*, Linn.

Le Rossignol d'hiver est le rouge-gorge et la fauvette d'hiver.

Le Rossignol de Madagascar, de Brisson, est le foudijala, *loxia madagascariensis*, Lath.

Le Rossignol d'Espagne, de Sloane, est un carouge.

Le Rossignol monet est, dans Salerne, le bouvreuil ordinaire, *loxia pyrrhula*, Linn.

Le Rossignol jaune et brun, de Klein, est le jacapani.

Le Rossignol de Virginie est, dans Albin, le cardinal huppé.

Le Rossignol mouche est, en Auvergne, la fauvette babillarde.

Le Rossignol de mer est le rouge-queue de muraille.

Le Rossignol de muraille est la gorge-noire, *motacilla phœnicurus*, Linn.

Le Rossignol de muraille d'Afrique et de Gibraltar est le rouge-queue tithys.

Le Rossignol de muraille de l'Amérique est le petit gobe-mouche noir-aurore.

Le Rossignol de muraille cendré, de Brisson, est un rouge-queue qui commence à quitter ses couleurs d'hiver, et le Rossignol de muraille a poitrine tachetée est un jeune mâle de la même espèce sous son plumage d'automne après la mue.

Le Rossignol de muraille a ventre rouge est la fauvette à ventre rouge.

Le Rossignol de muraille des indes est un rouge-queue de ces contrées.

Le Rossignol de Saint-Domingue est le merle moqueur, *turdus polyglottus*, Linn. (Ch. D.)

ROSSIGNOL DES INDES. (*Ornith.*) Ce nom a été donné au gobe-mouche de Pondichéry. (Desm.)

ROSSIGNOL DE RIVIÈRE. (*Ornith.*) Voyez Rossignol d'eau. (Desm.)

ROSSIGNOLET. (*Ornith.*) Le jeune rossignol est ainsi appelé en Provence, et la femelle est nommée rossignolette. (Ch. D.)

ROSSIGNUOLO. (*Ornith.*) Nom italien du rossignol, qu'on appelle en catalan *rossingel*. (Ch. D.)

ROSSOLA. (*Bot.*) Voyez Rougeotes. (Lem.)

ROSSOLAN. (*Ornith.*) L'ortolan de neige, *emberiza nivalis*, est ainsi appelé dans les montagnes du Dauphiné. (Ch. D.)

ROSSOLI. (*Bot.*) C'est le drosère à feuilles rondes. (L. D.)

ROSSOLIS. (*Bot.*) Voyez Rorella. (J.)

ROSTELLAIRE, *Rostellaria*. (*Conchyl.*) Genre de coquilles établi par M. de Lamarck (Syst. des anim. sans vert.,

t. 7, page 191), et admis par presque tous les conchyliologistes, pour un certain nombre de coquilles que Linné plaçoit dans son genre Strombe, mais qui en diffère tellement que M. de Blainville a séparé ces deux genres, plaçant l'un dans les siphonostomes et laissant l'autre à côté des cônes. M. de Lamarck, en forme avec les ptérocères et les strombes proprement dits, sa petite famille des ailées. Les caractères qu'on peut assigner au genre Rostellaire sont : Animal incomplétement connu, à tentacules filiformes, sétacés, portant à la base de leur côté externe les yeux; pied court, comme carré en avant, portant à son dos un opercule corné, à peu près rond. Coquille subdéprimée, turriculée, à spire élancée, pointue; ouverture ovale par l'excavation assez grande du bord columellaire; bord droit digité ou non, se dilatant avec l'âge et ayant en avant un sinus continu au canal pointu, qui termine la coquille en avant. Ce genre, dont on ne connoit malheureusement pas encore suffisamment l'animal, se distingue aisément des strombes et des ptérocères, d'abord par l'existence d'un canal assez alongé, et ensuite parce que le sinus du bord droit est tout-à-fait contigu à ce canal, tandis que dans ceux-là il en est toujours séparé par une partie plus ou moins épaisse du bord droit. Il est probable que ce sinus sert au passage de la tête de l'animal, comme dans les strombes. Un autre caractère se tire de ce que l'extrémité postérieure de l'ouverture est continuée par une gouttière ou demi-canal, qui se prolonge plus ou moins contre la spire.

On ne connoît à l'état vivant que trois espèces dans ce genre, dont deux de l'Inde et une de nos mers.

La R. BEC ARQUÉ : *R. curvirostris; Strombus fusus*, Linn., Gmel., page 5506, n.° 1, vulgairement le FUSEAU DE TERNATE. Coquille fusiforme, turriculée, très-épaisse, très-solide, presque lisse, striée très-finement en travers, à tours de spire subconvexes et un peu plissés à leur bord supérieur; ouverture excavée au bord gauche, dentée au côté externe de son bord droit, et prolongée en un canal assez court et recourbé. Couleur d'un fauve roussâtre en dehors, blanche en dedans.

De l'océan des Moluques.

La Rostellaire bec droit: *R. rectirostris*, de Lamk., *l. c.*, page 192, n.° 2; *Strombus clavus*, Linn., Gmel., page 3510, n.° 7; Martini, *Conch.*, 4, t. 259, fig. 1500, et page 344; *Vign.*, 41, et t. 159, fig. 1501 et 1502, jeunes, sans digitation; vulgairement le Fuseau de la Chine. Coquille fusiforme, turriculée comme la précédente, mais plus étroite et moins épaisse, à sommet très-aigu; tours de spire supérieurs plus convexes et cancellés, le dernier sillonné en travers à sa partie antérieure et lisse dans le reste; ouverture comme dans la précédente, mais terminé par un canal très-long, grêle et très-droit. Couleur d'un blanc sale en dehors, blanche en dedans. Des mers de la Chine?

Cette espèce, fort rare et fort recherchée dans les collections, pourroit bien n'être qu'une variété locale ou même le sexe mâle de la précédente.

La R. pied de pélican: *R. pes pelecani; Strombus pes pelecani*, Linn., Gmel., page 3507, n.° 2. Coquille turriculée, fusiforme ou diconique, à tours de spire carenés et garnis d'une série de tubercules dans leur milieu, sur deux rangs au dernier tour; ouverture subtriangulaire, à bord externe et interne presque droits, terminée en avant par une gouttière creusée dans un canal oblique et plus ou moins courbe; trois autres gouttières dans autant de digitations du bord droit, élargi et comme palmé. Couleur d'un gris roussâtre, quelquefois d'un roux assez foncé.

De toutes les mers d'Europe, mais bien plus commune dans la Méditerranée que dans aucune autre. Aucun conchyliologiste ne la cite des autres parties du monde.

Cette coquille nous paroit avoir plus de rapports avec les ptérocères qu'avec les espèces précédentes, par la forme de l'ouverture et les tubercules de sa spire. La forme du bord droit et même celle du canal, sont extrêmement variables. (De B.)

ROSTELLAIRE. (*Foss.*) Quelques espèces de ce genre se montrent à l'état fossile dans des couches plus anciennes que la craie; mais la plus grande partie ne se rencontre que dans celles qui sont plus nouvelles que cette substance, et il est très-probable que la solubilité de leur têt est la cause qu'on n'en trouve pas dans cette dernière.

ROSTELLAIRE GRANDE-AILE : *Rostellaria macroptera* , Lamk. ,
Anim. sans vert., tom. 7, pag. 195 ; *Rostellaria macroptera*,
Ann. du Mus. , tom. 2, pag. 220, n.° 1 ; *Strombus amplus*,
Brand., *Foss. Hant.*, pl. 6, fig. 76 ; *Rostellaria macroptera*, Sow.,
Min. conch., pl. 298, 299 et 300 ; *Hippocrenes macropterus*,
Montf., tom. 2, p. 253. Coquille fusiforme-turriculée, lisse,
à sommet pointu, à canal court, et dont le bord droit s'é-
tend en une aile très-grande et arrondie ; cette aile est quelquefois détachée de la spire, mais souvent elle y adhère et
quelquefois même, après avoir atteint le sommet, elle se
retrousse en descendant sur le dos des premiers tours : longueur, sept pouces et demi ; largeur, près de cinq pouces.
Fossile de Saint-Germain-en-Laye (Lamk.), de Chaumont,
département de l'Oise, et de Hordwell en Angleterre, dans
le calcaire grossier.

ROSTELLAIRE AILE-DE-COLOMBE : *Rostellaria columbata*, Lamk.,
Anim. sans vert., n.° 5 ; *Rostellaria columbaria*, Ann. du Mus.,
ibid., n.° 2 ; *Rostellaria columbina*, Encycl., pl. 411, fig. 2 ;
Strombus fissura, Bull. des scienc., n.° 25, fig. 4. Coquille fusiforme-turriculée, lisse, à sommet pointu, à canal un peu
long et droit, et à bord droit s'étendant en aile en forme de
faux, avec un canal qui s'élève presque jusqu'à la pointe de
la spire : longueur, trois pouces à trois pouces et demi. Fossile
de Saint-Germain-en-Laye (Lamk.), de Chaumont, de Parnes
et de Mouchy-le-Châtel, département de l'Oise. Ses tours n'offrent aucune convexité.

ROSTELLAIRE FISSURELLE : *Rostellaria fissurella*, Lamk., Anim.
sans vert., n.° 6 ; *Rostellaria fissurella*, Ann. du Mus., *ibid.*,
pag. 221, n.° 3 ; Encycl., pl. 411, fig. 3 ; *Strombus fissurella*,
Linn., Gmel., pag. 3518, n.° 28 ; *Rostellaria lucida?* Sow.,
loc. cit., pl. 91, fig. 1 — 3 ; *Rostellaria rimosa?* ibid., fig. 4, 5
et 6 ; *Murex rimosa?* Brand., *loc. cit.*, fig. 29. Coquille turriculée, couverte de côtes longitudinales élevées et aiguës, à
canal court et dont le bord droit se prolonge en carène canaliculée jusqu'au sommet ; la base est chargée de stries transverses : longueur, quelquefois un pouce trois quarts. Cette
très-jolie espèce est fort commune à Grignon, département
de Seine-et-Oise, à Acy, à Parnes, à Chaumont, département
de l'Oise, et dans les couches des environs de Paris.

Je regarde comme une variété, celle à laquelle M. Sowerby a donné le nom de *rostellaria rimosa*, qu'on trouve à Barton-Cliff en Angleterre. Les individus sont plus petits, les côtes longitudinales sont plus nombreuses, et quelques-uns sont couverts de fines stries transverses.

Une coquille qui vit dans les mers de l'Inde (Linné), a les plus grands rapports avec cette espèce. Brander ayant pris pour une espèce particulière, de jeunes individus du *rostellaria fissurella*, qui n'avoient pas encore terminé leur ouverture, l'a nommée *murex effossus*, et en a donné la figure (*loc. cit.*, fig. 28); mais c'est une erreur de la part de cet estimable auteur.

Rostellaire a grosse lèvre; *Rostellaria labiosa*, Def. Ces coquilles, qui ne diffèrent de l'espèce ci-dessus, dont elles ne sont peut-être qu'une variété, qu'en ce que le bord droit est beaucoup plus épais; la carène, canaliculée, ne s'élève pas aussi haut; elles sont couvertes de stries transverses très-fines, et les côtes longitudinales sont plus nombreuses : longueur, un pouce. Fossile de Valmondois? département de Seine-et-Oise.

Rostellaire angeloptère (Def.) : *Rostellaria calcarata*, Sow., *loc. cit.*, pl. 349, fig. 6 et 7 (inférieures); Park., tom. 3, pag. 63, tab. 5, fig. 2; Smith, *Strata identified by organized fossils*, pl. 6, fig. 8. Petite coquille turriculée, couverte de côtes longitudinales un peu obliques, et de stries transverses; le bord droit se prolonge en aile d'oiseau, dont la pointe est relevée. Cette jolie espèce se trouve à Brameston en Angleterre, dans le sable vert, ou craie chloritée : longueur, huit lignes. Cependant on trouve des individus dont l'aile est terminée, et qui n'ont que la moitié de cette longueur.

Rostellaire a côtes; *Rostellaria costata*, Def. On trouve à Léognan et en Touraine cette espèce qui a des rapports avec celle ci-dessus, et qui n'en est peut-être qu'une variété; mais elle en diffère, parce que deux côtes qui se trouvent sur le dos, se prolongent avec le bord droit et forment deux digitations au lieu d'une seule, qui se trouve sur l'autre : longueur, sept lignes.

Rostellaria corvina, Brongn., Terr. du Vicent., pl. 4, fig. 8. Coquille turriculée, lisse, à tours plats, dont le dernier est bossu ; le canal et le bord droit ne sont pas connus ; mais cette coquille a tant de rapports avec les rostellaires, que M. Brongniart n'a pas balancé à la regarder comme une espèce de ce genre : longueur, trois pouces et demi. Fossile de Ronca.

Rostellaria pes carbonis, Brongn., *loc. cit.*, même pl., fig. 2. Cette espèce, dont on ne connoît pas l'aile, porte des côtes longitudinales, tuberculées à leur partie supérieure, et trois autres transverses, aussi tuberculées sur le dernier tour : longueur, un pouce. Fossile de Ronca.

ROSTELLAIRE PIED-DE-PÉLICAN, *Rostellaria pes peleconi*. Cette espèce, qui vit dans les mers d'Europe, se présente à l'état fossile, mais avec quelques modifications dans ses formes, à Sienne, à Rome, dans le Plaisantin, dans le Piémont, dans l'argile de Londres, à Maidenhead, à Bognor, à Highgate et à Folkstone en Angleterre (Sow., tom. 1, pag. 69, pl. 349 ; fig. 1 — 5).

ROSTELLAIRE BEC ARQUÉ : *Rostellaria curvirostris*, Lamk., *loc. cit.*; *Rostellaria curvirostris*, de Bast., Mém. géol. sur les envir. de Bord., pl. 4, fig. 1. Cette espèce, qu'on trouve à Dax, a bien quelques rapports avec le *rostellaria curvirostris*, mais elle est loin d'être identique. Elle porte deux ou trois digitations au bord droit, et l'espèce vivante en présente souvent un plus grand nombre qui ne sont pas aussi alongées : longueur, près de quatre pouces. (D. F.)

ROSTELLUM. (*Conchyl.*) C'est pour Denys de Montfort le nom latin du genre Rostellaire. (DE B.)

ROSTINGER et ROSSOR. (*Mamm.*) Désignations du morse rapportées par Gesner. (DESM.)

ROSTKOVIA. (*Bot.*) Genre de plantes monocotylédones, à fleurs incomplètes, de la famille des *joncées*, de l'*hexandrie monogynie* de Linnæus, offrant pour caractère essentiel : Un calice à six divisions profondes, scarieuses sur les bords ; point de corolle ; six étamines persistantes : un ovaire supérieur : un style ; le stigmate trifide ; une capsule globuleuse, à une seule loge indéhiscente ; un grand nombre de semences disposées sur trois placentas fixés sur les parois de la capsule, près des sutures.

En séparant ce genre des joncs, auxquels M. de Lamarck l'avoit réuni dans l'Encyclopédie, M. Desvaux établit son principal caractére sur la capsule à une et non à trois loges; elle lui a paru indéhiscente.

Rostkovia a fruits ronds : *Rostkovia sphærocarpa* , Desv., Journ. bot., 1, pag. 327, tab. 12, fig. 2; *Juncus magellanicus*, Lamk., Encyclop., 3, page 266. Cette plante a des racines fibreuses, point rampantes : elles produisent une tige nue, haute de huit à dix pouces, filiforme, anguleuse, chargée d'une seule fleur. Les feuilles sont toutes radicales, planes, un peu en carène, glabres, très-étroites, la plupart plus longues que les tiges, qu'elles enveloppent inférieurement par leur gaîne, larges au plus d'une demi-ligne. A un demi-pouce environ au-dessous du sommet des tiges on trouve une fleur latérale, sessile, située dans l'aisselle d'une petite écaille linéaire-subulée, longue d'environ quatre lignes. Le calice est composé de six folioles linéaires, aiguës, noirâtres, longues de trois lignes et plus, bordées de blanc; les filamens des étamines sont courts; les anthères linéaires, moins longues que le calice; l'ovaire est sphérique et noirâtre; le style terminé par trois stigmates linéaires, sétacés. Cette plante croît au détroit de Magellan, où elle a été découverte par Commerson.(Poir.)

ROSTRAGINES, ROSTRAGO et PLECTORITES. (*Foss.*) On a ainsi nommé autrefois des dents de poissons fossiles qui ont la forme d'un bec d'oiseau. Luid, *Lith. brit.*, n.° 1318. (D. F.)

ROSTRATA. (*Ornith.*) Nom latin donné au toucan par Barrère. (Ch. D.)

ROSTRATULA. (*Ornith.*) Nom latin donné comme générique, par M. Vieillot, à ses *chorlites*. (Ch. D.)

ROSTRE, *Rostrum.* (*Conchyl.*) Plusieurs conchyliologistes ont ainsi nommé le canal alongé en forme de bec qui termine un assez grand nombre de coquilles siphonostomes. (De B.)

ROSTRE ou BEC. (*Entom.*) On désigne ainsi toute partie avancée de la tête des insectes et qui paroît être le prolongement du front, une sorte de museau ou de bouche saillante. Mais on désigne plus particulièrement sous le nom de *Rostre*, le bec ou porte-museau de la famille des charansons, qui supporte la bouche et les antennes, et que nous avons nommée *rostricornes* ou rhinocères. Parmi les diptères, les rhingies ent un rostre ou prolongement du front ; d'autres ont aussi un rostre, mais qui est un suçoir corné, comme les *scléroslomes;* enfin, c'est dans l'ordre des diptères que le *rostre* a sa détermination plus spécialement affectée à cette sorte de bouche formée d'un tuyau corné, qui renferme des soies ou des lancettes acérées destinées à piquer, à blesser les plantes et les animaux, dont ces insectes sucent ensuite les humeurs. Voyez au mot Bec, où nous avons donné beaucoup de détails sur la structure de cette sorte de bouche qui a servi à caractériser, par le nom, la conformation de deux familles parmi les hémiptères, comme les *frontirostres* et les *collirostres.* (C. D.)

ROSTRÉ. (*Bot.*) Alongé en bec; exemples : nectaire du *scutellaria;* camares du fruit de l'ellébore; silique du *raphanus raphanistrum.* (Mass.)

ROSTRICORNES. (*Entom.*) Nom d'une famille d'insectes qui comprend en particulier le genre des Charansons coléoptères dont les antennes sont toujours insérées sur un prolongement du front. Voyez Rhinocères. (C. D.)

ROSVISCH. (*Ichthyol.*) Les colons du cap de Bonne-Espérance donnent ce nom à un poisson de mer que Kolbe appelle Rouget. Voyez ce mot. (H. C.)

ROT. (*Mamm.*) Nom que porte le rat en Hollande. (Desm.)

ROT - GANSEN. (*Ornith.*) Les voyageurs hollandois désignent par cette expression la bernache, *anas erythropus,* Gmel., et *anser leucopsis,* Bechst. (Ch. D.)

ROTACÉE [Corolle]. (*Bot.*) En roue; le tube est très-court; le limbe est ouvert et plan; exemples : *borrago officinalis, verbascum thapsus.* (Mass.)

ROTALE, *Rotala.* (*Bot.*) Genre de plantes dicotylédones, à fleurs incomplètes, de la famille des *caryophyllées,* de la *triandrie monogynie* de Linnæus, offrant pour caractère essentiel : Un calice persistant, tubulé, à trois dents; point de corolle; trois étamines; un ovaire supérieur; un style; trois stigmates; une capsule renfermée dans le calice, à trois loges, à trois valves, contenant des semences nombreuses.

Rotale verticillée; *Rotala verticillaris,* Linn., *Mant.,* 175. Plante herbacée, dont les racines sont simples et rampantes: il s'en élève des tiges menues, redressées, hautes de deux ou trois pouces, lisses, cylindriques, articulées, divisées en rameaux roides, très-simples, les inférieurs opposés; les supérieurs peu nombreux, alternes; dans les premiers les articulations sont cylindriques; dans les seconds elles sont tétragones. Les feuilles sont sessiles, linéaires, étalées, très-lisses, un peu en carène, aiguës, disposées par verticilles distans les uns des autres, ordinairement au nombre de quatre à chaque verticille, quelquefois de cinq ou huit. Les fleurs sont petites, sessiles, placées par verticilles, solitaires dans chaque aisselle des feuilles. Le calice est tubulé, muni de trois dents à son orifice; il n'y a point de corolle. Les étamines sont de la longueur du calice; les anthères arrondies; l'ovaire est ovale; la capsule ovale, un peu trigone, renfermée dans le calice, à trois loges, à trois valves; les semences sont nombreuses, de la grosseur d'un grain de moutarde. Cette plante croit dans les Indes orientales. (Poir.)

ROTALIE. (*Conchyl.* et *Foss.*) Genre de coquilles cloisonnées polythalames, établi par M. de Lamarck, en 1801, dans la première édition de ses Animaux sans vertèbres, et nommé depuis par lui *Rotalite*, dans la seconde édition (1821). Voyez Rotalite. (D. F.)

ROTALITE. (*Foss.*) M. de Lamarck a donné à ce genre les caractères suivans : *Coquille orbiculaire, en spirale, convexe ou conoïde en dessus, aplatie, rayonnée et tuberculeuse en dessous, multiloculaire; ouverture marginale, trigone, renversée.*

Dans la Conchyliologie systématique, Denys de Montfort a signalé (pag. 162) sous le nom de rotalite un genre de coquilles fossile auquel il assigne les caractères suivans : *Coquille libre, univalve, cloisonnée et cellulée, lenticulaire; têt extérieurement strié et ridé en rayons recouvrant la spire intérieure; bouche inconnue; dos ou marge caréné; centres bombés et relevés.*

Cet auteur, en citant l'ouvrage de M. de Lamarck, dit que ce savant s'est trompé en donnant aux coquilles de ce genre une bouche marginale et triangulaire, qu'il n'avoit pu apercevoir. Nous sommes bien de cet avis, ayant toujours remarqué que, quand la dernière loge étoit entière, elle étoit close et vésiculaire. Mais de Montfort s'est trompé lui-même, en rapportant les rotalites aux hélicites de Guettard Mém., tom. 3, pag. 432, pl. 13, fig. 11 — 22), qui ne sont autre chose que des nummulites et des lenticulites, très-différentes des rotalites. Voici les espèces que nous connoissons et qu'on ne rencontre que dans les couches du calcaire grossier.

Rotalite trochidiforme : *Rotalites trochidiformis*, Lamk., Anim. sans vert., tom. 7, pag. 617; Ann. du Mus., tom. 5, pag. 184, n.° 1, et tom. 8, pl. 62, fig. 8; Encycl., pl. 466, fig. 8. Coquille conoïde, à tours carénés et a côté inférieur granulé. Cette espèce, dont les plus grands individus n'ont que deux lignes de diamètre, est orbiculaire et composée de trois ou quatre tours de spire. Il y a des individus qui tournent de droite à gauche, et d'autres de gauche à droite. On la trouve à Grignon et à Fontenai-Saints-Pères, département de Seine-et-Oise, et à Hauteville, département de la Manche.

Rotalite lenticuline : *Rotalites lenticulina*, Lamk.; Vélins du Mus., n.° 22, fig. 14; Ann. du Mus., tom. 5, pag. 184, n.° 2. Coquille orbiculaire, lisse et un peu conique en dessus, aplatie et rayonnée en dessous, sans être granuleuse : la dernière loge n'est pas en face de l'avant-dernier tour, mais inclinée au-dessous et un peu oblique; la coquille, coupée transversalement, ressemble à une lenticulite et même à une nummulite; mais elle n'est ni de l'un ni de l'autre de ces genres, parce que les cloisons des loges ne s'avancent pas des deux côtés au-dessus des tours intérieurs : diamètre, moins d'une ligne. Fossile de Grignon. Une variété de cette espèce, qui a été figurée dans le vélin ci-dessus cité, fig. 13, tourne de droite à gauche.

Rotalite déprimée : *Rotalites depressa*, Lam., même vélin, fig. 15; Ann. du Mus., tom. 5, n.° 3. Cette espèce n'a point sa spire élevée en cône court comme les précédentes, mais elle est un peu convexe en dessus, lisse et marquée, par la saillie des loges, de côtes obtuses; la base est large, aplatie, et offre un rayonnement formé par la saillie des loges, dont le centre est un peu latéral; les loges s'agrandissent successivement dans une proportion bien plus considérable que dans les espèces ci-dessus, ce qui fait que le rayonnement de la base de la coquille a son centre près du bord, et que les dernières loges sont fort grandes : diamètre, une ligne. Fossile de Grignon et du département de l'Oise.

Rotalite discorbule : *Rotalites discorbula*, Lamk.; Vélins, n.° 25, fig. 12; *loc. cit.*, n.° 4. Coquille lenticulaire, convexe en dessus et en dessous. Les deux seuls individus de cette espèce que nous connoissions, présentent une ouverture oblongue, subtrigone, qui, au lieu d'embrasser l'avant-dernier tour, se dirige en dessous ; mais nous pensons que cette ouverture n'est telle, que parce qu'elle n'a pas été terminée, ou que la vésicule qui termine ordinairement la bouche de ces coquilles a été brisée ; la saillie des loges forme le rayonnement du côté inférieur de la coquille : diamètre, une ligne. Fossile de Grignon. (D. F.)

ROTANG, *Calamus.* (*Bot.*) Genre de plantes monocotylédones, à fleurs incomplètes, de la famille des *palmiers*, de l'*hexandrie monogynie* de Linnæus, offrant pour caractère essentiel : Un calice persistant, à six folioles inégales, les trois extérieures plus courtes, plus larges ; point de corolle, à moins qu'on ne prenne pour telle les trois folioles intérieurs du calice ; six étamines, quelquefois séparées des pistils ; un ovaire supérieur ; un style en spirale, trifide ; trois stigmates ; un fruit globuleux, uniloculaire, couvert en totalité d'écailles imbriquées ; trois, plus souvent une seule semence charnue.

Les espèces renfermées dans ce genre sont toutes très-utiles par les divers usages auxquels on les emploie : toutes fournissent un aliment dans leurs jeunes tiges et dans leurs fruits, et une boisson dans la liqueur qui découle des plaies faites à leur spadice. Certains rotangs servent à fabriquer des cordages, des câbles d'une force supérieure, toutes sortes de liens ; d'autres se fendent par petites lanières pour la fabrication de très-jolis meubles, particulièrement des siéges, des dossiers de chaises et de fauteuils : quelques-unes, dont les tiges sont extrêmement flexibles et minces, fournissent ces petites badines propres à battre les habits. Celles qui ont une consistance plus ferme et des jets ou des articulations fort distantes, nous donnent ces cannes élégantes connues sous le nom de joncs. Les Hollandois en font un commerce considérable.

Rotang a piques : *Calamus petræus*, Willd., *Spec.*, 2, p. 202 ; *Tsiera-tsiurel*, Rhéed., *Malab.*, 12, tab. 64 : *Palmi iuncus calapparius*, Rumph., *Amb.*, 5, tab. 51 : *Calamus rotang*, var. α, Linn. Très-bel arbre, distingué par ses hautes tiges, par ses aiguillons droits et non recourbés. Il s'élève à la hauteur de cent pieds et plus ; son tronc est de la grosseur du bras,

divisé par des articulations cylindriques, inégales, sillonnées,
maculées, longues d'environ un pied, très-velu vers le sommet, couronné par des feuilles en touffe, alternes, ailées,
composées de folioles ensiformes, longues, étroites, aiguës,
chargées d'aiguillons nombreux, droits, alongés, très-aigus.
Le régime ou spadice est presque droit, médiocrement rameux; le fruit presque ovale, acuminé. Cette plante croît
dans l'Inde et à la Cochinchine. On se sert de son bois pour
fabriquer de longues piques.

Rotang a cordes : *Calamus rudentum*, Willd., *Spec.*, *loc.
cit.; Palmus juncus albus*, Rumph., *Amboin.*, 5, tab. 53. La
tige de cette plante est la plus longue de toutes : elle s'élève,
à l'aide des arbres, d'après le rapport de Rumph, parvient
souvent d'un arbre à un autre, et acquiert par là une longueur indéterminée, que Loureiro estime à cinq cents pieds
et plus; elles sont très-ténaces, épaisses d'un pouce, d'un
blanc cendré, divisées en articulations cylindriques, presque
égales, longues d'un pouce et demi. Les feuilles sont longues,
ailées, réfléchies, terminées par le pétiole commun, considérablement prolongé en un filament nu, pendant, chargé
d'aiguillons. Les folioles sont courtes, étroites, velues, très-
aiguës, terminées par un filet droit, sétacé, munies sur le
pétiole, ainsi qu'au sommet des tiges, d'aiguillons recourbés.
Les spadices sont amples, étalés en une panicule lâche, ramifiée, supportant des fleurs nombreuses, presque sessiles,
auxquelles succèdent des fruits fort petits, imbriqués. Cette
espèce est une des plus communes, répandues dans toutes
les contrées de l'Inde, particulièrement sur les rivages sablonneux de la mer. On s'en sert pour fabriquer des câbles, pour
traîner des fardeaux très-pesans et pour lier les éléphans in-
domptés.

Rotang a cannes : *Calamus scipionum*, Lour., *Flor. Coch.*,
260; Lamk., *Ill. gen.*, tab. 770, fig. 1 ; *Calamus rotang*, Linn. ?
Katu-tsiurel, Rhéed., *Malab.*, 12, tab. 65. Cette plante, d'après
Loureiro, est celle que l'on nous apporte en Europe, dont
on fait des cannes d'autant plus élégantes que les articulations
des tiges sont très-longues et fournissent, d'un seul jet, une
longueur de trois pieds et plus. Ces tiges sont d'ailleurs très-
lisses, luisantes, roussâtres, marquées quelquefois de taches

noirâtres; les articulations sont inégales, subulées; les feuilles n'ont qu'une grandeur médiocre; elles sont ailées, composées de folioles ensiformes, très-aiguës, velues en dessous, garnies, ainsi que les pétioles, d'aiguillons courts, recourbés. Les spadices sont divisés en rameaux courts, médiocrement garnis de fleurs un peu ramassées; le calice est à six folioles égales. Les fruits sont globuleux, d'une grosseur médiocre, d'un jaune clair, luisans, revêtus d'écailles courtes, membraneuses, renfermant une semence globuleuse. Cette plante croît dans les Indes orientales.

Rotang a meubles : *Calamus verus*, Lour., *loc. cit.; Palmi juncus verus*, Rumph., *Amboin.*, 5, tab. 54; *Calamus rotang*, var. ♂, Linn. Sa tige est simple, d'un brun jaunâtre, haute de plus de cent pieds, très-flexible, égale partout, de la grosseur du doigt, composée de très-longues articulations cylindriques; les feuilles sont longues, ailées, composées de folioles alternes, ovales, lancéolées, étroites, très-aiguës, à trois nervures, garnies, ainsi que les pétioles, d'aiguillons droits, nombreux. Les spadices forment une grappe courte, droite, rameuse, qui sort d'une spathe oblongue, couverte d'aiguillons. Les trois folioles extérieures du calice sont très-courtes; les intérieures plus longues, blanchâtres, pétaliformes, étalées, aiguës; le fruit de couleur brune, d'une grosseur médiocre. Cette plante est fort commune dans les Indes, sur les montagnes, dans les plaines et au milieu des forêts. Ses tiges, fendues en lanières, servent à faire des cordages et des câbles. On en fabrique aussi plusieurs ustensiles et de petits meubles fort élégans.

Rotang a fleurs unilatérales : *Calamus secundiflorus*, Pal. Beauv.; Fl. d'Oware et de Benin, 1, tab. 9, 10. Cet arbrisseau a de longues feuilles ailées, flexibles, renversées, nues à leur sommet, garnies, seulement de distance à autre, de deux larges épines, opposées, renversées, presque triangulaires, coupantes à leurs bords; les folioles sont épineuses à leur contour. Les trois divisions extérieures du calice sont courtes, les intérieures plus longues; les filamens élargis à leur base; le stigmate est en tête, presque à trois lobes; les fruits sont globuleux, couverts d'écailles luisantes et imbriquées. Les semences sont lisses, ovales. Cette plante croît en

Afrique, sur les bords de la riviére qui conduit à Agaton, dans le royaume de Benin.

« Dans un pays plus policé, dit M. de Beauvois, où l'inéga-
« lité des fortunes et des conditions donne lieu au vol et à
« d'autres crimes, cet arbuste pourroit être employé utile-
« ment, vert ou sec, à former des haies et des entourages
« propres à garantir les plantations et les habitations; mais
« à Oware et à Benin, où les propriétés sont mieux respec-
« tées et se trouvent plus en sûreté sous la garde de la con-
« fiance publique, on n'en fait aucun usage : il ne sert que
« dans les forêts de barriére et de rempart naturel aux
« thermès, aux fourmis, aux guêpes, et à d'autres petits ani-
« maux qui se réfugient sous son impénétrable et bienfaisant
« ombrage, pour échapper à leurs nombreux ennemis; j'ai vu
« plusieurs fois, sous les arbres, des édifices de thermès telle-
« ment couverts de leurs feuilles entrelacées, que le plus
« petit oiseau n'auroit pu y pénétrer qu'avec la plus grande
« difficulté. Les fruits sont trop petits pour attirer l'attention
« des naturels du pays; mais je soupçonne qu'on en pourroit
« extraire, comme du *raphia*, soit du tronc de l'arbre, soit
« de ses fruits, une liqueur utile et agréable. Cette particu-
« larité semble commune à plusieurs palmiers, et à toutes
« les espèces de rotang, qui, selon Rumph, ont une limphe
« abondante, limpide et bonne à boire.» (Voyez Pal. Beauv.,
loc. cit.)

ROTANG SANG-DE-DRAGON : *Calamus draco*, Willd., *Spec.*; *Calamus rotang*, var. ♂, Linn.; *Palmi juncus draco*, Rumph., *Amb.*, 5, tab. 58, fig. 1; *An Dsjerenang?* Rumph., *Amb.*, 2, p. 255. Cette espèce a des tiges cylindriques, articulées, ar-mées d'aiguillons droits, appliqués contre les tiges : elles distillent une sorte de gomme rougeâtre à laquelle on a donné, comme à beaucoup d'autres, le nom de sang de dragon. Les articulations ont deux ou trois pieds de long, au moins de la grosseur du doigt, d'un jaune plus ou moins clair, inégales. Les feuilles sont ailées, garnies, le long de leur pétiole, d'ai-guillons droits, ouverts, aigus. Les folioles sont alternes, li-néaires, aiguës, munies de quelques poils rares, rétrécies à leur base. Les spadices sont droits, rameux, composés de petites grappes courtes, chargées de fruits ovales, de la grosseur d'une noisette, terminés par une pointe obtuse, renfermant une semence lisse, ovale. Cette plante croît dans les Indes orientales. On fait, avec les jets de ses tiges, de très-belles cannes, et l'on profite de la grandeur inégale de quelques-unes de ses articulations pour y former des poignées élégantes.

Rotang noir : *Calamus niger*, Willd., *Spec.*; *Calamus rotang*, var. *β*, Linn.; *Palmi juncus niger*, Rumph., *Amb.*, 5, tab. 52. Cette plante a des tiges épaisses, d'abord de couleur verdâtre, armées d'aiguillons souples, horizontaux, d'un brun noirâtre, qui entrent facilement dans la peau, se rompent et y causent des douleurs aiguës. Les feuilles sont très-longues, alternes, ailées, composées de folioles alternes, étroites, rétrécies à leur base, munies sur le pétiole d'aiguillons semblables à ceux des tiges. Les spadices sont axillaires, pendans, en grappes touffues, serrées, chargées de petits fruits globuleux, à peine de la grosseur d'un petit pois, soutenus par des pédicelles courts, sétacés. Cette plante croît le long des rivages, dans les Indes orientales. Elle est peu en usage, ne pouvant se réduire que difficilement en filasse : ses tiges sont d'ailleurs trop irrégulières pour être employées aux mêmes ouvrages que les autres espèces.

Rotang osier : *Calamus viminalis*, Willd., *Spec.*; *Calamus rotang*, var. *ε*, Linn.; *Palmi juncus viminalis*, Rumph., *Amb.*, 5, tab. 55. Cette espèce, malgré ses grands rapports avec la suivante, a un aspect très-différent. Ses tiges sont de la grosseur d'une plume d'oie, divisées par articulations longues d'un pied et plus à leur partie inférieure, plus rapprochées vers le sommet, où elles sont munies d'aiguillons droits, horizontaux, très-fins. Les feuilles sont alternes, distantes, ailées, composées de folioles étroites, longues, aiguës; les aiguillons longs, subulés, coudés à leur base. Les spadices sont axillaires, pendans, ramifiés, en grappes médiocrement étalées, garnies de fleurs presque opposées, à peine pédicellées : elles produisent des fruits fort petits, couverts d'écailles imbriquées. Cette plante croît à Java et aux îles Célèbes, dans les forêts humides. Ses tiges servent à exécuter tous les ouvrages que l'on fabrique avec l'osier : divisées en lanières, on en forme beaucoup de petits meubles agréables.

R**OTANG A FOUETS** : *Calamus equestris*, Willd., *Spec.; Calamus rotang*, var. ζ, Linn. ; *Palmi juncus equestris*, Rumph., *Amb.*, 5, tab. 56, et tab. 57, fig. 1. Cet arbrisseau a des tiges grêles, très-souples, composées d'articulations courtes, lisses, égales, garnies à leur sommet de feuilles alternes, ailées, munies d'aiguillons recourbés en hameçon, tandis que ceux du sommet des tiges sont droits. Les folioles sont lancéolées, elliptiques, rétrécies à leurs deux extrémités, alternes, longues de huit à dix pouces. Les pétioles communs se terminent par un prolongement nu , très-long , muni d'aiguillons. Les spadices sont droits ; les fruits arrondis, fort petits, à peine de la grosseur d'un pois. Cette plante croît à l'île d'Amboine, sur les rochers humides. Les tiges servent à former des fouets pour les chevaux : elles sont, sous ce rapport, d'un usage général dans l'Inde.

R**OTANG ZALAC** : *Calamus zalacca*, Willd., *Spec.;* Lamk., *Ill.*, tab. 770, fig. 2 ; Gærtn., *De fruct.*, tab. 139 ; *Calamus rotang*, var. η, Linn. ; *Zalacca*, Rumph., *Amb.*, 5, tab. 57, fig. 2. Ce rotang n'a point de tige apparente. Ses feuilles sortent en touffes du collet des racines : elles sont longues de dix à douze pieds, ailées, composées de folioles alongées, aiguës : les pétioles sont armés de forts aiguillons droits, nombreux, étalés. Les spadices forment de petites grappes presque radicales ; elles produisent des fruits assez gros, turbinés, à une seule loge, dont l'enveloppe, d'abord pulpeuse, est composée d'écailles imbriquées , roussâtres, un peu bombées. Ce fruit renferme ordinairement trois semences , dont deux avortent ; la troisième est presque globuleuse, convexe d'un côté, anguleuse de l'autre. Cette plante croît dans les Indes et à Java. Ses fruits ont une saveur acide, assez agréable et rafraîchissante, qui les fait rechercher. (P**OIR**.)

ROTCHIS. (*Ornith.*) Le capitaine de Pagès décrit sous ce nom, dans son Voyage autour du monde, tom. 2, pag. 165, un oiseau par lui vu au Spitzberg, qui lui a paru ressembler à de petits canards sauvages. nommés *balivis* aux Philippines. Son plumage offre un mélange de noir. de blanc et de roussâtre, et son cri a du rapport avec celui d'une grive lorsqu'elle plonge pour fuir. Les rotchis se tiennent en bandes sur les glaces et les terres des environs. Le même voyageur parle aussi en cet endroit du *primwer*, oiseau palmipède qu'on voit également sur les glaces, et qui, de la grosseur d'un fort pigeon, a le plumage d'une blancheur éblouissante: les pieds noirs et le bec jaune : il se nourrit de poisson. (Ch. **D.**)

ROTELA. (*Ichthyol.*) Voyez Roding. (H. C.)

ROTELET. (*Ornith.*) Nom picard du troglodyte, *motacilla troglodytes*, Linn. (Ch. **D.**)

ROTELLA. (*Conchyl.*) Nom latin du genre Rotule de M. de Lamarck. Voyez ce mot. (De B.)

ROTELLE, *Ro'ella*. (*Conchyl.*) M. Schumacher établit sous ce nom un genre de coquilles qui correspond au genre Bouton de Denys de Montfort, et qui est établi avec le *trochus Pharaonis*, Linn. (De B.)

ROTENGLE. (*Ichthyol.*) Nom spécifique d'un poisson qui appartient à la division des ables, parmi les cyprins. C'est le *cyprinus erythrophthalmus* des auteurs. Voyez au mot Able, dans le Supplément du tome Ier, page 3, de ce Dictionnaire. (H. C.)

ROTHAMSEL. (*Ornith.*) C'est en allemand le merle à plastron blanc, *turdus torquatus*, Linn. (Ch. **D.**)

ROTHBEIN. (*Ornith.*) Nom allemand du chevalier aux pieds rouges, *scolopax calidris*. (Ch. **D.**)

ROTHBLÆSSCHEN. (*Ornith.*) Nom allemand de la poule d'eau commune, *fulica chloropus*, Linn. (Ch. **D.**)

ROTHBRUSTLEIN. (*Ornith.*) Ce nom et ceux de *Rothbrüsichen*, *Rothkehlchen*, désignent en allemand le rougegorge, *motacilla rubecula*, Linn. (Ch. **D.**)

ROTHDROSTEL. (*Ornith.*) Nom allemand de la grive-mauvis. *turdus iliacus*, Linn. (Ch. **D.**)

ROTHE TODTE LIEGENDE. (*Min.*) Il faut bien placer dans un Dictionnaire françois ce nom ou plutôt cette petite phrase allemande, puisqu'on le trouve employé comme nom de roche dans des ouvrages françois.

C'est plutôt un terrain qu'une roche dans l'acception minéralogique de ce mot; mais, dans tous les cas, il nous a semblé impossible d'employer dans des ouvrages scientifiques un terme d'ouvrier-mineur allemand. Nous avons proposé de désigner la même chose par le nom univoque et propre à tous les peuples, de Pséphite. Voyez ce mot. (B.)

ROTHE BRASSEM. (*Ichthyol.*) Un des noms allemands du
Pagre. Voyez ce mot. (H. C.)

ROTHE WINTLICH. (*Ornith.*) C'est en allemand le merle
de roche, *turdus saxatilis*, Linn. (Ch. D.)

ROTHER REGER. (*Ornith.*) C'est le nom du crabier roux
en Silésie. (Ch. D.)

ROTHFINCK. (*Ornith.*) Nom du pinson, *fringilla cœlebs*,
en allemand. (Ch. D.)

ROTHFISCH. (*Ichthyol.*) D'après Gesner, c'est le nom d'un
poisson de mer fort estimé, qu'on pêche en Norwége et qui
est rouge en dedans comme en dehors. (H. C.)

ROTHGANS. (*Ornith.*) C'est, suivant Blumenbach, le nom
allemand du fou de bassan, *pelecanus bassanus*, Linn. (Ch. D.)

ROTHHALS. (*Ornith.*) Nom allemand du millouin, *anas
ferina*, Linn., lequel se nomme aussi *Roth-Ent*. (Ch. D.)

ROTHHOFFITE. (*Min.*) C'est encore un minéral du genre
Grenat, caractérisé par sa forme, ses propriétés physiques et
son mode de composition. Il est composé, d'après l'analyse
faite par Rothhoff, de chaux 22 — de fer oxidulé 23 — de
manganèse 7 — et de silice 55. C'est donc un grenat ferro-
calcaire de l'espèce de l'aplome.

Il est brun, opaque et se trouve abondamment et très-nette-
ment cristallisé dans le gîte de fer oxidulé de Langbanshyt-
tan en Suède. (B.)

ROTHHUHN. (*Ornith.*) Selon Schwenkfeld c'est un des
noms allemands de la gélinotte, *tetrao bonasia*, Linn. (Ch. D.)

ROTHIA. (*Bot.*) Le genre de plantes synanthérées, proposé par Roth en 1790, sous le nom de *Voightia*, auquel
Schreber a substitué en 1791, le nom de *Rothia*, adopté par
Gærtner, par Roth lui-même, et par Willdenow, ne doit
pas être confondu avec un autre genre du même ordre,
nommé par M. de Lamarck, en 1792, *Rothia*, et qui est
l'*Hymenopappus* de l'Héritier.

Le *Rothia* de Schreber, qui est l'objet du présent article,
appartient à la tribu naturelle des Lactucées, et à notre
section des Lactucées-Hiéraciées, dans laquelle nous l'avons
placé entre le *Moscharia* et l'*Andryala*. (Voyez notre tableau
des Lactucées, tom. XXV, pag. 64.)

Les caractères génériques, que nous avons observés sur

deux espèces de *Rothia*, ne s'accordent pas exactement avec ceux qui ont été tracés par les auteurs. Voici ceux qui résultent de nos propres observations.

Calathide incouronnée, radiatiforme, multiflore, fissiflore, androgyniflore. Péricline campanulé, inférieur aux fleurs extérieures; formé de squames unisériées, égales, contiguës, libres, appliquées, enveloppantes, linéaires-lancéolées, aiguës, foliacées, uninervées; une seule squame surnuméraire, égale aux autres squames et située en dehors. Clinanthe plan, fovéolé, à réseau saillant, charnu, garni de longues fimbrilles subulées, piliformes, et portant près de ses bords seulement environ trois rangées de squamelles au lieu de fimbrilles; squamelles du clinanthe analogues aux squames du péricline, mais plus courtes, membraneuses sur les bords, presque planes, non enveloppantes. Ovaires extérieurs et intérieurs tous aigrettés, courts, obovoïdes, tronqués au sommet, couverts d'environ dix grosses côtes rondes, saillantes au sommet en petites cornes; les ovaires extérieurs enveloppés par la base des squames du péricline; aigrette des ovaires extérieurs et intérieurs longue, blanche, un peu jaunâtre à la base, composée de squamellules peu nombreuses, unisériées, à peu près égales, filiformes, roides, cassantes, très-barbellulées, surtout dans le bas, qui semble presque plumeux.

Nous avons fait cette description sur deux plantes cultivées au Jardin du Roi sous les noms d'*Andryala candidissima* et *cheiranthifolia*.

Pour établir le caractère essentiellement distinctif du *Rothia*, il faut présenter ici une description générique, exacte et complète, de l'*Andryala*.

Andryala. Calathide incouronnée, radiatiforme, multiflore, fissiflore, androgyniflore. Péricline campanulé, inférieur aux fleurs extérieures; formé de squames unisériées, égales, contiguës, libres, appliquées, presque planes, non enveloppantes, oblongues ou linéaires-lancéolées, aiguës, foliacées, uninervées, membraneuses sur les bords; une seule squame surnuméraire, égale aux autres squames et située en dehors. Clinanthe plan, fovéolé ou alvéolé, entièrement privé de squamelles, mais garni sur les cloisons de fimbrilles nombreuses, inégales, très-longues, filiformes (beaucoup plus longues que dans le *Rothia*). Ovaires extérieurs et intérieurs tous aigrettés, oblongs, cylindracés, tronqués au sommet, un peu amincis ou arrondis à la base, couverts d'environ dix grosses côtes cylindriques, striées transversalement, dont chacune forme une petite corne saillante au sommet : aigrette des ovaires extérieurs et intérieurs longue, blanche, un peu jaunâtre à la base, composée de squamellules peu nombreuses, unisériées, un peu inégales, caduques, filiformes, roides, très-barbellulées; les barbellules d'en bas très-longues. Corolles munies de longs poils charnus, épars autour de la partie supérieure du tube et de la partie inférieure du limbe.

Nous avons fait cette description sur deux plantes cultivées au Jardin du Roi, sous les noms d'*Andryala integrifolia* et *ragusina*.

En comparant les deux descriptions génériques que nous venons d'exposer, on reconnoît que la véritable différence qui existe entre les deux genres dont il s'agit, consiste en ce que, dans le *Rothia*, le clinanthe porte des squamelles près de ses bords, et les squames du péricline enveloppent les ovaires extérieurs; tandis que, dans le véritable *Andryala*, le clinanthe est entièrement privé de squamelles, et les squames du péricline ne sont point enveloppantes.

Ce n'est pourtant pas ainsi que les botanistes ont coutume de distinguer le *Rothia* de l'*Andryala*. Le caractère principal, ou essentiellement distinctif des deux genres, consiste, selon eux, en ce que les fruits marginaux sont aigrettés dans les vraies *Andryala*, inaigrettés dans les *Rothia;* ils ajoutent, comme caractère secondaire, l'absence ou la présence des squamelles sur les bords du clinanthe.

Nous avons toujours trouvé les ovaires extérieurs aigrettés comme les intérieurs, dans les *Rothia*, aussi bien que dans les vraies *Andryala*. Il n'est cependant pas croyable que tous les autres botanistes se soient trompés sur un caractère aussi facile à observer. Nous sommes donc persuadé que la présence ou l'absence de l'aigrette est ici un caractère inconstant, variable, et par conséquent impropre à fonder une distinction générique. C'est peut-être à cela que nous devons attribuer la confusion qu'il paroît y avoir dans la synonymie des espèces d'*Andryala* et de *Rothia*, et dans leur attribution à l'un ou à l'autre genre.

Il importe ici de faire observer qu'en général, chez les synanthérées, lorsque les ovaires marginaux sont enveloppés par les squames du péricline, il arrive ordinairement que leur aigrette avorte plus ou moins complétement. Mais remarquez bien que, dans ce cas, l'avortement plus ou moins complet de l'aigrette n'est que l'effet résultant de ce que l'ovaire se trouve enveloppé de manière à ce que la croissance de son aigrette est plus ou moins gênée. Or, comme la cause est plus importante à considérer que l'effet, il s'en suit que les botanistes ont mal apprécié la valeur des caractères, en signalant, dans le *Rothia*, l'absence de l'aigrette sur les ovaires marginaux, et en négligeant de noter que ces ovaires sont enveloppés par les squames du péricline.

En considérant la chose sous le rapport des causes finales, on conçoit facilement que l'aigrette devient inutile pour l'objet auquel elle est principalement destinée, c'est-à-dire pour la dissémination, lorsqu'elle se trouve enveloppée, avec le fruit qui la porte, dans une squame du péricline. Sous le même rapport, on peut aussi chercher pourquoi beaucoup de Synanthérées offrent dans la même calathide des fruits aigrettés et des fruits inaigrettés. Le but de cette disposition ne nous paroit pas difficile à deviner : n'est-il pas évident que, tandis que les fruits aigrettés sont destinés à propager l'espèce au loin, les fruits inaigrettés ont mission de la reproduire dans le voisinage de l'individu qui les porte.

La présence des squamelles sur les bords du clinanthe des *Rothia*, et leur absence dans les vraies *Andryala*, constituent-elles un caractère distinctif bien constant et vraiment générique? Ne seroit-ce pas une sorte de monstruosité ou de variation accidentelle, résultant de la métamorphose des fimbrilles marginales en squamelles, laquelle métamorphose seroit plus ou moins fréquente dans certaines espèces d'Andryales? Si cette conjecture se vérifie, il faudra réunir les *Andryala* et les *Rothia* en un seul genre, sous le nom d'*Andryala*.

M. Persoon a déjà opéré cette réunion ; mais il distribue les espèces en deux sections : la première, caractérisée par les fruits tous aigrettés, comprend, suivant lui, les *Andryala cheiranthifolia*, *pinnatifida*, *crithmifolia*, *nigricans*, *ragusina*; la seconde, qu'il caractérise par les fruits marginaux nus, correspond ainsi au *Rothia* de Schreber et de Willdenow; et M. Persoon y rapporte les *Andryala Rothia*, *sinuata*, *runcinata*.

Les *Andryala* et *Rothia* sont remarquables par le *tomentum* qui les couvre, et qui est formé d'une multitude de poils fins, entassés, disposés en étoiles. Le péricline de quelques espèces porte, outre ce *tomentum* de poils étoilés, d'autres poils, distancés, longs, épais, roides. Nous avons aussi quelquefois remarqué sur le clinanthe des poils fins, étoilés, situés entre les fimbrilles : cette remarque peut servir à confirmer d'autres considérations plus graves, qui établissent que le clinanthe fait partie de la surface extérieure de la plante, et qu'il n'est autre chose qu'un axe florifère déprimé ou aplati horizontalement.

Nous nous dispensons d'exposer ici les preuves de l'affinité des *Andryala* et *Rothia* avec les *Hieracium*, *Drepania*, *Hispidella*, parce que cette affinité nous semble si évidente que nous ne pensons pas qu'elle puisse être sérieusement contestée. Les rapports très-intimes qui existent entre les *Andryala* et les *Hieracium*, ont quelquefois induit les botanistes à rapporter au genre *Andryala* de véritables *Hieracium*.

Quoique les *Andryala* et les *Rothia* méritent à peine d'être distingués génériquement, Gærtner les a beaucoup éloignés les uns des autres dans sa classification, parce qu'il divise les lactucées en deux sections : l'une caractérisée par les fruits uniformes, et dans laquelle il classe l'*Andryala*; l'autre caractérisée par les fruits dissemblables, soit en eux-mêmes, soit dans leur aigrette, et à laquelle il rapporte le *Rothia*. Cette méthode de distribution est peut-être la plus contraire aux affinités naturelles qu'il soit possible d'imaginer.

Les descriptions du *Rothia* et de l'*Andryala*, tracées par Gærtner, diffèrent en quelques points de celles que nous avons présentées dans cet article. Selon Gærtner, dans le *Rothia*, l'aigrette manque non-seulement sur les fruits absolument marginaux, c'est-à-dire contigus au péricline, mais encore sur tous ceux qui sont accompagnés par les squamelles du clinanthe : il prétend aussi que ces squamelles sont multisériées et enveloppantes. Selon nous, tous les fruits du *Rothia* sont aigrettés, et les squamelles du clinanthe sont tout au plus trisériées, et point du tout enveloppantes. Selon Gærtner, dans l'*Andryala*, le péricline est bisérié, au lieu d'être unisérié comme dans le *Rothia*, et les squamellules de l'aigrette sont entregreffées à la base et à peine barbellulées. Selon nous, le péricline de l'*Andryala* est unisérié comme celui du *Rothia*, et les squamellules de l'aigrette sont libres et très-barbellulées dans l'un et l'autre genres. (H. Cass.)

ROTHKEHLCHEN. (*Ornith.*) Nom allemand du rouge-gorge, *motacilla rubecula*, Linn. (Ch. D.)

ROTHKŒPFICHTER. (*Ornith.*) Un des noms allemands de la mouette rieuse, *larus ridibundus*, Linn. (Ch. D.)

ROTHKROPF. (*Ornith.*) Ce nom et ceux de *Rothkræpflein*, *Rothbrüstlein*, *Rothkehlchen*, sont donnés, en Allemagne, au rouge-gorge, *motacilla rubecula*, Linn. (Ch. D.)

ROTHLICHWEISSE. (*Ornith.*) Nom allemand d'un oiseau de proie, qui est désigné, dans le *Systema naturæ* de Linn., Gmel., par le nom de *falco germanicus*. (Desm.)

ROTHMANNIA. (*Bot.*) Ce genre de Thunberg a été réuni au *Gardenia* dans la famille des rubiacées ; l'*eperua* d'Aublet, dans celle des légumineuses, a été nommé *Rothmannia* par Necker. Voyez Gardène. (J.)

ROTHSCHÆR. (*Ichthyol.*) Un des noms de pays de la morue séchée. Voyez Morue. (H. C.)

ROTHSCHUPPE. (*Ichthyol.*) Nom allemand du Pagel. Voyez ce mot. (H. C.)

ROTHSCHWÆNZEL. (*Ornith.*) Ce nom allemand est celui du rouge-queue, *motacilla erythacus*, *titys*, *gibraltariensis*, *atrata*. (Ch. D.)

ROTHSCHWANZ. (*Ichthyol.*) Nom allemand du picarel queue rouge. Voyez Smare. (H. C.)

ROTHVOGEL. (*Ornith.*) On appelle ainsi le chardonneret, *fringilla carduelis*, en Silésie, et, suivant Buffon, ce nom désigne, en allemand, le rossignol, *motacilla luscinia*. (Ch. D.)

ROTIE ou POURPRE RAMEUSE et ROTIE TRIANGU-

LAIRE. (*Conchyl.*) Nom marchand d'une variété du *murex ramosus*, appelée plus ordinairement la Chicorée brûlée , parce que ses varices sont fortement colorées en brun à l'extrémité. (De B.)

ROTIE ou POURPRE ROTIE A SIX OU SEPT RANGS DE FEUILLES. (*Conchyl.*) Il paroît qu'on désignoit autrefois sous ce nom une espèce de rocher de nos côtes, dont les varices nombreuses sont brunes à leur extrémité; c'est le *murex saxatilis*, Linn. (De B.)

ROTIFÈRE. (*Infus.*) Dénomination employée par plusieurs observateurs , et entre autres par Spallanzani, pour désigner un être extrêmement petit, qu'on regardoit comme pourvu de deux organes ciliés, rotatoires, à la bouche, etc., comme pouvant se dessécher et revivre ensuite, et qui fait partie du genre Vorticelle des zoologistes systématiques, *V. rotatoria*, Linn., Gmel. Voyez Vorticelle. (De B.)

ROTIN. (*Bot.*) Voyez Rotang. (Lem.)

ROTOB. (*Bot.*) Voyez Ramich. (J.)

ROTSIKKU. (*Bot.*) Nom japonois du bambou, suivant M. Thunberg. (J.)

ROTTA. (*Mamm.*) Ce nom suédois désigne les rats. (Desm.)

ROTTAIN. (*Bot.*) Voyez Rotang. (Lem.)

ROTTBOLLE; *Rottboellia*, Linn. (*Bot.*) Genre de plantes monocotylédones, de la famille des *graminées*, Juss., et de la *triandrie digynie*, Linn., dont les principaux caractères sont : Un calice glumacé, uniflore, à deux valves opposées à l'axe de l'épi, quelquefois à une seule valve; une corolle à deux valves lancéolées, membraneuses, aiguës, plus courtes que le calice; trois étamines à filamens capillaires, terminés par des anthères linéaires , bifides à leurs deux extrémités; un ovaire supère , oblong, surmonté de deux styles filiformes, terminés par des stigmates plumeux; une graine oblongue, contenue dans la cavité de chaque articulation de l'axe de l'épi.

Les rottbolles sont des herbes à feuilles linéaires, à tiges articulées, dont les fleurs sont sessiles, disposées en épi, et placées dans les cavités d'un rachis articulé. On en connoît près de trente espèces. Les trois suivantes croissent naturellement en France.

Rottbolle courbée: *Rottboellia incurvata*. Linn., Sp., 114;

Fl. Dan., t. 938. Ses tiges sont rameuses dans leur partie inférieure, couchées à leur base, ensuite redressées, hautes de trois à six pouces : elles naissent plusieurs ensemble d'une racine annuelle. Ses fleurs sont d'un vert clair, disposées en épi très-alongé, subulé, le plus souvent courbé en arc. Les glumes du calice sont exactement appliquées contre l'axe de l'épi, excepté dans le moment de la floraison. Cette plante croît dans les lieux sablonneux, et principalement sur les bords de la mer, dans le Midi de la France, de l'Europe, en Barbarie, etc.

Rottbolle filiforme; *Rottboellia filiformis*, Willd., *Sp.*, 1, p. 464. Cette espèce ne diffère de la précédente que par ses tiges plus minces, plus alongées, plus couchées; par ses épis plus grêles, assez souvent droits; et enfin parce que ses glumes paroissent rester plus long-temps ouvertes après la floraison. Elle croît dans les lieux maritimes et sablonneux du Midi de la France et de l'Europe.

Rottbolle cylindrique; *Rottboellia cylindrica*, Willd., *Sp.*, 1, p. 464. Cette plante ressemble assez à la rottbolle courbée; mais elle est plus robuste, plus élevée; son épi se courbe rarement, et il est ordinairement très-droit; mais la plus grande différence c'est que le calice n'a qu'une valve, qui reste un peu béante après la floraison. Cette espèce croît dans les champs sablonneux, en Provence et dans le Midi de l'Europe. (L. D.)

ROTTEL. (*Ornith.*) C'est, selon Muller, un des noms norwégiens du petit guillemot, *alca alle*, Linn. (Ch. D.)

ROTTING KORWAER. (*Bot.*) Voyez Pamboe-vallo. (J.)

ROTTJE. (*Ornith.*) Cet oiseau, trouvé au Groënland et au Spitzberg, est rapporté à l'oiseau de tempête, *procellaria pelagica*, Briss. (Ch. D.)

ROTTLERA. (*Bot.*) Le genre auquel Willdenow avoit d'abord donné ce nom en mémoire du botaniste Rottler, a été ensuite reconnu par lui comme congénère du *Trewia* de Linnæus. Le même nom a été ensuite transporté par Roxburg à un autre genre de la famille des euphorbiacées. Vahl, dans son *Enumeratio*, a un troisième *Rottlera*, nommé auparavant *Gratiola montana* par Rottler et différent du *Gratiola* seulement par un stigmate simple. Voyez Rottlère. (J.)

ROTTLÈRE, *Rottlera*. (*Bot.*) Genre de plantes dicotylédones, à fleurs dioïques, de la famille des *euphorbiacées*, de la *dioécie icosandrie* de Linnæus, offrant pour caractère essentiel : Des fleurs dioïques; dans les mâles un calice à trois ou cinq divisions profondes; point de corolle; trente ou quarante étamines insérées sur le réceptacle nu ou velu; dans les fleurs femelles un calice à quatre ou cinq divisions; point de corolle; trois styles; une capsule à trois loges, à trois coques, à trois semences.

Willdenow avoit publié, sous le nom de *rottlera*, un genre de plantes qui a été reconnu appartenir au *trewia nudiflora*, Linn. Vahl, d'après cette réunion, a donné le nom de *rottlera* à une autre plante, qu'on ne peut séparer des gratioles. Enfin Roxburg a appliqué ce même nom à un arbre des Indes orientales. C'est le genre dont il est ici question, auquel doivent être réunies plusieurs espèces de croton.

Rottlère des teinturiers; *Rottlera tinctoria*, Roxb., *Corom.*, 1, p. 36, tab. 168. Arbre d'une grandeur médiocre, dont les rameaux sont alternes, garnis de feuilles pétiolées, alternes, oblongues, elliptiques, longues de quatre ou huit pouces, aiguës à leurs deux extrémités, entières, glanduleuses un peu au-dessus de leur base, veinées, à trois nervures, glabres en dessus, pubescentes en dessous; les pétioles pubescens, longs d'un pouce et demi ou deux pouces; les fleurs disposées en grappes solitaires, axillaires, terminales ou paniculées. Cette plante croît sur les montagnes, dans les Indes orientales.

Rottlère des Philippines : *Rottlera philippinensis*, Adr. Juss., *De euphorb.*, 55; *Croton philippinense*, Lamk., Encyclop., 2, pag. 206. Cette espèce a des rameaux ligneux, cylindriques, légèrement cotonneux à leur sommet. Les feuilles sont alternes, pétiolées, ovales, légèrement acuminées, entières ou munies de quelques dents peu remarquables, lisses et très-glabres en dessus, accompagnées de deux glandes à leur insertion avec le pétiole, nerveuses, veinées et réticulées en dessous avec un duvet cotonneux très-court. Les fruits naissent aux sommités des rameaux sur des grappes de la longueur des feuilles : ce sont des capsules trigones, couvertes extérieurement d'une croûte pulvérulente ou grenue, d'un rouge écarlate. Ces capsules sont à trois loges bivalves et renferment des se-mences globuleuses. Cette plante croît dans les îles Philippines.

Rottlère paniculée : *Rottlera paniculata*, Adr. Juss., *loc. cit.; Croton paniculatum*, Lamk., Encycl., 2, pag. 207. Cet arbrisseau a des feuilles ovales, un peu rhomboïdales, très-acuminées, les unes entières, d'autres un peu dentées, ayant quelquefois de chaque côté un angle peu remarquable, gla-bres, d'un vert sombre en dessus, blanchâtres et un peu fer-rugineuses en dessous, portées sur d'assez longs pétioles, mu-nies à leur base de deux glandes sessiles, concaves, colorées. Les fleurs sont disposées en une ample panicule ramifiée, fer-rugineuse, chargée d'un très-grand nombre de petites fleurs sessiles au sommet des branches et dans la dichotomie des rameaux. Cette plante croît à l'île de Java.

Rottlère acuminée : *Rottlera acuminata*, Adr. Juss., *loc. cit.;* Lamk., Enc., *loc. cit.* Arbrisseau dont les rameaux sont un peu cotonneux, comprimés vers leur sommet. Les feuilles sont grandes, larges, ovales ou quelquefois ovales-obrondes, très-acuminées, les unes entières, les autres bordées de dents rares, peu profondes, vertes en dessus, d'un blanc roussâtre et légèrement cotonneuses en dessous, avec des nervures obliques et un grand nombre de veines transverses : les pé-doncules, les pétioles et les calices sont cotonneux et rous-sâtres. Les fleurs sont disposées en épis, la plupart simples, axillaires, terminaux; les fleurs mâles légèrement pédicel-lées, munies chacune d'environ trente étamines, dont les filamens sont libres. Cette plante croît au port Praslin, dans la Nouvelle-Bretagne. (Poir.)

ROTTLERIA. Rottlerie. (*Bot.*) Genre de la famille des mousses, très-voisin du *Gymnostomum,* et qui s'en distingue par sa capsule munie d'une apophyse. Ce caractère a paru suffisant à Bridel pour établir ce genre et y ramener deux jolies petites mousses, à tiges courtes et pédicelles longs, dont la connoissance est due à Nées d'Esenbeck et à Schwægrichen, qui les plaçoient dans les gymnostomes.

1. Le *Rottleria gymnostomoides*, Brid., Bryol. univ., 1, pag. 105 : *Gymnostomum Rottleri*, Schwæg., *Suppl.* 1, part. 1, pl. 3. Tige droite, un peu rameuse; feuilles droites, spatulées, mu-cronées et denticulées; pédicelle terminal, long d'un pouce;

capsule droite, à apophyse obconique ; opercule plan. Cette mousse se trouve à Tranquebar, en gazons, sur les murs couverts de terre, où elle a été recueillie par M. Rottler, auquel ce genre a été dédié par Bridel.

2. Le *Rottleria javanica*, Brid., *loc. cit.*, pag. 106; *Gymnostomum javanicum*, Nées et Blum., *in Nov'act. phys. med. acad. Cæsar.*, tom. 2, part. 1, pag. 129, pl. 14, fig. 2. Tige droite, rougeâtre, simple, garnie de rejetons à sa base; feuilles ovales, elliptiques, obtuses, très-entières, ayant le bord roulé en dedans, mucronées, froncées par la sécheresse; pédicelle long de six lignes, terminal; capsule cylindrique, droite ou un peu oblique, munie d'une apophyse courte, d'un diamètre égal; opercule à base conique, subulé et oblique. Cette mousse a été recueillie en pleine fructification, pendant l'été de 1820, par M. Blume, dans l'île de Java, sur les montagnes de Salah et de Geden, à une hauteur de 6,000 pieds (2,000 mètres) au-dessus de la mer. Elle forme des gazons. (LEM.)

ROTTO. (*Ichthyol.*) Nom donné à Nice au zée forgeron. (DESM.)

ROTTRAJT. (*Bot.*) Nom arabe d'une fabagelle, *zygophyllum desertorum* de Forskal, qui croît dans les vallées sèches des déserts, et qui est rebutée par les bestiaux et même par les chameaux. (J.)

ROTTVANGER. (*Ornith.*) Ce nom, qui signifie mangeur de rats, est donné, au cap de Bonne-Espérance, au rounoir ou buse jackal de Levaillant, *falco jakal*, Daud. (CH. D.)

ROTULA. (*Bot.*) Sixième section du genre *Agaricus* (voyez FONGE), qui renferme des espèces à feuillets égaux; le stipe central est muni au sommet d'un bourrelet annulaire. Rafinesque-Schmaltz, dans son Tableau de l'univers, Palerme, 1815, propose de faire du *Rotula* un genre distinct. (LEM.)

ROTULAIRE. (*Foss.*) On trouve dans des couches anciennes des coquilles ou tuyaux fossiles qui peuvent avoir quelques rapports avec les serpules, les spirorbes ou les vermilies; mais ces rapports paroissent si éloignés, que nous avons cru pouvoir proposer de les présenter sous le nom générique de *Rotulaire*. Plusieurs espèces portent des traces de leur adhésion sur d'autres corps; mais il en est quelques autres sur lesquelles on n'en peut apercevoir.

En général, ces corps sont régulièrement tournés sur eux-mêmes, comme les ammonites; dans quelques espèces le dernier tour enveloppe tous les précédens, et dans d'autres la coquille se termine par un tuyau droit.

Voici les espèces que nous connoissons.

ROTULAIRE APLATIE ; *Rotularia complanata*, **Def.**; *Serpula spirulæa*, Lamk., Anim. sans vert.; Park., *Org. rem.*, t. 3, pl. 7, fig. 7 et 8. Coquille discoïde, aplatie, et sur laquelle on ne voit aucune trace d'adhérence ; la bouche est arrondie et se termine sur l'avant-dernier tour en se rétrécissant : diamètre, onze lignes. Fossile des environs de Bayonne et de Montbard.

ROTULAIRE A CRÊTE : *Rotularia cristata*, **Def.** Cette espèce ne présente aucune trace d'adhérence, et porte une crête sur le bord du dernier tour. Un des individus que nous possédons, a terminé son ouverture par un tuyau court et droit : diamètre, neuf lignes. Fossile de Sienne et de Vérone.

ROTULAIRE LITUITE : *Rotularia lituus*, **Def.**; *Serpulites lithuus*, Schloth., *Petrefact.*, pl. 29, fig. 11. Cette espèce porte évidemment des traces de son adhérence, mais seulement aux premiers tours de son sommet; le dos est plat; les côtés du dernier tour sont carinés : après avoir formé une coquille discoïde de quatre lignes de diamètre, l'animal a prolongé son tuyau en ligne droite de la longueur d'un pouce. Ce tuyau, qui est carré à l'extérieur, a une ligne d'épaisseur sur chaque face, et le vide qui a été habité par l'animal est rond. Fossile de Beaumont-sur-Sarthe et de Besançon.

ROTULAIRE DE COULON; *Rotularia Couloni*, **Def.** Cette espèce, que l'on trouve dans le Jura, est un peu plus épaisse et plus grande que la précédente, et son tuyau, qui est cylindrique, présente des côtes longitudinales.

On trouve dans les couches les plus anciennes des environs de Valognes, département de la Manche, un corps qui a beaucoup de rapports avec cette dernière espèce. (**D. F.**)

ROTULE, *Rotula*. (*Bot.*) Genre de plantes dicotylédones, à fleurs complètes, monopétalées, de la famille des *borraginées*, de la *pentandrie monogynie* de Linnæus, offrant pour caractère essentiel : Un calice en coupe, à cinq divisions; une corolle plane, en roue, à cinq lobes; cinq étamines;

un ovaire supérieur; un style; un stigmate échancré; une baie aqueuse, uniloculaire, à quatre semences.

ROTULE AQUATIQUE; *Rotula aquatica*, Lour., *Flor. Coch.*, 1, page 150. Arbrisseau pourvu d'une racine simple, alongée, d'une tige cylindrique, presque droite, haute d'environ quatre pieds. Les rameaux sont courts, très-simples; les feuilles sessiles, imbriquées, ovales, fort petites, alongées, très-entières. Les fleurs sont d'un bleu violet, agglomérées à l'extrémité des rameaux; le calice est persistant, en forme de coupe, à cinq divisions aiguës; la corolle petite, en roue, à cinq découpures planes, ovales; les étamines plus courtes que la corolle, adhérentes à sa base; les anthères sagittées; l'ovaire arrondi; le style linéaire, turbiné, presque de la longueur des étamines; le stigmate échancré. Le fruit est une baie rouge, de la grosseur d'un pois, remplie d'une humeur aqueuse, arrondie, à une seule loge, contenant quatre semences ovales, courbées à leur côté intérieur. Cette plante croît aux lieux marécageux et sur le bord des rivières à la Cochinchine. (POIR.)

ROTULE, *Rotula*. (*Échinod.*) Klein a donné ce nom à une division des oursins de Linné, qui correspond assez bien au genre établi par M. de Lamarck, sous la même dénomination. (DE B.)

ROTULE. (*Foss.*) Les anciens oryctographes ont quelquefois donné ce nom (*lapis rotularis*) à un échinite fossile discoïde, ainsi qu'aux portions de tiges d'encrinites cylindriques qui portent une petite étoile au milieu (D. F.)

ROT-VOGEL. (*Ornith.*) Nom allemand du bouvreuil ordinaire, *loxia pyrrhula*, Linn. (CH. D.)

ROUAGY. (*Bot.*) Voyez KHAROUA. (J.)

ROUAN. (*Mamm.*) Ce nom est donné aux chevaux dont la robe est mêlée de bai-roux, de gris et de blanc, d'où résulte une teinte violacée plus ou moins foncée. Le rouan ordinaire est l'état moyen de cette teinte mélangée; le rouan vineux approche plus de la couleur de lie de vin. On nomme rouans cap de more, ou *cavessa di more*, les chevaux dont la tête et les pieds sont blancs, avec le restant de la robe rouan. (DESM.)

ROUBAL ou ROUBAOU. (*Ornith.*) Noms languedociens du rouge-gorge. (DESM.)

ROUBSCHITE. (*Min.*) Delamétherie , qui donnoit des noms spécifiques à toutes les sous-variétés et qui les prenoit, en les arrangeant à sa manière, des lieux d'où venoient ordinairement ces variétés, a désigné par ce nom la giobertite ou magnésie carbonatée de Hrubschitz, près Rosena en Moravie. Voyez Magnésite. (**B.**)

ROUC ou ROCK. (*Ornith.*) Noms donnés au condor , *vultur gryphus* , Linn. (Ch. **D.**)

ROUCAOU. (*Ichthyol.*) Voyez Gallot et Labre. (H. C.)

ROUCELIA. (*Bot.*) M. Dumortier a voulu, sous ce nom, séparer le *Campanula erinus* de son genre primitif. Ce genre n'a pas encore été adopté. (J.)

ROUCHE. (*Ornith.*) Nom vulgaire de la rousserolle, *turdus arundinaceus* , Linn., qu'on appelle aussi *rouchetto, rousseletto , roucherolle.* (Ch. **D.**)

ROUCHI. (*Bot.*) Nom donné dans certains cantons, suivant M. Poiret, aux laiches, *carex,* et dans d'autres à la ronce. (J.)

ROUCOU. (*Bot.*) Voyez Rocou. (J.)

ROUCOU-ABORA. (*Bot.*) A Cayenne, suivant Richard, on nomme ainsi le *sloanea.* (J.)

ROUCOULEMENT. (*Ornith.*) Ce mot est employé pour désigner le cri d'amour des pigeons et des tourterelles. (Desm.)

ROUCOUYER. (*Bot.*) Voyez Rocouyer. (Lem.)

ROUDOU. (*Bot.*) Dans la Provence, suivant Garidel, ce nom est donné au redoux ou redoul, *coriaria,* plante employée dans les teintures de cette province. (J.)

ROUE. (*Ichthyol.*) Un des noms vulgaires du poisson lune, que quelques auteurs latins ont appelé *rota.* Voyez Orthagorisque. (H. C.)

ROUERGAT et DORÉ DE ROUERGUE. (*Bot.*) Noms d'une espèce d'*agaricus,* qu'on trouve dans la ci-devant province de Rouergue, où l'on en fait une grande consommation. Selon Paulet, Trait. des champ., pl. 93, ce champignon est de couleur d'or et son chapeau est lacéré et sinué sur son bord. (Lem.)

ROUFIA. (*Bot.*) Espèce de palmier du genre Sagoutier, qui croît à Madagascar. Son fruit est représenté dans l'ouvrage de Gærtner , *De fruct.,* pl. 10, n.° 1 ; et la plante , *sagus ruffia*, dans Jacquin, *Fragm. bot.*, pl. 4, fig. 2. (Lem.)

ROUFOUINE. (*Bot.*) Nom languedocien de la salicorne. (L. D.)

ROUGE. (*Ornith.*) Nom vulgaire du canard souchet, *anas clypeata*, qu'on appelle aussi dans le département de la Somme, *rouge à la cuiller*. (Ch. D.)

ROUGE. (*Ichthyol.*) Nom spécifique de plusieurs poissons. Voyez Centropome et Holocentre. (H. C.)

ROUGE-AILE. (*Ornith.*) Un des noms vulgaires de la grive mauvis, *turdus iliacus*, Linn. (Ch. D.)

ROUGE D'ANDRINOPLE ou ROUGE DES INDES. (*Chim.*) Rouge de garance appliqué sur le coton par un procédé compliqué, qui a été pratiqué d'abord dans le Levant et ensuite en France. Cette couleur est remarquable par sa beauté et par la solidité. (Ch.)

ROUGE D'ANGLETERRE. (*Chim.*) C'est le peroxide de fer, obtenu du sulfate de fer calciné. (Ch.)

ROUGE-BÉ. (*Bot.*) Nom de la cameline, *camelina sativa*, dans les environs de Laon, suivant M. Poiret. (J.)

ROUGE-BOURSE. (*Ornith.*) Dénomination par laquelle Belon désigne le rouge-gorge, *motacilla rubecula*, Linn. (Ch. D.)

ROUGE-CAP. (*Ornith.*) C'est une espèce de tangara, *tanagra gularis*, Lath., Desm.; némosie rouge-cap, *nemosia gularis*, Vieill. (Ch. D.)

ROUGE-GORGE. (*Ornith.*) Voyez Rubiette. (Ch. D.)

ROUGE-GORGE. (*Erpét.*) Nom vulgaire de l'Iguane. Voyez ce mot. (H. C.)

ROUGE-GORGE DE BOULOGNE. (*Ornith.*) Suivant M. Vieillot, cet oiseau, considéré comme une variété du rouge-gorge proprement dit, est une femelle de l'espèce du motteux reynauby. (Ch. D.)

ROUGE-GORGE A LONGUE QUEUE. (*Ornith.*) L'oiseau ainsi nommé par Edwards paroît être la veuve au collier d'or. (Ch. D.)

ROUGE GROS-BEC. (*Ornith.*) Nom du gros-bec de Virginie dans Albin. (Ch. D.)

ROUGE A HUPPE. (*Ornith.*) On appelle ainsi, sur les bords de la Saône, le canard morillon, *anas fuligula*, Linn. (Ch. D.)

ROUGE-NOIR. (*Ornith.*) Cet oiseau paroît être un individu de l'espèce du gros-bec orix, *loxia orix*, Linn. (Ch. **D.**)

ROUGE-PLONGE. (*Ornith.*) Il paroît que ce nom est donné, sur les bords de la Saône, au canard garrot, d'après l'habitude qu'il a de plonger à l'instant où l'amorce prend feu. (Ch. **D.**)

ROUGE DE PRUSSE, ROUGE DE HOLLANDE. (*Min.*) Voyez Ocres. (Brard.)

ROUGE-QUEUE. (*Ornith.*) On appelle ainsi une pie-grièche huppée de la Chine, *lanius emeria*, Linn., qui est le rouge-queue de Bengale d'Albin, la pie-grièche de Bengale de Brisson, décrite par Buffon, tome 1.ᵉʳ, in-4.°, page 309. (Ch. **D.**)

ROUGE-QUEUE A GORGE BLEUE. (*Ornith.*) C'est dans Edwards la gorge-bleue, *motacilla suecica*, Linn. (Ch. **D.**)

ROUGE-QUEUE GRIS. (*Ornith.*) L'oiseau décrit sous cette dénomination par Edwards, est le rossignol de muraille de Gibraltar, ou rouge-queue tithys de M. Vieillot, *sylvia tithys*, Lath. (Ch. **D.**)

ROUGE-QUEUE DE LA GUIANE. (*Ornith.*) Sonnini rapporte cet oiseau, *motacilla guianensis*, Gmel., qui est peint sur la 686.ᵉ planche enluminée de Buff., n.° 2, à la *Queue sanguine* d'Azara, n.° 239. (Ch. **D.**)

ROUGE-QUEUE DES INDES. (*Ornith.*) C'est, dans Edwards, la pie-grièche brune du Bengale. (Ch. **D.**)

ROUGE-ROUGET. (*Ornith.*) Ce nom est donné, dans quelques parties de la France, au canard souchet. (Desm.)

ROUGE VÉGÉTAL. (*Chim.*) C'est le rouge de carthame, précipité sur du talc sec divisé. Il est employé comme cosmétique. (Ch.)

ROUGEATRE. (*Bot.*) Paulet nomme *rougeâtre* ou le *vineux truité* (Trait. des champ., 2, pag. 557, pl. 161, fig. 1 — 4) un petit agaric de sa famille des bulbeux, et de ceux qu'il désigne par *bulbeux mouchetés*. Ce champignon est gris, lavé d'une légère couleur de lie de vin, avec des feuillets blancs et voilés, et des peluchures blanchâtres : il s'élève à la hauteur de quatre à cinq pouces. On le trouve au bois de Boulogne, en automne. Il a une odeur désagréable, et un goût fade et âcre, qui le rendent suspect. (Lem.)

ROUGEATRE. (*Ichthyol.*) Voyez ROSSE. (H. C.)

ROUGEATRE. (*Erpét.*) Nom spécifique d'une tortue d'Amérique. Voyez ÉMYDE. (H. C.)

ROUGEOLE. (*Bot.*) C'est le mélampyre des champs. (L. D.)

ROUGEOLE. (*Conchyl.*) Les marchands nomment ainsi une jolie espèce de porcelaine, *cypræa vitellus*, à cause de la manière dont elle est tachetée. (DE B.)

ROUGEOLES. (*Bot.*) Petit groupe d'*agaricus* que Paulet désigne sous le nom plus spécial de *Rougeoles intenses*. Ces champignons se font remarquer par la teinte rousse ou rouge de leur chapeau, et par la qualité du suc qu'ils contiennent, lequel est doux. Il y en a trois espèces.

1. La ROUGEOLE A LAIT DOUX, Paul., Trait., 2, pag. 185, pl. 80, fig. 2, vulgairement VACHE dans les Vosges, et VIAU ou VEAU dans le département de la Meuse. C'est un champignon de quatre à cinq pouces de hauteur, ayant un chapeau de trois à quatre de diamètre ; il est d'un rouge foncé avec les feuillets blancs, et une tige blanche lavée de la couleur qui domine. La chair de ce champignon est fine et délicate ; aussitôt qu'on la déchire il en distille une liqueur laiteuse très-douce, qui invite a en faire usage ; aussi cette plante, d'après Paulet, est-elle très-recherchée, surtout dans les Vosges, où on la mange avec délice et sans inconvénient. C'est l'*agaricus lactifluus*, Schæff., *Fung. Bav.*, 1, pl. 5 ; l'*agaricus lactifluus aureus*, Pers., Champ. comest., 220 ; Krapf, Champ. comest., cah. 2, pl. 1, fig. 1 — 3 ; Trattin., *Fung. Aust.*, 5, pl. 13.

On trouve dans la Synonymie de Paulet plusieurs autres espèces de champignons réunis à celui-ci, comme variétés, sous le nom commun de rougeole à lait doux. Sa *rougeole à lait âcre* est l'agaric meurtrier (voyez FONGE).

2. La ROUGEOLE ROUSSE, Paul., *loc. cit.*, pl. 81, fig. 1 et 2 ; c'est peut-être l'*agaricus ichoratus*, Batsch, ou *lactifluus*, Linn. Cette rougeole a quatre pouces de hauteur et son chapeau trois de diamètre ; celle-ci est de couleur marron foncé avec des feuillets jaunâtres, plissés et ondés. On la trouve dans les bois en automne, et, comme l'espèce précédente, elle donne une liqueur laiteuse qui n'est point âcre.

3. Le ROUGILLON, Paul., *loc. cit.*, pl. 81, fig. 3 — 5. C'est

un petit champignon qui croît parmi les mousses et les chardons, dans les terres fortes ; il croît solitaire ou réunit deux ou trois individus ; il est remarquable par sa couleur d'un rouge de sang ou de brique pilée : son suc, également rouge de sang, sort en abondance, n'est point âcre, mais a le goût à peu près de celui de certains fruits succulens. Le chapeau n'est pas exactement régulier, il est visqueux et luisant en naissant, mais en lui enlevant son humidité il est rude au toucher.

Suivant Paulet, ce champignon est fort recherché pour l'usage, par ceux qui le connoissent. On peut le conserver pendant des années entières, et il se durcit sans se corrompre ; alors il prend l'odeur de morille. La meilleure manière de le manger, est de le faire cuire sur le plat ou sur le gril avec de l'huile ou du beurre et du sel. Cependant on ne le digère pas toujours et on le rend à peu près tel qu'on l'a pris ; mais il n'incommode pas. On trouve cette plante en France, surtout aux environs de Bélestat en Languedoc. (Lem.)

ROUGEOLO. (*Ichthyol.*) La cépole de la Méditerranée est ainsi nommée à Marseille. (Desm.)

ROUGEOR. (*Ichthyol.*) Nom spécifique d'un Spare. Voyez ce mot. (H. C.)

ROUGEOT. (*Ornith.*) On appelle ainsi, en Bourgogne, le canard millouin, *anas ferina*, Linn. (Ch. **D.**)

ROUGEOTTE. (*Bot.*) Nom vulgaire de l'adonide d'été. (L. D.)

ROUGEOTTE. (*Bot.*) Espèce de champignon que Paulet nomme aussi prévat doré. La *rougeotte ordinaire* du même Paulet est le Prévat. Voyez ce mot. (Lem.)

ROUGEOTTE. (*Moll.*) Le nom de rougeotte est donné par les marins qui vont à la pêche de la morue à un mollusque, ou ver marin, dont ce poisson fait sa nourriture. (Desm.)

ROUGES. (*Min.*) Le rouge d'acier, le rouge d'almagra, le rouge anglois, le rouge colcotar, le rouge indien et le rouge de Prusse sont autant de substances pulvérulentes d'un rouge plus ou moins foncé, d'une grande finesse pour l'ordinaire, et qui se trouvent dans le commerce sous ces différentes dénominations. Ces substances sont des oxides de fer factices ou naturels, lavés et tamisés d'avance, et dont la finesse et la dureté font tout le mérite, puisqu'ils sont spécialement destinés à donner le dernier poli aux métaux, à l'acier lui-même et aux pierres dures.

Ces poudres rouges et ferrugineuses sont quelquefois d'une si grande finesse et produisent un tel effet, qu'il s'en est vendu à Paris jusqu'à 72 fr. la livre ; 144 fr. le kilog., pour le service de l'horlogerie précieuse ; mais ordinairement le prix ne dépasse pas 36 et 40 fr. le kilog., et il y en a même à 4 fr.

La plupart des oxides rouges ou bruns factices sont le produit de la distillation ou de la calcination du sulfate de fer pour la fabrication de l'acide sulfurique, mais c'est plus particulièrement à ce résidu que l'on donne le nom de *colcotar*, qui est non-seulement employé comme poudre à polir, mais aussi comme couleur et comme médicament tonique ou astringent.

Le *rouge d'acier* est couleur de terre d'ombre et s'emploie avec de l'huile d'olive par les arquebusiers et les fabricans de bijoux d'acier.

Le *rouge d'almagra* vient d'Almazaron en Murcie, et sert à polir les glaces et à colorer les tabacs d'Espagne, comme la terre de Cologne sert à préparer les tabacs de Hollande.

Le *rouge anglois* provient des mines de Mendip-Hills et des fabriques des produits chimiques du comté de Sommerset. Non-seulement il est excellent pour polir les métaux, mais il est très-employé dans la peinture à l'huile et à la détrempe, comme le sont les ocres jaunes et les ocres rouges.

Le *rouge colcotar* est, comme on l'a déjà dit, le produit de la distillation du vitriol vert ou sulfate de fer ; il porte aussi le nom de *potée rouge* et de *brun rouge ;* il sert principalement à polir les glaces, les boutons, etc.

Le *rouge indien* se trouve dans l'île d'Ormus, à l'entrée du golfe Persique, et il sert aussi tout à la fois à la peinture et dans l'art de polir.

Nous pourrions citer beaucoup d'autres rouges propres à polir les corps durs, entre autres celui de M. Rosary de Paris, qui s'emploie avec de l'esprit de vin, et qui est fort estimé par les polisseurs.

Comme on emploie ordinairement les rouges que nous venons de citer sur des lisières ou des morceaux de feutre,

Guyton ayant réfléchi que les chapeaux étoient colorés par de l'oxide de fer précipité par la noix de galle, eut l'idée de plonger des morceaux de vieux chapeaux dans de l'acide sulfurique étendu d'eau; le fer qu'ils contenoient se précipita en molécules rouges impalpables: il les lava, les fit sécher, les humecta d'huile, et obtint aussitôt des feutres naturellement imprégnés du rouge le plus fin et le plus cher, et cela presque sans aucuns frais.

L'argile cuite ou la brique pilée, dont on se sert en Europe pour polir grossièrement, ou simplement pour décaper les métaux, se prépare à la Chine et au Japon avec les plus grandes précautions: on en compose une espèce de mastic en la mêlant à du sang de porc et à une huile particulière, l'on en forme de petits bâtons dont on se sert pour polir les couches de vernis du Japon que l'on applique sur les meubles. (BRARD.)

ROUGET. (*Ichthyol.*) Nom vulgaire de plusieurs poissons de genres différens. Voyez MALARMAT, MULLE, SURMULET, TRIGLE. (H. C.)

ROUGET-BARBET. (*Ichthyol.*) Nom vulgaire spécialement attribué aux trigles grondin et groneau. (DESM.)

ROUGETTE. (*Bot.*) Nom françois donné par Bridel à son *Discelium*, genre de la famille des mousses, qu'il vient de décrire dans sa Bryologie universelle. Son caractère essentiel est donné par son péristome simple, à seize dents lancéolées, linéaires, infléchies, divisées chacune, depuis leur base jusqu'au milieu, par une fente longitudinale; par sa coiffe presque dimidiée, couvrant une capsule inégale, ovale, globuleuse, bossue, penchée et privée d'anneau. Les fleurs sont dioïques et terminales.

Une seule espèce compose ce genre. Il en est question à notre article PERCILETTE; nous croyons devoir donner ici la description et la synonymie plus exacte rapportée par Bridel.

Le DISCELIUM NU : *D. nudum*, Brid., Bryol. univ., 1, p. 366; *Weissia nuda*, Hook. et Tayl., *Musc. brit.*, pl. 14; Schwæg., *Suppl.*, 1, part. 1, pag. 66, pl. 28; Wahl., *Fl. Lap.*, pl. 19; *Bryum nudum*, Dicks., *Pl. crypt.*, pag. 7, pl. 10, fig. 15; *Grimmia nuda*, Smith. Tige nulle ou presque nulle et simple; feuilles radicales, imbriquées, ovales, concaves, un peu lancéolées, presque entières, marquées d'une nervure obscure; feuilles du périchèze droites, enroulées; pédicelle droit, un peu flexueux, rouge, long d'un pouce et demi; capsule penchée, tantôt un peu redressée, tantôt horizontale; opercule très-petit, conique et obtus; coiffe se fendant sur un côté, assez grande pour adhérer souvent au milieu du pédicelle.

Cette mousse, qui se fait remarquer par la couleur rouge ou rosée de ses pédicelles, forme des gazons sur la terre argileuse humide, sur le bord des fossés aquatiques, des ruisseaux et des rivières en Angleterre et en Lapponie.

Bridel avoit compris cette mousse dans son genre *Coscinodon*, mais il l'en a retiré, particulièrement à cause de la forme des dents du péristome, fendu inférieurement en deux branches qui imitent des jambes. Bridel a cherché à rappeler cette forme dans le nom du genre *Discelium*, qui dérive du grec δις, *deux*, et σκηλος, *jambes*. De là, le nom de *Double-jambe* auroit mieux valu que celui de *Rougette*, que Bridel donne, en françois, à ce genre. Cet auteur fait remarquer que le *Discelium* est au *Weissia* ce que le *Pterigynandrum* est à son *Regmatodon*, genre que nous ne connoissons encore que de nom.

Dans l'ordre de classification des mousses de Bridel, le *Discelium* suit le genre *Weissia*, et précède le *Coscinodon* (voyez Percilette) et le *Catascopium* ou Noirette, autre nouveau genre de Bridel fait aux dépens du *Weissa*. Voici ses caractères :

Péristome simple, à seize dents pointues, infléchies, solides; coiffe extrêmement étroite, en cône alongé, se déchirant en deux lors de l'accroissement de la capsule; la partie supérieure reste sur la capsule, et l'autre moitié sur le pédicelle, de manière à entourer la base de la capsule : mais souvent cette partie inférieure tombe par suite de sa grande délicatesse, et que la moindre humidité altère · capsule très-étroite, penchée en dehors, et se fendant. Les fleurs mâles sont sur des pieds distincts; elles sont en petites têtes et offrent environ seize anthères? avec des paraphyses renflées, articulées : dans les fleurs femelles on ne voit point ces paraphyses, mais un très-petit nombre d'anthères.

Le Catascopium noiratre : *C. nigritum*, Brid., Bryol. univ., 1, pl. 6; *Weissia nigrita*, Hedw., Musc., 5, pl. 39; Funk., Moost.. pl. 11; Hook. et Tayl., Musc. brit., pl. 14; *Grimmia nigrita*, Smith, *Engl. bot.*, pl. 1825; Schkuhr, *Deut. Moos.*, pl. 26. Tige droite, divisée ou à peine rameuse; haute d'un pouce, garnie de feuilles pressées, ovales, acuminées; pédicelle terminal, long de six lignes, et quelquefois d'un pouce, brun ou d'un rouge noirâtre; gaînule oblongue; capsule, jeune, droite, mûre, sphéroïde, penchée, d'un brun noirâtre, luisante, se crevant quelquefois par l'effet de la fragilité et de la roideur de ses parois, **comme cela s'observe dans le** *sphagnum.* **Cette capsule est penchée de manière que son sommet** regarde son dos; **c'est ce que Bridel a voulu rendre par** *Catascopium*, qui a cette signification en grec. **Cette mousse,** dont les feuilles inférieures, d'un noir verdâtre, et les supérieures, d'un vert jaunâtre, forment des touffes vivaces, croît dans les bruyères, les tourbières, les lieux montueux et humides, dans les endroits argileux, dans les Alpes et sur les hautes montagnes de l'Europe. (Lem.)

ROUGETTE. (*Mamm.*) **Nom donné par Buffon à une grande** chauve-souris de l'île Bourbon et du genre des Roussettes. **Voyez ce mot. (**Desm.**)**

ROUGH RAY. (*Ichthyol.*) **Nom anglois de la raie ronce.** Voyez Raie. (H. C.)

ROUGILLON. (*Bot.*) **Voyez à l'article** Rougeoles. (Lem.)

ROUGILLONS ou BRIQUETÉS. (*Bot.*) **Paulet désigne ainsi** un groupe qu'il fait dans les agarics avec l'*agaricus deliciosus*, Linn., son *lait-doré* et deux autres espèces citées par Michéli et Steerbeck. (Lem.)

ROUGO. (*Bot.*) Voyez Harungan, **tome XX, page 307.** (Poir.)

ROUGRI. (*Ornith.*) **Cette buse des déserts, décrite et figu**rée par Levaillant dans son Ornithologie d'Afrique, tom. 1, p. 49, n.° 17, est le *falco desertorum*, Lath. (Ch. D.)

ROUH. (*Ornith.*) Voyez Rouc. (Ch. **D.**)

ROUHAMON. (*Bot.*) **Genre de plantes dicotylédones, à** fleurs complètes, monopétalées, de la famille des *apocinées*, de la *tétrandrie monogynie* de Linnæus, offrant pour caractère essentiel : Un calice court, à quatre divisions, muni de deux bractées à sa base; une corolle infundibuliforme; le tube court; le limbe à quatre lobes, velus à leur intérieur; quatre étamines, insérées sur le tube; un ovaire supérieur; un style; un stigmate obtus; une capsule à une seule loge, à deux semences.

Ce genre ne diffère des *Strychnos* que par les parties de la fructification, au nombre de quatre, au lieu de cinq. Il comprend des arbrisseaux à feuilles opposées, à fleurs axillaires, fasciculées. C'est le genre *Lasiostoma* de Schreber et Willdenow.

Rouhamon de la Guiane : *Rouhamon guianense*, Aubl., Guian., 1, tab. 56 ; Lamk., *Ill. gen.*, tab. 81 ; *Lasiostoma cirrhosa*, Willd., *Spec.*, 1, page 624. Arbrisseau dont la tige s'élève à la hauteur de sept à huit pieds sur six ou sept pouces de diamètre, revêtue d'une écorce grisâtre, raboteuse. Le bois est blanchâtre. Les rameaux sont opposés, couverts d'un duvet roussâtre ; ils se répandent sur les arbres voisins et s'y attachent à l'aide de vrilles axillaires, simples ou en crosse. Les feuilles sont opposées, médiocrement pétiolées, lisses, ovales, entières, aiguës, d'un vert pâle, traversées en dessous par trois nervures longitudinales, saillantes, les deux latérales arquées et conniventes à leurs deux extrémités, longues de deux pouces, larges de six lignes; les pétioles courts, pubescens.

Les fleurs naissent par petits bouquets dans l'aisselle des feuilles; elles sont soutenues par un pédoncule court, garni à la base de deux petites bractées opposées. Ces fleurs sont deux à deux, opposées, presque sessiles. Le calice est à quatre divisions aiguës ; la corolle blanche, le tube cylindrique ; le limbe à quatre lobes aigus, couverts en dedans de poils blanchâtres ; les filamens des étamines sont garnis à leur base de poils blancs; les anthères oblongues, jaunâtres, à deux loges ; la capsule est longue, fragile, à une loge, renfermant deux semences arrondies, convexes d'un côté, aplaties de l'autre. Cet arbrisseau croît dans la Guiane, sur les bords de la rivière Sinémari, à quarante lieues de son embouchure. Il fleurit dans l'automne. Les Galibis le nomment *rouhahamon*. Aublet en cite une variété, qui diffère par ses branches et ses rameaux non pubescens, par ses feuilles plus grandes, par ses fleurs et ses fruits plus petits; d'ailleurs dépourvue de vrilles. Les branches sont droites et croissent en buisson. Cette variété croît dans les mêmes lieux. (Poir.)

ROUILLE. (*Bot.*) Les cultivateurs et les agriculteurs donnent ce nom a de très-petits champignons qui viennent en très-grande quantité sur beaucoup de plantes, et qui les font languir ou périr. Ces champignons parasites sont ordinairement bruns. jaunes ou fauves, ce qui leur a fait donner le nom de *rouille*. Ils constituent les genres Xyloma, Erineum ou Rubigo, Uredo, Puccinia, Æcidium, Erysiphe, etc. (Voyez ces mots).

Nous citerons ici la rouille des céréales, *uredo rubigo vera*, Decand. ; la rouille des euphorbes, *œcidium euphorbiarum*, et la rouille des poiriers, qui est l'*œcidium cancellatum*, Pers. (voyez *Æcidium du poirier* à l'article Æcidium, tom. I.ʳ, Suppl., p. 67, et Rœstelia) : ce sont les espèces de rouilles les plus communes. Celle du poirier exerce des ravages si terribles, que l'on a vu des agriculteurs anglois, dont les vergers étoient infestés de rouille, offrir jusqu'à une demi-guinée par pied d'arbre qu'on pourroit sauver. L'humidité, et le tassement des pieds trop près les uns des autres (ce qui empêche la circulation de l'air) contribuent à la propagation de ces végétaux parasites; des arrosemens fréquens et un temps trop long-temps pluvieux les multiplient encore. Un élagage fait à temps, une circulation constante de l'air autour des végétaux, peuvent empêcher la rouille de se montrer; mais, une fois qu'elle s'est développée, il n'y a plus de moyens de la faire disparoître entièrement. (Lem.)

ROUILLE. (*Chim.*) C'est le peroxide de fer hydraté qui se produit lorsque le fer est exposé à l'action de l'air humide.

Quelques auteurs ont étendu la dénomination de rouille à tous les oxides, soit purs, soit hydratés ou carbonatés, qui se trouvent à la surface d'un grand nombre de métaux. (Ch.)

ROUILLÉ. (*Ichthyol.*) Nom spécifique d'un Labre. Voyez ce mot. (H. C.)

ROUILLÉE. (*Entom.*) Nom donné, par Geoffroy, à une phalène qui est celle de l'aubépine, *cratægata*. (C. D.)

ROUISSAILLE. (*Ichthyol.*) Ce nom équivaut à celui de blanchaille, par lequel on désigne les nombreuses petites espèces de cyprins qui vivent dans nos rivières. (Desm.)

ROUJO DE MADAGASCAR. (*Bot.*) Le harungan de cette île, *arungana*, a été ainsi nommé parce qu'il donne une teinture rouge, que les habitans du lieu mettent à profit. (J.)

ROUJOT. (*Mamm.*) Vicq d'Azyr, dans son Syst. anat. des animaux, dépendant de l'Encyclopédie, a donné ce nom à une belle espèce d'écureuil des Indes orientales, *sciurus erythræus*, Pall., dont les parties supérieures sont d'un roux marron et les inférieures jaunes. (DESM.)

ROU-KAKELY. (*Bot.*) Nom brame du *theka-maravara* du Malabar, dont la figure, publiée par Rhéede, représente un angrec, *epidendrum*, dans un état très-incomplet et muni seulement de quelques feuilles. (J.)

ROULANOS. (*Bot.*) Suivant Garidel, on donne dans la Provence ce nom au fruit d'un groseillier, *ribes alpinum*, qui est doux et n'a point l'acidité de l'espèce ordinaire. (J.)

ROULEAU. (*Erpét.*) Voyez TORTRIX. (H. C.)

ROULEAU, *Rollus.* (*Conchyl.*) Denys de Montfort (Conch. syst., t. 2, p. 395) a établi sous ce nom une petite division parmi les cônes, pour placer les espèces qui sont subcylindriques et dont la spire est apparente et couronnée ; tel est, par exemple, le cône géographe, que Denys de Montfort nomme le rouleau géographe, *R. geographus*. Voyez CÔNE. (DE B.)

ROULEAUX, *Rhombi.* (*Conchyl.*) Un assez grand nombre des conchyliologistes de la fin du dernier siècle désignoient ainsi toutes les coquilles univalves, involvées ou roulées, et ils les partageoient en rouleaux cylindriques et en rouleaux échancrés. Les premiers étoient certaines espèces de cônes et même de volutes, et les seconds les olives.

Adanson a affecté le nom de *rouleau* en françois et de *strombus* en latin, aux coquilles du genre Cône de Linné.

D'Argenville, au contraire, l'a donné aux olives des conchyliologistes modernes. (DE B.)

ROULÉE. (*Conchyl.*) Terme de conchyliologie, employé par quelques auteurs dans deux acceptions très-différentes.

Dans l'une elle indique que la coquille est involvée ou enroulée, c'est-à-dire que l'enroulement du cône spiral se fait presque transversalement.

Dans l'autre elle signifie que la coquille, depuis long-temps abandonnée par l'animal, a été froissée, balottée sur les rivages par l'action des flots : ce mot alors devient synonyme de frustre. (DE B.)

ROULETTE. (*Ornith.*) Ce nom et celui d'*acée* désignent, dans les environs de Niort, la double bécassine, *scolopax dupla*, Guillemeau jeune; *scolopax media*, Vieill., et *scolopax gallinacea*, Dum. (Ch. D.)

ROULETTE, *Rotella*. (*Conchyl.*) Genre de coquilles univalves, goniostomes, établi par M. de Lamarck, Syst. des anim. sans vert., t. 7, pag. 6, pour un assez petit nombre d'espèces qui se rangent autour d'une espèce de toupie ou de *trochus* de Linné, et qui, quoique l'on n'en connoisse pas du tout l'animal, offrent réellement un aspect tout particulier. Aussi M. Schumacher, de son côté, en avoit-il fait également un genre distinct sous la dénomination de bouton. Voici les caractères de ce genre : Coquille orbiculaire, déprimée, subconoïde, subcarénée, luisante et sans épiderme ; ouverture subdéprimée, demi-ronde ou mieux en ogive, avec une large callosité bombée sur la columelle et l'ombilic. Ces coquilles, qui sont toujours petites, diffèrent des hélicines, avec lesquelles elles ont évidemment quelque ressemblance, par leur état parfaitement lisse, la minceur de leur bord et la forme de la callosité, qui est toujours bien plus étendue que dans celles-ci. On ne sait pas même positivement si elles sont operculées, ce qui cependant est extrêmement probable. On les croit toutes marines. M. de Lamarck caractérise cinq espèces de roulettes; mais il se pourroit que ce nombre dût être bien restreint, car il paroit que la coloration varie beaucoup.

La Roulette linéolée : *Rotella lineolata*, de Lamk.; *Trochus vestiarius*, Linn., Gmel., pag. 3578, n.° 75; Bonnani, *Recr. ment.*, 3, fig. 355. Petite coquille orbiculaire, convexe, conoïde, à tours de spire contigus, très-lisses; couleur de chair pâle, variée de petites lignes brunes, longitudinales, ondulées et serrées, en dessus, blanche en dessous.

Cette espèce, commune dans les collections, vient, dit-on, de la Méditerranée. Je ne la vois cependant citée dans aucune des listes de coquilles de la Méditerranée et de l'Adriatique que je possède.

La R. rose : *R. rosea*, de Lamk., *loc. cit.*, pag. 8, n.° 2; Chemn., *Conch.*, 5, tab. 166, fig. 1601, *h*. Petite coquille, offrant tous les caractères de la précédente et n'en différant que parce qu'au lieu d'être ornée de linéoles brunes, sur un fond couleur de chair, elle offre une fascie composée de lignes alternativement brunes et blanches, le long de la partie supérieure des tours de spire.

Des mers de l'Inde?

Ce n'est très-probablement qu'une variété de l'espèce précédente.

La ROULETTE SUTURALE; R. *suturalis*, de Lamk., *loc. cit.*, n.° 3. Coquille à peine un peu plus grande, de même forme, luisante, striée, avec le bord supérieur des tours de spire un peu saillant, ce qui fait paroître la suture enfoncée : couleur grise, peinte d'un très-grand nombre de linéoles longitudinales, anguloso-flexueuses, brunes en dessus, pourpre en dessous.

Patrie inconnue.

La R. MONILIFÈRE : R. *monilifera*, de Lamk., *id. ibid.*, n.° 4; Gualt., *Test.*, tab. 65, fig. *E E* et *F*. Petite coquille, de même forme que les précédentes, sillonnée en travers, couronnée par une série décurrente de nodosités le long de la suture : couleur d'un jaune verdâtre, avec les sillons ponctués de noir, le sommet doré en dessus, d'un pourpre pâle en dessous.

Il paroît, d'après les trois figures de Gualtieri, que cette espèce offre aussi assez de variations.

La R. JAVANAISE ; R. *javanica*, id. ibid., n.° 5. Petite coquille, de la grandeur et de la forme de la précédente, également avec une série décurrente de nodosités sous la suture, mais à sillons beaucoup plus rares, au nombre de quatre seulement, sur le dernier tour de spire, et de couleur violacée, ponctuée de bleu, le sommet et le dessous blanc.

Des mers de Java. (DE B.)

ROULEURS, ROULEUSES; *Tortrix, Tortrices*. (*Entom.*) Nom donné à des insectes qui ont l'habitude de rouler les feuilles, qu'ils agglutinent ou collent de manière à s'en faire un fourreau dans lequel ils se retirent, et au centre duquel ils déposent leurs œufs. Voyez ATTÉLABE, GRIBOURI de la vigne, du peuplier; voyez aussi PYRALE, TEIGNE, etc. (C. D.)

ROULOUL. (*Ornith*.) Sonnerat a, le premier, trouvé, dans la presqu'île de Malacca, une des deux espèces actuellement connues de ce genre, et il l'a décrite et figurée, tom. 2, p. 174, et pl. 100, de son Voyage aux Indes orientales, sous le nom de rouloul, qui est probablement celui du pays. Bonnaterre en a fait, dans l'Encyclopédie méthodique, et sous les noms françois de *Rouloul* et latin de *Rollulus*, un genre qu'il a caractérisé par un bec court, convexe, légèrement fléchi; des narines oblongues; le front dégarni de plumes; l'occiput orné d'une huppe; le doigt postérieur plus gros que ceux de devant, plus court et tronqué. Sparrman, dans le *Museum carlsonianum*, l'a présenté comme un faisan; Latham a fait d'abord un pigeon du mâle et une perdrix de la femelle; ensuite une perdrix des deux espèces réunies, et il a été suivi par Gmelin. M. Temminck a, comme Bonnaterre, formé un genre séparé du rouloul, sous le nom de *Cryptonix*, tant en françois qu'en latin, et M. Cuvier a adopté cette dénomination, que M. Vieillot a changé en celle de *Liponix*.

Les caractères génériques les plus essentiels consistent dans un bec robuste, convexe et comprimé, dont la mandibule supérieure, un peu courbée à la pointe, recouvre les bords de l'inférieure; des narines fendues vers le milieu du bec et couvertes d'une membrane nue; des orbites glabres, ainsi que le lorum; des tarses longs; les trois doigts antérieurs réunis à leur base par de courtes membranes; le postérieur dépourvu d'ongle et ne portant point à terre ou seulement par l'extrémité; des ailes courtes et concaves, dont la première rémige est très-courte et dont les quatrième et cinquième sont les plus longues; la queue courte et inclinée.

L'espèce que l'on connoit le mieux est le ROULOUL DE MALACCA OU CRYPTONIX COURONNÉ, *Cryptonix coronata* de M. Temminck, et *Liponix cristata* de M. Vieillot, qui en a donné une figure dans la seconde édition du Nouveau Dictionnaire d'histoire naturelle, et dont le mâle a été décrit d'abord comme appartenant à un autre genre, sous le nom de *columba cristata*, et la femelle sous celui de *perdix viridis*. Latham a reconnu depuis que ces deux oiseaux, quoique présentant des différences, étoient le mâle et la femelle de la même espèce, et pouvoient être signalés par le manque d'ongle au pouce des deux sexes, circonstance non accidentelle, comme M. Temminck a eu occasion de le vérifier dans plus de vingt individus à lui envoyés de Batavia.

Le mâle seul est huppé et se distingue de la femelle surtout par cette sorte de diadème qu'il porte sur l'occiput, et
qui est composé de plumes rudes et désunies, d'un rouge
mordoré, longues d'un pouce neuf lignes. Sur son front sont
implantés six longs crins noirs, qui peuvent se lever et s'a-
baisser à volonté; l'espace entre ces deux huppes est blanc
et forme une bande transversale sur le sommet de la tête;
la peau nue qui entoure les yeux est d'un rouge clair; un
cercle proéminent, de couleur rose, entoure l'orbite des
yeux; les joues, la nuque, la poitrine et le ventre sont d'un
noir à reflets violets; les couvertures des ailes sont brunes,
et les rémiges d'un brun foncé sur les barbes intérieures et
rousses, avec de petits zigzags noirs, sur les barbes extérieures;
le dos, le croupion et les plumes qui recouvrent une grande
partie de la queue, sont d'un vert très-foncé; les pennes caudales sont noires; la partie supérieure du bec est de la même
couleur; l'inférieure, jaune à la base, est noire dans le reste;
les pieds sont d'un jaune roussâtre; les ongles sont bruns et
l'iris est d'un rouge vif.

La femelle, plus petite que le mâle et dont la taille tient
le milieu entre celle de la perdrix et de la caille, n'a pas,
comme lui, le diadème à l'occiput, mais bien les six crins
arqués sur la base du bec. M. Vieillot observe à cet égard
que la figure de Latham, pl. 67 du *Synopsis*, tom. 2, part. 2,
n'indique point cette circonstance; mais M. Temminck, qui
en fait mention, annonce avoir vu plusieurs individus des
deux sexes. La peau nue qui entoure les yeux est rougeâtre:
le haut de la tête, la nuque et la gorge sont couverts de
plumes courtes et cotonneuses, d'un brun cendré; un beau
vert céladon couvre le cou, la poitrine, les flancs, le dos
et le croupion; les couvertures des ailes sont d'un roux
marron; les pennes secondaires brunes, et les grandes de couleur plus claire que chez le mâle; les pennes caudales sont
d'un noir verdâtre.

On ne trouve point dans les plaines ce rouloul, qui est
très-méfiant et ne sort pas des grandes forêts de Sumatra.

L'auteur des articles d'ornithologie dans le Nouveau Dictionnaire d'histoire naturelle, décrit à la suite du rouloul
de Malacca, et comme une variété de cet oiseau, celui que

Latham a fait figurer, pl. 58 du tom. 2, part. 2, du *Synopsis;* mais il n'a probablement pas fait attention que cette figure, sous le nom de *Lesser crowned pigeon,* ne présente pas le principal caractère du genre, puisque le doigt postérieur est onguiculé, circonstance qui rend inutile ici la description de cet oiseau.

Il n'en est pas de même du *Perdix cambaiensis* du même auteur, Rouloul de Guzarate, ou *Liponix cambaiensis* de M. Vieillot; et Cryptonix roux, *Cryptonix rufus* de M. Temminck. Cette petite espèce, qui a environ cinq pouces et demi de longueur, est presque en totalité d'un roux jaunâtre, qui, sur les parties supérieures, est plus foncé et traversé de fines raies brunes en zigzag sur les pennes alaires et caudales. Le roux jaunâtre uniforme qui termine les deux rangées de couvertures des ailes, produit sur chacune deux larges bandes transversales; la base du bec est jaunâtre et sa pointe brune; les pieds sont jaunes.

On ne connoît pas encore la femelle de cette espèce, qui vit dans l'Inde, au royaume de Guzurate. (Ch. D.)

ROULURE. (*Conchyl.*) Selon M. Bosc, ce nom est synonyme de celui de cadran. (Desm.)

ROUMAN, RUMAN. (*Bot.*) Nom arabe du grenadier, *punica,* selon Forskal et M. Delile. Voyez Rimnon. (J.)

ROUMANET. (*Bot.*) Une espèce de champignon, *agaricus integer,* est ainsi nommé par les Languedociens, selon Gouan. (J.)

ROUMANION-COUNIOU. (*Bot.*) Voyez Roumeconnil. (J.)

ROUMANIS. (*Bot.*) Nom vulgaire du romarin dans le Languedoc, selon Gouan. Il est nommé romanion dans la Provence. (J.)

ROUMBOUT. (*Ichthyol.*) A Nice, selon M. Risso, on nomme *roumbout* différentes espèces de pleuronectes, et notamment le turbot, qui est appelé *roumbout clavelat.* (Desm.)

ROUMECONNIL. (*Bot.*) Une asperge non cultivée dans les potagers, *asparagus acutifolius,* est connue sous ce nom vulgaire dans le Languedoc, selon Gouan. Elle est nommée *roumanio couniou* en Provence. (J.)

ROUMI. (*Bot.*) Nom provençal de la ronce ordinaire, suivant Garidel. (J.)

ROUN. (*Ichthyol.*) C'est un des noms employés sur les côtes de Languedoc pour désigner les poissons du genre Pleuronecte. (Dᴇꜱᴍ.)

ROUNDOULA. (*Ornith.*) C'est, en Piémont, le nom de l'hirondelle de cheminée, *hirundo rustica*, Linn. (Cʜ. D.)

ROUNOIR. (*Ornith.*) Nom donné par Levaillant à la buse jackal, *falco jackal*, Daud. (Cʜ. D.)

ROUNOIR. (*Mamm.*) Nom donné par Vicq-d'Azyr, dans son Syst. anat. des animaux, à une espèce d'écureuil, qui est le *sciurus hudsonius* ou écureuil de la baie d'Hudson. (Dᴇꜱᴍ.)

ROUPALE, *Rupala*. (*Bot.*) Genre de plantes dicotylédones, à fleurs incomplètes, polypétalées, de la famille des *protéacées*, de la *tétrandrie monogynie* de Linnæus, offrant pour caractère essentiel : Une corolle à quatre pétales adhérens par leur base, concaves à leur partie supérieure; point de calice; quatre étamines; les anthères enfoncées dans la cavité des pétales; quatre glandes hypogynes; un ovaire supérieur; un style; un stigmate en massue. Le fruit est une capsule folliculaire, à une seule loge, contenant deux semences ailées à leur contour.

Rᴏᴜᴘᴀʟᴇ ᴅᴇ ᴍᴏɴᴛᴀɢɴᴇ; *Rupala montana*, Aubl., Guian., 1, tab. 52; Lamk., *Ill. gen.*, tab. 55. Arbrisseau de sept à huit pieds de haut, dont la tige est couverte d'une écorce blanchâtre, ridée; le bois est blanc; il s'en exhale une odeur forte et fétide lorsqu'on le coupe. Les rameaux sont glabres, cylindriques, de couleur brune, tuberculés, nus dans leur vieillesse, garnis, dans leur jeunesse, de feuilles alternes, pétiolées, vertes, lisses, fermes, longues de quatre à cinq pouces, ovales, elliptiques, très-entières, acuminées, glabres à leurs deux faces, luisantes en dessus; les pétioles alongés, renflés à leur base. Les fleurs sont disposées en grappes axillaires, presque solitaires; les pédoncules longs de trois ou quatre pouces, couverts de poils d'un brun noirâtre. Ces fleurs sont deux à deux, pédicellées; la corolle est partagée jusqu'à sa base en quatre pétales, jaunâtres et velus en dehors, blancs en dedans, rapprochés inférieurement en un tube filiforme; de petits points glanduleux sont à la base de l'ovaire; les filamens sont très-courts; les anthères oblongues;

l'ovaire est velu, alongé; le style renflé à son sommet. Cette plante croît à la Guiane, sur le haut de la montagne Serpent.

ROUPALE A FEUILLES SESSILES : *Rupala sessilifolia*, Rich., *Act. soc. hist. nat. Par.*, 1, page 106; Poir., Enc., *Rhopala hameliæfolia*, Rudg., *Guian.*, 22, tab. 31. Cette espèce a des rameaux ligneux, cylindriques, revêtus d'une écorce grisâtre, glabre, striée. Les feuilles sont alternes, presque opposées, sessiles, oblongues, lancéolées, glabres à leurs deux faces, rétrécies en coin à leur base, élargies au sommet, entières, acuminées, longues de huit à dix pouces, sur trois de large. Les fleurs sont réunies en une ample panicule terminale; les ramifications opposées, presque verticillées, au nombre de trois ou quatre à chaque articulation, très-étalée, ouvertes en angle droit, renflées à leur insertion; chaque ramification est terminée par un long épi de fleurs pédicellées, éparses, nombreuses; les pétales sont réunis en un tube alongé; les ovaires pubescens. Cette plante croît à Cayenne et dans les contrées méridionales de l'Amérique.

ROUPALE A FEUILLES AILÉES : *Rupala pinnata*, Lamk., *Ill.*, n.° 1282; Poir., Enc. Cette plante est pourvue d'une tige ligneuse, chargée de rameaux droits, cylindriques, glabres, roussâtres, striés, garnis de feuilles alternes, pétiolées, ailées, composées de six folioles ovales, opposées, pédicellées, coriaces, très-entières, rétrécies à la base, acuminées au sommet, glabres et luisantes en dessus, pâles en dessous. Les fleurs sont disposées en épis simples, axillaires, terminaux, un peu pubescens, plus courts que les feuilles; les pétales sont longs, étroits, linéaires, spatulés à leur sommet. Cette plante croît dans la Guiane.

ROUPALE A FEUILLES EN CŒUR : *Rupala cordifolia* (*Rhopala*), Kunth *in* Humb. et Bonpl., *Nov. gen.*, 2, p. 152, tab. 118. Arbrisseau de huit à dix pieds et plus, très-rameux; les rameaux sont glabres, alternes, cylindriques, d'un brun clair, garnis de grandes feuilles alternes, pétiolées, ovales, en cœur, un peu arrondies, à grosses dentelures lâches, épaisses, coriaces, veinées, réticulées, très-glabres, longues de quatre pouces; les pétioles épais, longs d'un demi-pouce; les fleurs géminées, pédicellées, réunies en grappes épaisses, solitaires, longues de sept à huit pouces; le pédoncule et les pédicelles

tomenteux, ferrugineux; la corolle est pubescente et roussâtre, blanche en dedans, à quatre pétales linéaires, recourbés; les anthères sont situées au sommet des pétales; l'ovaire
est tomenteux, ferrugineux; le style vertical; le stigmate en
massue; quatre glandes, oblongues, distinctes, cylindriques,
sont à la base de l'ovaire. Cette plante croît dans la province
de Jaën de Bracamoros.

ROUPALE PLIÉE; *Rupala complicata* (*Rhopala*), Kunth, *loc.
cit.*, tab. 119. Cet arbre est garni de rameaux glabres, cylindriques, verruqueux, d'un blanc rembruni. Les feuilles
sont alternes, ovales, pétiolées, acuminées, très-entières,
pliées dans leur longueur, très-glabres, courbées, coriaces,
un peu glauques, longues de quatre pouces. Les grappes sont
solitaires, axillaires, longues de deux ou trois pouces; les
fleurs géminées, pédicellées; le pédoncule et les pédicelles pubescens; la corolle est pubescente en dehors; les pétales sont
linéaires, recourbés; les anthères oblongues, à deux loges,
placés dans la concavité des pétales; l'ovaire est oblong,
brun, tomenteux, à deux ovules; le style vertical et cylindrique; le stigmate blanc, en massue; quatre glandes arrondies sont à la base du calice; la capsule est uniloculaire,
comprimée, coriace, ligneuse, oblongue, oblique, acuminée,
subulée, à peine longue d'un pouce, et à deux semences
ailées.

ROUPALE OVALE; *Rupala obovata* (*Rhopala*), Kunth, *l. c.*,
tab. 120. Arbre de vingt-cinq à trente pieds, très-rameux;
les rameaux sont glabres, verruqueux, d'un brun cendré,
pubescens dans leur jeunesse; les feuilles alternes, pétiolées,
ovales, elliptiques, aiguës à leurs deux extrémités, glabres,
coriaces, vertes en dessus, brunes en dessous, à dentelures
distantes, en scie, longues d'un demi-pied; le pétiole long
d'un pouce, renflé à sa base. Les grappes sont axillaires,
longues de six pouces; les fleurs géminées; le pédoncule et
les pédicelles cylindriques, pubescens. La capsule est oblique,
oblongue, comprimée, surmontée du style persistant et réfléchi, longue d'un pouce, tomenteuse et ferrugineuse; elle
renferme deux semences membraneuses à leur contour. Cette
plante croît dans les contrées tempérées, sur les montagnes
proche Popayan et Quilichao. (POIR.)

ROUPEAU. (*Ornith.*) Nom, en vieux françois, du biho-reau d'Europe, *ardea nycticorax*, Linn. (Ch. D.)

ROUPENNE. (*Ornith.*) Cet oiseau a été figuré dans les planches enluminées de Buffon, n.° 199, sous le nom de *jau-noir*, et les deux sexes le sont sur les planches 83 et 84 de l'Or-nithologie d'Afrique de Levaillant, sous celui de roupenne. C'est le stourne roupenne, *sturnus morio* de Daudin, tom. 2, pag. 307, et *turdus morio*, Linn. (Ch. D.)

ROUPIE. (*Ornith.*) Un des noms vulgaires du rouge-gorge, *motacilla rubecula*, Linn. (Ch. D.)

ROUQUAIROUN. (*Ichthyol.*) Dans la première édition de l'Ichthyologie de Nice, M. Risso donne ce nom vulgaire, comme celui sous lequel sont désignés dans cette ville son lutjan œillé et son lutjan labroïde. (Desm.)

ROUQUIÉ. (*Ichthyol.*) A Nice, le peuple donne ce nom à l'αλφησῆης des anciens Grecs. Voyez Labre et Rohau. (H. C.)

ROUQUINE. (*Ornith.*) Nom du *drongo* à la Nouvelle-Ir-lande. Le même oiseau est, suivant M. Lesson, appelé *sila* à l'île d'York. (Ch. D.)

ROURE ou ROUVRE. (*Bot.*) Espèce de chêne. (L. D.)

ROURE ou ROUX DES CORROYEURS. (*Bot.*) C'est le sumac. (L. D.)

ROUREA. (*Bot.*) Voyez Robergia. (Poir.)

ROURELLE. (*Bot.*) Voyez Robergia. (Lem.)

ROUSERBE. (*Bot.*) Nom languedocien de la patience, *rumex patientia*, selon Gouan. (J.)

ROUSSAILLE. (*Bot.*) Nom donné dans l'île de Bourbon, suivant M. Bory de Saint-Vincent, à un jambosier, *eugenia uniflora*. (J.)

ROUSSAILLE. (*Ichthyol.*) Voyez Blanchaille. (H. C.)

ROUSSARDE. (*Ichthyol.*) Un des noms du Labéon. Voyez ce mot. (H. C.)

ROUSSATRE. (*Erpét.*) Nom spécifique d'une Émyde. Voyez ce mot. (H. C.)

ROUSSE. (*Erpét.*) Nom d'une couleuvre que nous avons décrite dans ce Dictionnaire, tome XI, page 187, et d'une grenouille, *rana temporaria*, Linn. (H. C.)

ROUSSE TÊTE. (*Ornith.*) Levaillant a décrit et figuré sous ce nom au tome troisième de ses Oiseaux d'Afrique, une fauvette de la taille de celle qui, en Europe, est connue sous le nom de babillarde. (Cн. D.)

ROUSSEAU, *Roussea*. (*Bot.*) Genre de plantes dicotylédones, à fleurs complètes, monopétalées, de la *tétrandrie monogynie* de Linnæus, offrant pour caractère essentiel : Un calice à quatre divisions profondes roulées en dehors ; une corolle campanulée ; le tube ventru à sa base ; le limbe à quatre divisions ; quatre étamines ; les filamens élargis, comprimés ; les anthères petites et sagittées ; un ovaire supérieur, pyramidal ; un style épais ; un stigmate infundibuliforme ; une baie pyramidale, à quatre faces uniloculaires, contenant, dans une substance pulpeuse, des semences nombreuses. lenticulaires.

Ce genre a été consacré à la mémoire de J. J. Rousseau, qui a prouvé, par ses lettres sur la botanique et par plusieurs autres morceaux de ses ouvrages, combien il étoit passionné pour cette belle science, dont il a fait entrevoir tous les charmes, et qu'il a su faire aimer par un sexe qui, jusque-là, paroissoit la dédaigner. Il a prouvé que la botanique n'étoit pas une science de pharmacien, comme on le croyoit vulgairement.

Rousseau a feuilles simples : *Roussea simplex*, Willd., *Spec.*, 1, page 607 ; Lamk., *Ill. gen.*, tab. 75 ; Smith, *Ic. ined.*, 1, tab. 6. Arbrisseau dont la tige se divise en rameaux noueux, épais, charnus, garnis de feuilles opposées, pétiolées, ovales, acuminées, un peu charnues, glabres à leurs deux faces, munies à leur contour de dents irrégulières, distantes ; les pétioles sont canaliculés en dessus, munis à leur base de deux stipules aiguës et membraneuses. Les fleurs sont solitaires, axillaires, situées vers l'extrémité des rameaux, assez grandes, charnues, soutenues par des pédoncules courts. réfléchis, accompagnés à leur base de bractées presque imbriquées, aiguës, membraneuses, semblables aux stipules. Le calice est glabre, à quatre divisions profondes, linéaires, aiguës, réfléchies ; la corolle campanulée, ridée, un peu pubescente en dehors, divisée jusqu'à sa moitié en quatre découpures linéaires, aiguës, rabattues en dehors ; les étamines sont presque une fois plus longues que la corolle ; les filamens droits. comprimés. élargis; l'ovaire se convertit en une baie pyramidale, à quatre faces, à une seule loge; les semences sont nombreuses, lenticulaires, entourées d'une substance pulpeuse. Cette plante a été découverte par Commerson dans l'île Maurice. (Poir.)

ROUSSEAU. (*Crust.*) Ce nom et celui de tourteau sont donnés à la plus grande espèce du genre Crabe de nos côtes, le *cancer pagurus*, Linn. et Fab. Il est aussi appliqué au *maia squinado.* (Desm.)

ROUSSEAU. (*Ornith.*) Ce nom vulgaire du rouge-queue *motacilla erythæus*, *titys*, *gibraltariensis* et *atrata*, est aussi donné au motteux et au canard chipeau ou ridenne. (Ch. D.)

ROUSSÉE. (*Ichthyol.*) Dans certains cantons on donne ce nom à la *raie bouclée.* Voyez Raie. (H. C.)

ROUSSEIRO. (*Ornith.*) Nom languedocien du bruant verdier. *loxia chloris*, Linn. (Ch. D.)

ROUSSELAN. (*Ornith.*) C'est un nom vulgaire du grand-montain, *fringilla lapponica*, Lath., ou passerine grand-montain, *passerina lapponica*, Vieill. (Ch. D.)

ROUSSELET. (*Bot.*) Plusieurs variétés de poires portent ce nom; il y a le rousselet hâtif, le rousselet de Reims, le gros rousselet et le rousselet d'hiver. (L. D.)

ROUSSELET et ROUSSET. (*Bot.*) Paulet donne les noms de *rousselets* ou de *roussets* à deux espèces d'*agaricus* : l'un est son *rousselet marron*, Paulet, Trait., pl. 88. Il croit dans les bois des environs de Paris. Son stipe, élevé de deux à trois pouces, porte un chapeau à peau douce, d'un roux pâle en dessus, et d'un rouge foncé en dessous, avec les feuillets décurrens. L'autre est le *rousselet noir*, qui diffère du précédent par ses feuillets noirs. Il croît aussi dans nos environs. L'un et l'autre ne sont point dangereux. (Lem.)

ROUSSELETTE. (*Ornith.*) On donne, dans le pays de Vaud, suivant Rasoumowsky, ce nom au cujelier ou alouette des bois, *alauda arborea* et *nemorosa*, Linn. (Ch. D.)

ROUSSELINE. (*Bot.*) Variété de poire. (L. D.)

ROUSSELINE. (*Ornith.*) Nom vulgaire de l'alouette des marais, pl. enlum. de Buffon, n.° 661, fig. 1, ou pipi-rousselin de M. Vieillot, *anthus rufus.* (Ch. D.)

ROUSSELOTTE. (*Ornith.*) Un des noms de la fauvette d'hiver ou traîne-buisson, *motacilla modularis*, Linn. (Ch. D.)

ROUSSEROLLE. (*Ornith.*) Cet oiseau, qui a toujours été mis dans le genre des Grives, *turdus arundinaceus*, Linn., a été placé par M. Cuvier, ainsi que la petite espèce ou effarvatte, parmi les fauvettes, et immédiatement à la suite du rossignol. (Ch. D.)

ROUSSET. (*Mamm.*) Vicq-d'Azyr a désigné sous ce nom spécifique le didelphe ou sarigue à queue courte. (Desm.)

ROUSSET. (*Ornith.*) L'oiseau de Caïenne, décrit et figuré sous ce nom par Levaillant, au tome 2 de son Ornithologie d'Afrique, page 84, pl. 77, n.° 2, est regardé par M. Vieillot, comme la femelle de son batara huppé, *thamnophilus cirrhatus*. (Ch. D.)

ROUSSET. (*Bot.*) M. Persoon, dans son Histoire des champignons comestibles, donne le nom de roussets aux espèces d'*agaricus* de la divisio dite *russula*, parmi lesquelles il comprend les *agaricus esculentus, aureus, palometus*, etc. Voyez Rousselet. (Lem.)

ROUSSETTE. (*Bot.*) C'est une variété de poire. (L. D.)

ROUSSETTE et LATYRON. (*Bot.*) Noms vulgaires de l'*agaricus controversus*, Pers., qui est l'*agaricus acris* de Bull., Ch., pl. 558, fig. *C, D, E, F;* Orf., M.l., pl. 8, fig. 5. On ne doit pas, comme l'a fait Bulliard, le confondre avec l'*agaricus piperatus* de M. Persoon; cependant l'on doit faire observer qu'il en est très-voisin. Son chapeau est plus aplati, velu sur les bords, sinueux, un peu roulé en dessous; quelquefois zoné : il est garni de feuillets roses. On en fait également usage : on le dessèche aussi pour le conserver jusqu'en hiver. Il contient cependant un suc laiteux, sans saveur d'abord, mais qui devient âcre et brûlant.

Le véritable *agaricus acris* (Bull., Champ., pl. 558, *G, H*, et pl. 200) est tout blanc. Il est décrit à l'article Fonge, tom. XVII, p. 205. (Lem.)

ROUSSETTE, *Scyllium*. (*Ichthyol.*) On donne ce nom à un genre de poissons chondroptérygiens, de la famille des plagiostomes, et démembré du grand genre des Squales de Linnæus et des autres ichthyologistes.

Ce genre peut être ainsi caractérisé :

Squelette cartilagineux; branchies sans opercules, ni membranes, ouvertes sur les côtés; corps arrondi; quatre nageoires laté-

rales; les pectorales entières; bouche large, située en travers sous le museau, qui est court et obtus; narines percées près de la bouche; une nageoire anale et des évents.

D'après cela, il devient facile de séparer les Roussettes des Rhinobates, des Rhina, des Raies, des Myliobates, des Pastenagues, des Céphaloptères et des Torpilles, qui ont les branchies ouvertes en dessous d'un corps aplati; des Squatines, qui ont les nageoires pectorales échancrées; des Carcharias, des Lamies, des Milandres, des Marteaux, des Grisets, des Émissoles, des Cestracions, des Aiguillats, des Pélerins, des Leiches, qui ont le museau pointu. (Voyez ces divers noms de genres et Plagiostomes.)

Toutes les roussettes ont, d'ailleurs, les cartilages palatins et postmandibulaires seuls armés de dents : aussi ces cartilages remplacent-ils, chez elles, ceux des mâchoires qui n'existent qu'en vestiges. Une seule pièce solide les suspend au crâne, et représente à la fois le tympanique, le jugal et le temporal; c'est à cette pièce que s'attache l'hyoïde, qui porte des rayons, comme dans les poissons osseux, et qui est suivi des arcs branchiaux. Les catopes de ces poissons sont situés en arrière de l'abdomen; leur labyrinthe membraneux communique avec l'extérieur par une sorte de fenêtre ovale; leur pancréas est de la structure des glandes conglomérées; leur canal intestinal est court, mais garni, comme dans les raies, d'une lame spirale qui prolonge le séjour des alimens. (Voyez Raie.) Leurs omoplates sont suspendues dans les chairs, en arrière des branchies, sans être articulées ni avec le crâne, ni avec le rachis. Leurs petites côtes branchiales sont bien marquées (voyez Poissons), et sont suivies de quelques petits cartilages analogues le long des côtés de l'épine, qui est entièrement divisée en vertèbres; leurs narines sont plus ou moins fermées par un ou deux lobules cutanés; leurs dents offrent une pointe au milieu et deux plus petites sur les côtés; leurs nageoires dorsales sont fort en arrière, la première n'étant jamais plus avant que les catopes; la caudale est alongée, non fourchue, tronquée au bout; les ouvertures de leurs branchies sont en partie au-dessous des nageoires pectorales.

Les mâles se reconnoissent à des appendices particulières,

placées au bord interne des catopes, et dont l'usage n'est point encore bien connu.

Il y a, du reste, dans ce genre intromission réelle de sperme dans les organes de la femelle, qui a des oviductes très-compliqués, qui tiennent lieu d'utérus, et dans lesquels les petits éclosent.

Les espèces connues dans le genre des Roussettes peuvent être rangées en deux grandes divisions.

§. 1. *Nageoire anale répondant à l'intervalle des deux nageoires dorsales.*

La GRANDE ROUSSETTE: *Scyllium canicula*, N.; *Squalus canicula*, Linn. Corps gris, couvert de petites taches noirâtres fort nombreuses, et mêlées de macules cendrées; taille de trois à quatre pieds.

Ce poisson a été figuré par Bloch, dans la planche 104.° Rondelet (580) et Lacépède (I, x, 1) en ont également traité. Il est répandu dans toutes les mers : sa voracité est grande ; il suit les vaisseaux et saisit avec avidité tout ce qui en tombe : il se nourrit principalement d'animaux de sa classe et en détruit un grand nombre ; on le voit même se jeter sur les pêcheurs et sur ceux qui se baignent dans les eaux de la mer. Le plus ordinairement il n'attaque point ses ennemis à force ouverte, et, ayant recours à la ruse, il se tient habituellement en embuscade dans la vase pour surprendre sa proie.

La roussette est très-féconde, s'accouple, et a plusieurs portées chaque année. Ses œufs, qui éclosent dans le ventre de la mère, sont semblables à ceux des squales en général, et, comme ceux des raies, ont reçu le nom de *rats marins*.

On la prend, comme le requin, avec de grosses cordes, auxquelles on attache des crochets appâtés d'un morceau de lard ou de viande, ou même d'une poule, ce qui confirme l'observation d'Osbeck, qui a trouvé dans l'estomac d'une roussette plusieurs bonites et des poulets avec leurs plumes que l'on avoit jetés à la mer.

Elle a la vie si dure, qu'après avoir perdu la tête, la queue et tous les viscères, on voit son tronc remuer encore durant une heure et plus.

Sa chair, coriace et dure, a une odeur musquée désagréable

par son intensité. Rarement on la mange, et lorsqu'on veut la servir sur la table, il faut qu'elle ait voyagé, comme celle de la raie (voyez RAIE), ou qu'on l'ait durant quelque temps fait macérer dans l'eau.

Sa peau, desséchée, est très-connue dans le commerce et dans les arts sous le nom de *peau de roussette*, de *peau de chien de mer*, de *peau de chagrin*. La multitude des petits tubercules pierreux dont elle est hérissée, la rendent très-propre à polir des corps fort durs, et les tourneurs et les ébénistes en font usage pour donner le dernier fini au bois, à l'ivoire et même aux métaux qu'ils ont mis en œuvre. Ainsi que celle du requin, elle est employée à faire des liens et à couvrir des malles. C'est elle aussi qui prend la dénomination de *galuchat*, lorsqu'elle a été peinte en vert et qu'on la consacre à recouvrir des étuis et d'autres petits meubles précieux; mais ce galuchat est moins estimé que celui de la sephen (voyez PASTENAGUE et GALUCHAT), d'ailleurs beaucoup plus rare.

Le foie de la roussette fournit, à l'aide du feu, une grande quantité d'huile, mais il cause des accidens morbides plus ou moins graves à ceux qui en usent comme aliment; ce qui fait que les pêcheurs ont habituellement le soin de l'extraire pour le jeter avant de vendre l'animal. Le professeur Sauvages, de Montpellier, dès le milieu du siècle dernier, avoit observé cet effet et publié le résultat de son expérience à ce sujet. Il raconte, entre autres, qu'un savetier de Bias, non loin d'Agde, sa femme et deux enfans, l'un de quinze et l'autre de dix ans, après avoir mangé un foie de roussette, tombèrent tous les quatre, et en moins d'une demi-heure, dans un grand assoupissement, se jetèrent sur la paille, et ne recouvrèrent leurs facultés que le troisième jour après le repas fatal, ne se réveillant que les uns après les autres, d'après la proportion de l'aliment ingéré, et ayant la face rouge, une éruption érythémateuse universelle, qui fut suivie, sans alopécie cependant, d'une desquamation générale de l'épiderme. Ce fait rappelle celui qui est consigné dans les papiers publics de Londres du 22 Juillet 1802, où il est dit que des matelots du navire le *Reward*, capitaine Leach, revenant de la Jamaïque, ayant, au nombre de sept, mangé, durant la traversée, du foie de requin, périrent malheureusement, après avoir, pour la plupart, éprouvé des accès de folie.

Le *Squalus canicula* de Bloch (112) ne doit point être confondu avec la véritable roussette. C'est une espèce étrangère et distincte, comme l'a noté M. Cuvier.

La Petite Roussette, ou Rochier, ou Chat rochier, ou Chien de mer male: *Scyllium catulus*, N.; *Squalus catulus*, Linn. Deux lobules aux narines; nageoires dorsales de mêmes dimensions; taches larges et plus rares que dans l'espèce précédente, avec laquelle ce poisson a souvent été confondu. et dont il a été plus d'une fois considéré comme l'individu mâle; museau légèrement alongé; queue proportionnément plus courte; teinte générale d'un gris roussâtre; taches noirâtres, rondes, inégales.

Ce poisson, de la taille du précédent et quelquefois plus grand que lui, vit dans la vase et parmi les algues, au sein des prairies sous-marines. Il habite aussi les rochers et se nourrit de mollusques, de crustacés et de poissons, et de là les noms de *rochier* et de *chat rochier* par lesquels on le désigne. Chaque femelle porte à la fois dix-neuf ou vingt petits.

Sa peau sert aux mêmes usages que celle de la roussette ordinaire; mais sa chair se distingue par une saveur un peu moins désagréable.

On le pêche, comme la raie, avec des haims et avec des folles ou des demi-folles. (Voyez Raie.)

La Roussette galonnée : *Scyllium africanum; Squalus africanus*, Gmel. Sept grandes bandes noirâtres, parallèles entre elles et étendues longitudinalement sur le dos, depuis le bout du museau jusqu'à l'extrémité de la queue; peau couverte de petits tubercules lépidoïdes, presque carrés; tête déprimée, un peu plus large que le corps; yeux trois fois plus grands que les évents; ouverture de la bouche demi-circulaire; des tubercules mous sur le palais et sur la langue; dents longues et aiguës; narines fermées par deux lobules inégaux; nageoires pectorales horizontales et triangulaires; taille de deux à trois pieds.

Cette roussette vit dans les mers d'Afrique; on la pêche assez communément dans la *Baie-False* du cap de Bonne-Espérance. Broussonnet, le premier, en a publié la description, d'après un individu conservé dans le Muséum britannique. Elle est probablement identique au Squale d'Edwards (Edw., 280), sous le faux nom de *grealer cat fish*, qui indiqueroit la roussette, et que l'on cite mal à propos comme le prétendu *squalus stellaris*.

La Roussette dentelée : *Scyllium tuberculatum*, N.; *Squalus tuberculatus*, Schneid.; Squale dentelé, Lacép. Une rangée de tubercules assez volumineux, étendue depuis les yeux jusqu'à la première nageoire dorsale ; des taches rousses et irrégulières sur la partie supérieure du corps et de la queue ; la partie postérieure de toutes les nageoires, excepté de la caudale, d'une teinte foncée ; narines fermées d'une membrane terminée en une sorte de barbillon ; évents très-près des yeux ; lobe inférieur de la nageoire caudale plus grand que le supérieur, et comme sous-divisé en trois lobules.

Ce poisson a été décrit primitivement par Lacépède, d'après un individu qui faisoit partie de la riche collection hollandoise. On ignore quelle est sa patrie.

§. 2. *Nageoire anale placée en arrière de la seconde dorsale.*

La Roussette pointillée : *Scyllium punctulatum; Squalus punctulatus*, Lacép. Tête déprimée et très-arrondie par devant ; catopes séparés l'un de l'autre ; lobe inférieur de la nageoire caudale très-échancré ; dessus du corps et de la queue d'un roux uniforme ; abdomen et dessous de la queue d'un fauve plus foncé et parsemé de petits points blancs.

C'est au voyageur naturaliste Leblond que l'on doit la connoissance de ce poisson, qui habite les mers de l'Amérique méridionale voisines de la Guiane.

M. Cuvier soupçonne qu'il pourroit bien être le même que le squale barbillon de Broussonnet et que le *squalus punctatus* de Schneider (*Parra*, pl. 34, fig. 2).

La Roussette barbillon : *Scyllium cirratum*, N.; *Squalus cirratus*, Gmel. Corps couvert d'écailles grandes, plates et luisantes ; narines garnies d'un appendice alongé et vermiforme ; museau court et un peu arrondi ; queue courte, terminée par une nageoire bilobée ; taille de cinq pieds et plus.

Ce poisson cartilagineux offre, comme la roussette commune, une teinte rousse générale. Quand il est jeune , il présente des taches noires.

Il se trouve dans l'océan Pacifique. On le pêche aussi assez fréquemment aux environs de la Jamaïque, et Banks l'a vu sur la côte de la Nouvelle-Hollande.

Il a été décrit d'abord par Broussonnet, dans les Mémoires de l'Académie royale des sciences de Paris, pour l'année 1780.

La ROUSSETTE BARBUE : *Scyllium barbatum ; Squalus barbatus,* Gmel. Lèvre supérieure munie de huit appendices vermiformes, dont les plus considérables n'égalent guère que le quatre-vingtième de la longueur totale; tête large, courte et déprimée ; dents lancéolées, sans dentelures ; évents grands ; corps recouvert de tubercules ou plutôt d'écailles très-petites, dures, lisses et brillantes ; dos parsemé de taches noires, rondes ou anguleuses, et renfermées dans un cercle blanc ; bouche à l'extrémité du museau ; taille de dix-neuf à vingt-quatre pouces.

C'est le capitaine Cook qui, le premier, a vu dans les eaux de la mer Pacifique ce poisson, dont on doit encore la description à Broussonnet, et qui fréquente aussi, sur la côte de la Nouvelle-Hollande , *Sting-rais-bay.* Il paroît que c'est lui qui est décrit et figuré dans le Voyage du capitaine Philipp à Botany-Bay, comme ayant été pris dans la crique de Sidney du port Jackson, par le lieutenant Wats, dont le chien fut saisi par lui avec une férocité inimaginable.

La ROUSSETTE TIGRÉE : *Scyllium tigrinum ; Squalus tigrinus,* Linn.; *Squalus longicaudus,* Gmel.; *Squalus fasciatus,* Bloch. Tête large et arrondie par devant; lèvre supérieure proéminente ; ouverture de la bouche garnie de deux barbillons; dents très-petites.

Ce poisson, habitant de l'océan Indien, parvient à une longueur de quinze pieds. Fort remarquable par la disposition des couleurs qu'il présente, il a les nageoires et le dessus du corps noirs, avec quelques taches blanches, et avec des bandes transversales de cette dernière teinte, placées comme celles que l'on voit sur le dos du tigre.

C'est à Séba qu'on doit le premier dessin de cette espèce, dont la première description a, d'autre part, été faite par Gronow sur le même sujet.

La roussette tigre vit le plus souvent de crustacés et de co-
quillages. Bloch, qui en avoit reçu un individu de Tranquebar, a trouvé dans son estomac des crabes et des écrevisses.

Il faut encore regarder comme des roussettes, le *squalus lo-
batus* de Schneider et le *bokee sorra* de Russel. (H. C.)

ROUSSETTE, *Pteropus*. (*Mamm*.) Genre de mammifères
volans, de la famille des chéiroptères ou chauve-souris, créé
par Brisson aux dépens de celui des *Vespertilio* de Linné, et
adopté par la généralité des zoologistes de notre époque.

Outre les espèces qu'il renferme maintenant, ce genre en
contenoit, il y a quelques années, plusieurs autres, que MM.
Geoffroy, Illiger et F. Cuvier ont séparées pour en former
des genres nouveaux sous les noms de *Céphalote*, de *Harpie*,
de *Macroglosse* et de *Cynoptère*.

Ces différens genres conservent ensemble néanmoins une
telle analogie, qu'ils doivent rester très - voisins les uns des
autres, et que, réunis, ils forment dans la famille des
chéiroptères une petite section bien distincte de celle qui
comprend tous les autres mammifères volant au moyen de
véritables ailes formées par l'alongement des doigts et l'extension de la peau entre eux. Ils sont éminemment frugivores, tandis que les derniers sont organisés pour vivre seulement d'insectes. Nous traiterons de tous ces genres ensemble
dans cet article.

Les animaux de ce groupe sont les plus grands chéiroptères
connus, et la moindre de leurs espèces est d'une taille à peu
près égale à celle des chauve-souris insectivores les plus fortes
de notre pays, tandis que plusieurs d'entre eux ont jusqu'à
quatre pieds d'envergure, c'est-à-dire, de largeur mesurée
entre les extrémités de leurs deux ailes étendues.

Le système dentaire des roussettes proprement dites et
celui des genres voisins, ont cela de commun, que les molaires, au lieu d'avoir leur couronne hérissée de pointes
aiguës, ainsi qu'on le remarque dans celles de tous les autres chéiroptères, l'ont mousse et creusée d'un sillon médian
plus ou moins profond; et comme le nombre de ces molaires
et celui des incisives varie dans ces divers animaux, M. Fréderic Cuvier a depuis peu formé, d'après la considération
de ce système dentaire, plusieurs nouveaux genres : ses

Roussettes ne comprennent que les espèces à quatre incisives aux deux mâchoires, quatre ou cinq molaires en haut et cinq ou six en bas de chaque côté; ses *Céphalotes* (ayant pour type le *cephalotes Peronii* de M. Geoffroy) n'ont partout que deux incisives, quatre mâchelières supérieures et six inférieures, à droite et à gauche; ses *Cynoptères* (ex., le *Pteropus marginatus*, Geoff.) ont le même nombre d'incisives que les roussettes, mais quatre molaires de moins, une de chaque côté et à chaque mâchoire; ses *Harpyia* (genre fondé par Illiger sur le *Vespertilio cephalotes* de Pallas, ou *Cephalotes Pallasii* de M. Geoffroy) ne diffèrent de ses céphalotes que par le manque d'incisives inférieures et d'une dernière petite molaire à l'une et à l'autre mâchoire; ses *Macroglosses* (auxquels se rapporte le *Pteropus minimus* de M. Geoffroy, ou *Pteropus rostratus* de M. Horsfield), ont quatre incisives en haut et en bas, quatre mâchelières supérieures et cinq inférieures, parmi lesquelles ne sont point de fausses molaires; la dernière de ces mâchelières étant aussi grande et aussi développée que celle qui la précède, au lieu d'être petite et rudimentaire, comme dans les roussettes.

Ces nuances sont si légères qu'elles ne nous paroissent pas devoir influer d'une manière bien sensible sur les mœurs et les habitudes des animaux dans lesquels on les observe; néanmoins, comme elles se trouvent constamment reproduites et qu'elles appartiennent à des parties qui ont généralement beaucoup d'importance dans la plupart des autres mammifères, nous adopterons les coupes génériques qu'elles ont servi à distinguer.

Les Roussettes proprement dites ont quatre incisives à chaque mâchoire, et ces dents sont cylindriques et obtuses; les supérieures sont pour l'ordinaire bien rangées en arc de cercle, et les inférieures sont également bien disposées dans les roussettes à queue; mais dans les roussettes sans queue les deux intermédiaires de celles-ci sont placées un peu plus en avant que les latérales. Les canines, situées immédiatement après les incisives, sont assez longues, à coupe triangulaire, avec leur face externe arrondie et leur bord antérieur partagé par un sillon longitudinal. La première molaire ou fausse molaire, lorsqu'elle existe, est petite et de forme cylindrique, et toutes les autres molaires, au nombre de trois, quatre ou cinq, moins la dernière, sont un peu comprimées et leur couronne présente un plan elliptique, sur lequel sont deux saillies longitudinales, une en dedans et l'autre sur le bord externe, séparées par un sillon ou gouttière, dans le sens de la longueur des mâchoires; souvent la dernière de ces dents est beaucoup plus petite que l'avant-dernière, et de forme ronde à sa couronne, qui est tout-à-fait aplatie. En somme, le nombre total des dents est le plus ordinairement de trente-quatre, et quelquefois il est réduit à trente-deux, lorsque la fausse molaire antérieure ou bien la dernière des molaires, les plus petites de toutes, vient à manquer.

La tête des roussettes est conique et fort alongée, et cette longueur, encore plus grande dans les espèces pourvues d'une fausse molaire de chaque côté, que dans celles où cette dent manque, a fait nommer ces chéiroptères *chiens volans* par les naturalistes qui les ont décrits et figurés les premiers. Les yeux sont beaucoup plus grands que ceux des chauve-souris ordinaires et latéraux; les narines, très-semblables à celles des animaux carnassiers ordinaires, ne sont point accompagnées de feuilles membraneuses découpées en forme de fer à cheval ou de fer de lance, comme celles des rhinolophes et des phyllostomes ; la langue est couverte de papilles cornées; les oreilles, de médiocre grandeur, sont placées latéralement, non réunies par leur bord interne, comme celles des mégadermes et des oreillards, et elles manquent de tragus ou d'oreillon. Le corps est assez gros et charnu; les ailes sont très-grandes et généralement conformées comme celles des autres chéiroptères, à cela près, que le premier doigt après le pouce est beaucoup plus court que celui qui le suit, et a sa phalange onguéale pourvue d'un petit ongle crochu, dont la concavité est tournée en arrière et non en dessous, mais qui manque dans la roussette mantelée et dans la céphalote de Péron : les membranes alaires sont très-larges; mais l'interfémorale est fortement échancrée et même réduite à former deux bordures séparées l'une de l'autre et placées sur la face postérieure des cuisses dans les espèces qui n'ont pas de queue, tandis que ces deux parties sont réunies à la base de la très-courte queue ou du rudiment de queue qui existe dans d'autres.

. Les caractères anatomiques des roussettes ont la plus grande analogie avec ceux qu'on remarque dans les autres chéiroptères, si ce ne sont ceux qui ont rapport aux organes de la nutrition. Ces animaux, vivant spécialement de fruits, ont leur tube intestinal beaucoup plus long comparativement que celui des espèces du même ordre qui se nourrissent seulement d'insectes; leur estomac a la forme d'un sac cylindrique, à la base duquel se trouvent très-rapprochés l'un de l'autre le cardia et le pylore. Les mamelles sont pectorales et au nombre de deux. Les poils de ces animaux sont assez rares et généralement courts et roides; dans quelques espèces ceux du dos sont implantés si obliquement qu'une partie latérale de leur base est enfoncée dans la peau. Une Roussette, néanmoins, a son pelage comme laineux.

Jusqu'ici on n'a rencontré les roussettes que dans les contrées très-chaudes de l'ancien continent et des îles de l'archipel Indien, et c'est sans fondement qu'on a annoncé l'existence d'une de leurs espèces dans le Brésil.

Ces animaux nocturnes se rassemblent par groupes sur les arbres les plus élevés, et notamment les jambosiers, les palmiers, les dattiers, dont ils mangent les fruits, et restent immobiles pendant le jour, accrochés par les ongles des pouces de leurs ailes, le corps enveloppé dans leurs membranes, et ce n'est que le soir qu'ils commencent à voler pour aller à la recherche de leur nourriture. Les bananes et autres fruits pulpeux sont ceux qu'ils préfèrent. On a rapporté qu'ils choisissent quelquefois aussi pour retraites les cavités des rochers. La chair des roussettes est généralement estimée par les peuples des pays où ces chéiroptères existent.

M. Geoffroy a décrit deux céphalotes et onze roussettes, parmi lesquelles M. Temminck regarde trois espèces comme purement nominales; et ce dernier naturaliste, en éliminant ces doubles emplois, admet néanmoins dix-sept roussettes proprement dites, qu'il décrit longuement dans sa cinquième Monographie, mais non pas assez comparativement pour qu'il soit possible, sans se livrer à une étude pénible, de saisir leurs véritables différences. Ayant, dans notre Mammalogie, adopté en entier les distinctions spécifiques établies par M. Geoffroy, on pouvoit présenter sur notre travail les mêmes réflexions que sur celui de ce célèbre zoologiste, et c'est ce qu'a déjà fait M. Temminck. De plus, il nous reproche d'avoir admis une espèce factice (notre roussette kalou), et de n'avoir pas réuni le *Pteropus rostratus* de M. Horsfield avec le *P. minimus* de M. Geoffroy (*Macroglosse*, F. Cuv.). En décrivant ci-après la première de ces espèces, nous dirons les motifs qui nous l'ont fait séparer des autres.

Ier Genre. ROUSSETTE ; *Pteropus*, F. Cuvier, Geoffr. *Quatre incisives à chaque mâchoire ; quatre molaires supérieures, quelquefois précédées par une petite fausse molaire ; cinq molaires inférieures, souvent aussi précédées par une petite fausse molaire de chaque côté ; le plus souvent un ongle à l'index de l'aile.*

* Espèces sans queue.

ROUSSETTE ÉDULE ; *Pteropus edulis*, Péron et Lesueur, Geoffr. Cette espèce, que M. Temminck admet, en lui réunissant notre ROUSSETTE KALOU, *P. javanicus*, et la ROUSSETTE D'EDWARDS de M. Geoffroy, a été décrite et figurée par Séba, *Thes.*, tome 1, page 91. tab. 57, sous la dénomination de *canis volans, ternatanus orientalis*. Elle se trouve dans l'île de Timor et vraisemblablement dans plusieurs autres îles de l'archipel Indien, les plus rapprochées de celle-ci. Son corps et sa tête, réunis, ont environ dix pouces de longueur, et l'envergure de ses ailes est de quatre pieds environ ; son poil, très-adhérent à la peau sur le dos, d'où il sort obliquement, et plus doux et fourni sur le ventre, est généralement d'un brun noirâtre, mais néanmoins plus foncé en dessus qu'en dessous.

Les Timoriens nomment cet animal malon - bourou, et recherchent beaucoup sa chair, qu'ils trouvent délicate, et qui est très - blanche.

ROUSSETTE KALOU : *Pteropus javanicus*, Desm., Mamm., 136 ; Horsfield, *Zoolog. researches*. Cette espèce, que nous avons distinguée, étoit considérée comme une variété de la précédente par M. Geoffroy, dans son travail sur ce genre de chauve-souris. Sa taille, plus grande que celle de la roussette édule, puisque l'envergure de ses ailes est de cinq pieds; la couleur presque noire et entremêlée de quelques poils blancs qu'on remarque sur son dos, ainsi que la teinte rousse enfumée de son cou, nous ont paru des caractères suffisans pour la séparer, et M. Horsfield, qui a long-temps habité Java, a admis notre opinion à cet égard, en adoptant le nom de *pteropus javanicus* que nous avons appliqué à cet animal.

Quant au nom de kalou, il n'appartient peut-être pas exclusivement à cette espèce, et M. Temminck dit même qu'il est donné à toutes les roussettes dans les îles de la Sonde. Nous avons donc pu avoir tort en l'employant comme spécifique; mais il ne nous paroît pas que nous ayons erré en distinguant deux animaux qui présentent des caractères aussi tranchés que ceux que M. Temminck veut absolument réunir.

Roussette d'Edwards; *Pteropus Edwardsii*, Geoffr. Cette espèce, que M. Temminck prétend réunir aussi à la roussette édule, pourroit en effet, selon nous, ne pas différer spécifiquement de celle-ci, et c'est ce que nous avons exprimé dans notre Mammalogie, en la marquant d'un signe de doute, dont M. Temminck auroit dû tenir compte. Sa distinction n'est à peu près fondée que sur les différences que l'on peut remarquer dans les caractères que lui assignent la description tronquée et la figure assez médiocre qu'en a donné M. Edwards. Les traits qui lui sont propres consistent seulement dans un pelage plus roux, le dos et la tête étant d'un brun marron, la poitrine d'un roux terne et le ventre d'un brun clair. Encore l'individu décrit par Edwards avoit le museau noir, et celui que M. Geoffroy rapporte à la même espèce, l'avoit seulement de couleur marron.

Sa patrie, indiquée par Edwards, est Madagascar.

Roussette intermédiaire; *Pteropus medius*, Temm., Monogr. M. Temminck établit cette espèce, qu'il considère comme ayant été confondue avec l'*edulis*. Selon lui, les plus grands individus, adultes *par les dents*, sont de la taille des jeunes de la roussette édule à système dentaire non développé. Ils ont aussi les formes plus grêles, bien que leur corps et leur museau soient moins longs; leurs membranes alaires sont moins larges et plus découpées, et l'interfémorale est plus étroite; il n'y a point de petite dent anomale entre les canines et les premières molaires supérieures ; les incisives d'en haut sont très - petites, assez mal rangées et écartées. Le pelage est court, bien fourni, ras et lisse sur le dos ; la tête, l'occiput, la gorge et l'insertion des ailes sont d'un marron noirâtre ; le dos est d'un noirâtre légèrement teint de brun ; la nuque d'un roux jaunâtre ; les côtés du cou et toutes les parties inférieures, à l'exception de la gorge et de la région humérale, sont d'un brun couleur de feuille-morte, et les membranes brunes. Longueur du corps et de la tête, onze pouces ; envergure, trois pieds un ou deux pouces. La différence de couleur des parties inférieures de cette roussette, comparées à celles de l'édule, donne le caractère distinctif le plus apparent de ces espèces.

Cette roussette, qu'on a trouvée dans le continent de l'Inde, aux environs de Calcutta et de Pondichéry, dévaste les vergers. Il est probable qu'elle est le *badur* des habitans de l'Indostan.

ROUSSETTE A FACE NOIRE ; *Pteropus phaiops.* Cette autre espèce, qui vient de Madagascar, a aussi été distinguée par M. Temminck. Elle est de la taille de la précédente ; son corps est gros et trapu ; ses oreilles sont courtes ; sa membrane interfémorale. large au tibia, est très-resserrée près du coccyx ; ses ailes sont étroites ; sa mâchoire supérieure n'a pas de petite dent anomale entre les canines et la première molaire ; les incisives du haut sont bien rangées, mais celles d'en bas sont comme entassées et serrées par les canines. Le pelage est long, grossier, très - fourni, un peu frisé partout ; un masque noir couvre le museau, la gorge et les joues, en comprenant les yeux ; tout le reste de la tête, les côtés du cou, la nuque et les épaules sont d'un jaune paille ; la poitrine est d'un roux doré très - vif ; toutes les autres parties inférieures sont couvertes de poils, dont la base est brune et la pointe d'un jaune-paille clair ; le dos est d'un noir marron, mêlé de quelques poils jaunâtres, et les membranes sont noires. Un vieux mâle avoit le corps et la tête, ensemble, longs de dix pouces, et l'envergure de ses ailes étoit de trois pieds cinq pouces.

ROUSSETTE A TÊTE CENDRÉE : *Pteropus poliocephalus.* Troisième espèce établie par M. Temminck, Monogr., page 179. Celle - ci, qui paroît habiter la Nouvelle - Hollande, est à peu près de la taille de la précédente, mais a le corps plus épais et plus trapu; sa membrane interfémorale est réduite à deux rudimens très-courts. Le pelage est long et fourni; les parties supérieures de la tête, les joues et la gorge sont d'un cendré foncé, mêlé de quelques poils noirs clair-semés; le chanfrein est marqué d'une ligne longitudinale grise. La nuque, les épaules et une partie du devant du cou sont d'un beau marron roussâtre, et cette couleur est séparée par une bande noire du cendré des autres parties du corps; le dos et la poitrine sont couverts d'un poil cendré, mêlé de poils noirs, mais la partie postérieure du dos et le bas-ventre sont d'un gris plus clair.

Roussette laineuse; *Pteropus dasymallus*, Temm., Monogr.. pag. 180, pl. 10. La longueur du corps et de la tête de cette chauve-souris est d'environ huit pouces, et l'envergure de ses ailes de deux pieds quatre pouces. M. Temminck, qui la décrit, dit qu'elle a le pelage très-laineux, les membranes des flancs poilues en dessus et en dessous; tous les membres couverts de longs poils; la face, le sommet de la tête, les joues, la gorge et la base des oreilles d'un brun mêlé de poils gris; le devant et les côtés du cou, la nuque et toute la région des épaules, d'un blanc sale un peu jaunâtre, et le reste des parties supérieures et inférieures du corps, la partie velue des membranes des flancs et les quatre extrémités en dessus et en dessous, d'un brun foncé, à pointe des poils de couleur d'ocre; les oreilles nues avec la pointe seulement visible.

M. Temminck la donne comme japonoise, et il lui rapporte le *pteropus rubricollis* de M. Siebold (*Spic. Faun. japon.*), bien qu'il n'y ait point de teinte rouge autour de son cou. Si ce rapprochement est exact, cette roussette habiteroit les environs de Nangasaki et de Jedo, et les Japonois lui donneroient le nom de *sobaoski*.

Roussette vulgaire: *Pteropus vulgaris*, Geoff., Temm.; *Vespertilio ingens*, Clus.; la Roussette, Buff., tom. 10, pl. 14; le Chien-volant, Daub.; *Vespertilio vampyrus*, Schreb., *Saugth.*, tab. 44. Le corps de cette roussette n'a guère que huit pouces et demi de longueur, et l'envergure de ses ailes est de trois pieds. Son poil est épais et grossier; toutes ses parties inférieures sont d'un noir foncé, hors la région du pubis, qui est entièrement roussâtre ; le dos, dans son milieu, est d'un brun noirâtre, et du roussâtre le borde de chaque côté ; la tête est de cette dernière couleur, ainsi que le derrière du cou ; les membranes sont noires. Dans un individu de la collection du Muséum on voit du marron à la place du noir de l'individu décrit ci-dessus, et du jaunâtre en place de la couleur rousse.

Dans tous, les incisives supérieures sont séparées presque également ; les latérales sont à peine plus petites que les intermédiaires, et fort peu échancrées à leur partie supérieure.

Cette espèce, l'une des plus anciennement connues des naturalistes, habite les îles de France et de Bourbon, et, dit-on, l'Afrique et Madagascar. Les roussettes vivent principalement de goyaves, de bananes et autres fruits mous ; leur demeure pendant le jour est la sommité des plus grands arbres, et elles ne commencent à voler que le soir ; alors elles font entendre un bruit assez considérable.

M. Roch a inséré dans les Annales du Muséum une notice sur les habitudes d'un de ces animaux qu'il a apporté vivant en Europe. Il l'avoit d'abord nourri de fruits, et lorsque cet aliment vint à manquer, on essaya de lui donner de la chair d'oiseaux et de rats, dont il s'accomoda très-bien ; mais une fois arrivé, il se remit au régime végétal et ne le quitta plus. Il buvoit son urine, qui étoit très-fétide, et lorsqu'il rendoit ses excrémens, il se plaçoit de façon à ne pas salir son pelage.

Dans son article sur la roussette, Buffon insinue que les grandes chauve-souris de ce genre pourroient bien être celles dont Hérodote a fait mention, ce qui ne seroit pas impossible ; mais toutefois il est très-probable que cet auteur n'a pas eu en vue l'espèce que nous décrivons, puisqu'il parle d'animaux propres aux marais de l'Asie, où ils incommodoient beaucoup par leurs morsures les hommes qui alloient recueillir la casse. Les grandes chauve-souris de la Mésopotamie, dont parle Strabon, étoient aussi sans doute des roussettes.

Roussette rougette ou Roussette a cou rouge : *Pteropus rubricollis*, Geoff. ; la Rougette, Buff., tom. 10, pl. 17. Cette espèce vit dans les mêmes îles que la précédente. Sa lougueur totale n'est que d'un pouce moindre que celle de la roussette vulgaire; mais ses ailes sont presque d'un tiers plus courtes relativement que celles de cet animal. Son poil est très-touffu, long, rude et frisé. Tout son pelage, moins le cou, est d'un gris brun, plus jaunâtre sur le dos et la tête que sur la poitrine. Un large collier, d'une couleur très-vive, mélangée de rouge et d'orangé, couvre toute la nuque, les côtés et le devant du cou. Les dents incisives intermédiaires supérieures ne sont point divisées comme dans l'espèce précédente, tandis que les incisives sont réunies par paire à la mâchoire inférieure; les oreilles sont courtes, arrondies et cachées dans le poil.

M. Temminck, en remarquant que cette espèce ne doit pas être confondue avec le *Pteropus rubricollis* du Japon de M. Siebold, fait observer que cette désignation est défectueuse, en ce qu'elle pourroit être donnée, avec autant de titres, à sept espèces de ce genre, qui ont toutes le cou plus ou moins roux.

La rougette, pendant le jour, se réfugie dans les creux des arbres ou des rochers.

Roussette pale ou feuille-morte; *Pteropus pallidus*, Temm., Monogr., pag. 184. Cette espèce, que M. Temminck décrit pour la première fois, a été trouvée dans l'île de Banda. La longueur moyenne des adultes est de sept pouces et demi, et leur envergure de deux pieds quatre ou cinq pouces. Son museau est assez court et obtus, et sa mâchoire supérieure n'a pas de petite fausse molaire entre les vraies molaires et les canines; les incisives supérieures sont écartées et les inférieures sont comme entassées.

Le pelage, très-court, est mélangé de poils bruns, gris et blanchâtres; la nuque, les épaules et le collier qui entoure la poitrine, sont d'un roux de rouille vif dans les adultes, et d'un roux un peu plus pâle chez les jeunes; le dos est couvert de poils lisses et couchés, d'un brun pâle; la tête, la gorge, le ventre et les flancs sont d'un brun couleur de feuille-morte; toutes les membranes sont d'un brun pâle. Les sexes n'offrent point de différences dans leurs couleurs, et les jeunes ont seulement des teintes plus claires que les adultes.

Roussette Keraudren : *Pteropus Keraudren*, Quoy et Gaimard, Voyage de l'Uranie, 1.re livr., pag. 51, pl. 3; Temm., Monogr., p. 186. Cette espéce, décrite pour la première fois par MM. Quoy et Gaimard, habite les îles Mariannes, où elle porte le nom de *fanihi*, et les Carolinois lui donnent celui de *poe*; elle est mangée par les habitans des îles Mariannes, malgré la forte et désagréable odeur que sa chair exhale.

Cette roussette vole en plein jour, et dans le repos se suspend plutôt aux arbres qu'elle ne niche dans les trous ou entre les rochers. La femelle ne paroît faire qu'un petit, qui se cramponne à son ventre, même dans le vol, et qui ne l'abandonne que lorsqu'il a assez de force pour chercher sa nourriture.

L'envergure de la roussette Keraudren est de deux pieds à deux pieds cinq pouces. Elle a l'occiput, le cou, les épaules et le haut de la poitrine d'un jaune blanchâtre un peu sale : tout le reste du pelage est mêlé de gris-brun et de brun noirâtre, avec une teinte plus claire sur le haut et le devant de la tête; le brun noirâtre est plus foncé au dos qu'au ventre, où l'on voit quelques poils blancs, qui donnent à cette partie une couleur gris-brun; les poils du cou et de la poitrine sont assez longs, frisés et comme laineux, tandis que ceux du dos, plus courts, ont un aspect luisant et sont couchés; les membranes sont d'un noirâtre très-foncé; les incisives supérieures sont égales et symétriquement rangées, et les inférieures sont séparées dans leur milieu par un intervalle; il y a une fausse molaire en haut et de chaque côté entre la première vraie molaire et la canine; il y a quatre molaires supérieures et cinq inférieures.

Par ses oreilles plus courtes, cette espéce est très-facilement distinguée de la roussette édule, et elle l'est encore en ce que les deux bordures de la membrane interfémorale qui garnissent les cuisses sont jointes sur le coccyx, et non interrompues comme dans cette dernière.

Roussette grise : *Pteropus griseus*, Geoff., Ann. du Mus., tom. 15, pl. 6; Temm., Monogr., p. 187 : trouvée dans l'île de Timor par les voyageurs Péron et Lesueur. Cette espèce est beaucoup plus petite que les précédentes, puisque l'envergure de ses ailes n'est que d'un pied et demi, et que la

longueur totale de son corps et de sa tête n'est à peu près que de
six pouces. Elle présente les caractères suivans : Les membranes de ses ailes, au lieu d'être attachées au corps sur les
flancs, le sont beaucoup plus haut et presque sur la ligne
moyenne du dos; ses poils sont longs et frisés sur le cou, mais
courts sur le dos, quoique non adhérens comme ceux du dos
de la roussette édule; sa tête et sa nuque sont d'un roux assez
vif, et le reste du pelage est d'un gris roussâtre, passant
presque à la couleur de lie de vin sur le dos; les oreilles
sont très-courtes, terminées en pointe; les incisives supérieures sont égales et bien rangées, et un intervalle sépare
celles d'en bas par paires; la membrane interfémorale, très-
échancrée, conserve néanmoins une petite bordure sur la
région du coccyx.

Roussette de Leschenault; *Pteropus Leschenaultii*, Desm.,
Mamm., esp. 142. Cette espèce nouvelle, des environs de
Pondichéry, dont nous avons décrit la dépouille conservée
dans la collection du Muséum, n'a été ni adoptée ni rejetée
par M. Temminck, dans sa Monographie des roussettes. Elle
a un pied six pouces d'envergure; son pelage, d'un fauve
cendré uniforme sur le dos, est un peu varié de blanchâtre
sous le ventre, où le poil prend plus de longueur; la partie
du corps la plus rapprochée de ses membranes alaires est
marquée de gros points blanchâtres, formés par des poils
et rangés par lignes parallèles entre elles, et de pareils points
sont situés entre le cou et les bras, ainsi que le long des doigts.

Roussette masquée; *Pteropus personatus*, Temm., Monogr.,
pag. 189. Celle-ci, donnée comme nouvelle par M. Temminck, a six pouces et demi de longueur, et son envergure
est de vingt pouces. Un blanc éclatant couvre toute l'étendue du chanfrein, s'étend jusqu'au-delà des yeux, et forme
une tache derrière ces organes; les joues, le bord des lèvres
et le menton, sont aussi blancs; une large zone brune couvre
la gorge, et les extrémités de cette zone entourent les joues
en formant de larges sourcils au-dessus des yeux, qui s'étendent jusqu'aux narines; le sommet de la tête, l'occiput, tout
le cou et une partie de la poitrine, sont d'une teinte jaune-
paille; les épaules et les poils qui couvrent les bras, sont
blanchâtres: ceux du dos ont une teinte grise mêlée de quel-

ques points brun - clair ; la poitrine, le ventre et les flancs ont des poils cotonneux, colorés de brun à leur base et d'une teinte isabelle à la pointe ; les oreilles sont de moyenne longueur, un peu arrondies au bout ; les deux bordures de la membrane interfémorale qui garnissent la face postérieure des. cuisses, ne sont point jointes sur le coccyx.

Cette espèce a été rapportée de l'île de Ternate par M. Reinwardt.

ROUSSETTE MÉLANOCÉPHALE : *Pteropus melanocephalus*, Temm., Monogr., pag. 190, pl. 12 et pl. 16, fig. 3 et 4. Cette roussette n'est pas plus grande que notre vespertilion sérotine d'Europe, puisque la longueur totale de son corps n'est que d'environ trois pouces, et que l'envergure de ses ailes n'a que dix pouces. C'est évidemment la plus petite des espèces dépourvues de queue. Son museau est très-court ; ses incisives sont contiguës et bien rangées, il n'y a que trois molaires vraies et une dent anomale assez forte en avant dans la mâchoire supérieure, et quatre molaires vraies et une dent anomale à l'inférieure ; les deux lambeaux de membrane interfémorale ne sont pas joints par une bordure sur le coccyx.

Le pelage est un peu long et bien fourni, excepté sur le devant du cou ; les poils du dos sont d'un blanc jaunâtre à leur base et d'un cendré noirâtre à la pointe ; la nuque, le sommet de la tête et le museau sont noirs ; des poils divergens se remarquent sur les côtés du cou ; toutes les parties inférieures sont d'un blanc jaunâtre et terne ; les membranes sont d'un brun foncé.

Cette petite espèce a été trouvée par feu Van Hasselt dans les régions montueuses du district de Bantam, dans l'île de Java. Elle y porte le nom de *batoeauwel*.

** Espèces pourvues d'une queue très-courte.

ROUSSETTE PAILLÉE ; *Pteropus stramineus*, Geoff., Temm. Celle-ci vient de Timor, où elle habite dans les cavernes et sur les branches des arbres, mais non de Ternate, selon M. Temminck, qui reproche à M. Geoffroy de lui avoir rapporté le chien-volant de Séba, qu'il dit être la roussette édule, et le *Lesser - Ternate-bat* de Pennant, qu'il croit devoir être rayé des catalogues, ou au moins placé dans la synonymie des espèces sans queue. La longueur totale du corps, selon M. Geoffroy, est de cinq pouces, et de sept, selon M. Temminck, mais en y comprenant la queue. Suivant le premier de ces natura- listes, l'envergure des ailes est de deux pieds, et, d'après le dernier, de deux pieds cinq ou six pouces. Le museau est alongé ; les incisives supérieures sont divisées par paires, et les inférieures sont petites, égales et serrées ; il y a une dent ano- male à chaque côté des mâchoires, et en outre quatre mo- laires en haut et cinq en bas, toutes un peu écartées. Les poils qui couvrent le corps, sont courts et abondans, d'un jaune roussâtre en dessus ; ceux de la tête plus ou moins cendrés, ceux des joues plus bruns ; toutes les parties infé- rieures sont blanchâtres, avec une bande brune plus ou moins distincte, et traçant la ligne moyenne du ventre ; les poils de la membrane interfémorale sont bruns ; les mem- branes sont d'un brun jaunâtre.

Roussette d'Égypte : *Pteropus ægyptiacus*, Geoffr., Desm.; *Pteropus Geoffroyi*, Temm., Monogr., pag. 197. Dans cette es- pèce, la longueur totale du corps et de la tête est de cinq pouces trois lignes, et l'envergure des ailes d'un pied huit pouces six lignes. La tête est proportionnellement plus courte et plus large que celle des autres roussettes ; le poil est épais, doux, court, gris-brun, et plus foncé en dessus qu'en des- sous ; les incisives sont très-petites, unies et symétriquement disposées.

Cette chauve-souris habitant non-seulement en Égypte, où on la trouve suspendue aux voûtes des anciens monu- mens, mais aussi au Sénégal, M. Temminck a cru devoir supprimer le nom que M. Geoffroy lui avoit attribué, pour lui donner celui du savant qui, le premier, l'a fait connoître, et il ajoute avec raison, qu'il est probable que cette roussette se trouve également sur toute la côte septentrionale de l'A- frique.

Roussette amplexicaude : *Pteropus amplexicaudatus*, Geoff., Ann. du Mus., tom. 15, pl. 4, et Temm., Monogr., p. 200, pl. 13. Cette espèce habite Timor, Sumatra, Java et Am- boine, et, suivant M. Temminck, on la trouve aussi dans le royaume de Siam. La longueur du corps et de la tête, en- semble, équivaut à quatre pouces quatre ou cinq lignes ; la queue a sept lignes, et l'envergure est de seize pouces.

Dans cette espèce, comme dans la roussette grise sans queue, les membranes du vol, au lieu de s'attacher sur les flancs, prennent naissance assez près de la ligne moyenne du dos; la membrane interfémorale, entièrement nue, enveloppe seulement une partie de la moitié supérieure de la queue, qui est plus longue que dans les autres espèces; les incisives sont petites et symétriquement rangées; le pelage est fin, lisse, très-court, comme velouté, et la partie du dos que le poil couvre, est fort étroite. Les parties supérieures de la tête et du corps sont en général d'un brun tirant sur le roux dans le mâle, et d'un brun plus foncé dans la femelle; du gris-brun roussàtre forme la teinte des parties inférieures; toutes les membranes sont d'un brun roussàtre, et les doigts, ainsi que la queue, d'un brun jaunâtre : cette dernière n'est point velue.

Cette roussette a été trouvée pour la première fois à Timor par MM. Péron et Lesueur.

Roussette mantelée; *Pteropus palliatus*, Geoffr., Ann. du Mus., tom. 15, pag. 99, esp. 11. Ici nous plaçons la description d'un animal que M. Geoffroy a distingué avec intention, comme on le verra ci-après, de *la céphalote de Péron*, décrite aussi dans cet article, avec laquelle M. Temminck assure qu'on doit le réunir, en le considérant seulement comme n'en étant que le jeune àge.

Le point principal qui nous fait maintenir cette distinction, c'est que la céphalote de Péron n'a que deux incisives à chaque mâchoire, et ne pourroit en avoir davantage à cause de la conformation de ses os intermaxillaires, tandis que la roussette mantelée en a quatre bien distinctes, comme toutes les roussettes proprement dites. Du reste ces animaux sont fort semblables l'un à l'autre : dans tous les deux les membranes des ailes naissent presque sur la ligne moyenne du dos et non sur les flancs; le doigt indicateur de l'aile manque d'ongle, et le corps est terminé par une petite queue.

Dans le seul individu de l'espèce de la roussette mantelée que M. Geoffroy a pu examiner et qui étoit jeune, la longueur totale du corps étoit de trois pouces et demi, l'envergure de treize pouces trois lignes, et la longueur de la queue de six lignes et demie. La tête étoit grosse, arrondie, ellipsoïde, et

le museau court, épais, comme dans les sujets de premier
âge. Les dents n'étoient pas entièrement formées; les canines
ne faisoient que de paroître et excédoient à peine les molaires; on apercevoit distinctement les incisives au nombre de
quatre à chaque mâchoire, les supérieures égales et à une
petite distance les unes des autres ; les inférieures plus rapprochées et plus petites, dont les intermédiaires étoient encore plus fines que les latérales. Les narines étoient tubuleuses
comme dans la harpie de Pallas, et les oreilles, étroites,
étoient terminées en pointe. Le dos n'étoit couvert que d'un
duvet, tandis que les épaules, le cou, la tête et le ventre
présentoient partout des poils longs, soyeux, peu fournis,
d'un jaune très-pâle ou de couleur de paille.

M. Geoffroy, remarquant l'extrême ressemblance qui existe
entre cette chauve-souris et la céphalote de Péron (laquelle
est d'un tiers plus grande et de couleur brune ou rousse),
se demande s'il ne seroit pas possible que la première ne
fût que le jeune âge de la seconde : « Seroit-il possible, dit-
« il, que le renouvellement ou l'accroissement de certaines
« dents donnât lieu à la disposition de quelques autres? Si
« cette explication est inadmissible dans ce cas-ci, du moins
« est-il vrai que cela arrive quelquefois. Il est très-ordinaire
« que les dents incisives tombent dans les chauve-souris ;
« mais c'est toujours un événement dont on peut suivre les
« phases et dont il est facile de s'assurer par l'observation.
« Ces dents, enchâssées dans un alvéole qui a peu de pro-
« fondeur, ne sont que foiblement retenues par les gencives;
« elles tombent, et, l'ossification continuant à faire des pro-
« grès, la cavité alvéolaire est promptement remplie. Cela
« arrive en effet aux incisives de quelques chéiroptères, mais
« sans influence ni réaction sur les canines; celles-ci, plus pro-
« fondément logées dans l'os maxillaire, conservent le même
« écartement et n'éprouvent d'autre variation qu'un peu plus
« d'usure, parce qu'elles frottent les unes contre les autres.
« On doit donc retrouver la place des incisives tombées : or,
« dans la céphalote de Péron il n'y a aucun emplacement
« possible pour des incisives au-delà des deux qui existent;
« les dents canines, et encore plus les inférieures que les
« supérieures, sont incomparablement plus rapprochées que

46. 24

« dans les roussettes : d'où il suit que c'est là un état naturel,
« et non un effet de l'âge. »

M. Temminck, néanmoins, a conclu, ainsi que nous l'avons
dit, pour l'identité de ces deux espèces; mais comme il n'a
pas développé les motifs qui l'ont porté à adopter cette opinion, nous avons persévéré à laisser la roussette mantelée
dans le genre des Roussettes proprement dites, et à la séparer de la céphalote de Péron.

La patrie de la roussette mantelée n'est pas connue. L'individu que M. Geoffroy a décrit, provenoit du cabinet de
Teyer à Harlem, et avoit été envoyé au Muséum d'histoire
naturelle de Paris par M. Van-Marum.

II.ᵉ Genre. CYONPTÈRE : *Cynopterus*, F. Cuvier; *Pteropus*, Geoff. *Quatre incisives à chaque mâchoire :
trois vraies molaires supérieures et quatre inférieures, les unes et les autres précédées d'une petite fausse molaire; une petite queue; un ongle à
l'index de l'aile.*

ROUSSETTE AUX OREILLES BORDÉES : *Pteropus marginatus*, Geoff.,
Ann. du Mus., tom. 15, pl. 5; Temm., Monogr., page 202,
pl. 14. Cette première espèce a environ trois pouces sept lignes
de longueur totale, et treize pouces d'envergure. Sa queue
est absolument rudimentaire. Ses proportions générales sont
à peu près semblables à celles du vespertilion noctule. Sa
tête est renflée vers le chanfrein, ce qui la raccourcit en apparence. Ses dents sont très-fines, symétriquement disposées,
mais comme serrées entre les canines; les oreilles, médiocrement grandes et un peu arrondies au bout, sont bordées par
un liséré blanchâtre; son pelage, formé de poils ras et courts,
est généralement d'un brun olivâtre; les deux lobes de la
membrane interfémorale se réunissent au coccyx, et entourent la base de la petite queue qui le termine.

Cette espèce, rapportée du Bengale par feu Macé, a les
oreilles bordées de blanc, comme la roussette mammilèvre;
mais ses lèvres ne présentent pas les verrues qu'on voit sur
celle de cette chauve-souris.

ROUSSETTE MAMMILÈVRE ; *Pteropus titthæcheilus*, Temm., Monogr., pag. 198. La taille de cette nouvelle espèce est égale à celle de la précédente, ou un peu plus forte ; une partie du devant du cou est nue ; le museau est court et les yeux sont plus près des narines que des oreilles ; celles-ci sont petites, échancrées vers la pointe du bord postérieur, couvertes de rides transversales à la base, et plus ou moins bordées par un liséré blanchâtre ; les narines sont écartées, tubulaires ; il y a deux grosses verrues séparées par un sillon à la lèvre supérieure, et le bord interne de la même lèvre est couvert de petits mamelons ; la queue est courte et à peu près enveloppée en entier par la membrane interfémorale, laquelle est velue en dessus ; les incisives inférieures sont un peu entassées ; il y a une petite dent anomale ou fausse molaire antérieure de chaque côté en haut et en bas, et point d'arrière - molaire, ce qui porte le nombre total des dents à seize pour la mâchoire inférieure et à quatorze pour la supérieure.

Le pelage est fin, lisse, très-court, à l'exception de celui des côtés du cou, surtout chez le mâle, où il est plus long. et au milieu duquel se trouvent quelques poils divergens, qui paroissent recouvrir une glande odoriférante, analogue à celle qui est sur les flancs des musaraignes mâles.

Dans le mâle, le cou et les parties latérales de la poitrine sont d'une belle teinte rousse plus ou moins vive, et de couleur d'orange dans les vieux ; les autres parties supérieures sont d'un brun roussâtre, et la teinte du ventre est grise. La femelle, plus grosse que le mâle, est d'un brun cendré, légèrement nuancé d'olivâtre en dessus, d'un gris olivâtre en dessous, avec les côtés du cou d'un roux olivâtre ; la région des mamelles et le devant du cou sont nus. Longueur totale, cinq pouces à cinq pouces un quart ; de la queue, sept lignes ; envergure, dix-sept à vingt pouces. Les jeunes de l'année sont d'un gris-brun très-clair, et les poils touffus de leur cou sont blanchâtres.

On trouve cette espèce à Java et à Sumatra, ainsi que dans la Cochinchine, et il est possible qu'elle existe également dans d'autres parties de l'Inde. Lorsqu'elle est vivante, elle exhale une odeur très-forte.

III.ᵉ Genre. MACROGLOSSE : *Macroglossus*, F. Cuvier; *Pteropus*, Geoff. *Quatre incisives à chaque mâchoire, quatre molaires supérieures et cinq inférieures, sans fausses molaires antérieures ; tête alongée ; langue longue et protractile ; une petite queue ; un ongle à l'index de l'aile.*

ROUSSETTE KIODOTE : *Pteropus minimus*, Geoff., Temm.; *Pteropus rostratus*, Horsfield, *Zool. research. in Java*, 3.ᵉ livraison ; KIODOTE, F. Cuv., Mamm. lith. Cette roussette est de la taille du mulot (longueur, trois pouces et demi), et son envergure est égale à celle du vespertilion noctule (dix à onze pouces). Sa tête est très-longue et son museau fort effilé; ses incisives sont mal rangées aux deux mâchoires, et toutes distantes entre elles : les molaires sont, selon M. F. Cuvier, au nombre indiqué ci-dessus, et suivant M. Temminck, de cinq en haut et de sept en bas de chaque côté; la première molaire inférieure est accolée aux canines, puis elle est suivie d'un grand intervalle qui la sépare de la seconde molaire; tandis que la première molaire supérieure est à égale distance de la seconde et de la canine. Le nombre total des dents au grand complet se trouve ainsi être de trente, d'après M. F. Cuvier, et de trente-six, selon M. Temminck.

La langue (dans les individus de Java, au nombre de vingt, examinés par M. Temminck) est, suivant lui, un peu plus longue et plus pointue que celle des grandes espèces de roussettes, et paroît pouvoir sortir de deux ou trois lignes hors de la gueule, et elle supporte à sa pointe, à sa base, et surtout dans son milieu, des papilles cornées assez saillantes. Dans les individus de Java elle peut sortir en entier et de deux pouces au-delà des mâchoires, si l'on en croit feu Leschenault.

Le poil est serré et un peu laineux, doux au toucher, d'un roux vif sur les parties supérieures et roussâtre ou d'un roux terne en dessous (c'est-à-dire de la même teinte que dans le vespertilion noctule): toute la membrane interfémorale est velue en dessus; elle est très-étroite, mais elle réunit les pieds au coccyx par un rudiment, soutenu par une très-petite queue; les membranes des ailes sont roussâtres.

Cette espèce, trouvée à Java et à Timor, existe probablement aussi dans quelques autres iles voisines de celle-ci, et
M. Fréderic Cuvier a publié un dessin envoyé du Bengale
par M. Duvaucel, qui en rend exactement les caractères. A
Java et à Timor elle cause les plus grands ravages dans les
vergers, mais le fruit qu'elle préfère est celui des jambus
(*eugenia*). Dans le jour elle se cache dans le feuillage et dans
les trous des arbres élevés, ainsi que dans les anfractuosités
des murailles. Du reste son genre de vie est le même que
celui de la roussette édule.

Le nom de *kiodote*, rapporté à cette espèce par feu Leschenault de la Tour, n'est cependant pas celui par lequel les
Javanois la désignent. Selon M. Temminck, elle est très-bien
connue en langue malaise sous le nom de *lowo-assu*, qui
signifie chauve-souris et chien.

IV.ᵉ Genre. Harpie : *Harpyia*, Illig., F. Cuv.; *Cephalotes*, Geoff. *Deux incisives supérieures, point
d'inférieure; trois molaires et une fausse molaire
à la mâchoire supérieure; quatre molaires et une
fausse molaire à l'inférieure, et de chaque côté;
un ongle à l'index de l'aile; une petite queue.*

Harpie de Pallas, Céphalote de Pallas, Geoff., Ann. du
Mus., tom. 15 : ainsi nommée parce qu'elle a été décrite et
figurée d'abord par Pallas dans ses *Spicilegia*, fasc. 3, tab. 2
et 3. Elle a aussi été admise par Buffon dans ses Supplémens,
tome 3, pl. 52, et Gmelin l'a comprise dans le *Systema naturæ* sous le nom de *vespertilio cephalotes*.

Elle a trois pouces neuf lignes de longueur; sa tête a un
pouce trois lignes; sa queue six lignes, et son envergure est
d'un pied deux pouces six lignes. Sa tête grosse et épaisse lui
a valu le nom de *cephalotes*. Son museau est gros et court;
ses narines sont très-ouvertes, latéralement tubuleuses, et ses
oreilles sont rondes. Le poil qui couvre son corps, est assez
rare, doux et ondulé sous le ventre, d'un gris cendré en
dessus et blanchâtre en dessous.

Ce chéiroptère, sur lequel nous ne possédons pas d'autres
renseignemens, a été trouvé aux Moluques.

V.ᵉ Genre. CÉPHALOTE ; *Cephalotes ,* Geoff. , F. Cuv.
*Deux incisives à chaque mâchoire ; quatre molaires
supérieures, sans fausse molaire antérieure ; cinq
molaires inférieures et une fausse molaire antérieure ; point d'ongle à l'index de l'aile ; une petite
queue.*

CÉPHALOTE DE PÉRON : *Cephalotes Peronii*, Geoff., Ann. du
Mus., tome 15, page 104, pl. 3. Cette espèce ne présente à
l'état adulte que deux incisives à chaque mâchoire, et par
ce motif M. Geoffroy l'a placée dans son genre Céphalote.
C'est à tort que M. Temminck croit que, dans le jeune âge
(qu'il veut reconnoître dans l'espèce de la roussette mantelée
de M. Geoffroy), elle y en a quatre comme les vraies roussettes.

M. Geoffroy, ainsi que nous l'avons dit à l'article de la
ROUSSETTE MANTELÉE (auquel nous renvoyons), a reconnu le
premier la grande ressemblance qui existe entre ces deux animaux, mais démontré en même temps par l'examen de leurs
dents et de leurs os intermaxillaires, que l'un des deux ne
pouvoit être le jeune de l'autre, et conséquemment qu'ils
constituoient deux espèces différentes.

La céphalote de Péron a cinq pouces onze lignes de longueur et deux pieds d'envergure ; sa queue est plus longue
que celle de la Harpie de Pallas ; le poil est court et fourni,
de couleur brune ou rousse. Les membranes de ses ailes,
comme celles de la roussette grise et de la roussette mantelée, naissent sur la ligne moyenne du dos et non sur les
flancs ; les oreilles sont étroites et terminées en pointe.

Elle a été rapportée de Timor par Péron. (DESM.)

ROUSSETTE. (*Ornith.*) Ce nom qui, dans quelques départemens, se donne aux bruans commun et de roseaux,
emberiza citrinella et *schœniclus*, Linn., est aussi appliqué à
la fauvette des bois, *motacilla schœnobœnus*, Gmel. CH. D.)

ROUSSETTI. (*Ichthyol.*) A Nice, selon M. Risso, l'athé-
rine naine porte ce nom. (DESM.)

ROUSSIER. (*Min.*) C'est, dit Valmont de Bomare, un minérai de fer limoneux et sablonneux, qui se trouve en rognons irréguliers ou grossièrement lenticulaires dans les parties
supérieures du terrain de grès des plateaux élevés du bassin

de Paris. On l'avoit remarqué plus particulièrement dans les environs de Pontoise, ce qui lui a fait donner le nom de *roussier de Pontoise.* On a dit qu'il renfermoit un peu d'or : ce qui n'est pas tout-à-fait sans vraisemblance. (B.)

ROUSSIGNEAU. (*Ornith.*) Le rossignol est ainsi appelé en Provence. (Ch. D.)

ROUSSIGNOL. (*Ornith.*) Ancien nom du rossignol, *motacilla luscinia,* Linn., que l'on appeloit aussi roussignot. (Ch. D.)

ROUSSILE, GYROLE ROUGE, et FONGE ORANGE. (*Bot.*) Le *boletus aurantiacus,* Pers. et Bull., Champ., pl. 256 et 489, fig. 2, est connu sous ces noms dans plusieurs parties de la France, où l'on mange ce bolet terrestre seulement lorsqu'il est jeune. On donne encore le nom de *roussile* au *boletus scaber,* Bull., pl. 489, fig. 1, et pl. 132, qui est le *boletus bovinus,* Schæff., *Fung.,* pl. 104; Sowerb., *Fung.,* pl. 175, qu'on mange également lorsqu'il est jeune. (Lem.)

ROUSSIN. (*Mamm.*) Ce nom vient de *Ross,* un des noms allemands du cheval ; il a passé chez les Italiens qui l'écrivent *roncino* et dans la basse latinité. Nos anciens auteurs l'employoient en général pour désigner le cheval. Aujourd'hui il est plus particulièrement appliqué à des chevaux de race commune, fort épais de corps, et qui sont en usage pour le service des charrues et des charrettes. Le peuple désigne quelquefois trivialement l'âne par la dénomination de roussin d'Arcadie. (Desm.)

ROUSSOLAN. (*Ornith.*) Voyez Rousselan. (Ch. **D.**)

ROUVÉ. (*Bot.*) Voyez Rouvre. (L. **D.**)

ROUVERDIN. (*Ornith.*) L'espèce de tangara, ainsi nommée, est le *tanagra gyrola,* Gmel. (Ch. **D.**)

ROUVET. (*Bot.*) Nom vulgaire de l'osyris blanc. (L. **D.**)

ROUVRE (*Bot.*), et en Languedoc ROUVE, en Provence ROURÉ. Voyez Chêne-rouvre. (J.)

ROUX. (*Bot.*) Paulet donne ce nom avec une épithète à plusieurs espèces d'agarics.

1. Le Roux glaireux, Paul., Tr., 2, pl. 87, fig. 1 et 2, qui paroît être l'*agaricus viscidus,* Scop., n'a que deux pouces de hauteur et de largeur ; il est roux ou fauve, et couvert d'une couche glaireuse. On le trouve, en automne, dans les bois ; il fait partie des *glaireux* de Paulet.

2. Le Roux de Vincennes, Ravier, Paul., Tr., 2, p. 144;
pl. 52, fig. 1 — 3. C'est un agaric haut de cinq à six pouces;
son chapeau est roux, lavé de jaune; ses feuillets sont roux,
et sa tige est blanche. Toute la plante a, surtout quand on la
presse, une odeur très-sensible de petites raves. On la trouve
au bois de Vincennes, à l'ombre, en automne. Elle fait partie
de la famille des *pieds-bots* de Paulet.

Cet auteur désigne par *roux pain-de-vache*, un agaric comestible décrit par Michéli, qui est le *soderello des oiseleurs* des Italiens; et par *roux-noir ou changeant*, le *fungus* de Steerb., pl. 18,
fig. *E*; enfin, il a un *roux-brun*, aussi tiré de Steerbeck, qui est
l'*agaricus subatratus* de Batsch, *Elench.*, fig. 89 — 91. (Lem.)

ROUX. (*Mamm.*) Nom donné substantivement par Vicq-
d'Azyr au campagnol doré. (Desm.)

ROUX ET BLANC. (*Ornith.*) L'espèce ainsi nommée, dans
la Traduction des Oiseaux du Paraguay, est décrite, tome 3,
n.° 231. (Ch. D.)

ROUX-PLATS. (*Bot.*) Paulet désigne ainsi deux *polyporus*
qui forment sa famille des *agarics-amadou roux-plats* qui se font
remarquer par leur forme plate et par l'homogénéité de leur
substance privée d'écorce, et dont la partie tubuleuse est très-
courte. Il y en a deux espèces.

Le Roux-plat en toit, Paul., Trait., 2, pag. 87, pl. 7, fig. 1.
Il est dimidié, sessile, horizontal, fauve ou roux foncé, à
surface supérieure unie, douce au toucher; sa chair est dure
et grenue; la partie tubuleuse rousse, à tubes fins, cylindriques et serrés. Il croît au bas des troncs de chênes.

Le Roux-plat en feuillage, Paul., *loc. cit.*, pag. 87, pl. 7,
fig. 2 et 3. Cette espèce se fait remarquer par sa forme en
feuillage; elle est d'un roux doré : son épaisseur varie de trois
à six lignes; sa chair, qui en fait presque toute l'épaisseur,
est homogène, égale, douce, et donne d'excellent amadou;
sa partie tubuleuse est à peine sensible. Paulet rapporte son
champignon au *polyporus* 2286 de Haller, qui est le *boletus
ribis*, Dec., et le *polyporus ribis*, Fries. (Lem.)

ROUZELLO. (*Bot.*) Nom vulgaire du coquelicot dans les
environs de Toulouse, suivant M. Poiret. (J.)

ROVER. (*Ichthyol.*) Dans sa Cosmographie, Thevet parle
sous ce nom d'un prétendu *poisson* que les insulaires de Cuba

envoient au bout d'une corde à la pêche des autres poissons,
qu'il enlace en les tenant fortement embrassés. Nous avons
déjà cité quelque chose d'analogue au sujet des Écheneis (voyez
ce mot) ; mais beaucoup de commentateurs pensent que Thevet a voulu parler d'un poulpe. Voyez aussi Reversus indicus.
(H. C.)

ROXBURGE, *Roxburgia*. (*Bot.*) Genre de plantes dicotylédones, à fleurs complètes, polypétalées, de l'*octandrie monogynie* de Linnæus, qui offre pour caractère essentiel : Un
calice à quatre folioles ; une corolle à quatre pétales ; huit étamines, pendantes deux par deux à la base d'une petite lanière,
insérée sur chaque pétale ; un ovaire supérieur surmonté d'un
stigmate sessile ; une capsule uniloculaire, bivalve, renfermant des semences attachées sur un réceptacle fongueux.

Roxburge élégante : *Roxburgia gloriosoides*, Roxb., *Corom.*,
1, pag. 29, tab. 31 ; *Roxburgia viridiflora*, Smith, *Exot.*,
tab. 57 ; Curtis, *Bot. Magaz.*, tab. 1500. Plante d'un caractère très-singulier, qui semble tenir en partie aux asclépiades.
Sa racine est tubéreuse, fusiforme, un peu fasciculée. Elle
produit une tige grimpante, herbacée, glabre, cannelée,
divisée en rameaux alternes, garnis de feuilles pétiolées, les
unes alternes, d'autres opposées, ovales, en cœur à leur
base, glabres, acuminées, entières, à neuf ou onze nervures
longitudinales et arquées, longues de six à sept pouces,
larges de trois ou quatre. Les fleurs sont axillaires ; les pédoncules divisés à leur moitié supérieure en deux parties,
soutenant chacune une fleur ; à la base de la dichotomie sont
deux petites bractées opposées, ovales, aiguës. Le calice est
composé de quatre folioles plus longues que la corolle, lancéolées, acuminées, de couleur jaunâtre, roulées en dehors ;
la corolle de couleur purpurine, à quatre pétales alongés,
étroits, lancéolés, acuminés, soutenant chacun vers leur
milieu une petite lame lancéolée, aiguë, un peu échancrée
à la base, formant une sorte de tube par leur rapprochement. On y compte huit étamines, dont les anthères sont
sessiles, pendantes deux par deux à la base de chaque lame,
qui sont peut-être des filamens élargis, et qui ont cela de
particulier qu'ils tiennent aux pétales par leur sommet, et
qu'ils sont libres à leur base. L'ovaire est globuleux ; le

stigmate sessile, court, aigu. Le fruit est une capsule un peu comprimée, ovale, à une seule loge, à deux valves, renfermant, sur un réceptacle spongieux et central, huit à dix semences oblongues, cylindriques, striées, médiocrement pédicellées ; les pédicelles sont chargés de petites vésicules transparentes, très-nombreuses. Cette plante croît au Coromandel, dans les vallées des montagnes. (POIR.)

ROY BERTAUD. (*Ornith.*) Un des noms vulgairement donnés au roitelet ordinaire et au troglodyte, *motacilla troglodytes.* (CH. D.)

ROYALE. (*Bot.*) Ce nom est commun à plusieurs variétés de pêches, de poires et de prunes ; on le donne aussi à une laitue. (L. D.)

ROYENA. (*Bot.*) Ce nom, donné par Linnæus à un genre de plantes, en mémoire de Van Royen, professeur de botanique à Leyde, avoit été auparavant appliqué par Houstoun au genre qui est maintenant le *loeselia.* Voyez ROYÈNE. (**J.**)

ROYÈNE, *Royena.* (*Bot.*) Genre de plantes dicotylédones, à fleurs complètes, monopétalées, de la famille des *ébénacées*, de la *décandrie digynie* de Linnæus, offrant pour caractère essentiel : Un calice persistant, urcéolé, à cinq divisions ; une corolle urcéolée, attachée au fond du calice à cinq lobes courts, réfléchis ; dix étamines ; les filamens courts, insérés sur la corolle ; un ovaire supérieur, surmonté de deux styles ; deux stigmates simples ; une baie à quatre loges ; quatre noyaux arillés, trigones.

ROYÈNE A FEUILLES LUISANTES : *Royena lucida*, Linn. ; Lamk., *Ill. gen.* , tab. 570, fig. 1 ; Commel., *Hort.*, 1, tab. 96 ; Herm., *Parad.*, tab. 232 ; Pluk., *Alm.*, tab. 63, fig. 4, et tab. 317, fig. 5 ; Desf., Ann. du Mus., 6, tab. 62, fig. 3. Arbrisseau qui s'élève à la hauteur de sept à huit pieds sur une tige d'une grosseur médiocre, et qui se divise en rameaux épars, irréguliers, striés, d'un gris foncé, pubescens et roussâtres dans leur jeunesse. Les feuilles sont alternes, persistantes, médiocrement pétiolées, coriaces, luisantes, ovales, entières, un peu aiguës, rudes et d'un vert foncé en dessus, plus pâles et pubescentes en dessous, tout-à-fait glabres dans leur vieillesse, un peu ciliées à leurs bords, longues d'un à deux pouces ; les pétioles très-courts et velus. Les fleurs sont blanches, solitaires, pédonculées, situées dans l'aisselle des feuilles ou un peu en dessus vers l'extrémité des rameaux; les pédoncules sont plus courts que les feuilles, un peu inclinés, munis de quelques bractées lancéolées, aiguës; la corolle divisée à son orifice en cinq lobes arrondis. Le fruit est une baie rouge, globuleuse, à quatre loges, à quatre sillons, renfermant quatre semences cornées, marquées d'une cicatrice à leur partie supérieure et de deux sillons latéraux; elles adhèrent au sommet de chaque loge. Cette plante croît au cap de Bonne-Espérance. On la cultive au Jardin du Roi. On multiplie cet arbrisseau de boutures et de marcottes, qui poussent difficilement des racines. Il fleurit dans l'été, passe l'hiver dans l'orangerie. Son bois est compacte, pesant et uni. On pourroit l'employer à des ouvrages d'ébénisterie.

Royène hérissée; *Royena hirsuta*, Linn., Lamk., *Ill. gen.*, tab. 370, fig. 2. Arbrisseau de sept à huit pieds, dont la tige est forte, revêtue d'une écorce grisâtre; à rameaux diffus, pubescens, raboteux, velus dans leur jeunesse, garnis de feuilles nombreuses, très-rapprochées, éparses, presque sessiles, un peu molles, oblongues, lancéolées, entières, obtuses, pubescentes à leurs deux faces, rétrécies en un pétiole très-court, longues d'environ un pouce sur trois ou quatre lignes de large, fort caduques. Les fleurs sont petites, solitaires, d'un pourpre pâle, portées par des pédoncules courts, filiformes, un peu inclinés, axillaires; le calice est presque campanulé, à cinq dents ovales, un peu obtuses; le tube de la corolle plus long que le calice; le limbe à cinq lobes courts, obtus, réfléchis en dehors. Cette plante croît au cap de Bonne-Espérance : elle paroît devoir être rapportée aux *diospyros*, ainsi que la suivante, d'après les observations de M. Desfontaines.

Royène a feuilles glabres : *Royena glabra*. Linn.; Commel., *Hort.*, 1, tab. 65; Pluken., *Almag.*, tab. 321, fig. 4. Arbrisseau qui s'élève à la hauteur de cinq à six pieds sur une tige droite, munie de rameaux foibles, épars, velus, effilés, de couleur brune ou cendrée. Les feuilles sont alternes, presque sessiles, de même forme et grandeur que celles du buis, ovales, oblongues, aiguës, glabres à leurs deux faces,

un peu ridées en dessus ; les supérieures légèrement pubescentes en dessous, persistantes. Les fleurs sont blanchâtres,
assez nombreuses, axillaires, solitaires ; les pédoncules très-
courts, pendans, quelquefois bifurqués ; le calice est velu,
à cinq divisions lancéolées, droites, aiguës ; la corolle presque campanulée ; le tube un peu anguleux ; les lobes sont
ovales, oblongs, un peu obtus. Le fruit est une petite baie
arrondie, de couleur purpurine. Cette plante croît au cap
de Bonne-Espérance.

ROYÈNE A. FEUILLES EN COIN ; *Royena cuneata*, Poir., Enc.
Cet arbrisseau a des branches fort longues, effilées, légèrement velues, d'un gris cendré ; les rameaux courts, alternes,
presque tomenteux. Les feuilles sont petites, éparses, nombreuses, presque sessiles, à peine longues d'un demi-pouce,
oblongues, entières, rétrécies en coin à leur base, obtuses
et arrondies à leur sommet, un peu pubescentes et cendrées
à leur face inférieure, presque glabres en dessus. Les fleurs
sont solitaires, presque axillaires ; les pédoncules simples,
presque de la longueur des fleurs, pubescens et réfléchis ; le
calice est blanchâtre, à cinq divisions profondes, lancéolées,
aiguës ; la corolle d'un pourpre foncé, à cinq lobes réfléchis
et obtus. Cette plante croît dans les Indes occidentales. (POIR.)

ROYOC. (*Bot.*) Ce nom de pays, adopté par Plumier et
Adanson pour désigner un genre de rubiacées, a été changé
par Linnæus en celui de *morinda*, et est resté, pour plusieurs
auteurs, le nom françois du genre. Voyez MORINDE. (J.)

ROYSCHIK. (*Bot.*) Voyez RYZIK. (LEM.)

ROYSTON-CROUX. (*Ornith.*) Nom anglois de la corneille
mantelée, *corvus cornix*, Linn. (CH. D.)

ROYTELET ou ROYTOLAT. (*Orn.*) Voy. ROITELET. (CH. D.)

ROZELET. (*Ornith.*) Voyez ROSSELET. (CH. D.)

ROZZI. (*Bot.*) Voyez ORNUBA. (J.)

RUBACELLE et RUBICELLE. (*Min.*) Ces noms ont été appliqués, tantôt à une TOPAZE du Brésil, ayant pris par l'action
du feu la couleur rougeâtre du SPINELLE RUBIS, et quelquefois
aussi à une variété rouge-jaunâtre du vrai SPINELLE. Voyez
ces mots. (B.)

RUBAN. (*Erpét.*) Voyez TORTRIX. (H. C.)

RUBAN, *Liguus*. (*Conchyl.*) Denys de Montfort (Conchyl.

systém., t. 2, p. 425) établit sous ce nom un genre particulier de coquilles univalves, inoperculées avec les espèces d'agathines qui sont plus ou moins conoïdes, et qui en outre sont pourvues d'un cal placé en travers dans l'intérieur de l'ouverture. Le type de ce genre est l'agathine ruban. *A. virginea* de M. de Lamarck ; *bulla virginea*, Linn., qu'il nomme le R. virginien, *L. virgineus*. (DE B.)

RUBAN, LIMAS RUBANNÉ. (*Conchyl.*) Nom marchand d'une espèce de sabot, *turbo petholatus*, Linn. Il paroît qu'on lui donne aussi quelquefois le nom de *ruban de Nassau*. (DE B.)

RUBAN, RUBAN MARIN ou RUBAN DE MER. (*Ichthyol.*) Voyez CÉPOLE. (H. C.)

RUBAN ou VIS BUCCIN RUBANNÉ. (*Conch.*) C'est l'agathine ruban, *bulla virginea*, Linn. (DE B.)

RUBAN D'EAU. (*Bot.*) Nom vulgaire du *Sparganium*, genre de plante aquatique. Voyez RUBANIER. (J.)

RUBAN PANACHÉ. (*Bot.*) C'est une variété du roseau cultivé. (L. D.)

RUBAN RAYÉ. (*Conchyl.*) On trouve quelquefois ce nom pour indiquer le *buccinum dolium*, Linn., type du genre Tonne de M. de Lamarck. (DE B.)

RUBAN TERRESTRE COMMUN ou GRAND RUBAN, ou RUBAN PLAT. (*Conchyl.*) Geoffroy, dans ses Coquilles des environs de Paris, désigne sous ce nom une espèce d'hélicelle de M. de Lamarck, *helix ericetorum*, Linn. (DE B.)

RUBAN TERRESTRE COMMUN ou PETIT RUBAN, ou RUBAN CONVEXE. (*Conch.*) Cette coquille, ainsi nommée par Geoffroy, est encore une espèce d'hélicelle de M. de Lamarck, l'*helix striata* de M. d'Audebard de Férussac. (DE B.)

RUBANÉE. (*Erpét.*) Nom spécifique d'une couleuvre, décrite à la page 207 du tome XI de ce Dictionnaire. (H. C.)

RUBANIER ; *Sparganium*, Linn. (*Bot.*) Genre de plantes monocotylédones, de la famille des *typhacées*, Juss., et de la *monoécie triandrie*, Linn., dont les fleurs sont unisexuelles, disposées en chatons globuleux. Chaque fleur mâle est composée d'un calice de trois folioles membraneuses, caduques, et de trois étamines. Les fleurs femelles ont un calice de la même forme que celui des mâles, et un ovaire pyriforme, surmonté d'un stigmate oblique et le plus ordinairement simple. Cet ovaire devient un petit drupe qui ne contient le plus souvent qu'une graine, quelquefois deux. Les rubaniers sont des herbes aquatiques, à feuilles linéaires, et à fleurs réunies en paquets globuleux compactes, les uns mâles, les autres femelles, placés le long de la partie supérieure de la tige, les mâles à son sommet et les femelles en dessous. On en connoît quatre espèces, dont trois sont indigènes de l'Europe, et la quatrième appartient à l'Amérique du Nord.

RUBANIER RAMEUX, vulgairement RUBAN D'EAU : *Sparganium ramosum*, Willd., *Sp.*, 4, p. 199 ; *Sparganium erectum*, α, Linn., *Spec.*. 1378. Sa racine est rampante, vivace ; elle produit une tige droite, cylindrique, haute de trois à quatre pieds, rameuse dans sa partie supérieure, garnie de feuilles sessiles, longues, redressées, presque en forme d'épée ; les radicales triangulaires, à côtes concaves, les supérieures amplexicaules et planes. Les chatons mâles, assez rapprochés les uns des autres et au nombre de douze à vingt, occupent la partie supérieure de la tige ou des rameaux ; et les chatons femelles, au nombre d'un à trois, sont placés au-dessous. Cette espèce croît dans les étangs, les fossés aquatiques et sur les bords des rivières, en France et dans une grande partie de l'Europe.

RUBANIER FLOTTANT, vulgairement HÉRISSON D'EAU ; *Sparganium natans*, Linn., *Sp.*, 1378. Sa racine est fibreuse, mince ; elle produit une tige grêle, simple, qui s'élève au-dessus de l'eau à la hauteur d'un pied ou environ, et qui est garnie de feuilles planes, linéaires, dont la partie inférieure est submergée, et dont la supérieure, qui pourroit s'élever au-dessus de l'eau, flotte le plus souvent à sa surface. La tige est communément terminée par une seule tête de fleurs mâles, et par deux à trois chatons femelles, dont l'inférieur, souvent pédonculé, se trouve au-dessous. Cette plante est moins commune que la précédente ; on la trouve dans les mares et les étangs.

Les feuilles de ces deux espèces ont été autrefois employées en médecine comme astringentes, et les racines ont passé pour sudorifiques. Dans quelques cantons les gens de la campagne les font sécher pour en faire des nattes, de la litière, ou en couvrir les chaumières. Les cochons, les chevaux et quelquefois les vaches les mangent vertes ou lorsqu'elles sont sèches ; les chèvres et les moutons les rebutent. (L. **D.**)

RUBANNAIRES [Feuilles]. (*Bot.*) Ayant la forme des feuilles linéaires et des proportions beaucoup plus grandes; exemples : *iris graminea*, *valisneria spiralis*, *typha latifolia*. (Mass.)

RUBARBE. (*Bot.*) Voyez Rhubarbe. (Lem.)

RUBAS. (*Ichthyol.*) Voyez Raych. (H. C.)

RUBASSE. (*Min.*) C'est le nom qu'on a donné primitivement au quarz coloré en rouge, inégalement et comme par glaçure, soit qu'il ait reçu cette couleur de la nature par l'interposition du fer oligiste en poussière ou en paillettes d'un beau rouge de rubis, ou qu'il l'ait reçu artificiellement, par les moyens qu'on a indiqué à l'article Quarz.

On a étendu ensuite ce nom à tous les quarz colorés artificiellement par l'introduction de dissolutions de diverses couleurs dans la fissure qu'un refroidissement rapide fait naitre dans un quarz chauffé à l'incandescence.

Quelques-unes de ces rubasses sont employées dans la grosse bijouterie. (B.)

RUBECCIUS. (*Ornith.*) Niphus a désigné par ce nom le bouvreuil commun, *loxia pyrrhula*, Linn. (Ch. D.)

RUBECULA. (*Ornith.*) C'est, en latin moderne, le rouge-gorge, appelé *rubeline* en vieux françois. (Ch. D.)

RUBELINE. (*Ornith.*) Voyez Rubecula. (Ch. D.)

RUBELLANE. (*Min.*) M. Breithaupt seul a parlé de cette substance. Tout ce qu'on en trouve dans les autres ouvrages de minéralogie vient de lui.

C'est un minéral d'une couleur brun-rougeâtre. La forme des cristaux est en une pyramide à six faces, dont les angles et les dimensions sont inconnues. Sa pesanteur spécifique est de 2,5 à 2,7, et sa dureté intermédiaire entre celle du gypse et celle du calcaire spathique. Il se sépare en feuillets à la flamme d'une lumière.

Klaproth a analysé ce minéral, et y a indiqué :

Silice	45
Fer oxidé	20
Alumine	10
Magnésie	10
Soude et potasse . . .	10
Parties volatiles . . .	5
	100.

Le rubellane s'est trouvé mêlé avec du mica, et, comme lui, en prismes tabulaires, avec du pyroxène augite, dans une vake de Schima dans le Mittelgebirge en Bohème.

Werner avoit regardé ce minéral, d'après son aspect extérieur, comme intermédiaire entre la pinite et le mica. (B.)

RUBELLION. (*Ichthyol.*) Voyez Pagel. (H. C.)

RUBELLITE. (*Min.*) C'est un des noms qu'on a donnés à un minéral d'un rouge purpurescent, ayant la forme et beaucoup de propriétés des tourmalines, mais composé autrement, infusible, etc. C'est Kirwan d'abord, et Karsten ensuite, qui lui ont imposé ce nom ; on l'a appelé aussi daourite, sibérite, apyrite, etc. Nous la regarderons comme une espèce du genre Tourmaline, et nous en parlerons à l'article de cette pierre. (B.)

RUBENTIA. (*Bot.*) Ce nom étoit donné par Commerson à un arbre qui est le bois rouge, bois d'olive de l'Isle-de-France, l'olivetier des botanistes modernes. C'est le même auquel Jacquin avoit donné auparavant celui d'*elæodendrum*, qui a prévalu. Voyez Olivetier. (J.)

RUBEOLA. (*Bot.*) Ce nom, donné par C. Bauhin à un *Sherardia*, à un *Valantia* et à un *Galium*, dans la famille des rubiacées, avoit été adopté par Tournefort pour un autre genre de la même série, que Linnæus a conservé en lui donnant le nom de *Crucianella*. (J.)

RUBÉOLE. (*Bot.*) Nom vulgaire de l'aspérule à l'esquinancie. (L. D.)

RUBETA. (*Erp.*) Nom portugais de la rainette verte. (Desm.)

RUBETARINO. (*Ornith.*) C'est, d'après Turner, l'oiseau Saint-Martin ou Jean-le-blanc de Belon, *falco gallicus*, lequel n'est probablement qu'une vieille soubuse. (Ch. D.)

RUBETRA. (*Ornith.*) L'oiseau figuré sous ce nom dans Séba, tom. 1, pl. 102, paroît avoir été mal à propos rapporté aux manakins. Le même nom est devenu une épithète du *tarier* dans *motacilla rubetra*. (Ch. D.)

RUBI. (*Bot.*) C'est le nom donné dans la Provence, suivant Garidel, à la garance, *rubia*. (J.)

RUBIA. (*Bot.*) Ce nom latin, réservé maintenant à la garance et à ses congénères, avoit été donné par plusieurs anciens, soit à d'autres plantes faisant partie de genres voisins, tels que l'*Asperula*, le *Galium*, le *Crucianella*, soit à l'*Ortegia*, qui appartient aux caryophyllées. Voyez Garance. (J.)

RUBIACÉES. (*Bot.*) Cette famille très-naturelle de plantes tire son nom de la garance, *rubia*, et appartient à la classe des épi-corollées corisanthérées ou dicotylédones-monopétales, à corolle portée sur l'ovaire et à anthères distinctes. Son caractère général est formé de la réunion des suivans.

Calice simple, d'une seule pièce, adhérent à l'ovaire, rarement entier à son limbe, ordinairement divisé au-dessus de son point d'adhérence en plusieurs lobes caducs ou persistans. Corolle épigyne monopétale régulière, à limbe partagé en plusieurs lobes, ordinairement égaux en nombre aux divisions du calice, et alternes avec elles; étamines en même nombre, alternes aux lobes de la corolle et insérées à son tube; anthères biloculaires, distinctes, ainsi que les filets. Ovaire simple, adhérent au calice, à deux loges ou quelquefois plus, surmonté quelquefois de deux styles ou d'un style très-fourchu, ou plus ordinairement d'un seul, terminé par un stigmate simple et renflé. Fruit adhérent au calice, couronné par ses divisions quelquefois caduques; ce fruit tantôt composé de deux coques monospermes, indéhiscentes, appliquées l'une contre l'autre et imitant des graines nues; tantôt plus souvent simple, capsulaire ou charnu, à deux loges ou quelquefois plus, mono- ou polyspermes, lesquelles, dans le fruit capsulaire, s'ouvrent du côté intérieur en deux valves pár une fente longitudinale. Les graines solitaires sont attachées au bas de leur loge; quand cette loge est polysperme, elles sont portées sur un axe ou placentaire central, partant de sa base. L'embryon, renfermé dans un périsperme corné ou presque charnu, est petit, oblong, à deux lobes minces et foliacés, et à radicule plus longue, dirigée vers le point d'attache ou l'ombilic de la graine. Si dans un fruit disperme une des graines avorte, alors sa loge s'oblitère et la graine subsistante, augmentant de volume, se jette sur l'espace abandonné par la graine avortée, et par suite son ombilic d'inférieur devient latéral, ainsi que la radicule de l'embryon.

Les plantes de cette famille sont des herbes ou plus souvent des arbrisseaux ou des arbres. Leurs feuilles, toujours simples et à bords très-entiers, sont verticillées dans la plupart des plantes herbacées; dans quelques-unes, ainsi que dans les arbres et arbrisseaux, elles sont opposées et accompagnées à leur base de stipules intermédiaires simples, quelquefois remplacées par une gaîne ciliée entourant la tige. Les fleurs sont ordinairement opposées, terminées ou axillaires, pédicellées ou sessiles, quelquefois verticillées ou rassemblées en tête.

Certaines familles présentent des caractères étrangers à la fructification, qui leur sont propres et qui suffisent ordinairement pour les faire reconnoître, sans recourir à l'analyse de la fleur ou du fruit. On en trouve ici un exemple : Une stipule intermédiaire entre deux feuilles opposées, à bords très-entiers, indique presque toujours une plante rubiacée. Mais, pour distinguer les genres très-nombreux de cette famille, on doit les diviser en plusieurs sections d'après l'affinité plus ou moins grande qu'ils ont entre eux. Cette affinité paroît fondée moins sur le nombre des étamines que sur celui des loges du fruit et des graines contenues dans chaque loge, que nous avons préféré en rédigeant la monographie de cette famille, imprimée dans le sixième volume des Mémoires du Muséum.

Un fruit composé de deux coques monospermes indéhiscentes forme le caractère principal de la première section, dont le *rubia* est le type; et on y ajoute comme accessoires un style souvent fourchu, des feuilles ordinairement verticillées, des tiges presque toujours herbacées. Cette section renferme les genres *Sherardia*; *Asperula*; *Galium*; *Crucionella*; *Valantia*; *Rubia*; *Phyllis*; *Anthospermum*; *Galopina* de Thunberg.

La seconde section, dont le *coffea* peut être regardé comme le type, se distingue par un fruit biloculaire, à loges monospermes, lequel est ou une baie ou une capsule déhiscente. Elle présente des feuilles toujours opposées deux à deux et plus souvent des tiges ligneuses que des tiges herbacées. Le grand nombre des genres réunis dans cette série nécessite sa division en deux sous-sections.

On ne trouve ordinairement que quatre étamines et conséquemment quatre divisions à la corolle dans les genres *Knoxia*; *Plocama* d'Aiton; *Richardia* de Linné ou *Richardsonia* de M. Kunth; *Spermacoce*; *Borreria* de Meyer, dont il

faudra changer le nom déjà employé ailleurs, à moins qu'il
ne soit réuni au précédent, dont il diffère peu ; *Diodia; Hy-
drophylax*, auquel se rapporte le *Sarissus* de Gærtner; *Cun-
cea* de M. Don ; *Ernodea* de Swartz; *Mitchella* ; *Nertera* de
Banks ou *Nerteria* de M. Smith, auquel se rapportent l'*Ery-
throdanum* de M. du Petit-Thouars et le *Gomezia* de Mutis ou
Gomozia de Linnæus fils ; *Siderodendrum* de Schreber; *Polyo-
sus* de Loureiro ; *Faramea* d'Aublet; *Baconia* de M. De Candolle ; *Chomelia* de Jacquin; *Ixora; Pavetta; Declieuxia* de M.
Kunth ; *Tetramerium* de M. Gærtner fils; *Frœlichia* de Vahl ;
Coussarea d'Aublet; *Malanea* du même, et son synonyme *Cu-
ninghamia* de Schreber; *Antirhea* de Commerson, peu différent
du précédent; *Scolosanthus* de Vahl.

Le nombre des étamines et des lobes de la corolle s'élève
à cinq dans les genres *Stenostemum* de M. Gærtner fils, nommé *Sturmia* dans sa gravure; *Rutidea* de M. De Candolle; *Chio-
cocca; Psychotria*, auquel se rapportent l'*Antherura* de Loureiro, le *Simira* et le *Mapouria* d'Aublet, le *Myrstiphyllum* de
P. Browne, l'*Hilacium* de Beauvois, et peut-être le *Palicou-
rea* d'Aublet ou *Stephanium* de Schreber, différant seulement
par sa corolle courbée et renflée d'un côté à sa base, ainsi
que le *Geophila* de M. Don, dont les espèces se distinguent
du genre principal par leurs tiges herbacées et d'autres caractères qui leur donnent quelque affinité avec le *Cephaelis* cité
plus bas; *Chasallia* de Commerson; *Coffea; Canthium* de M.
de Lamarck, dont le *Monetia* de Willdenow, le *Webera* du
même, et le *Damnacanthus* de M. Gærtner fils, sont congénères; *Rudgea* de M. Salisbury; *Ronabea* d'Aublet; *Pæderia;
Coprosma* de Forster; *Disodea* de M. Persoon, ou *Lygodisodea*
de la Flore du Pérou ; *Chimarrhis* de Jacquin ; *Machaonia* de
MM. de Humboldt et Bonpland.

On rapporte à la troisième section, dont le *cinchona* fait
partie, les genres à fruit biloculaire et à loges polyspermes, à
feuilles toujours opposées deux à deux, et à tiges presque toujours ligneuses. Le fruit est une capsule ou une baie.

Parmi les genres à fruit capsulaire les uns ont une corolle
découpée en quatre lobes et chargée de quatre étamines, tels
que les *Hedyotis* et son congénère *Dunalia* de M. Sprengel;
Oldenlandia, auquel se rapportent un *Heuchera* de Murray et

un *Ægynetia* de Cavanilles; *Polypremum*; *Bouvardia* de M. Salisbury; *Carphalea*; *Hoffmannia* de Swartz; *Nacibea* d'Aublet ou *Mannetia* de Mutis, et son congénère *Lygistum* de P. Browne.

La corolle est à cinq lobes et chargée de cinq étamines dans les genres *Rondeletia*; *Tula* d'Adanson; *Dentella* de Forster; *Danais* de Commerson; *Virecta*; *Ophiorrhiza* de Forskal, comprenant aussi les *Ophiorrhiza* de M. Achille Richard, et *Ophiorrhiza mungos* de Linnæus, mieux connu; *Mussaenda*, auquel on réunit le *Pinchneya* de Michaux et le *Landia* de Commerson; *Macrocnemum* de P. Browne, dont deux espèces sont aussi réunies au *Mussaenda*; *Sickingia* de Willdenow; *Cinchona*; *Exostema* de M. Persoon; *Portlandia*.

Le nombre des divisions de la corolle et des étamines est porté à six ou sept dans le *Coutarea* d'Aublet, le *Hillia* de Jacquin, et le *Stevensia* de M. Poiteau.

Le fruit en baie caractérise la seconde subdivision des genres à fruits biloculaires polyspermes, lesquels présentent encore quelques différences dans le nombre des divisions de la corolle et des étamines. Il est porté à six dans le *Cassupa* de MM. de Humboldt et Bonpland, et le *Duroia* de Linnæus fils. On n'en trouve ordinairement que cinq dans les genres *Posoqueria* d'Aublet; *Tocoyena* du même; *Stigmanthus* de Loureiro; *Pomatium* de M. Gærtner fils, peu différent du suivant; *Oxyanthus* de M. De Candolle; *Genipa*; *Gardenia*; *Amaiova* d'Aublet; *Randia*, dont l'*Oxyceros* de Loureiro paroît congénère, ainsi que le *mussaenda spinosa* de Linnæus; *Stylocorina* de Cavanilles; *Bertiera* d'Aublet, dont le *Zaluzania* de Commerson est congénère; *Hippotis* de la Flore du Pérou. Le nombre des mêmes parties est réduit à quatre dans les genres *Petesia*; *Catesbæa*; *Fernelia* de Commerson; *Coccocypsilum*; *Tontanea* d'Aublet; *Higginsia* de M. Persoon; *Serissa* de Commerson.

Une quatrième section des rubiacées réunit les genres à fruits multiloculaires drupacées ou en baie, et à loges monospermes, dont les feuilles sont opposées et les tiges presque toujours ligneuses, et les étamines au nombre de quatre ou cinq au plus. On y remarque les suivans : *Nonatelia* d'Aublet, auquel doit être réuni le *retiniphyllum* de MM. de Humboldt et Bonpland; *Ancylanthus* de M. Desfontaines; *Erithalis* de P. Browne; *Psathura* de Commerson; *Cuviera* de M. De Candolle; *Vangueria* de Jussieu ou *Vavanga* de Vahl; *Pyrostria* de Commerson; *Myonima* du même; *Laugeria* de Jacquin; *Mathiola* de Plumier; *Guettarda* de Linnæus, auquel quelques auteurs réunissent les deux précédens, ainsi que le *Cadamba* de Sonnerat.

Les genres suivans, à fruit multiloculaire en baie et à loges polyspermes, à feuilles opposées deux à deux et tiges ligneuses, composent la cinquième section : *Evosmia* de MM. de Humboldt et Bonpland; *Hamelia*; *Piringa* de Jussieu (auparavant *Gardenia Thunbergii*); *Isertia* de Schreber; *Polyphragmon* de M. Desfontaines; *Sabicea* d'Aublet; *Gonzalea* de M. Persoon, ou *Gonzalagunia* de la Flore du Pérou, dont le *Tepesia* de M. Gærtner fils est congénère; *Patima* d'Aublet.

On a séparé dans une sixième section quelques genres qui ont plusieurs fleurs agrégées sur un réceptacle commun, entouré d'un involucre et dont les tiges sont toujours ligneuses. Ils varient par le nombre des étamines, la substance charnue ou capsulaire du fruit bi- ou quadriloculaire à loges mono- ou polyspermes. Ces genres sont : *Canephora* de Jussieu; *Evea* d'Aublet, *Patabea* du même, auquel nous réunissons le *Lonicera bubalina* de Linnæus fils, ou *Burchelia* de M. R. Brown, réuni au suivant par M. Persoon; *Cephaelis* de Swartz, auquel se rapportent les *tapogomea* et *carapichea* d'Aublet, le *calicocca* de M. Brotero, le *morinda muscosa* de Jacquin, et, selon M. Kunth, le *psychotria herbacea* du même; *Morinda*; *Cephalanthus*; *Nauclea* et son congénère *Ourouparia* d'Aublet; *Viviania* de M. Colla, genre peu connu; *Adina* de M. Salisbury; *Schradera* de Vahl.

A la suite de ces six sections sont laissés des genres qui, ayant beaucoup d'affinité avec les rubiacées, en diffèrent cependant par des caractères importans, tels que le *Pagamea* d'Aublet, le *Gærtnera* de M. de Lamarck, le *Bellonia* de Plumier et de Swartz. On y joint avec doute d'autres genres, dont les descriptions sont trop incomplètes; tels sont les *Psydrax*, *Grumilea* et *Tarenna* de Gærtner, et le *Stipularia* de Beauvois. (J.)

RUBIASTRUM. (*Bot.*) C'est le nom sous lequel le père Feuillée nous a fait connoître une espèce de rubiacée du Chili, qui paroît être le *rubia chiloensis*, Molin. (LEM.)

RUBICELLE. (*Min.*) Nom donné par Stutz à une variété,

de couleur rouge-jaunâtre ou orangée, du spinelle. (B.)

RUBICILLA. (*Ornith.*) Plusieurs ornithologistes désignent le bouvreuil, *loxia pyrrhula*, par ce terme, qui, dans Gaza, se rapporte au rouge-queue, *motacilla erithacus*, Linn. (Cн. D.)

RUBICOLA. (*Ornith.*) Ce nom, qui désignoit le traquet, est encore appliqué comme épithète de *motacilla* au même oiseau. (Cн. D.)

RUBIENNE. (*Ornith.*) On donnoit ce nom, dans l'ancienne province du Maine, au rouge-queue, *motacilla erithacus*, Linn. (Cн. D.)

RUBIETTE. (*Ornith.*) Ce nom vulgaire du rouge-gorge est devenu, dans le Règne animal de M. Cuvier, celui d'une section des *becs-fins*, comprenant le rouge-gorge, le rouge-gorge à dos bleu, la gorge-bleue, la gorge-noire, le rouge-queue. Voyez au mot Becs-fins, tome IV, les pages 244 et suiv. (Cн. D.)

RUBIGO. (*Bot.*) M. Persoon avoit donné ce nom à un genre de champignons dont les espèces parasites et épiphytes rentrent dans celles que l'on nomme vulgairement *rouilles*. Il en a fait par la suite la première division de son genre Uredo (voyez ce mot). Link a donné un autre genre *Rubigo*, qui a été adopté par Nées et Martius, et qui est le même que l'Erineum, Pers., comme Link l'a reconnu depuis; il est décrit à ce mot dans ce Dictionnaire, où ses principales espèces sont mentionnées, savoir: les *R. acerinum*, *populinum* et *betulinum*, Link. M. Persoon, dans sa Mycologie européenne, comprend avec l'*Erineum* les genres *Phyllerium*, *Taphria*, etc., de Fries. Link (*in* Willd., *Syst.* 6) présente l'*Erineum* divisé en deux sous-genres, dont le premier n'est que le Phyllerium (voyez ce mot) de Fries, et le second son ancien *Rubigo* ou l'*Erineum* proprement dit. Fries (*Syst. orb. veg.*), s'élève contre cette réunion, et il place le *Phyllerium* et l'*Erineum*, avec ses genres *Plegmatium* et *Taphria*, en un appendice qui renferme des champignons douteux, à spores naissant sur les fibres, les poils et les cellules des végétaux malades ou dégénérés: il ajoute même que les *Phyllerium* eux-mêmes peuvent n'être que des poils malades ; car, étant vus au microscope, leur structure, à la grandeur près, est la même. Cet aveu est à signaler, à présent que la plus grande confusion règne dans la cryptogamie microscopique, où l'on se plait à multiplier à l'infini des genres et des espèces, qui, pour la plupart, disparoîtront un jour, d'après des considérations semblables à celles avancées par Fries. Voyez Uredo et Erineum. (Lem.)

RUBIN. (*Ornith.*) On donne ce nom, en Frise, à la linotte ordinaire, *fringilla linaria.* Le même nom a aussi été appliqué à un gobe-mouches, le platyrhynque rubin, *muscicapa coronata*, Lath., et *platyrhynchos coronatus*, Vieill. Voyez le tome XLI de ce Dictionnaire, pag. 35o. (Ch. D.)

RUBINE. (*Min.*) C'est le nom que l'on donne dans l'ancienne minéralogie à plusieurs sulfures métalliques, natifs ou artificiels, à cause de leur couleur rouge.

Le Rubine d'arsenic est le réalgar.

Le Rubine blende est la blende ou sulfure de zinc rouge.

Le Rubine d'argent est l'argent rouge.

Le premier est presque le seul qui ait été employé dans plusieurs ouvrages de minéralogie. (B.)

RUBINE D'ANTIMOINE. (*Chim.*) C'est du sulfure d'antimoine, dissous par fusion dans du protoxide d'antimoine. (Ch.)

RUBINE ARSENICAL. (*Chim.*) C'est du sulfure d'arsenic rouge qui a été fondu. (Ch.)

RUBINE DE SOUFRE. (*Chim.*) Les anciens ont donné ce nom à la dissolution du soufre dans une huile fixe, qui a une couleur rouge plus ou moins analogue à celle du rubis. (Ch.)

RUBINGLIMMER. (*Min.*) C'est, pour les minéralogistes allemands, le fer hydroxidé d'un rouge-brun tirant sur l'hyacinthe. (B.)

RUBIOÏDES. (*Bot.*) Le genre qui avoit d'abord reçu ce nom de Solander, est maintenant l'*Opercularia* de Gærtner, genre qui tient le milieu entre les Valérianées et les Rubiacées, et qui a été pour nous le sujet d'un mémoire, inséré dans le quatrième volume des Annales du Muséum d'histoire naturelle. (J.)

RUBIS. (*Entom.*) Geoffroy a désigné sous ce nom spécifique, qui énonce la couleur de deux insectes coléoptères de genres divers, un Bupresse ou Richard, et une Altise. (C. D.)

RUBIS. (*Ornith.*) Voyez la figure de ce colibri dans le

tome 1.ᵉʳ des Oiseaux-mouches d'Audebert et Vieillot. Voyez aussi, pour cet oiseau et pour les rubis émeraude et topaze, le mot COLIBRI dans ce Dictionnaire. (CH. D.)

RUBIS ou ŒIL DE RUBIS RADIÉ. (*Conchyl.*) Il paroît que l'on donne encore quelquefois ce nom à une espèce de patelle, *P. granularis*, Linn. (DE B.)

RUBIS. (*Min.*) Le nom de rubis a été donné à plusieurs substances pierreuses rouges, qui n'ont rien de commun entre elles, si ce n'est la couleur; mais les joailliers et les anciens minéralogistes l'appliquoient plus particulièrement à la substance que nous nommons *spinelle* et à celle que nous avons déjà décrite sous le nom de *corindon télésie rubis;* la première étoit leur *rubis spinelle*, et la seconde leur *rubis oriental.* Dans l'Inde le mot rubis est généralement donné à toutes les pierres, quelles que soient d'ailleurs leur nature et leur couleur: l'émeraude est un rubis vert, la topaze un rubis jaune, etc.

1.ᵒ Le rubis spinelle n'est, pour nous, qu'une sous-espèce du spinelle proprement dit, qui réunit plusieurs autres substances qui étoient inconnues à l'ancienne minéralogie et qui n'ont jamais été rangées parmi les rubis.

Dans son état de perfection le rubis spinelle est d'un rouge pourpre; cette belle teinte passe à l'écarlate en conservant toute la valeur que l'on attache à cette pierre précieuse; mais elle perd dans l'estime des amateurs, lorsqu'elle s'affoiblit en tirant sur le rosâtre ou la teinte jaunâtre du vinaigre, ou bien encore lorsque la pierre blanche est simplement lavée de rosâtre. Les rubis bleuâtres ou verdâtres sont encore moins estimés que les précédens, parce que ces teintes sont toujours sombres et impures.

La couleur rouge du rubis spinelle, étant due à quelques centièmes d'acide chromique, résiste à l'action du feu, tandis que la plupart des autres pierres rouges passent au brun ou se décolorent quand on les soumet à la même épreuve; les grenats deviennent noirs, les corindons pâlissent, etc. Il y a des rubis parfaitement opaques, mais on doit bien penser qu'ils ne sont point admis dans le commerce, et qu'ils ne figurent que dans la collection des minéralogistes; ce qui arrive assez souvent encore, c'est que la couleur rouge du rubis est accompagnée d'un jeu de lumière qui la rend chatoyante et comme nacrée. Cet accident se rencontre quelquefois parmi les rubis polis, taillés et mis en œuvre.

Le rubis spinelle est une gemme très-estimée; sa rareté, sa dureté qui ne le cède guère qu'à celle du diamant et du saphir, le brillant poli qui en est la suite nécessaire, sa belle couleur; enfin tout, excepté son volume, qui est toujours très-petit, se réunit pour lui donner beaucoup de valeur. Aussi a-t-on souvent cherché à le remplacer par d'autres pierres moins rares, d'une couleur analogue à la sienne, ainsi que nous le verrons bientôt.

Le rubis spinelle raie fortement le quarz et se laisse difficilement entamer par le corindon, dit *rubis oriental*. Il perd 27,88 p. $_0/^0$ de son poids dans l'eau, c'est-à-dire qu'un spinelle pesant 100^g dans l'air, n'en pèse plus que 72,22 dans l'eau. On trouve cette pierre soit sous la forme d'un solide régulier bipyramidal, composé de huit faces triangulaires, plus ou moins modifié, ou bien en petites masses arrondies, qui ont été évidemment roulées; l'on remarque que ces dernières sont toujours plus volumineuses que celles qui se présentent sous la forme octaèdre.

Voici quelques détails technologiques que nous devons à M. Léman, et dont on peut garantir l'exactitude: la taille qui convient le mieux au rubis spinelle est la forme dite *brillant à degrés*, à haute culasse et à table moyenne; et la monture la plus *assortissante* est celle d'un cordon de petits diamans.

On ne connoît guère dans le commerce de la joaillerie que trois sortes de rubis qui appartiennent réellement à notre spinelle, ce sont :

Le R. spinelle ponceau, le R. balais, et le R. teinte de vinaigre.

Un rubis spinelle ponceau, parfait dans sa couleur et dans sa transparence, d'une forme octogone, et de onze sur neuf millimètres de diamètre, vaut à Paris, suivant M. Léman, de cinq à six cents francs. Un rubis spinelle octogone, écarlate ou rose vif, du poids de six à sept karats et de douze millimètres de diamètre, vaut, suivant le même auteur, de mille à onze cents francs. Enfin on s'accorde assez généralement aussi sur ce point qu'un rubis spinelle qui excède le poids de quatre karats (seize grains), vaut moitié d'un diamant du même poids.

Un rubis balais, qui est ordinairement d'un rose violet, sans reflet laiteux, est encore une pierre fort estimée, surtout quand il atteint un certain volume. Le célèbre voyageur Chardin prétend que le nom de *rubis balais* provient de la corruption du mot *Balaxiam*, qui est le nom d'une contrée peu connue de l'Asie, ou de *Balaccham*, qui est le nom persan du Pégu, où l'on trouve beaucoup de pierres fines, et entre autres des rubis. Enfin, comme les spinelles s'appellent *bacham* sur la côte du Malabar, on pourra, si l'on veut, y trouver l'étymologie de l'épithète de *balais*. L'alamandine et l'almandine de Pline et de Théophraste paroissent être notre rubis spinelle.

La rareté et le petit volume du rubis spinelle et du rubis balais n'ont pas permis aux graveurs de l'antiquité d'exercer leurs talens sur cette pierre, et à peine a-t-on quelques rubis gravés par les modernes.

On trouve cette belle substance dans le sable des torrens et des ruisseaux de Ceilan, du Pégu et de plusieurs autres contrées de l'Inde, où ils sont associés à d'autres pierres précieuses, des saphirs, des topazes, des hyacinthes, etc. (Voyez, pour la partie minéralogique, le mot SPINELLE.)

Quant aux autres substances minérales qui ont reçu mal à propos le nom de *rubis*, nous citerons les suivantes :

1. *Rubis d'arsenic* ou *rubine*. C'est l'arsenic sulfuré rouge, dit réalgar.

2. *Rubis blanc*. Romé-de-l'Isle a donné ce nom à notre corindon télésie blanc ; mais on assure que les lapidaires de Pétersbourg et de Moscou travaillent une pierre blanche à quatre pans qu'ils nomment *rubis blanc*. Nous ne connoissons point cette pierre.

3. *Rubis de Bohème*. C'est tantôt le grenat pyrope, et tantôt le quarz hyalin rose.

4. *Rubis du Brésil*. C'est une topaze rouge dont la couleur est naturelle ou produite par l'art au moyen du feu. Dans tous les cas c'est une pierre fort estimée, car il arrive souvent que l'on brûle une belle topaze jaune, haute en couleur, pour lui donner une plus grande valeur, en changeant sa

téinte rousse en une nuance d'un rose brillant qui plait à l'œil. (Voyez Topaze.)

5. *Rubis cabochon.* Ce n'est autre chose qu'un rubis spinelle légèrement pàli ou simplement dégrossi, décroûté, ainsi que les Indiens le pratiquent souvent pour ne point diminuer le poids des grosses pierres.

6. *Rubis de Hongrie.* C'est un grenat d'un rouge violacé, qui se trouve dans les monts Krapacks.

7. *Rubis oriental.* La plupart des joailliers réservent le nom de rubis pour cette belle pierre, qui est notre *corindon télésie rubis*, et donnent plus particuliérement le nom de spinelle à notre rubis spinelle. Le premier diffère du second en ce qu'il est plus dur, qu'il perd moins de son poids dans l'eau et qu'il se décolore au feu. Le rubis oriental est une des gemmes les plus estimées. (Voyez Corindon télésie.)

8. *Rubis occidental.* C'est le quarz hyalin rose.

9. *Rubis de Sibérie.* Ce sont des tourmalines rouge-cramoisi parfaitement transparentes, du plus bel aspect, et qui reçoivent un assez beau poli. Aussi les fait-on souvent passer dans le commerce pour des rubis d'Orient ou des rubis spinelle; cependant leur moindre dureté, et la plus grande perte qu'elles font de leur poids dans l'eau peuvent facilement les faire reconnoître. (Voyez Tourmalines.)

10. *Rubis de soufre.* (Voyez Arsenic sulfupé rouge.)

11. *Rubis topaze.* Les lapidaires donnent ce double nom aux corindons télésie qui présentent une moitié jaune et une moitié rouge. (Voyez Corindon.)

Voici le tableau comparatif de la perte du poids dans l'eau des différentes pierres rouges qui pourroient se confondre, soit avec le rubis spinelle, soit avec le rubis d'Orient.

Le rubis spinelle perd.... 27,88 p. % dans l'eau.
Le rubis d'Orient — 23,40
Le rubis de Bohême perd 25, =
Le rubis du Brésil perd .. 28,20
Et le rubis de Sibérie — .. 31, =

Ce caractère seul suffit pour lever tous les doutes au sujet des pierres différentes d'une même couleur; et plus elles sont volumineuses, et plus la différence de cette perte devient sensible. (Brard.)

RUBISSO. (*Bot.*) Nom provençal de l'*adonis œstivalis*, cité par Garidel. (J.)

RUBITEUW-MORSKI. (*Ornith.*) Nom polonois de la petite mouette cendrée, *larus ridibundus*, Linn. (Ch. D.)

RUBRICA. (*Ornith.*) C'est dans Gesner le bouvreuil commun, *loxia pyrrhula*, Linn. (Ch. D.)

RUBRICA ou RUBRIQUE. (*Min.*) C'est le nom tantôt de l'ocre rouge artificiel, le *Ræthel* des minéralogistes allemands, tantôt du fer oligiste terreux, ou sanguine. (B.)

RUBULE. (*Foss.*) On rencontre dans la couche du calcaire grossier de Hauteville, département de la Manche, de petits corps calcaires de deux à trois lignes de longueur, et qui affectent différentes formes plus ou moins alongées. On croit être assuré qu'intérieurement il existe un petit vide qu'on aperçoit souvent à l'un des bouts de ces petits corps: mais on ne voit pas qu'il se présente à l'autre bout. Ces corps sont couverts de petites aspérités irrégulières, quelquefois bifurquées, au bout desquelles on voit souvent, avec l'œil armé d'une loupe, de très-petits trous.

Il est extrêmement probable que ces petits corps, qui, à notre connoissance, n'ont pas encore été signalés, appartiennent à l'ordre des polypiers; mais nous n'en sommes pas certains : nous avons cru devoir les décrire et les faire figurer dans les planches de l'atlas de ce Dictionnaire sous le nom générique de Rubule, et nous avons donné à la seule espèce que nous connoissons, le nom de rubule de Soldani, *rubula Soldanii.* (D. F.)

RUBUS. (*Bot.*) Voyez Ronce. (L. D.)

RUCAN. (*Bot.*) A Java, suivant Rumph, on donne ce nom à une espèce de calac. très-épineuse, qui est le *carissa spinarum* de Linnæus. (J.)

RUCH. (*Ornith.*) Voyez Roch. (Ch. D.)

RUCHE ou RUSCHE. (*Ornith.*) Un des noms vulgaires du rouge-gorge. (Ch. D.)

RUCHE. (*Entom.*) C'est la demeure artificielle dans laquelle on établit et où l'on soigne les essaims de l'abeille à miel pour en obtenir le miel, la cire et la multiplication de l'espèce. Voyez tome Ier de ce Dictionnaire, page 52 et suivantes, où nous avons fait connoître les ruches. (C. D.)

RUCK. (*Ornith.*) Ce mot anglois est, dans Klein, *Ordo avium*, p. 147, synonyme de son *plautus tonsor*, ou pingouin. (Ch. D.)

RUCKAIA. (*Mamm.*) Ce nom est donné à Ceilan à une espèce d'écureuil, le *sciurus macrourus*, Gmel. (Desm.)

RUD. (*Ichthyol.*) Voyez Rotèle. (H. C.)

RUDA. (*Bot.*) Nom languedocien de la rue, cité par Gouan. C'est le *rudo* des Provençaux, selon Garidel. (J.)

RUDBECKIA. (*Bot.*) Ce nom, appartenant maintenant à un genre de la famille des corymbifères, avoit été donné par Houstoun et Adanson au *Conocarpus* de Linnæus. Le *Phalangium* de Tournefort, genre d'Asphodelées, est nommé *Rydbeckia* par Necker. Voyez Rudbèque. (J.)

RUDBECKIÉES. (*Bot.*) C'est la quatrième des cinq sections que nous avons établies dans la tribu naturelle des Hélianthées. Elle est intermédiaire entre celle des Prototypes, qui la précède, et celle des Millériées, qui la suit.

Nous avons déjà exposé (tom. XX, pag. 347) les caractères de ces cinq sections, et (tom. XXXVIII, pag. 16) la liste alphabétique des genres appartenant à chacune d'elles. Nous allons présenter ici le tableau méthodique de la section des Rudbeckiées.

Quatrième Section.

Hélianthées-Rudbeckiées (*Heliantheæ-Rudbeckieæ*).

Caractères ordinaires : Ovaire tétragone, glabre, pas sensiblement comprimé, ayant ses deux diamètres égaux, comme tronqué au sommet ; aigrette stéphanoïde.

I. Rudbeckiées vraies. Disque androgyniflore (rarement masculiflore au centre) ; couronne neutriflore (rarement nulle).

(A) Feuilles ordinairement alternes.

1. * Tithonia. = *Tithonia.* Desf. — Juss. (1789) — H. Cass. Dict. v. 35. p. 277 — *Helianthi sp.* Jacq. (1798).

2. * Echinacea. = *Bobartia.* Petiver (1695) — *Rudbeckiæ sp.* Gron. (1743) — Lin. — *Echinacea.* Mœnch (1794) — H. Cass. Dict. v. 35. p. 274.

3. * Dracopis. = *Rudbeckiæ sp.* Hort. par. — *An ? Ratibida.* Rafin. — *Dracopis.* H. Cass. (1825) Dict. v. 35. p. 273.

4. * Obeliscaria. = *Rudbeckia.* Neck. — *Rudbeckiæ sp.* Vent.

(1800) — *An ? Obelisteca aut Lepachys.* Rafin. (1817, 1819, 1820) — *Obeliscaria.* H. Cass. (1825) Dict. v. 35. p. 272.

5. * Rudbeckia. = *Coronæ solis sp.* Tourn. — *Obeliscotheca.* Vaill. (1720) — *Rudbeckia.* Lin. (1737) — Gærtn. — Mœnch — H. Cass. Dict. (hìc) — *Obeliscothecæ sp.* Adans. — *Brauneria.* Neck.

(B) Feuilles ordinairement opposées.

6. † ? Heliophthalmum. = *Heliophthalmum.* Rafin. (1817) — H. Cass. Dict. v. 20. p. 471.

7. † Gymnolomia. = *Gymnolomia.* Kunth (1820) — H. Cass. Dict. v. 20. p. 124.

8. * Chatiakella. = *Chatiakelle.* Surian (ined.) — *Ceratocephali sp.* Vaill. (malè) — *Ukakou sp.* Adans. (malè) — *An ? Chylodia.* Rich. (ined.) (Non *Chilodia.* R. Brown) — *Verbesinæ sp.* Poir. (1808) — *Chatiakella.* H. Cass. (1823) Dict. v. 29. p. 491. Dict. (hìc) — *Crodisperma.* Poit. (ined.).

9. † Wulffia. = *Coreopseos sp.* Lin. fil. (1781) — *Wulffia.* Neck. (1791) — *An ? Chylodia.* Rich. (ined.).

10. † ? Tilesia. = *Tilesia.* Meyer (1818).

11. † ? Podanthus. = *Podanthus.* Lag. (1816).

II. Héliopsidées. Disque androgyniflore (rarement masculiflore au centre); couronne féminiflore.

(A) Feuilles alternes; calathides corymbées.

12. * ? Ferdinanda. = *Ferdinanda.* Lag. (1816. malè) — H. Cass. (1820) Dict. v. 16. p. 429.

(B) Feuilles opposées; calathides solitaires.

13. * Diomedea seu Diomedella. = *Coronæ solis sp.* Plum. — Tourn. — *Asterisci sp.* Dill. — *Buphthalmi sp.* Lin. — Mœnch — *Borrichia.* Adans. (1763) — *An ? Odontospermum.* Neck. (1791) — *Diomedea.* H. Cass. (1814) Bull. oct. 1815. p. 175. Journ. de phys. févr. 1816. p. 145. Bull. mai 1817. p. 70. Dict. v. 13. (1819) p. 283 — Kunth (1820).

14. * Heliopsis. = *Buphthalmi, Helianthi, Rudbeckiæ, Silphii sp.* Lin. — *Heliopsis.* Pers. (1807) — H. Cass. Dict. v. 20. p. 472. Bull. 1821. p. 187. Dict. v. 24. p. 332 — *Heliopseos sp.* Dunal (1819).

15. * Kallias seu Callias. = *Anthemidis sp.* Jacq. (1797) — Orteg. — *Acmellæ sp.* Pers. — *Heliopseos sp.* Dunal — ? Kunth — *Kallias.* H. Cass. (1822) Dict. v. 24. p. 326.

16. * Pascalia. = *Pascalia.* Orteg. (1797) — H. Cass. Dict. (hic).

17. * Helicta. = *Helicta.* H. Cass. Bull. nov. 1818. p. 167. Dict. v. 20. p. 461.

18. * Stemmodontia. = *Stemmodontia.* H. Cass. Bull. janv. 1817. p. 11. Dict. (hic) — *An? Wedeliæ hispida et helianthoides.* Kunth (1820).

19. * Wedelia. = *Wedelia.* Jacq. (1763) — Rich. et Pers. (1807) — H. Cass. Dict. (hic) — *Cargillæ sp.* Adans. — *Polymniæ sp.* Lin.

20. * Trichostemma. = *Trichostemma.* H. Cass. Dict. (hic).

21. * Eclipta. = *Eupatoriophalacri sp.* Vaill. (1720) — Dill. (1732) — *Verbesinæ sp.* Lin. (1737) — *Eupatoriophalacron.* Adans. (1763) — *Eclipta.* Lin. (1767) — Gærtn. (1791) — H. Cass. (1819) Dict. v. 14. p. 231 — *Micrelium.* Forsk. (1775) — *Ecliptæ sp.* Kunth (1820).

III. Baltimorées. Disque masculiflore ; couronne féminiflore.

22. * Baltimora. = *Baltimora.* Lin. (1767) — Gærtn. (1791) — Mœnch (1794) — H. Cass. Dict. (hic) — *Niebuhria.* Scop. (1777) — Neck. (1791).

23. † Fougeria. = *Fougeria.* Mœnch (1802) — H. Cass. Dict. v. 17. p. 283.

1. L'auteur du genre *Tithonia* lui ayant attribué une aigrette de cinq squamellules paléiformes, nous l'avions rapporté d'abord à la section des Héléniées : mais une calathide sèche, que nous avons soigneusement analysée, et qui est décrite à la fin de notre article Obéliscaire (tom. XXXV, pag. 277), nous a prouvé que ce genre appartenait réellement à la section des Rudbeckiées, au commencement de laquelle il doit être placé, parce qu'il est très-voisin de la section des Prototypes, et notamment du genre *Helianthus.* Les fruits sont oblongs, tétragones, lisses, glabriuscules, pourvus d'une aigrette stéphanoïde, élevée, coriace, roide, incisée, découpée et denticulée très-irrégulièrement, inégalement et variablement ; l'aigrette des fruits intérieurs nous

a offert en outre une ou deux squamellules plus ou moins' longues, filiformes, triquètres ou laminées, subulées, roides, un peu barbellulées sur les angles, nées sur le même rang que l'aigrette stéphanoïde, entre ses divisions, et souvent confluentes par la base avec elle. Nous présumons que l'*Helianthus tubæformis* de Jacquin est une seconde espéce du genre *Tithonia*.

2. L'*Echinacea* de Mœnch est fondé sur la *Rudbeckia purpurea*, Lin., qui mérite de former un genre distinct, à raison des particularités remarquables qu'elle présente. Les corolles du disque sont verdâtres et très-singulières : leur tube est nul, en sorte que les filets des étamines sont libres ou presque libres, c'est-à-dire, à peine adhérens à la base de la corolle; le limbe, qui subsiste seul, est urcéolé, ayant sa partie inférieure très-élargie, arrondie, prodigieusement épaissie sur la paroi interne par une grosse masse charnue, qu'on reconnoît aisément en faisant une coupe longitudinale. Les languettes de la couronne sont purpurines, très-longues et pendantes. L'aigrette est verte, épaisse, cartilagineuse, irrégulière, quadrilobée et denticulée. Les squamelles du clinanthe sont, comme celles du *Tithonia*, supérieures aux fleurs et spinescentes au sommet. La *Rudbeckia napifolia* de M. Kunth sembleroit avoir des rapports avec l'*Echinacea;* mais, d'après la description de l'auteur, nous conjecturons que cette plante doit former un genre distinct, et même qu'elle n'appartient pas réellement à la section des Rudbeckiées, mais plus probablement à celle des Héléniées, dans laquelle elle seroit peut-être voisine des genres *Selloa* et *Sabazia*.

3. Notre genre ou sous-genre *Dracopis*, fondé sur la *Rudbeckia amplexicaulis*, se rapproche beaucoup de l'*Obeliscaria*, dont il nous paroit toutefois se distinguer suffisamment, 1.° par le péricline formé de squames régulièrement disposées sur deux rangs bien distincts, les squames intérieures étant très-différentes des extérieures, beaucoup plus petites, et tout-à-fait semblables aux squamelles du clinanthe ; 2.° par les squamelles du clinanthe apiculées au sommet ; 3.° par les ovaires extérieurs munis d'un rudiment d'aigrette stéphanoïde, qui n'existe point sur les ovaires intérieurs ; 4.° par les corolles du disque pourvues d'un tube assez long et bien

distinct du limbe, dont la partie inférieure est un peu renflée et arrondie; 5.° par les fleurs de la couronne, qui n'offrent point de rudimens d'étamines avortées.

4. L'*Obeliscaria*, ayant pour type la *Rudbeckia pinnata*, Vent., a tous ses ovaires absolument privés d'aigrette, ce qui est son caractère essentiellement distinctif.

5. Le vrai genre *Rudbeckia* a pour type la R. *laciniata*, qui nous a offert les caractères génériques suivans.

Calathide radiée : disque multiflore, régulariflore, androgyniflore; couronne unisériée, liguliflore, neutriflore. Péricline supérieur aux fleurs du disque; formé de squames subunisériées, inégales, inappliquées, oblongues-lancéolées, foliacées. Clinanthe conique-cylindracé, élevé; garni de squamelles inférieures aux fleurs, demi-embrassantes, oblongues, trinervées. *Fleurs du disque :* Ovaire oblong, tétragone, glabre, muni d'une petite aigrette stéphanoïde, cartilagineuse, inégalement et irrégulièrement crénelée; corolle à tube extrêmement court, à limbe cylindracé, non renflé à sa base, mais conforme au tube inférieurement, élargi supérieurement. *Fleurs de la couronne :* Faux-ovaire inovulé ; style nul; corolle à tube presque nul, à languette longue.

Les corolles du disque diffèrent de celles des quatre genres précédens, principalement en ce que le limbe n'est point renflé à sa base, et même qu'il se confond extérieurement avec le tube.

6. Le genre *Heliophthalmum* de M. Rafinesque, que nous plaçons ici avec doute, paroît différer beaucoup de toutes les autres Rudbeckiées, et même nous soupçonnons que ses rapports naturels l'éloignent du type de cette section. Si nous comprenons bien la description incomplète et peu intelligible tracée par l'auteur, sa plante a le clinanthe plan et presque nu, n'ayant qu'un seul rang de squamelles scarieuses, colorées, interposées entre la couronne et le disque ; les feuilles sont bipinnées, à folioles laciniées. Selon M. Rafinesque, le péricline seroit planiuscule, ce qui est presque inconcevable pour nous, si le clinanthe est plan : car un vrai péricline plan ne peut naturellement s'associer qu'à un clinanthe convexe. Mais l'auteur considère les squames intérieures du péricline comme des squamelles du clinanthe entourant exté-

rieurement les fleurs de la couronne ; il est donc vraisemblable que le péricline est double ou involucré, l'extérieur
involucriforme, étalé, plurisérié, foliacé, l'intérieur ou vrai
péricline dressé, unisérié, membraneux, coloré; et nous
pouvons conjecturer que la plante en question appartient à
la section des Coréopsidées, ce qu'il faudra vérifier par l'examen de la forme des fruits, que M. Rafinesque a négligé de
décrire.

7. Le genre *Gymnolomia* de M. Kunth est remarquable par
ses ovaires d'abord linéaires et aigrettés, puis obovés et sans
aigrette, ceux du centre ordinairement stériles. L'auteur
soupçonne que ce genre est le même que le *Wulffia* de
Necker, ce qui n'est pas admissible si les fruits du *Gymnolomia* sont secs et ceux du *Wulffia* charnus ou succulens.
Il croit son genre très-voisin du *Wedelia* et du *Chrysanthellum* ; mais le *Chrysanthellum* est de la section des Coréopsidées, et le *Wedelia* a la couronne féminiflore. Nous pensons
donc que le *Gymnolomia* doit être rapproché du *Rudbeckia*,
ce qui semble confirmé par l'observation de M. Kunth, que
son *Gymn. rudbeckioides* ressemble par son port à quelques espèces de *Rudbeckia*.

8. Le genre *Chatiakella* paroit suffisamment distinct du
Gymnolomia et du *Wulffia*, entre lesquels nous l'avons placé.
Nous en connoissons deux espèces, qu'il convient de signa-
ler ici.

Chatiakella platyglossa, H. Cass. Tige herbacée, dressée,
haute, droite, striée, parsemée de poils rudes, appliqués;
rameaux divergens; feuilles opposées, à pétiole grêle, long
de cinq lignes, à limbe ovale-lancéolé, long de quatre pouces,
large de deux pouces, légèrement denté en scie, parsemé
sur les deux faces de poils courts et roides; chaque rameau
terminé par trois calathides, portées chacune sur un long
pédoncule nu, grêle, hispide, l'intermédiaire plus court et
plus grêle, les deux latéraux plus longs, épais inférieurement; calathides très-radiées, larges d'environ huit lignes,
et composées de fleurs jaunes; disque multiflore, régulariflore, androgyniflore ; couronne unisériée, liguliflore, neutriflore ; péricline campanulé, inférieur aux fleurs du disque;
formé de squames bi-trisériées, les extérieures larges, ovales,

coriaces-foliacées, appliquées inférieurement, inappliquées supérieurement, les intérieures plus petites, squamelliformes; clinanthe planiuscule, garni de squamelles inférieures aux fleurs, embrassantes, oblongues-lancéolées, coriaces-foliacées, aiguës et spinescentes au sommet; ovaires du disque oblongs, subtétragones, glabres, munis d'une aigrette stéphanoïde, continue, très-courte, frangée au sommet; faux-ovaires de la couronne courts, trigones, glabres, privés de style, mais pourvus d'une très-petite aigrette stéphanoïde, frangée; corolles du disque à tube court, obconique, à limbe long, large, cylindracé, à cinq divisions; corolles de la couronne à tube court et large, à languette large, plurinervée, à peine tridentée au sommet.

Nous avons fait cette description sur un échantillon sec, recueilli dans la Guiane françoise par M. Poiteau, et qui se trouve dans l'herbier de M. Gay, où il est étiqueté *Crodisperma aspera*, Poit.

Chatiakella stenoglossa, H. Cass. C'est bien certainement cette plante-ci, et non la *Melanthera urticæfolia*, qui, d'après une indication manuscrite de Vaillant, est nommée Chatiakelle dans l'herbier de Surian. (Voyez notre discussion sur cette synonymie, tom. XXIX, pag. 490.) Elle y porte aussi le nom de *Chylodia sarmentosa*, écrit au crayon de la main de Richard. M. Poiret l'a décrite, sous le nom de *Verbesina oppositiflora*, dans le tom. VIII (pag. 460) du Dictionnaire de botanique de l'Encyclopédie méthodique. Enfin, c'est la même plante sur laquelle nous avons observé les caractères du genre *Chatiakella*, tels qu'ils sont exposés d ns notre article MÉLANTHÈRE (tom. XXIX, pag. 491). Il suffit donc de noter ici que le caractère qui nous semble distinguer le plus nettement les deux espèces, réside dans les languettes de la couronne, qui sont larges dans la *platyglossa*, étroites dans la *stenoglossa*. Remarquons encore que l'aigrette de la *platyglossa* est frangée, tandis que celle de la *stenoglossa* ne l'est point du tout.

9. Le genre *Wulffia* de Necker, fondé sur la *Coreopsis baccata*, doit, d'après la description de Linné fils, avoir les fruits en baies, c'est-à-dire, pulpeux, ce qui suffit pour le distinguer du *Chatiakella*, dont les ovaires observés par nous ne

semblent pas susceptibles de devenir des baies en mûrissant. Nous sommes bien tenté de croire que le genre nommé *Chylodia* par Richard, et auquel il attribuoit des fruits en baies ou succulens, est réellement fondé, comme le *Wulffia*, sur la *Coreopsis baccata*; et que ce botaniste, trompé par les analogies et les apparences extérieures, a rapporté la Chatiakelle au même genre, sans observer ses ovaires ni ses fruits. Ainsi le *Chylodia* seroit synonyme du *Wulffia* et non du *Chatiakella*.

10. Quoique le genre *Tilesia* ait été décrit avec beaucoup de détails par son auteur, cette description est tellement obscure et embrouillée, qu'elle nous laisse dans l'ignorance ou dans le doute sur plusieurs points importans, tels, par exemple, que le sexe des fleurs de la couronne. Si ces fleurs sont vraiment femelles, le *Tilesia* devra être transféré dans le groupe des Héliopsidées, auprès du *Kallias*: mais si, comme nous le présumons, la couronne est neutriflore, ce genre doit rester auprès du *Wulffia* dans le groupe des Rudbeckiées vraies. Selon M. Meyer, les fruits sont obpyramidaux, tétragones, ridés, munis d'une triple enveloppe sèche et dure; l'aigrette est nulle; le clinanthe est hémisphérique; la calathide est tantôt composée de fleurs toutes régulières et hermaphrodites, tantôt pourvue d'une couronne de fleurs ligulées.

11. Le *Podanthus*, ayant la calathide incouronnée, semble pouvoir être indifféremment rapporté, soit aux Rudbeckiées vraies, soit aux Héliopsidées. La description trop courte et incomplète de M. Lagasca n'est pas propre à fixer la place de ce genre par la considération des affinités. L'auteur dit que les fleurs sont pédicellées (*Flosculi pedicellati*), ce qui peut faire soupçonner quelques rapports avec le *Wedelia*, dont la partie inférieure de l'ovaire ressemble un peu quelquefois à une sorte de pédoncule. Cependant nous plaçons provisoirement le *Podanthus* auprès du *Tilesia*, dont la calathide est souvent incouronnée, et sur la limite des deux groupes auxquels il peut appartenir.

12. Le genre *Ferdinanda* offre des analogies notables avec le *Zaluzania*, qui est de la section des Milliériées. Néanmoins nous croyons devoir l'associer aux Rudbeckiées, surtout à cause de son aigrette. D'après cela, son disque androgyniflore

et sa couronne féminiflore le fixent dans le groupe des Héliopsidées, avec lesquelles cependant il sympathise mal à cause de ses feuilles alternes et de ses calathides corymbées. Ce dernier caractère est même insolite dans toute la section. La véritable place du *Ferdinanda* est donc difficile à assigner avec certitude : mais en tout cas elle ne peut pas être celle que M. Lagasca lui avoit attribuée entre l'*Anthemis* et l'*Anacyclus;* car il appartient indubitablement à la tribu des Hélianthées, et non à celle des Anthémidées. Ce botaniste a commis une autre erreur, en disant que l'aigrette est composée de deux à cinq squamellules paléiformes, tandis qu'elle est réellement stéphanoïde. Il est vrai que l'exacte distinction de ces deux sortes d'aigrettes est souvent délicate et quelquefois subtile, et que d'habiles observateurs, tels que Gærtner, M. Desfontaines, etc., les ont confondues, en attribuant une aigrette composée de plusieurs squamellules paléiformes distinctes, aux *Eclopes*, *Eclipta*, *Baltimora*, *Tithonia*, etc., qui n'ont vraiment qu'une simple aigrette stéphanoïde plus ou moins divisée.

13. Le nom de *Diomedea* étant consacré depuis long-temps à un genre d'oiseaux, on pourroit nommer *Diomedella* le genre comprenant les faux *Buphthalmum* à tige ligneuse et à feuilles opposées. A l'époque où nous avons publié ce genre *Diomedea* ou *Diomedella*, nous ignorions assurément qu'il eut déjà été proposé par Adanson, sous le nom de *Borrichia*, et probablement aussi par Necker, sous celui d'*Odontospermum*. Depuis la publication de notre *Diomedea*, aucun botaniste n'a remarqué cette synonymie générique, que le hasard nous a fait découvrir tardivement, en étudiant les genres peu connus d'Adanson et de Necker. Si cette synonymie eût été révélée à M. Kunth, il n'auroit pas manqué de décrire le genre dont il s'agit sous le nom de *Borrichia*, et en cela il n'auroit commis à notre égard aucune injustice.

14. Le genre *Heliopsis* diffère du précédent parce que son clinanthe est conique et que ses ovaires sont absolument privés d'aigrette. La nouvelle espèce que nous avons décrite (tom. XXIV, pag. 532) sous le nom de *platyglossa*, est remarquable surtout par la largeur de ses languettes : ses feuilles supérieures sont alternes.

15. Notre genre *Kallias* (ou *Callias*), fondé sur l'*Anthemis buphthalmoides* de Jacquin, et confondu avec l'*Heliopsis* par M. Dunal, mérite d'en être distingué, au moins comme sous-genre, parce que ses fruits sont drupacés et ridés, et que les corolles de sa couronne sont privées de tube et continues avec l'ovaire.

16. Le *Pascalia* d'Ortéga, que nous avons observé au Jardin du Roi, nous a offert les caractères génériques suivans.

Calathide radiée : disque multiflore, régulariflore, androgyniflore ; couronne unisériée, liguliflore, féminiflore. Péricline à peu près égal aux fleurs du disque, orbiculaire, irrégulier ; formé de squames subbisériées, inégales, linéaires, subfoliacées. Clinanthe conique, peu élevé, garni de squamelles inférieures aux fleurs, demi-embrassantes, lancéolées. Ovaires du disque obovoïdes, subtétragones, glabres, munis d'une petite aigrette stéphanoïde irrégulière, cartilagineuse ; ovaires de la couronne triquètres, lisses, munis d'une très-petite aigrette stéphanoïde.

Nous n'avons point vu les fruits mûrs, que l'on dit être drupacés ; mais nous avons soigneusement étudié la structure des ovaires. Ceux du disque sont obovoïdes, tronqués aux deux bouts, un peu comprimés bilatéralement, glabres, lisses, luisans, verdâtres, offrant quatre faces peu manifestes, limitées par quatre arêtes arrondies ; les aréoles basilaire et apicilaire sont larges ; le sommet de l'ovaire est arrondi et rétréci au-dessous de l'aigrette ; celle-ci forme une couronne ou un rebord un peu évasé, épais, charnu, cartilagineux, irrégulièrement et inégalement prolongé çà et là en quelques dents coniques. Les ovaires de la couronne sont semblables à ceux du disque, si ce n'est qu'ils sont triquètres et un peu courbés en dedans. La substance du péricarpe futur est très-épaisse, charnue, cellulaire, offrant déjà les indices d'une pannexterne et d'une panninterne ; l'ovule ne remplit point la cavité de l'ovaire, dont il n'occupe que la partie inférieure ; il est obovoïde, comprimé, à prostype simple, à hile à peine latéral. Le nectaire est cylindrique et creux.

Les fruits drupacés rapprochent le *Pascalia* du *Kallias*, dont il se distingue suffisamment par la présence de l'aigrette.

17. Notre genre *Helicta* se rapproche du *Wedelia*, dont il

differe par l'aigrette. qui n'est point membraneuse, frangée, ni portée sur un col formé par l'étrécissement du sommet de l'ovaire. Ajoutons que les corolles de la couronne ont le tube fendu, que les corolles du disque ont le tube nul, et que les étamines ont le filet libre.

18. Notre genre *Stemmodontia* présente les caractères suivans.

STEMMODONTIA. Calathide radiée : disque multiflore, régulariflore. androgyniflore ; couronne unisériée, liguliflore. féminiflore. Péricline campanulé, à peu près égal aux fleurs du disque. formé de squames irrégulièrement bi-trisériées : les extérieures (ordinairement au nombre de cinq) un peu inégales, oblongues-lancéolées, à partie inférieure appliquée, coriace, a partie supérieure inappliquée, foliacée; les intérieures un peu plus nombreuses et un peu plus courtes. oblongues. appliquées, subcoriaces, à bords membraneux et frangés. Clinanthe planiuscule ou un peu convexe, garni de squamelles inférieures aux fleurs, mais supérieures aux fruits, embrassantes. concaves, oblongues-lancéolées, coriaces-membraneuses, uninervées. souvent ailées sur le dos de la nervure. *Fleurs du disque :* Ovaire un peu comprimé bilatéralement. subcylindracé, oblong, hispidule, marqué de taches violettes ; aigrette sessile, stéphanoïde, élevée, poculiforme, à partie inférieure entière, épaisse, charnue, à partie supérieure irrégulièrement divisée en lanières inégales, ciliées-denticulées, dont une ou deux ordinairement prolongées en squamellules filiformes, courtes, épaisses, roides, barbellulées. Corolle à tube long comme la moitié du limbe, à limbe subpyriforme, à divisions hérissées, sur les bords de leur face interne, de longues papilles filiformes, à base globuleuse. Étamines à filet greffé à la corolle jusqu'au sommet de son tube ; à anthère noire. pourvue d'un appendice apicilaire glanduleux. *Fleurs de la couronne :* Ovaire un peu obcomprimé, oblong. très-glabre et lisse, marqué de lignes violettes, aigretté à peu près comme l'ovaire des fleurs du disque. Corolle à tube assez long et point fendu, à languette large, elliptique. binervée et bidentée.

Stemmodontia scaberrima, H. Cass. Plante herbacée, hérissée, sur toutes ses parties vertes, de poils qui sont eux-mêmes hérissés d'aspérités. et par conséquent très-rudes au toucher;

tige dressée, haute d'un pied et demi, très-rameuse, diva-
riquée, cylindrique ; feuilles opposées, longues d'environ
trois pouces, larges d'environ un pouce et demi, ovales-lancéolées, souvent rhomboïdales, étrécies inférieurement en
forme de pétiole, triplinervées, irrégulièrement et inégalement dentées, quelquefois lobées ; calathides larges d'un
pouce, hautes d'un demi-pouce, solitaires au sommet de rameaux pédonculiformes, terminaux et latéraux, longs de six
à huit pouces, dressés, nus, grêles et roides ; corolles jaunes-
orangées.

Nous avons fait cette description spécifique, et celle des
caractères génériques, sur plusieurs individus vivans, cultivés
au Jardin du Roi, où ils fleurissoient en Août et Septembre,
et où ils n'étoient accompagnés d'aucune étiquette indiquant
leur nom et leur origine. Il est probable que la *Wedelia
hispida* de M. Kunth est de la même espèce que notre plante,
et que sa *Wedelia helianthoides* est une seconde espèce du
même genre.

Notre plante a des poils longs et roides, dont la surface,
vue à la loupe, est tuberculeuse et scabre. Le nectaire est
tubuleux, denticulé, blanchâtre. Nous avons observé, dans
quelques calathides, des fruits mûrs appartenant au disque :
ils étoient comprimés bilatéralement, obovoïdes, épais, hispidules, noirâtres, ou marqués de taches rouges, bordés sur
chacune des deux arêtes, extérieure et intérieure, d'un bourrelet, qui devenoit très-saillant et presque en forme d'aile
sur le haut du fruit ; chacune des deux faces latérales de ce
fruit portoit près de sa base une énorme bosse ou excroissance tuberculeuse, hémisphérique, charnue, pleine. Il y
avoit beaucoup de fruits stériles, plus longs et grêles, mêlés
parmi les fruits fertiles. Les ovaires de quelques autres calathides, observées pendant la fleuraison, ne nous ont présenté
ni bosses, ni bordure. Il est vraisemblable que ces parties
accessoires existent sur tous les fruits mûrs et parfaits, mais
qu'elles ne se produisent qu'après la fleuraison ; car on ne
peut guère supposer que ce soient des productions accidentelles qui se trouveroient dans quelques calathides, et ne se
retrouveroient point dans les autres. Cependant nous n'avons
pas osé admettre ces bosses ni cette bordure dans la descrip-

tion des caractères génériques. Remarquez que, dans la *We-delia helianthoides* de M. Kunth, qui est probablement une espèce de *Stemmodontia*, les fruits de la couronne sont entourés d'une large bordure membraneuse en forme d'aile, que cette bordure paroît être nulle sur les fruits du disque, et qu'il n'y a de bosses sur aucun fruit.

Le *Stemmodontia* s'éloigne, à certains égards, du type des Rudbeckiées, et semble se rapprocher des Hélianthées-Prototypes.

19. Le genre *Wedelia* doit, selon nous, être caractérisé de la manière suivante.

Calathide radiée : disque multiflore, régulariflore, androgyniflore ; couronne unisériée, liguliflore, féminiflore. Péricline égal ou supérieur aux fleurs du disque, formé de squames peu nombreuses, bisériées ; les extérieures plus grandes, foliacées. Clinanthe plan, garni de squamelles plus ou moins inférieures aux fleurs, oblongues, membraneuses. Ovaires oblongs, tétragones ou trigones, amincis aux deux bouts, un peu enflés au milieu, hispides, papillés ou tuberculeux supérieurement, nus inférieurement, comme étranglés au sommet ; aigrette stéphanoïde, subcampanulée, membraneuse, irrégulièrement denticulée et frangée. Corolles de la couronne à tube court, à languette large, bi-trilobée au sommet.

Nous avons observé ces caractères sur des échantillons secs de *Wedelia carnosa*, Pers., et de quelques autres espèces. La forme singulière de l'ovaire est ce qui distingue essentiellement ce genre de tous les précédens : cet ovaire offre une partie inférieure mince, nue, presque en forme de stipe, et une partie supérieure plus épaisse, garnie de poils, de papilles ou de tubercules ; enfin, le sommet est comme étranglé au-dessous de l'aigrette, qui se trouve ainsi supportée par une sorte de col extrêmement court.

20. Le *Trichostemma* peut être considéré comme un sous-genre du *Wedelia*, dont il ne diffère qu'en ce que l'aigrette est remplacée par un bourrelet apicilaire dilaté horizontalement et portant une ceinture de poils dressés.

TRICHOSTEMMA, H. Cass. Calathide radiée : disque multiflore, régulariflore, androgyniflore ; couronne unisériée. liguliflore. féminiflore. Péricline un peu irrégulier, un peu supérieur

aux fleurs du disque, formé de squames bisériées, peu nombreuses, grandes, ovales-lancéolées, foliacées, les extérieures
plus longues et plus larges. Clinanthe un peu conique, très-
peu élevé, garni de squamelles un peu supérieures aux fleurs,
oblongues, acuminées, biacuminées ou triacuminées. Ovaires
oblongs, tétragones, amincis et glabres inférieurement, hispides supérieurement, comme étranglés au sommet; *bourrelet
apicilaire dilaté horizontalement, et portant au lieu d'aigrette une
ceinture de poils dressés.* Corolles de la couronne à tube court,
à languette large, trilobée au sommet.

Trichostemma hispida, H. Cass. Tige herbacée, dressée, rameuse, cylindrique, hispide; feuilles opposées, courtement
pétiolées, ovales-oblongues, triplinervées, très-hispides sur
les deux faces, un peu dentées en scie, à dents très-distan-
cées; calathides solitaires au sommet de pédoncules très-
velus, qui terminent la tige et les rameaux; corolles jaunes.

Nous avons fait cette description, générique et spécifique,
sur un échantillon sec, recueilli dans le Brésil, apporté de
Lisbonne par M. Geoffroy, et qui se trouve dans l'herbier de
M. de Jussieu.

La *Wedelia Jacquini* de Richard et Persoon appartient probablement au *Trichostemma*, car nous lisons dans le *Synopsis*
(pag. 490) : *Semina in hac specie solummodo margine ciliato
instructa.* Mais nous ne pensons pas que cette plante soit la
Wedelia frutescens de Jacquin, parce que ce botaniste décrit
une aigrette en forme de petit calice campanulé, à dix dents.
M. Kunth, qui croit que sa *Wedelia pulchella* est l'espèce de
Jacquin, décrit une petite aigrette urcéolée, membraneuse,
frangée.

21. Le genre *Eclipta* diffère beaucoup, par plusieurs caractères insolites, de tous les autres genres composant la section
des Rudbeckiées, à laquelle pourtant nous le rapportons avec
confiance. La calathide est courtement radiée; les fleurs de
la couronne sont nombreuses et disposées sur plusieurs rangs;
les squamelles du clinanthe sont presque filiformes; les corolles du disque n'ont que quatre divisions et ne contiennent
que quatre étamines; celles de la couronne sont étroites,
linéaires, bilobées; les fleurs sont ordinairement blanchâtres;
les fruits sont comprimés et ordinairement tuberculés.

M. Kunth prétend que l'*Eclipta* est très-voisin du *Bellium*: ce rapprochement est inadmissible, car l'*Eclipta* est de la tribu des Hélianthées, et le *Bellium* est de celle des Astérées. Le même botaniste a décrit, sous le nom d'*Eclipta humilis*, une plante qui ne peut pas être une véritable *Eclipta*, ni même une Rudbeckiée, mais bien une Héléniée, voisine du *Selloa*, et qui doit constituer un genre distinct, que nous proposons de nommer *Sabazia*.

Vaillant rapportoit les *Eclipta* à son genre *Eupatoriophalacron*, mal défini et mal composé. Adanson adopta le nom générique de Vaillant; mais il n'admit que les *Eclipta* dans ce genre, qu'il caractérisa exactement, en sorte qu'il doit être considéré comme le vrai fondateur du genre que Linné a nommé plus tard *Eclipta*.

Vaillant, Adanson, Linné, Jussieu, etc., attribuent à l'*Eclipta* l'aigrette nulle. Forskal, qui a décrit le même genre, sous le nom de *Micrelium*, dit aussi que l'aigrette est nulle, et cependant il ajoute que le sommet du fruit offre une couronne orbiculaire, creuse, dentée. Gærtner décrit une aigrette très-courte, de deux, trois ou quatre folioles membraneuses, linéaires-acuminées, marcescentes, et qui disparoissent souvent sur le fruit mûr. MM. Persoon et Kunth disent que le fruit est couronné par de petites dents. Quant à nous, les ovaires en fleuraison nous ont offert une aigrette stéphanoïde, épaisse, charnue, denticulée.

22. Le *Baltimora* est encore un genre auquel la plupart des botanistes refusent une aigrette, tandis que Gærtner en admet une très-courte, de plusieurs folioles membraneuses, linéaires-acuminées, marcescentes, inégales, et que nous y voyons une petite aigrette stéphanoïde, épaisse, charnue, verte, irrégulièrement divisée supérieurement. Linné dit que l'ovaire des fleurs femelles est couronné par un petit calice denté, qui se détache spontanément et ne se retrouve plus sur le fruit mûr. Au reste, voici la description complète des caractères génériques, tels que nous les avons observés sur des individus vivans de *B. recta*.

Baltimora. Calathide radiée: disque multiflore, régulariflore, masculiflore: couronne unisériée, quinquéflore, liguliflore, féminiflore. Péricline supérieur aux fleurs du disque,

cylindrique-campanulé, irrégulier; formé de squames subtri-
sériées. inégales, appliquées, lancéolées, foliacées. Clinanthe
plan. garni de squamelles inférieures aux fleurs, embrassantes,
oblongues, membraneuses, uninervées, à sommet ordinairement aigu, denté, coloré, cilié. *Fleurs du disque :* Faux-ovaire
s'alongeant beaucoup à l'époque de la fleuraison, très-long,
grêle, comprimé bilatéralement, linéaire, aigretté. Corolle
très-caduque, à tube étroit, à limbe large, subcampanulé, à
divisions hérissées sur la face intérieure de longues papilles
cylindriques, et sur la face extérieure de poils coniques, charnus, articulés, entremêlés de tubercules. *Fleurs de la couronne :* Ovaire oblong, triquètre, obcomprimé, arrondi au
sommet, glabriuscule; aigrette stéphanoïde, petite, épaisse,
charnue, verte, irrégulièrement divisée supérieurement en
lanières courtes, inégales, hispides, qui ressemblent à des
rudimens de squamellules. Corolle à tube portant une languette large, ovale, bidentée.

Le genre *Baltimora* présente des rapports notables, d'une
part, avec les *Eclipta* et *Wedelia*, de l'autre, avec plusieurs
Hélianthées - Millériées.

23. Le *Fougeria* de Mœnch, qui seroit mieux nommé *Fou-
gerouxia*, nous paroît, d'après sa description, différer fort
peu du *Baltimora*.

Ces deux genres forment seuls le petit groupe des Baltimorées, qui termine très-convenablement la section des Rudbeckiées, parce qu'il a beaucoup d'affinité avec celle des
Millériées, qui suit immédiatement. Les Baltimorées ont les
feuilles opposées, comme presque toutes les Héliopsidées;
mais leurs calathides, au lieu d'être solitaires, sont portées
sur des pédoncules fasciculés. (H. Cass.)

RUDBÈQUE, *Rudbeckia.* (*Bot.*) Genre de plantes dicotylédones, à fleurs composées, de la famille des *corymbifères*,
de la *syngénésie polygamie frustranée*, offrant pour caractère
essentiel : Un réceptacle conique, chargé de paillettes; des
fleurs radiées; les demi-fleurons stériles; les semences très-
souvent couronnées d'une membrane à quatre dents;. les
écailles du calice disposées sur deux rangs.

RUDBÈQUE LACINIÉE : *Rudbeckia laciniata*, Linn.; Moris., *Hist.*,
3, §. 6, tab. 6, fig. 53; Corn., *Canad.*, tab. 179. Sa racine est

dure, coriace, fibreuse : elle produit quelques tiges droites, glabres, striées, hautes de cinq à six pieds, rameuses à leur partie supérieure. Les feuilles sont amples, alternes, pétiolées, laciniées, presque ailées; les découpures irrégulières, ovales, lancéolées, d'un vert foncé, quelquefois marquées de points rudes et blanchâtres comme dans les borraginées. Les fleurs sont disposées en un corymbe lâche, supportées par de longs pédoncules; les demi-fleurons jaunes, alongés, pendans, presque entiers au sommet; les folioles calicinales linéaires, un peu aiguës; les semences brunes, quadrangulaires, surmontées de quatre petites dents; les paillettes obtuses, membraneuses, de la longueur des semences; le réceptacle conique. Cette plante croît dans la Virginie, la Caroline et le Canada.

RUDBÈQUE A FEUILLES AILÉES : *Rudbeckia pinnata*, Mich., *Flor.*; Vent., *Hort. Cels.*, tab. 71; Smith, *Exot.*, tab. 38; Moris., *Hist.*, 3, §. 6, tab. 54. Ses tiges sont droites, longues de six à sept pieds, rudes, cannelées, hérissées de poils courts, rudes et couchés. Les feuilles sont très-variables : les radicales ailées avec une impaire, d'un vert foncé en dessus, plus pâles en dessous, composées de folioles rudes, courantes, lancéolées, aiguës, un peu dentées; leur pétiole très-long; les feuilles caulinaires alternes, très-ouvertes, moins composées, presque sessiles; les supérieures entières, sessiles, lancéolées. Les fleurs sont solitaires à l'extrémité de chaque rameau : elles forment, par leur ensemble, un corymbe lâche; les demi-fleurons sont d'un beau jaune, pendans, alongés, terminés par deux ou trois dents; les fleurons du centre d'un pourpre foncé. Le calice est composé de folioles lancéolées, presque égales, aiguës, disposées sur deux rangs; les semences sont noirâtres, sans rebord membraneux, d'une odeur de citron très-agréable; le réceptacle est cylindrique, pyramidal au sommet, garni de paillettes spatulées, pubescentes à leur sommet, blanchâtres, purpurines à leur bord. Cette belle espèce, cultivée dans les jardins, a été découverte par Michaux dans le pays des Illinois. Il paroît que le *rudbeckia digitata* de Willdenow doit être réuni à cette espèce, au moins comme variété.

RUDBÈQUE A TROIS LOBES : *Rudbeckia triloba*, Linn.; Pluken., *Alm.*, tab. 22, fig. 2. Cette plante a des tiges hautes de deux ou trois pieds, lisses, cannelées, très-droites, rameuses. Les feuilles sont variables, rudes, alternes, pétiolées, vertes à leurs deux faces : les inférieures partagées en trois lobes ovales, acuminés, entiers ou munis de quelques dents écartées, quelquefois plus fortes, remplaçant les lobes; les feuilles supérieures entières, ovales, presque sessiles. Les fleurs sont terminales : elles offrent, par le rapprochement des nombreux rameaux, un corymbe étalé. Le centre est d'un brun presque noir; les demi-fleurons sont d'un beau jaune, médiocrement réfléchis, oblongs, bifides ou trifides, marqués de lignes noirâtres très-fines. Cette plante croît dans les contrées septentrionales de l'Amérique.

RUDBÈQUE PURPURINE: *Rudbeckia purpurea*, Linn.; Pluken., *Almag.*, tab. 21, fig. 1; Mill., *Ic.*, tab. 224, fig. 1; Catesb., *Carol.*, 2, tab. 59; Moris., *Hist.*, 3, §. 6, tab. 9, fig. 1. Cette espèce est une des plus belles de ce genre: elle est remarquable par ses demi-fleurons très-longs, pendans, d'une belle couleur purpurine. Ses tiges sont droites, glabres, peu ramifiées, légèrement anguleuses, hautes de quatre à cinq pieds. Les feuilles sont alternes, pétiolées, ovales, lancéolées: les inférieures larges, un peu courantes au sommet d'un long pétiole; les caulinaires plus étroites, lancéolées, acuminées, rudes à leurs deux faces, à trois ou cinq nervures longitudinales, dentées à leur contour; les supérieures presque sessiles, rétrécies en pétiole à leur base. Les fleurs sont grandes, terminales, solitaires; le calice est glabre, fort ample, composé de folioles lancéolées, aiguës; les fleurons du centre sont petits, peu apparens; les demi-fleurons de la circonférence pendans, étroits, au moins longs de trois pouces, bifides au sommet; les écailles du réceptacle larges, imbriquées, ovales, acuminées, caduques, presque aussi longues que les fleurons. Cette plante croît aux lieux montueux, dans la Caroline, la Virginie, la Floride, etc. On la cultive dans les jardins comme une plante d'ornement.

RUDBÈQUE AMPLEXICAULE : *Rudbeckia amplexicaulis*, Bosc, *Act. soc. par. nat.*; Poir., Encycl.; Lamk., *Ill. gen.*, tab. 705, fig. 2; *Rudbeckia perfoliata*, Cavan., *Ic. rar.*, 3, tab. 252. Cette belle espèce s'élève à la hauteur de deux ou trois pieds sur une tige herbacée, un peu fistuleuse, peu ramifiée, glabre, un peu anguleuse. Les feuilles sont amples, sessiles, amplexi-

caules, glabres, ovales, en cœur ou lancéolées, vertes à leurs
deux faces, à dentelures lâches. Les fleurs sont solitaires,
axillaires ou terminales, portées sur de longs pédoncules uniflores; les calices glabres; leurs écailles étroites, linéaires ou
lancéolées, aiguës; les demi-fleurons larges, ovales, d'un beau
jaune, longs d'un pouce et plus, réfléchis, à trois lobes inégaux
au sommet, dont le lobe du milieu plus court; les fleurons du
centre courts, d'un pourpre noirâtre; le réceptacle est conique,
obtus, garni de paillettes planes, mucronées, ciliées et pubescentes au sommet; les semences sont à peine dentées. Cette
plante croît dans l'Amérique septentrionale: elle est cultivée
au Jardin du Roi.

Rudbèque hérissée: *Rudbeckia hirta*, Linn.; Dill., *Elth.*, tab.
218, fig. 285; Pluken., *Almag.*, tab. 242, fig. 2. Les tiges sont
roides, très-rudes, un peu anguleuses, velues; les rameaux
simples, longs, effilés; les feuilles alternes, presque sessiles,
rudes, lancéolées, hérissées de poils roides très-courts, aiguës ou un peu obtuses, légèrement dentées à leurs bords;
les inférieures élargies, pétiolées, ovales, spatulées; les supérieures un peu rétrécies à leur base. Les fleurs sont solitaires,
terminales; les folioles du calice presque égales, linéaires,
un peu obtuses, rudes, ciliées, de la longueur des demi-
fleurons; les fleurons sont très-courts, d'un pourpre noirâtre;
les demi-fleurons linéaires, non réfléchis, à peine longs d'un
pouce, d'un jaune plus foncé à leur partie inférieure, bifides au sommet. Cette plante croît dans l'Amérique septentrionale.

Rudbèque spatulée; *Rudbeckia spatulata*, Mich., *Fl. bor. am.*,
2, 144. Cette espéce est fort petite; ses tiges sont grêles,
délicates, pubescentes, garnies de feuilles alternes, ovales,
spatulées, légèrement pubescentes, entières, vertes à leurs
deux faces. Les fleurs sont solitaires, pédonculées, situées à
l'extrémité des rameaux; leur calice est composé de folioles
élargies, ouvertes; les demi-fleurons de la circonférence terminés par trois dents. Cette plante croît sur les montagnes de
la Caroline, où elle a été découverte par André Michaux.

Rudbèque a feuilles de navet; *Rudbeckia napifolia*, Kunth.
in Humb. et Bonpl., *Nov. gen.*, 4, pag. 244. Cette plante a
des tiges simples, herbacées, hautes d'un pied, presque nues,

pileuses, uniflores. Les feuilles radicales sont oblongues, pétiolées, hastées, en lyre, courantes sur le pétiole, crénelées et dentées à leurs bords, hispides à leurs deux faces, longues de cinq à six pouces ; le lobe terminal très-long, aigu ; les latéraux opposés, un peu ovales, obtus ; les feuilles caulinaires sont petites, en forme de bractées, presque sessiles, linéaires-lancéolées, aiguës, hispides, un peu dentées. La fleur est solitaire, terminale ; le calice hémisphérique, hispide ; les folioles sont lancéolées, acuminées, planes, membraneuses. Le réceptacle est convexe, couvert de paillettes concaves, lancéolées, aiguës; la corolle est jaune, pubescente en dehors. Cette plante croît à la Nouvelle-Espagne, près de Santa-Rosa de la Sierra.

Rudbèque a feuilles étroites : *Rubeckia angustifolia*, Linn. ; Miller, *Icon.*, tab. 224, fig. 2 ; Poir., Encycl. Cette plante est herbacée, mais sa racine est vivace: elle s'élève à la hauteur de trois ou quatre pieds. Ses feuilles sont opposées, lisses, étroites, linéaires, très-entières, rétrécies en pétiole à leur base : les fleurs terminales; les demi-fleurons de couleur jaune, oblongs, ordinairement au nombre de douze; les fleurons du centre un peu ventrus à leur base, d'un pourpre noirâtre. Les folioles extérieures du calice sont élargies à leur base, puis subulées; les intérieures plus étroites, obtuses, très-serrées; les semences nues à leur sommet. Cette plante croît dans la Virginie.

Rudbèque bicolore ; *Rudbeckia discolor*, Pursh, *Fl. Amer.*, 2, pag. 574. Cette plante a des tiges droites, divisées en rameaux nombreux, disposés en corymbes, garnis de feuilles lancéolées, rudes, pileuses, presque entières à leurs bords ; les pédoncules nus, oblongs, uniflores. Les fleurs sont petites; les demi-fleurons lancéolés, entiers, de la longueur du calice, jaunes en dessus, d'un jaune-orangé foncé ou pourpre en dessous; les folioles du calice ovales, aiguës. Cette plante croît dans la Floride.

Rudbèque a feuilles lisses ; *Rudbeckia lœvigata*, Pursh, *Amer.*, *loc. cit.* Cette plante a des tiges très-lisses, ainsi que toutes ses autres parties; les rameaux sont disposés en corymbe, garnis de feuilles ovales, lancéolées, acuminées à leurs deux extrémités, marquées de trois nervures, entières à leurs bords, ou pourvues d'une ou deux dents, lisses à leurs deux faces. Les pédoncules sont longs, chargés d'une seule fleur; les folioles du calice lancéolées, de la longueur des demi-fleurons; ceux-ci sont courts, d'un jaune pâle. Cette plante croît dans la Nouvelle-Géorgie.

Rudbèque aristée; *Rudbeckia aristata*, Pursh, *Amer.*, *loc. cit.* Cette espèce a des tiges très-hérissées; elles se divisent en rameaux fort longs, disposés en corymbes, garnis de feuilles oblongues, lancéolées, dentées en scie, couvertes de poils roides. Les pédoncules ne portent qu'une seule fleur, assez petite, d'un jaune foncé; le disque est presque hémisphérique; les semences sont couronnées d'une aigrette composée de paillettes subulées, en arête. Cette plante croît dans la Basse-Caroline.

Rudbèque rape; *Rudbeckia radula*, Pursh, *Amer.*, *loc. cit.* Cette plante a des tiges glabres et presque nues à leur partie supérieure, hérissées de poils à leur partie inférieure, garnies de feuilles ovales, hispides, très-rudes, tuberculées, rétrécies à leurs deux extrémités. Les pédoncules sont longs, terminés par une seule fleur. Le calice est composé d'écailles ovales, imbriquées, acuminées, ciliées à leurs bords. Cette plante croît dans la Nouvelle-Géorgie. (Poir.)

RUDDER-FISH. (*Ichthyol.*) Nom anglois du spare sauteur de Lacépède. Voyez Spare. (H. C.)

RUDDOCK. (*Ornith.*) C'est, en suédois, le rouge-queue, *motacilla erithacus*, Linn. (Ch. D.)

RUDE, *Coluber scaber*. (*Erpét.*) Nom spécifique d'une couleuvre décrite dans ce Dictionnaire, tome XI, page 186. (H. C.)

RUDÉRALES [Plantes]. (*Bot.*) Croissant dans les décombres et le long des murs; exemples : *chenopodium murale*, *urtica dioica*, *parietaria officinalis*, *hyosciamus niger*. (Mass.)

RUDGEOLE. (*Ichthyol.*) Ce nom est rapporté par Brunnich, comme étant donné à la cépole par les pêcheurs de Marseille. (Desm.)

RUDHUMETI. (*Bot.*) A Java, suivant Burmann, on nomme ainsi l'*utricularia cærulea* de Burmann. Il est cité sous le même nom à Ceilan par Hermann. (J.)

RUDIMENTAIRES [Étamines]. (*Bot.*) A peine ébauchées; exemples : orchidées, *salvia*, *cleonia lusitanica*. (Mass.)

46.   27

RUDISTES, *Rudista*. (*Conchyl.*) Dénomination sous laquelle M. de Lan .rck forme une famille de coquilles bivalves, à laquelle il donne pour caractères : Ligament, charnière et animal inconnus ; coquille très - inéquivalve , sans crochets distincts ; mais ayant quelques rapports avec les ostracés par la grossiéreté des stries d'accroissement. Les genres que M. de Lamarck range dans cette famille, sont les suivans : Sphérulite, Radiolite, Calcéole, Birostrite, Discine et Cranie.

M. de Blainville a adopté cette famille de M. de Lamarck, dont il fait un ordre, qu'il place de même entre les palliobranches et les ostracés, première famille des lamellibranches ; mais il le compose des genres Sphérulite, Hippurite, Radiolite, Birostrite et Calcéole ; il en retire les genres Discine et Cranie, pour les placer dans les palliobranches de la seconde section. Voyez l'article MOLLUSQUES. (DE B.)

RUDOLPHE, *Rudolphus*. (*Conchyl.*) M. Schumacher, dans son Nouveau système de conchyliologie, propose ce nom pour le genre *Monoceros* ou Licorne de Denys de Montfort et de M. de Lamarck. (DE B.)

RUDOLPHIE, *Rudolphia*. (*Bot.*) Genre de plantes dicotylédones, à fleurs papilionacées, de la famille des *légumineuses*, de la *diadelphie décandrie* de Linnæus, offrant pour caractère essentiel : Un calice campanulé, à deux lèvres ; la supérieure entière ou bifide : l'inférieure trifide ; deux bractées à la base ; une corolle papilionacée ; l'étendard oblong, deux lobes à son sommet, sagitté à sa base, plus long que les ailes et la carène ; dix étamines diadelphes ; un ovaire pédicellé ; un style subulé ; une gousse linéaire, un peu arquée, comprimée, uniloculaire ; plusieurs semences presque elliptiques.

Ce genre comprend des arbustes volubiles ; les feuilles simples ou ternées, articulées au sommet du pétiole, munies de deux stipules ; les fleurs ordinairement disposées en grappes pendantes , à longs pédoncules ; la corolle rouge ou couleur de rose. Le genre *Butea* de Roxburg ne diffère de celui-ci que par ses gousses monospermes. (Voyez BUTEA.)

RUDOLPHIE DOUTEUSE : *Rudolphia dubia*, Kunth *in* Humb. et Bonpl., *Nov. gen.*, 6, pag. 452, tab. 591 ; *Glycina sagittata*, Willd., *Hort. Berol.*, 2 , p. 757. Arbrisseau à tige grimpante, divisée en rameaux glabres, filiformes, anguleux et cannelés,

garnis de feuilles alternes, pétiolées, ovales, presque del-
toïdes, en cœur, presque hastées, acuminées, très-entières,
glabres à leurs deux faces, longues de trois ou quatre pouces,
larges de deux; les lobes sont obtus, divergens; les pétioles
garnis de chaque côté d'une aile étroite, courante, membraneuse; les deux stipules ovales, acuminées, persistantes. Les
pédoncules sont solitaires, axillaires, hérissés, cylindriques,
striés; les gousses pédicellées, comprimées, linéaires, couronnées par le style persistant, subulé, glabres, brunes, un peu
ridées, à deux valves, longues de cinq pouces, contenant dix
à douze semences, séparées par des cloisons transverses, spongieuses. Cette plante croît aux lieux ombragés, dans la Nou-
velle-Grenade, près de Turbaco.

RUDOLPHIE GRIMPANTE; *Rudolphia scandens*, Willd., *Sp.*, 3,
pag. 918. Cet arbrisseau a des tiges volubiles et grimpantes,
pubescentes dans leur jeunesse, revêtues d'une écorce noirâtre;
les rameaux sont souples, alternes, garnis de feuilles simples,
roides, alternes, pétiolées, ovales, presque peltées, en cœur
à leur base, entières, acuminées, luisantes en dessus, pubescentes dans leur jeunesse; les pétioles à deux articulations,
canaliculés entre chacune d'elles; les fleurs sont disposées en
grappes latérales, étalées, trois fois plus longues que les feuilles,
soutenues par des pédoncules trichotomes. Le calice est court,
à deux lèvres obtuses; la corolle d'une belle couleur écarlate;
les gousses sont planes et renferment plusieurs semences.

RUDOLPHIE ÉLÉGANTE : *Rudolphia superba*, Poir., Encycl.; *Butea superba*, Roxb., *Corom.*, 1, tab. 22. Cet arbrisseau est
chargé de rameaux glabres, sarmenteux, qui se répandent
sur les arbres voisins. Les feuilles sont alternes, pétiolées, ternées, composées de folioles très-grandes, longues
d'un pied, ovales, quelquefois un peu arrondies, très-entières, rétrécies à leur base, obtuses à leur sommet. Les fleurs
forment des grappes amples, très-agréables. Le calice est campanulé, fort court, à deux lèvres, à cinq petites dents inégales;
la corolle d'une belle couleur purpurine ou écarlate; l'étendard très-long, lancéolé; les gousses, longues, comprimées,
membraneuses, ne renferment qu'une seule semence, située
vers l'extrémité de chaque gousse. Cette plante croît dans les
Indes et sur les montagnes du Coromandel.

RUDOLPHIE PELTÉE: *Rudolphia peltata*, Willd., *Spec.*; *Erythrina planisiliqua*, Linn.; Lamk., Encycl.; Plum., *Spec.*, 21; Burm., *Amer.*, tab. 102, fig. 1. Cette plante pousse de sa racine des tiges nombreuses, fort menues, qui grimpent et se répandent sur les arbres et les arbrisseaux voisins. Les feuilles sont alternes, pétiolées, très-rapprochées les unes des autres, simples, oblongues ou lancéolées, aiguës, nerveuses, d'un beau vert; les pétioles renflés à leurs deux extrémités. Les pédoncules sont latéraux, fort grêles, parfaitement nus, longs d'un pied et plus, portant à leur sommet une grappe courte, composée de fleurs papilionacées, d'un beau rouge écarlate. Ses fleurs ont l'étendard fort long, ensiforme, plié en deux latéralement; les autres pétales plus courts. Les gousses sont longues d'un demi-pied, larges de six lignes, comprimées, un peu renflées aux endroits des semences: celles-ci sont blanchâtres, en forme de rein. Cette plante croît à l'île de Saint-Domingue, aux environs du port de la Paix, dans les bois.

Le *Butea frondosa*, Roxb., *Corom.*, 1, tab. 21, qui est l'*Erythrina monosperma*, Lamk., Encycl., et le *Rudolphia frondosa*, Poir., Encycl., déjà mentionné dans ce Dictionnaire, à l'article BUTEA, doivent être rapportés ici. (POIR.)

RUE; *Ruta*, Linn. (*Bot.*) Genre de plantes dicotylédones polypétales, de la famille des *rutacées*, Juss., et de la *décandrie monogynie* du Système sexuel, dont les principaux caractéres sont les suivans: Calice monophylle, persistant, à quatre ou cinq divisions; corolle de quatre à cinq pétales ovales, concaves, beaucoup plus grands que le calice; huit à dix étamines insérées au réceptacle; un ovaire supère, marqué de huit à dix pores à sa base, surmonté d'un style droit, à stigmate simple; une capsule à quatre ou cinq loges s'ouvrant à leur sommet en autant de valves, et contenant plusieurs graines anguleuses.

Les rues sont des plantes herbacées ou des arbustes à feuilles ordinairement composées et alternes, et dont les fleurs sont disposées en corymbe terminal. On en connoît vingt et quelques espèces, toutes originaires de l'ancien continent.

* *Feuilles composées.*

RUE FÉTIDE, vulgairement RUE COMMUNE ou RHUE; *Ruta gra-*

veolens, Linn., *Sp.*, 548. Sa racine est vivace, ligneuse; elle produit une tige rameuse presque dès sa base, divisée en rameaux cylindriques, un peu ligneux dans leur partie inférieure, hauts de deux pieds ou environ, garnis de feuilles alternes, pétiolées, d'un vert glauque, deux fois ailées, composées de folioles ovales-oblongues, un peu charnues. Ses fleurs sont d'un jaune sale, disposées en corymbe au sommet des rameaux, et elles ont leurs pétales entiers. Cette plante croît naturellement sur les montagnes, dans les lieux stériles du Midi de la France et de l'Europe.

La rue a une odeur forte, désagréable, et sa saveur est âcre et amère. Ses diverses parties, et particulièrement ses graines, donnent par la distillation une huile volatile qui a moins d'âcreté et dont l'odeur est plus agréable que celle de la plante elle-même; mais son extrait aqueux est très-âcre et très-irritant.

L'usage de la rue en médecine est fort ancien. Hippocrate employoit cette plante pour rappeler la menstruation, et, à l'imitation des anciens, les modernes l'ont aussi souvent employée dans les mêmes circonstances. On lui a d'ailleurs attribué une foule de vertus, parmi lesquelles la plus remarquable étoit celle de pouvoir préserver de l'effet des poisons, et c'est comme telle qu'elle faisoit le principal ingrédient du fameux antidote de Mithridate, dont la formule fut trouvée par Pompée dans la cassette de ce prince.

S'il faut en croire Athénée, cette plante fut, par sa propriété antivénéneuse, très-utile aux habitans d'Héraclée contre Cléarque, tyran de cette ville, qui, chaque jour, se défaisoit par le poison de ceux qui lui déplaisoient. Aucun ne sortoit de chez lui sans s'être prémuni en mangeant de la rue.

C'est par la croyance en cette vertu préservative que les inventeurs du vinaigre dit des quatre voleurs avoient fait entrer la rue dans cette composition, dont on s'est servi pendant long-temps comme moyen d'éviter les maladies contagieuses et pestilentielles.

La rue a aussi été employée, et quelques praticiens en font encore usage, comme antispasmodique, dans le traitement de l'hystérie, de l'épilepsie, des convulsions. On l'a recommandée encore comme un puissant vermifuge, et ses qualités donnent en effet lieu de croire qu'elle peut être utile dans quelques affections causées par la présence des vers.

Les feuilles de rue, écrasées et appliquées pendant quelque temps à la surface de la peau, peuvent la rubéfier ; mais leur utilité en épicarpe contre les fièvres intermittentes ne mérite aucune confiance.

Quoique leur saveur et leur odeur nous paroissent très-désagréables, cependant ces feuilles étoient autrefois employées comme assaisonnement chez les Romains, et aujour-d'hui même les Italiens, les Allemands et quelques autres peuples en mêlent encore, dit-on, dans quelques mets, et principalement dans les salades.

Rue de montagne; *Ruta montana*, Clus., *Hist.*, cxxxvi. Cette espèce diffère de la précédente parce que sa tige est moins élevée ; parce que ses folioles sont linéaires, aiguës, et parce que ses fleurs sont plus petites. Elle croit dans les lieux secs et sur les collines arides, dans le Midi de la France, en Espagne, en Portugal, dans le Nord de l'Afrique, etc.

Rue a feuilles étroites : *Ruta angustifolia*, Pers., *Synops.* 1, p. 464; *Ruta chalepensis*, β, Linn., *Mant.*, 69. Cette rue a encore beaucoup de rapports avec les deux précédentes; mais elle est facile à distinguer, parce que les bords de ses pétales, au lieu d'être entiers, sont garnis de dents aiguës et de cils colorés. Cette plante croît naturellement dans le Midi de l'Europe et dans le Levant.

Rue ailée; *Ruta pinnata*, Linn. fils, *Suppl.*, 232. Ses feuilles sont ailées avec impair, composées de sept folioles lancéolées, obtuses, légèrement dentées. Les fleurs sont disposées en une sorte de corymbe, et elles ont les pétales ondulés. Cette espèce croit dans les îles Canaries, sur les rochers.

** *Feuilles simples.*

Rue de Padoue; *Ruta patavina*, Linn., *Sp.*, 549. Ses tiges sont cylindriques, droites, simples, garnies de feuilles presque sessiles, lancéolées-linéaires, légèrement velues ou pubescentes, quelquefois réunies trois à trois à chaque point d'insertion, mais plus souvent alternes. Ses fleurs sont d'un jaune pâle, disposées en corymbe terminal et serré. Les pédoncules et les

calices sont pubescens. Cette espèce croît dans les montagnes
en Italie et en Espagne.

RUE A FEUILLES DE LIN; *Ruta linifolia*, Linn., *Sp.*, 549. Ses
tiges sont droites, cylindriques, simples ou peu rameuses,
hautes de quinze à vingt pouces, garnies de feuilles linéaires-
lancéolées, glabres. Ses fleurs sont jaunâtres, disposées en corymbes terminaux, et elles ont les filamens de leurs étamines
ciliés à la base. Cette espèce croît naturellement en Espagne
et en Barbarie.

RUE FRUTESCENTE: *Ruta fruticulosa*, Labill., *Flor. Syr.*; Dec.,
1, p. 13, t. 4. Ses tiges sont ligneuses, hautes de sept à huit
pouces, divisées en rameaux nombreux, velus, ainsi que les
feuilles qui sont sessiles, ovales-lancéolées. Ses fleurs sont
disposées en petits corymbes au sommet des rameaux; elles
ont leurs pétales entiers, et les filamens des étamines lanugineux et dilatés à leur base. Cette plante a été trouvée en Syrie
par M. Labillardière. (L. D.)

RUE DE CHÈVRE. (*Bot.*) Nom vulgaire du *galega officinalis*, qui étoit le *ruta capraria* de Matthiole et de Gesner.
(J.)

RUE DE CHIEN. (*Bot.*) C'est le *scrophularia canina* que
Dodoëns, Daléchamps et d'autres nommoient *ruta canina*.
Voyez SCROPHULAIRE. (J.)

RUE COMMUNE, RUE DES JARDINS ou RUE DO-
MESTIQUE. (*Bot.*) C'est la rue fétide. (L. D.)

RUE DE MURAILLE. (*Bot.*) Espèce de fougère du genre
Asplenium. Cette fougère a été nommée *ruta muraria* par Do-
donée, Gesner et C. Bauhin, parce qu'elle croît dans les fentes
des murailles, et que sa fronde rappelle par ses découpures
la feuille de la rue. On a nommé aussi cette plante *salva vitæ*,
ou sauve-vie, à cause des belles propriétés qu'on lui attribuoit.
Cette plante est décrite à l'article ASPLÉNION. (LEM.)

RUE DES PRÉS. (*Bot.*) Un des noms vulgaires du pigamon
jaunâtre. (L. D.)

RUE SAUVAGE. (*Bot.*) C'est la rue de montagne. Voyez
RUE. (L. D.)

RUEDA DE MAR. (*Ichthyol.*) L'*Orthagoriscus mola* ou le
poisson-lune est ainsi nommé par les Espagnols. (DESM.)

RUELLIE, *Ruellia*. (*Bot.*) Genre de plantes dicotylédones, à fleurs complètes, monopétalées, de la famille des *acantha-cées*, de la *didynamie angiospermie* de Linnæus, offrant pour caractère essentiel : Un calice persistant, à cinq divisions égales; une corolle infundibuliforme, divisée à son limbe en cinq lobes un peu inégaux : quatre étamines didynames; les anthères à deux loges, rapprochées deux par deux; un ovaire supérieur; un style; le stigmate bifide; une capsule à deux loges polyspermes, à deux valves, s'ouvrant avec élasticité par le moyen des dents de la cloison.

Plusieurs espèces de *ruellia* ont été les unes renvoyées dans des genres déjà établis, tels que dans les Justicia, les Barleria, etc. ; d'autres ont été converties en de nouveaux genres, tels que les Blechum, Hygrophila, Crossandra, Aphelandra, etc. (Voyez ces mots, et Carmentine.)

Ruellie élastique : *Ruellia strepens*, Linn.; Lamk., *Ill. gen.*, tab. 550, fig. 2; Dill., *Elth.*, tab. 249, fig. 321; Sabb., *Hort.*, 2, tab. 92. Cette plante a des tiges tétragones, hautes d'environ deux pieds, marquées d'un sillon à chaque face, un peu rudes sur les angles, chargées de rameaux opposés, glabres, ouverts. Les feuilles sont opposées, pétiolées, ovales, lancéolées, entières à leurs bords, ou légèrement sinuées, glabres, vertes à leurs deux faces, un peu ciliées, longues d'un à deux pouces. Les fleurs sont axillaires, presque verticillées, réunies deux ou trois sur un pédoncule commun très-court, garni de bractées opposées, étroites, lancéolées. Le calice est à cinq découpures très-étroites, glabres ou hispides, aiguës, persistantes, de la longueur des capsules. La corolle est d'un jaune pâle, teinte de bleu à l'orifice du tube, qui s'élargit considérablement. Ces fleurs passent très-vîte; il leur succède des capsules oblongues, étroites, presque cylindriques, aiguës à leurs deux extrémités. Cette plante croît dans la Caroline. On la cultive, ainsi que plusieurs autres espèces, au Jardin du Roi.

Ruellie bleue : *Ruellia varians*, Vent., *Hort. Cels.*, tab. 46; *Eranthemum pulchellum*, Andr., *Bot. rep.*, tab. 88 ; Roxb., *Corom.*, tab. 177. Ses tiges sont droites, géniculées, renflées aux articulations; les rameaux glabres, opposés, tétragones; les feuilles opposées, pétiolées, rabattues, ovales, lancéolées, un peu crénelées, courantes au sommet des pétioles. Les fleurs sont situées à l'extrémité des rameaux, portées par des pédoncules très-courts, ordinairement triflores, munis de bractées purpurines, lancéolées, aiguës. Le calice est divisé en cinq découpures, quelquefois quatre ou six, semblables aux bractées; la corolle d'un bleu d'azur; le tube grêle, peu dilaté, trois fois plus long que le calice; le limbe à cinq, quelquefois quatre ou six lobes ovales, obtus, presque égaux; l'ovaire oblong; le style de couleur purpurine; les deux divisions du stigmate roulées en dehors; la capsule oblongue, presque tétragone. Cette plante croit au Coromandel.

RUELLIE A FEUILLES OVALES; *Ruellia ovata*, Cavan., *Icon. rar.*, 5, tab. 254. Ses tiges sont herbacées, ascendantes, divisées en rameaux tétragones, opposés, garnis de feuilles sessiles, opposées, oblongues ou ovales, très-entières, acuminées à leurs deux bouts, velues, ciliées à leurs bords. Les fleurs sont opposées, situées dans l'aisselle des feuilles, presque sessiles, ou supportées par des pédoncules très-courts, à trois fleurs. Le calice est à cinq divisions lancéolées, acuminées; la corolle grande, d'un bleu foncé; les capsules sont oblongues, lancéolées, obtuses, plus courtes que le calice; chaque pédoncule est accompagné à sa base de deux bractées lancéolées, acuminées. Cette plante croit au Mexique.

RUELLIE ÉTALÉE; *Ruellia patula*, Jacq., *Icon. rar.*, tab. 119, et *Misc.*, 2, pag. 558. Cette espèce a des tiges droites, ligneuses, divisées en rameaux très-étalés, quadrangulaires, velus, visqueux, garnis de feuilles opposées, ovales, pétiolées, obtuses, très-entières, un peu visqueuses, pubescentes à leurs deux faces. Les fleurs sont agrégées, quelquefois solitaires, axillaires, médiocrement pédonculées, ordinairement réunies au nombre de trois sur chaque pédoncule. Le calice est partagé en cinq découpures aiguës, pubescentes ou velues; la corolle assez grande, de couleur violette, un peu claire; les capsules sont ovales, beaucoup plus longues que le calice qu persiste avec elles. Cette plante croit dans les Indes occidentales.

RUELLIE A FLEURS ROUGES; *Ruellia rubra*, Aubl., Guian., 2, tab. 270. Cette plante s'élève à la hauteur de cinq à six pieds sur une tige droite, ligneuse, articulée. Les rameaux sont glabres, tétragones, cannelés; les feuilles opposées, pétiolées, oblongues, lancéolées, acuminées, à peine dentées, longues au moins de six pouces sur deux de large, glabres à leurs deux faces. Les fleurs sont axillaires, latérales, disposées presque en corymbes ou en panicules, portées sur un très-long pédoncule, dichotome à sa partie supérieure avec quelques divisions très-courtes, munies de bractées linéaires, aiguës. Le calice est glabre, à cinq divisions filiformes; la corolle rougeâtre, longue d'un pouce et demi, renflée à son limbe, divisée en cinq lobes inégaux, un peu frangés; l'ovaire médiocrement pédicellé; les capsules sont glabres, oblongues, renfermant des semences comprimées, bordées d'une membrane courte. Cette plante croît à Cayenne.

RUELLIE VIOLETTE; *Ruellia violacea*, Aubl., *loc. cit.*, tab. 271. Cette plante a des racines dures, ligneuses, tortueuses, munies de gros tubercules longs et rameux : elles produisent des tiges hautes d'un pied et plus, un peu velues, quadrangulaires. Les feuilles sont opposées, médiocrement pétiolées, velues, ovales, aiguës, dentées ou légèrement sinuées à leurs bords. Les fleurs sont axillaires, supportées par de longs pédoncules simples, ordinairement solitaires, munis à leur sommet de bractées oblongues, étroites, aiguës. Les divisions du calice sont longues, étroites, pointues; la corolle est de couleur violette; le tube alongé, un peu courbé dans son milieu; le limbe évasé en cinq lobes arrondis; les capsules, un peu comprimées, renferment quatre semences arrondies. Cette plante croît dans la Guiane, aux savanes qui sont au bas de la montagne de Courou.

RUELLIE BLANCHE; *Ruellia lactea*, Cavan., *Icon. rar.*, 3, tab. 255. Dans cette espèce les tiges sont droites, herbacées, tomenteuses et rameuses, ou munies seulement à leur partie supérieure de poils blanchâtres, très-épais, articulés. Les feuilles sont opposées, pétiolées, ovales, oblongues, un peu rétrécies en coin à leur base, ou un peu courantes sur le pétiole, obtuses au sommet, un peu ciliées, à dentelures obtuses. Les fleurs sont opposées, axillaires; les pédoncules très-courts, ordinairement munis de trois fleurs : celle du milieu dépourvue de bractées; les deux fleurs latérales garnies sous leur calice de deux bractées lancéolées. La corolle est grande, d'abord d'un violet clair, qui passe insensiblement à celle d'un blanc de lait : quelquefois elle est constamment blanche. Les capsules sont linéaires, aiguës, plus longues que le calice. Cette plante croît au Mexique.

RUELLIE TUBÉREUSE : *Ruellia tuberosa*, Linn.; Sloan., *Jam. hist.*, 1, tab. 95, fig. 1. Cette plante a des racines composées de tubercules charnus qui s'enfoncent profondément dans la terre : elles produisent des tiges herbacées, quadrangulaires, hispides, hautes de huit à dix pouces, garnies de poils roides, blanchâtres, un peu rameuses. Les feuilles sont opposées, pétiolées, ovales, crénelées, presque glabres; les pétioles un peu velus. Les fleurs sont axillaires, portées par des pédoncules longs de deux pouces et plus, divisés au sommet en deux ou trois autres uniflores ou quelquefois biflores, munis à leur base de deux bractées opposées, lancéolées, aiguës. Le calice est à cinq segmens subulés; la corolle d'un bleu tendre, de courte durée; le tube élargi en cloche à son orifice; le limbe à cinq lobes inégaux, élargis. Les capsules sont presque coniques, longues de plus d'un pouce, très-élastiques, lorsqu'elles lancent leurs semences. Cette plante croît dans les forêts, à la Jamaïque.

RUELLIE A GRANDES FEUILLES; *Ruellia macrophylla*, Vahl, *Symb.*, 2, tab. 39. Cette plante, remarquable par ses grandes feuilles, a des tiges pubescentes, tétragones, rameuses, garnies de feuilles opposées, pétiolées, longues de six à sept pouces, ovales, lancéolées, très-entières, acuminées, courantes sur le pétiole, chargées à leurs deux faces de poils rares et courts; les pétioles pubescens, longs d'environ un pouce et demi. Les fleurs sont axillaires; les pédoncules simples, opposés, cylindriques, pubescens, de la longueur des feuilles, divisées au sommet en deux autres partiels, uniflores, longs d'un demi-pouce, munis à leur base de deux bractées ciliées, lancéolées, plus longues que ces pédoncules; le calice a cinq divisions lancéolées, presque égales. La corolle est longue d'un demi-pouce, glabre, rétrécie à sa base, renflée à l'orifice du tube; le limbe a cinq lobes, les deux supérieurs arrondis; les trois inférieurs ovales, un peu plus courts. Cette plante croît dans l'Amérique, à l'île Sainte-Marthe.

RUELLIE ÉLÉGANTE : *Ruellia formosa*, *Bot. Magaz.*, tab. 1400.

Andr., *Bot. rep.*, tab. 610; *non* Humb. et Bonpl. Cette espèce, rapprochée de la précédente, a des tiges droites, presque ligneuses, un peu anguleuses, velues, garnies de feuilles pétiolées, opposées, ovales, très-entières, un peu aiguës, rétrécies a leur base et un peu courantes sur le pétiole, longues d'environ deux pouces, pubescentes à leurs deux faces, entières et ciliées à leurs bords; les pédoncules alternes, très-longs, axillaires, velus, soutenant deux ou trois fleurs médiocrement pédicellées et rapprochées; les bractées très-étroites. Le calice est velu, à cinq divisions subulées; la corolle grande, d'un rouge assez vif; le tube alongé, un peu courbé; le limbe étalé, à cinq grands lobes ovales, obtus, inégaux: les étamines sont saillantes hors du tube; les anthères sagittées; le style est filiforme, très-long; le stigmate à deux lobes. Cette plante croit au Brésil. On la cultive au Jardin du Roi.

RUELLIE TENTACULÉE; *Ruellia tentaculata*, Linn.; Pluk., *Phyt.*, tab. 279, fig. 7, *bona*. Cette plante a un port très-remarquable. surtout dans la disposition de ses fleurs. Ses tiges sont glabres, herbacées, quadrangulaires; les rameaux courts; les feuilles pétiolées, glabres, entières, ovales, un peu aiguës, courantes sur le pétiole. Les fleurs sont disposées par verticilles, dans l'aisselle des feuilles supérieures, entourées d'épines molles, droites. filiformes, velues, une fois plus longues que les fleurs, divisées à leur sommet en deux pointes aiguës: elles paroissent tenir lieu de bractées. Les feuilles qui accompagnent les verticilles sont petites, sessiles, un peu arrondies, tandis que celles des tiges sont amples, longues de deux pouces et demi. Cette plante croit dans les Indes.

RUELLIE BRILLANTE: *Ruellia fulgida*, Andr., *Bot. repos.*, tab. 527. Très-belle espèce, dont les tiges sont droites, rameuses. garnies de feuilles opposées, pétiolées, ovales, acuminées. velues, ondulées, un peu dentées à leurs bords, longues d'environ trois pouces et plus, larges de deux pouces; les pétioles canaliculés, longs d'un pouce: les pédoncules axillaires, plus longs que les feuilles, soutenant des fleurs fasciculées, presque en ombelle, presque sessiles, accompagnées de deux bractées opposées. Les divisions du calice sont très-étroites: la corolle est d'un beau rouge; le tube cylindrique, long d'un pouce et plus, un peu courbé: le limbe à cinq lobes courts, inégaux, un peu arrondis; les étamines sont saillantes hors du tube; les anthères ovales. Le fruit est une capsule lancéolée, aiguë, pourvue intérieurement de dents élastiques. Cette plante croît dans les Indes orientales.

RUELLIE GÉANTE; *Ruellia gigantea*, Humb. et Bonpl., *Pl. œquin.*, 2, pag. 74, tab. 102. Arbre très-touffu, d'une grande beauté, qui s'élève à la hauteur de trente pieds. Son bois est blanc, très-léger; l'écorce brune, épaisse, gercée; les rameaux sont opposés en croix, ramassés presque en faisceau pyramidal, cylindriques, tétragones à leur sommet, tomenteux et roussâtres dans leur jeunesse, parsemés de petits tubercules sphériques; les feuilles opposées, pétiolées, ovales, longues de six pouces, larges de quatre, arrondies à leur base, acuminées au sommet, glabres, d'un vert luisant en dessus, plus pâles, légèrement velues en dessous. Les fleurs sont disposées en une belle grappe terminale; les pédicelles bifides, munis à chaque division de deux bractées opposées, ainsi qu'à la base du calice. Celui-ci est à cinq folioles ovales, obtuses, pubescentes; la corolle tubulée, longue d'un pouce et plus, couverte d'un duvet tomenteux et roussâtre; le limbe oblique, à cinq lobes presque égaux; les anthères sont velues; l'ovaire est pubescent; la capsule oblongue, à deux loges, renfermant deux semences lenticulaires. Cette plante croît dans l'Amérique méridionale, au milieu des forêts qui avoisinent la rivière de la Magdeleine. (POIR.)

RUFALBIN. (*Ornith.*) Cette espèce de coucou, décrite dans ce Dictionnaire, tom. XI, parmi les COUCALS, est un *toulou* de M. Vieillot. (CH. D.)

RUFF. (*Ornith.*) Nom anglois du combattant ou paon de mer, *tringa pugnax*, Linn. (CH. D.)

RUFFE. (*Ichthyol.*) Nom anglois de la perche goujonnière. Voyez GREMILLE. (H. C.)

RUFFEY. (*Ornith.*) Nom du héron butor, *ardea stellaris*, sur le lac Majeur. (CH. D.)

RUFFIA. (*Bot.*) Espèce de palmier du genre Sagoutier. Voyez ROUFIA. (LEM.)

RUFFOLK. (*Ichthyol.*) Voyez RUTTE. (H. C.)

RUFIUS. (*Mamm.*) Voyez RAPHIUS. (DESM.)

RUGGELEN. (*Ornith.*) Un des noms suisses du petit grèbe

cornu, qui est le même que le grèbe cornu proprement dit, *colymbus cornutus*, Gmel., et *podiceps cornutus*, Lath. et Temm. (Ch. D.)

RUGI. (*Bot.*) Nom d'un roseau dans le Chili, que Molina a nommé pour cette raison, *arundo rugi.* (J.)

RUGISSEMENT. (*Mamm.*) Cri du lion, du tigre et des autres grands animaux du genre des Chats ou *Felis.* (Desm.)

RUISSEAUX. (*Géogn.*) Les ruisseaux sont de petits cours d'eau qui sont fort peu importans sous le rapport du rôle qu'ils jouent dans la nature; mais, comme leur lit est généralement encaissé, que leurs bords sont plantés et cultivés, leur existence influe souvent sur la fertilité et sur la prospérité des contrées qu'ils arrosent, soit en répandant une fraîcheur favorable à la végétation, soit en donnant naissance à l'établissement d'une foule de moulins et d'usines auxquels ils servent de moteur.

Les ruisseaux se jettent ordinairement dans les rivières à une foible distance du lieu où ils prennent naissance, et, comme leurs cours sont peu développés et que leur pente est généralement assez douce, ils ne sont point sujets à ces grandes crues et à ces débordemens qui forment le trait caractéristique des torrens de montagnes, qui déchirent leurs bords en transportant au loin les débris arrondis des rochers, à travers lesquels ils se précipitent de cascade en cascade.

Le ruisseau est calme et bienfaisant, on le voit se dessécher à regret: on aspire à son retour; et le torrent qui se dessèche et qui disparoît aussi, ne revient jamais sans entraîner à sa suite les traces de la violence et du désordre qui le font redouter. (Brard.)

RUISSENOL et RUISSENNOR. (*Ornith.*) Noms espagnols du rossignol commun, *motacilla luscinia*, Linn. (Ch. D.)

RUISSO. (*Ornith.*) On appelle ainsi, en Provence, la buse, *falco buteo.* (Ch. D.)

RUIZIA. (*Bot.*) Cavanilles a, le premier, donné ce nom à un de ses genres de la famille des malvacées, auquel il a dû être conservé. Mais M. Ruiz, un des auteurs de la Flore du Pérou, auquel ce genre avoit été consacré, a préféré, de concert avec M. Pavon son colloborateur, de réserver ce nom pour un des genres de cette Flore. Il a été appliqué par eux au *Bolda* ou *Boldo* du Chili. Pour éviter cette confusion de noms, nous avons substitué pour ce dernier genre le nom de *Boldea*, en lui assignant une place dans notre nouvelle famille des monimiées, vol. 14 des Ann. du Mus. d'hist. nat. Molina, dans sa Flore du Chili, faisoit de ce *boldo* une espèce de son genre *Peumus*, dont il diffère cependant par ses fleurs monoïques, par ses étamines nombreuses et par d'autres caractères. Voyez Ruizia ci-après. (J.)

RUIZIA. (*Bot.*) Genre de plantes dicotylédones, à fleurs complètes, polypétalées, de la famille des *malvacées*, de la *monadelphie polyandrie* de Linnæus, offrant pour caractère essentiel : Un calice double ; l'extérieur à trois folioles caduques ; l'intérieur monophylle, persistant ; une corolle à cinq pétales étalés, oblongs, courbés en faucille ; le tube des étamines soudé avec la corolle ; les filamens très-courts ; les anthères nombreuses, oblongues, inclinées ; l'ovaire supérieur globuleux, à dix stries ; dix styles ; autant de capsules disposées circulairement ; dans chacune d'elles deux semences triangulaires.

Ce genre ne doit pas être confondu avec celui établi sous ce nom par les auteurs de la *Flore du Pérou*, dont il a été question à l'article Boldu de ce Dictionnaire.

Ruizia a feuilles en cœur : *Ruizia cordata*, Cavan., *Diss.*, 3. tab. 36, fig. 2 ; *Kœnigia*, Commers., *Mss.*, vulgairement Bois de senteur blanc. Arbrisseau dont les tiges sont rameuses ; les feuilles alternes, pétiolées, très-nombreuses, ovales, en cœur, acuminées, sinuées, crénelées, plus longues que le pétiole, blanchâtres, presque pulvérulentes en dessous ; les stipules subulées, blanchâtres, caduques. Les fleurs sont disposées en corymbes ombellés, axillaires et terminaux ; chaque fleur est pédicellée ; les calices sont tomenteux ; l'extérieur à trois folioles ovales, caduques ; l'intérieur à cinq découpures très-profondes, lancéolées, réfléchies à la maturité des fruits ; la corolle est d'un jaune clair, puis d'un jaune de soufre plus foncé, plus courte que le calice ; les anthères sont oblongues, blanchâtres ; les styles rougeâtres. Cette plante croît à l'île de Bourbon.

Ruizia lobé : *Ruizia lobata*, Cavan., *loc. cit.*, tab. 36, fig. 1 ; Commers., *loc. cit. cum icone.* Arbrisseau fort élégant, qui s'élève à la hauteur de cinq ou six pieds. Sa tige est revêtue d'une écorce cendrée, divisée en rameaux étalés, fragiles, qui acquièrent par la vieillesse une consistance ligneuse et une grosseur presque égale à la cuisse. Les feuilles sont simples, à l'extrémité des rameaux, très-rapprochées, alternes, pétiolées, en cœur, glabres en dessus, tomenteuses en dessous, inégalement sinuées et crénelées à leur contour, à cinq ou trois angles, quelquefois plus, portées sur de longs pétioles garnis à leur base de stipules droites, subulées, blanchâtres, caduques. Les fleurs sont semblables à celles de l'espèce précédente, mais les pétales sont un peu plus grands et plus longs que les calices. Cette espèce croît à l'île de Bourbon : elle fleurit vers le milieu de l'hiver.

Ruizia variable : *Ruizia variabilis*, Jacq., Hort. Schœnbr.; 3, tab. 295; *Ruizia palmata*, Cavan., *loc. cit.*, tab. 37, fig. 1, et *Ruizia laciniata*, Cavan., *loc. cit.*, tab. 37, fig. 2; *Conigia*, Commers., *Herb. et icon.;* vulgairement Bois de senteur galeux, Bois de senteur bleu. Arbrisseau peu élevé, d'un port agréable. Les rameaux sont diffus, les uns stériles, d'autres fertiles. Sur les premiers, les feuilles sont éparses, alternes, nombreuses, profondément divisées en cinq ou sept lobes; ceux du milieu très-longs, les autres linéaires, aigus, pinnatifides; les pétioles très-longs; sur les rameaux fertiles, les feuilles sont palmées, incisées, à cinq lobes profonds, blanches, pubescentes en dessous, munies à la base des pétioles de deux stipules étroites, presque capillaires, velues. C'est d'après cette différence de feuilles que Cavanilles avoit établi deux espèces pour cette plante. Les fleurs sont disposées en corymbes axillaires, terminaux; les pédoncules tomenteux, presque lanugineux; les pédicelles presque en ombelle, garnis à leur base de petites bractées étroites, lancéolées, aiguës; la corolle est jaune. Cette plante croît à l'île de Bourbon. (Poir.)

RUKEA, RUKKEA, RUCKAIA. (*Mamm.*) Tous ces noms et celui de *dandulana* sont, dit-on, employés dans quelques parties des Indes orientales pour désigner l'écureuil à longue queue de Ceilan, *sciurus macrourus*. (Desm.)

RUKO. (*Bot.*) Voyez Raikin. (J.)

RULAC. (*Bot.*) Adanson donne ce nom à un érable, *acer negundo*, dont il fait un genre, caractérisé par l'absence des

pétales ou leur changement apparent en feuilles du calice.
(J.)

RULINGIA. (*Bot.*) C'est sous ce nom qu'Ehrhart désigne le *Talinum* d'Adanson, genre de Portulacées. Voyez Talin. (J.)

RUMAN. (*Bot.*) Voyez Rouman. (J.)

RUMANZOFFITE. (*Min.*) Est-ce une substance différente du grenat, nommé romanzowite, ou n'est-ce qu'une altération de ce nom, en même temps qu'un rapprochement de la substance qu'il désigne, et de l'idocrase plutôt que du grenat? C'est ce que les échantillons, envoyés sous ces deux noms et comparés, pourront seuls décider. Voyez Romanzowite. (B.)

RUMÉE, *Rumea*. (*Bot.*) Genre de plantes dicotylédones, à fleurs dioïques, de la *dioécie polyandrie* de Linnæus, dont le caractère consiste dans un calice à quatre ou cinq divisions; point de corolle; des étamines nombreuses, insérées sur le réceptacle; un ovaire supérieur entouré, ainsi que les étamines, d'une glande à sa base; environ cinq styles; les stigmates orbiculaires, ombiliqués; une baie uniloculaire, couronnée par les styles, contenant quelques semences munies d'un périsperme charnu.

Ce genre est très-rapproché du *Flacurtia* par son fruit uniloculaire, par ses pédoncules simples, uniflores. On trouve dans Loureiro un genre, sous le nom de *Stigmarota*, qui a de grands rapports avec le *Rumea*; peut-être appartient-il au même genre, surtout le *stigmarota jangomas*. Quant au *stigmarota africana*, il a été reconnu qu'il se rapportoit au *flacurtia ramontchi*. C'est par erreur que Willdenow a établi le genre *Kælera*, sur la persuasion que les épines du *Rumea* appartenoient à un *Drypetes* que M. Poiteau lui avoit envoyé.

Rumée coriace : *Rumea coriacea*, Poit., *Act. Mus. Paris.*, 1, pag. 62, tab. 4; *Kælera laurifolia*, Willd., *Spec.*, 4, pag. 750, *quoad spinas*. Arbrisseau qui s'élève sur plusieurs tiges à la hauteur de douze ou quinze pieds, garnies, à leur partie inférieure, d'épines nombreuses, ramifiées, longues de deux à quatre pouces, simples et beaucoup plus courtes sur d'autres individus; les rameaux souvent dépourvus d'épines. Les feuilles sont simples, alternes, petiolées, roides, ovales, oblongues, obtuses, glabres, longues de deux ou trois pouces, très-cutières; des stipules fort petites, noirâtres, aiguës, très-caduques. Les fleurs sont petites, herbacées, dioïques, réunies en petits paquets axillaires, presque en ombelle; les pédoncules uniflores; le calice est fort petit, profondément divisé en quatre ou cinq découpures ovales; les trente ou quarante étamines sont plus longues que le calice, insérées au centre de la fleur, entourées à leur base d'un bourrelet glanduleux; les filamens persistans; les stigmates élargis et ombiliqués. Le fruit est une baie de la grosseur d'un pois, ovale, d'un jaune safran, sans saveur, à une seule loge, couronnée par les styles, renfermant six ou huit semences ovales, anguleuses; un périsperme épais, charnu, dans lequel est contenu un grand embryon droit, ovale, à radicule dirigée vers l'ombilic. Cette plante croît à Saint-Domingue. (Poir.)

RUMEN. (*Mamm.*) Nom latin de la panse ou réservoir des ruminans, sorte d'estomac qu'on a nommé aussi herbier. (Desm.)

RUMEX. (*Bot.*) Voyez Lapathum, Patience. (J.)

RUMHORA. (*Bot.*) C'est par erreur que ce nom est substitué quelquefois par Raddi à celui de Rumohra. (Voyez ce mot.) Dans le *Nomenclator botanicus* de Steudel, on lit *Ruhmora*. (Lem.)

RUMI. (*Bot.*) Nom égyptien du maïs, suivant Forskal. C'est le *dourah kysan* des Arabes, selon M. Delile. (J.)

RUMIA. (*Bot.*) Genre de la famille des ombellifères, voisin du *cachrys*, mais qui en diffère par le fruit, formé de deux semences, marquées à l'extérieur de cinq côtes ou angles, et revêtu d'une peau rugueuse ou écailleuse, qui pénètre dans tous les plis. Les *cachrys taurica*, *microcarpa* et *seseloides* de Marschall, sont rapportés au *rumia* par Hoffmann, auteur de ce genre. (Lem.)

RUMIGI. (*Bot.*) Voyez Rhazut. (J.)

RUMINANS. (*Mamm.*) Le nom de ruminans est donné à un ordre nombreux de mammifères terrestres, essentiellement herbivores, pourvus de sabots, et dont l'estomac offre une complication remarquable.

Cet ordre est un des plus naturels parmi ceux que les zoologistes ont établis dans la classe des mammifères, car l'on n'observe que des différences peu importantes dans tous les points de l'organisation des animaux qu'il contient, comparés entre eux, et les genres que l'on a formé pour les subdiviser, ne sont pour la plupart fondés que sur des caractères de second ordre.

Linné a nommé ces quadrupèdes *pecora*, parce que les bestiaux qui composent nos troupeaux en font principalement partie. La forme de leurs pieds leur a valu les dénominations de *bisulca*, de *dichiles* ou *didactyles*, d'*ongulogrades paires*, qui leur ont été données par Illiger, Klein et M. de Blainville. Enfin, les anomalies qu'on remarque dans leurs organes de la digestion, et dans la manière dont cette fonction s'exécute chez eux, ont déterminé Vicq-d'Azyr à les appeler *ruminantes*, et Boddaërt, *ruminantia*.

Plusieurs ruminans (des genres Bœuf, Giraffe et Chameau) sont de très-grande taille, et prennent rang sous ce rapport après les plus forts pachydermes; la plupart des autres espèces (Moutons, Chèvres, Cerfs, Antilopes), sont de grandeur moyenne, et très-peu (trois ou quatre au plus, appartenant aux genres des Chevrotains ou des Antilopes), ont de fort petites dimensions. Les bœufs seulement ont le corps épais, les membres robustes et la démarche lente; tous les autres, au contraire, se distinguent par des formes sveltes, des jambes élevées et grêles, et sont doués d'une grande vitesse à la course. Ceux qui ont la force en partage, sont d'un naturel farouche, tandis que les plus foibles, et ils composent presque la généralité de l'ordre, sont des animaux craintifs, presque uniquement occupés à se soustraire aux poursuites de leurs nombreux ennemis.

La tête des ruminans est généralement alongée et amincie antérieurement, si ce n'est dans les espèces du genre des Bœufs (le buffle musqué du Canada excepté), et dans quelques-unes de celui des Antilopes, où le mufle s'élargit et présente quelquefois une surface muqueuse, sur les côtés de laquelle sont percés les naseaux : ce mufle est souvent rudimentaire, dans plusieurs antilopes et tous les cerfs (moins cependant le renne et l'élan, qui n'en ont pas du tout). Leurs yeux, généralement grands, bien fendus et à paupières bordées de cils, ont la cornée saillante, la pupille en parallélogramme transversal ou oblique, et paroissent surtout bien conformés pour voir pendant la nuit : dans quelques antilopes ou gazelles, ces yeux prennent un accroissement de grandeur très-remarquable. Souvent au-dessous et en avant des yeux se voit une fente ou repli de la peau qu'on appelle *larmier*, lequel est une sorte de sac peu profond, dont les parois laissent sécréter une humeur transparente, un peu épaisse et jaunâtre, que l'on a considérée dans les cerfs, comme étant leurs *larmes*, bien qu'il n'y ait aucune analogie entre cette production et les véritables larmes, qui sont sécrétées dans ces animaux, comme dans tous les autres mammifères, par des glandes lacrymales, existant indépendamment des larmiers. Ces larmiers sont, ou très-profonds, comme dans les cerfs et quelques antilopes, ou rudimentaires, ainsi qu'on le remarque dans les chèvres et moutons, ou n'existent pas du tout : souvent même des espèces très-voisines d'ailleurs offrent ces différences, ce qui indique que les larmiers n'ont qu'une très-médiocre importance. Les oreilles sont, dans toutes les espèces sauvages, longues, en cornet et fort mobiles. Les moustaches n'existent pas, ou ne sont représentées que par quelques poils assez foibles et peu longs. La langue est longue, plate, et très-souvent sa face supérieure est garnie vers sa base de nombreuses papilles molles, affectant différentes formes ; mais quelquefois, aussi, elle est couverte de papilles cornées.

Des productions particulières à beaucoup d'animaux de cet ordre, sont celles qui ont reçu le nom de *cornes* ou de *bois*, et qui se voient tantôt simultanément sur la tête dans les deux sexes, tantôt dans le sexe mâle seulement, ou bien qui, chez un certain nombre d'espèces, n'existent ni dans l'un ni dans l'autre. Ces cornes ou bois, quand il y en a, sont toujours pairs et placés sur les os frontaux. Les cornes se composent d'un développement permanent de ces os, en forme de cheville simple, conique, plus ou moins alongée, et diversement contournée, lequel est tantôt recouvert d'une enveloppe conique de corne qui en suit la direction, anguleuse, comprimée ou ronde, lisse, ridée ou annelée en travers, et de couleur variable entre le gris-jaunâtre et le noir (Bœufs, Moutons, Antilopes, Chèvres) ; tantôt seulement revêtu d'un prolongement persistant de la peau velue de la tête, lequel est terminé par une forte touffe de grands poils roides

(Giraffe). Ces chevilles osseuses, ou sont creuses, leur cavité communiquant avec les sinus frontaux, et pouvant être considérée comme un annexe aux organes de l'odorat (Bœufs, Moutons), ou sont solides, et formées d'une substance osseuse à tissu serré (la plupart des Antilopes). Les bois, qui sont (la femelle du Renne excepté) des attributs des mâles dans le seul genre des Cerfs, sont des productions plus ou moins compliquées, et le plus ordinairement branchues, au moins dans les individus adultes, qui tombent et se renouvellent, en se compliquant davantage chaque année, jusqu'à ce que les animaux qui les portent soient dans la force de l'âge. Ils sont purement de nature osseuse, sans étui corné, et lorsqu'ils se développent chaque été, ils sont d'abord cartilagineux, et recouverts par une peau sensible et velue, continuation de celle de la tête, et sous laquelle sont des vaisseaux abondans, qui, en venant à s'oblitérer plus tard, laissent leurs traces en forme de sillons sur le bois, auquel ils ont porté originairement la nourriture.

La bouche des ruminans est médiocrement grande, et leur lèvre supérieure est plus ou moins fendue dans son milieu. Leur système dentaire est parfaitement caractérisé, et, sous sa seule considération, il ne seroit possible de les répartir, ainsi que le dit M. F. Cuvier, qu'en trois ou quatre genres : « Excepté les chameaux et les lamas, tous ont les mêmes in- « cisives et les mêmes mâchelières, et quelques-uns seule- « ment ont une ou plusieurs dents crochues et de forme de « canines. » La composition la plus ordinaire de ce système dentaire (Giraffes, Cerfs, Antilopes, Bœufs et Moutons) consiste en huit incisives inférieures, aplaties, élargies et assez tranchantes à leur extrémité, s'appuyant obliquement sur un bourrelet charnu, qui garnit le bord avancé, aplati et assez mince, des os intermaxillaires, qui terminent la mâchoire supérieure, et six molaires de chaque côté, dont les trois premières, plus simples que les suivantes, offrent à leur couronne la forme d'un croissant mal dessiné et dont les trois postérieures présentent des figures de doubles croissans, ayant leur convexité en dedans pour la mâchoire d'en haut et en dehors pour celle d'en bas. Dans les chevrotains le nombre est le même, seulement les trois fausses molaires antérieures sont comprimées latéralement et ont leur bord comme tranchant, découpé et lobé à la manière des grandes dents molaires des animaux carnassiers, bien que moins coupant cependant. Les chameaux sont de tous les ruminans ceux qui se rapprochent le plus de l'ordre des pachydermes ; ils n'ont que six incisives inférieures au lieu de huit : il y a une incisive de chaque côté en haut, et cette dent ressemble par sa forme à la canine qui la suit ; la mâchoire inférieure a aussi une canine ; enfin, il y a six mâchelières en haut et cinq en bas. Les lamas ne diffèrent des chameaux qu'en ce qu'il y a une de ces mâchelières de moins dans les deux mâchoires, c'est-à-dire, cinq en haut et quatre en bas. Les mâles des chevrotains ou muscs, et quelques mâles du genre des Cerfs, avec le système dentaire des bœufs, moutons, chèvres, etc., que nous avons indiqué d'abord, présentent de plus deux canines supérieures, quelquefois très-longues (musc) et arquées en arrière. Généralement les molaires de tous ces animaux ont les mêmes formes, les antérieures des chevrotains exceptées ; les incisives présentent quelquefois, comme dans certaines antilopes une séparation des deux intermédiaires, et de chaque côté elles sont placées obliquement, en appuyant l'une sur l'autre.

La tête des ruminans est portée sur un col, dont la longueur varie en raison de celle des jambes de ces animaux. Ainsi les chameaux, la giraffe et les lamas présentent l'extrême de ce double alongement, tandis que les bœufs en offrent le minimum. Dans les espèces intermédiaires, sous ce rapport, telles que celles des cerfs et des antilopes, la forme du cou, qui est bien dégagé, donne à ces animaux, dont le corps est d'ailleurs svelte et dont les jambes sont légères, une grace toute particulière.

Le corps, comme nous l'avons dit, est plus ou moins épais, et ses formes sont plus ou moins nettement dessinées, selon l'ampleur de sa peau, qui quelquefois pend sous le cou et forme un *fanon* (Bœufs) et suivant la longueur du poil qui le recouvre. En général, les épaules sont assez étroites, comme cela se remarque d'ailleurs dans la plupart des mammifères sans clavicules. La croupe, le plus souvent, n'est pas très-musculeuse. La queue qui termine le corps, varie en longueur : elle est même nulle dans le chevrotain musc, très-courte dans le chevreuil, fort courte encore, quoique plus longue, dans les cerfs, courte et grêle dans les chèvres; mais dans les animaux du genre des Bœufs et quelques Antilopes, elle prend plus de dimension, et se trouve souvent garnie à son extrémité par un flocon de grands poils. Les mamelles sont toujours ventrales et au nombre seulement de deux (Moutons, Chèvres, Chameaux, quelques Antilopes) ou de quatre, et alors elles sont disposées en carré (Bœufs, *Aurochs*, plusieurs Antilopes), ou à peu près sur une seule ligne transversale (Buffle et Yak). M. de Blainville a donné le nom de pores inguinaux à certains replis de la peau qu'on observe dans la région des aines de plusieurs antilopes, cavités peu profondes, dans lesquelles ne se sécrète aucune humeur particulière, et dont on trouve à peu près les analogues dans le lièvre de notre pays.

Les jambes des ruminans sont généralement fines, et les parties tendineuses y sont plus abondantes que les parties musculeuses; c'est surtout ce que l'on remarque dans les extrémités des cerfs et des antilopes, qui ont un corps médiocrement lourd à porter, mais ce qui éprouve des modifications notables dans les espèces de forte taille, comme celles du genre des Bœufs, des Giraffes, des Chameaux, etc., bien que les jambes de ces animaux ne présentent jamais de fortes colonnes ou piliers, comme celles des plus forts pachydermes. Chez tous le bras et la cuisse sont courts et même cette dernière partie ne se détache pas bien sensiblement du corps, si ce n'est dans les chameaux et la giraffe; les os qui représentent l'avant-bras et celui qui représente la jambe, sont médiocrement longs; le cubitus est soudé au radius, mais en est distinct néanmoins, et le péroné est réduit à l'état d'un osselet styloïde. Le talon est toujours relevé et les métacarpes et métatarses ont beaucoup de longueur : ce sont eux qui portent vulgairement chez ces animaux le nom de jambes; ils ne sont formés que d'un seul os ou canon, mais cet os résulte évidemment de la soudure de deux autres, ce que montre son sillon longitudinal, qui indique toujours cette séparation primitive (ou même la division commencée par une profonde scissure du bas du canon dans le chameau et le dromadaire). Les canons sont terminés à leur extrémité in-

férieure par deux gorges ou poulies articulaires, correspondantes aux deux grands doigts qui existent toujours visibles, bien séparés et d'égale grandeur dans les ruminans.
Ces deux doigts, formés de trois phalanges, ont la dernière entourée en entier d'un sabot de corne, qui pose sur
le sol et qui a généralement une forme alongée triangulaire,
avec la face interne droite et plane, et l'externe un peu
arrondie. Derrière ces sabots principaux se voient aussi deux
petites productions cornées, qu'on a nommées les *onglons*, et
qui représentent deux doigts rudimentaires et inutiles, dont
les traces ne sont apparentes que par leur extrémité. Ordinairement ces ongles ne correspondent point à une série d'os
ou de phalanges, si ce n'est dans le renne, où M. Geoffroy a
trouvé dernièrement des vestiges osseux de ces deux doigts
postérieurs, et notamment des métatarsiens minces et alongés,
couchés derrière le canon.

Les chameaux et les lamas présentent seuls une anomalie à
la forme générale des pieds des ruminans. Chez eux les phalanges, placées presque horizontalement, composent la longueur du pied, qui est assez considérable, et sont couchées
sur un coussinet plantaire large et épais, revêtu en dessous
d'une semelle fort dure d'une peau calleuse, qui est terminée antérieurement par deux petits ongles recourbés,
représentant les grands sabots ordinaires des autres ruminans.

Les membres antérieurs de quelques antilopes offrent
une particularité remarquable, qui consiste dans une forte
touffe de poils roides et non couchés dans le sens de la longueur de la jambe, qui existe sur l'articulation du poignet
et qui a reçu le nom de *brosse*. Les chameaux en présentent une autre dans l'existence de parties nues et calleuses
que l'on trouve sur les points des articulations, qui appuient
lorsqu'ils s'accroupissent sur le sol et notamment au coude,
à la rotule et au jarret, aussi bien que sur le sternum ; mais
on ne les observe pas au moment de la naissance de ces animaux. Dans les lamas, quelques-unes de ces callosités manquent, et celles qu'on y voit sont bien moins développées.

Les chameaux sont encore des ruminans remarquables par
la production graisseuse qui se trouve sur leur dos, et qui
forme une bosse ou deux bosses molles et plus ou moins vo-

lumineuses, selon l'espèce de ces ruminans. Des loupes du même genre se voient aussi sur le garrot des races de bœufs de l'Inde qu'on désigne sous le nom de *zébu*, et sur la partie inférieure de la queue de certains moutons, tels que ceux de Tunis et d'Astracan ; mais peut-être dans ces derniers doit-on attribuer l'existence de ces dépôts graisseux à l'influence de la domesticité.

Les organes extérieurs de la génération des ruminans n'offrent rien de remarquable chez les femelles. Dans les mâles les testicules, toujours apparens au dehors et placés dans un scrotum pendant, sont d'ordinaire très-volumineux ; un fourreau étroit sert de gaine à la verge dont le gland est très-grêle et apparent seulement au temps de l'érection. Chez quelques espèces ce fourreau est dirigé de façon que l'animal urine en arrière (Chameaux), ce qui a fait croire à tort que l'accouplement avoit aussi lieu en arrière. Au moment de l'érection cette verge prend la direction qu'elle a ordinairement dans tous les mammifères.

Le système pileux se présente sous différens aspects dans cet ordre. A l'état de nature, généralement, le poil est assez roide, tantôt ras, comme dans les gazelles et les cerfs qui habitent les plaines boisées des pays chauds et tempérés, tantôt plus long et plus ou moins dur et grossier, comme dans les bouquetins, les isards ou chamois, les chèvres, qui vivent sur les sommets des montagnes. Quelques espèces ont ce poil de nature laineuse et floconneuse, comme le bison, ou très-sec, très-cassant et aplati en forme de lame d'épée, ainsi qu'on le remarque dans le musc et l'élan. Dans les races de moutons domestiques on observe que tantôt le jars ou grand poil disparoît et fait place au poil intérieur, qui se développe beaucoup et prend la qualité de *laine*, ou bien que le poil extérieur se raffine, devient soyeux et brillant, tel que celui de la chèvre d'Angora. Deux espèces, le bœuf yak et la chèvre du Tibet, sont les seules sur lesquelles on trouve de vrais crins, qui forment dans la première ces belles queues flottantes, dont les pachas d'Orient se servent comme d'étendards sous le nom de queues de chevaux, et dans la dernière cette longue garniture, qui pend jusqu'à terre de chaque côté du corps et qui cache presque entièrement les jambes. Les couleurs du pelage sont constantes dans la plupart des espèces, et le fauve domi·e dans celles qui ont le poil ras ; le brun, le noirâtre et le gris appartiennent plutôt à celles qui sont couvertes d'une fourrure épaisse, et ce n'est que dans le genre des cerfs que les jeunes ou les faons se montrent avec une robe tachetée régulièrement de blanc. Les espèces d'antilopes ou de gazelles sont celles qui offrent les variétés les plus brillantes et les plus agréables dans les couleurs et dans leur distribution.

Mais le caractère commun le plus saillant et le plus général des ruminans consiste dans leur mode de nutrition, qui leur a valu le nom qu'ils portent, et dans la structure des organes qui servent à l'exercice de cette fonction. Nous avons vu que le système dentaire de ces animaux est incomplet par l'absence des incisives supérieures : on peut ajouter encore que la couronne de leurs molaires, tronquée obliquement de dedans en dehors, n'est pas aussi bien appropriée à la trituration que celle des animaux rongeurs. Dans ces derniers le mouvement des mâchoires se fait principalement d'avant en arrière et d'arrière en avant, tandis que dans les rumınans ce mouvement a plutôt lieu transversalement, ou , pour parler plus exactement, presque circulairement : ce qui est dû au genre d'articulation de la mâchoire inférieure avec la tête. Ici l'apophyse condyloïde, au lieu d'être comprimée de droite à gauche, comme dans les rongeurs, est aplatie horizontalement et légèrement arrondie. Au lieu de correspondre à une cavité glénoïde en sillon longitudinal , elle s'applique sur une surface large et très-légèrement concave ; d'où il suit que le mouvement rotatoire est rendu très-facile. Les muscles qui agissent latéralement, sont bien développés. Ceux qui font agir la mâchoire de bas en haut, sont, au contraire , assez médiocres : ce qui est en rapport avec le peu de saillie en dehors, la légère courbure en en-bas et la foiblesse des arcades zygomatiques et le peu de profondeur des fosses temporales, qui communiquent avec les orbites et n'en sont distinctes que par un cercle osseux complet. Les glandes salivaires sont, avec celles des chevaux, les plus grandes qu'on observe dans toute la classe des mammifères. L'œsophage, comme dans la plupart des autres animaux de cette classe, renferme dans ses parois deux couches de fibres spirales, qui s'étendent dans toute sa longueur, en se contournant en deux sens opposés. Ces fibres, ici au maximum de développement, peuvent se contracter partiellement et successivement sur toute la ligne de l'œsophage, de façon à pousser de bas en haut ou de haut en bas les pelotes ou bols alimentaires qui y sont engagés. L'estomac présente la complication la plus grande que l'on connoisse dans ce genre d'organe. Il est divisé en quatre poches ou estomacs bien distincts ; savoir : 1.° le *rumen*, appelé aussi *panse* ou *herbier*, ou *double*, vaste sac qui correspond au jabot des oiseaux, où arrivent d'abord et sont placés en état de macération, les alimens secs et ligneux, tels que grains et herbe ou foin, à peine triturés, aussitôt qu'ils viennent d'être avalés. Cette panse occupe une grande partie de l'abdomen, notamment du côté gauche : ses parois sont contractiles, médiocrement épaisses, et sa surface intérieure est garnie de papilles larges et plates, de grandeur variable ; elle est en communication directe avec l'œsophage, et par une seule issue s'ouvrant dans une gouttière ou continuation de ce canal, qui aboutit également avec le second et le troisième estomac ; 2.° le second ou le *bonnet* est le plus petit des quatre : sa forme est ronde, et vu extérieurement, il ne paroît qu'un appendice du premier. Sa membrane interne a des replis cannelés sur leurs côtés, dentelés à leur bord, formant des mailles polygones, dont les aires sont hérissées de papilles plus fines, mais analogues à celles de la panse. Il ne communique aussi que par une partie de sa surface avec la gouttière œsophagienne, qui se termine dans le troisième estomac, lequel n'est, à proprement parler, que sa continuation ; 3.° celui-ci ou le *feuillet*, est placé au côté droit de la panse et n'est que le troisième pour la grandeur : il est globuleux et séparé du second et du quatrième par des rétrécissemens très-sensibles. Ses parois sont minces et sa cavité est partagée en larges feuillets longitudinaux, formés par les replis de la membrane interne, dont la surface est partout hérissée de petites papilles, semblables à des grains de millet. Il communique par une ouverture étroite avec le dernier estomac ; 4.° celui-ci ou la *caillette* est le plus grand après la panse chez les animaux qui ont fait usage d'alimens solides, et le plus volumineux de tous dans les très-jeunes, au moment de leur naissance, ou lorsqu'ils n'ont encore que tété ; ses parois sont peu épaisses, si ce n'est vers sa terminaison postérieure, qui répond au pylore des estomacs simples ; cet orifice n'a pas de rebord valvulaire, tel qu'il en existe un au passage qui sert à la communication du feuillet avec la caillette : la membrane interne de celle-ci, qui est de nature muqueuse, offre dans sa première partie de larges replis longitudinaux, qui deviennent ensuite irréguliers, et toute sa surface est lubréfiée d'abondantes mucosités. Cette caillette, qu'on peut considérer comme le véritable estomac des ruminans, paroît sécréter le suc gastrique, ce, que prouve seulement l'usage que l'on fait des portions de cet estomac desséché dans les veaux, pour faire *prendre* ou *cailler* le lait. Les différences principales que présentent les divers estomacs, considérés dans les divers ruminans, sont relatives au volume ou à la forme extérieure de chacun d'entre eux, et en général peu importantes ; mais dans les chameaux la panse offre des renflemens ou cul-de-sacs particuliers, que Daubenton a nommés *réservoirs*, et qu'il considéroit comme formant un cinquième estomac. Ces renflemens ont leurs parois internes divisées par des brides ou replis membraneux en une quantité très-considérable de cellules profondes, et ouvertes chacune, sur la cavité générale par un large orifice bâillant, et les membranes qui les composent paroissent avoir la propriété de sécréter un liquide incolore, insipide, qui les remplit, et que l'on a regardé comme étant de l'eau que les chameaux buvoient à profusion, lorsqu'ils rencontroient des sources, afin de la mettre en réserve dans ces cellules pour humecter plus tard, et à mesure que besoin en étoit, les alimens secs ingérés dans la panse. Les estomacs du lama présentent aussi quelques modifications, qui ont été observées et décrites par M. Cuvier.

Les ruminans sont en général les mammifères dont le tube intestinal a le plus de longueur, et parmi eux on a remarqué que c'est le belier qui a offert la plus considérable, puisqu'il excède, dans cet animal, vingt-sept fois la longueur du corps ; les gros intestins n'ont point de boursouflures et le cœcum est peu volumineux. Le nombre des lobes du foie s'élève au plus à trois, et la vésicule biliaire se trouve chez tous ces animaux, excepté ceux des genres Cerf et Chameau. Le pancréas affecte différentes formes ; les reins sont tantôt simples, tantôt profondément lobés.

Après avoir décrit les organes de la digestion, nous indiquerons en peu de mots en quoi consiste l'action de la rumination.

Les animaux ainsi constitués, purement herbivores, ont besoin de prendre une quantité d'autant plus considérable d'alimens, que ceux-ci sont moins nutritifs de leur nature, et consistent principalement en feuilles ou tiges de graminées souvent sèches, ligneuses et à l'état de foin : ces alimens, au lieu d'être triturés à fond, au moment où ils sont pris et arrachés à l'aide des incisives inférieures et du mouvement de torsion que la langue peut leur imprimer, sont d'abord légèrement triturés pour être divisés en pelotes grossières, qui descendent dans l'œsophage et pour lesquelles s'ouvre seulement la partie de la gouttière œsophagienne qui répond à l'ouverture de la panse, où elles sont placées en dépôt, et où les matières dont elles se composent sont imbibées par les liquides que sécrètent les parois de cette panse. Cet estomac se remplit ainsi d'une quantité plus ou moins grande d'alimens ; ceux-ci se ramollissent et entrent dans une fermentation qui quelquefois peut causer la mort des animaux, si elle est accompagnée d'un dégagement de gaz trop prompt et trop abondant. [1]

Ensuite le ruminant se couche un peu sur le côté, et par la contraction de la panse, l'ouverture de la portion de la gout-

---

1 Alors les parois de la panse, dont l'orifice se trouve fermé, se dilatent prodigieusement ; ce viscère comprime les organes de la poitrine et détermine l'asphixie. Très-souvent cet accident arrive aux animaux domestiques, et sa marche est si rapide, qu'on ne peut les sauver qu'en faisant sur le flanc gauche une ponction à l'aide d'un tros-quart ou même d'un couteau, qui perce à la fois la peau, les muscles peu épais du côté, et la paroi correspondante de la panse. Cet accident, nommé *météorisation*, a lieu surtout lorsque les bœufs ou les moutons ont mangé avec trop d'abondance de la luzerne tendre et humectée de rosée.

tière de l'œsophage qui correspond à cet estomac, et la con-traction successive des différentes parties de l'œsophage lui-même, les alimens remontent par pelotes dans la bouche. Alors, placés sous les molaires, ils sont finement broyés par ces dents qui agissent circulairement ; puis ils sont avalés de nouveau ; mais, au bas de l'œsophage, l'ouver-ture de la panse se trouve fermée et celle du bonnet est ou-verte : ce bol perfectionné y entre, pour être transmis, un peu plus tard, au troisième estomac ou feuillet, et de celui-ci il passe à la caillette, où il s'imbibe des véritables sucs digestifs avant de suivre le reste du trajet du canal intestinal. Succes-sivement tous les alimens déposés dans la panse sont ainsi re-pris, remâchés, et servent à la nutrition. Cette opération est très-longue et occupe la plus grande partie du temps où les ruminans restent couchés.

Nous bornerons ici la description générale tant des parties extérieures que de l'organisation interne des ruminans.

Ces mammifères ont généralement peu d'intelligence, ce qui est en rapport avec le volume assez médiocre de leur cerveau, bien que les circonvolutions de sa surface soient nombreuses ; leurs sens ne paroissent point doués non plus d'une grande perfection, et plusieurs de leurs espèces que l'homme a domptées, telle que celle du mouton, sont les plus abruties et les plus dégénérées de toutes les races domestiques. Dans l'état de nature, ils sont naturellement portés à vivre en troupe, bien qu'il y en ait aussi des espèces solitaires. La plupart sont timides et fugitifs, et presque tous sont la proie des animaux carnassiers. Ce ne sont que les plus grands et les plus robustes, tels que les buffles sauvages, les bisons et les aurochs, qui peuvent opposer quelque résis-tance aux poursuites de l'homme, ou même l'attaquer de leur propre mouvement.

Le plus grand nombre habitent les contrées chaudes de l'ancien continent (Antilopes, Bœufs), et les régions tempé-rées en renferment aussi beaucoup d'autres. Quelques-unes seulement sont particulières aux régions pôlaires arctiques (Renne, Élan, Buffle musqué), ou aux sommités les plus élevées des autres latitudes terrestres (Chamois, Bouquetin, Antilope pudu, Mouflon, Chèvre sauvage). Chez tous ceux-ci un caractére commun se fait remarquer et consiste dans l'absence du mufle.

Tous, sans exception, se nourrissent d'herbes fraîches ou sèches, de bourgeons, de baies, d'écorces et quelques-uns, tel que le renne, préfèrent à tout des lichens et autres cryptogames analogues. La plupart ont un grand goût pour le sel marin, et ce goût peut même porter quelques-uns d'entre eux à manger, en état de domesticité, de la chair de poisson qui en est fortement imprégnée. Tous boivent beaucoup, surtout dans les contrées chaudes; aussi est-ce auprès des abreuvoirs que les animaux féroces les attendent pour en faire leur proie. Ils n'échappent à ceux-ci que par la rapidité de leur course, qui, pour quelques-uns, est très-remarquable.

La polygamie, à quelques exceptions près (le Chevreuil notamment), paroît être habituelle chez ces animaux; les mâles les plus robustes conduisent les troupeaux, qui se composent de femelles et de jeunes individus et se chargent presque seuls de leur défense. Ils sont ardens en amour et souvent la jouissance des femelles est le prix d'un combat opiniâtre, dans lequel les mâles cherchent surtout à briser le crâne de leur adversaire, en heurtant violemment leur tête contre la sienne, ou à s'éventrer mutuellement avec les pointes de leurs cornes ou de leurs bois. L'accouplement est instantané, presque constamment prolifique et il peut être renouvelé un grand nombre de fois de suite de la part du mâle. Les femelles, dont les petits se développent dans les cornes de la matrice, n'en ont ordinairement qu'un ou deux par portée, et leur gestation dure plus ou moins de temps, selon les espèces et à peu près en raison de leur taille relative : dans l'état sauvage elles ont beaucoup de tendresse pour leur progéniture, mais généralement pas assez pour ne la pas quitter dans le danger; et, à l'état de domesticité, on trouve parmi eux, chez la brebis, le seul exemple d'indifférence complète de la part des femelles envers leurs petits lorsqu'on les enlève.

L'ordre des ruminans renferme le plus grand nombre des animaux soumis à l'homme, tels que le bœuf, le buffle, le mouton et la chèvre, qui nous fournissent leur chair, leur lait, leur graisse, qu'on nomme *suif*, et qui est . dans le mouton, remarquable par sa solidité toute particulière, leur cuir, leur poil ou plutôt leur laine. D'autres sont employés comme bêtes de trait ou de somme, tels que les chameaux, les dromadaires, les yaks et les lamas, ainsi que les rennes, qui sont utiles en même temps sous tous les autres rapports aux peuples dont ils sont devenus la propriété la plus précieuse. Quelques-uns enfin, donnent des produits que nous ne négligeons point de receuillir, et parmi lesquels nous nous bornerons à citer la substance odorante appelée *musc* et qui est sécrétée par les glandes préputiales d'un chevrotain, la peau du chamois et du daim, les bois du cerf et des autres animaux du même genre, etc.

Cet ordre est ainsi partagé :

La première section comprend les *ruminans sans cornes ni bois et pourvus des trois sortes de dents*, qui forment trois genres distincts (R. *tylopoda* et *capreoli*, Illig.) : 1.° celui des CHAMEAUX *à dos garni d'une ou deux loupes graisseuses ; pieds à semelle calleuse, pourvus en avant de deux petits onglons ;* 2.° celui des LAMAS *à pieds pareillement conformés, mais sans loupes graisseuses ;* 3.° celui des CHEVROTAINS *à pieds munis de deux sabots, semblables à ceux de tous les autres ruminans.*

La seconde section, ou celle des *ruminans dont la tête du mâle, au moins, est munie d'une paire d'appendices nommés cornes ou bois,* se compose de deux tribus.

La première (R. *capreoli*, Illig.), caractérisée par des *bois entièrement de nature osseuse, caduques, et souvent branchus,* ne renferme que le genre des CERFS.

La deuxième (R. *devexa*, Illig.), qui comprend le genre GIRAFFE, est distinguée par *les deux chevilles osseuses aux frontaux, persistantes et toujours revêtues de peau velue, avec un bouquet terminal de grands poils.*

La troisième section (*Cavicornia*, Illig.) contient les *ruminans dont les frontaux sont pourvus de chevilles osseuses permanentes, revêtues d'un étui de corne.* Elle se forme de quatre genres très-peu séparés les uns des autres, et seulement sur les caractères que présentent les cornes : 1.° *Cornes à chevilles pleines, rondes, diversement contournées, mais non dirigées latéralement, lisses ou ridées en travers; point de barbe; deux ou quatre ma-*

melles : ANTILOPE. 2.° *Cornes anguleuses , à nœuds ou rides transversales , ayant un angle en avant; une barbe au menton; deux
mamelles :* CHÈVRE. 3.° *Cornes anguleuses, noduleuses ou ridées
en travers , avec une face en avant; point de barbe; deux mamelles:*
MOUTON. 4.° *Cornes à chevilles creuses , lisses, rondes , dirigées
latéralement, non ridées ou striées en travers; quatre mamelles :*
BŒUF. Voyez tous ces mots. (DESM.)

RUMINANT. (*Ichthyol.*) Quelques anciens auteurs paroissent avoir sous ce nom parlé du scare. (H. C.)

RUMINATION. (*Mamm.*) Voyez RUMINANS. (DESM.)

RUMKIN. (*Ornith.*) Un des noms anglois du coq. (CH. D.)

RUMMID. (*Bot.*) Nom arabe de l'*euphorbia thymifolia* de
Forskal, dont le suc est un purgatif violent. (J.)

RUMOHRA. (*Bot.*) Genre de la famille des fougères, établi
par Raddi, de la division des polypodiacées, très-voisin de
l'*aspidium* et des *polystichum.* Sa fructification est composée
de petits sores ou paquets de capsules, disposés sur le dos de
la fronde, épars, arrondis, recouverts chacun d'un indusium,
qui ne tient que par son contour, et qui finit par se détacher,
comme l'opercule dans les mousses, et tombe en laissant les
capsules à nu. M. Raddi s'est assuré que ces indusium n'of-
froient aucun point d'attache fixe.

Le *Rumohra aspidioides*, Raddi, *Opus. scelt. bot.*, 3, p. 291,
pl. 12, fig. 1, *a*, *b*, et *Ejusd. filic., cum ic.*, a les frondes triangulaires et trois fois ailées : les petites frondules lancéolées,
obtusément dentées; les inférieures pinnatifides, et les supérieures confluentes. Le stipe est arrondi à sa base, sillonné
vers le haut, et glabre, ainsi que le rachis. Les sores forment
une série sur chaque côté de la nervure des frondules.

Cette fougère est lisse et ressemble à nos polypodes; elle a
été recueillie par Raddi, sur les monts d'Estrelle, dans la
province de Rio-Janeiro, au Brésil. Elle est dédiée à M.
Charles de Rumohr. (LEM.)

RUMPHIA. (*Bot.*) Genre de plantes dicotylédones, à fleurs
complètes, polypétalées, de la famille des *térébinthacées*, de
la *triandrie monogynie* de Linnæus, offrant pour caractère essentiel : Un calice persistant, à trois divisions; trois pétales;
trois étamines de la longueur des pétales; les anthères fort
petites; un ovaire supérieur; un style, un stigmate à trois

faces; un drupe à trois sillons, renfermant une noix à trois
loges mosnospermes.

Rumphia a feuilles de tilleul : *Rumphia tiliæfolia*, Linn..
Lamk., *Ill. gen.*, t. 25; *Tsiem-tani*, Rhéed., *Malab.*, 4, t. 11.
Grand arbre, revêtu d'une écorce cendrée. Les branches et
les rameaux sont diffus, étalés, garnis de feuilles alternes,
pétiolées, simples, ovales, assez semblables à celles du tilleul,
échancrées en cœur à leur base, rudes, velues, crénelées,
acuminées. Les fleurs sont disposées en grappes axillaires, terminales, peu garnies, plus longues que les feuilles; les pédoncules et les pédicelles velus; les calices courts, pubescens,
à trois divisions ovales, aiguës; les pétales oblongs, un peu
sinués à leurs bords; l'ovaire hispide, saillant hors du calice.
Le fruit est un drupe en forme de poire, coriace, obtus,
surmonté très-souvent d'une portion du style, renfermant
une noix presque ovale, à trois loges monospermes; les semences sont un peu comprimées. Cette plante croît dans les
Indes orientales, au Malabar, etc. (Poir.)

RUNCINÉES [Feuilles]. (*Bot.*) Oblongues et découpées latéralement en lobes aigus et recourbés de haut en bas en fer
de faucille; exemples : pissenlit, *sonchus arvensis*, *hypochœris
radicata*. (Mass.)

RUNDFISCH. (*Ichthyol.*) Nom norwégien d'une des préparations de la morue. Voyez Morue. (H. C.)

RUPALA. (*Bot.*) Voyez Roupale. (Lem.)

RUPELLAIRE, *Rupellaria*. (*Conch.*) Genre de coquilles établi
par M. Fleuriau de Bellevue (dans le Journal de physique,
tome 54, page 545.) pour un petit nombre de vénus litho-
domes, qui vivent enfoncées dans les rochers calcaires des
rivages de nos mers, mais qui n'a pas été adopté, ou qui
ne l'a été que pendant quelque temps : en effet, M. de Lamarck, dans la nouvelle édition de son Système des animaux sans vertèbres, a réuni ce genre avec ses pétricoles;
M. Cuvier a fait de même, et M. de Blainville a confondu
les rupellaires, les pétricoles et les vénérupes dans un seul
et unique genre, auquel il a conservé ce dernier nom,
comme indiquant très-bien que ce sont des espèces de
vénus vivant dans les rochers. M. Fleuriau de Bellevue avoit
caractérisé ce genre essentiellement par le système d'engre-

nage, formé de deux dents sur chaque valve, l'une simple et l'autre bifide; car tous les caractères sont semblables. Les deux espèces de coquilles qui constituent ce genre, sont la pétricole ruperelle, *P. ruperella* de M. de Lamarck, que M. Fleuriau de Bellevue nomme la R. STRIÉE, *R. striata*, et la R. RÉTICULÉE, *R. reticulata*, qui est le *venus lithophaga* de Linn., Gmel. Voyez VÉNÉRUPE. (DE B.)

RUPELLAIRE. (*Foss.*) Deux espèces de ce genre (qui avoit été établi par M. Fleuriau de Bellevue et qui n'a point été adopté par M. de Lamarck) ont été trouvées dans le Plaisantin; et dans la *Conch. foss. subapp.*, M. Brocchi en a donné les figures, pl. 13, fig. 15 et pl. 14, fig. 1. Voyez au mot VÉNÉRUPE. (D. F.)

RUPEX. (*Ornith.*) Ce nom est regardé par Belon comme synonyme de *charadrius*, c'est-à-dire applicable au pluvier. (CH. D.)

RUPICOLE. (*Ornith.*) La ressemblance en quelques points de ces oiseaux avec les gallinacés, et leur demeure habituelle dans des cavernes, ont fait donner à la première espèce connue le nom de coq de roche, *Rupicola*, Briss., genre 55. Comme la conservation du nom françois ne pouvoit servir qu'à propager une erreur, les naturalistes modernes lui ont préféré *Rupicole*, et ont donné pour caractères au genre : Un bec médiocre, robuste, un peu voûté et courbé à la pointe, dont la mandibule supérieure, aussi large que haute, a la buse comprimée et échancrée à la pointe, et dont l'inférieure, plus courte, est droite et aiguë; des narines ovoïdes, latérales, couvertes et cachées par les plumes de la huppe, rangées en demi-cercle; tarses en partie couverts de plumes; pieds robustes; le doigt interne soudé à la base avec l'intermédiaire et l'externe jusqu'à la seconde articulation; le pouce très-fort et armé d'un ongle crochu; des ailes, dont la première rémige est filiforme et presque imberbe vers le bout, et dont les quatrième et cinquième sont les plus longues.

On connoît depuis long-temps les deux espèces qui existent à la Guiane et au Pérou, et qui ont été figurées dans les planches enluminées de Buffon, et l'on avoit réuni les coqs de roche aux manakins; mais on a remarqué ensuite que le bec des premiers étoit plus long à proportion , plus déprimé et plus ouvert à la base, et l'on s'est décidé à en former un genre séparé. Une troisième espèce , récemment découverte dans l'archipel des Indes, a même donné lieu à M. Horsfield d'en faire, dans ses Recherches sur l'histoire naturelle de Java, un genre distinct sous le nom de *Calyptomena* ; mais M. Temminck a trouvé insuffisans les caractères indiqués par ce naturaliste, et il lui a paru qu'on ne pouvoit établir une coupe générique , et qu'il n'étoit possible de former pour cet oiseau de l'ancien continent qu'une seconde section , ayant pour base des considérations purement géographiques. On se bornera donc à décrire cette espèce après les deux qui appartiennent à l'Amérique méridionale.

RUPICOLE DE LA GUIANE ou RUPICOLE ORANGÉ : *Rupicola aurantia*, Vieill.; *Pipra rupicola*, Linn. et Lath., pl. de Buffon, n.ºs 39 et 747, le mâle et la femelle. Cet oiseau, dont le mâle est à peu près de la taille du pigeon ramier, mais dont la femelle est beaucoup plus petite, ressemble extérieurement à un jeune coq; c'est probablement la raison qui lui a fait donner ce nom par les François de la Guiane. D'un autre côté, ses yeux, entourés d'un demi-cercle de plumes décomposées , comme on en voit aux oiseaux de nuit, et son habitude de se retirer dans les fentes des rochers, l'ont aussi fait regarder d'abord comme appartenant à cette famille; mais on a remarqué depuis que, s'il rentre la nuit dans les cavernes ou les fentes des rochers, il vole très-bien le jour. Le fond du plumage de l'adulte est une couleur orangée, qui devient d'autant plus vive qu'il avance en âge, et qui, la première année, étoit brune. Ce qui le rend surtout très-remarquable, c'est la belle huppe à deux plans, qui, en s'inclinant l'un vers l'autre, forment une sorte de casque dans le genre de celui du harle huppé de la Caroline. Cette huppe est terminée par deux demi-cercles, dont l'un est brun et le supérieur d'un jaune clair; le bec, les pieds et les ongles, sont d'un blanc jaunâtre; il y a quelques traits blancs au pli et sur le milieu de l'aile, dont les pennes sont brunes et bordées de jaune clair; les couvertures de la queue ont une forme carrée, et leurs barbes se prolongent.

La femelle, dont la huppe est moins élevée, a une couleur d'un brun tirant sur l'olive foncé; son bec, de couleur brune, a un trait jaune le long de sa partie convexe. Le brun du plumage des jeunes mâles est moins foncé que chez les femelles, et l'on y observe des taches de couleur orangée.

Les cavernes que ces oiseaux habitent à la Guiane se trouvent surtout aux environs d'un poste nommé *Oyapoc*, et dans la montagne Courrouage, près de la rivière d'Aprouack: ils volent aux environs pendant le jour, mais sans s'écarter, et leur vol est bas, court et rapide. Ils sont si méfians qu'on ne peut les tirer qu'en les surprenant ou les attendant à l'affut. Les femelles sortent de leur retraite moins fréquemment que les mâles pendant le jour. Le nid qu'elles y pratiquent n'est composé que de quelques brins de bois et d'herbe sèche; elles y pondent deux œufs blancs, sphériques, comme ceux des oiseaux de nuit, et gros comme ceux des plus forts pigeons. Ces oiseaux se nourrissent de petits fruits sauvages, et ils ont l'habitude de gratter la terre, de battre des ailes et de se secouer comme les poules. Leur cri peut s'exprimer par la syllabe *ke*, prononcée d'un ton aigu et traînant. Sonnini en a vu, dans le poste hollandois du fleuve Maroni, un qu'on laissoit vivre en liberté et courir avec les poules.

Rupicole du Pérou; *Rupicola peruviana*, Dum. Cette seconde espèce, long-temps regardée comme simple variété, et qui est figurée dans Buffon, pl. enl., n.° 745, se trouve au Pérou: elle est plus grande que celle de la Guiane; sa queue est plus longue et les plumes n'en sont pas coupées carrément; celles des ailes, qui ne sont pas frangées, sont noires, ainsi que les pennes caudales; le croupion est d'une teinte cendrée. La huppe, d'une couleur uniforme, n'est pas terminée par deux cercles dont un noir, comme dans l'espèce précédente, à laquelle celle-ci ressemble dans les autres parties. Suivant Gemelli Carreri, les anciens Mexicains l'appeloient *chiacchialacca*.

Rupicole verdin; *Rupicola viridis*, Temm. Cette espèce, que M. Temminck a figurée dans ses Planches coloriées sous le n.° 216, est le *calyptomena viridis* de M. Horsfield, n.° 4, de ses Recherches zoologiques sur l'île de Java. Le mâle, long de six pouces et demi, a le bec ombragé par une petite huppe; sa queue paroît un peu fourchue, parce que les deux pennes du milieu sont plus courtes que les latérales, mais elle est entièrement couverte par les ailes. La couleur générale de son plumage est un vert malachite très-brillant. On voit sur le méat auditif une tache d'un noir velouté, qui forme aussi trois bandes transversales sur les moyennes et les grandes couvertures des ailes, lesquelles sont bordées de vert; les rémiges sont d'un beau noir, qui ne couvre que les barbes intérieures des pennes secondaires. Le bec et les pieds sont d'une couleur de corne noirâtre. La femelle n'a pas de huppe, et les plumes du lorum s'avancent seules pour couvrir les narines; elle n'a pas la tache noire du méat auditif, ni les trois bandes sur les ailes. Sa couleur verte est moins pure que chez le mâle et les parties inférieures sont mélangées de cendré; l'extrémité des rémiges et leurs barbes intérieures sont brunes, tandis que ces parties sont tout-à-fait noires dans le mâle. Le cercle autour des yeux est d'un beau vert céladon; le bec et les pieds sont d'une couleur noirâtre, plus claire que chez le mâle.

Ces oiseaux se trouvent dans les parties les plus réculées des forêts de l'île de Sumatra; mais, comme ils se tiennent à la cime des arbres, la couleur de leur plumage ne permet pas de les distinguer aisément des feuilles, et c'est peut-être à cause de cela qu'ils paroissent rares dans ces contrées. M. Horsfield n'a trouvé que des substances végétales, et principalement des graines de plantes sauvages, dans l'estomac des individus qu'il a disséqués. Le nom malais des rupicoles est *burong tampo pinang*, c'est-à-dire oiseau qui vit sur les aréquiers. (Ch. D.)

RUPICOLE, *Rupicola*. (*Conchyl.*) M. de Fleuriau, qui a étudié avec beaucoup de soin les espèces, assez nombreuses sur la côte de la Rochelle, de coquilles bivalves térébrantes, et du travail duquel nous avons donné un extrait à l'article Lithophage, a établi sous ce nom un genre particulier avec une coquille fort mince, presque membraneuse, dont M. de Lamarck, qui avoit d'abord adopté ce genre, a fait une espèce d'anatine. En effet, le caractère principal que le naturaliste de la Rochelle donne à son genre Rupicole d'avoir une fossette semi-lunaire en saillie intérieure sur chaque valve, accompagnant le ligament cardinal, se trouve également dans quelques anatines : c'est une petite coquille, à peine d'un pouce de long, ovale-oblongue, tronquée à l'extrémité de son côté postérieur, et sillonnée dans sa longueur. M. de Lamarck lui donne le nom d'anatine rupicole, *A. rupicola*. Elle se loge dans les pierres calcaires, qu'elle creuse.

Sur les côtes de la France, sur l'Océan. (De B.)

RUPILIA. (*Ornith.*) Scaliger exprime par ce nom l'espèce de colombe que Gaza traduit par *vinago*, c'est-à-dire le pigeon sauvage, *columba œnas*, Linn. (Ch. D.)

RUPINIA. (*Bot.*) Genre de plantes cryptogames de la famille des hépatiques, voisin du *riccia* et du *guentheria*, dont il offre le port, la manière de croître et la structure ; il a été établi par Linnæus, fils, et peut être caractérisé ainsi : Fronde simple, oblongo-linéaire, offrant 1.° des corpuscules (*fleurs mâles et anthères*, Linn. fil.) droits, subulés et comprimés, réunis en petits paquets ou épars ; 2.° des corps globuleux (ovaires, Linn. fil.) entourés de filamens droits, surmontés d'autres filets épars, simples, très-courts, cylindriques et tronqués, considérés comme des styles et des stigmates. Ces globules produisent des capsules uniloculaires, remplies d'une matière grenue, amas de séminules très-petites et globuleuses.

Le Rupinia lichenoides, Linn. fil., *Suppl. Sp. pl.*, pag. 45 et 69 ; *Rupinia rupestris*, Linn., *Amœn. acad.*, vol. 10, pl. 5, fig. 5, *absq. descript*. Cette plante est composée de plusieurs frondes oblongo-linéaires, obtuses, entières, qui naissent près les unes des autres, ou s'imbriquent mutuellement, ayant six à huit lignes de longueur. Leurs bords latéraux se replient un peu en dedans. A la face supérieure se développent par petits bouquets, et en corpuscules séparés, les organes fructifères. Ces frondes, lorsqu'elles sont fertiles, ont les bords garnis de petits tubercules rougeâtres : elles sont vertes, avec une teinte blanchâtre en dessous.

Cette plante croit sur les rochers de l'Amérique méridionale. Lorsque l'on compare la description que Linnæus fils donne de ses parties fructifères, avec celle que Forster, *Nov. gen.*, pag. 148, pl. 74, assigne à son *Aytonia rupestris*, on y trouvera une analogie parfaite ; mais Forster ne dit pas un mot de la fronde qui constitue la plante, de sorte que ce n'est encore qu'avec doute qu'on doit réunir ces deux plantes. Il est probable que les filamens blanchâtres qui entourent les ovaires sont de même espèce que les filets donnés pour des anthères; enfin, il est probable aussi que ces plantes, observées de nouveau, rentreront dans le genre *Guentheria* de Treviranus, ou *Corsinia* de Raddi. (LEM.)

RUPPIE; *Ruppia*, Linn. (*Bot.*) Genre de plantes monocotylédones de la famille des *potamées*, Juss., et de la *tétrandrie tétragynie*, Linn., dont les principaux caractères sont d'avoir : un calice de deux folioles ovales, caduques; point de corolle; quatre étamines sessiles; quatre ovaires supères, surmontés chacun d'un stigmate obtus; chaque ovaire devient une petite capsule ou noix monosperme, ovale-conique, pédiculée. Les ruppies sont des herbes aquatiques, dont on ne connoît que deux espèces. La suivante est indigène de l'Europe.

RUPPIE MARITIME : *Ruppia maritima*, Linn., *Sp.*, 184 ; *Fl. Dan.*, t. 564. Ses tiges sont herbacées, grêles, très-rameuses, garnies de feuilles alternes, filiformes, alongées. Ses fleurs sont d'un vert sale, disposées environ quatre ensemble sur des pédoncules axillaires; elles sont presque sessiles jusqu'après l'époque de la fécondation : mais les fruits mûrs sont portés chacun par un long pédicelle filiforme. Cette plante croit dans les étangs maritimes et sur les bords de la mer, en France, dans le reste de l'Europe et en Amérique. (L. D.)

RUPTILE. (*Bot.*) S'ouvrant irrégulièrement par une rupture spontanée; exemples : arille des méliacées; stipules des polygonées; spathe des palmiers, du narcisse. (MASS.)

RUSCUS. (*Bot.*) Voyez FRAGON. (L. D.)

RUSE. (*Bot.*) Voyez RUSQUE. (LEM.)

RUSÉ. (*Ichthyol.*) Nom spécifique d'un poisson qu'on a souvent décrit sous le nom de *Zeus insidiator*. Voyez PLATYCÉPHALE et POULAIN. (H. C.)

RUSGEN. (*Ornith.*) Un des noms allemands, cités par Gesner et Aldrovande, du morillon, *anas fuligula*, Linn. (CH. D.)

RUSMA. (*Min.*) C'est un mélange artificiel composé d'arsenic-orpiment, de chaux vive et d'amidon, qui est employé comme dépilatoire par les Turcs. (B.)

RUSQUE. (*Bot.*) Nom du liége, *quercus suber*, dans une

partie de la Provence. On le donne ailleurs au fragon piquant et à la cuscute à un seul style. (J.)

RUSSAK. (*Mamm.*) Nom russe du lièvre variable. (Desm.)

RUSSE. (*Ornith.*) Un des noms vulgaires du rouge-gorge, *motacilla rubecula*, Linn. (Ch. D.)

RUSSÉ. (*Ornith.*) Ce nom est vulgairement donné, en Saintonge, à l'épervier commun, *falco nisus*, Linn. (Ch. D.)

RUSSEA. (*Bot.*) Voyez Rousseau. (Poir.)

RUSSELIA. (*Bot.*) Ce genre de Linnæus fils, n'est, selon Thunberg, qu'une espèce de *vahlia*, dans la famille des cercodiennes. Il ne doit pas être confondu avec le *Russelia* de Jacquin, faisant partie des scrophularinées ou personées. Voyez ci-après Russélie. (J.)

RUSSÉLIE. *Russelia.* (*Bot.*) Genre de plantes dicotylédones, à fleurs complètes, monopétalées, irrégulières, de la famille des *personées*, de la *didynamie angiospermie* de Linnæus, offrant pour caractère essentiel : Un calice persistant, à cinq divisions profondes ; une corolle tubulée, ventrue vers son sommet ; le limbe à deux lèvres ; la supérieure échancrée en deux lobes ; l'inférieure à trois découpures ; l'orifice barbu ; quatre étamines didynames ; l'ovaire supérieur ; un style, un stigmate globuleux ; une capsule presque globuleuse, à deux loges, à deux valves bifides, qui se détachent d'un placenta central chargé de plusieurs semences.

Russélie sarmenteuse : *Russelia sarmentosa*, Jacq., *Stirp. amer.*, tab. 115 ; Lamk., *Ill. gen.*, tab. 539. Arbrisseau à tiges grimpantes, sarmenteuses. Les rameaux sont pendans, glabres, tétragones ; les feuilles opposées, pétiolées, ovales, acuminées, dentées, velues en dessus, glabres en dessous ; les pétioles très-courts. Les fleurs sont axillaires, solitaires, pédonculées ; les pédoncules plus courts que les feuilles, divisés au sommet en deux ou trois pédicelles, munis à leur base de bractées courtes, ovales, aiguës ; le calice est petit, d'une seule pièce, partagé en cinq dents terminées par un filet sétacé ; la corolle rougeâtre, tubulée, élargie et renflée à son orifice, velue intérieurement ; le limbe court, à deux lèvres, l'inférieure un peu réfléchie en dehors. Cette plante croit dans les forêts épaisses, aux environs de la Havane.

Russélie a feuilles rondes ; *Russelia rotundifolia*, Cavan.,

Icon. rar., 5, tab. 415. Arbrisseau dont les tiges sont hautes de quatre pieds; les rameaux opposés, tomenteux, un peu tétragones: les feuilles sessiles, opposées, arrondies, larges d'environ deux pouces, velues, dentées ou crénelées. Les fleurs sont disposées en grappes axillaires, terminales; les pédicelles géminés, munis à leur base d'une petite bractée. Le calice est velu, à cinq folioles ovales, aiguës, avec une pointe sétacée; la corolle d'un rouge écarlate; le tube trois fois plus long que le calice, élargi et velu à son orifice; les capsules sont glabres; les semences noirâtres. Cette plante croît dans l'Amérique, aux environs d'Acapulco.

RUSSÉLIE MULTIFLORE; *Russelia multiflora, Bot. Magaz.*, t. 1528. Cette plante a des tiges droites, quadrangulaires, presque simples, alongées, ne se soutenant qu'à l'aide d'un appui. Les feuilles sont opposées, très-peu pétiolées, ovales, acuminées, longues d'environ trois pouces, larges de deux, à grosses crénelures obtuses. Les fleurs sont réunies en une grappe terminale, droite, touffue, longue d'environ trois pouces; les ramifications sont presque verticillées, terminées par un petit corymbe; les divisions du calice sétacées à leur sommet; la corolle est d'un rouge vif. Cette plante croît sur les montagnes, aux environs de la Vera-Crux et au Mexique.

RUSSÉLIE A FLEURS TERNÉES; *Russelia ternifolia*, Kunth *in* Humb. et Bonpl., *Nov. gen.*, 2, pag. 359. Sa tige est herbacée, à six angles; les rameaux sont blanchâtres et pubescens; les feuilles ternées, un peu pétiolées, ovales, à grosses dentelures, rétrécies en coin à leur base, hérissées en dessus, pubescentes en dessous, particulièrement sur les nervures. Les fleurs sont disposées en corymbes axillaires, solitaires, pédonculées, de couleur écarlate. Cette plante croît au Mexique, sur le penchant du mont volcanique Jorullo. (POIR.)

RUSSÉLIE. (*Erp.*) Nom spécifique d'une couleuvre du Vizagapatam, décrite dans ce Dictionnaire, t. XI, p. 196. (H. C.)

RUSSELMAUS. (*Mamm.*) Nom des musaraignes en Allemagne. (DESM.)

RUSSIGNOLA. (*Ornith.*) Nom du rossignol en Sardaigne, suivant Azuni. (CH. D.)

RUSSOR. (*Mamm.*) L'un des noms du morse dans les langues du Nord. (DESM.)

RUSSULA. (*Bot.*) Section du genre *Agaricus* (voyez FONGE, tom. XVII. pag. 202), dans la Méthode de Persoon, qui, si la division de l'*Agaricus* en plusieurs genres, proposée par Link, Nées, Fries, etc., est adoptée, formera un genre à part, déjà décrit par Persoon (*Obs. mycol.*, 1, p. 100—105), et dont les caractères sont pris sur les feuillets, qui sont égaux, veinés, étroits; et les sporules, blanchâtres ou jaunâtres, enfoncés sur toute l'étendue des feuillets : ceux-ci libres, sans voiles, d'une consistance sèche, roide, vésiculeuse, et non pas floconneuse, comme dans l'*Agaricus* proprement dit et l'*Ammanita*. Fries y ramène une quinzaine d'espèces, y compris les deux décrites à l'article FONGE.

L'*agaricus russula*, Schæff., Pers., qu'on pourroit croire appartenir à ce nouveau genre, n'en fait point partie ; il reste dans l'*agaricus*, division des *gymnopus* : ses feuillets sont recouverts d'un voile. Le nom spécifique de *russula* lui fut donné parce qu'il a le chapeau rougeâtre ou roussâtre. Cette couleur a fait donner aussi le nom de *russula* à plusieurs champignons connus en Italie sous celui de *rossola*, et en France sous ceux de ROUGEOLE, ROUGEOTE, ROUGILLON, ROUSSELET, ROUSSILE, etc. Voyez ces mots. (LEM.)

RUSTICOLA. (*Ornith.*) Nom latin de la bécasse, qui est aussi désignée par celui de *rusticula*. (DESM.)

RUT. (*Mamm.*) Ce nom est donné particulièrement au temps des amours ou de la chaleur des grandes espèces de quadrupèdes herbivores. Il vient de *rugitus*, et fut d'abord donné exclusivement au cerf, à cause de ses rugissemens au temps de ses amours (DESM.)

RUTA. (*Bot.*) Indépendamment de plusieurs plantes énoncées précédemment et très-différentes, qui portent le nom de rue, telles que la rue de chèvre, des murailles, des prés, etc., il en est encore plusieurs sous le nom de *ruta*, accompagnées d'une épithète latine. Telles sont le *ruta baccifera*, qui est un jasmin, *jasminum fruticans*; le *ruta lunaria*, qui est une fougère, *botrychium lunaria*; le *ruta hypericoides* de Dodoëns, qui est un *androsæmum*; le *ruta sylvestris* de Dioscoride, qui est l'*hypericum tomentosum*; le *ruta sylvestris* de Césalpin, qui est un *thalictrum*; le *ruta sylvestris* de Bauhin, qui est un *peganum*. Voyez RUE. (J.)

RUTA - LUNARIA ou JOCARIA. (*Bot.*) Tabernæmontanus désigne sous ces noms la lunaire, espéce de fougère du genre *Botrychium*, appelée par Linnæus *Osmunda lunaria*. (LEM.)

RUTA-MURARIA. (*Bot.*) Voyez RUE DE MURAILLE. (LEM.)

RUTABAGA. (*Bot.*) M. Poiret cite sous ce nom, d'aprés M. Bosc, une variété de rave, provenant du Nord, cultivée maintenant avec avantage dans le Midi, pour la nourriture des bestiaux, parce qu'elle est précoce, plus consistante et plus sucrée que l'espéce ordinaire. (J.)

RUTACÉES. (*Bot.*) Cette famille de plantes, qui tire son nom du *Ruta*, un de ses genres, appartient à la classe des hypopétalées ou dicotylédones polypétales, à étamines insérées sous l'ovaire. Elle a subi dans sa construction plusieurs changemens à diverses époques. On la trouve indiquée dans le Catalogue du jardin de Trianon, et composée de onze genres, dont sept seulement lui appartiennent, et dans ce nombre sont le *Zygophyllum*, le *Ruta* et le *Diosma*. L'auteur du *Genera plantarum* les a conservés dans sa famille du même nom, dont il a tracé les caractères, et les a rapportés à trois sections distinctes, dont ils sont comme les types, autour desquels il a groupé d'autres genres, sans désigner ces sections par des noms particuliers, en observant seulement qu'elles pourroient devenir autant de familles séparées, mais voisines. Il a ajouté le *Tribulus* à la première, le *Dictamnus* à la seconde, le *Melianthus*, l'*Emplevrum* et l'*Aruba* à la troisième. Long-temps aprés, M. R. Brown, dans ses *Generals Remarks*, a proposé l'établissement d'une famille des Diosmées, dont il sépare les Zygophyllées comme famille distincte, et à laquelle il n'attribue qu'une affinité incomplète avec le *Ruta*. Il indique dans sa famille le *Zanthoxylum* et le *Fagara*, auparavant placés à la suite des Térébinthacées, le *Monniera* et le *Galipæa*, dont on n'avoit pas auparavant déterminé les affinités. et le *Cusparea*, genre nouveau. Cette indication de M. Brown a été saisie par M. De Candolle, qui, dans les Mémoires du Muséum, rédigeant un article spécial sur les Cuspariées, composées des genres *Cusparia, Ticorea, Galipæa, Raputia* et *Monniera*, les indique comme une des sections ou tribus de la famille des rutacées, dont les Rutées, les Diosmées et les Zanthoxylées forment les trois autres tribus, qu'il caractérise en peu de mots. Il laisse également les Zygophyllées séparées. Dans son *Prodromus*, publié plus tard, il réduit à deux ses tribus de Rutacées et réunit à celle des Diosmées, les Rutées et les Zanthoxylées. Le travail de MM. Nées et Martius, intitulé *Fraxinelleæ* (dans lequel il n'est pas fait mention du *Ruta*), réunit dans cette famille plusieurs genres nouveaux, le *Dictamnus*, le *Pitocarpus*, le *Jambolifera*, l'*Aruba* et les Cuspariées de M. De Candolle. Ils la font suivre par l'exposition de deux familles voisines, les diosmées et les zanthoxylées. M. de Saint-Hilaire, à l'occasion d'un mémoire sur le Gynobase, inséré dans le dixième volume des Mémoires du Muséum, fait quelques observations sur les Rutacées, et particulièrement sur les *Fraxinelleæ* de MM. Nées et Martius, dont il adopte seulement une partie, en ne partageant pas leur opinion sur les trois familles indiquées. En même temps il indique la famille des Simaroubées comme ayant de l'affinité avec les précédentes.

C'est après ces divers auteurs que M. Adrien de Jussiéu a entrepris un nouvel examen de toutes ces plantes et de leurs affinités. Il a analysé et dessiné avec soin dans seize planches les caractères de tous les genres, ce qui a pu le mettre en état de déterminer plus sûrement leurs rapports. Il les range dans plusieurs divisions, auxquelles il est embarrassé de donner un nom de groupe, de famille, de tribu ou de section. Elles sont réunies provisoirement sous le nom général de Rutacées, qui pourroient former un groupe, et sous lesquelles il range successivement les Zygophyllées, les Rutées, les Diosmées, dont les Cuspariées font partie, les Zanthoxylées et les Simaroubées.

C'est ce grand travail que nous suivrons, comme le plus complet, pour la rédaction de la famille des Rutacées dans ce Dictionnaire. Renvoyant aussi au préambule de l'ouvrage de M. Ad. de Jussieu pour l'exposition plus détaillée des travaux antérieurs et des considérations qui ont motivé la nouvelle distribution, le rédacteur de cet article se dispensera de porter sur ces travaux et sur cette distribution un jugement comparatif, qui appartient au public et que ses relations intimes avec l'auteur doivent lui interdire.

Le groupe des Rutacées, divisé en cinq parties, auxquelles nous laisserons provisoirement le nom primitif de sections, présente pour caractère général la réunion des suivans :

Un calice d'une seule pièce, à trois ou quelquefois quatre ou plus ordinairement cinq divisions; pétales en nombre égal à ces divisions, alternes avec elles, insérés sous l'ovaire, ordinairement distincts, quelquefois soudés en une corolle monopétale, rarement nuls; cinq étamines, alternes avec les pétales, ou dix, dont cinq plus courtes leur sont opposées et avortent quelquefois en tout ou en partie ; leurs filets, nus ou accompagnés d'une écaille, distincts ou plus rarement soudés ensemble ou avec la corolle devenue monopétale, insérés au support de l'ovaire ou sur un disque qui l'entoure et qui quelquefois fait corps avec le fond du calice ; anthères biloculaires, s'ouvrant dans leur longueur; ovaire libre et supère, à plusieurs loges, opposées aux pétales et en nombre égal, réunies autour d'un axe central ou séparées en partie ou entièrement, contenant chacune un ou plusieurs ovules, attachés à leur angle interne ; autant de styles et de stigmates que de loges; les uns et les autres distincts ou réunis en un seul, en tout ou en partie ; fruit tantôt simple, capsulaire, à plusieurs loges quelquefois indéhiscentes, s'ouvrant plus ordinairement en autant de valves munies d'une cloison dans leur milieu, ou se séparant en plusieurs coques souvent bivalves : tantôt composé de plusieurs drupes ou plusieurs capsules distinctes ; loges du fruit tapissées d'un tégument mince ou quelquefois solide, quelquefois détaché sous forme de deux valves internes recouvrant les graines, nommées anciennement arille et maintenant, par quelques modernes, *endocarpe;* graines attachées aux mêmes points que les ovules et en nombre moindre par suite d'avortement; embryon dicotylédone, à radicule droite, dirigée vers l'ombilic de la graine, entouré d'un périsperme charnu ou cartilagineux, ou rarement sans périsperme apparent.

Tiges herbacées ou ligneuses; feuilles opposées ou alternes, simples ou composées, stipulées ou dénuées de stipules; inflorescence non uniforme. Fleurs ordinairement hermaphrodites, rarement diclines par avortement.

On observe que les plantes de ce groupe naissent entre

les tropiques ou sous des zônes qui les avoisinent, et qu'elles n'habitent pas les lieux trop rapprochés du Nord.

Les rutacées se partagent, comme on l'a dit plus haut, en cinq sections, que l'on peut considérer aussi comme cinq familles distinctes.

La première section est celle des Zygophyllées, à laquelle le *zygophyllum* donne son nom. Ses fleurs sont hermaphrodites, régulières ; les pétales distincts, à préfloraison convolutée, ainsi que le calice ; les étamines en nombre double, à filets hypogynes nus ou accompagnés à leur base intérieure d'une écaille ; l'ovaire est simple, entouré de glandes ou d'un disque lobé, à plusieurs loges distinguées par des sillons ; le style simple ; le stigmate simple ou lobé. Fruit capsulaire ou rarement presque charnu, se partageant en plusieurs coques ou plus souvent en plusieurs valves cloisonnées dans leur milieu ; embryon à radicule montante ; périsperme existant (nul dans le *Tribulus*) ; tiges herbacées ou ligneuses ; feuilles opposées, stipulées, le plus souvent composées ; pédoncules axillaires.

Dans une première division de cette section est placé le *Tribulus* seul, remarquable par l'absence du périsperme, par un stigmate large et par les loges du fruit indéhiscentes, contenant chacune plusieurs graines dans autant de demiloges transversales.

Une autre division, caractérisée par l'existence du périsperme, les loges du fruit ordinairement déhiscentes et non subdivisées intérieurement, réunit les genres *Fagonia*, *Roepera* de M. Adrien de Jussieu ; *Zygophyllum* ; *Larrea* de Cavanilles ; *Porliera* de la Flore du Pérou ; *Guaiacum* ; auxquels l'auteur ajoute, comme ayant avec eux une simple affinité le *Biebersteinia* de M. Stephan, et le *Melianthus*.

La seconde section, désignée sous le nom de Rutées, a ses fleurs hermaphrodites régulières ; quatre ou cinq pétales contournés ou convolutés dans la préfloraison ; des étamines distinctes, en nombre double (triple dans le *Peganum*), portées sur le support, quelquefois renflé, de l'ovaire, qui est simple, à moitié divisé en plusieurs lobes et partagé en autant de loges ; son style est simple ou divisé par bas pour

communiquer avec les lobes; le stigmate est sillonné. Le fruit
est une capsule, dont les loges, écartées par le haut, s'ouvrent
intérieurement en forme de coques, ou, extérieurement par
leurs valves cloisonnées; l'embryon est périspermé, à radicule montante et lobes aplatis. Les tiges sont herbacées ou
à peine ligneuses; les feuilles alternes, ordinairement non stipulées, le plus souvent simples et couvertes de points glanduleux transparens. On ne rapporte à cette section que les
genres *Peganum*, *Ruta* et *Apophyllum* de M. Adrien de Jussieu,
à la suite desquels est placé le *Cyminosma* de Gærtner ou
Jambolifera de Linnæus et Vahl, ayant une affinité, soit avec
eux, soit avec quelques-uns des genres suivans.

La troisième section, la plus considérable des cinq, est
celle des Diosmées (voyez ce mot), déjà mentionnée, mais
reproduite ici avec les détails résultant des nouvelles observations, consignées dans la monographie citée. Dans
cette section les fleurs sont hermaphrodites, régulières ou
irrégulières. Leur calice est à quatre ou cinq divisions.
Les pétales, en nombre égal, à préfloraison contournée et
convolutée ou très-rarement presque valvaire, sont distincts ou quelquefois soudés ensemble, ou rarement nuls.
Les étamines, en nombre égal ou double ou quelquefois
moindre par avortement, sont ordinairement hypogynes, rarement périgynes. Le pistil, tantôt nu à sa base, tantôt entouré d'un disque libre ou adhérent au fond du calice, est
composé de plusieurs ovaires réunis ou distincts en nombre
égal à celui des pétales, ou moindre, dont les styles sont
réunis entièrement ou seulement à leur sommet, pour former
un seul stigmate divisé en autant de lobes ou sillons. Le fruit
est tantôt simple, composé de capsules réunies, mono- ou
dispermes, tantôt plus souvent multiple, lorsque ces capsules
sont séparées. L'endocarpe ou tégument intérieur de ces capsules se détache intérieurement a l'époque de la maturité
sous forme de deux valves qui recouvrent les graines, dont
le tégument propre est testacé. L'embryon, périspermé ou
sans périsperme, a sa radicule montante et droite, ou inclinée. Les tiges sont presque toujours ligneuses et élevées,
rarement herbacées; les feuilles opposées ou alternes, sim-

ples ou pennées, sans stipules, souvent parsemées de points glanduleux; les fleurs axillaires ou terminales.

Cette série nombreuse est liée surtout par le caractère commun de l'endocarpe, qui se détache de l'intérieur des loges sous forme de deux valves. Les plantes qui la composent, diffèrent d'ailleurs entre elles par divers points, et l'on observe que celles d'un même climat ont entre elles, dans leur organisation, plus de conformité qu'avec celles des autres climats. Il en résulte, qu'en subdivisant la série d'après l'indication des pays habités et en rassemblant les caractères propres à chaque subdivision, on est presque sûr de les classer plus naturellement. On distinguera ici celles d'Europe, celles du cap de Bonne-Espérance en Afrique, celles de la Nouvelle-Hollande ou Australasie, et celle de l'Amérique.

Le *dictamnus*, originaire du Midi de l'Europe, compose seul la première subdivision, caractérisée par cinq pétales irréguliers, dix étamines fertiles, hypogynes, sans disque; cinq ovaires distincts, contenant chacun quatre ovules; cinq styles réunis supérieurement; le tégument des graines noir, testacé et luisant; un périsperme existant; une tige herbacée; des feuilles alternes, pennées, avec impaire, et couvertes de points glanduleux.

Les diosmées d'Afrique ont cinq pétales réguliers et distincts, ou quelquefois nuls; cinq étamines fertiles, distinctes, portées sur un disque calicinal, alternes avec les pétales et souvent avec des filets stériles interposés; un à cinq ovaires réunis et surmontés ensemble d'un seul style, contenant chacun deux ovules; le tégument des graines lisse, luisant et souvent couronné d'une crête; un périsperme très-mince ou nul; une tige ligneuse; des feuilles simples, opposées ou alternes, souvent très-menues et imbriquées.

On rapporte à cette sous-division africaine les genres *Calodendron* de Thunberg, réuni par Vahl au *Dictamnus*, et séparé plus récemment par M. De Candolle; *Diosma* de Linnæus, et les sept suivans, qui en ont été détachés par Willdenow et MM. Bartling et Wendland; *Adenandra, Coleonema, Euchœtis, Acmadenia, Barosma, Agathosma, Macrostylis, Emplevrum* de Solander.

Dans la sous-division des Diosmées australasiennes on trouve des pétales toujours existans et réguliers; des étamines toutes fertiles, hypogynes et sans disque, ordinairement en nombre double des pétales, dont la moitié leur est opposée et plus courte, ou rarement en nombre égal alternant avec eux; des filets distincts ou plus rarement soudés ensemble; des anthères le plus souvent surmontées d'un appendice; autant d'ovaires que de pétales, dont les styles sont réunis supérieurement et contenant chacun deux ovules, disposés l'un au-dessus de l'autre dans des directions contraires; des graines dont le tégument est épais; un embryon grêle au milieu d'un périsperme dense; des tiges ligneuses; des feuilles opposées ou alternes, simples ou composées, ordinairement planes; des fleurs distinctes sur leurs pédoncules, ou rarement entourées d'un involucre commun. Les genres de cette sous-division sont les suivans : *Correa* de M. Smith; *Diplolœna* de M. R. Brown; *Phebalium* de Ventenat; *Philotheca* de M. Rudge; *Crowea* de M. Smith ainsi que les trois suivans, *Eriostemon*, *Boronia*, *Zieria*.

La sous-division des Diosmées américaines se partage en deux sections ou sous-divisions distinctes, dont la première, que l'on pourroit désigner sous le nom de Mélicopées, n'est pas encore solidement établie, parce qu'on ne connoît pas les caractères des fruits et graines de plusieurs de ses genres. Celle-ci présente des pétales existans, distincts et réguliers; des étamines distinctes et hypogynes, en nombre plus souvent égal que double; un disque nul ou existant et entourant les ovaires, qui sont pareillement en nombre égal aux pétales, distincts ou plus rarement joints ensemble, contenant chacun un ou deux ovules, et dont les styles sont réunis entièrement ou seulement vers leur sommet; des graines couvertes d'un tégument testacé ou plus rarement membraneux; un embryon à radicule plus courte que les lobes; un périsperme charnu ou quelquefois nul; des tiges ligneuses; des feuilles alternes ou opposées, simples bilobées ou plus souvent ternées.

Dans cette section peu nombreuse des Diosmées d'Amérique on a placé, soit des plantes originaires de l'Amérique méridionale et équinoxiale, soit deux autres des iles de la mer du Sud ou grand Océan, qui ont de l'affinité avec eux; ce sont : le *Evodia* de Forster, et le *Melicope* du même ou *Entoganum* de

Gærtner, et auxquels se joignent les suivans : *Esenbeckia* de M. Kunth; *Metrodorea* de M. Saint-Hilaire; *Pilocarpus* de Vahl; *Hortia* de Vandelli et *Choisya* de M. Kunth.

La seconde section des Diosmées américaines, presque toute originaire du continent méridional, est celle des Cuspariées, qui répond en partie aux *Fraxinelleæ* de MM. Nées et Martius, et entièrement aux Cuspariées de MM. Saint-Hilaire et De Candolle. Quelques auteurs en ont fait une famille distincte des autres Diosmées, et leur opinion n'est pas sans quelque fondement. Elles sont, en effet, distinguées par la réunion des caractères suivans, ajoutés au caractère général de la série ou du groupe : Cinq pétales distincts et ordinairement réguliers, ou plus souvent soudés en une corolle monopétale à limbe ordinairement irrégulier ; cinq étamines hypogynes, à filets distincts, tous anthérifères et alternes avec les pétales, ou soudés quelquefois avec la corolle monopétale, et alors en partie stériles et quelquefois augmentés en nombre ; cinq ovaires entourés d'un disque urcéolé, non calicinal, réunis en un seul ou plus souvent séparés, contenant chacun deux ovules, disposés l'un au-dessus de l'autre dans une direction différente ; styles réunis entièrement ou seulement vers le milieu ou au sommet ; graines à tégument mince ; périsperme nul ; lobes de l'embryon grands, quelquefois plissés, embrassés l'un par l'autre, prolongés supérieurement en deux appendices ou oreillettes, qui recouvrent la radicule, disposée transversalement ; tiges ligneuses ou rarement herbacées ; feuilles alternes ou quelquefois opposées, simples ou composées de trois folioles ou rarement plus.

M. De Candolle et M. Adrien de Jussieu réunissent dans les Cuspariées les genres *Spiranthera* de M. de Saint-Hilaire; *Almeidea* du même, ou *Aruba* de MM. Nées et Martius; *Galipea* d'Aublet, auquel se rattachent le *Cusparia* de M. de Humboldt, le *Conchocarpus* de M. Mikan, l'*Obentonia* de M. Vellozo, le *Ravia* et le *Lasiostemon* de MM. Nées et Martius; *Diglottis* et *Erythrochiton* de ces derniers ; *Ticorea* d'Aublet ou *Sciuris* des mêmes ; *Moniera* d'Aublet ou *Aubletia* de Richard et Persoon.

La quatrième section est celle des Zanthoxylées, primitivement laissée à la suite des Térébintacées, avec lesquelles on lui trouvoit quelque analogie, à raison de l'insertion de ses étamines, réputées périgynes. Mais, l'observation ayant prouvé plus récemment qu'elle étoit hypogyne, son affinité avec les Rutacées a paru plus forte, et plusieurs auteurs modernes les ont rapprochées avec raison, les uns comme famille distincte, les autres comme simple section. C'est sous ce dernier nom qu'on les présente ici, en laissant la question indécise, et se contentant d'en tracer, d'après l'auteur de la nouvelle monographie, le caractère général formé de la réunion des suivans :

Fleurs régulières, diclines par avortement; calice à trois ou plus souvent quatre ou cinq divisions; pétales en nombre égal, à préfloraison ordinairement contournée et convolutée, ou rarement nuls. Les fleurs mâles ont les étamines en nombre égal ou double, insérées autour du support d'un rudiment de pistil, quelquefois non apparent. Les fleurs femelles ont autour du pistil des filets stériles très-courts, qui manquent quelquefois. Cè pistil est composé de plusieurs ovaires, réunis et surmontés d'un seul style, ou séparés en tout ou en partie et supportant autant de styles plus ou moins réunis, et contenant chacun deux ou plus rarement quatre ovules. Le fruit est tantôt simple, charnu ou capsulaire, à plusieurs loges, tantôt composé de plusieurs drupes ou capsules mono- ou dispermes, dont la paroi intérieure de la loge, nommée eudocarpe, se détache en partie. Le tégument de la graine pendante est testacé, ordinairement lisse et poli; l'embryon, renfermé dans un périsperme charnu, a sa radicule montante et ses lobes aplatis. Les tiges sont ligneuses; les feuilles alternes ou opposées, non stipulées, simples ou plus souvent pennées, avec ou sans impaire, souvent criblées de points transparens. Les fleurs mâles ou femelles sont axillaires ou terminales, mêlées ensemble ou séparée sur différens rameaux, ou sur des individus distincts.

Les plantes de cette section diffèrent de la précédente, surtout par la séparation des sexes dans les fleurs. Elles naissent presque toutes entre les tropiques ou dans les zones qui les avoisinent. On y a rapporté les genres *Dictyoloma* de M. Adrien de Jussieu; *Galvesia* de la Flore du Pérou; *Brunellia* de la même Flore ; *Brucea ; Zanthoxylum ;* auquel on a réuni comme congénères le *Fagara* de Linnæus, l'*Ochroxylum* de Schreber, le *Kampmannia* de M. Rafinesque, le *Langsdorfia* de M. Leandro, le *Polhana* de MM. Nées et Martius, l'*Aubertia* de M. Bory, et l'*Ampacus* de Rumph ; *Boymia* de M. Adrien de Jussieu ; *Toddalia ; Vepris* de Commerson ; *Ptelea.* On termine cette série par l'*Ailantus*, genre ayant avec elle une simple affinité.

La cinquième section de la grande famille des Rutacées ou la cinquième famille du groupe qui porte ce nom, est celle des Simaroubées, dont le genre principal, *Quassia,* avoit été auparavant confondu à la suite des Magnoliacées avec d'autres genres qui sont devenus, comme lui, les types de nouvelles familles. Richard, dans son Analyse du fruit, a, le premier, indiqué l'existence des Simaroubées, que M. De Candolle a ensuite adoptées et établies dans un mémoire plus spécialement consacré à son autre famille des Ochnacées, avec lesquelles il leur trouvoit une telle affinité, qu'il les regardoit presque comme deux sections de la même. M. de Saint-Hilaire les a jugées au contraire comme très-distinctes ; parce que dans les Ochnacées le style unique part immédiatement du gynobase ou support des différens ovaires, et que dans les Simaroubées les styles sortant du sommet intérieur de chaque ovaire, se réunissent ensuite en un seul terminé par plusieurs stigmates. D'après ce caractère des Simaroubées, il indiquoit leur affinité plus grande avec les Rutacées, avec lesquelles il étoit disposé à les confondre comme simple section. M. Adrien de Jussieu, reconnoissant l'exactitude du caractère énoncé, les a insérées dans son grand travail comme faisant partie du groupe général des Rutacées ; lequel, par ce point de contact, conserve de l'affinité avec les Ochnacées. On les présente ici avec les mêmes relations, en parcourant les caractères particuliers dont la réunion forme leur caractère général.

Fleurs régulières, hermaphrodites ou diclines par avortement ; calice à quatre ou cinq divisions. alternant avec autant de pétales hypogynes, contournés dans la préfloraison ; étamines en nombre égal ou double, insérées à un disque placé sous le pistil ; filets distincts , munis chacun d'une écaille à leur base intérieure ; pistil composé de quatre ou cinq ovaires , implantés sur le disque commun du *gynophore,* dont chacun contient un seul ovule, attaché au sommet de la loge , et porte au côté intérieur de sa pointe un style: lequel, d'abord séparé, se réunit bientôt avec ceux des autres ovaires en un seul, terminé par quatre ou cinq stigmates; quatre ou cinq drupes, ou quelquefois moins par avortement; tous secs et indéhiscens, remplis d'une seule graine pendante, dont le tégument est membraneux; embryon sans périsperme, à lobes épais, entre lesquels s'enfonce la radicule montante; tiges ligneuses; feuilles alternes, non stipulées, simples ou plus souvent composées; inflorescence non uniforme.

Cette section diffère des précédentes par l'unité d'ovule dans les ovaires , l'indéhiscence des drupes et l'absence d'un périsperme : elle se distingue des Ochnacées par l'origine et la pluralité des styles.

Les genres qui en font partie sont le *Quassia,* le *Simaruba* d'Aublet ; le *Simaba* du même, dont son *Aruba* est congénère , et le *Samadera* de Gærtner ou *Vitmannia* de Vahl et Willdenow ; auxquels on ajoute comme genres voisins, mais différens en quelques points, le *Nima* de M. Hamilton et le *Harrisonia* de M. Brown.

On laisse à la suite du groupe des Rutacées quelques genres, dont les caractères décrits sont incomplets ou différens en quelques points, plus ou moins importans ; tels sont le *Chitonia* de la Flore du Mexique, mentionné par M. De Candolle, qui le rapproche des Zygophyllées ; le *Polembryum* de M. Adrien de Jussieu, qui le juge voisin de ses Diosmées d'Afrique ; le *Diosma asiatica* de Loureiro , que M. De Candolle détacha de ce genre sous le nom de *Pseudiosma,* et qu'il croit même étranger aux Rutacées ; le *Thysanus* de Loureiro , que Willdenow croyoit congénère de l'*Ailantus,* et qui paroît plus voisin du *Connarus* ; le *Tetradium* du même, qui a quelques rapports avec les Zanthoxylées ; le *Philogonia* de M. Blume, qui le place près des Bursériacées, et qui a , peut-être, plus d'affinité avec les Zanthoxylées ; le *Boscia* de Thunberg , qui est peu connu.

Outre les descriptions détaillées, dans la dernière monographie, de tous les genres mentionnés plus haut, réunis dans
le groupe des Rutacées et fortifiés par le dessin exact des
parties de la fructification de quarante-neuf de ces genres, on
y trouve aussi des observations sur les rapports de climats et
de caractères existans entre ces diverses sections, et entre
elles et plusieurs familles voisines. Il est reconnu que les affinités botaniques sont mal représentées par une chaîne dont
chaque anneau n'auroit de contact qu'avec les deux anneaux
voisins, et qu'on s'en formera une idée plus exacte par la
comparaison avec une carte géographique, dont chaque point
correspond à plusieurs points environnans. L'auteur a fait
l'application de ce principe en traçant au bas de sa dernière
gravure une carte botanique où les sections et les genres des
Rutacées sont disposés sous forme de provinces et de villes,
dans les distances établies par l'indication de leurs rapports,
qui peuvent ainsi être saisis d'un coup d'œil, ainsi que ceux
des diverses parties du groupe avec des familles voisines.
Des cartes de ce genre, jointes à d'autres grandes monographies, seroient très-utiles pour fixer dans la mémoire et rappeler brièvement les degrés d'affinité qu'on auroit cherché à
établir dans le texte de ces ouvrages. (J.)

RUTÈLE, *Rutela*. (*Entom*.) Genre d'insectes coléoptères établi, par M. Latreille, dans la famille des pétalocères ou la-
mellicornes, entre les hannetons et les cétoines. Toutes les
espèces que notre auteur rapporte à ce genre proviennent
de l'Amérique méridionale. (C. D.)

RUTERIA. (*Bot*.) Médicus et Mœnch donnent ce nom au
psoralea pinnata et à quelques espèces voisines, dont il font
un genre à cause de deux bractées, dont le calice est entouré. (J.)

RUTHRUM. (*Bot*.) Voyez Ritro. (J.)

RUTICA. (*Bot*.) Necker sépare sous ce nom les espèces
d'ortie à fleurs dioïques. (J.)

RUTIDÉE A PETITES FLEURS, *Rutidea parviflora*. (*Bot*.),
Decand., Ann. du Mus., 9, page 219. Genre de plantes dicotylédones, à fleurs complètes, monopétalées, de la famille
des *rubiacées*, de la *pentandrie monogynie* de Linnæus. rapproché des *bertiera*, dont on ne connoît encore que le ca-

ractère essentiel, qui consiste dans un calice tubulé, adhérent à l'ovaire; son limbe court, à cinq divisions; la corolle en forme d'entonnoir; le tube dilaté au sommet; le limbe à cinq lobes étalés; cinq étamines sessiles, insérées à l'orifice du tube de la corolle; un ovaire globuleux, ombiliqué au sommet, adhérent avec le calice; un seul style; un stigmate marqué dans sa longueur d'un double sillon. Le fruit est une baie sèche, globuleuse, à une seule loge monosperme : le périsperme est grand, cartilagineux, grumeleux en dedans; l'embryon oblique, latéral, cylindrique; une fossette inférieure, pratiquée dans le périsperme, semble indiquer l'avortement d'une semence et le changement de position de celle qui subsiste. Cette plante croît à Sierra-Leone, d'où elle a été rapportée par Smeathman. (Poir.)

RUTILE ou RUTHILE. (*Min.*) Espèce du genre TITANE. Voyez ce mot. (B.)

RUTILITE. (*Min.*) Nom d'une variété de l'*almandin*, espèce du genre Grenat, nommée ainsi par M. Pfaff, parce qu'elle renferme de l'oxide de titane : c'est un grenat alumineux brun, titanifère et magnésifère. (B.)

RUTTE. (*Ichthyol.*) Un des noms allemands de la LOTTE. Voyez ce mot. (H. C.)

RUTTE. (*Ornith.*) Nom norwégien de la bécasse, *scolopax rusticola*, Linn. (CH. D.)

RUTTEN. (*Ichthyol.*) Voyez RUTTE. (H. C.)

RUTTON, RUUM. (*Bot.*) Noms donnés à un jambosier, *eugenia malaccensis*, dans l'île d'Amboine, suivant Rumph. (J.)

RUTZ. (*Bot.*) Voyez KURI. (J.)

RUUM. (*Bot.*) Voyez RUTTON. (J.)

RUYSCHIA. (*Bot.*) Genre de plantes dicotylédones, à fleurs complètes, polypétalées, dont la famille n'est pas encore déterminée, de la *pentandrie monogynie* de Linnæus, offrant pour caractère essentiel : Un calice persistant, à cinq folioles; cinq pétales réfléchis; cinq étamines plus courtes que les pétales; les filamens un peu comprimés; les anthères oblongues et tombantes; un ovaire supérieur; le style presque nul; un stigmate aplati, à quatre ou cinq rayons. Le fruit, encore peu connu, est présumé être une baie à quatre ou cinq loges.

Ruyschia a feuilles de clusier ; *Ruyschia clusiæfolia*, Jacq.,
Amer., tab. 51, fig. 2 ; Lamk., *Ill. gen.*, tab. 135, fig. 1. Arbrisseau parasite, qui croît sur le tronc des arbres. Ses tiges
se divisent en rameaux glabres, cylindriques, garnis de feuilles
alternes, pétiolées, épaisses, ovales, luisantes, d'un vert
pâle, très-glabres, longues de trois à quatre pouces, supportées par des pétioles courts. Les fleurs sont disposées en
grappes simples, terminales, droites, longues d'un pied. Le
pédoncule commun est glabre, épais, un peu charnu ; les
pédicelles sont épars, alternes, très-courts, nombreux ; le calice est glabre, à cinq folioles ovales, pendantes, persistantes,
muni en dessous de deux petites folioles opposées, ovales,
entre lesquelles il en existe une troisième, épaisse, ponctuée
de rouge, plus grande que les folioles latérales. Les cinq pétales sont ovales, plus longs que le calice, épais, de couleur
purpurine, caducs et réfléchis ; cinq, quelquefois six ou sept
étamines, à filamens élargis, de couleur pourpre à leur
base ; l'ovaire est à quatre faces ; le style très-court ; le stigmate plan, à quatre ou cinq rayons. Cette plante croît dans
les forêts à la Guiane et à la Martinique.

Ruyschia de Guiane : *Ruyschia souroubea*, Lamk., *Ill. gen.*,
tab. 135, fig. 2 ; *Souroubea guianensis*, Aubl., Guian., 1,
tab. 97 ; *Logania pentacrina*, Gmel., *Syst. veg.*, 422. Cette
plante est très-voisine du *Noranthea*. Quelques auteurs l'ont
conservée comme genre particulier, d'après Aublet. M. de
Lamarck et plusieurs botanistes l'ont réuni à celui-ci. Ses tiges
sont sarmenteuses, cylindriques, divisées en longs rameaux
distans, flexibles, fragiles, revêtus d'une écorce tendre, cendrée. Les feuilles sont alternes, pétiolées, ovales, aiguës à
leur base, échancrées au sommet, avec une pointe particulière, glabres, épaisses, charnues, supportées par des pétioles courts. Les fleurs sont disposées en grappes simples,
longues, rameuses, terminales ; les pédicelles alternes, distans, uniflores. Les calices sont composés de cinq folioles,
quelquefois six, concaves, arrondies, munies en dessous
d'une bractée à trois découpures très-profondes ; les deux
latérales plus longues que le calice, lancéolées, obtuses,
concaves, rougeâtres, divergentes ; la troisième cylindrique,
presque en massue, tubulée, de couleur écarlate. La corolle

est jaune, à pétales oblongs, caducs, réfléchis; les filamens, élargis, jaunes à leur base, ont les anthères brunes; l'ovaire est ovale, à cinq côtés; le style presque nul; le stigmate plan, charnu, à cinq rayons. Cette plante croît dans les forêts de la Guiane, sur les bords de la petite rivière nommée Gallion. (Poir.)

RUYSCHIANA. (*Bot.*) Ce genre de Boerhaave a été réuni par Linnæus au *Dracocephalum*. Voyez Dracocéphale. (J.)

RUZYSCH. (*Ichthyol.*) Voyez Rutte. (H. C.)

RYANIA. (*Bot.*) Genre de plantes dicotylédones, à fleurs incomplètes, de la famille des *tiliacées*, de la *polyandrie monogynie* de Linnæus, offrant pour caractère essentiel : Un calice persistant, à cinq folioles colorées; point de corolle; des étamines nombreuses; les filamens courts, un peu velus à leur base, disposés sur un double rang ; les anthères droites, subulées, toruleuses, ondulées après l'émission du pollen. Entre les étamines et l'ovaire on trouve un tube court, urcéolé, velu. L'ovaire est très-velu; le style glabre, à quatre stigmates; le fruit est une baie subéreuse, à une seule loge, à plusieurs semences.

Ryania élégante : *Ryania speciosa*, Willd. ; Vahl, *Ecl.*, 1, tab. 9; *Patrisia pyrifera*, Rich., *Act. soc. lin. paris.*, 1, p. 111. Arbre remarquable par la beauté de ses fleurs, dont les rameaux sont cylindriques, un peu cendrés, médiocrement cotonneux vers leur sommet. Les feuilles sont alternes, pétiolées, presque elliptiques, longues de sept à huit pouces, glabres, entières, très-aiguës; les nervures saillantes, celle du milieu pulvérulente en dessous: les pétioles courts, munis à leur base de stipules subulées, blanchâtres, caduques, un peu plus longues que les pétioles. Les fleurs sont axillaires, solitaires ou géminées, médiocrement pédonculées, les folioles du calice étroites, lancéolées, longues d'un pouce et demi, colorées, couvertes en dehors d'une poussière fine et cendrée; les étamines mucronées. Le fruit est une baie sphérique, subéreuse, à une seule loge, renfermant un grand nombre de semences ovales, un peu globuleuses, couverte d'une enveloppe particulière et de quelques poils rares, placés dans cinq enfoncemens oblongs, striés transversalement par une suite de petits tubercules. L'enveloppe propre des semences est membraneuse, à trois ailes; chaque aile est double et ne recouvre les semences que depuis leur base jusque vers leur milieu. Sous cette enveloppe un peu coriace il en existe une autre très-fine et membraneuse. Le périsperme est charnu, graisseux, ovale; l'embryon laiteux, de la longueur du périsperme; les cotylédons sont comprimés, un peu arrondis. Cette plante croît à l'île de la Trinité. (Poir.)

RYANIA. (*Bot.*) Un genre, découvert par Richard, avoit été communiqué par lui, sous le nom de *Patrisa* à M. Ryan, qui l'envoya en Europe à Vahl. Celui-ci le publia le premier sous le nom de *Ryania*. Peu après, Richard inséra son *Patrisa* dans le volume des Mémoires de la Société d'histoire naturelle de Paris, et les botanistes furent embarrassés sur le choix du nom. L'établissement, par M. Kunth, d'un nouveau *Patrisia*, très-voisin du premier, lève la difficulté, d'autant plus que les premières plantes qu'il contient ont été découvertes dans la Guiane par Patris lui-même, auquel elles sont consacrées. Voyez Ryania ci-dessus. (J.)

RYBITW. (*Ornith.*) Ce nom polonois désigne la *petite hirondelle de mer*, et la mouette rieuse est appelée dans la même langue *rybitw poprelasty viekszy*. (Ch. D.)

RYDBECKIA. (*Bot.*) Necker donne ce nom au *Phalangium* de Tournefort, en le séparant de l'*anthericum*, comme nous l'avions fait, mais avec l'attention de conserver au genre rétabli son premier nom. (J.)

RYGCHOPSALIA. (*Ornith.*) Malgré l'irrégularité de la construction de ce mot, tiré du grec par Barrère, il a été adopté par Brisson pour désigner génériquement le bec-en-ciseaux. Voyez Rhynchops. (Ch. D.)

RYGHIE. (*Entom.*) Nom donné par M. Spinola à quelques guêpes que M. Latreille range dans le genre *Odynerus*. (C. D.)

RY-HAN. (*Bot.*) Nom arabe du basilic ordinaire, *ocimum*, suivant M. Delile. (J.)

RYNCHOSPORA. (*Bot.*) Voyez Rhynchospora, dont il faut supprimer le premier *h*. (Poir.)

RYPE et RYPEN. (*Ornith.*) Ces mots désignent tantôt la gélinotte, tantôt le lagopède, au Groënland, en Islande et en Laponie. (Ch. D.)

RYS. (*Mamm.*) Nom russe et polonois du lynx, espéce du genre Chat. (Desm.)

RYSCHIK. (*Bot.*) Voyez Ryzik. (Lem.)

RYTEH. (*Bot.*) Suivant Forskal et M. Delile ce nom arabe est donné à un savonier, *sapindus*, dont la décoction du fruit est employée pour arroser les laines de première qualité. (J.)

RYTINE ; *Rytina*, Illig. (*Mamm.*) Illiger a formé sous ce nom un genre qui comprend le *manatus*, ou lamantin, trouvé par Steller dans les îles Aleoutiennes; animal singulier, réellement éloigné des lamantins par plusieurs caractères importans, mais appartenant comme eux à la famille des cétacés herbivores. M. Cuvier a depuis donné le nom de Stellère à ce genre.

Décrit seulement avec détail, dans les *Act. petr. nov. comm.*, tom. 2 , pag. 294, par Steller, qui seul l'a vu, ce mammifère présente les caractères suivans :

Sa tête est ronde, confondue avec le cou et le corps; la bouche, petite et placée au-dessous du museau, a ses lèvres doubles, spongieuses, épaisses et très-gonflées, garnies à l'extérieur de soies blanches, recourbées et longues de quatre à cinq pouces, formant des moustaches; les dents sont remplacées par une plaque molaire de chaque côté des mâchoires, laquelle n'est point implantée par des racines, mais attachée par une infinité de petits vaisseaux et de nerfs (comme les dents de l'ornithorhynque), et la surface triturante de ces plaques est inégale et creusée de canaux tortueux qui présentent des espèces de chevrons ; la mâchoire supérieure est plus avancée que l'inférieure ; il n'y a point d'oreilles externes ni de trous auditifs apparens ; les yeux sont munis, dans leur grand angle, d'une membrane cartilagineuse en forme de crête, qui peut les recouvrir ; les narines sont placées vers l'extrémité du museau, et elles ont autant de largeur que de longueur. Le corps est alongé, renflé au milieu et diminue insensiblement jusque vers la nageoire caudale, qui est de nature de corne, horizontale, très-large, peu longue, en forme de croissant, et terminée de chaque côté par une grande pointe; la peau est sans poil et revêtue d'un épiderme extrêmement solide et fort épais, composé de fibres ou de petits tubes cornés, serrés les uns contre les autres et perpendiculaires au derme.[1] Les extrémités antérieures, qui existent seules, sont palmées, en forme de nageoire de tortue marine, sans doigts, phalanges ni ongles apparens, et composées, sous la peau, d'une omoplate, d'un humérus, de deux os de l'avant-bras, d'un carpe et d'un métacarpe sans phalanges, le tout très-raccourci ; le bassin est représenté par deux os innominés, assez semblables au cubitus de l'homme, attachés par de forts ligamens à la vingt-cinquième vertèbre ; il y a un pubis ; les vertèbres cervicales sont au nombre de six seulement, et l'on en compte dix-neuf dorsales et trente-cinq caudales ; le museau est soutenu par deux os propres du nez ; l'estomac est simple ; les intestins sont très-longs ; le cœcum est énorme et le colon très-vaste et divisé en grandes boursouflures.

La seule espèce qui compose ce genre a reçu le nom de Stellère boréal. *Stellerus borealis*. Décrite, ainsi que nous l'avons dit, par Steller, elle a ensuite été admise dans les classifications zoologiques, sous les divers noms de *trichecus manatus*, var. *borealis*, par Gmelin, de *trichecus borealis* par Shaw, de *Whale tailed manati* par Pennant, et de stellère boréal par M. Cuvier ; Sonnini l'a désignée par la dénomination de grand lamantin du Kamtschatka.

C'est un grand animal, qui réunit tous les caractères que nous avons rapportés plus haut, et dont la longueur totale est d'environ vingt-trois pieds et le poids de huit milliers. Ses intestins sont longs de quatre cent soixante-six pieds. Il se tient dans les eaux salées ou saumâtres de l'embouchure des rivières, s'accouple au printemps et ne fait qu'un petit. Sa nourriture se compose de varecs, ou *fucus*, qu'il trouve dans les endroits où les eaux ont le moins de profondeur. Sa voix ressemble au mugissement d'un bœuf. Comme son naturel n'est pas farouche, il se laisse facilement approcher par l'homme. Sa chair est dure, mais sa graisse, qui est abondante, a un bon goût et une bonne odeur.

Othon Fabricius assure avoir trouvé un crâne de cette espèce sur les côtes du Groënland. (Desm.)

---

1 Cet épiderme, épais d'un pouce en quelques endroits, est employé par les Aléoutes à former des pirogues d'une seule pièce, qui sont d'une assez grande dimension.

RYTIPHLÆA. (*Bot.*) Genre de la famille des algues, établi par Agardh dans son *Synopsis algarum*, et auquel il donne pour caractères d'offrir sur des frondes articulées deux sortes de fructifications : l'une, composée de capsules sphériques, contenant des séminules pyriformes ; l'autre, en forme de silique, contenant des séminules globuleuses. Il rapporte à ce genre le *fucus complanatus*, Clém.; le *fucus purpureus*, Turn., pl. 224; le *fucus pinastroides*, Turn., ou *gigartina pinastroides*, Lyng., ou *ceramium incurvum*, Dec.; enfin, l'*amansia multifida*, Lamx., qu'il en ôta ensuite, de même que le *Rhodomela cloiophylla*.

Le genre *Rytiphlæa* ne paroît plus sous le même nom dans le *Species algarum*; il y porte celui de *Rhodomela*, et le *gigartina pinastroides*, dont les caractères sont légèrement modifiés, en fait partie.

Depuis, Agardh a rétabli ce genre dans son *Systema algarum*, et il ajoute aux caractères génériques celui de : Fronde plane, striée en travers, pourpre, mais noircissant par la dessiccation ; derniers rameaux courbés. Agardh y ramène les trois espèces suivantes seulement :

1. Le *Rytiphlæa tinctoria*, qui a la fronde presque cartilagineuse, comprimée, deux fois ailée, rugueuse transversalement ; les dernières divisions sont fructifères et courbées en dedans. Cette plante, de couleur rouge, est commune dans la Méditerranée ; elle se trouve aussi dans l'Océan près Cadix, et dans la mer Rouge. Elle est employée en Italie pour teindre en couleur pourpre. Elle est figurée dans Ginnani, *Oper. post.*, pl. 32, fig. 52, qui la nomme fucus frutescent à teinture ou *rochello*. C'est aussi le *fucus purpureus* de Turner, *Fuc. hist.*, pl. 224; Esper, *Fuc.*, pl. 58; Bertholoni, *Opusc. sc.*, pl. 11, fig. 7.

2. Le *Rytiphlæa complanata*, Agardh, qui est le *fucus complanatus*, Clém., et le *fucus crist. articulatus*, Turn., *Hist.*, pl. 23, fig. 5. Il a sa fronde plane, membraneuse, striée en travers, plusieurs fois ailée, avec les dernières découpures incisées. On le trouve dans la Méditerranée et l'Océan, sur les côtes d'Espagne.

3. Le *Rytiphlæa obtusiloba*, Agardh. Sa fronde est membraneuse, marquée d'une côte peu sensible, striée en travers,

deux fois ailée, dentée, à dents multifides. Il a été receuilli sur la côte du Brésil.

Fries pense avec Agardh, que le genre *Rytiphlœa* (que le premier écrit *Rytiphlea* avec raison, *Syst.*, p. 3o) doit être admis, en établissant ainsi ses caractères fixes: Apothéciums ou capsules de deux sortes: les uns distincts, sphériques, contenant des sporidies pyriformes; les autres, en forme de silique, contenant des sporidies presque globuleuses. On ramèneroit à ce genre des espèces purpurescentes, qui noircissent en se desséchant, et dont la fronde est rameuse, aplatie, striée en travers. Ce nouveau genre feroit le passage des floridées aux céraminées, c'est-à-dire aux algues marines articulées. (Lem.)

RYZ. (*Bot.*) Voyez Ris. (Lem.)

RYZÆNA. (*Mamm.*) Nom donné par Illiger au genre Suricate que nous avons établi. Voyez ce mot. (Desm.)

RYZIK. (*Bot.*) Nom polonois de l'agaric délicieux (voyez Fonge), appelé, en Russie, *rijik, ryschik* et *royschik*. (Lem.)

RYZOPHAGE. (*Entom.*) Voyez Rhyzophage. (C. D.)

RYZOPHORE. (*Entom.*) Voyez Rhyzophore. (C. D.)

S

SA ou SAP. (*Bot.*) C'est le nom du sapin en Languedoc. (L. D.)

SA, TA, TEH, TSIA. (*Bot.*) Noms divers du thé au Japon, suivant Kæmpfer. Le *camellia japonica*, genre voisin du thé, est aussi nommé *sa* et *sjun*. (J.)

SA-AMELI. (*Bot.*) Nom brame du Belutta-amelpodi des Malabares. Voyez ce mot. (J.)

SA-DEH. (*Bot.*) Voyez Tolak. (J.)

SAADAN. (*Bot.*) Nom arabe du *nevrada procumbens* de Forskal. (J.)

SAAIN. (*Ornith.*) Nom que porte au Kamtschatka une espèce de canard, nommé *solezni* en Russie, et *saantchitch* chez les Kouries, mais dont Kraschenninikow n'indique pas la synonymie classique. (Ch. D.)

SAAKOULOUTCH. (*Ornith.*) Nom kamschadale de la bécasse ordinaire, *scolopax rusticola*, Linn. (Ch. D.)

SAAMBRAS. (*Erpétol.*) Voyez Samabras. (H. C.)

SAAMOUNA. (*Bot.*) Plukenet cite, d'après Pison, ce nom brésilien pour l'*æsculas pavia*, suivant Linnæus. Adanson croit que la plante de Pison est plutôt un *bombax*. (J.)

SAANTCHITCH. (*Ornith.*) Voyez Saain. (Ch. D.)

SAAR-FIZ. (*Bot.*) Suivant Clusius, dans la Hongrie, on nomme ainsi le saule ordinaire, à écorce jaune. (J.)

SAARTHA. (*Bot.*) Nom égyptien du tussilage, cité par Mentzel. (J.)

SAAR-TIEN-KANAT. (*Mamm.*) Les habitans de la Tartarie russe donnent ce nom, qui signifie *écureuil volant pâle*, au polatouche de Sibérie. (Desm.)

SAATAR. (*Bot.*) Nom arabe du serpolet, suivant Forskal. Il ne faut pas le confondre avec le *zatar*, espèce de basilic. (J.)

SAATKRÆHE. (*Ornith.*) Nom allemand du freux, *corvus frugilegus*, suivant Blumenbach. (Ch. D.)

SABADILLA. (*Bot.*) Nom spécifique d'un vératre. (L. D.)

SABADILLE. (*Bot.*) Voyez Cevadille. (J.)

SABAGHAH. (*Bot.*) Nom arabe du *phytolacca decandra*, selon M. Delile. (J.)

SABAK. (*Bot.*) Nom arabe du *cynodon dectylon*. (J.)

SABAL. (*Bot.*) Voyez Coryphe. (Poir.)

SABANG. (*Bot.*) On lit dans le Recueil des voyages, publié par Théodore de Bry, que le poivre, *piper nigrum*, est ainsi nommé à Java. (J.)

SABANHPUTE. (*Bot.*) Nom du poivre rond dans les régions voisines du détroit de la Sonde, cité dans le Recueil des voyages par Théodore de Bry et mentionné par C. Bauhin. (J.)

SABAO DOS CANARINS. (*Bot.*) Nom donné par les Portugais du Malabar, suivant Rhéede, au *sapindus trifoliatus* de Linnæus. (J.)

SABARA. (*Bot.*) Un des noms donnés dans l'île de Ceilan au *pontederia hastata*, suivant Hermann. (J.)

SABARAIBA. (*Bot.*) Surian, dans son herbier, cite sous ce nom caraïbe une espèce épineuse de *solanum*. (J.)

SABAT. (*Bot.*) Nom arabe de l'*aster crispus* de Forskal. (J.)

SABAZIE, *Sabazia*. (*Bot.*) Ce nouveau genre de plantes, que nous avons indiqué dans l'article Rudbeckiées, appartient à l'ordre des Synanthérées, à la tribu naturelle des Hélianthées, et à notre section des Hélianthées-Héléniées, dans laquelle nous le placerons immédiatement auprès du genre *Selloa*. Voici les caractères génériques du *Sabazia*.

Calathide très-radiée : disque multiflore, régulariflore, androgyniflore ; couronne unisériée, pauciflore, liguliflore, féminiflore. Péricline hémisphérique, formé d'environ sept ou huit squames bisériées, à peu près égales, oblongues ou ovales, aiguës, planes, foliacées, nerveuses. Clinanthe conique, garni de squamelles inférieures aux fleurs, sétiformes, linéaires, planes, glabres, diaphanes. Fruits du disque et de la couronne cunéiformes, pentagones, striés, glabres, absolument privés d'aigrette. Corolles du disque à tube velu, à limbe plus long que le tube, subcampanulé, quinquédenté, contenant cinq étamines. Corolles de la couronne à tube velu, à languette large, elliptique ou obovale (subcunéiforme?), tronquée et trilobée au sommet, munie de six nervures.

On ne connoît qu'une seule espèce de ce genre.

Sabazie naine : *Sabazia humilis*, H. Cass.; *Eclipta humilis*, Kunth, *Nov. gen. et Sp. pl.*, tom. 4, pag. 264, tab. 394. C'est une petite plante herbacée, annuelle, dressée, haute de trois à quatre pouces ; la tige est presque dichotome, tétragone, hispidule ; les feuilles inférieures, longues d'environ sept à huit lignes, larges de deux à trois lignes, sont opposées, courtement pétiolées, oblongues, glabres, entières ou bordées de quelques grandes dents ; les feuilles supérieures sont plus petites, presque sessiles, lancéolées ou linéaires, à bords hispidules ou ciliés ; les calathides, grandes comme celles de la *Bellis annua*, sont solitaires sur des pédoncules terminaux ou axillaires, longs d'un pouce ou d'un pouce et demi, cylindriques, nus et poilus ; la couronne est composée de sept ou huit languettes blanchâtres, purpurines en dessous ; le péricline est parsemé de petits poils.

Cette plante a été trouvée par MM. de Humboldt et Bonpland dans le Mexique, près Ario et Pazcuaro, sur des terrains arides, où elle fleurissait en Septembre.

Quoique nous n'ayons point vu cette plante, nous sommes convaincu, d'après la description de M. Kunth et la figure de M. Turpin, qu'elle ne peut pas être une véritable *Eclipta*, ni même une Rudbéckiée, mais bien une Héléniée, voisine du *Selloa*, et qui doit constituer un genre distinct, que nous proposons de nommer *Sabazia*.

Ce nom est insignifiant et mythologique : il s'appliquait à Bacchus. (H. Cass.)

SABBARAN, SABBARE. (*Bot.*) Voyez Sabr. (**J.**)

SABBATIA. (*Bot.*) Genre de plantes dicotylédones, à fleurs complètes, monopétalées, de la famille des *gentianées*, de la *pentandrie monogynie* de Linnæus, offrant pour caractère essentiel : Un calice très-grand, en forme d'involucre, de cinq à douze divisions; un pareil nombre pour la corolle; cinq étamines; les anthères roulées en spirale; un ovaire supérieur; un style surmonté de deux stigmates plus longs que le style; une capsule à une seule loge; les réceptacles des semences latéraux, bifides et roulés.

Ce genre est un démembrement du *Chironia* de Linnæus. Adanson l'a établi le premier; il a été admis depuis par Salisbury, adopté et figuré par Sims dans le *Botanical Magazine*.

Sabbatia campanulé : *Sabbatia campanulata*, Salisb., *Parad.*, tab. 37; *Chironia campanulata*, Linn., *Spec.*; *Chironia gracilis?* Mich., *Amer.*, 1, pag. 146. Il a la tige grêle, herbacée, cylindrique, haute d'un pied, un peu tombante; les rameaux lâches, très-grêles, alongés, garnis de feuilles très-étroites, linéaires, presque lancéolées, très-lisses; les supérieures presque sétacées. Les fleurs sont terminales, solitaires, portées sur de longs pédoncules; le calice est partagé en cinq découpures très-longues, subulées, presque de la longueur de la corolle; celle-ci est grande, en roue, à cinq divisions, en ovale renversé; les anthères sont roulées en spirale. Cette plante croit au Canada et dans la Basse-Caroline.

Sabbatia angulaire : *Sabbatia angularis*, Salisb.; *Chironia angularis*, Linn., *Spec.*; Mich., *Amer.*, 1, pag. 146. Cette espèce a le port de la petite centaurée (*gentiana centaurium*, Linn.). Sa tige est droite, haute d'un pied, tétragone, glabre, à angles tranchans, membraneux, divisée au sommet en rameaux paniculés. Les feuilles sont opposées, embrassantes, glabres, courtes, ovales. Les fleurs sont assez grandes, pédonculées, réunies plusieurs ensemble en forme de corymbe au sommet des rameaux. Leur calice est court, à divisions linéaires, lancéolées, aiguës; la corolle purpurine ou couleur de rose, à divisions oblongues, en ovale renversé. On en distingue une variété à feuilles plus larges et plus courtes, ovales ou même presque orbiculaires, en cœur. Cette plante croît aux lieux humides, sablonneux, dans la Basse-Caroline et dans la Virginie.

Sabbatia a grand calice : *Sabbatia calycosa*, Salisb.; *Chironia salicosa*, Mich., *Fl. bor. Amer.*, 1, pag. 147; *Chironia dichotoma ?* Walth., *Carol.* Cette plante a des tiges droites, garnies de feuilles opposées, oblongues, en ovale renversé, rétrécies. Les fleurs sont solitaires, presque à sept divisions dans le calice comme dans la corolle. Le calice a la forme d'un involucre; ses divisions sont lancéolées, élargies, foliacées, plus longues que la corolle; celle-ci est d'un rose clair, à découpures en ovale renversé. Cette plante croît dans la Basse-Caroline.

Sabbatia étoilé : *Sabbatia stellaris*, Pursh, *Amer.*, 1, p. 137; Bartram, *Icon. ined.*, tab. 13, *in Mus. Banks.* Dans cette espèce les tiges sont droites, cylindriques, divisées en rameaux alongés et dichotomes, garnies de feuilles opposées, lancéolées, aiguës. Les rameaux sont terminés par une seule fleur, fort élégante, ample, de couleur rouge, relevée dans le centre par une étoile jaune, bordée d'un rouge plus foncé : elle varie quelquefois à fleurs blanches. Les divisions du calice sont subulées, une fois plus courtes que la corolle; celle-ci a les lobes en ovale renversé. Cette plante croît dans les marais salans, à New-York et à la Nouvelle-Jersey.

Sabbatia fausse-chlore : *Sabbatia chloroides*, Salisb.; *Chlora dodecandra*, Linn.; *Chironia chloroides*, Mich., *Amer.* 1, pag. 147. Cette plante a des tiges foibles, très-lisses, presque tombantes ; les rameaux rares ; les feuilles sessiles, opposées, dressées, lancéolées. Les rameaux sont terminés par une seule fleur. Le calice, en forme d'involucre et plus court que la corolle, est partagé en découpures droites, linéaires; la corolle d'un beau rouge, monopétale, profondément divisée en sept ou treize découpures oblongues, fort amples, en ovale renversé. Les anthères sont roulées en spirale; l'ovaire est arrondi, chargé d'un long style, terminé par un stigmate simple. Cette plante croît dans la Virginie.

Sabbatia paniculé : *Sabbatia paniculata*, Salisb.; *Chironia paniculata*, Mich., *Amer.*, 1, pag. 146. Cette espèce a des tiges roides, droites, quadrangulaires, marquées de quatre lignes un peu saillantes. Les feuilles sont opposées; les inférieures assez ordinairement ovales-lancéolées, entières; les supérieures linéaires; les terminales subulées, sétacées. Les fleurs sont nombreuses, disposées en une panicule presque fastigiée ; les ramifications branchues; les divisions du calice subulées, de moitié plus courtes que la corolle: celle-ci a ses découpures oblongues. Cette plante croît dans la Nouvelle-Géorgie et la Caroline. (Poir.)

- SABBATTIA. (*Bot.*) Ce genre de Mœnch comprend les *Saturcia juliana* et *glauca*, qui diffèrent du *Satureia* par un calice strié et moins évasé, et par l'ouverture velue de la corolle. Il n'a pas été adopté. Le *Sabatia* d'Adanson, dans la famille des gentianes, qui a douze étamines et une corolle divisée en autant de lobes, mérite d'être conservé. Il est décrit ci-avant. (J.)

SABBEL. (*Mamm.*) Nom suédois de la zibeline, espèce de marte. (Desm.)

SABDARIFFA. (*Bot.*) Nom ancien d'une espèce de ketmie, que Linnæus a nommée *hibiscus sabdariffa*. (J.)

SABEK. (*Ornith.*) L'auteur du Dictionnaire historique de chasse et de pêche, M. de Lisle de Salles, comprend cet oiseau dans les espèces de vautours par lui indiquées. (Ch. D.)

SABELDIER. (*Mamm.*) Nom hollandois de la marte zibeline. (Desm.)

SABELFISH. (*Mamm.*) Le dauphin épaulard ou *grampus* des Anglois est désigné sous ce nom par Muller. (Desm.)

SABELLAIRE, *Sabellaria*. (*Chétopod.*) Dénomination employée par M. de Lamarck pour désigner un genre simplement indiqué dans l'Extrait de son cours au Jardin du Roi, page 96, et établi dans le cinquième volume de son Histoire naturelle des animaux sans vertèbres, page 350, pour quelques espèces de chétopodes, à tube composé de grains de sable, et que Linné rangeoit dans le genre qu'il nommoit Sabelle pour la même raison. Guettard en faisoit des espèces de son genre Psamatote. M. Oken les a confondues avec ses

chrysodons : ce sont des espéces d'amphitrites pour M. Cuvier ;
enfin, M. Savigny, dans son Système général des annélides,
a établi le même genre que M. de Lamarck, d'abord sous
le nom d'Amymone, qu'il a remplacé ensuite par celui
d'Hermelle, *Hermella*. Les caractères de ce genre peuvent
être exprimés ainsi : Corps subcylindrique, un peu renflé au
milieu, atténué et terminé en arrière par une sorte de
queue tubuleuse, élargi et comme tronqué obliquement en
avant ; tête sans tentacules ; bouche longitudinale, inférieure,
pourvue de deux lèvres en dessus et de deux faisceaux de
soies courtes, plates, en crochets sur trois rangs, l'interne
recourbé en dedans, l'externe en dehors, et formant par
leur réunion une sorte d'opercule ; branchies antérieures en
arrière de la couronne operculaire, et composées de chaque
côté par une petite touffe de filamens courts et aplatis ; appendices des anneaux subsimilaires et formés d'un cirrhe
supérieur et de soies subulées au faisceau inférieur, spatulées et en crochet au supérieur ; tube fixé verticalement,
composé de grains de sable aglutinés et formant avec d'autres
tubes semblables des masses alvéolaires plus ou moins considérables.

Les chétopodes de ce genre ont les plus grands rapports
avec les espéces que M. de Lamarck a distinguées sous le
nom de pectinaires ; en effet, la différence principale consiste dans la manière dont les crochets de l'anneau céphalique se disposent. Dans les pectinaires ils forment deux
masses, arrangées presque sur un seul rang transverse ; ce
qui les a fait comparer à deux peignes, tandis que dans les
sabellaires leur disposition constitue une espéce de disque
operculaire, dont l'animal se sert en effet pour clore l'orifice du tube qu'il habite. Il résulte de là quelques différences dans la position de la bouche, qui est cependant également en forme de fente ; mais elle est plus inférieure dans
les Sabellaires que dans les Pectinaires, chez lesquelles, d'ailleurs, elle est garnie de cirrhes tentaculaires très-courts et
nombreux. Quant au reste de l'organisation, les différences
entre ces deux genres sont extrêmement peu considérables.
Ces sont des animaux qui vivent absolument de la même
manière, cachés dans des tubes formés dans les lieux sa-

blonneux des rivages de la mer. Les tubes sont également composés de grains de sable agglutinés; mais ceux des Pectinaires sont toujours solitaires, libres, tandis que dans les Sabellaires ils sont réunis, serrés fortement les uns contre les autres, de manière à constituer une masse souvent assez considérable, qu'on a comparée à un gâteau d'abeilles.

On ne connoît encore qu'un petit nombre d'espèces dans ce genre; mais il est probable qu'il en existe davantage.

La plus anciennement et la plus complètement connue est celle qui se trouve dans toutes nos mers européennes et même sur les côtes de la Syrie : c'est la Sabellaire alvéolée, *S. alveolata* de M. de Lamarck; *Hermella alveolata* de M. Savigny, dont Réaumur a déjà parlé dans les Mémoires de l'Académie des sciences, ann. 1711, page 165, sous le nom de Ver à tuyau, et qui a été mieux décrite par Ellis, *Corall.*, page 104, pl. 36, sous la dénomination de *Tubularia arenosa anglica*; *Psamatotus*, Guettard, Mém., tome 3, page 68, pl. 69, fig. 2; *Tubipora arenosa*, Linn., *Syst. nat.*, 10.ᵉ édit.; *Sabella alveolata*, Linn., *Syst. nat.*, 12.ᵉ édit., et Gmelin, *Syst. nat.*, 13.ᵉ édit.

Elle est décrite par M. G. Cuvier dans ce Dictionnaire sous le nom d'*Amphitrite alveolata*, ainsi que dans son Règne animal.

Les individus de cette espèce, décrits par M. Savigny, n'avoient qu'une ligne de long, sans la partie caudiforme, qui en égaloit bien la moitié. Son corps étoit formé de trente-trois anneaux; tandis que ceux que figure Ellis étoient de moitié plus petits; ce qui fait penser à M. Savigny que ceux-ci pourroient bien appartenir à une espèce particulière. M. de Lamarck la caractérise par ses tubes étroits, un peu distans et réunis de manière variable en une masse déprimée, avec les orifices cyathiformes.

Une seconde espèce, indiquée par M. de Lamarck sous le nom de Sabellaire grands-tubes, *S. crassissima*, et figurée par Pennant, Zool. brit., 4, pl. 92, fig. 162, est distinguée parce que ses tubes sont longs, épais, subparallèles, contigus, avec leur orifice peu évasé. Elle forme, ajoute M. de Lamarck, des masses plus épaisses et moins aplaties que la précédente.

Elle vient des côtes de La Rochelle.

M. Savigny n'en parle pas, mais il fait une seconde espèce de son genre Hermelle, H. CHRYSOCÉPHALE, *H. chrysocephala*, d'un chétopode observé et figuré par Pallas sous le nom de *Nereis chrysocephala*, *Nov. act. Petrop.*, tome 2, page 255. tab. 5 , fig. 22 ; *Terebella chrysocephala* de Gmelin. Il a quatre pouces de long et sa couronne operculaire a le rang interne de ses soies moins séparé à sa base du rang mitoyen que dans l'espèce de nos pays.

Elle vient des mers de l'Inde.

M. Bosc, dans son article Sabelle du Nouveau Dictionnaire d'histoire naturelle, dit, qu'en prenant pour type de ce genre la Sabelle alvéolée de Gmelin , il faut en rapprocher un chétopode qu'il a observé dans les mers d'Amérique, et qu'il nomme *Sabelle negate;* mais, d'après la courte description qu'il en donne, il ne paroît cependant pas que ce soit une véritable Sabellaire de M. de Lamarck. En effet, le tube est solitaire, rampant et adhérent sur les pierres, et, d'ailleurs l'animal ne paroit pas pourvu d'une couronne de soies dorées et brillantes à la tête. (DE B.)

SABELLE , *Sabella.* (*Chétopod.*) Nom employé par Linné dans la dixième édition du *Systema naturæ*, et ensuite par Gmelin dans la treizième édition du même ouvrage, pour désigner un genre de son ordre des vers testacés, qu'il définissoit : Animal semblable aux néréides, à bouche ouverte, avec deux tentacules épais derrière la tête, contenu dans une coquille tubuleuse, composée de grains de sable retenus dans une membrane vaginale. Mais comme à cette époque les animaux, qui forment les tubes arénacés, n'étoient que fort mal connus, il n'y a rien d'étonnant que l'on ait plutôt fait attention au tube qu'à l'animal pour accroître les espèces de ce genre : c'est sans doute à cela qu'est due l'addition que Gmelin a faite aux espèces de Linné d'un grand nombre de fourreaux de friganes ou de genres voisins, que l'on trouve dans les eaux douces et dont, à l'imitation de Schröter , qu'il a malheureusement copié, il fait autant d'espèces qu'il y a de corps différens qui entrent dans la composition de ces tubes. Ainsi il faut retrancher d'abord des Sabelles toutes les espèces comprises dans le Catalogue de Gmelin, depuis le n.° 8 jusqu'au n.° 21 inclusivement. Quant aux autres espèces, le n.° 3. *S. alveolata*, est le type du genre Sabellaire de M. de Lamarck. Les n.°° 4, 5 et 7, c'est-à-dire, les *S. chrysodon*, *belgica* et *capensis*, constituent le genre Pectinaire du même zoologiste. Le n.° 6, *S. rectangula*, est le type du genre Ocréale de M. Oken. Le n.° 24, *S. lumbricalis*, appartient à la famille des lombrics. Quant aux n.°° 1, 2, 22, 23 et 25, ce sont des tubes qui peuvent très-bien avoir appartenu à des térébelles.

La Sabelle raboteuse; *S. scruposa*, Gmel., n.° 1. Tube subulé et cependant obtus au sommet, de la grosseur d'une plume de cygne au moins, courbé et composé de grains de sable égaux et blancs.

De l'Inde et des îles de l'Amérique méridionale.

La S. scabre; *S. scabra*, Linn., Gmel., n.° 2, *Acta Petrop.*, 1786, page 353, t. 9, fig. 1 et 2. Tube simple, arqué, fixé par sa base, composé de grains scabres et radiés, suivant la phrase spécifique de Linné, et cependant celle des Mémoires de l'Académie de Saint-Pétersbourg dit que le tube est spongieux et hérissé à sa superficie de tubercules contigus.

Il a été trouvé dans les mers d'Amérique.

La S. marsupiale: *S. marsupialis*, Gmel., n.° 22; Schröter, *Einl. in Conch.*, 2, page 591, t. 6, fig. 21. Tube de plus de deux pouces de long, cylindrique, ouvert et plus étroit à une extrémité, renflé et ovale à l'autre, composé de grains de sable noir.

Patrie inconnue.

La S. de Norwége: *S. norwegica*, Gmel., n.° 23; Schröter, *Einl. in Conch.*, 2, page 591, n.° 20. Tube long de plus de quatre pouces, de la grosseur d'une plume de corbeau, subcylindrique, ouvert aux deux extrémités et couvert dehors de grains de sable très-fins.

Des mers de Norwége.

La S. indienne: *S. indica*, Gmel., n.° 25; *Abbild. Schr. Berl. naturf. Ges.*, page 144, tab. 4. Tube cylindrique, formé par la réunion de cristaux de quarz capillaires et subcylindriques.

De la mer des Indes.

Quelques zoologistes modernes, et surtout des auteurs françois, ont adopté ce genre en le modifiant, et les autres n'en ont plus parlé.

Ainsi M. de Lamarck, dans la première édition de ses Animaux sans vertèbres, ne fait aucune mention des Sabelles. Il paroît, d'après sa définition, qu'il rangeoit les espèces connues parmi ses amphitrites; mais dans son dernier ouvrage nous avons vu qu'il a établi sous le nom de *Sabellaria* un genre nouveau pour une des espèces de sabelles de Linné.

M. Cuvier, dans son Tableau élémentaire, paroît avoir eu l'intention de placer les véritables sabelles de Linné dans le genre Amphitrite, et, en effet, Gmelin avoit mis dans ce dernier un animal de même espèce, *A. auricoma*, que celui dont il avoit fait une Sabelle sous le nom de *S. chrysodon*; c'est ce qu'il a également exécuté dans le premier volume de ce Dictionnaire, comme on le peut voir au mot AMPHITRITE. Mais dans son Règne animal il a, au contraire, nommé sabelles, les chétopodes à tube ordinairement boueux, et qui ont les branchies en éventail, sans appendices, en forme de peigne à la tête, comme l'*amphitrite ventilabrum* de Gmelin, et le *spirographis Spallanzanii* de Viviani, qu'il nomme *sabella unispira*, et il a réservé le nom d'amphitrite aux sabelles de Linné; en sorte que, contre l'intention de Linné, le mot de sabelle désigne des animaux dont le tube ne contient pas un grain de sable.

M. Bosc a suivi à peu près rigoureusement Linné.

M. de Blainville, dans son Système de distribution méthodique des chétopodes, a conservé le nom de sabelle au *sabella alveolata* de Linné et de Gmelin, donnant avec le docteur Leach la dénomination de *cystena* aux espèces dont M. de Lamarck fait son genre Pectinaire, tandis qu'il a appelé amphitrite et spirographe les espèces à tubes boueux et à branchies en éventail.

M. Oken n'emploie plus du tout le nom de sabelle, et il range une partie des sabelles de Linné dans son genre Chrysodon, qui correspond exactement au genre Pectinaire de M. de Lamarck, et l'autre sous le nom d'amphitrite, qui se rapporte au même genre du zoologiste françois.

Enfin M. Savigny a imité M. Cuvier et placé, sous le nom de sabelle, les amphitrites de M. de Lamarck et de M. de

Blainville. Il partage en trois tribus les espèces qu'il a décrites.

Dans la première, ses Sabelles astartes, *S. astartæ*, qui ont les branchies égales, flabelliformes, portant chacune un double rang de digitations et se roulant en entonnoir, sont :

1.º La Sabelle indienne, *S. indica*. Grande espèce, rapportée de l'Inde par Péron et Lesueur, dont le corps, de quatre pouces et demi de long sur une largeur de cinq lignes, composé de deux cent vingt-sept anneaux très-étroits et pourvu de branchies très-grandes, très-épaisses, veloutées, parfaitement flabelliformes, de couleur fauve, avec des anneaux bruns, est contenu dans un tube épais, coriace et d'un brun noir.

2.º La S. magnifique : *S. magnifica; Tubularia magnifica*, Shaw, *Trans. soc. linn.*, tom. 5, page 228, tab. 9, et *Miscell. zool.*, tom. 12, tab. 450; *Amphitrite magnifica* de M. de Lamarck. C'est une grande espèce des côtes de la Jamaïque, et dont les branchies sont annelées de blanc et de rouge.

Dans la seconde tribu, les Sabelles simples, *S. simplices*, dont les branchies, en éventail, ne sont formées que par un seul rang de digitations, sont :

1.º La S. pinceau : *S. penicillus* de Linn.. édit. 12 : *Amphitrite ventilabrum* de Gmel. Corps long de trois pouces, composé de cent vingt-deux anneaux, et pourvu de branchies égales en longueur à la moitié du corps, à digitations très-grêles, avec des barbes très-fines, de couleur fauve-pâle, sans taches, et contenu dans un tube deux fois plus long que lui, épais, gélatineux et couvert d'un limon fin et cendré.

Des côtes de la Manche, des environs de Dieppe.

Dans la synonymie de cette espèce on cite ordinairement la figure d'Ellis, *Corall.*, pl. 34. Mais M. Savigny ne l'a pas fait, je pense avec raison ; car celui-ci dit expressément que les digitations branchiales de l'animal qu'il figure et qui provenoit des mers de Malte, étoient sur deux rangs. ce qui, par conséquent, le porte dans la division précédente.

2.º La Sabelle éventail : *S. flabellata*, Savigny : *Tubularia penicillus*, Oth. Fabr., *Faun. Groenl.*, n.º 449? Corps de quinze lignes seulement de long, composé de quatre-vingt-douze anneaux, à branchies ayant vingt-une à vingt-deux digitations barbues, d'un gris fauve-pàle, varié de taches brunes, également espacées, formant sur le panache des zônes circulaires, contenu dans un tube beaucoup plus long que le corps.

Cette espèce, qui vient des côtes de l'Océan, n'est très-probablement qu'une variété de la précédente.

3.° La Sabelle réniforme : *S. reniformis*, Cuv.: *Amphit. reniformis*, Gmel. ; *Amphit. penicillus* de Lamk. ; *Tubularia penicillus*, Muller, *Zool. Dan.*, 3.ᵉ part., p. 13, tab. 89, fig. 1 et 2, décrite tome II, page 82 de ce Dictionnaire. La description que M. Savigny donne de l'animal qu'il rapporte à cette espèce et qui vient de l'Océan, ne me paroît pas convenir exactement avec celle de Muller. Il dit, en effet, que le corps est composé de cent soixante anneaux, tandis que dans celle-ci il n'y en avoit que quatre-vingts à quatre-vingt-dix.

M. Savigny rapporte encore à cette tribu l'*Amphit. infundibulum* de Montagu, *Trans. soc. linn.*, tom. 9, tab. 8 ; l'*Amphit. vesiculosa* du même, *loc. cit.*, tom. 11, tab. 5, et la *Tubularia fabricia* d'Othon Fabricius, *Faun. Groenl.*, n.° 450.

Dans la troisième tribu, les Sabelles spirographes, *S. spirographæ*, dont les branchies en peigne, à un seul côté et à un seul rang, se contournent en spirale, espèces dont Viviani a fait le genre Spirographe, sont :

1.° La S. de Spallanzani : *S. Spallanzanii; Spirographis Spallanzanii*, Viviani, *Phosph. mar.*, p. 14, tab. 4 et 5 ; *Sabella unispira*, Cuv. et Savigny. Corps de trois pouces et demi à cinq pouces de long, composé de cent trente - neuf à cent soixante-onze anneaux, pourvu de branchies fort inégales en longueur et en nombre de digitations, du reste très-longues et très-grêles, colorées en gris rouge-clair, avec des anneaux noirâtres, également espacés ; tube beaucoup plus long que le corps, d'un brun verdâtre, avec un enduit sablonneux plus clair.

Commune sur les côtes de la Méditerranée et de l'Océan.

2.° La S. porte-vent : *S. ventilabrum; Amphitrite ventilabrum*, Gmel., de Lamk. ; *Amphitrite penicillus*, Brug. ; *Sabella penicillus*, Cuv. ; Ellis, *Corall.*, pl. 34. Elle est décrite à l'article Amphitrite, tom. II, page 83 ; mais nous ne pensons pas qu'elle appartienne à cette section, comme nous l'avons fait observer

plus haut. En effet, quoique ses branchies soient inégales,
elles ne sont pas en spirale, et, d'ailleurs, elles ont deux
rangs de digitations.

3.° La Sabelle volutifère : *S. volutacornis*; *Amphitrite volutacornis*, Montagu, *Trans. soc. linn.*, t. 7, tab. 7, fig. 10, p. 84 ;
Leach et de Lamarck. Corps large et court de quatre-vingt-
dix ? anneaux et dont les branchies, très-grosses, sont enroulées en cinq à six tours de spire.

Des côtes de l'Océan. (De B.)

SABELMUS. (*Mamm.*) Nom suédois, appliqué au lemming,
espèce de campagnol. (Desm.)

SABER. (*Bot.*) Nom de l'aloès dans la Mauritanie, cité
par Mentzel. (J.)

SABETEREGI. (*Bot.*) Mentzel cite, d'après J. Bauhin, ce
nom arabe de la fumeterre. Voyez Scheiteregi. (J.)

SABIA. (*Bot.*) Voyez Dhraba. (J.)

SABICE, *Sabicea*. (*Bot.*) Genre de plantes dicotylédones, à
fleurs complètes, monopétalées, de la famille des *rubiacées*,
de la *pentandrie monogynie* de Linnæus, offrant pour caractère essentiel : Un calice persistant, à cinq divisions ; une
corolle infundibuliforme ; le tube long et grêle ; le limbe en
soucoupe, à cinq lobes ; cinq étamines insérées à l'orifice
du tube ; les anthères oblongues, à deux loges ; un ovaire
inférieur ; un style ; cinq stigmates linéaires ; une baie orbiculaire, couronnée par les dents du calice, à cinq loges
polyspermes.

Quelle est donc cette manie de changer, sans aucune nécessité et au détriment de la science, les noms donnés aux
plantes par les premiers auteurs qui les ont fait connoître,
pour les remplacer par d'autres souvent beaucoup plus diffi-
ciles à prononcer et à retenir ? Tel est le nom de *Schwenkfeldia*,
substitué par Schreber à celui de *sabicea* d'Aublet.

Sabice cendrée ; *Sabicea cinerea*, Swart., *Fl. Ind. occid.*, 1,
pag. 451. Arbrisseau grimpant, dont la tige est longue, rameuse, couverte d'une poussière blanchâtre ou cendrée. Les
feuilles sont opposées, pétiolées, ovales, vertes en dessus,
chargées de poils blancs clair-semés, et en dessous tomenteuses
et blanchâtres, entières, aiguës, longues de quatre pouces,
sur un et demi de largeur ; les pétioles courts, munis à leur

base de deux stipules courtes, ovales, aiguës. Les fleurs sont axillaires, au nombre de quatre ou six dans chaque aisselle, médiocrement pédonculées, garnies à leur base de deux petites bractées étroites, oblongues, blanchâtres. Le calice est globuleux, resserré à son orifice, à cinq découpures étroites, alongées, persistantes. La corolle est blanche, munie d'un tube grêle, très-long, velu à l'extérieur, insérée autour d'un disque qui couronne l'ovaire; les lobes du limbe sont étroits, aigus, velus en dessous; les filamens très-courts; les anthères longues. Le fruit est une baie rouge, velue, succulente, divisée en cinq loges, remplies de semences fort petites, anguleuses. Cette plante croît à la Guiane, parmi les haies qui bordent les savannes; elle fleurit et fructifie pendant tous les mois de l'année.

SABICE VELUE : *Sabicea hirta*, Swart., *loc. cit.*, 450; *Schwenkfeldia hirta*, Willd., *Spec.*, 1, pag. 982. Cet arbrisseau est muni d'une tige grimpante, dont les rameaux sont striés, velus ; les feuilles opposées, pétiolées, ovales, acuminées, velues; les pétioles courts, cylindriques; les stipules grandes, larges, membraneuses, ovales, en cœur, d'un blanc pâle. Les pédoncules sortent de l'aisselle des stipules, et supportent une petite ombelle à trois fleurs, munies d'un involucre à quatre découpures ovales, hispides. Chaque fleur est pédicellée; les divisions du calice sont oblongues, lancéolées, velues, striées; le tube de la corolle est deux fois plus long que le calice, velu à son orifice ; le limbe plan, à cinq divisions lancéolées; les anthères sont aussi longues que les filamens; le fruit est arrondi, couronné par le calice, de couleur blanche à l'époque de la maturité. Cette plante croît dans les forêts montueuses de la Jamaïque.

SABICE RUDE : *Sabicea aspera*, Aubl., *Guian.*, 1, pag. 194, tab. 76; *Schwenkfeldia aspera*, Willd., *Spec.* Cette plante a des racines traçantes : elles produisent plusieurs tiges ligneuses, sarmenteuses, divisées en rameaux velus, grimpans. Les feuilles sont opposées, pétiolées, vertes, lancéolées, ponctuées en dessus, rudes et velues en dessous, acuminées, rétrécies en pétiole à leur base, longues de quatre pouces, larges d'un pouce et demi; les nervures rougeâtres, les stipules petites, linéaires, aiguës. Les fleurs naissent par petits paquets axillaires, au nombre de cinq à sept ; les pédoncules sont très-courts ; les bractées petites, semblables aux stipules. Le calice est velu , à divisions étroites, entre chacune desquelles est une tâche rougeâtre. La corolle est blanche, velue ; le tube grêle , couvert de poils blancs à son orifice ; le limbe varie dans le nombre de ses divisions, de quatre à cinq, ainsi que les étamines ; les stigmates sont au nombre de trois, quatre ou cinq ; le fruit une baie molle, rouge et velue , divisée en trois, quatre ou cinq loges ; les semences sont fort menues. Cette plante croît dans la Guiane , sur les bords de la rivière de Sinémari. Les Galibis la nomment *sabisabi*. Elle fleurit et fructifie au commencement de l'hiver.

Sabice en ombelle : *Sabicea umbellata*, Salisb. ; *Schwenkfeldia umbellata*, Ruiz et Pav., *Fl. Per.*, 2, pag. 55, tab. 200. Cette espèce a des tiges glabres, cylindriques, presque ligneuses, grimpantes, dont les rameaux sont un peu hispides dans leur jeunesse ; les feuilles opposées, pétiolées, étalées, ovales, aiguës, très-entières, longues de cinq à six pouces ; les pétioles longs d'un pouce, garnis de stipules ovales, opposées, assez grandes, persistantes. Les pédoncules sont axillaires, un peu plus longs que les pétioles, soutenant des fleurs pédicellées , disposées en ombelle composée ; les pédicelles trifides ; l'involucre a deux folioles ovales, lancéolées, persistantes. Sous chaque pédicelle est placée une bractée linéaire , subulée, caduque ; la corolle est blanche ; la baie velue, blanchâtre ; les semences sont fort petites et blanchâtres. Cette plante croît au Pérou , dans les forêts des Andes.

Sabice a feuilles variées ; *Sabicea diversifolia*, Pers., *Synops.*, 1, pag. 203. Cette espèce est remarquable par la forme et la disposition de ses feuilles, qui paroissent alternes au premier aspect, quoique réellement opposées ; l'une des deux est grande , élargie, ovale, obtuse ; l'autre , beaucoup plus petite , peut être prise d'abord pour une bractée, les fleurs étant réunies en paquets axillaires. Cette plante croît à l'île Maurice. (Poir.)

SABINE. (*Bot.*) Arbre vert de la famille des conifères, dont le nom latin, *sabina*, est connu depuis long-temps, et qui, maintenant, est une espèce de genévrier , *juniperus sabina*. C'est, suivant C. Bauhin, le *brathys* ou *barathron* de Dioscoride. (J.)

SABINEA. (*Bot.*) Genre de plantes dicotylédones, à fleurs complètes, papilionacées, de la famille des *légumineuses*, de la *diadelphie décandrie* de Linnæus, offrant pour caractère essentiel: Un calice en coupe, campanulé, tronqué et presque entier à son bord; une corolle papilionacée; la carène très-obtuse, un peu plus courte que l'étendard; les étamines diadelphes: une libre et quatre de moitié plus courtes que les autres; le style glabre, filiforme, courbé en cercle avec les étamines; une gousse alongée, linéaire, comprimée, polysperme, mucronée par le style, porté sur un pivot.

Ce genre renferme quelques espèces détachées des *robinia*. Ce sont des arbrisseaux non épineux, dont les feuilles sont ailées sans impaire; les folioles glabres, mucronées; les fleurs réunies en paquets sur des pédoncules uniflores; la corolle de couleur purpurine.

Sabinéa a fleurs nombreuses: *Sabinea florida*, Decand., Ann. des sc. nat., vol. 4, pag. 92; *Robinia florida*, Encycl., n.º 8; Vahl, *Symb.*, 5, pag. 89, tab. 70. Arbrisseau d'un aspect très-agréable, surtout à l'époque de la floraison. Ses rameaux sont alors tout couverts d'un grand nombre de grandes et belles fleurs purpurines qui paroissent avant les feuilles. Ses tiges se divisent en rameaux glabres, cylindriques, ponctués, d'un pourpre cendré. Les feuilles sont produites par les bourgeons de l'année précédente, après la chute des fleurs, réunies au nombre de deux ou trois à chaque point d'insertion, longues de deux ou trois pouces, ailées, sans impaire, composées de petites folioles, à peine longues d'un demi-pouce; les feuilles supérieures sont solitaires, alternes, plus écartées; les folioles opposées, plus grandes, pétiolées. glabres, oblongues, veinées, mucronées au sommet; le pétiole commun est dépourvu d'aiguillons, ainsi que les rameaux; les stipules sont petites, lancéolées, souples, pendantes. Les fleurs sont réunies au nombre de quatre ou cinq à chaque bourgeon, soutenues par des pédoncules uniflores, longs de cinq à six lignes, capillaires, articulés vers leur sommet. Le calice est en forme de coupe, entier à ses bords, légèrement velu. La corolle est grande, d'une belle couleur purpurine, à pétales munis d'onglets, de la longueur du calice. Cette plante croît dans plusieurs îles de l'Amérique, particuliérement dans celle de Saint-Jean,

Sabinéa douteuse : *Sabinæa dubia*, Decand., *loc. cit.; Robinia dubia*, Lamk., *Ill. gen.*, tab. 606, fig. 1 ; Poir., Encycl. Les tiges de cette plante se divisent en rameaux droits, glabres, d'un blanc cendré ; les plus jeunes pubescens ; les feuilles sont alternes, ailées, sans impaire, composées de douze à seize folioles fort petites, ovales, elliptiques, un peu pubescentes, opposées, pédicellées ; les stipules molles, presque filiformes. Les fleurs sont disposées, le long des rameaux, en petites grappes courtes, fasciculées : les calices courts, à cinq petites dents obtuses. La corolle est purpurine, panachée de blanc ; les gousses sont petites, comprimées, longues d'un pouce, à peine larges de deux lignes, linéaires, rétrécies à leur base, obtuses et munies à leur sommet du style persistant, roulé en vrille. Cette plante croit à la Martinique. (Poir.)

SABINO. (*Bot.*) Dans le Mexique, suivant M. de Humboldt, on nomme ainsi le cyprès chauve, *cupressus disticha* de Linnæus, dont Richard a fait son genre *Taxodium*, nommé plus récemment *Schubertia* par M. Mirbel. C'est aussi, suivant Rhéede, le nom donné par les Hollandois du Malabar à une cucurbitacée, *trichosanthes cucumerina* ; les Provençaux le donnent à la sabine. (J.)

SABLE. (*Min.*) Les sables sont des substances minérales pulvérulentes, dont les grains sont apparens, sensibles au toucher, et qui proviennent en général de la destruction de certaines roches granulaires préexistantes ; je dis, en général, car on verra bientôt qu'il y a des sables qui semblent avoir été de tout temps à l'état pulvérulent : mais généralement, je le répète, les sables sont les produits de la décomposition, de la désagrégation naturelle ou accidentelle, lente ou précipitée des roches de l'ancien monde ou du monde actuel. Je fais ici pour les sables la même distinction que j'ai cru devoir établir en parlant des *galets.* c'est-à-dire qu'il y a des sables qui sont les détritus de certaines roches, qui n'ont plus leurs analogues dans les contrées qui renferment ces débris ; tandis qu'il y en a d'autres, et c'est le plus grand nombre, qui se produisent journellement et sur place, que les eaux pluviales enlèvent à chaque instant, et qui les charient au loin à l'aide des torrens, des rivières et des fleuves, jusque dans le bassin des mers, où ils sont éternellement balancés par les vagues. On pourroit donc diviser les sables en trois séries par rapport à leur formation et sous le point de vue géognostique :

1.° Les Sables cristallins, qui paroissent avoir été le produit immédiat d'une cristallisation plus ou moins précipitée ;

2.° Les Sables antiques, qui ont été formés aux dépens de certaines roches qui n'existent plus ou qui ont été recouverts par des terrains de formation postérieure, à l'époque où ils ont été déposés sur les points où nous les voyons aujourd'hui ;

3.° Les Sables modernes, qui se produisent journellement par l'effet des causes lentes ou actives de la succession du chaud et du froid, de la sécheresse et de l'humidité, ou par l'action mécanique des eaux torrentielles et du frottement des rochers les uns contre les autres.

Sables cristallins.

Les sables cristallins comprennent ces masses immenses de quarz arénacé qui couvrent les grands déserts de la Syrie, de l'Arabie, les steppes de la Pologne, les dunes de la France, etc., d'une couche mobile qui obéit aux vents et qui se transporte d'un lieu dans un autre, soit par un mouvement de translation constant et progressif, comme dans nos dunes, soit par des mouvemens contraires et alternatifs, comme dans les grands déserts de l'Afrique et de l'Asie. C'est ainsi que, par leur grande finesse et leur sécheresse extrême, ces sables cristallins deviennent le jouet des vents, qu'ils s'élèvent en tourbillons brûlans pour aller s'abattre au loin, ou qu'ils offrent le spectacle non moins affligeant d'une sorte d'invasion continuelle, contre laquelle la nature et l'art ont dû s'associer pour en ralentir ou en paralyser les effets ; je veux parler des beaux travaux et des plantations du célèbre ingénieur Brémontier, qui a lutté avec peine, mais avec succès, contre la marche de nos dunes, qui tendaient à s'avancer en roulant sur elles-mêmes dans la direction de Bordeaux, en couvrant les campagnes cultivées de la stérilité la plus complète, et dont les progrès étoient assez rapides et assez constans pour que l'on ait pu calculer l'époque à laquelle ce fléau destructeur seroit arrivé sous les murs de cette grande ville.

Les sables cristallins se sont agglutinés cependant quelquefois, et ont atteint, en se solidifiant de plus en plus, la consistance du grès le plus fin, le plus dur et le plus compacte, ou, si l'on veut renverser l'échelle, on peut dire que les grès dont la cassure est vive, conchoïde et luisante, passent, en se désagrégeant de plus en plus, au sable fin et mobile du désert.

Les sables cristallins n'occupent pas toujours la surface de la terre : on en trouve quelquefois à d'assez grandes profondeurs et qui sont recouverts par divers terrains secondaires ou tertiaires. Dernièrement encore M. André fils en a trouvé un lit, d'une finesse extrême, dans les carrières de Vierzon en Berri.

En examinant à la loupe les grains des sables cristallins, on n'y remarque en général aucun indice de cristallisation régulière : ce ne sont pour l'ordinaire que des fragmens d'un quarz hyalin parfaitement limpide, mais dont les angles sont abattus ou arrondis. Il y a cependant quelques exceptions à cette règle générale ; car Romé-Delille cite un lit de sable blanc qui fut trouvé en creusant les fondations du beau pont de Neuilly, et dont chaque grain, quoique microscopique, étoit un cristal parfait de quarz bipyramidal. On cite aussi, mais dans un autre genre, un sable dont chaque grain étoit un cristal de grenat à vingt-quatre facettes. Ces exemples, quoique assez rares, viennent cependant à l'appui de l'opinion de ceux qui pensent que les sables quarzeux purs sont le produit d'une précipitation cristalline analogue à celle par laquelle on opère la fabrication de différens sels employés dans les arts et la médecine.

Les sables cristallins de la forêt de Fontainebleau, près Paris, ont offert aux minéralogistes un fait assez remarquable et à peu près unique en son genre ; ce sont des cristaux parfaitement réguliers de chaux carbonatée inverse, qui, en se formant au milieu de cette substance pulvérulente, en ont enveloppé les grains et les ont fait entrer dans leur composition, sans qu'ils aient nui en rien à la régularité de leurs angles. L'aspect de ces cristaux leur a valu le nom de *grès cristallisés*.

Malgré la couleur blanche de ces sables, ils sont cependant susceptibles d'absorber la chaleur à la longue et de la conserver d'une manière très-remarquable; on sait que plusieurs animaux déposent à dessein leurs œufs dans le sable brûlant, et qu'il y a des insectes méridionaux qui se trouvent dans les sables des pays assez froids.

Quant à leurs propriétés végétatives, elles sont nulles ou à peu de chose près, et cela tient à leur sécheresse et à leur mobilité; car, du moment où ils sont humectés, la végétation s'y développe d'une manière très-brillante, et il suffit de citer les oasis du désert pour en donner une idée.

L'humus, provenant de la décomposition des bruyères, mêlé à moitié environ de sable siliceux, prend le nom de *terreau de bruyère* et s'emploie avec le plus grand succès à la culture des plantes précieuses; nous reviendrons bientôt sur les usages de ces sables, en citant l'emploi des diverses espèces dans les arts et manufactures.

Sables antiques.

J'ai déjà dit que je proposois de désigner ainsi les sables qui sont les détritus de certaines roches qui n'existent plus, de même que ceux qui ont été recouverts par des bancs pierreux qui appartiennent à des formations postérieures à l'époque où ces sables ont été chariés et déposés sur les points où nous les trouvons.

Il seroit aisé de citer un nombre infini de ces sables antiques; mais, pour ne parler que de ceux qui nous intéressent le plus par leur importance, je citerai les sables aurifères et platinifères du nouveau monde; les sables de Ceilan et du Pegu, qui récèlent la plupart des pierres précieuses, que nous ne trouvons plus en place; les sables stanifères de Cornouailles et du Mexique; les sables titanifères et ferrugineux de différentes contrées, etc.

Le peu d'homogénéité de ces sables, le grand nombre de substances qui entrent dans leur composition, tout se réunit pour prouver qu'ils ne sont que les débris, les détritus et les restes de rochers et peut-être de montagnes entières qui ont été pulvérisées par un accident dont on chercheroit en vain la cause, mais dont on peut apprécier la puissance en considérant l'étendue immense de ces dépôts de substances pulvérisées; car, non-seulement nous connoissons des plaines où ces sables sont rassemblés sur une surface de plusieurs centaines de lieues carrées, mais il est certain que les bassins des mers en récélent aussi, puisqu'il arrive que les flots rejettent sur la plage des substances pulvérulentes qui sont étrangères au local. Les sables antiques font donc partie des alluvions du vieux monde; car, bien que nous connoissions aujourd'hui l'or et le platine en place, que nous retrouvions même quelques pierres précieuses dans les filons des montagnes granitiques ou autres, il n'en est pas moins constant que les lavages du Mexique et du Brésil, d'où l'on retire une si grande quantité d'or et de platine, ne proviennent point des montagnes environnantes, non plus que les saphirs, les rubis et les cymophanes de Ceilan.

SABLES MODERNES.

Les sables qui sont compris dans cette troisième série se forment journellement sous nos yeux : ils sont produits par la décomposition spontanée des roches qui sont composées de grains distincts, susceptibles de se désagréger soit par le simple contact de l'air et l'alternative du chaud et du froid, soit par toute espèce de force mécanique quelconque.

Toutes les roches ne sont point susceptibles de donner des sables par leur décomposition : les grès sont les roches arénaires par excellence, de même que les granites à gros grains; mais les roches schisteuses et compactes, les roches argileuses et les roches homogènes en général, ne produisent que des galets ou des esquilles plates et anguleuses, analogues par leur forme à des éclats de bois. Les roches calcaires ou argileuses se réduisent plutôt en poussière qu'en sable, et la grande différence entre un sable et une poussière, c'est que le premier ne fait jamais qu'une pâte imparfaite dans l'eau; tandis que les poussières y font pâte et se changent même en vase et en limon : on conçoit bien, au reste, qu'il ne faut pas pousser cette distinction à toute rigueur; mais cependant je la regarde comme très-importante, puisqu'elle a une influence directe sur la durée et la bonté des grandes routes. En effet, toutes les fois que les empierremens sont exécutés avec des roches qui, en se pulvérisant, ne peuvent pas faire pâte avec l'eau, il en résulte un moyen de communication beaucoup meilleur et beaucoup moins coûteux que dans le cas contraire ; en sorte que, avant de se décider sur le choix des roches que l'on emploie à l'entretien des routes, on devroit s'assurer d'avance, par un essai en petit, si ces matériaux, qui finissent toujours par se réduire en poudre, sont ou non susceptibles de faire pâte avec l'eau.

Les sables modernes sont formés, comme les sables antiques, de plusieurs substances différentes, et cela tient non-seulement à la nature peu homogène des roches qui leur donnent naissance ; mais aussi aux différens courans d'eau qui les transportent. Le sable d'un fleuve, celui du Rhône par exemple, en sortant du lac de Genève, entraîne les élémens des roches granitoïdes des Alpes, qui lui sont apportés par la rivière de l'Arve ; l'Ain y conduit le sédiment calcaire du Jura ; la Saône les grains désagrégés du granit de la Bourgogne ; l'Isère le limon noir des schistes de l'Oysans ; l'Ardèche, le sable volcanique du Velay et du Vivarais, et la Durance, enfin, les sables micacés du Briançonnais : quelquefois aussi ces fleuves et ces rivières traversent des amas de sable déjà formés, les attaquent, les minent, les sillonnent en tous sens et les mêlent avec ceux qu'ils entraînoient déjà. Ainsi confondus pêle et mêle, la mer balance éternellement sur ses bords les débris atténués de tous les âges, de tous les terrains, de toutes les formations, dont les tributs lui sont apportés par les grands fleuves qui s'y jettent de toutes parts.

Tant de matières pulvérisées, lavées et préparées d'avance par les grands moyens naturels, ne pouvoient rester abandonnées sans qu'on en tirât quelque parti. Aussi les arts s'approprient-ils à l'envi celles qui pouvoient faciliter ou abréger leur marche, et c'est sous ce nouveau point de vue que nous allons considérer les sables. Voyez SABLE-ARÈNE. (BRARD.)

SABLE. (*Mamm.*) En Angleterre et en Russie, c'est le nom de la zibeline, que, dans ce dernier pays, on appelle aussi *zabelle*. Toutes ces désignations sont évidemment analogues à notre mot de zibeline, et sont en usage dans le Blason pour désigner la fourrure de l'animal dont ce mot est le nom. (DESM.)

SABLE. (*Ichthyol.*) Dans l'Histoire générale des Voyages il est parlé, sous ce nom, d'un poisson de la côte d'Ivoire, au royaume de Congo, et dont les aborigènes font tant de cas, qu'il est défendu de faire usage de sa peau sans la permission du roi.

Chaque individu de cette espèce est estimé la valeur d'un esclave.

Ces renseignemens sont trop vagues pour qu'il soit permis de classer le sable. (H, C.)

SABLE-ARÈNE. (*Min.*) Voici une nouvelle espèce de sable, que l'art de bâtir vient d'introduire parmi celles que les minéralogistes décrivent ordinairement dans leurs ouvrages.

Les *Arènes*, ainsi qu'on les appelle par abréviation, sont composées de grains de quarz hyalin ou laiteux, très-irréguliers, fort anguleux, de la grosseur moyenne d'un pois, réunis à quelques parcelles de mica par une argile d'un rouge de brique assez vif, qui passe quelquefois au gris-jaunàtre. L'adhérence de ces grains quarzeux est assez foible pour que la pression des doigts les désunisse, en sorte que l'exploitation s'en fait à la pioche et à la pelle avec la plus grande facilité. Ces sables sont plus ou moins argileux ; se trouvent dans les plaines ou sur les plateaux, et je crois qu'ils sont contemporains des fers hydratés d'alluvion, dont ils contiennent aussi quelques grains.

Ce sont ces sables argileux qui, mêlés en différentes proportions avec la chaux grasse ordinaire, produisent des mortiers, qui durcissent sous l'eau à la manière des cimens et qui peuvent remplacer, jusqu'à un certain point, l'emploi de la chaux hydraulique dans les constructions humides ou submergées. Je dis, jusqu'à un certain point, parce que des expériences directes, faites par M. Vicat, prouvent que ces mortiers d'arène n'arrivent point au même degré de consistance que ceux de chaux hydraulique, toutes circonstances égales de part et d'autre.

Voici, à l'égard de l'emploi des arènes, les renseignemens qui m'ont été communiqués par MM. Conrad et Vauthier, ingénieurs chargés de la canalisation des rivières de Vézère et Corrèze.

« M. Girard, ingénieur ordinaire des travaux de la navi-
« gation de la rivière d'Isle, département de la Dordogne,

« ayant été frappé de la consistance des mortiers de quel-
« ques vieux travaux d'art, qu'il étoit obligé de démolir, et
« s'étant aperçu que l'on avoit employé un sable jaune, dont
« il trouva bientôt l'analogue aux environs, fit quelques es-
« sais en petit, dont le succès fut tel, qu'il ne balança point
« à employer ce sable en grand dans les constructions dont
« il se trouvoit chargé. »

MM. Conrad et Vauthier, également chargés de constructions hydrauliques, cherchèrent et trouvèrent bientôt sur les
bords de la Vézère des sables-arènes analogues à ceux de
l'Isle, et commencèrent à l'employer avec succès dans le
courant de cette campagne (1826), tant par économie que
faute d'avoir pu se procurer une assez grande quantité de
chaux hydraulique.

« La proportion dans laquelle il convient de mêler la
« chaux avec l'arène, disent ces Messieurs, pour en com-
« poser le meilleur mortier hydraulique qu'ils puissent
« former, doit varier avec la nature de l'arène, qui est
« plus ou moins argileuse, plus ou moins graveleuse, à
« grains plus ou moins gros, et aussi avec la qualité plus
« ou moins grasse de la chaux. Mais celle qui jusqu'à présent
« a paru donner les meilleurs résultats en petit, est une
« partie de chaux grasse, éteinte à la manière ordinaire et
« mesurée en pâte pour quatre parties d'arène. En grand,
« et surtout pour les parties inférieures des constructions
« hydrauliques, il convient d'employer la chaux dans une
« proportion plus forte, à cause de la portion qui se trouve
« enlevée par les eaux. Celle que nous avons suivie dans
« la confection de nos mortiers est celle d'une partie de
« chaux pour trois d'arène, et il paroît aussi que c'est celle
« dont on a fait usage sur les travaux de l'Isle. »

Trois carrières d'arène ont été ouvertes aux environs de
la ville de Montignac pour le service des travaux de la canalisation de la Vézère : mais c'est celle de *Belcaire*, dont on
a fait le plus grand usage. Elles reposent sur le calcaire grossier, qui, lui-même, est mêlé d'une forte proportion de
sable quarzeux hyalin, ainsi que je m'en suis assuré en le
traitant par l'acide nitrique.

Les carrières qui ont été exploitées pour la navigation

de l'Isle sont au nombre de six et situées aux environs de Mucidant, département de la Dordogne. Elles sont, je crois, placées immédiatement au-dessus du calcaire crayeux de cette contrée. Ce sont ces arènes qui ont été éprouvées par MM. Girard et Vicat, comparativement avec quelques chaux hydrauliques.

L'arène de la carrière de Pelreau a été trouvée la meilleure, et celle de Mucidant la moins bonne : car, la première a donné au bout de quatorze mois d'immersion un mortier un peu moins pénétrable à la pointe d'essai qu'un mortier composé de la même chaux, d'une partie de ciment et d'une partie de sable après quinze mois d'immersion; tandis qu'après treize mois seulement la pointe d'essai s'est enfoncée d'une quantité presque double dans un mortier composé avec l'arène de Mucidant. Ces faits prouvent combien il faut apporter d'attention dans le choix de ces arènes, qui doivent probablement la propriété qui les fait rechercher, à la portion d'argile rouge qu'elles contiennent, et où le fer est au même degré d'oxidation que dans l'argile cuite, dont on fait le ciment ordinaire.

Il est assez remarquable que MM. Taillefer, Mourcin et Gratien Lepeyre, qui se sont occupés de l'étude des antiquités de l'ancienne Vésone (Périgueux), aient retrouvé sur le sol de l'amphithéâtre romain de cette ville une couche d'arène pareille à celle de Montignac, et sur laquelle les gladiateurs se donnoient en spectacle. Ce rapprochement n'est peut-être pas dénué de tout intérêt. (Brard.)

SABLE AURIFÈRE. (*Min.*) Je suis tenté de croire que tous les sables qui renferment des paillettes d'or appartiennent à la série des *sables antiques;* car les rivières et les fleuves n'empruntent point les pépites et les grains d'or qu'ils charrient à des filons qui existent dans leurs lits ou sur leurs bords. Les recherches nombreuses et toujours infructueuses qui ont été faites pour découvrir ces prétendus gîtes, prouvent assez que ces parcelles d'or font partie de quelques dépôts de sables antiques que les cours d'eau mêlent à leur propre sable. Il existe peut-être quelques exceptions à cette règle générale ; mais elles sont peu nombreuses, et l'on seroit peut-être assez embarrassé d'en citer un exemple bien avéré.

Voyez ci-dessus *Sables antiques*, à l'article Sable, et les articles Or, tom. XXXVI, pag. 228. et Platine, tom. XLI, pag. 266, de ce Dictionnaire. (Brard.)

SABLE DE BOCCARD. (*Min.*) Les minérais pilés sous les boccards et qui se déposent dans les *pentes inverses* ou dans les *gratticoles*, se nomment *sables*, et ce qui se dépose dans les cases des labyrinthes, se nomme *schlamm*. Les sables de boccard se lavent dans les caisses allemandes, et les schlamms sur les tables dormantes ou sur les tables à percussion. (Brard.)

SABLE DES BUREAUX ou SABLE DE STRASBOURG. (*Min.*) On trouve près de Barr et de Mittelbergheim un sable quarzeux, que l'on exploite pour le service des bureaux et dont on exporte une assez grande quantité sur la rive droite du Rhin. Voyez Sable d'or. (Brard.)

SABLE DE CARRIÈRE. (*Min.*) Les constructeurs nomment ainsi le sable qu'ils font extraire dans les sablonnières. Il arrive souvent que ces sables sont trop mélangés de terre, et qu'il faut les laver à l'eau courante avant de les employer dans la confection des mortiers. Les sables de carrières tiennent de près aux *sables-arènes*, dont nous avons parlé ci-dessus. (Brard.)

SABLE CUPRIFÈRE. (*Min.*) Dombey rapporta du Pérou un sable vert, qui étoit presque entièrement composé de cuivre muriaté. Il appartient à la série des sables cristallins, puisque la plupart de ses grains sont des octaèdres cunéiformes. Patrin cite des sables cuprifères qui sont exploités en Sibérie comme minérais de cuivre. (Brard.)

SABLE DU DÉSERT. (*Min.*) Voyez Sables cristallins, page 497. (Brard.)

.SABLE DES DUNES. (*Min.*) Voyez Sables cristallins, page 497. (Brard.)

SABLE FERRIFÈRE. (*Min.*) On connoit d'assez grands dépôts de *fer oxidulé pulvérulent* qui sont exploités en Dalécarlie, en Smoland et en Wermeland. Dans le royaume de Naples et sur les bords de la mer on exploite aussi un sable ferrugineux analogue à ceux de la Suède et à celui qui alimente la forge catalane d'Avellino. (Brard.)

SABLE FERRUGINEUX. (*Min.*) Tous les sables quarzeux

d'un jaune d'ocre ou d'un brun plus ou moins foncé, sont des sables ferrugineux. Je n'en connois point d'un beau rouge. (BRARD.)

SABLE DES FONDEURS. (*Min.*) Dans les fonderies de fer on se sert de deux sables différens. Le premier, qui est assez grossier et qui est légèrement argileux, sert à recevoir les grosses pièces qui se coulent sur le sol de la fonderie : c'est ce qu'on nomme couler ou mouler en *sable vert*. L'autre est le sable des mouleurs, dont nous parlerons bientôt, et qui sert à recevoir les pièces qui se moulent dans les châssis. Voyez SABLE DE FONTENAY et SABLE DES MOULEURS. (BRARD.)

SABLE DE FONTENAY AUX ROSES. (*Min.*) Voyez SABLE DES MOULEURS. (BRARD.)

SABLE FOSSILE. (*Min.*) Voyez SABLE DE CARRIÈRE. (BRARD.)

SABLE DES MAÇONS. (*Min.*) Les maçons se servent de deux sortes de sable pour fabriquer le mortier : le sable de rivière et le sable fossile ou de carrière. En général, c'est le quarz qui domine dans ces sables ; cependant il s'y trouve quelquefois aussi des fragmens de felspath, des paillettes de mica et des fragmens atténués de toutes espèces de roches, suivant que le cours des rivières traverse des terrains semblables ou divers. Les sables de la Dordogne, qui prend sa source au milieu des montagnes volcaniques de l'Auvergne, renferme encore des grains de laves à son embouchure dans la Gironde.

Les maçons ne veulent point que leur sable soit trop fin quand ils exécutent de la maçonnerie courante ; mais bien quand ils posent ou qu'ils crépissent, ils aiment que leur sable crie dans la main quand on le serre, qu'il soit égal et propre. Tout cela se rencontre très-facilement dans les sables de rivières, qui sont naturellement lavés, surtout quand on les tire, comme à Paris, du milieu même des rivières, et non sur leurs bords. Mais les sables des carrières ont souvent besoin d'être passés à la claie et même lavés quand ils sont trop argileux : il y a cependant des pays où l'on donne la préférence aux sables de fouilles sur ceux de rivière. Quant aux sables de mer, on est obligé de les laver dans l'eau douce, afin de leur enlever le sel qu'ils contiennent, et qui feroit tomber le mortier en efflorescence, et malgré cette précaution, on ne doit les employer qu'à défaut d'autres sables; car il est assez difficile de les purger entièrement de leur sel.

Les sables de construction sont encore employés à d'autres usages : ils servent, et surtout à Paris, à filtrer les eaux troubles de la Seine ; ils composent la couche supérieure des filtres à charbon destinés au même usage. Ils servent à lester les bâtimens marchands sous le nom de saburre; on en couvre les allées des jardins, pour en rendre la marche plus agréable et l'entretien plus facile : l'on poussoit même autrefois la recherche et le mauvais goût jusqu'à varier la couleur des sables dans les compartimens des parterres et des boulingrins. Enfin, c'est un usage assez ancien que celui de sabler les rues que suivent les rois dans les jours d'apparat. Le sable de Seine, que l'on réserve à Paris pour l'usage des jardins, se vend sur le port 3 fr. le tombereau attelé de deux chevaux ; celui des sablonnières de Vaugirard, Clichy et Vincennes, qui est employé à la garniture du pavé, se vend 4 fr. 50 c., rendu à pied d'œuvre. (BRARD.)

SABLE MARIN. (*Min.*) Le sable de la plage lavé dans l'eau douce peut servir à la confection des mortiers; mais il est un autre usage auquel il est plus propre, c'est à l'amendement des terres ; car il agit et comme amendement, en raison de sa consistance, par rapport aux terres grasses, et comme engrais, en raison des détritus des matières animales qu'il contient, et surtout à cause des sels divers dont il est pénétré.

Le sable marin est employé avec succès pour la culture du sarasin sur les côtes de la Basse-Normandie, ainsi qu'en Bretagne. (BRARD.)

SABLE MICACÉ. (*Min.*) On nomme ainsi celui qui contient des paillettes de mica en quantité notable, et qui peut être employé pour sécher l'écriture. Voyez SABLE DES BUREAUX (BRARD.)

SABLE DES MOULEURS. (*Min.*) Les sables purement quarzeux, les sables secs, ne sont point propres au moulage; ils ne prennent pas corps avec une légère humidité et ne se compriment point assez pour recevoir le moule des modèles. Les sables légèrement argileux, les sables finement micacés sont donc ceux que l'on préfère. On se sert à Paris du sable de Fontenay aux Roses; à Genève on recherche celui de Saint-

Maurice en Valais, etc.; à Villefranche d'Aveyron on se sert des sables de Garigues pour le moulage des grelots et des clochettes. Celui de Fontenay s'exportoit autrefois en Angleterre et jusqu'en Russie : il est jaune, argileux, et se tire principalement de la carrière de Benoît. Il se vend à Paris 7 fr. 50 c. la queue, composée de trente-un petits sacs. (BRARD.)

SABLE D'OR ou POUDRE D'OR. (*Min.*) Il ne faut point confondre ce prétendu sable d'or avec le sable véritablement aurifère. Celui dont il s'agit ici est tout simplement du mica jaune pulvérisé et tamisé, auquel on a quelquefois fait subir un léger grillage pour en aviver l'éclat; dans cet état on en fait usage pour sécher l'écriture. Ce sable micacé, qui est doux au toucher, doit être préféré aux poudres d'émail colorées, parce qu'il ne raie ni les bureaux, ni la reliure des livres. On le vend jusqu'à 16 fr. le kilog.

Il seroit possible d'utiliser les sables micacés dans la fabrication des papiers peints. M. le sous-préfet d'Ussel en a fait une heureuse application en en soupoudrant un embase qui devoit imiter le granite, et c'est sous ce point de vue que je pense qu'il seroit possible d'employer le mica réduit en paillettes. (BRARD.)

SABLE DU PÉROU. (*Min.*) Voyez SABLE CUPRIFÈRE. (BRARD.)

SABLE PLATINIFÈRE. (*Min.*) Ce sable fait partie des sables antiques et il se confond avec les sables aurifères, puisqu'il renferme des grains et des paillettes de ces deux métaux précieux, accompagnés d'une foule d'autres substances pierreuses ou métalliques. Voyez PLATINE, OR et SABLE ANTIQUE. (BRARD.)

SABLE DU RHIN. (*Min.*) Le sable qui se trouve dans une partie du cours de ce fleuve est aurifère, et ce n'est que sous ce point de vue qu'il a acquis une sorte de célébrité. M. Beurard, ancien agent du gouvernement françois sur les mines de mercure du Palatinat, avoit dans son cabinet de minéralogie une assez belle pépite d'or trouvée dans le sable du Rhin. (BRARD.)

SABLE STANIFÈRE. (*Min.*) Il existe dans la presqu'île de Malacca des amas considérables de sables bruns uniquement composés de minérai d'étain arénacé. L'on en connoît aussi en

Cornouailles, où ils sont exploités comme minérai d'étain. (BRARD.)

SABLE DE STRASBOURG. (Min.) Voyez SABLE DES BU-REAUX. (BRARD.)

SABLE TITANIFÈRE. (Min.) Les sables ferrifères dont nous avons déjà parlé, sont souvent composés d'un minérai qui est combiné avec le titane, et c'est particulièrement ceux qui se trouvent dans les terrains volcaniques. Ces sables, parfaitement noirs et assez brillans, s'attachent au barreau aimanté, et sont quelquefois mélangés d'un grand nombre de grenats microscopiques. M. Cordier, qui s'est beaucoup occupé de cette substance, pense que les sables ferrugineux titanifères, qui sont si communs dans les pays volcanisés, proviennent du détritus des laves altérées par l'action de l'air, ou des autres agens qui désagrègent continuellement les substances qui ne sont pas assez solides pour résister à leur action. (BRARD.)

SABLE DES VERRIERS. (Min.) Il y a deux sortes de sables employées dans les verreries.

Les sables blancs uniquement composés de quarz, et qui font partie de nos sables cristallins, et les sables de rivière, qui sont plus ou moins mélangés, mais dont le quarz forme toujours la base.

Les premiers s'emploient à la fabrication du verre blanc, du cristal, et à la confection des briques à fours, qui doivent être excessivement réfractaires.

Les seconds s'emploient à la fabrication du verre vert ou du verre noir; ils sont souvent mêlés à différentes substances terreuses, à des détritus de végétaux, et ces corps étrangers, loin de nuire à leur qualité, contribuent à leur fusibilité et font qu'ils n'exigent point une aussi forte dose d'alcali pour entrer en vitrification, que s'ils n'étoient composés que de quarz pur. Il y a des verreries qui sont approvisionnées par des sables si terreux, qu'ils peuvent être considérés comme de véritables terres végétales.

Lorsque les verriers veulent éprouver la qualité d'un sable, au lieu de l'essayer directement, ils font rougir à blanc un bout de fer plat et s'empressent de jeter dessus une pincée du sable qu'ils veulent éprouver : s'il coule et forme une scorie, ils en concluent qu'il est *doux*; s'il reste intact, il est *dur*. On voit que cet essai n'est nullement comparatif, car ici c'est l'oxide de fer qui vitrifie le quarz, et dans la fabrication du verre c'est la soude et la potasse qui lui servent de fondant.

Quelques sables volcaniques ont été employés avec succès et ont donné du verre noir sans addition de fondant. (Brard.)

SABLE DES VOLCANS. (*Min.*) Cette dénomination s'applique indifféremment aux substances devenues pulvérulentes par suite de leur décomposition spontanée, et à celles qui sont projetées dans cet état par les volcans brûlans; mais ces derniers se désignent plus ordinairement par le mot impropre de cendres volcaniques. (Brard.)

SABLÉ. (*Mamm.*) Vicq-d'Azyr a donné ce nom françois au *mus arenarius* de Pallas, qui appartient au genre des Hamsters. (Desm.)

SABLIER, *Hura.* (*Bot.*) Genre de plantes dicotylédones, à fleurs monoïques, de la famille des *euphorbiacées*, de la monoécie monadelphie de Linnæus, offrant pour caractère essentiel: Des fleurs mâles imbriquées sur un chaton; le calice court, urcéolé, tronqué; point de corolle; les filamens réunis en cylindre; les anthères verticillées; les fleurs femelles solitaires; le calice comme dans les mâles; point de corolle; un ovaire surmonté d'un long style; le stigmate pelté, concave, à douze ou dix-huit rayons; une capsule ligneuse avec autant de loges s'ouvrant avec élasticité, renfermant chacune une semence comprimée, presque orbiculaire.

Sablier élastique: *Hura crepitans,* Linn., Lamk., *Ill. gen.,* tab. 793; Commers., *Hort.,* 2, tab. 66; vulgairement Sablier, Pet de diable, Noyer d'Amérique, Buis de sable. Grand arbre, qui s'élève à plus de quatre-vingts pieds sur un tronc droit, divisé en branches et en rameaux étalés, d'où découle un suc blanc et laiteux. L'écorce est marquée d'un grand nombre de cicatrices occasionées par l'attache et la chute des feuilles. Celles-ci sont grandes, alternes, pétiolées, ovales, oblongues, échancrées en cœur à leur base, glabres, aiguës, crénelées, d'un beau vert, longues d'environ un pied, larges de huit à neuf pouces; les pétioles grêles, presque aussi longs que les feuilles, glanduleux vers leur sommet, munis à leur base de stipules lancéolées, très-caduques ; les jeunes feuilles roulées en dedans sur elles-mêmes.

Les fleurs sont monoïques ; les mâles disposées par imbrication sur un chaton alongé, pendant à l'extrémité d'un long pédoncule terminal ou sortant d'entre les aisselles des rameaux, de forme ovale, oblongue, conique ; chaque fleur est placée dans l'aisselle d'une écaille, munie d'un calice court, entier, tronqué au sommet ; les étamines sont insérées sous un double ou triple rang de tubercules qui environnent, en forme d'anneau, une colonne plus longue que le calice : il n'y a point de corolle. Les fleurs femelles sont solitaires dans le voisinage des fleurs mâles : elles sont droites, pédonculées. Leur calice est un tube tronqué, appliqué contre l'ovaire ; le style épais, charnu, en entonnoir au sommet, élargi en forme de bouclier, divisé en douze ou dix-huit rayons recourbés et obtus. Le fruit est une capsule ligneuse, orbiculaire, ombiliquée au sommet, composée de douze ou dix-huit côtes, qui forment autant de loges, dans chacune desquelles est renfermée une grande semence comprimée. Ces capsules, à l'époque de la maturité, s'ouvrent avec élasticité et avec un grand bruit, et lancent ainsi leurs semences. Cet arbre croît dans les contrées méridionales de l'Amérique, au Mexique, à la Jamaïque, à Cayenne, etc.

Les habitans de l'Amérique se servent des capsules de cette plante, après en avoir enlevé les semences, pour y mettre du sable, qu'ils répandent ensuite sur l'écriture ; ce qui leur a fait donner le nom de *sablier*. Linné dit que si le suc qui découle de cet arbre entre dans les yeux, il occasionne une cécité qui dure huit jours. Son bois est propre à faire des solives et des poutres. On prétend que ses fruits sont purgatifs.

Sablier bruyant ; *Hura strepans*, Willd., *Enum.*, pl. 2, pag. 997. Cette espèce ressemble beaucoup à la précédente. Ses fleurs et ses fruits n'étant pas connus, il est difficile de prononcer sur son identité ; cependant elle s'en distingue d'après la forme de ses feuilles, qui sont ovales, plus alongées, très-médiocrement échancrées en cœur, dentées à leur contour ; les dents de la base plus alongées ; enfin par les nervures disposées différemment. Cette plante croît dans l'Amérique méridionale.

Sablier du Brésil; *Hura brasiliensis*, Willd., *Enum.*, *loc. cit.* On distingue cette espèce à la forme de ses chatons mâles, qui sont oblongs et non ovales, comme dans le *hura crepitans.* Les fleurs femelles sont une fois plus grandes; les feuilles ovales, arrondies, à peine en cœur, à dentelures en scie, égales; les pétioles pourvus à leur sommet, comme dans toutes les autres espèces, de deux glandes, mais plus grosses. Cette plante croît au Brésil. (Poir.)

SABLINE; *Arenaria*, Linn. (*Bot.*) Genre de plantes dicotylédones polypétales, de la famille des caryophyllées, Juss., et de la *décandrie trigynie* de Linnæus, qui a pour caractères : Un calice de cinq folioles oblongues, acuminées, ouvertes, persistantes; une corolle de cinq pétales ovales, entiers; dix étamines à filamens subulés, surmontés par des anthères arrondies; un ovaire supère, chargé de trois styles terminés chacun par un stigmate un peu épais; une capsule ovale, à une seule loge s'ouvrant par son sommet en cinq valves, et renfermant des graines nombreuses, attachées à un réceptacle central.

Les sablines sont de petites plantes herbacées, à feuilles opposées, le plus souvent linéaires ou sétacées; leurs fleurs sont axillaires ou terminales. On en connoît environ cent vingt espèces, dont une trentaine croît naturellement en France; la plus grande partie des autres appartient à l'ancien continent, et un petit nombre seulement à l'Amérique.

Sabline a quatre rangs : *Arenaria tetraquetra*, Linn., *Sp.*, 605 : *Arenaria tetraquetra uniflora*, Gay, Ann. des scienc. nat., tom. 5, p. 43, et tom. 4, p. 88, t. 3. Ses tiges sont longues de deux à quatre pouces, rameuses dès leur base, étalées en gazon, garnies de feuilles ovales-oblongues, obtuses, cartilagineuses en leurs bords, ciliées dans leur partie inférieure, opposées deux à deux, connées à leur base, rapprochées et disposées sur quatre rangs réguliers. Ses fleurs sont blanches, terminales, solitaires sur un pédoncule très-court; les folioles du calice, au nombre de quatre, sont lancéolées, presque obtuses, cartilagineuses comme les feuilles : il n'y a que quatre pétales sensiblement plus grands que le calice, et huit étamines. Cette plante fleurit en Juillet et Août : elle croît naturellement dans les Pyrénées.

SABLINE AGRÉGÉE : *Arenaria aggregata* , N.; *Arenaria tetra-quetra aggregata*, Gay, Ann. des scienc. nat., tom. 3, p. 44, et tom. 4, pag. 88 , t. 4; *Gypsophila aggregata.*, Linn., *Sp.*, 581. Cette plante diffère de la précédente par un grand nombre de caractères plus ou moins importans. Elle s'élève presque toujours davantage et ses tiges sont plus redressées ; ses feuilles sont assez écartées entre elles, lancéolées ou lancéolées-linéaires, si aiguës qu'elles sont presque piquantes ; ses fleurs sont rapprochées au sommet des tiges et des rameaux au nombre de deux à cinq, quelquefois seulement on en trouve une ou deux de solitaires sur certains rameaux ; le calice est composé de cinq folioles acuminées : les pétales sont au nombre de cinq; il y a dix étamines ; enfin le port de cette plante est assez dissemblable de celui de la sabline à quatre rangs. Je crois donc que toutes les différences que je viens d'énoncer sont plus que suffisantes pour établir une espèce disctincte et non une simple variété, car il est une grande quantité d'espèces de ce même genre qui sont beaucoup moins faciles à distinguer, et qui n'ont pas de caractères aussi prononcés et aussi constans que les deux plantes dont il est ici question. La sabline agrégée se trouve dans les fentes des rochers des montagnes de la Provence, au mont Ventous, dans les Cévennes : elle est assez rare dans les Pyrénées.

SABLINE POURPIER : *Arenaria peploides*, Linn., *Sp.*, 605 ; *Fl. Dan.*, tab. 624. Ses tiges sont rameuses, étalées, longues de quatre à six pouces, garnies de feuilles ovales, aiguës, charnues, connées à leur base. Ses fleurs sont blanches, petites, solitaires dans les aisselles des feuilles sur des pédoncules plus courts que celles-ci. Les folioles calicinales sont un peu plus longues que la corolle. Cette espèce croît dans les sables des bords de l'Océan.

SABLINE A TROIS NERVURES : *Arenaria trinervia*, Linn., *Sp.*, 605 ; *Fl. Dan.*, tab. 429. Ses tiges sont grêles, rameuses dès leur base, légèrement pubescentes, hautes de six pouces ou environ, garnies de feuilles ovales, aiguës, pétiolées, chargées de trois nervures. Ses fleurs sont blanches, portées dans les aisselles des feuilles sur des pédoncules plus longs que celles-ci. Les folioles calicinales sont acuminées et plus longues que les pétales. Cette espèce est assez commune dans les

46.   33

bois ombragés, en France et dans le reste de l'Europe : elle est annuelle.

SABLINE DE MONTAGNE; *Arenaria montana*, Linn., *Sp.*, 606. Ses tiges sont très-longues, couchées, divisées en rameaux nombreux, axillaires, redressés, garnis de feuilles lancéolées ou linéaires-lancéolées, un peu rudes. Ses fleurs sont grandes, disposées, au nombre de deux à cinq, dans la partie supérieure des rameaux, sur des pédoncules assez longs. Cette plante croît dans les lieux arides et sablonneux en France et en Espagne.

SABLINE DES BALÉARES : *Arenaria Balearica*, Linn., *Syst.*, 12, *App.*, 230; l'Hérit., *Stirp.*, 1, pag. 29, tab. 15. Ses tiges sont nombreuses, étalées en gazon ; elles produisent çà et là des petits rameaux redressés, hauts d'un à deux pouces, garnis de feuilles ovales, pétiolées, un peu charnues. Ses fleurs sont blanches, solitaires, terminales ou axillaires, dans la partie supérieure des rameaux, sur des pédoncules très-longs. Cette sabline croît sur les roches, en Corse et dans les îles Baléares.

SABLINE A FEUILLES DE SERPOLET; *Arenaria serpyllifolia*, Linn., *Sp.*, 606. Ses tiges se divisent dès leur base en rameaux nombreux, redressés, hauts de quatre à six pouces, garnis de feuilles ovales, aiguës, légèrement ciliées en leurs bords, sessiles. Les fleurs sont blanches, petites, axillaires et terminales, rassemblées, au sommet des tiges et des rameaux, en une sorte de panicule. Les corolles sont plus courtes que les folioles calicinales. Cette espèce est très-commune dans les champs sablonneux; on la trouve dans toute l'Europe, dans le Nord de l'Afrique et en Amérique : elle est annuelle.

SABLINE D'AUTRICHE : *Arenaria austriaca*, Jacq., *Fl. Aust.*, tab. 270; Allion., *Fl. Ped.*, n.° 1708, tab. 64, fig. 2. Ses tiges sont grêles, alongées, couchées dans une partie de leur étendue, divisées en rameaux nombreux, redressés, hauts de quatre à six pouces, garnis de feuilles assez écartées, linéaires, étroites, à trois nervures, très-glabres ainsi que toute la plante. Ses fleurs sont blanches, portées sur de longs pédoncules et au nombre d'une à trois au sommet de chaque rameau. Les pétales sont échancrés, plus grands que le calice, qui est strié. Cette sabline croît sur les rochers ombragés dans les Alpes du Dauphiné, de la Suisse, de l'Allemagne, etc.

Sᴀʙʟɪɴᴇ ᴀ ᴛʀᴏɪs ꜰʟᴇᴜʀs : *Arenaria triflora*, Linn., Mant., 240;
Arenaria laricifolia, Thuil., Fl. par., 219; *Alsine saxatilis junipe-*
rifolio, Vaill., *Bot. Par.*, 121, t. 4, fig. 1. Ses tiges sont couchées
à leur base, divisées en rameaux assez nombreux, redressés,
hauts de trois à quatre pouces, pubescens, garnis de feuilles
étroites-lancéolées, presque subulées, acuminées, ciliées en
leurs bords, très-ouvertes et même quelquefois un peu recourbées. Ses fleurs sont blanches, terminales, portées sur
des pédoncules disposés le plus souvent trois ensemble. Les
pétales sont plus longs que les folioles calicinales, ovales et
acuminés. Cette plante croit dans les lieux montueux en
France et dans les contrées méridionales de l'Europe : on la
trouve à Fontainebleau.

Sᴀʙʟɪɴᴇ ɢʀᴀɴᴅɪꜰʟᴏʀᴇ : *Arenaria grandiflora*, Linn., Sp., 608;
All., *Fl. Ped.*, n.° 1711, tab. 10, fig. 1. Cette espèce ressemble
beaucoup à la précédente; elle n'en diffère que parce que ses
tiges sont glabres, chargées seulement de deux rangées de
poils opposés, et qu'elles sont souvent uniflores ; les calices
diffèrent encore parce que leurs folioles sont ovales-lancéolées, moitié plus courtes que les pétales. Cette sabline croit
dans les lieux pierreux des Alpes du Piémont, du Dauphiné,
de la Provence; dans les montagnes du Languedoc; dans les
Pyrénées.

Sᴀʙʟɪɴᴇ ᴘʀɪɴᴛᴀɴɪᴇʀᴇ, *Arenaria verna*, Linn., Mant., 72. Ses
tiges sont nombreuses, étalées en gazon, divisées en rameaux
nombreux, redressés, glabres dans la plus grande partie
de leur étendue, garnis de feuilles linéaires, presque subulées, chargées de trois nervures saillantes. Ses fleurs sont
blanches, axillaires et terminales, disposées, sur des pédoncules pubescens, en une sorte de petite panicule. Les folioles
calicinales sont lancéolées, aiguës, striées et égales aux pétales.
Cette espèce croit sur les rochers dans les montagnes du Midi
de la France et de l'Europe.

Sᴀʙʟɪɴᴇ sᴇᴛᴀᴄᴇᴇ : *Arenaria setacea*, Thuil., Fl. par., 202;
Alsine saxatilis et multiflora capillaceofolio, Vaill., *Bot. Par.*,
t. 2, fig. 3. Ses tiges sont étalées et rameuses dès leur base, divisées en rameaux nombreux, redressés, presque simples,
hauts de quatre à six pouces, garnis de feuilles subulées, roides, paroissant fasciculées à cause des jeunes feuilles qui se

trouvent souvent rassemblées dans leurs aisselles. Ses fleurs sont blanches, portées dans les aisselles des feuilles supérieures et à l'extrémité des rameaux, et disposées en une petite panicule. Les folioles calicinales sont lancéolées, membraneuses en leurs bords, marquées sur le dos de deux nervures herbacées et d'un tiers plus courtes que les pétales. Cette sabline croît dans les lieux sablonneux et pierreux aux environs de Paris, à Saint-Maur et à Fontainebleau : on la trouve aussi en Provence.

Sabline a feuilles menues ; *Arenaria tenuifolia*, Linn., *Sp.*, 607. Ses tiges sont rameuses dès leur base, peu étalées, divisées en rameaux nombreux, redressés, hauts de trois à six pouces, entièrement glabres, ainsi que toute la plante, garnis, de distance en distance, de feuilles linéaires, subulées. Ses fleurs sont très-petites, axillaires et terminales, rapprochées, dans la partie supérieure des rameaux, en une sorte de panicule lâche. Les folioles calicinales sont lancéolées, aiguës, près de moitié plus longues que la corolle. Cette plante est commune dans les champs, aux lieux secs et arides : elle est annuelle, ainsi que les suivantes. L'*arenaria viscidula*, Thuil., Fl. par.. 219, n'en diffère que parce qu'elle est constamment plus petite, chargée sur toutes ses parties de poils visqueux.

Sabline rouge, *Arenaria rubra*, Linn., *Sp.*, 606. Ses tiges sont divisées dès leur base en rameaux nombreux, très-étalés et même couchés, glabres dans leur partie inférieure, pubescens dans la supérieure, longs de trois à six pouces, garnis de feuilles linéaires, subulées, acuminées, munies à leur base de stipules membraneuses, blanchâtres. Ses fleurs sont ordinairement d'un rouge clair, quelquefois bleues ou blanches, les unes axillaires, les autres terminales, et formant dans leur ensemble une petite panicule. Les graines sont petites, ridées, dépourvues d'aile membraneuse. Cette plante croît dans les champs sablonneux en France, dans le Midi de l'Europe et en Barbarie.

Sabline moyenne ; *Arenaria media*, Linn., *Sp.*. 606. Cette espèce a les plus grands rapports avec la précédente et elle lui ressemble beaucoup, mais on l'en distingue facilement à ses graines bordées d'une aile membraneuse. Elle croît dans les lieux sablonneux des bords de la mer, en France, en Augleterre et dans plusieurs autres parties de l'Europe. (L. D.)

SABLON. (*Malacoz.*) Dénomination que les pêcheurs des côtes de La Rochelle emploient pour désigner une espèce de mollusque du genre Turbo, qui paroît n'être qu'une variété du *Turbo littoreus*, Linn. (De B.)

SABOT. (*Bot.*) Paulet, dans son Traité des champignons, désigne sous ce nom deux espèces qui constituent le groupe qu'il nomme *agarics-amadou sabot de cheval* : ce sont des espèces de polyporus.

1.° Le Sabot ligneux; Paul., Trait., 2, p. 92, pl. 8, fig. 1 — 4; *Agaricus applicatus*, Batsch. Il croît sur le chêne, le bouleau et sur d'autres arbres : il a la forme d'un sabot de cheval et prend un volume considérable, au point de pouvoir servir de chaise. Gleditsch assure en avoir vu de tels chez les chasseurs de l'Ukraine. Quelques individus ont jusqu'à quatre pieds de circonférence. On fait de l'amadou avec la chair de ce champignon. Paulet en décrit plusieurs variétés qu'il indique aux environs de Paris.

2.° Le Sabot subéreux; Paul., *l. c.*, pl. 9, fig. 1 — 3. C'est le *boletus igniarius*, Linn., décrit à l'article Polyporus amadouvier, tom. XLII, p. 425 de ce Dictionnaire. Paulet confond avec cette espèce le *boletus fomentarius*, Linn., également décrit dans ce même ouvrage et nommé Polyporus onguliforme. (Lem.)

SABOT. (*Mamm.*) On donne le nom de sabot, *ungula*, à l'ongle épais, qui entoure en entier la dernière phalange des doigts des mammifères pachydermes et ruminans, quel que soit le nombre de ces doigts. (Desm.)

SABOT. (*Conchyl.*) Dénomination françoise long-temps employée, et qui l'est même encore par plusieurs auteurs, pour désigner le genre Turbo et quelquefois même les Troques. M. de Lamarck l'a, le premier, abandonnée, pour adopter le mot latin francisé : procédé qu'on devroit suivre dans un grand nombre de cas, afin d'éviter d'avoir deux noms à confier à la mémoire pour désigner le même genre et de faciliter l'intelligence de nos ouvrages d'histoire naturelle aux étrangers. Voyez Turbo et Troque. (De B.)

SABOT. (*Foss.*) On rencontre des espèces de ce genre à l'état fossile dans les couches antérieures à la craie, dans celles qui sont plus nouvelles que cette substance et dans les inférieures de cette dernière. Voici les espèces que nous connoissons.

Sabot petits-rayons : *Turbo radiosus*, Lamk., Anim. sans vert., tom. 7, pag. 559. n.° 2; Ann. du Mus., vol. 4, p. 106, n.° 2. Coquille conoïde-globuleuse, dont les tours sont couverts de sillons assez profonds, qui portent des stries rayonnantes. Cette espèce semble se rapprocher des cyclostomes par son ouverture ronde, mais dont les bords sont disjoints, l'extérieur s'insérant sur l'avant-dernier tour. Largeur et longueur, quatre lignes. Fossile du calcaire grossier de Grignon, département de Seine-et-Oise.

Sabot hélicinoïde : *Turbo helicinoides*, Lamk.. *loc. cit.*, n.° 3; Vélins du Mus., n.° 46, fig. 12. Coquille en cône déprimé, à tours lisses, portant des traces de leurs anciennes couleurs, différemment distribuées sur les individus différens, et à base un peu calleuse. Diamètre, quatre lignes. Fossile de Grignon et de Pontchartrain. Cette espèce semble se rapprocher des hélicines ou des roulettes.

Sabot dentelé : *Turbo denticulatus*, Lamk., *loc. cit.*, n.° 4; Ann. du Mus., *ibid.*, pl. 36, fig. 3. Coquille conoïde-globuleuse, transversalement striée, portant sur le milieu de chaque tour deux carènes dentelées; à base ombiliquée. Largeur, une ligne et demie. Fossile de Grignon et de Hauteville, département de la Manche. Cette espèce se rapproche beaucoup des dauphinules.

Sabot nacré; *Turbo margaritaceus*, Def., Vélins, n.° 15; fig. 11. Coquille conoïde-globuleuse, lisse. mince, portant une légère carène sur le milieu de chaque tour et un très-grand ombilic. Le têt de cette espèce est transparent et un peu nacré. Largeur, deux lignes. Fossile de Grignon.

Sabot alongé : *Turbo elongatus*, Def. Coquille turriculée, portant des stries qui suivent les tours. L'ouverture est ovale et la columelle, qui est plate, porte une sorte d'élévation au milieu. Longueur, six lignes. Fossile de Grignon et d'Orglande, département de la Manche. Cette espèce a beaucoup de rapports avec les bulimes, et je l'aurois rangée dans ce genre, si M. de Lamarck n'avoit jugé qu'elle devoit être rangée parmi les sabots.

Sabot petites-écailles ; *Turbo squamulosus*, Lamk., Ann., vol. 4, p. 106. Cette espéce n'avoit été signalée que sur le sommet d'une assez grosse coquille, que depuis on a trouvée entière et qui appartient au genre Dauphinule.

Sabot de Parkinson; *Turbo Parkinsonii*, Def., de Bast., Mém. géolog. des env. de Bordeaux, p. 26, pl. 1, fig. 1. Coquille conoide-globuleuse, ombiliquée, couverte de sillons un peu tuberculeux, qui suivent les tours, et de stries obliques, fines et écailleuses. Largeur de la base, plus d'un pouce. Fossile de Dax. On voit dans la plupart des individus de nombreuses petites bandes transverses de couleur roussàtre.

Sabot de Fitton; *Turbo Fittoni*, de Bast., *loc. cit.*, même pl., fig. 6. Coquille transversalement striée, à tours carénés, à columelle épaisse et sans ombilic. Du reste, elle a beaucoup de rapports avec l'espéce précédente, avec laquelle on la trouve.

Sabot Lachesis ; *Turbo Lachesis*, de Bast., *loc. cit.*, même pl., fig. 4. Coquille couverte de côtes longitudinales et de stries transverses, à ouverture arrondie et à columelle peu apparente. Longueur, une ligne et demie. Fossile commun aux environs de Bordeaux et de Dax, et qui paroit se rapprocher du genre Rissoaire, plutôt que de tout autre.

Sabot littoral, *Turbo littorcus*. On trouve cette espèce à l'état fossile et avec des couleurs à Bramerton, près de Norwich en Angleterre. (Sow., *Min. conch.*, tom. 1, pag. 165, pl. 71, fig. 1.) Dans son voyage au pôle nord, M. de Buch a trouvé cette espèce sous des couches d'argile avec le *buccinum undatum* et d'autres coquilles.

M. Risso a trouvé cette espèce à l'état subfossile dans les environs de Nice. (Hist. nat. des princip. prod. de l'Europe méridionale.)

Sabot breton, *Turbo rudis*. Cette espèce se trouve fossile à Aldboroug, près de Cambridge en Angleterre. Sow., *loc. cit.*, même pl., fig. 2.

Turbo ornatus, Sow., *loc. cit.*, tom. 5, pag. 69, pl. 240, fig. 1 et 2. Coquille conique, couverte de stries longitudinales. Vers le milieu de chaque tour il se trouve une rangée d'épines écailleuses, et dans l'espace au-dessous d'elle jusqu'à la base, il se trouve six à sept rangées de perles disposées dans le sens des tours. Longueur, quinze lignes. Fossile de Dundry en Angleterre, et de la couche à oolithes de Vaucelles, près de Bayeux.

Turbo carinatus, Sow., *loc. cit.*, même pl., fig. 3. Cette espèce, qui a été trouvée dans le sable vert en Angleterre, semble n'être qu'une variété de la précédente. Elle en diffère en ce que l'espace qui se trouve entre la carène du milieu et la suture, est couvert de rangées de perles comme celui qui est au-dessous.

Turbo muricatus, Sow., *loc. cit.*, même pl., fig. 4. Coquille courte, conique, couverte de sillons muriqués, qui suivent les tours, a ouverture plissée et portant une petite dent à la base de la columelle. Longueur, sept lignes. Cette espèce est commune dans le *Coral-Rag*, en différens endroits de l'Angleterre.

On trouve dans la vase grise durcie, aux Vaches-noires près de Honfleur, avec des ammonites, des coquilles qui paroissent tenir le milieu entre les deux espèces qui précèdent immédiatement et qui n'en diffèrent que parce qu'elles portent deux petites carènes au milieu de chaque tour.

Turbo Amedei, Brong., Terr. du Vicentin, pl. 6, fig. 2. Coquille conique-déprimée, couverte de stries longitudinales, à ouverture large et dont l'ombilic est recouvert par une callosité. Largeur, neuf lignes; hauteur, cinq à six lignes. Fossile de la colline de Turin et des environs de Bordeaux, où il n'est pas rare. On trouve dans le Plaisantin, dans le Piémont, dans la Touraine, et à Hauteville, département de la Manche, des coquilles fossiles que je regarde comme une variété de cette espèce, dont elles ne diffèrent que parce qu'elles sont ombiliquées et que quelques-unes portent près de la suture, comme le *trochus magus*, avec lequel elles ont quelques rapports, des tubercules légèrement exprimés.

Sabot perlé; *Turbo baccatus*, Def. Coquille conique, déprimée, portant une carène au milieu de chaque tour et couverte de rangées de perles qui suivent les tours. Une rangée de tubercules se trouve placée contre la suture. Largeur, cinq lignes. Fossile de la Touraine.

Sabot en éperon; *Turbo calcar*, Def. Coquille conique, qui porte trois cordons sur le milieu de chaque tour. Le plus élevé est garni d'écailles pointues, qui, dans les tours supérieurs, se trouvent placées près de la suture; l'espace entre les écailles et cette dernière est garni de rangées de perles. Cette espèce a des rapports avec le *turbo ornatus*. On la trouve à Saint-Clément et à Thorigné, près d'Angers, et presque toujours frustre. Largeur, six lignes; hauteur, sept lignes.

Sabot conoide; *Turbo conoideus*, Def. Coquille conique, déprimée, à tours peu apparens et couverts de légères stries longitudinales. Largeur et longueur, deux lignes. Fossile d'Orglandes et de Hauteville.

Sabot trompeur; *Turbo fallax*, Def. Cette espèce, qui est de la grosseur d'une petite noisette, est lisse à l'extérieur. Ses tours, peu nombreux, sont arrondis, attendu que le haut de chacun d'eux, en se rétrécissant, forme une sorte d'étranglement; la spire de cette coquille est élevée et obtuse. Fossile de la couche à oolithes brunes, près de Bayeux.

Sabot scabre; *Turbo rugosus*, Linn. Cette espèce, qui vit dans la Méditerranée et dans les mers de Cumana, se trouve à l'état fossile et parfaitement identique dans le Plaisantin. C'est une des espèces les plus remarquables pour son identité.

Turbo scobina, Brong., *loc. cit.*, pl. 2, fig. 7. Coquille rugueuse, couverte de rangées d'épines écailleuses, dont une, beaucoup plus forte que les autres et garnie d'épines beaucoup plus grandes, se trouve vers le milieu de chaque tour. Longueur, quinze lignes. Diamètre, quatorze lignes. Fossile de Castel-Gomberto. Cette espèce est très-voisine du *turbo chrysostomus*, dont elle diffère par la rangée de grandes épines.

Turbo Asmodei, Brong., *loc. cit.*, même pl., fig. 3. Cette espèce diffère de la précédente en ce qu'elle est moins grande; au lieu d'épines, elle est couverte de rangées longitudinales de petits tubercules. Fossile de Sangonini en Italie. Cette espèce a quelques rapports avec le *turbo crenulatus* et avec le *turbo argyrostomus*.

Turbo moniliferus, Sow., *loc. cit.*, tom. 4, p. 131, pl. 395, fig. 1. Coquille courte, conique, couverte de stries qui suivent les tours, ombiliquée; il règne au haut de chaque tour, près de la suture, une rangée de petites perles. Longueur, cinq lignes. Fossile de Blackdown, dans le sable vert. Cette espèce se rapproche beaucoup des dauphinules.

Turbo sculptus, Sow., même pl., fig. 2; Pilkington, *Trans. Linn.*, VII, p. 118, tab. 11, fig. 9. Cette espèce, qui n'est pas rare à Barton en Angleterre, a les plus grands rapports avec le *cyclostoma elegans*. Longueur, sept lignes.

Turbo conicus, Sow., *loc. cit.*, tom. 5, p. 45, pl. 433, fig. 1. Coquille ovale-conique, à sommet pointu, ombiliquée, striée transversalement, a tours très-convexes et à base arrondie. Longueur. sept lignes. Fossile de la formation du sable vert. Cette espèce a beaucoup de rapports avec le *turbo tenebrosus* (Turton).

Turbo rotundatus, Sow., *loc. cit.*, même pl., fig. 2. Coquille ovale, subglobuleuse, pointue au sommet, ombiliquée, lisse; à ouverture large. Longueur, huit lignes. Fossile de Blackdown. Cette espèce paroît avoir autant d'analogie avec les ampullaires ou les natices qu'avec les sabots.

Sabot tuberculeux. *Turbo tuberculosus*, Def. Le seul individu de cette espèce que j'aie vu et que je possède, est de la grosseur du pouce. Son têt, qui n'est pas en très-bon état, paroît avoir été très-épais. On voit les restes de quelques tubercules sur le dernier tour. La glauconie crayeuse dont il est rempli semble indiquer qu'il auroit été trouvé dans les couches inférieures de la craie de la perte du Rhône.

Sabot élégant; *Turbo elegans*, Def. Coquille subglobuleuse, de la grosseur d'une noix, et sur laquelle on voit encore des couleurs disposées par taches irrégulières et violâtres; la suture est garnie d'une rampe assez large et profonde, munie de trois carènes écailleuses et formée par un sillon analogue, qui se continue sur le dernier tour jusqu'au bord de l'ouverture vers la base. Elle est couverte de petites stries obliques, provenant de ses accroissemens. La base est striée circulairement et un peu ombiliquée. Je ne connois de cette jolie espèce qu'un seul individu, qui a été trouvé à Hauteville, dans les couches du calcaire grossier et qui est déposé dans la collection de M. de Gerville.

On trouve à Dancevoir, dans une couche à oolithes, et à Visé (Meuse), dans des couches qui ont la plus grande analogie avec d'autres qui existent près de Dublin et qui sont très-anciennes, des moules intérieurs de coquilles qui paroissent avoir de très-grands rapports avec le genre des Sabots; mais ils sont d'une forme ovale, qui paroît naturelle. Cette forme se retrouve aussi dans des moules d'évomphalus et dans des pleurotomaires.

Je possède des moules intérieurs de sabots plus gros que le poing, et qui paroissent provenir des couches plus nouvelles que la craie; mais j'ignore où ils ont été trouvés. (D. F.)

SABOT [Grand] DE COULEUR VERTE (*Conchyl.*); *Trochus pyramis*, de Born. (De B.)

SABOT NOIR DES INDES (*Conchyl.*); *Trochus niger*, Martini. (De B.)

SABOT [Grand] OMBILIQUÉ, A COLUMELLE DENTELÉE (*Conchyl.*); *Trochus maculatus*, Linn. (De B.)

SABOT PANACHÉ (*Conchyl.*); *Trochus zizyphinus*, Linn. (De B.)

SABOT PYRAMIDAL ou GRAND SABOT. (*Conchyl.*) Nom marchand du *trochus niloticus*. (De B.)

SABOT RABOTEUX (*Conchyl.*); *Trochus cœlatus*, Martini. (De B.)

SABOT DE VÉNUS, SABOT DE LA VIERGE. (*Bot.*) Noms vulgaires d'une espèce de cypripède. (L. D.)

SABOTIER. (*Malacoz.*) Dans la première édition de ses Animaux sans vertèbres, M. de Lamarck avoit assigné cette dénomination aux mollusques, qui vivent dans les coquilles du genre Troque ou Sabot. (Desm.)

SABOTIN, SATSURASAPO. (*Bot.*) Noms japonois du nopal, *cactus ficus indica*, suivant Thunberg. (J.)

SABR, SABBARE. (*Bot.*) Noms arabes, suivant Forskal, de l'aloès ordinaire, dont le suc est employé en médecine. M. Delile le nomme *sabbaran*. (J.)

SABRA, XABRA, TANAGHUT. (*Bot.*) Noms arabes, cités par Rauwolf, de l'*euphorbia mauritanica*, croissant aux environs d'Alep, dont le suc laiteux est mêlé par fraude à la scammonée. (J.)

SABRE. (*Ichthyol.*) Voyez Trachyptère. (H. C.)

SABRE. (*Conchyl.*) M. Schumacher, dans son Nouveau système de conchyliologie, forme sous ce nom un genre particulier avec le *Solen ensis*. Voyez Solen. (De B.)

SABRIS. (*Ornith.*) Nom donné par les Hottentots, suivant

Levaillant, au guépier commun d'Afrique, *merops apiaster*, Linn. (Cʜ. D.)

SABSAB. (*Bot.*) Nom sous lequel Adanson désigne le *paspalum* de Linnæus. (J.)

SABTA. (*Bot.*) Nom arabe du *salicornia cruciata* de Forskal. (J.)

SABUCAIE. (*Bot.*) Nom brésilien d'une espéce de *lecythis*, dont le fruit est aussi nommé marmite de singe. (J.)

SABULICOLE, *Ammobium*. (*Bot.*) Ce genre de plantes, établi par M. Robert Brown, appartient à l'ordre des Synanthérées, à notre tribu naturelle des Inulées, à la section des Inulées-Gnaphaliées, et au groupe des Cassiniées, dans lequel nous le plaçons entre les deux genres *Cassinia* et *Ixodia*. (Voyez notre tableau des Iɴᴜʟᴇ́ᴇs, tom. XXIII, pag. 561.)

Ayant analysé quelques calathides vivantes, produites par un individu cultivé au Jardin du Roi, nous pouvons décrire les caractéres de ce genre d'après nos propres observations.

Calathide incouronnée, équaliflore, multiflore, régulariflore, androgyniflore. Péricline hémisphérique, à peu prés égal aux fleurs ; formé de squames régulièrement imbriquées, appliquées, oblongues, coriaces, membraneuses sur les bords, surmontées d'un grand appendice étalé, radiant, large, elliptique, concave, scarieux, blanc. Clinanthe large, conique, garni de squamelles très-inférieures aux fleurs, oblongues, un peu concaves, coriaces-membraneuses, uninervées, acuminées et presque spinescentes au sommet. Ovaire sessile, oblong, un peu obcomprimé, subtétragone, glabre; aigrette stéphanoïde, courte, continue, entière, submembraneuse, munie de deux petits appendices filiformes, qui surmontent son sommet, l'un à droite, l'autre à gauche. Corolle articulée sur l'ovaire, à tube long, charnu, vert, à limbe plus large, bien distinct, subcylindracé, jaune, quinquélobé au sommet. Étamines à filets greffés à la partie inférieure seulement du tube de la corolle, à anthères munies d'appendices basilaires longs et capillaires. Style (de Gnaphaliée) à deux stigmatophores longs, arqués en dehors, munis de deux bourrelets stigmatiques, et ayant le sommet tronqué, hérissé de collecteurs.

On ne connoît qu'une seule espéce de ce genre.

Sabulicole ailé : *Ammobium alatum*, R. Brown, *Mss.*; Sims, *Bot. mag.*, n.° 2459. C'est une plante herbacée, tomenteuse, à racine vivace, à tige dressée, rameuse, ailée, à feuilles très-entières : les radicales lancéolées, étrécies à la base ; les caulinaires plus petites et décurrentes ; les calathides sont solitaires au sommet des rameaux ; leur péricline est blanc ; les corolles sont jaunes.

Cette plante fut découverte, en 1804, dans la Nouvelle Galles méridionale, sur les bords de la mer, par M. Brown, qui lui donna le nom générique d'*Ammobium*, composé de deux mots grecs, qui expriment qu'elle habite sur le sable. Mais ce nouveau genre était resté inédit jusqu'en 1824, époque où M. Sims publia, dans le *Botanical magazine*, une figure de l'*Ammobium*, dessinée sur des individus cultivés depuis peu en Angleterre, et accompagnée d'une courte description extraite des manuscrits de M. Brown.

Cet illustre botaniste rapporte son genre *Ammobium* à la Syngénésie polygamie égale, section des discoïdes, et le caractérise ainsi : Réceptacle à paillettes distinctes ; aigrette formant un rebord denté ; anthères munies de deux soies à la base : involucre imbriqué, coloré, radiant. Il observe en outre que l'involucre est hémisphérique, à lames blanches, dont les intérieures sont étalées et forment un court rayon ; que les corolles sont uniformes, jaunes ; que les stigmates sont tronqués et dilatés ; que les graines sont ancipitées, et le réceptacle convexe.

Dans notre classification, l'*Ammobium* appartient au petit groupe des Cassiniées, comprenant les Inulées-Gnaphaliées à clinanthe squamellifère ; et il doit y être placé entre le *Cassinia*, auquel il confine par le moyen de la *Cassinia spectabilis*, à tige herbacée, à feuilles décurrentes, lancéolées, et l'*Ixodia*, dont il se rapproche à cause de son aigrette réduite à un simple rebord.

L'*Ammobium* est une belle plante, qui peut contribuer à l'ornement de nos jardins, où elle est capable de vivre en pleine terre. Cependant, comme elle ne supporte pas les gelées de nos hivers, il faut la cultiver ici comme une plante annuelle, quoiqu'elle soit vivace dans la Nouvelle-Hollande. (H. Cass.)

SABURON. (*Conchyl.*) Nom spécifique d'une coquille du genre Casque, *C. saburo* de Lamarck. (DE B.)

SAC ANIMAL. (*Malacoz.*) L'abbé Dicquemare a donné dans le Journal de physique, sous cette dénomination, quelques observations sur une espèce d'ascidie, que Gmelin dit être l'*A. canina*, et M. Bosc, l'A. verte, que je ne vois citée dans aucun auteur. Je penserois plus volontiers que ce n'est rien autre chose que l'*A.* intestinale, très-commune au Hàvre. (DE B.)

SACA. (*Mamm.*) On trouve, dans plusieurs anciens ouvrages, que ce nom est donné, à Madagascar, à une race de chats sauvages, très-beaux et à queue recoquillée.

Ne se pourroit-il, pas que ces prétendus chats appartinssent au genre Paradoxure de M. F. Cuvier? (DESM.)

SACARAILLA de Saint - Jean - de - Luz. (*Ichthyol.*) Un des noms vulgaires de la scorpène truie. Voyez Scorpène. (H. C.)

SACAVIRO-AMBOU. (*Bot.*) Nom d'une espèce de cardamome dans l'ile de Madagascar, cité par Rochon. (J.)

SACCAR ou SACCHAR. (*Bot.*) Voyez Saccharum. (Lem.)

SACCHARIVORA. (*Ornith.*) Ce nom, qui indique un sucrier, a été particulièrement donné par Brisson à celui de la Jamaïque, *saccharivora jamaicensis*. (Ch. D.)

SACCHAROPHORUM. (*Bot.*) Necker nomme ainsi la canne à sucre, *saccharum*. (J.)

SACCHARUM. (*Bot.*) Nom latin du genre de la Canne à sucre (voyez Canamelle). Il est fort ancien, et on le retrouve dans les ouvrages de Dioscoride, Pline, Galien, comme celui d'un miel congelé, tiré d'un roseau de l'Inde et de l'Arabie, et, d'après la description qu'ils ont donnée de ce miel, on peut y reconnoître la melasse ou une sorte de cassonade impure. Cette substance étoit le *saccar* ou *sacchar* des Indiens, et ses noms, passés dans la langue arabe, ont donné naissance au *saccharon* des Grecs et au *saccharum* des Latins. (Lem.)

SACCOLAA. (*Bot.*) Ce nom arabe est celui du grand cardamome, qui étoit aussi le *sacoule* d'Avicenne, suivant C. Bauhin. (J.)

SACCOLOMA. (*Bot.*) Genre de la famille des fougères,

établi par Kaulfuss, sur une fougère du Brésil, dont les sores sont margineux et contigus. C. Sprengel pense, qu'on doit réunir ce genre au *Davallia*, comme n'en étant pas assez distinct. L'espèce de Kaulfuss est le *saccoloma elegans*, belle fougère, dont la fronde élancée, glabre, simplement ailée, a des frondules pétiolées, lancéolées, acuminées et dentées à leur extrémité. (Lem.)

SACCOMYS, *Saccomys*. (*Mamm.*) Genre de mammifères, de l'ordre des rongeurs, et de la division des rongeurs claviculés, établi par M. Fréderic Cuvier en 1824.

Il se compose d'une seule petite espèce de l'Amérique septentrionale, jusqu'alors inconnue, et qui n'a de rapports marqués qu'avec les rongeurs, aussi américains, dont M. Rafinesque a formé ses genres *Diplostoma* et *Geomys*, à peine indiqués par lui dans le journal intitulé : *The american Monthly magazine* (pour l'année 1817, pages 44 et 45), et dont le dernier paroît devoir renfermer le *mus bursarius* de Shaw, que nous avons décrit en le rapportant avec quelque doute au genre Hamster (voyez ce mot), et auquel M. Say a donné le nom de *pseudostoma*.

Ce que les trois genres Saccomys, Diplostome et Géomys ou Pseudostome offrent de commun, consiste dans l'existence de deux grandes abajoues, placées sur les côtés de la tête, et ouvertes extérieurement.

Le genre Diplostome, dont les molaires (non décrites) sont au nombre de seize, a tous les pieds pourvus de quatre doigts seulement.

Celui des Géomys ou Pseudostomes a aussi seize mâchelières en totalité, lesquelles sont privées de racines ; quatre doigts aux pieds de devant, et cinq à ceux de derrière.

Le genre Saccomys de M. F. Cuvier diffère des deux précédens par le nombre des doigts, qui est chez lui de cinq partout, et il s'éloigne en particulier du dernier, en ce que ses molaires sont pourvues de racines.

Ainsi que M. F. Cuvier le fait remarquer, dans le groupe que forment ces trois genres de petits rongeurs, l'un (celui des Pseudostomes ou Géomys) présente des molaires de la nature de celles des rongeurs herbivores, tandis qu'un second, celui que ce naturaliste décrit, se rapproche par les siennes des rongeurs omnivores à dents composées : les molaires du troisième ne sont pas encore connues.

« Le Saccomys, sujet non adulte, qui ä servi aux observa-
« tions de M. F. Cuvier, étoit d'un tiers plus grand que la
« souris, mais sa tête étoit proportionnellement beaucoup plus
« volumineuse. Ses dimensions étoient les suivantes : Du bout
« du museau à l'origine de la queue, deux pouces neuf lignes ;
« de la base de la queue à son extrémité, deux pouces six
« lignes ; du bout du museau à l'origine de l'oreille, onze
« lignes : du bout des doigts au talon, dix lignes ; du bout
« des doigts au poignet, cinq lignes..... Cet animal n'est
« point fouisseur, comme le géomys ou pseudostome, qui a
« les ongles antérieurs semblables à ceux d'une taupe. Il est
« formé pour courir ; ses membres sont forts et longs ; ses
« pieds de devant sont courts et larges, ceux de derrière
« alongés et étroits ; les uns et les autres ont cinq doigts qui
« sont entre eux dans les mêmes proportions : c'est celui du
« milieu qui est le plus long, viennent ensuite l'avant-der-
« nier, le second, l'externe et le pouce, qui ne se montre
« que par une seule phalange aux pieds de devant. Les on-
« gles sont généralement courts, aigus, arqués et comprimés,
« excepté celui du pouce des mains, qui est obtus et plat,
« et celui du doigt qui suit le pouce des pieds de derrière,
« lequel est plus droit, plus large et plus aplati que les au-
« tres, et semble avoir une destination particulière. Les clavi-
« cules sont complètes ; la queue est mince, alongée, terminée
« en pointe, et régulièrement verticillée de petites écailles
« carrées, de la base desquelles naissent un ou deux poils
« roides et courts. La paume des mains est nue et garnie de
« cinq tubercules épais, trois en avant et deux en arrière...
« La plante des pieds, nue de même, est pourvue de tuber-
« cules plus petits..... Les poils sont fins, longs, et parois-
« sent tous soyeux.

« L'œil est de grandeur moyenne : sa pupille est ronde....
« Le mufle, glanduleux, est divisé en deux parties par un
« sinus qui s'étend sur la lèvre, et les narines sont ouvertes
« sur les côtés..... Quatre rangs de moustaches très-longues
« et très-fines naissent parallèlement sur la lèvre supérieure.
« ...... L'oreille a sa conque grande, elliptique et fort

« élevée ; l'hélix s'interrompt à sa partie supérieure ; en
« avant, il donne naissance à une espèce de tragus supé-
« rieur, déprimé dans son milieu ; un repli semi-lunaire et
« transversal le divise en deux parties égales. Au-dessous se
« voit une crête épaisse et demi-circulaire, qui va en mon-
« tant d'avant en arrière, et au-dessous du trou auditif est
« un large bourrelet.... La langue est épaisse, douce et un
« peu échancrée à son extrémité..... De chaque côté et en
« dehors de la bouche sont deux ouvertures longues et
« étroites, qui naissent près de la lèvre inférieure, laquelle
« est forte et épaisse, et viennent presque se réunir sous le
« menton, où elles ne sont séparées que par l'épaisseur de
« leurs parois. Elles communiquent avec deux larges aba-
« joues, qui recouvrent toute la surface des joues, s'avancent
« au-delà de la tête, et viennent confondre leurs tégumens
« avec ceux des épaules et des bras. Ces organes n'ont au-
« cune communication avec la cavité de la bouche, et sont
« parfaitement séparés l'un de l'autre, sous les mâchoires,
« quoique par une cloison fort mince. Ils sont intérieurement
« remplis de poils courts et rares, et.... ils pourroient ser-
« vir de magasins aux alimens que l'animal ne consom-
« meroit pas, et dont il voudroit faire sa provision ; mais
« comment les remplit-il ? comment parvient-il à les vi-
« der ? C'est ce que l'étude de cette espèce vivante pourra
« nous apprendre, et ce que l'examen des muscles pourra
« expliquer.
« Les incisives, de forme ordinaire, ont leur face anté-
« rieure unie..... Les quatre molaires de chaque côté de la
« mâchoire supérieure vont un peu en augmentant de la pre-
« mière à la dernière. La première a une échancrure pro-
« fonde du côté externe.... et l'on voit, dans sa partie pos-
« térieure, un petit cercle d'émail, reste, sans doute, de
« deux sillons ou échancrures ; les suivantes ne diffèrent de
« la première, qu'en ce que, au lieu d'une échancrure,
« elles sont partagées par un sillon transversal. A la mâ-
« choire inférieure, les mâchelières vont aussi en augmen-
« tant de la première à la dernière, et la première est
« presque du double plus grande que les autres ; elle a une
« large échancrure anguleuse à son côté interne, et au mi-

« lieu de cette échancrure se voit une portion circulaire
« qui tient, par l'émail, au bord de la partie antérieure de
« la dent ; les deux suivantes ont une partie antérieure trian-
« gulaire, échancrée du côté externe, et séparée, par un
« sillon transversal, d'une partie postérieure simple et de
« forme elliptique ; la dernière, encore en germe, présen-
« toit, dans l'individu examiné, deux collines, séparées par
« un sillon. »

Cet individu étoit mâle ; ses organes génitaux avoient beaucoup de ressemblance avec ceux des rats. Son canal intestinal avoit aussi des rapports avec celui de ces animaux :
on comptoit quatorze pouces entre l'estomac et le cœcum.
Celui-ci étoit fort grand, et le dernier intestin avoit quatre
pouces.

M. Fréderic Cuvier a donné à ce rongeur la dénomination
spécifique de

SACCOMYS ANTHOPHILE, *Saccomys anthophilus*, parce que l'individu, conservé dans la liqueur, qui existe dans la collection
du Muséum, et qui a été envoyé de New-York par M. Mil-
bert, avoit ses abajoues remplies de fleurs et de graines bien
entières, que M. Kunth a reconnu être des fleurs de *securi-
daca volubilis*, et des graines d'une convolvulacée. Ces graines
et ces fleurs avoient-elles été placées dans ces sacs par l'animal ? C'est ce qu'on ne pourra décider que lorsqu'on aura
étudié ses habitudes naturelles.

La couleur de son pelage est le brun-fauve clair sur la
tête, les épaules, le dos et la croupe ; les abajoues et les
membres ont une teinte encore moins foncée, et le bout du
museau, ainsi que le dessous du corps et de la queue, sont
d'un blanc roussâtre.

M. Fréderic Cuvier considère cet animal, dont la patrie
n'est pas précisément connue, bien qu'il soit certain qu'elle
dépend de l'Amérique septentrionale, comme formant un
groupe assez isolé. « Il est le seul parmi les rongeurs à dents
« composées qui ait de véritables abajoues, et, si ces sacs,
« quoique extérieurs, peuvent faire rapprocher cet animal
« des spermophiles, des tamias et des hamsters, il ne s'é-
« loigne pas moins des uns et des autres par le nombre
« comme par la forme de ses dents, et même par la struc-

« ture de ses membres ; et à en juger par la longueur et la
« grosseur de ses jambes de derrière, la forme acérée de ses
« ongles, les fleurs qui remplissoient ses abajoues, on pour-
« roit conjecturer que c'est un animal coureur, qui peut
« monter aux arbres, et qui vit peut-être à la manière des
« écureuils. » Mém. du Mus., tom. 10, p. 419 à 428, pl. 26.
(Desm.)

SACCOPHORUS. (*Bot.*) Nom proposé par Palisot-Beauvois
pour désigner le genre *Buxbaumia* de la famille des mousses.
(Lem.)

SACCOPTERYX. (*Mamm.*) Sous ce nom, Illiger a formé
un genre, qui n'a pas été adopté, et auquel il a assigné les
caractères suivans : Quatre incisives inférieures trilobées ;
point d'incisives supérieures ; molaires à couronne garnie
de pointes aiguës ; oreilles grandes, arrondies, à oreillon petit et obtus ; un replis en forme de sac, dans la membrane
de l'aile et à la base des bras. Le type de ce genre étoit le
vespertilio lepturus, Linn., que M. Geoffroy place dans son
genre Taphien. Voyez ce mot. (Desm.)

SACCULINE, *Sacculina.* (*Polyp.*) Dénomination employée
quelque temps, probablement dans ses cours, par M. de
Lamarck, pour indiquer le genre qu'il a depuis établi sous
le nom de Tibiane. Voyez ce mot. (De B.)

SACCULUS. (*Foss.*) Luid a donné ce nom à une térébra-
tule. Lit. brit., n.° 871. (D. F.)

SACCUS. (*Conchyl.*) C'est le nom sous lequel Klein, *Os-
tracolog.*, page 42, institue un genre, à sa manière, avec
les espèces de *turbo* dont la columelle dépasse un peu l'ouverture. Voyez Turbo. (De B.)

SACELLIE, *Saccellium.* (*Bot.*) Genre de plantes dicotylédones, à fleurs incomplètes, monoïques, de la famille des
borraginées, de la *monoécie pentandrie*, offrant pour caractère
essentiel : Des fleurs monoïques ; les mâles pourvues d'un calice fort petit, à cinq dents égales ; une corolle plus grande
que le calice, à cinq pétales ; cinq étamines ; dans les fleurs
femelles, un calice ventru, persistant, resserré et à cinq
dents à son orifice ; une corolle nulle ou caduque ; un ovaire
libre, tuberculé ; un style persistant ; un stigmate bifide ; un
drupe renfermé dans le calice renflé, contenant un osselet

à six loges; les quatre supérieures monospermes; les deux inférieures vides et plus grandes.

Sacellie lancéolée: *Saccellium lanceolatum*, Humb. et Bonpl., *Pl. œquin.*, 1, pag. 47, tab. 13; Kunth. *in* Humb. et Bonpl., *Nov. gen.*, 7, pag. 207; Poir., *Ill. gen.*, *Suppl.*, tab. 995. Arbre qui s'élève à la hauteur de neuf à douze pieds sur un tronc droit, d'un pied de diamètre, couronné par une cime touffue, arrondie. Le bois est blanc; l'écorce lisse et verte; les rameaux sont cylindriques: les plus jeunes un peu anguleux, tuberculeux, un peu hérissés vers leur sommet. Les feuilles sont pétiolées, alternes, lancéolées, entières, longues de quatre ou six pouces, quelquefois un peu dentées vers leur sommet, pourvues en dessous de veines saillantes, tomenteuses au toucher, glabres en dessus; les pétioles courts; une, quelquefois deux glandes axillaires; point de stipules. Les fleurs sont monoïques. Les fleurs mâles ont le calice court; divisé à son orifice en cinq dents égales; la corolle placée sur un disque calicinal; les pétales ovales, tronqués à leur base; les étamines fixées sur le même disque, correspondant avec les pétales. Les fleurs femelles, disposées en une panicule étalée, très-rameuse, presque terminale, ont les pédoncules pubescens, longs de trois ou quatre pouces. Chaque fleur est composée d'un calice membraneux jaune pâle, veiné, réticulé, oblong, elliptique, ventru, fermé, et à cinq dents à son orifice, un peu pubescent; d'un style subulé, persistant sur le fruit. Ce fruit est un drupe placé au fond du calice, médiocrement pédicellé, globuleux, presque ovale, un peu comprimé à la base, tétragone au sommet, médiocrement charnu, presque à quatre lobes, contenant un osselet à six loges dont les quatre supérieures monospermes, et les deux inférieures vides et plus grandes; les semences sont ovales, triangulaires; l'embryon est blanchâtre et charnu; les cotylédons sont plissés dans leur longueur; la radicule est supérieure, presque conique. Cette plante croît dans les Andes du Pérou, sur les bords du fleuve Guancabamba. (Poir.)

SACELLIFORME [Radicule]. (*Bot.*) M. Mirbel nomme ainsi celle qui forme une poche dans laquelle est contenu l'embryon; exemple: *nymphœa, saururus, piper*, etc. Il applique aussi cette épithète au nectaire, lorsque, comme dans la *ba-*

lanites ægyptiaca, par exemple, il forme une bourse dans laquelle l'embryon est enfermé avant son entier développement. (Mass.)

SACHALTU. (*Ornith.*) Nom donné par les Mongols à la grande outarde, *otis tarda,* Linn., à cause d'une sorte de poche ou sac que ces oiseaux ont sous la langue, et qu'ils remplissent d'eau. Voyez OUTARDE, tome XXXVII, pag. 104, (Ch. D.)

SACHARACACHA. (*Bot.*) Nom du *conium moschatum* de la Flore équinoxiale, dans la province de Los Pastos en Amérique. (J.)

SACHBAR. (*Bot.*) Nom arabe, cité par Garcias et Clusius, du *juncus odoratus* de Pline et de la plupart des anciens, qui est le schenante, *andropogon schœnanthus.* (J.)

SACHETTO. (*Ichthyol.*) La Chesnaye-des-Bois dit que les Vénitiens appellent ainsi le SERRAN. Voyez ce mot. (H. C.)

SACHETTO. (*Ichthyol.*) Selon Séraphin Volta, les Italiens donnent ce nom au chétodon camus. (H. C.)

SACHMUNIA. (*Bot.*) Un des noms arabes de la scamonée, cité par Daléchamps. (J.)

SACHOLACTATES [MUCITES, MUCATES]. (*Chim.*) Combinaisons salines de l'acide sacholactique avec les bases salifiables.

Dans les sacholactates neutres, l'oxigène de l'acide est à l'oxigène de la base :: 8 : 1, suivant M. Berzelius.

Nous n'avons que très-peu de notions sur les sacholactates.

On ne connoît guère de sacholactates solubles excepté ceux de potasse, de soude et d'ammoniaque. Ces derniers se préparent, en unissant directement l'acide avec les bases. Quant aux sacholactates insolubles, on les obtient, en versant une solution de sacholactate de potasse, de soude ou d'ammoniaque dans la solution d'un sel dont la base forme avec l'acide sacholactique un composé insoluble.

Le sacholactate de potasse cristallise en petits prismes qui exigent huit fois leur poids d'eau bouillante pour se dissoudre. La solution, refroidie et bien limpide, dépose de l'acide sacholactique, quand on y verse des acides sulfurique, nitrique, hydrochlorique, etc.

Le sacholactate de soude cristallise ; il est soluble dans 5 parties d'eau bouillante.

Le sacholactate d'ammoniaque est cristallisable. Quand on le chauffe, une grande partie de la base s'en dégage avant que l'acide commence à se décomposer.

Les eaux de chaux, de strontiane, de baryte et les dissolutions des chlorures de calcium, de strontiane, de barium, sont précipitées par la solution aqueuse d'acide sacholactique. Ces mêmes bases enlèvent l'acide sacholactique aux sacholactates alcalins dissous dans l'eau.

Le précipité que l'acide sacholactique donne avec l'eau de chaux, pourroit le faire confondre avec l'acide oxalique ; mais ce qui distingue l'acide sacholactique, c'est qu'il ne précipite pas la solution de sulfate de chaux, comme le fait l'acide oxalique.

L'acide sacholactique forme un sel insoluble avec l'alumine.

L'acide sacholactique précipite en blanc le nitrate d'argent, le nitrate de plomb et le nitrate de protoxide de mercure. (Ch.)

SACHOLACTIQUE [Acide]. (*Chim.*) En 1780 Schéele découvrit cet acide, en traitant le sucre de lait par l'acide nitrique : il reconnut ensuite qu'on l'obtenoit du plus grand nombre des matières auxquelles on donnoit le nom de gommes, en les soumettant à l'action du même acide. L'acide découvert par Schéele fut désigné d'abord par la dénomination d'*acide du sucre de lait;* il reçut ensuite le nom d'acide sacholactique. Fourcroy, trouvant ce nom trop long, proposa celui d'acide muqueux ; mais comme on ne peut pas assurer que le radical de cet acide n'est pas saturé d'oxigène, comme la terminaison en *eux* l'indique, plusieurs chimistes, qui n'ont pas voulu adopter la dénomination d'acide sacholactique, l'ont appelé *acide mucique.*

Composition.

	Berzelius.		C. Lussac et Thénard.	
	Poids.	Volume.		
Oxigène..	60,818	... 4 ...	62,69 ou Oxig.	56,15
Carbone..	34,164	... 3 ...	33,69 ... Eau..	30,16
Hydrogène	5,018	... 5 ...	3,62 ... Carb.	33,69.

Suivant M. Berzelius, 100 parties de cet acide neutralisent une quantité de base qui contient 7,6 d'oxigène, c'est-à-dire le huitième de l'oxigène de l'acide.

Propriétés.

Il est sous la forme de poussière ou de petits grains cristallins transparens.

Il n'a qu'une très-légère saveur acide.

L'eau froide n'en dissout que très-peu : 1 partie d'acide exige, pour être dissoute, 60 parties d'eau bouillante, suivant Schéele, et 80 parties, suivant Hermstædt et Guyton-Morveau. Cette solution donne des cristaux par le refroidissement. Elle n'a qu'une légère saveur acide. Elle rougit le tournesol.

La solution d'acide sacholactique précipite les eaux de chaux, de baryte, de strontiane, les chlorures de calcium, de strontium, de barium, les nitrates d'argent, de plomb, de protoxide de mercure.

Elle ne précipite pas les sulfates de chaux, de fer, de zinc, de cuivre, de manganèse.

L'alcool ne le dissout pas sensiblement.

L'acide sacholactique, dissous dans l'eau ou humecté, s'altère assez facilement.

L'acide nitrique bouillant ne le décompose que difficilement.

Lorsqu'on le soumet à la distillation, on obtient du gaz hydrogène carburé, de l'acide carbonique, un liquide acide brun, un acide particulier sublimé, que Trommsdorff a pris pour de l'acide succinique, mais qui n'en est pas, ainsi que M. Houton-Labillardière l'a prouvé. Voyez Pyro-mucique [Acide].

Préparation.

On met dans une cornue de verre tubulée, munie d'un récipient, 1 partie de sucre de lait avec 4 parties d'acide nitrique à 32^d ; lorsque ces corps paroissent n'avoir plus d'action, on élève peu à peu la température jusqu'à faire bouillir la liqueur. Quand elle est devenue sirupeuse par la concentration, on ajoute 3 parties d'acide nitrique, on continue la distillation, et après que l'acide n'a plus d'action, on laisse refroidir la matière ; l'acide sacholactique se dépose sous la forme d'une poudre blanche. On ajoute 5 parties d'eau froide ; on jette le tout sur un filtre , et quand l'acide sacholactique est égoutté , on le lave avec de l'eau froide, jusqu'à ce qu'il ne retienne plus d'acide nitrique. Pour être sûr de sa pureté , il est bon de le faire dissoudre en totalité dans l'eau bouillante, afin de le purifier par cristallisation.

Au lieu de sucre de lait, on peut employer une gomme , la gomme adragante par exemple : mais, dans ce cas, il arrive presque toujours que l'acide sacholactique est mêlé d'oxalate de chaux, comme l'a observé M. Laugier, par la raison qu'il existe presque toujours de la chaux dans la gomme, et qu'il se produit de l'acide oxalique avec l'acide sacholactique.

Cet acide n'est pas employé dans les arts. (Ch.)

SACHONDRUS. (*Malacoz.*) Genre indiqué par M. Rafinesque-Schmaltz, Journ. de phys., tom. 88, page 428, pour une espèce d'ascidie, *l'ascidia saccata*, que nous ne connoissons pas, et qui, en effet, ne se trouve pas inscrite dans le *Systema naturæ* de Gmelin. (De B.)

SACIDIUM. (*Bot.*) Sporidies presque globuleuses, brillantes, renfermées dans un sporange un peu convexe ; tel est le caractère que Théodore Nées assigne à un genre de champignons parasite, voisin du *coccopleum* d'Ehrenberg. Il comprend une seule espèce, le *Sacidium chenopodii*, qui se trouve en très-petits points noirs, épars, à surface rugueuse, sur la face supérieure des feuilles du *Chenopodium viride* près de Leyde, où elle a été découverte par M. Kuhl.

Ehrenberg fait remarquer que ce champignon se compose seulement d'un sporange semi-globuleux, sessile, privé d'une base, plissé et noir à l'extérieur, contenant, attachés à ses parois internes, de grosses sporidies ovales, entassées et pellucides. Cette disposition des sporidies d'être renfermées sous un sporange, que Nées appelle épiderme, éloigne ce genre du *Coccopleum* d'Ehrenberg, que Fries dit être le même que le *sclerotium* , et d'après cela le *sacidium* ne sauroit être placé dans le même groupe. (Lem.)

SACK-GANS. (*Ornith.*) Un des noms allemands, cités par

Brisson, comme désignant le pélican ordinaire, *pelecanus onocrotalus*, Linn. (Сн. D.)

SACKAGUSCH. (*Ornith.*) Nom turc du pélican ordinaire, *pelecanus onocrotalus*, Linn. (Сн. D.)

SACKER. (*Ornith.*) Nom allemand du sacre, *falco sacer*, Lath. Voyez Sacre. (Сн. D.)

SACKRAN. (*Bot.*) Voyez Keair. (J.)

SACONITE, *Saconites*. (*Malacoz.?*) Genre de corps organisés fossiles, établi par M. Rafinesque dans le tome 88, page 428 du Journal de physique, pour un animal bien singulier, et suivant lui, de la famille des ascidies et voisin des genres *Ascidia* et *Sachondrus*, dont il diffère parce que le corps, à une seule ouverture, est suspendu dans un sac rayonnant, à axe central. L'espèce qui sert de type à ce genre, et que M. Rafinesque nomme la S. granulaire, *S. granularis*, se trouve fossile, souvent amassée, mais séparée, dans un grès calcaire près Lexington en Amérique. Son corps est oblong, obtus, amorphe, granuleux, ainsi que son enveloppe extérieure. Tout cela convient plutôt à des faux alcyons qu'on trouve assez communément fossiles, qu'à de véritables ascidies. (De B.)

SACOPODIUM. (*Bot.*) Voyez Sagapenum. (J.)

SACOULE. (*Bot.*) Voyez Saccolaa. (J.)

SACRA-MALON. (*Bot.*) Desportes cite à Saint-Domingue sous ce nom une espèce de *phytolacca* d'Amérique. (J.)

SACRE. (*Ornith.*) L'espèce de faucon, à laquelle ce nom étoit anciennement appliqué, n'est pas déterminée d'une manière bien positive. (Cependant, voyez au mot Faucon, tome XVI, les pages 230 et 231.) Le sacre d'Égypte étoit pour Brisson le vautour d'Égypte. On donnoit en France le nom de *sacret* au mâle du sacre. (Сн. D.)

SACRESTIN. (*Ichthyol.*) Nom spécifique d'un Сабаллхомоri. Voyez ce mot. (H. C.)

SACSADA, SACSANDA. (*Bot.*) Dans l'île de Ceilan on nomme ainsi l'*aristolochia indica*, suivant Linnæus. (J.)

SADAJAK ou SCHADAK. (*Mamm.*) Le pika ou lagomys porte ce nom chez les Tartares de Krasnoiar et de Tomen. (Desm.)

SADANELLA. (*Ichthyol.*) Un des noms italiens du Célerin. Voyez ce mot. (H. C.)

SADAPALI. (*Bot.*) Voyez Samstravadi. (J.)

SADAR, SEDAR. (*Bot.*) Noms arabes du micocoulier, *celtis*, cités par Daléchamps. (J.)

SADEB et SA-DEH. (*Bot.*) Voyez Sandeb et Tolak. (J.)

SADIAMALACH. (*Bot.*) Nom arabe du châtaignier, cité par Mentzel d'après Matthiole, et par Daléchamps, qui dit qu'on le nomme encore *stebulot* dans les mêmes lieux. (J.)

SADICTICOS. (*Bot.*) Mentzel cite ce nom arabe du sureau. (J.)

SADLERA. (*Bot.*) Genre de la famille des fougères, institué par Kaulfuss dans la division des polypodiacées. Il est caractérisé par les sores oblongs, en série, presque continues, parallèles et rapprochées des petites côtes ; par les indusies coriaces, superficiaires, presque continues, libres sur le côté intérieur et réfléchies. Ce genre ne comprend qu'une espèce découverte aux îles Sandwich : c'est le *sadlera cyathoides*. Sa fronde deux fois ailée et glabre est porté sur un stipe écailleux. Dans C. Sprengel, *Syst. veget.*, on lit *Sadleria* pour le nom de ce genre.

M. Kaulfuss, qui s'occupe avec beaucoup de succès de l'étude des fougères exotiques, vient de nous faire connoître plusieurs nouveaux genres, que nous ne ferons que mentionner ici ; savoir :

Le Saccoloma, qui comprend une espèce nouvelle, que sa beauté a fait nommer *Saccoloma elegans*. (Voyez Saccoloma.).

L'Hymenolopsis, qui a pour type le *Lomaria spicata*, Willd.

Le Leptochilus, fondé sur l'*Acrostichum axillare*, Sw.

Le Cassebeera, où rentre l'*Adianthum triphyllum*.

Le Balanticum, composé de plusieurs espèces, parmi lesquelles est le *Dicksonia culcita*, l'Hérit.

Le Cibotium, fondé aussi sur plusieurs *Dicksonia*, dont le *Dicksonia antartica*, Labill.

Le Xystropteris, caractérisé par ses sores obliques non parallèles à la côte. (Lem.)

SADOT. (*Conch.*) Adanson décrit et figure (Sénég., p. 106, pl. 7) un petit mollusque conchylifère, que Linné et Gmelin ont rapporté avec raison à leur *buccinum lapillus*, faisant partie aujourd'hui du genre Pourpre de M. de Lamarck. Voyez Pourpre des teinturiers. (De B.)

SADSCHA. (*Ornith.*) Nom donné par les Russes au gallinacé, qui est appelé par Gmelin et Latham *tetrao paradoxus*, par M. Temminck *syrrhaptes Pallasii*, et par M. Vieillot *heteroclitus tartaricus*, hétéroclite de Tartarie. (Ch. D.)

SÆAD. (*Bot.*) Nom arabe d'un souchet, *cyperus complanatus* de Forskal. Le même est donné au *cyperus fuscus*, trèscommun dans les prairies humides qui bordent le Nil. Le *cyperus rotundus* est nommé *saed*, suivant Delile, et le *cyperus esculentus* est le *hab el azyl*, cité par le même. (J.)

SÆBAK. (*Bot.*) Nom arabe, suivant Forskal, de l'*acanthus maderaspatensis*. (J.)

SÆBELSCHNÆBLER. (*Ornith.*) Nom allemand, suivant Blumenbach, de l'avocette d'Europe, *recurvirostra avocetta*, Linn. (Ch. D.)

SAED. (*Bot.*) Voyez Sæad. (J.)

SÆDES-ÆRLA. (*Ornith.*) Les Suédois appellent ainsi la bergeronnette du printemps, *motacilla flava*, Linn. (Ch. D.)

SÆFSPARF. (*Ornith.*) Nom suédois de l'ortolan ou bruant de roseaux, *emberiza schœniclus*, Linn. (Ch. D.)

SÆGARIEK. (*Ornith.*) Nom générique des pics en Turquie. (Ch. D.)

SÆHIM. (*Bot.*) Nom arabe du *sehima* de Forskal. (J.)

SÆKAGUSCH. (*Ornith.*) Nom turc du pélican, *pelecanus onocrotalus*, Linn. (Ch. D.)

SÆKARAN, DATORA. (*Bot.*) Noms arabes de l'*hyoscyamus datura* de Forskal. Delile le nomme *tatourah* et *sem el far*. Sa poudre, prise à l'intérieur, fait perdre la raison pendant quelques jours, d'où lui vient probablement le nom *sœkaran*, cité par Forskal, donné aussi par lui au *physalis somnifera*, que M. Delile nomme *sakeran*, peut-être par faute d'impression. (J.)

SÆLA. (*Bot.*) Nom arabe d'une plante, dont Forskal a fait son genre Sælanthus. Voyez ce mot. (J.)

SÆLA ABJAD. (*Bot.*) Nom arabe du *senecio hadiensis* de Forskal, qui est aussi nommé *sœla-el-bahar* et *oud-el-harab*. (J.)

SÆLAAM. (*Bot.*) Voyez Sænaem. (J.)

SÆLAM. (*Bot.*) Voyez Horg, Zarad. (J.)

SÆLANTHUS. (*Bot.*) Ce genre de Forskal, observé dans l'Arabie, contient deux espèces distinctes : l'une, *sœlanthus quadragonus*, est la même plante que le *cissus quadrangularis* dont la tige est anguleuse, et appartient conséquemment à la famille des vinifères ; l'autre, *sœlanthus glandulosus*, a, selon l'auteur, des feuilles opposées, des vrilles extra-axillaires ; le calice glanduleux à l'extérieur et un disque lobé sous les étamines ; et, à raison de ces caractères, il diffère, soit du *cissus*, soit même des vinifères. Cette plante mérite un nouvel examen. (J.)

SAELHUND. (*Mamm.*) Ce nom danois est appliqué au phoque commun ou veau marin. (Desm.)

SAËLIQUE. (*Ornith.*) Nom donné par les Papous de Waigiou à la perruche ornée d'Amboine, *psittacus ornatus*, Linn. (Ch. D.)

SÆLK, SÆLG. (*Bot.*) Noms égyptiens de la poirée, suivant Forskal. Voyez Decka. (J.)

SÆNAAM, SÆLAAM. (*Bot.*) Noms arabes, cités par Forskal, de son *achyranthes pumila*, reconnu par Vahl, possesseur de son herbier, pour être l'*axyris ceratoides* de Linnæus, maintenant genre distinct de l'*Axyris* sous le nom d'*Eurotia*, donné par Adanson : c'est aussi le *Ceratospermum* de M. Persoon. (J.)

SÆNDIAN. (*Bot.*) Nom du chêne dans l'Égypte et à Constantinople. (J.)

SÆNEB. (*Bot.*) Nom arabe d'un sumac, qui est le *rhus sœneb* de Forskal. (J.)

SÆRA ERRA. (*Bot.*) Nom arabe du *panicum adhœrens* de Forskal. (J.)

SÆRAK. (*Bot.*) Nom arabe du *chadara arborea* de Forskal, qui est le *grewia excelsa* de Vahl. (J.)

SAF-SAF. (*Ornith.*) C'est la petite outarde ou *rhaad*, en langue africaine. Voyez Outarde. (Ch. D.)

SAFFALON. (*Conchyl.*) D'après M. Desmarest, dans le Nouveau Dictionnaire d'histoire naturelle, ce seroit le nom vulgaire du murex chicorée, à Adra sur la côte occidentale d'Afrique. (De B.)

SAFFARGEL. (*Bot.*) Nom arabe du coignassier, cité par Daléchamps. Il est nommé *sefargel* par M. Delile. (J.)

SAFGA. (*Ichthyol.*) Nom spécifique d'un Centropome. Voyez ce mot. (H. C.)

SAFKA. (*Ornith.*) Le commodore Billings parle, dans son Voyage au Nord de la Russie asiatique, etc., tome 2 de la traduction françoise, page 126, d'une espèce de canard ainsi nommée, et qu'il dit être très-commune au Kamtschatka. (Ch. D.)

SAFRAN; *Crocus*, Linn. (*Bot.*) Genre de plantes monocotylédones, de la famille des iridées, Juss., et de la *triandrie monogynie* du Système sexuel, dont les principaux caractères sont d'avoir : Une spathe membraneuse, monophylle, tenant lieu de calice; une corolle monopétale, à tube grêle, alongé, et à limbe droit, divisé en six découpures ovales-oblongues; trois étamines à filamens subulés, insérés sur le tube de la corolle, plus courts que celle-ci et terminés par des anthères sagittés; un ovaire infère, arrondi, surmonté d'un style filiforme, terminé par trois stigmates roulés en cornets, et souvent dentés en crête; une capsule ovale, à trois côtes, à trois loges contenant plusieurs graines arrondies.

Les safrans sont de petites plantes à racines bulbeuses, à feuilles linéaires, subulées, et à fleurs portées sur des hampes courtes et radicales. On en connoît quinze espèces, parmi lesquelles nous mentionnerons les suivantes qui croissent naturellement en France, ou qui sont plus généralement cultivées dans les jardins.

Safran printanier : *Crocus vernus*, All., *Fl. Ped.*, n.° 309; *Crocus sativus vernus*, Linn., *Sp.*, 50; Jacq., *Fl. Aust.*, *App.*, tab. 56. Ses feuilles sont linéaires, presque planes ou à peine canaliculées, traversées dans toute leur longueur par une ligne blanchâtre, et longues de deux à trois pouces. La hampe porte une seule fleur violette ou purpurine, et blanche dans une variété; cette fleur se développe en même temps que les feuilles et les égale à peu près en hauteur. Le stigmate est redressé, à trois lobes ordinairement entiers, beaucoup plus courts que les divisions de la corolle. Les étamines sont plus longues que les stigmates dans la variété à fleurs purpurines, et plus courtes dans celle à fleurs blanches. Cette espèce croît naturellement dans les Alpes, les Pyrénées, en Espagne, en Italie, sur les montagnes de l'Atlas, etc. On la cultive dans les jardins, où elle fleurit dès la fin de Février ou au commencement de Mars. Dans les montagnes, ses fleurs paroissent plus tard et jusqu'en Juin et Juillet, selon la hauteur où elle se trouve et selon l'époque de la fonte des neiges; mais elles se développent partout aussitôt après.

Safran a fleurs jaunes : *Crocus luteus*, Lam., *Illust.*, 1, pag. 106, n.º 443; *Crocus vernus latifolius, flavo flore*, Clus., *Hist.*, 205. Cette espèce diffère de la précédente par sa corolle constamment jaune et dont le limbe est bien plus grand. Elle fleurit à la même époque. Elle croît dans les montagnes de la Suisse; on la trouve d'ailleurs cultivée dans beaucoup de jardins.

Safran nain; *Crocus minimus*, Redouté, Liliac., 2, n.º 81 et tab. 81. Ce safran diffère des deux précédens par sa fleur deux et trois fois plus petite; par ses étamines beaucoup plus longues en comparaison, s'élevant presque à la hauteur des découpures de la corolle; par sa spathe bifide et non entière, et enfin par ses feuilles une fois plus longues que la fleur. Ces feuilles m'ont d'ailleurs paru, sur mes échantillons secs, être pourvues d'une nervure longitudinale. Les fleurs sont d'un violet foncé, un peu rayées de blanc; elles paroissent au printemps. Cette espèce se trouve sur les bords de la mer, dans l'île de Corse.

Safran multifide; *Crocus multifidus*, Ramond, Bull. phil., n.º 41, tab. 8, fig. 1. Dans cette espèce la hampe porte une seule fleur, ordinairement violette, quelquefois blanche, nue et dépourvue de feuilles au moment de son développement qui a lieu au commencement de l'automne. Les feuilles ne poussent que long-temps après que les fleurs sont passées, et elles ne paroissent qu'au commencement du printemps qui suit la floraison. Le stigmate est droit, et chacune de ses divisions est découpée en plusieurs filamens très-déliés. Ce safran est commun dans les pâturages des Pyrénées et dans les Landes, entre Dax et Bordeaux; on le trouve aussi en Angleterre.

Safran cultivé : *Crocus sativus*, Bauh., Pin., 65; *Crocus sativus officinalis*, Linn., *Sp.*, 50. Cette espèce, dont le port général est à peu près le même que celui du safran printanier, en diffère essentiellement par ses longs stigmates inclinés et pendans, se terminant en un tube ouvert à son sommet. Ses fleurs sont d'un violet clair : elles paroissent en Septembre et Octobre, un peu avant les feuilles. Cette plante croît naturellement dans l'Orient, en Italie, en Sicile; on la cultive dans plusieurs cantons en France, et principalement dans le Gatinois, à cause de ses usages.

Les terres dans lesquelles le safran réussit le mieux, sont celles qui sont légères, un peu sablonneuses et noirâtres. Elles doivent, avant qu'on y fasse la plantation, être amandées avec des fumiers bien consommés, et être ameublies le plus possible par trois bons labours, faits successivement dans le courant de l'hiver et jusqu'au moment de mettre les ognons en terre. C'est depuis la fin de Mai jusqu'en Juillet qu'on les plante à trois pouces les uns des autres dans des sillons serrés, profonds de six pouces, afin qu'ils ne puissent être atteints par les gelées. Ensuite, de six semaines en six semaines on sarcle ou l'on bine la safranière (le champ dans lequel le safran est planté), afin de la débarrasser des mauvaises herbes qui nuiroient à son produit. Le dernier sarclage ou binage doit être fait peu de temps avant que les fleurs commencent à se montrer, et celles-ci paroîtront plus tôt ou plus tard, selon que la fin de l'été sera humide ou sèche. En général, il est avantageux pour la récolte que des pluies un peu abondantes précèdent le moment de la floraison, et qu'au contraire il fasse sec et chaud pendant le développement des fleurs. Pour l'ordinaire, celles-ci se succèdent les unes aux autres pendant trois semaines à un mois, et c'est alors que tous les jours, matin et soir, on fait la récolte en cueillant les fleurs entières et en les mettant dans des paniers. Aussitôt qu'on en a une charge quelconque, on les transporte à la maison, où des femmes en séparent les stigmates qui sont la seule partie dont on fasse usage, et les corolles sont rejetées comme inutiles. A mesure que l'on épluche le safran ou qu'on en sépare les stigmates, on les met, afin de les faire sécher, dans des tamis de crin suspendus au-dessus d'un feu très-doux, et on a soin de les remuer presque continuellement jusqu'à ce que leur dessiccation soit parfaite. Lorsque le safran est dans ce dernier état (car les stigmates de la fleur ainsi préparés, portent le même nom que la plante elle-même), on le met dans des sacs de papier ou on le renferme dans des boites de bois, et il est alors bon à livrer au commerce.

Une safranière, plantée comme il a été dit ci-dessus, dure

ordinairement trois à quatre ans, et elle pourroit même durer le double, mais cela épuiseroit trop le terrain, et l'on préfère généralement relever les bulbes de terre tous les trois à quatre ans, dans le courant de Mai, lorsque les feuilles sont sèches; et après en avoir séparé les cayeux qui servent à la multiplication de la plante, on en fait une nouvelle plantation dans un autre terrain.

Il faut cinq livres de safran frais pour en avoir une lorsqu'il est parfaitement desséché, et un champ d'un arpent ne rapporte au plus, la première année, que quatre livres de cette substance sèche; mais à la seconde et à la troisième récolte le produit est souvent quadruplé et quintuplé.

On cultive aussi le safran dans les jardins comme plante d'ornement, et ordinairement on le met en bordure. On peut, de même que dans les safranières, le laisser trois à quatre années à la même place.

Les autres espèces de safran, qui fleurissent au printemps, se plantent en automne et se traitent d'ailleurs comme le safran cultivé.

Les anciens faisoient grand cas du safran comme aromate. Les Romains préparoient, en le faisant infuser dans le vin, une liqueur qui leur servoit à parfumer leurs théâtres.

De nos jours le safran est employé dans différentes contrées comme assaisonnement. Les Polonois en font familièrement usage dans divers alimens. En Italie, en Espagne et dans quelques provinces de France on en met dans les ragoûts, dans les soupes. On s'en sert encore plus généralement pour donner de la couleur aux gâteaux, au vermicel, aux crèmes, aux liqueurs de table, aux pastilles. Il fournit une teinture jaune, mais qui est peu solide.

Le safran a une odeur forte, aromatique et enivrante. Il est employé en médecine comme tonique, sudorifique, narcotique et antispasmodique, et il a été aussi regardé comme un puissant emménagogue. On en prépare dans les pharmacies une teinture alcoolique, et il entre d'ailleurs dans plusieurs compositions officinales. A l'extérieur on l'applique comme résolutif et comme calmant.

Safran d'automne; *Crocus autumnalis*, Poir., Dict. encycl.,

6, *pag.* 588. M. Poiret croit que cette plante doit être distinguée du safran cultivé par les proportions de ses fleurs, qui
ont le tube de leur corolle fort court, et les divisions du
limbe très-profondes : ces fleurs sont purpurines ou d'un bleu
foncé et paroissent en automne. M. Poiret indique ce safran dans les Alpes et dans les départemens méridionaux de
la France : il dit l'avoir trouvé aux environs de Marseille.
(L. D.)

SAFRAN BATARD. (*Bot.*) Nom vulgaire du Carthame.
Voyez ce mot. (J.)

SAFRAN FAUX. (*Bot.*) C'est l'amaryllis jaune. (L. D.)

SAFRAN DES INDES. (*Bot.*) Voyez l'article Curcuma.
(Lem.)

SAFRAN DE MARS APÉRITIF. (*Chim.*) Les anciens chimistes donnoient ce nom au peroxide de fer hydraté qu'on
obtient en exposant le fer à l'air humide ou à la rosée.
(Ch.)

SAFRAN DE MARS ASTRINGENT. (*Chim.*) Les anciens
chimistes donnoient ce nom au peroxide de fer, qu'on prépare en calcinant le fer ou les écailles qui s'en détachent
pendant qu'on bat le métal sur l'enclume, lorsqu'il est rouge
de feu. (Ch.)

SAFRAN DES MÉTAUX. (*Chim.*) Les anciens préparoient
cette matière, 1.° en faisant détoner des parties égales de
sulfure d'antimoine et de nitrate de potasse, et en lavant
ensuite le résidu de manière à en séparer toute la matière soluble ; ou 2.° en chauffant fortement le mélange précédent
qu'on avoit fait préalablement détoner dans un creuset, en
y mettant le feu ; séparant la scorie saline, formée d'alcali,
de sulfure de potassium et d'antimoine, d'une matière compacte, rougeâtre, qu'ils appeloient foie d'antimoine ; enfin,
pulvérisant ce foie et le lavant avec l'eau. Il est évident
que le safran des métaux étoit essentiellement formé de protoxide d'antimoine, retenant du sulfure d'antimoine et souvent de la potasse et de la silice. (Ch.)

SAFRAN DES PRÉS. (*Bot.*) Un des noms vulgaires du col-
chique d'automne. (L. D.)

SAFRAN DE TERRE , SAFRAN D'INDE. (*Bot.*) Noms
donnés dans diverses colonies de l'Inde à la racine du *curcu-*

ma, qui donne dans la teinture une couleur semblable à celle du safran. (J.)

SAFRANÉ TERREUX. (*Bot.*) Ce nom est celui de l'*agaricus defossus*, Batsch , *Elench.*, pl. 15 , fig. 73 , dans le Traité des champignons du docteur Paulet. (Lem.)

SAFRANUM. (*Bot.*) On donne ce nom aux fleurs de carthame desséchées et préparées pour la teinture. (Lem.)

SAFRE. (*Chim.*) C'est la mine de cobalt grillée et mêlée avec la quantité de sable siliceux nécessaire pour faire un verre bleu, lorsqu'on fondra le mélange avec du sous-carbonate de soude ou de potasse. (Ch.)

SAFSAF. (*Bot.*) Nom égyptien du saule pleureur, *salix babylonica*, cité par Rauwolf et Forskal. Voyez aussi Sassap. (J.)

FIN DU QUARANTE-SIXIÈME VOLUME.

STRASBOURG , de l'imprimerie de F. G. Levrault, impr. du Roi.

www.ingramcontent.com/pod-product-compliance
Lightning Source LLC
LaVergne TN
LVHW021932170726
843501LV00001BA/174